河北木兰围场昆虫

主 编 任国栋 曹运强 张恩生
副主编 蔡胜国 马晶晶 张 楠 李大勇

电子工业出版社
Publishing House of Electronics Industry
北京·BEIJING

内 容 简 介

《河北木兰围场昆虫》是河北大学与河北省木兰围场国有林场管理局森林病虫害防治检疫站于2015—2016年合作完成的专项科考项目成果，是迄今为止该地区昆虫本底资源考察最为完整、系统的种类记录。全书内容分总论和各论两部分：总论部分包括木兰围场自然概况、研究背景、物种多样性与分布格局、昆虫资源保护利用与展望等；各论部分按分类系统编排，包括木兰围场昆虫4纲24目159科820属1240种（亚种），其中，有形态描述者1111种，无形态描述者129种，简要介绍了各种的主要识别特征、检视标本信息、分布地、食性等。文后附成虫整体照68版874种、参考文献及中文名称和拉丁文名称索引。

本书可作为国内外从事自然保护、农林业、植物保护、植物检疫、生物多样性、陆地生态学等学科和部门的科技人员，以及大中专院校相关专业人员的学习参考。

未经许可，不得以任何方式复制或抄袭本书之部分或全部内容。
版权所有，侵权必究。

图书在版编目（CIP）数据

河北木兰围场昆虫 / 任国栋等主编. —北京：电子工业出版社，2023.6
ISBN 978-7-121-44663-4

Ⅰ. ①河… Ⅱ. ①任… Ⅲ. ①昆虫－河北 Ⅳ.①Q968.222.1

中国版本图书馆 CIP 数据核字（2022）第 238275 号

责任编辑：缪晓红
印　　刷：北京捷迅佳彩印刷有限公司
装　　订：北京捷迅佳彩印刷有限公司
出版发行：电子工业出版社
　　　　　北京市海淀区万寿路 173 信箱　邮编：100036
开　　本：787×1 092　1/16　印张：27.5　字数：794 千字　彩插：34
版　　次：2023 年 6 月第 1 版
印　　次：2023 年 6 月第 1 次印刷
定　　价：580.00 元

凡所购买电子工业出版社图书有缺损问题，请向购买书店调换。若书店售缺，请与本社发行部联系，联系及邮购电话：(010) 88254888，88258888。
质量投诉请发邮件至 zlts@phei.com.cn，盗版侵权举报请发邮件至 dbqq@phei.com.cn。
本书咨询联系方式：(010) 88254760，mxh@phei.com.cn。

The Insects of Mulan-Weichang in Hebei, China

Chief Editor   REN GUO-DONG   CAO YUN-QIANG
                ZHANG EN-SHENG
Associate Editor   CAI SHENG-GUO   MA JING-JING
                    ZHANG NAN   LI DA-YONG

Publishing House of Electronics Industry

Beijing, China

编 委 会

主　编：任国栋　曹运强　张恩生
副主编：蔡胜国　马晶晶　张　楠　李大勇
编　委：

河北大学

潘　昭　巴义彬　方　程　李　迪　牛一平　白兴龙　关环环
郭欣乐　李秀敏　李文静　李　雪　刘　琳　唐慎言　王与琳
闫　艳　张　嘉　张润杨　李东越　史　贺　荆彤彤　任　甫

河北省木兰围场国有林场管理局

马　莉　刘效竹　国志峰　高泽军　张丽茹　吕康乐　李秀明
赵敏琦　罗　晨　任志军　周长亮　李小乐　张婉楠　马　雷
王　磊　陈志国　王宝山　金春生　李　婷　卢金平　魏浩亮
张宝祥　李　博　王典娜　韩翠君　李孝辉　郭敬丽　孟宪勇
徐　丽　李　娟　杨晶文　孙　浩　李桂兰　王　静　孔　楠

图　片：任　甫　寇博翔　荆彤彤
统　稿：任国栋

前 言

木兰围场是滦河的主要发源地和水源涵养地，位于河北省承德市木兰围场满族蒙古族自治县，处于蒙古高原与冀北山地交会处，总面积160.9万亩，林业用地面积135.4万亩，森林覆被率85%，森林总蓄积量587万立方米，承担着抵御风沙、保卫"京、津、唐"、涵蓄水源的重要生态屏障作用。

在世界动物地理区划上，木兰围场处于中日界与古北界的交界处；在中国动物地理区划上，木兰围场处在华北、东北和蒙新3个动物地理区的交会处。该地区地貌复杂、景观多样，拥有比较丰富的生物资源。但遗憾的是，迄今该地区缺少比较完整的昆虫物种多样性考察，影响人们对其生物多样性及其生态功能的认知。因此，本书作者及其研究团队于2015—2016年在木兰围场国有林场管理局等多家单位的支持下，启动了该林区首次昆虫物种本底调查专项，通过多种采集措施，获得了2万余件昆虫标本。在种类鉴定基础上，与该林场管理局合作编著了《河北木兰围场昆虫》一书，从以下4个方面对该地区的昆虫资源做了初步总结和分析。

一、木兰围场昆虫的物种资源本底。通过对采集标本的鉴定和文献记录的收集，共得到木兰围场昆虫4纲24目159科820属1240种（亚种），其中，原尾纲1目4科5属6种（占总种数的0.48%），双尾纲1目1科1属2种（0.16%），弹尾纲3目5科10属14种（1.13%），昆虫纲19目149科804属1218种（98.23%），并列出该林区20种危害比较严重的害虫。

二、木兰围场昆虫的组成特点。现有鉴定结果表明，木兰围场昆虫物种以鳞翅目和鞘翅目为主体，前者482种，占昆虫纲物种总数的38.87%，后者421种，占比33.95%，这两目昆虫共计903种，占该地区已知昆虫总种数的72.82%，而其他21个目仅占27.18%。实际情况并非如此，尤其对于双翅目和膜翅目我们知之甚少，其物种增加的空间还很大。以狭义昆虫纲为例，在昆虫科级阶元组成中，种数少于10个的科125个，占狭义昆虫纲总科数的83.89%；在昆虫属级阶元组成中，仅含1种的属585个，占总体的72.67%。

三、木兰围场昆虫的分布类型及特点。木兰围场昆虫在世界动物地理区的分布格局中共有36种分布类型，古北界+中日界的共有分布型占比较大，共计325属，占总属数的39.76%；其次为古北界+中日界+东洋界的共有分布型，共计261属，占比31.83%，三者共计占了总属数的71.58%；而其余34种分布类型仅占28.41%，且每种类型所占比例均低于10.0%。现有研究数据显示，木兰围场昆虫与古北界的关系最为密切（767属，93.54%），与全国共有属最多；其次是中日界（724属，88.29%）。木兰围场昆虫在中国动物地理区的分布格局中共有 41 种分布类型，区域昆虫区组成以比较广布的共有属为多，共计 153 属，占总属数的 18.66%；其次是东北区+蒙新区+华北区 120 属（14.63%），东北区+蒙新区+华北区+华中区+华南区+西南区的共有属共计 112 属（13.66%）。由此可看出，包括共有种在内的木兰围场昆虫与华北区的关系最为密切（820 属，100%），其次是蒙新区（691 种，84.27%）和东北区（663 种，80.85%）。

四、木兰围场的昆虫资源类型。按生态功能将木兰围场昆虫资源类型初步划分为 7 类：观赏类昆虫 207 种（占总种数的 16.26%）、食用（含饲用）类昆虫 45 种（3.53%）、药用类昆虫 112 种（8.8%）、传粉类昆虫 348 种（27.34%）、清洁类昆虫 90 种（7.07%）、天敌类昆虫 254 种（19.95%）和环境监测类昆虫 217 种（17.05%）。在此基础上，本书提出了木兰围场昆虫多样性及资源保护、利用的初步建议和意见。

需要指出，昆虫是地球上进化最为成功的生物群体，是构成生物多样性和维持地球上所有生命过程的重要力量。尽管本书对木兰围场昆虫资源本底进行了初步总结，但由于昆虫种类繁多，我们采集调查的时间有限，以及鉴定的专业力量有限，我们对区域内许多大类昆虫（如双翅目和膜翅目的许多种类）涉足甚少，影响到对该地区整体昆虫区系和结构组成的分析和判断。此外，昆虫种类与植被种类的关系十分紧密，我们目前对它们的了解还较少；对于昆虫物种多样性给生态环境带来的影响也未能深入探讨；关于木兰围场昆虫的区系形成和演化等深层次理论问题尚未进一步研究，这些将是我们今后努力的重要方向。

在木兰围场昆虫资源考察期间，河北省林业厅森林病虫害防治检疫站邸济民站长、李跃科长等对本项考察工作给予指导，并提供了部分昆虫生态照片；木兰围场国家森林公园管理局资源管理科及相关林场职工参加了部分野外考察工作；河北大学动物学科，尤其是甲虫进化分类学与多样性研究室、河北大学博物馆生物部的部分博士后、博士和硕士研究生参加了采集标本与制作、物种鉴定，还有国内诸多分类学者对此项工作给予了关心和支持，在此一并致以诚挚的谢意！

任国栋

2022 年 5 月 20 日

目 录

第一篇 总 论

第1章 木兰围场自然概况与生物资源简况 ························ 3
 一、自然概况 ·· 3
  （一）地理位置 ·· 3
  （二）地形地貌 ·· 3
 二、生物资源现状 ·· 4
  （一）植被 ·· 4
  （二）物种资源 ·· 4
 三、研究目的与意义 ·· 5

第2章 研究材料与研究方法 ·· 6
 一、研究材料 ·· 6
  （一）采集地信息 ·· 6
  （二）调查方法 ·· 7
  （三）标本记录 ·· 8
 二、研究方法 ·· 8
  （一）物种鉴定 ·· 8
  （二）物种补录 ·· 8
  （三）区系分析 ·· 8
  （四）多样性分析 ·· 9
 三、昆虫资源评价与保护 ·· 9

第3章 研究结果与分析 ·· 10
 一、昆虫种类多样性与构成 ·· 10
  （一）纲级阶元组成 ·· 11
  （二）目级阶元组成 ·· 11
  （三）科级阶元组成 ·· 11
  （四）属级阶元组成 ·· 16

二、昆虫分布类型与区系 ··· 16
（一）在世界动物地理区划中的分布格局 ··· 16
（二）在中国动物地理区中的分布格局 ··· 17
（三）蛾类昆虫的群落动态及多样性比较 ··· 19

第4章　昆虫资源类型与保护利用 ··· 23
一、昆虫资源类型 ··· 23
（一）传粉类昆虫 ··· 23
（二）天敌类昆虫 ··· 24
（三）观赏类昆虫 ··· 25
（四）食（药）用类昆虫 ··· 25
（五）清洁类昆虫 ··· 26
（六）环境监测类昆虫 ··· 26
二、昆虫资源保护利用 ··· 26
（一）探索昆虫资源，加深对昆虫多样性的认知 ··· 27
（二）对资源昆虫的保护与利用 ··· 28

第5章　重要森林害虫发生与防治 ··· 29
一、食叶害虫 ··· 29
1. 台湾长大蚜 *Cinara formosana* (Takahashi, 1924) ··· 29
2. 落叶松球蚜 *Adelges (Adelges) laricis* Vallot, 1836 ··· 29
3. 榆绿毛萤叶甲 *Xanthogaleruca aenescens* Fairmaire, 1878 ··· 29
4. 铜绿异丽金龟 *Anomala corpulenta* Motschulsky, 1854 ··· 30
5. 落叶松毛虫 *Dendrolimus superan* (Butler, 1877) ··· 30
6. 落叶松尺蛾 *Erannis ankeraria* Staudinger, 1861 ··· 30
7. 华北落叶松鞘蛾 *Coleophora sinensis* Yang, 1983 ··· 30
8. 舞毒蛾 *Lymantria dispar* (Linnaeus, 1758) ··· 31
9. 松线小卷蛾 *Zeiraphera griseana* (Hübner, 1799) ··· 31
10. 油松叶小卷蛾 *Epinotia gansuensis* (Liu & Nasu, 1993) ··· 31
11. 松针卷叶蛾 *Epinotia rubiginosana* (Herrich–Schaffermüller, 1851) ··· 32
12. 黄褐幕枯叶蛾 *Malacosoma neustria testacea* (Motschulsky, 1861) ··· 32
13. 分月扇舟蛾 *Clostera anastomosis* (Linnaeus, 1758) ··· 32
14. 落叶松腮扁叶蜂 *Cephalcia lariciphila* (Wachtl, 1898) ··· 32
15. 落叶松锉叶蜂 *Pristiphora laricis* (Hartig, 1837) ··· 33
16. 落叶松红腹叶蜂 *Pristiphora erichsonii* (Hartig, 1837) ··· 33
17. 云杉阿扁叶蜂 *Acantholyda piceacola* Xiao & Zhou, 1986 ··· 33
18. 松阿扁叶蜂 *Acantholyda posticalis* (Matsumura, 1912) ··· 34

二、果实种子害虫 ··· 34
    19. 落叶松球果花蝇 *Strobilomyia laricicola* (Karl, 1928) ··································· 34

三、蛀干害虫 ·· 34
    20. 落叶松八齿小蠹 *Ips subelongatus* Motschulsky, 1860 ································· 34

第二篇 各 论

第 1 章 原尾纲 Protura ·· 37
古蚖目 Eosentomata ··· 37
    1. 夕蚖科 Hesperentomidae ·· 37
    2. 始蚖科 Protentomidae ··· 38
    3. 檗蚖科 Berberentomidae ·· 38
    4. 古蚖科 Eosentomidae ·· 39

第 2 章 弹尾纲 Collembola ·· 42
长角蚖目 Entomobryomorpha ··· 42
    5. 等蚖科 Isotomidae ·· 42
    6. 长角蚖科 Entomobryinae ··· 43
愈腹蚖目 Symphypleona ··· 44
    7. 圆蚖科 Sminthuridae ·· 44

第 3 章 双尾纲 Diplura ··· 45
铗尾目 Dicellura ·· 45
    8. 副铗虮科 Parajapygidae ··· 45

第 4 章 昆虫纲 Insecta ·· 47
衣鱼目 Zygentoma ··· 47
    9. 衣鱼科 Lepismatidae ·· 47
蜉蝣目 Ephemeroptera ·· 48
    10. 小蜉科 Ephemerellidae ·· 48
    11. 细裳蜉科 Leptophlebiidae ··· 49
    12. 新蜉科 Neoephemeridae ·· 49
蜻蜓目 Odonata ··· 50
    13. 蟌科 Coenagrionidae ··· 50
    14. 扇蟌科 Platycnemididae ··· 51
    15. 色蟌科 Calopterygidae ··· 51

16. 蜓科 Aeshnidae ··· 51
17. 伪蜻科 Corduliidae ··· 51
18. 蜻科 Libellulidae ··· 52

蜚蠊目 Blattaria ··· 53
19. 蜚蠊科 Blattidae ··· 53
20. 地鳖蠊科 Polyphagidae ··· 54
21. 姬蠊科 Blattellidae ··· 55

螳螂目 Mantodea ··· 55
22. 螳螂科 Mantidae ··· 55

等翅目 Isoptera ··· 56
23. 鼻白蚁科 Rhinotermitidae ··· 56

直翅目 Orthoptera ··· 57
24. 螽斯科 Tettigoniidae ··· 57
25. 蟋蟀科 Gryllidae ··· 60
26. 树蟋科 Oecanthidae ··· 60
27. 驼螽科 Rhaphidophoridae ··· 61
28. 蝼蛄科 Gryllotalpidea ··· 62
29. 癞蝗科 Pamphagidae ··· 62
30. 斑腿蝗科 Catantopidae ··· 63
31. 斑翅蝗科 Oedipodidae ··· 63
32. 网翅蝗科 Arcypteridae ··· 64
33. 蝗科 Acrididae ··· 66

革翅目 Dermaptera ··· 67
34. 球螋科 Forficulidae ··· 67

啮目 Psocoptera ··· 67
35. 虱啮科 Liposcelididae ··· 67

缨翅目 Thysanoptera ··· 68
36. 管蓟马科 Phlaeothripidae ··· 68
37. 蓟马科 Thripidae ··· 68

半翅目 Hemiptera ··· 69
38. 斑木虱科 Aphalaridae ··· 69
39. 蚜科 Aphididae ··· 69
40. 球蚜科 Adelgidae ··· 72
41. 大蚜科 Lachnidae ··· 73
42. 沫蝉科 Cercopidae ··· 74
43. 叶蝉科 Cicadellidae ··· 74

44. 角蝉科 Membracidae ... 74
45. 蜡蝉科 Fulgoridae ... 75
46. 飞虱科 Delphacidae ... 76
47. 黾蝽科 Gerridae ... 77
48. 划蝽科 Corixidae ... 77
49. 盲蝽科 Miridae ... 78
50. 花蝽科 Anthocoridae ... 82
51. 姬蝽科 Nabidae ... 83
52. 扁蝽科 Aradidae ... 83
53. 缘蝽科 Coreidae ... 83
54. 异蝽科 Urostylididae ... 84
55. 同蝽科 Acanthosomatidae ... 84
56. 盾蝽科 Scutelleridae ... 85
57. 蝽科 Pentatomidae ... 86

鞘翅目 Coleoptera ... 90

58. 龙虱科 Dytiscidae ... 90
59. 步甲科 Carabidae ... 90
60. 牙甲科 Hydrophilidae ... 101
61. 葬甲科 Silphidae ... 101
62. 隐翅甲科 Staphylinidae ... 106
63. 阎甲科 Histeridae ... 106
64. 粪金龟科 Geotrupidae ... 107
65. 皮金龟科 Trogidae ... 108
66. 锹甲科 Lucanidae ... 108
67. 金龟科 Scarabaeidae ... 109
68. 吉丁甲科 Buprestidae ... 128
69. 叩甲科 Elateridae ... 129
70. 皮蠹科 Dermestidae ... 133
71. 蛛甲科 Ptinidae ... 134
72. 长蠹科 Bostrichidae ... 135
73. 穴甲科 Bothrideridae ... 135
74. 瓢甲科 Coccinellidae ... 136
75. 蚁形甲科 Anthicidae ... 147
76. 芫菁科 Meloidae ... 148
77. 拟天牛科 Oedemeridae ... 151
78. 赤翅甲科 Pyrochroidae ... 151

79. 拟步甲科 Tenebrionidae ……… 152
80. 郭公甲科 Cleridae ……… 160
81. 露尾甲科 Nitidulidae ……… 161
82. 隐食甲科 Cryptophagidae ……… 162
83. 叶甲科 Chrysomelidae ……… 162
84. 天牛科 Cerambycidae ……… 183
85. 卷象科 Attelabidae ……… 212
86. 象甲科 Curculionidae ……… 214

广翅目 Megaloptera 224
87. 泥蛉科 Sialidae ……… 224

蛇蛉目 Rhaphidioptera
88. 蛇蛉科 Raphidiidae ……… 224

脉翅目 Neuroptera 225
89. 褐蛉科 Hemerobiidae ……… 225
90. 草蛉科 Chrysopidae ……… 225
91. 蚁蛉科 Myrmeleontidae ……… 226
92. 蝶角蛉科 Ascalaphidae ……… 227

鳞翅目 Lepidoptera 228
93. 长角蛾科 Adelidae ……… 228
94. 麦蛾科 Gelechiidae ……… 228
95. 列蛾科 Autostichidae ……… 230
96. 遮颜蛾科 Blastobasidae ……… 230
97. 鞘蛾科 Coleophoridae ……… 230
98. 草蛾科 Ethmiidae ……… 231
99. 木蠹蛾科 Cossidae ……… 232
100. 卷蛾科 Tortricidae ……… 232
101. 斑蛾科 Zygaenidae ……… 241
102. 刺蛾科 Cochlidiidae ……… 241
103. 螟蛾科 Pyralidae ……… 242
104. 草螟科 Crambidae ……… 248
105. 蚕蛾科 Sphingidae ……… 257
106. 钩蛾科 Drepanidae ……… 257
107. 尺蛾科 Geometridae ……… 258
108. 波纹蛾科 Thyatiridae ……… 272
109. 枯叶蛾科 Lasiocampidae ……… 274
110. 大蚕蛾科 Saturniidae ……… 277

111. 箩纹蛾科 Brahmaeidae…278
112. 天蛾科 Sphingidae…279
113. 带蛾科 Eupterotidae…283
114. 舟蛾科 Notodontidae…284
115. 毒蛾科 Lymantridae…296
116. 灯蛾科 Arctiidae…299
117. 鹿蛾科 Amatidae…305
118. 夜蛾科 Noctuidae…305
119. 凤蝶科 Papilionidae…336
120. 粉蝶科 Pieridae…337
121. 蛱蝶科 Nymphalidae…340
122. 灰蝶科 Lycaenidae…351
123. 弄蝶科 Hesperiidae…354

双翅目 Diptera…356

124. 蚊科 Culicidae…356
125. 虻科 Tabanidae…356
126. 蜂虻科 Bombyliidae…357
127. 舞虻科 Empididae…358
128. 长足虻科 Dilichopodidae…358
129. 蚜蝇科 Syrphidae…359
130. 丽蝇科 Calliphoridae…361
131. 寄蝇科 Tachinidae…362
132. 蝇科 Muscidae…367
133. 花蝇科 Anthomyiidae…368
134. 厕蝇科 Fanniidae…368

膜翅目 Hymenoptera…369

135. 扁叶蜂科 Pamphiliidae…369
136. 叶蜂科 Tethredinidae…369
137. 三节叶蜂科 Argidae…371
138. 树蜂科 Siricidae…371
139. 长颈树蜂科 Xiphydriidae…372
140. 姬蜂科 Ichneumonidae…372
141. 胡蜂科 Vespidae…373
142. 泥蜂科 Sphecidae…376
143. 切叶蜂科 Megachilidae…378
144. 蜜蜂科 Apidae…378

145. 地蜂科 Andrenidae ⋯⋯⋯⋯⋯⋯⋯⋯⋯⋯⋯⋯⋯⋯⋯⋯⋯⋯⋯⋯⋯⋯⋯ 378
146. 隧蜂科 Halictidae ⋯⋯⋯⋯⋯⋯⋯⋯⋯⋯⋯⋯⋯⋯⋯⋯⋯⋯⋯⋯⋯⋯⋯ 379
147. 蚁科 Formicidae ⋯⋯⋯⋯⋯⋯⋯⋯⋯⋯⋯⋯⋯⋯⋯⋯⋯⋯⋯⋯⋯⋯⋯⋯ 379

附录　形态未描述种类 ⋯⋯⋯⋯⋯⋯⋯⋯⋯⋯⋯⋯⋯⋯⋯⋯⋯⋯⋯⋯⋯⋯⋯ 382

　　弹尾纲 Collembola ⋯⋯⋯⋯⋯⋯⋯⋯⋯⋯⋯⋯⋯⋯⋯⋯⋯⋯⋯⋯⋯⋯⋯⋯⋯ 382

　　双尾纲 Diplura ⋯⋯⋯⋯⋯⋯⋯⋯⋯⋯⋯⋯⋯⋯⋯⋯⋯⋯⋯⋯⋯⋯⋯⋯⋯⋯ 382

　　昆虫纲 Insecta ⋯⋯⋯⋯⋯⋯⋯⋯⋯⋯⋯⋯⋯⋯⋯⋯⋯⋯⋯⋯⋯⋯⋯⋯⋯⋯ 383

参考文献 ⋯⋯⋯⋯⋯⋯⋯⋯⋯⋯⋯⋯⋯⋯⋯⋯⋯⋯⋯⋯⋯⋯⋯⋯⋯⋯⋯⋯⋯ 392

中文名称索引 ⋯⋯⋯⋯⋯⋯⋯⋯⋯⋯⋯⋯⋯⋯⋯⋯⋯⋯⋯⋯⋯⋯⋯⋯⋯⋯⋯ 401

拉丁文名称索引 ⋯⋯⋯⋯⋯⋯⋯⋯⋯⋯⋯⋯⋯⋯⋯⋯⋯⋯⋯⋯⋯⋯⋯⋯⋯⋯ 412

图版 ⋯⋯⋯⋯⋯⋯⋯⋯⋯⋯⋯⋯⋯⋯⋯⋯⋯⋯⋯⋯⋯⋯⋯⋯⋯⋯⋯⋯⋯⋯⋯ 425

第一篇

总　论

本篇分别从河北木兰围场国家森林公园（简称木兰围场）自然概况与生物资源简况、研究材料与研究方法、研究结果与分析、昆虫资源类型与保护利用、重要森林害虫发生与防治5个方面进行简要介绍。

第 1 章

木兰围场自然概况与生物资源简况

本章从自然概况和生物资源现状 2 个方面简要介绍木兰围场的基本概况,进而了解本课题研究的目的和意义。

一、自然概况

这部分内容主要包括木兰围场所处的地理位置和地形地貌。

(一) 地理位置

木兰围场在河北省承德市木兰围场满族蒙古族自治县内,地理坐标为北纬 41°47′~42°06′,东经 116°51′~117°45′,地势西北高东南低,位于蒙古高原与冀北山地交汇处。其西北邻内蒙古,东邻辽宁,距北京 350 km,距天津 504 km,是京津地区的天然生态屏障。木兰围场总面积 160.9 万亩,林业用地面积 135.4 万亩,森林覆被率 85%,海拔高度 750~1 780 m,森林总蓄积量 587 万立方米。在世界动物地理区划中属于中日界与古北界交界处(Holt et al.,2013);在中国动物地理区划中处在华北区、东北区和蒙新区 3 个动物区系交汇处(张荣祖,2011),地貌复杂,景观多样。

(二) 地形地貌

木兰围场地处浑善达克沙地南缘、滦河上游地区,属阴山、大兴安岭、燕山余脉的汇接地带。该地区地形地貌复杂,包括高山、草原、峡谷、丘陵等多种类型。

土壤:木兰围场区域内土壤类型主要有黑土(0.4%)、沼泽土(0.41%)、草甸土(0.99%)、灰色森林土(3.2%)、风砂土(3.8%)、褐土(11.7%)、棕壤(59.89%)等,共 15 个亚类、66 个土属、143 个土种。母质主要为风积母质、冲击母质、洪积母质、冲洪积母质、黄土母质、坡积母质和残坡积母质等。林区北部分布着灰色森林土,风蚀洼地、丘间洼地分布着草甸、沼泽土;中部分布着山地棕壤土,沟谷为淋溶褐土、草甸土,南北川、河东岸迎风坡面分布着砂土;南部主要是褐土。因此,木兰围场区域内形成了自下而上依次是淋溶褐土、棕壤土、灰色森林土、黑土的土壤垂直地带性分布特点(赵建成等,2005)。

气候：木兰围场属半干旱向半湿润过渡、中温带向寒温带过渡、大陆性季风型山地气候。气候特点是四季分明、光照充足、昼夜温差大。该地区年平均气温-1.4～4.7℃，极端最高气温38.9℃，极端最低气温-42.9℃，无霜期67～128天。

水域：木兰围场位于滦河上游，是滦河的主要发源区，滦河的主要支流小滦河、伊逊河、伊玛图河都流经该林区。小滦河是滦河的最大支流，同时也是木兰围场内水量最为丰沛、流量最为稳定的河流，全长97 km，流域面积390 km^2。伊玛图河是滦河的主要支流，为西北→东南流向，流长74.6 km，控制面积728.6 km^2。伊逊河发源于木兰围场国家森林公园内的哈里哈乡，全长195 km，流经龙头山镇、木兰围场镇和四合永镇，经过四道沟乡流入隆化县区域内（吴跃峰等，2013）。木兰围场是京津冀城市群水源的主要发源地，平均地表水资源在5.1亿立方米左右，平均水资源可利用量为1.3亿立方米左右，保护该地区的水资源对于京津冀地区的工业生产和人民生活有着重要的意义。

二、生物资源现状

木兰围场的生物资源丰富多彩，本文主要从植被和物种资源两个方面简要介绍。

（一）植被

木兰围场为河北、辽宁、内蒙古三省份的交界区域，同时是坝上高原与冀北山地的连接地带。该区在植被上处于森林草原过渡地带，植物区系的显著特征是蒙古植物区系、东北植物区系和华北植物区系的交汇和互相渗透，是华北山地针阔混交夏绿林向内蒙古草原和大兴安岭针叶林过渡的地区。该区的典型植被为针叶林、落叶阔叶林、针阔混交林及草甸草原；主要植被有华北落叶松、油松、云杉、白桦、山杨、蒙古栎等乔木，迎红杜鹃、土庄绣线菊、毛榛等灌木，东亚唐松草、披针蔓草等草本植物（赵建成等，2008）。

（二）物种资源

1. **植物资源** 木兰围场的野生植物资源丰富，有维管植物104科388属823种，其中蕨类植物12科15属23种、裸子植物3科7属12种、被子植物89科366属788种（赵建成等，2008）。

2. **菌类资源** 截至目前，木兰围场记录各种菌类资源30余科90余种。

3. **脊椎动物资源** 木兰围场已记录的野生脊椎动物有315种，其中鱼类4目5科23种、两栖动物1目3科5种、爬行动物1目5科8属15种、鸟类16目50科228种、哺乳动物6目14科46种（吴跃峰等，2013），常见的动物种类有白冠长尾雉、白鹤、斑羚、苍鹰、红隼、灰鹤、秃鹫、兔狲、燕隼等。

4. **昆虫资源** 木兰围场已记录昆虫13目125科970种（赵建成等，2005），但该数据尚无公开的物种系统分布名录供查询。

三、研究目的与意义

开展木兰围场的昆虫资源本底调查，旨在回答以下 3 个理论问题。

1. 初步了解木兰围场昆虫种类多样性及分布状况　基于实地昆虫标本采集和鉴定，同时搜集整理有关文献记录，按照公认度高的分类体系做出编目。

2. 了解木兰围场昆虫的成分来源和区系构成特点　基于比较完整的种类系统与分布目录，考察该地区昆虫的区系来源、各级分类阶元的构成格局，了解该地区昆虫与世界动物地理区和中国动物地理区的基本关联。木兰围场位于河北省的最北端，是古北界东北亚界的南缘、蒙新区的最东部和中日界的东部，华北成分、东北成分和蒙新成分在此交融，形成了比较复杂的区系景观。该地区处在燕赵大地的最北端，是京津冀地区气温最低的地区，昆虫物种多样性及区系成分较特殊，研究古北界和中日界陆地动物区成分比重，与华北、东北和蒙新 3 个重要动物区系有何关联，以及与河北省内各昆虫地理区有何联系等问题意义重大。木兰围场特殊的区域位置、良好的生态环境，是开展昆虫资源考察、揭示昆虫物种多样性的新战场。

3. 基于昆虫多样性数据分析及资源类型划分，对木兰围场植被健康状况做出评估　既要对木兰围场昆虫的资源类型与功能做出分析评价，又要对昆虫与森林植物、菌类及其他动物的基本关系做出判断，提出木兰围场规划设计、保护管理、科学研究及昆虫资源合理保护与利用的意见和建议。

第 2 章

研究材料与研究方法

开展木兰围场的昆虫资源本底调查工作经过了外业工作和内业工作两大阶段，前者是获取标本资源的过程，后者是获得结果的过程，兹分叙如下。

一、研究材料

（一）采集地信息

本研究选择了木兰围场 20 个采集点采集昆虫标本（见表 1）。考察时间为 2015 年 5—9 月、2016 年 5—9 月，共采集 156 次，几乎覆盖该地区所有的植被类型，主要包括针叶林、阔叶林、针阔混交林 3 种林型，其中以挂牌树、八英庄、种苗场、沟塘子、四合永和查字 6 个采集点的采集次数相对较多；另选择新丰、五道沟、燕格柏和桃山等 9 个灯诱样点采集（见表 2）；采集信息分别利用 GPS、照相机等设备进行记录。

表 1　木兰围场采集样点信息

地　点	经度 E	纬度 N	海拔/m	采集次数/次
挂牌树	118.1383°	41.6939°	1216	18
车道沟	117.3012°	42.1644°	1356	5
石人梁	117.0505°	42.0898°	1509	1
沟塘子	116.9253°	41.632 1°	1083	15
山湾子	117.8952°	42.2508°	1200	4
种苗场	118.0372°	41.7239°	1078	14
八英庄	118.0346°	42.0110°	1246	17
燕格柏	117.2628°	42.1433°	1249	12
桃山	117.0408°	41.9962°	1276	11
北沟	117.3469°	41.8336°	1168	9
小孟奎	117.3012°	42.1644°	1356	3
榆林子	117.5078°	41.8691°	963	5
五道沟梁头	116.8372°	41.9611°	1720	2

(续表)

地 点	经度 E	纬度 N	海拔/m	采集次数/次
老虎沟	117.7453°	41.8455°	1027	3
庙宫水库	117.8452°	41.7389°	764	6
小孟奎	117.1133°	41.9347°	1171	2
查字	117.4182°	42.0930°	1260	13
大西沟	117.3569°	42.1204°	1333	1
四合永	117.7250°	41.7500°	1151	15

表2 木兰围场9个灯诱样点采集信息

地 点	经 纬 度	海 拔	生境类型	采集时间
新丰	118.1383° E、41.6939° N	1216 m	阔叶林	6—8月
五道沟	116.9253° E、41.632° N	1083 m	阔叶林	6—8月
种苗场	118.0372° E、41.7239° N	1078 m	阔叶林	6—8月
八英庄	118.0346° E、42.0110° N	1246 m	针阔混叶林	6—8月
燕格柏	117.2628° E、42.1433° N	1249 m	针阔混叶林	6—8月
桃山	117.0408° E、41.9962° N	1276 m	针阔混叶林	6—8月
北沟	117.3469° E、41.8336° N	1168 m	针叶林	6—8月
查字	117.4182° E、42.0930° N	1260 m	针叶林	6—8月
四合永	117.7250° E、41.7500° N	1151 m	针叶林	6—8月

标本采集的时间分白天和夜晚2个时间段。白天采集以扫网法、振落法、搜索法和黄盘诱集为主；晚上采集以周期性灯诱法为主。将采集的昆虫通过临时分类保存、直接制作标本或回软制作标本等常规方法处理，再经归类、分类鉴定等程序定种。

（二）调查方法

本次昆虫考察主要通过如下方式获取标本。

扫网法：该方法用以捕捉白天活动并停留在植物体上的各种昆虫，是本次考察获得标本最为重要的方式。采集目标包括所有活动在树下或树上的昆虫种类，以鳞翅目、鞘翅目、半翅目、直翅目、双翅目、膜翅目、脉翅目为主。扫网法捕捉的昆虫种类多且数量较大。

振落法：该方法主要用于捕捉具有假死性且短时间内易于脱离植物体的昆虫种类，这些昆虫常常栖息在树上、灌木丛上。采集时将捕虫网或幕布铺在树木下面，通过急速敲打树枝而让其坠落于容器中。利用这种方法主要采集半翅目、象甲、叶甲等昆虫。

搜索法：该方法用以捕捉特定环境中的昆虫种类，如水域中、粪便下、石头下等，可采集到扫网法不易捕捉到的昆虫种类，如牙甲、龙虱、跳虫及许多隐蔽性甲虫（包括腐尸）等。

黄盘诱集：该方法用于诱集双翅目、膜翅目昆虫，有时还能吸引半翅目、鳞翅目等昆虫。诱集对象大多为体型微小的昆虫。

灯诱法：夜晚挂灯捕捉，诱集种类大多为鳞翅目、半翅目、鞘翅目、脉翅目的一些趋光昆虫，蛾类的采集大多利用此方法。

容杯诱集：该方法用于诱集对配置的固体和液体诱集物比较嗜好的昆虫，多为步甲、葬甲、阎甲、隐翅虫、蚂蚁等。通常在杯中放置不同种类的诱剂，如可乐液、可乐醋液、虾头、鱼内脏、啤酒液、糖醋液、腐肉等。该方法的诱集效果多受诱剂、投放地、放置时间的影响。

筛土法：该方法用于采集土壤中的微型昆虫，如原尾纲、弹尾纲、小型甲虫等昆虫，有时能捕捉到意想不到的稀见昆虫种类。

（三）标本记录

做好完整的昆虫采集记录是本课题研究的重要环节，采集记录既包括对野外不同地点、立地类型、生境和采集时间的记录，也包括将制作好的昆虫标本写上与野外记录相一致的记录，在标签上统一写下采集的时间、地点、经纬度、海拔和采集人。

二、研究方法

开展本项目研究的方法包括物种鉴定、物种补录、区系分析、多样性分析4个方面。

（一）物种鉴定

昆虫标本鉴定是完成木兰围场昆虫资源调查最为困难、最花时间、投入精力最大的工作，常常要依靠分类学者采取集团作战形式才能完成。标本鉴定程序是由目级阶元到科、属、种级阶元依序操作的，需要参考大量的文献资料。本项研究的主要参考文献有《中国动物志（昆虫纲）》《中国经济昆虫志》《河北动物志》和《中国蛾类图鉴》（I–IV）等大量国内外出版的昆虫分类学专著，以及国内外期刊上刊登的相关学术论文，详见参考文献。

（二）物种补录

本项研究主要基于标本鉴定结果，同时也收录了相关论文和专著中有关该地区分布的昆虫种类，将鉴定结果和文献记录的昆虫种类按照学术界公认度高的分类体系编目，形成比较完整的木兰围场昆虫物种数据库和参考文献资料库，逐一统计物种的相关信息，尤期是早期种的分类地位变动。

（三）区系分析

将系统化和标准化了的木兰围场昆虫编目结果进行深入分析和总结，以提升本研究的认知。本研究对木兰围场昆虫的区系分析主要有如下内容。

1. **物种分类编目**　按照公认度高的分类体系系统化整理木兰围场昆虫物种名录

是区系分析的关键。物种数量、物种来源及其分布等信息是区系分析的重要依据。为此，需要基于比较完整的物种信息整理出系统分类和分布目录。

2．种类组成分析　基于物种分类编目列表中的统计数据，计算出各级分类群的数量及其所占比例，按比重从高到低排列，并简要分析。

3．区系成分与分布类型划分　基于木兰围场昆虫物种的地理分布类型，分别将其置于中国动物地理区划（张荣祖，2011）和世界动物地理11界的观点（Holt et al.，2013）之中，分析其分布区共有性和差异性比例，得出木兰围场昆虫物种在中国和世界动物地区中所占比重，归纳出区系成分的来源和分布类型。

（四）多样性分析

数据分析采用马克平（1994）使用的指数。

① 物种丰富度采用 $R=\ln S$。该式中的 S 为物种数；

② 多样性指数采用 Shannon–Wiener 公式：$H'=-\sum P_i \log_2 P_i$。该式中的 P_i 是第 i 种的个体占个体总数的比例；

③ 均匀度指数采用 Pielou 公式：$J=H'/\ln S$。该式中的 H' 为 Shannon–Wiener 多样性指数，S 为物种数；

④ 种间相遇概率采用 Hurlbert 提出的公式：$D=1-\sum(N_i(N_i-1))/(N(N-1))$，其中，$N_i$ 为群落中第 i 种的个体数，N 为群落中所有种的个体数。

⑤ 群落相似性系数采用 Jaccard 的相似性系数公式：$I=c/(a+b-c)$。该式中，a 为 A 生境物种数，b 为 B 生境物种数，c 为 A、B 两生境共有的物种数。根据 Jaccard 的相似性系数原理，当 $0 \leq I < 0.25$ 时，为极不相似；当 $0.25 \leq I < 0.5$ 时，为中等不相似；当 $0.5 \leq I < 0.75$ 时，为中等相似；当 $0.75 \leq I \leq 1$ 时，为极相似。

⑥ 数据分析软件采用 SPSS20.0。

三、昆虫资源评价与保护

本研究按照昆虫的功能将木兰围场昆虫资源归纳为传粉类昆虫、天敌类昆虫、药用类昆虫、食用类昆虫、清洁类昆虫（环保类昆虫）和观赏类昆虫等，分别分析其所占的大致比重，为林区行政管理和昆虫资源保护及利用决策提供服务。

第3章

研究结果与分析

经过大量的野外调查工作和异常复杂的室内标本制作整理、归类和物种鉴定,我们获得了大量的木兰围场昆虫研究数据,经分析获得如下初步结果。

一、昆虫种类多样性与构成

经对木兰围场采集的11048个昆虫标本分类鉴定,得到3纲13目113科549属765种,另来自文献记录补充252种,共得到4纲24目159科820属1240种(见表3)。

表3 木兰围场六足动物的纲、目、科、属、种组成

纲	目	科	属 数量（个）	属 百分比（%）	种 数量（个）	种 百分比（%）
原尾纲	古蚖目	4	5	0.61	6	0.48
弹尾纲	原蚖目	1	1	0.12	1	0.08
	长角蚖目	3	8	0.97	12	0.97
	愈腹蚖目	1	1	0.12	1	0.08
双尾纲	铗尾目	1	1	0.12	2	0.16
昆虫纲	衣鱼目	1	1	0.12	1	0.08
	蜉蝣目	5	6	0.73	8	0.65
	蜻蜓目	6	8	0.97	9	0.73
	䗛蠊目	3	4	0.49	5	0.40
	螳螂目	1	3	0.37	5	0.40
	等翅目	1	1	0.12	1	0.08
	直翅目	10	20	2.44	26	2.10
	革翅目	1	1	0.12	1	0.08
	啮目	1	1	0.12	2	0.16
	缨翅目	2	4	0.49	6	0.48
	半翅目	23	63	7.67	79	6.37
	鞘翅目	29	255	31.18	421	33.95
	广翅目	2	3	0.37	3	0.24

(续表)

纲	目	科	属 数量（个）	属 百分比（%）	种 数量（个）	种 百分比（%）
昆虫纲	蛇蛉目	1	1	0.12	1	0.08
	脉翅目	4	9	1.10	12	0.97
	毛翅目	1	1	0.12	1	0.08
	鳞翅目	31	331	40.32	482	38.87
	双翅目	13	52	6.33	97	7.82
	膜翅目	14	40	4.88	58	4.69
共计		24	159	820	100	1240	100

（一）纲级阶元组成

根据表3数据，目前木兰围场已知的六足动物（泛指昆虫）由4个纲组成，种类数量由高到低依次为昆虫纲（1218种）、弹尾纲（14种）、原尾纲（6种）、双尾纲（2种）；各纲物种比重分别为：原尾纲0.48%、双尾纲0.16%、弹尾纲1.13%和昆虫纲98.23%。由此看出，昆虫纲是构成木兰围场昆虫物种多样性的绝对主体。

（二）目级阶元组成

目前木兰围场的4纲昆虫已知由24目组成，各目昆虫的物种数量从高到低依次是：鳞翅目（482种/38.87%）、鞘翅目（421种/33.95%）、双翅目（97种/7.82%）、半翅目（79种/6.37%）、膜翅目（58种/4.69%）、直翅目（26种/2.10%）、长角姚目（12种/0.97%）、脉翅目（12种/0.97%）、蜻蜓目（9种/0.73%）、蜉蝣目（8种/0.65%）、古蚖目=缨翅目（6种/0.48%）、螳螂目=蜚蠊目（5种/0.40%）、广翅目（3种/0.24%）、铗尾目=啮目（2种/0.16%）、原姚目=愈腹姚目=衣鱼目=等翅目=革翅目=蛇蛉目=毛翅目（1种/0.08%）。构成该地区昆虫的4个优势目分别为鳞翅目、鞘翅目、双翅目和半翅目，种数高达1079种，占据该森林公园昆虫总种数的87.01%。

（三）科级阶元组成

我们以狭义的昆虫纲为例对其科级阶元组成情况进行了统计分析。数据显示，目前木兰围场狭义昆虫纲的科级阶元共149个（见表4），它们在物种数量构成上的情况是：超过50种以上的科有5个（3.36%），41～50种的科有1个（0.67%），31～40种的科有5个（3.36%），21～30种的科有3个（2.01%），11～20种的科有10个（6.71%），10种及以下的科有125（83.89%）。由此看出，种数居于中小型的类群是构成木兰围场昆虫种类多样性的主体，占据了该地区昆虫科级阶元总数的83.89%。由其物种数量构成可知，该地区的优势昆虫科有11个：夜蛾科（138种）、天牛科（99种）、叶甲科（64种）、金龟科（57种）、尺蛾科（57种）、蛱蝶科（45种）、丽蝇科（39种）、舟蛾科（36种）、步甲科（36种）、卷蛾科（33种）、草蛉科（31种），这些科的物种数量之和占该地区已知昆虫物种总数的52.13%。

表4 木兰围场昆虫的科级阶元组成

目	科	属 数量（个）	种 数量（个）
衣鱼目	衣鱼科	1	1
蜉蝣目	小蜉科	2	4
	细裳蜉科	1	1
	新蜉科	1	1
	四节蜉科	1	1
	扁蜉科	1	1
蜻蜓目	蟌科	1	1
	扇蟌科	1	1
	色蟌科	1	1
	蜓科	1	1
	伪蜻科	1	1
	蜻科	3	4
䗛螉目	䗛螉科	1	2
	地鳖蠊科	2	2
	姬蠊科	1	1
螳螂目	螳螂科	3	5
等翅目	鼻白蚁科	1	1
直翅目	螽斯科	5	6
	蟋蟀科	3	4
	树蟋科	1	1
	驼螽科	1	1
	蝼蛄科	1	2
	癞蝗科	1	1
	斑腿蝗科	1	1
	斑翅蝗科	3	3
	网翅蝗科	3	6
	蝗科	1	1
革翅目	球螋科	1	1
啮目	虱啮科	1	2
缨翅目	管蓟马科	1	2
	蓟马科	3	4
半翅目	斑木虱科	1	1
	蚜科	13	17
	球蚜科	1	1
	大蚜科	1	1
	斑蚜科	1	1
	蝉科	1	1
	沫蝉科	1	1

(续表)

目	科	属 数量（个）	种 数量（个）
半翅目	叶蝉科	1	1
	角蝉科	2	2
	蜡蝉科	1	1
	飞虱科	2	2
	黾蝽科	1	1
	划蝽科	1	1
	盲蝽科	13	19
	花蝽科	3	4
	姬蝽科	1	1
	扁蝽科	1	1
	缘蝽科	1	1
	异蝽科	2	3
	地长蝽科	1	1
	同蝽科	3	4
	盾蝽科	2	2
	蝽科	9	12
鞘翅目	龙虱科	1	1
	步甲科	17	36
	牙甲科	1	1
	葬甲科	8	16
	隐翅甲科	2	2
	阎甲科	4	4
	粪金龟科	3	3
	皮金龟科	1	1
	锹甲科	2	2
	金龟科	30	57
	吉丁甲科	4	6
	叩甲科	8	11
	皮蠹科	2	4
	蛛甲科	2	2
	长蠹科	1	2
	穴甲科	1	1
	瓢甲科	17	30
	蚁形甲科	1	1
	芫菁科	5	10
	拟天牛科	2	3
	赤翅甲科	1	1
	拟步甲科	15	24

(续表)

目	科	属 数量（个）	种 数量（个）
鞘翅目	郭公甲科	3	3
	露尾甲科	2	3
	隐食甲科	1	1
	叶甲科	38	64
	天牛科	60	99
	卷象科	3	5
	象甲科	20	28
广翅目	泥蛉科	1	1
	齿蛉科	2	2
蛇蛉目	蛇蛉科	1	1
脉翅目	褐蛉科	2	2
	草蛉科	3	5
	蚁蛉科	3	4
	蝶角蛉科	1	1
毛翅目	角石蛾科	1	1
鳞翅目	长角蛾科	1	1
	麦蛾科	3	6
	列蛾科	1	1
	遮颜蛾科	1	1
	鞘蛾科	1	2
	草蛾科	1	3
	木蠹蛾科	1	1
	卷蛾科	24	33
	斑蛾科	1	1
	刺蛾科	3	3
	螟蛾科	11	19
	草螟科	22	31
	蚕蛾科	1	1
	钩蛾科	4	4
	尺蛾科	46	57
	波纹蛾科	4	7
	枯叶蛾科	7	9
	大蚕蛾科	4	4
	箩纹蛾科	1	1
	天蛾科	12	19
	带蛾科	1	1
	舟蛾科	23	36

(续表)

目	科	属 数量（个）	种 数量（个）
鳞翅目	毒蛾科	8	9
	灯蛾科	16	19
	鹿蛾科	1	1
	夜蛾科	76	138
	凤蝶科	2	2
	粉蝶科	6	9
	蛱蝶科	33	45
	灰蝶科	10	10
	弄蝶科	6	8
双翅目	蚊科	1	6
	虻科	1	2
	蜂虻科	3	4
	舞虻科	1	1
	长足虻科	1	1
	蚜蝇科	7	8
	丽蝇科	15	39
	寄蝇科	14	20
	蝇科	3	9
	花蝇科	2	2
	厕蝇科	1	2
	小粪蝇科	1	1
	麻蝇科	2	2
膜翅目	扁叶蜂科	2	3
	叶蜂科	7	9
	三节叶蜂科	1	1
	树蜂科	1	1
	长颈树蜂科	1	1
	姬蜂科	6	6
	胡蜂科	3	8
	泥蜂科	5	5
	切叶蜂科	2	2
	蜜蜂科	1	1
	地蜂科	1	1
	隧蜂科	1	1
	茧蜂科	4	4
	蚁科	5	15
合计：19	149	804	1218

（四）属级阶元组成

同样以狭义昆虫纲为例进行统计分析，木兰围场现有昆虫分布于 805 个属级阶元之中（见表 5），其数量构成以单种属者居多，占总属数的 72.67%；其次是寡种属，占 25.71%；5 种以上的多种属仅占 1.62%，由此看出，该地区昆虫种类分化相对比较明显，诸多昆虫分化为小的类群栖息于此地，以适应相对复杂的生活环境。

表 5 木兰围场昆虫的属级阶元组成

属　　别	属数（个）	百分比（%）
单种属（仅 1 种）	585	72.67
寡种属（2～5 种）	207	25.71
多种属（5 种以上）	13	1.62
合计	805	100

二、昆虫分布类型与区系

（一）在世界动物地理区划中的分布格局

世界动物地理采用 Holt 等（2013）的 11 界划分意见，即古北界、东洋界、中国—日本界（以下简称中日界）、撒哈拉—阿拉伯界（以下简称撒阿界）、非洲界、新热带界、大洋洲界、巴拿马界、新北界、马达加斯加界、澳大利亚—新西兰界（以下简称澳新界）。我们将木兰围场的昆虫分布划分为 36 个类型（见表 6），木兰围场昆虫属级阶元的分布与世界动物地理区划的关系显示：古北界+中日界 325 属（39.67%），古北界+中日界+东洋界 261 属（31.83%），其余各分布类型所占比例均小于 10.00%。以上数据表明，木兰围场甲虫的属级分布以古北界+中日界为主，古北界+中日界+东洋界次之。

表 6 木兰围场昆虫纲世界动物地理区划成分

| 世界动物地理区划 ||||||||||| 属数（个） | 占总属数百分比（%） |
古北界	中日界	东洋界	新北界	澳新界	新热带界	大洋洲界	巴拿马界	马达加斯加界	撒阿界	非洲界		
+	+										325	39.67
+	+	+									261	31.83
+											72	8.78
+	+	+	+	+	+	+	+	+	+	+	24	2.93
+	+	+	+	+							21	2.56
+	+	+							+	+	16	1.95
	+	+									15	1.83
+	+	+	+								12	1.46
	+										11	1.34
+	+	+						+			9	1.10

(续表)

| 世界动物地理区划 ||||||||||| 属数（个） | 占总属数百分比（%） |
古北界	中日界	东洋界	新北界	澳新界	新热带界	大洋洲界	巴拿马界	马达加斯加界	撒阿界	非洲界		
+	+								+		7	0.85
+	+	+	+						+	+	6	0.73
+	+								+	+	5	0.61
+	+	+		+							4	0.49
+	+	+		+		+			+	+	3	0.37
+	+	+	+								3	0.37
+	+	+				+					3	0.37
+	+	+	+	+					+	+	2	0.24
+	+	+									2	0.24
+	+	+			+				+	+	2	0.24
+	+	+	+	+		+			+	+	2	0.24
+	+	+	+		+		+	+	+	+	1	0.12
+									+		1	0.12
+	+	+			+	+					1	0.12
+	+	+				+					1	0.12
+	+	+		+					+	+	1	0.12
+	+	+							+	+	1	0.12
+	+	+									1	0.12
+	+	+	+			+					1	0.12
+	+	+		+							1	0.12
+	+		+								1	0.12
	+	+	+								1	0.12
+	+	+	+	+		+					1	0.12
+	+					+			+		1	0.12
+	+	+						+	+	+	1	0.12
总计											820	100.00

（二）在中国动物地理区划中的分布格局

根据张荣祖（2011）的中国动物地理 7 区划分意见，对木兰围场昆虫在中国动物地理区划中的分布特点做出初步分析（见表 7），共得出 40 种分布类型。其中以全国广布属最多，共计 153 属，占总属数的 18.66%，其次是东北区+蒙新区+华北区 120 属（14.63%），东北区+蒙新区+华北区+华中区+华南区+西南区的共有属 112 属（13.66%），东北区+蒙新区+华北区+华中区的共有属 41 属（5.00%），东北区+蒙新区+华北区+青藏区的共有属 40 属（4.88%），东北区+蒙新区+华北区+华中区+西南区+青藏区的共有属 39 属（4.76%），东北区+蒙新区+华北区+华中区+西南区的共有属 29 属（3.54%），单区分布的华北区特有属有 18 属，占比 2.20%。木兰围场昆虫在中国动物地理区划中的分布类型总体呈现多样化，物种多样性相对丰富。

表 7　木兰围场昆虫在中国动物地理区划中的分布

中国动物地理区划							属数（个）	占总属数的百分比（%）
东北区	蒙新区	华北区	华中区	华南区	西南区	青藏区		
+	+	+	+	+	+	+	153	18.66
+	+	+	+		+		120	14.63
+	+	+	+	+	+		112	13.66
+	+	+	+				41	5.00
+	+	+				+	40	4.88
+	+	+	+		+	+	39	4.76
+	+	+	+		+		29	3.54
		+	+				28	3.41
+	+	+	+	+			26	3.17
+	+	+	+			+	21	2.56
		+					18	2.20
	+	+	+	+	+		17	2.07
+			+	+	+	+	16	1.95
		+	+				13	1.59
			+		+		13	1.59
+		+	+	+	+		13	1.59
+	+	+	+			+	13	1.59
		+	+	+	+		12	1.46
	+	+	+	+	+	+	11	1.34
	+	+	+		+		10	1.22
+		+	+				9	1.10
		+	+				7	0.85
	+		+			+	7	0.85
		+	+		+		6	0.73
+		+	+		+		6	0.73
+		+	+	+			6	0.73
+	+	+			+		5	0.61
	+	+	+				4	0.49
	+	+	+		+		4	0.49
+	+	+			+		3	0.37
+		+			+	+	3	0.37
		+	+	+	+	+	3	0.37
		+	+	+			2	0.24
		+	+			+	2	0.24

(续表)

中国动物地理区划							属数（个）	占总属数的百分比（%）
东北区	蒙新区	华北区	华中区	华南区	西南区	青藏区		
		+	+		+	+	2	0.24
	+	+	+	+	+	+	2	0.24
	+	+			+		1	0.12
		+	+			+	1	0.12
		+	+	+		+	1	0.12
+	+	+		+		+	1	0.12
\multicolumn{7}{c	}{总计}	820	100.00

（三）蛾类昆虫的群落动态及多样性比较

蛾类作为木兰围场物种数量最多的昆虫类群之一，在参与该地林区生态环境物质流和循环流中的食物网中有重要意义。蛾类昆虫绝大多数为植食性，它们与生境内植物群落有十分密切的功能联系，在生态系统的结构和功能中具有重要作用。蛾类昆虫的种类和数量可以用于预示该区森林的环境质量。为此，我们选择蛾类作为木兰围场昆虫物种多样性分析的代表。

1. 木兰围场蛾类昆虫的种群特征

我们于 2015 年 6—8 月在木兰围场选取 3 个固定的灯诱点，位于针叶林、阔叶林和针阔混交林 3 种不同林型，每隔 1 周灯诱昆虫 1 次（如遇雨天则将灯诱时间向后顺延），灯诱时间为晚 7 点至第 2 天黎明 5 点，诱虫工具为白色幕帐和 450 瓦汞灯。

对诱集的蛾类数量进行统计，共得到木兰围场蛾类 18 科 233 属 331 种（见表 8），以夜蛾科、尺蛾科和舟蛾科为优势类群，共 134 属 202 种，分别占据整个蛾类属级阶元的 57.50%和种级组成的 61.03%。其中，夜蛾科 69 属 117 种，其属、种各占 29.61%和 35.35%；尺蛾科 43 属 51 种，其属、种各占 18.45%和 15.41%；舟蛾科 22 属 34 种，其属、种各占 9.44%和 10.27%；其余科的属、种共计占 42.50%和 38.97%，以草螟科、卷蛾科和灯蛾科的种类相对较多，绢蛾科、箩纹蛾科和长角蛾科则相对较少。

表 8 木兰围场蛾类的种类组成比例

科　名	属　数	百分比（%）	种　数	百分比（%）
夜蛾科	69	29.61	117	35.35
尺蛾科	43	18.45	51	15.41
舟蛾科	22	9.44	34	10.27
草螟科	17	7.30	24	7.25
卷蛾科	13	5.58	18	5.44
灯蛾科	13	5.58	17	5.14
螟蛾科	11	4.72	17	5.14
天蛾科	13	5.58	17	5.14
枯叶蛾科	7	3.00	9	2.72

（续表）

科　名	属　数	百分比（%）	种　数	百分比（%）
毒蛾科	7	3.00	8	2.42
钩蛾科	5	2.15	5	1.51
大蚕蛾科	4	1.72	4	1.21
波纹蛾科	2	0.86	3	0.90
刺蛾科	2	0.86	2	0.60
木蠹蛾科	2	0.86	2	0.60
绢蛾科	1	0.43	1	0.30
箩纹蛾科	1	0.43	1	0.30
长角蛾科	1	0.43	1	0.30
总计	233	100.00	331	100.00

2. 木兰围场蛾类群落的多样性和均匀性

1）不同月份的蛾类多样性分析

在群落结构中，多样性和均匀度共同反映群落的稳定性。我们对调查期限内各月份蛾类群落的多样性指数 H'、种间相遇概率 PIE、均匀度 J、物种丰富度 R 和个体数 $\ln N$ 的统计分析的结果表明（见表9），蛾类发生的 Shannon–Wiener 多样性指数和均匀度在6—8月均呈递减趋势，6月、7月的多样性相差不大，但7月的物种丰富度高于6月，表明7月木兰围场蛾类种类相对丰富，群落比较稳定，是蛾类昆虫生存的最佳自然环境；8月蛾类多样性及均匀度指数均偏低，可能与木兰围场的季节性气候有关。6月温度低，大多数越冬代蛾类活动和繁殖刚开始；进入7月后温度升高，植被生长茂盛，利于蛾类生活和繁衍；8月木兰围场降雨集中发生，大多数蛾类成虫在产卵后死去，进入幼虫生长期，故到灯下活动的种类相对减少。

表9　木兰围场不同月份的蛾类群落多样性分析

月份	物种丰富度 R	个体数 $\ln N$	多样性指数 H'	种间相遇概率 PIE	均匀度 J
6月	4.4308	6.1463	2.2311	0.9725	0.5035
7月	5.5334	7.2492	2.2022	0.9925	0.3980
8月	5.0370	6.2146	1.7386	0.9881	0.3452

2）不同林型的蛾类多样性分析

对木兰围场3种森林植被类型与蛾类昆虫多样性的发生对比分析，得到不同林型的多样性指数（见表10）。研究数据表明，昆虫多样性指数随林型的不同而发生相应变化，由高到低是阔叶林（2.2068）、针叶林（2.1841）、针阔混交林（2.1430）。木兰围场的阔叶林主要由未经采伐的白桦、蒙古栎、柞树等组成，生境稳定，适合多类生态位的蛾类昆虫生存和繁衍，故蛾类的群落相对比较稳定，其物种丰富度、个体数、多样性指数均最高；针叶林以华北落叶松、樟子松、云杉等针叶树种为主，植物种类相对贫乏，结构比较单一，只有少数蛾类能够在此生境中生存，其多样性指数、物种丰富度、个体数均低于前者；针阔混交林的蛾类物种数（238）与个体数（832）均高于针叶林（137、465），但其昆虫多样性指数、均匀度均低于针叶林的昆虫多样性指数。

表10 木兰围场不同林型间蛾类群落多样性分析

林型	物种丰富度 R	个体数 $\ln N$	多样性指数 H'	种间相遇概率 PIE	均匀度 J
针叶林	4.9200	6.1420	2.1841	0.9856	0.4439
阔叶林	5.4723	6.9707	2.2068	0.9935	0.4033
针阔混交林	5.3279	6.7238	2.1430	0.9795	0.4022

木兰围场3种生境蛾类的多样性指数与物种丰富度、个体数一致，而与均匀度不一致。类似的研究还有，贺达汉等（1988）认为，荒漠草原昆虫群落的多样性指数与均匀度是一致的，表明群落结构是稳定的；万方浩和陈长铭（1986）对稻田昆虫群落的研究则得出，在不同季节，多样性指数与均匀度不一致；刘文萍和邓合黎（1997）的研究表明，不同生境的蝶类群落多样性指数与均匀度不一致；尤平等（2006）对天津北大港湿地自然森林公园蛾类的多样性的研究结果显示，多样性指数与均匀度不一致。对于木兰围场的这种情况，我们分析可能受季节变化或生境破坏等影响因素较大，而与蛾类的均匀度和多样性指数不相关，这也从另一个方面说明蛾类对微环境的变化比较敏感，从而表现出比较高的差异。因此，蛾类可以作为指示性物种来监测生境破坏等环境变化。

3）种—多度关系

从灯下蛾类的种—多度曲线看，在分割线段、等比级数与对数级数、对数正态分布与截尾负二项式分布3个数学模型中，木兰围场的蛾类昆虫发生的种—多度曲线呈现出多变化特点，其总体发生趋势接近于对数级数模型。按该模型的生态位优先占领理论，在群落中物种对资源的占有一般如下分配：第1位的优势种优先占领有限资源的一定部分，第2位的优势种又占领第1位所余下资源的一定部分，以此类推。由图1中的数据看出，木兰围场蛾类昆虫的种—多度关系接近于这种模型，表明该林区的蛾类群落生态环境还不够丰富，物种数量整体偏少，而优势种则得到了较大发展，如桦尺蛾、落叶松毛虫、榆绿天蛾等的个体数量较大。究其原因可归结于该林区以落叶松、樟子松、油松等针叶林为主，生态环境单一，也可能与近年木兰围场开发较快、旅游人数增多、人类干涉增大有关。

3. 不同月份及林型间物种相似性分析

木兰围场不同月份和不同林型蛾类的种数相似性系数分析结果表明（见表11），不同月份的蛾类相似性差异明显；不同林型间的蛾类相似性系数很低，处于极不相似和中等不相似水平。木兰围场蛾类昆虫生存的气候条件比较寒冷，一些蛾类只能在一些有利的温度条件下得以生存，导致在相邻月份蛾类群落间相似性程度较低，表现为：7月、8月的相似性系数＞6月、7月的相似性系数＞6月、8月的相似性系数。由于植被类型存在差异，不同林型也会形成不同的小生境，造成 3 种林型间的蛾类相似性系数很低，相似性差异明显。由此可见，温度和植被的不同对蛾类的分布格局产生直接影响。

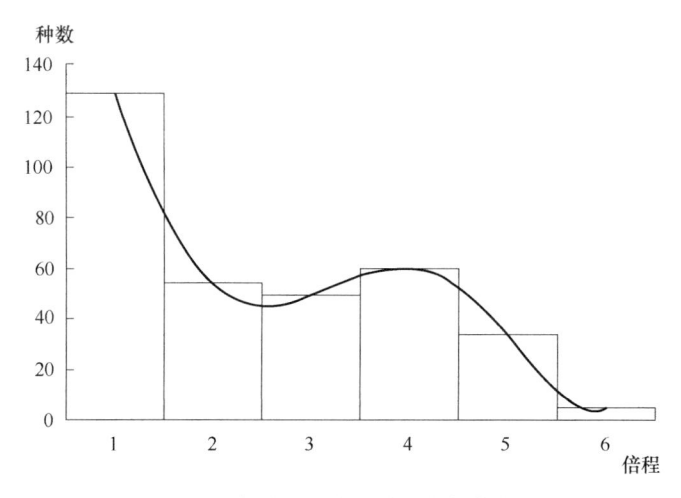

图 1 木兰围场蛾类种—多度曲线

表 11 木兰围场不同月份及林型蛾类的相似性系数

	6月	7月	针叶林	阔叶林
7月	0.2344			
8月	0.0868	0.2962		
阔叶林			0.1329	
混交林			0.3346	0.4185

第 4 章

昆虫资源类型与保护利用

昆虫是构成生物多样性和维持地球上所有生命过程的重要力量。昆虫通过提供包括诸如授粉、物质分解、生物防治等服务维系生态系统的健康运作，极大地影响着整个生物世界；昆虫还通过提供食物和药品、净化水和空气、防止土壤侵蚀、调节气候等为人类提供必要服务，同时为旅游业和渔业提供了重要的资源，并具有重要的文化、审美和精神价值。在森林生态系统中，昆虫具有许多不同的营养生态位和广泛的生态功能。植食性昆虫改变了植物碎屑输入的质量、数量和时间，是生态系统过程的重要驱动者，对生态系统循环产生巨大影响。木兰围场大多数植物依赖昆虫授粉而繁衍生息，昆虫为植物授粉有助于其向多样性方向发展，反过来通过授粉间接地影响了该物种的生物多样性。捕食者和寄生者作为二级或三级消费者占据较高的营养水平，有助于将初级消费者或植食性生物的数量增长控制在一定阈值内。清洁类昆虫分解有机废物，如粪便和腐菌腐肉，形成了一个重要的生态系统过程，这类昆虫具有清除地表废物和回收植物可以利用的营养物质的作用，从而维持了林草的健康。在木兰围场所有森林生态系统中，昆虫都表现出出类拔萃的物种丰富度和数量优势，其生物学等方面都表现出物种间的巨大差异以应对环境的多样性。因此，保护昆虫的生物多样性就是保护森林生态系统的多样性。了解这些初步理论知识，对于提高人们的思想认识和觉悟大有裨益。

一、昆虫资源类型

昆虫资源是大自然赋予人类的宝贵财富，它关系人类福祉和可持续发展。昆虫资源包括其自身虫体、昆虫行为及昆虫分泌物、内含物和排泄物等产物，可直接或间接为人类所利用，有其特殊的利用价值。木兰围场的昆虫资源可分为传粉类昆虫、天敌类昆虫、观赏类昆虫、食（药）用类昆虫、清洁类昆虫、环境监测类昆虫。

（一）传粉类昆虫

在自然界，大约有 90%的开花植物和 1/3 的人类粮食作物的繁殖依赖昆虫等动物传粉，因此，昆虫为我们人类带来增产的福祉。昆虫授粉是陆地生态系统中重要的生态过程，它们以花为媒，通过授粉的作用为我们人类社会提供了重大的经济价值、美学效益和文化价值。地球上的传粉昆虫多达 20 万种，以蜜蜂、蝴蝶、飞蛾、甲虫、苍蝇最为普遍。此外，传粉类昆虫是支持自然生态系统生物多样性复杂网络的一部分，有助于维持我们的生活质量。传粉类昆虫在维持生态系统的相对稳定和动态平衡上起着重要作用。它们是造福地球、造福人类的重要资源，需要加倍保护和科学利用。

木兰围场的传粉类昆虫主要有膜翅目、双翅目、鞘翅目、半翅目及鳞翅目里的一些访花种类，物种数量由高到低依次是膜翅目 Hymenoptera（尽管目前我们知道的种类十分有限）＞鳞翅目 Lepidoptera＞双翅目 Diptera＞鞘翅目 Coleoptera，还有半翅目 Hemiptera、缨翅目 Thysanoptera 等。木兰围场常见的传粉类昆虫有淡翅红腹蜂 *Sphecodes grahami*、盗条蜂 *Anthophora plagiata*、黄领蜂虻 *Bombylius vitellinus*、横带花蝇 *Anthomyia illocata*、绿芫菁 *Lytta caraganae* 等。

（二）天敌类昆虫

木兰围场的天敌类昆虫包括捕食性和寄生性两大类（见表 12），前者已知 53 科 161 属 223 种，约占该地区昆虫总种数的 20.48%，它们在自然生态系统中起着控制害虫数量增加、维护生态系统稳定的特殊服务功能。寄生性天敌类昆虫 46 种，主要为双翅目的寄蝇和膜翅目的寄生蜂类；寄生性昆虫的物种本地远没有调查充分，余量很大，是该地区昆虫物种数量重要的增长点之一。

表 12 木兰围场国家森林公园已知的天敌类昆虫

类　　型	目级名称	科级名称	种数	捕食对象
捕食性天敌类昆虫（223 种）	蜉蝣目 Ephemeroptera	所有科	8	捕食水体中的小型节肢动物
	蜻蜓目 Odonata	各科	9	成虫捕食飞虫，袭击蜂群；稚虫捕食鱼苗或小鱼
	螳螂目 Mantodea	各科	5	捕食其他昆虫和小型节肢动物
	直翅目 Orthoptera	螽亚目	6	捕食柞蚕、蝗虫等
	革翅目 Dermaptera	各科	1	捕食鳞翅目幼虫及卵、蚜虫、蚧虫等
	缨翅目 Thysanoptera	纹蓟马科、蓟马科	6	捕食蚜虫、蚧虫、蓟马及叶螨
	半翅目 Hemiptera	黾蝽科、蝽科、姬蝽科、猎蝽科、仰蝽科、盲蝽科、花蝽科	12	吸食昆虫等小型节肢动物血液
	广翅目 Megaloptera	各科	3	成虫捕食鳞翅目幼虫等；在水体中，幼虫捕食小型水生昆虫等
	蛇蛉目 Raphidiodea	1 科	1	成虫、幼虫均可捕食蚜虫、鳞翅目等昆虫的幼虫
	脉翅目 Neuroptera	各科	12	捕食蚜虫、鳞翅目幼虫、叶螨等

（续表）

类　　型	目级名称	科级名称	种数	捕食对象
捕食性天敌类昆虫（223种）	鞘翅目 Coleoptera	步甲科、龙虱科、牙甲科、葬甲科、阎甲科、瓢虫科、芫菁科	101	捕食昆虫、蜘蛛等小型动物
	毛翅目 Trichoptera	1科	1	捕食水体中的小型昆虫的幼体
	双翅目 Diptera	蚊科、虻科、食虫虻科、长足虻科、舞虻科、蚜蝇科、蝇科	29	捕食其他小型昆虫
	鳞翅目 Lepidoptera	螟蛾科	1	捕食其他昆虫
	膜翅目 Hymenoptera	胡蜂科、蚁科、方头泥蜂科、泥蜂科	28	捕食鳞翅目幼虫等昆虫
寄生性天敌类昆虫（46种）	寄生蜂类	姬蜂科、茧蜂科、胡蜂科、泥蜂科	23	捕食寄生鳞翅目等昆虫的卵、幼虫和蛹，甚至成虫
	寄生蝇类	麻蝇科、寄蝇科	22	寄生其他昆虫的幼虫和蛹，甚至成虫
	鞘翅目 Coleoptera	穴甲科	1	寄生蛀干类昆虫的幼虫和蛹，如天牛、透翅蛾、木蜂科等

（三）观赏类昆虫

观赏类昆虫具有多姿多彩的颜色、奇特的形态和特殊的行为（如斗蟋），可以给人类带来美的享受和乐趣，甚至影响人类的文化。蝴蝶的观赏价值和文或美学价值世人皆知，在我国文学艺术、诗歌、绘画、服饰中处处可见蝴蝶的形象，有些已成为我国文学艺术中的珍品。甲虫类中具有鲜艳色彩和奇特形状的种也具有很高的观赏价值；昆虫中的"拟态"和保护色具有科学价值和观赏价值；蟋蟀作为一种古老的观赏类昆虫，相关活动在中国民间一直沿袭下来。木兰围场的观赏类昆虫已知7目40科140属207种，约占该地区已知昆虫总种数的16.43%，主要集中在蝶蛾类、甲虫类、鸣声类昆虫当中。观赏类昆虫广泛分布于许多昆虫类群中，但以鳞翅目、蜻蜓目、鞘翅目的花金龟科、粪金龟科、锹甲科、螳螂科、步甲总科、螳螂居多，还有鸣声类昆虫如蝉、蟋蟀、螽斯和一些蝗虫等。

（四）食（药）用类昆虫

中国食用类昆虫历史悠久，有许多具有民族特色的昆虫资源可以开发利用。人们饲养家禽和养殖蜜蜂、家蚕一样，其最终目标是从中获取食物及生活用品；昆虫是动物界中种类和数量最大的类群之一，其体内与家禽家畜一样也含有蛋白质、脂肪等营养物质，具有作为人类食物资源的基本特征。木兰围场的食用（含饲用）类昆虫有8目21科38属45种，其中直翅目蝗虫、蟋蟀，鞘翅目天牛科幼虫、吉丁科幼虫等可食用；双翅目果蝇、家蝇，以及蜚蠊目蜚蠊科在内的昆虫等可作为饲用类昆虫。

药用类昆虫是一类具有药用价值，可以治疗或协助治疗人类及其饲养动物的某种疾病，能增强机体免疫力的昆虫。这类昆虫资源广泛而丰富，开发潜力巨大。《本草纲目》中记载的虫药有 74 种，《中国药用昆虫集成》中记录的药用类昆虫有 14 目 69 科 239 种。昆虫的入药部分有整体、部位或者分泌物等。在木兰围场，已知的药用类昆虫约有 12 目 32 科 72 属 112 种，主要是蜚蠊目的冀地鳖 *Phlyphaga plancyi*、螳螂目的中华大刀螳 *Tenodera sinensis*、薄翅螳 *Mantis religiosa*，直翅目的黑脸油葫芦 *Teleogryllus occipitais*、东方蝼蛄 *Gryllotalpa orintalis*，鞘翅目的芫菁科昆虫、铜绿异丽金龟 *Anomala corpulenta*、白星花金龟 *Protaetia brevitarsis* 等，它们基本上都是待开发资源，其他昆虫的药用价值尚待我们去研究。

（五）清洁类昆虫

木兰围场国家森林公园的清洁类昆虫包括：粪食性种类，如金龟科 Scarabaeidae、粪金龟科 Geotrupidae、蜉金龟科 Aphodiidae；腐食性种类，如葬甲科 Silphidae、阎甲科 Histeridae、隐翅甲科 Staphylinidae（部分）、皮金龟科 Trogidae、皮蠹科 Dermestidae 等；专门嗜食植物的集存腐质物、人畜及家禽粪便的蝇科 Muscidae、丽蝇科 Calliphoridae 等，它们具有清除森林环境中的垃圾、尸体、腐物的能力；对腐木、菌类子实体起清理或转化作用的昆虫；净化水质的昆虫等。初步统计，木兰围场的清洁类昆虫大约有 12 目 32 科 72 属 112 种，它们对森林生态系统的清洁健康起着不可低估的作用，甚至是森林生态环境不可或缺的力量，是大自然的"清洁工"和"清道夫"。

（六）环境监测类昆虫

环境监测类昆虫是指一些对环境中的某些物质能直接或间接产生各种反应的被用来监测和评价环境质量现状和变化的昆虫。环境监测类昆虫包括水环境监测类昆虫和土壤环境监测类昆虫。木兰围场环境监测类昆虫有 4 纲 14 目 47 科 126 属 217 种，约占该地区昆虫总种数的 17.50%。其中，水环境监测类昆虫 1 纲 7 目 19 科 23 属 31 种，主要为蜻蜓目、蜉蝣目、广翅目、精翅目和毛翅目的全部，以及鞘翅目和半翅目的部分类群；土壤环境监测类昆虫有 4 纲 9 目 29 科 104 属 192 种，主要为弹尾纲、双尾纲、原尾纲及鞘翅目的葬甲科、粪金龟科、隐翅虫科、双翅目等。

二、昆虫资源保护利用

昆虫多样性是构成木兰围场生物多样性十分重要的力量。我们的阶段性工作目前记录了该地区昆虫 1240 种（亚种），毫不夸张地说，这个数字恐怕是该地区实有昆虫物种数量的一小部分，大量物种还在沉睡和"隐姓埋名"中，有待我们今后进一步挖掘和揭示。在此，我们从森林生态系统保护的角度认识昆虫物种多样性保护利用的问题。

昆虫由于其物种多样性丰富程度极高，以及它们在生态系统中占据复杂的生态位，国际上多采用昆虫作为生态系统健康评价的指示性物种，用于检测大气污染、水体污染群落多样性状况等。在这方面昆虫具备作为指示性物种的3个优势。一是它们与植物是陆地生物群落中最为重要的组成部分，两者间的相互作用和关系涉及广泛。昆虫作为动物界种类最多的类群，是自然生态系统物质和能量循环不可缺少的重要环节，通过它们可显示整个森林生态系统结构与功能的许多特征。二是昆虫的生物量在整个陆地生态系统中十分惊人，它们是自然界生物多样性十分重要的组成部分，具有其他生物物种无可替代的生态功能。昆虫群落的变化常常影响到森林生态系统食物网的组成，也直接或间接地影响较高等生物的分布和丰度。三是昆虫能够占据其他动物不能占据的生境空间。由于昆虫对其生存环境条件的变化十分敏感，因此其作为生境变化的响应指示性物种，具有广泛的生物地理学和生态学探针的功能。

与森林火灾、病害、污染灾害、气象灾害等森林生态系统的胁迫要素一样，昆虫对环境的胁迫首先反映在种群水平上，尤其是那些环境敏感种，在森林健康的监测和评估中尤其重要。长期以来，人们监测森林生态系统中有害昆虫的种群消涨趋势、进行虫害早期预警和测报已经积累了大量的工作。实践证明，与植物相比，用昆虫作为检测指标具有无可替代的优势，要了解森林生态系统健康与否，就要从系统结构、功能及过程诸方面多角度地加以考虑，才能客观反映系统组织结构、功能及演替动态。昆虫体型小、生活周期短，对不断发生的细微的环境变化十分敏感，并能做出快速反应。利用昆虫开展调查和观测具有简单、快速、实用、成本小等特点，并能在群落水平上准确反映出环境胁迫的生态效应。这些特点使昆虫非常有利于作为评价森林生态系统、农田生态系统、草原生态系统等生态系统健康的指示性物种和评价指标，也有利于基础数据的积累和数据库的建立，这些基础工作有利于我们科学地了解森林生态系统"健康状态"的性质，寻求有害昆虫胁迫环境程度的可用指标。

昆虫资源是大自然赋予我们的生物财富，它们为人类健康提供各种有用的服务。昆虫虫体富含蛋白质、碳水化合物、维生素、纤维、矿物质等营养物质，是我们人类未来有待开发的广泛营养源。所以，保护木兰围场生态的核心是保护包括昆虫在内的生物多样性。为此，我们提出该地区昆虫资源保护利用的如下几点初步建议。

（一）探索昆虫资源，加深对昆虫多样性的认知

在本次考察活动之前，木兰围场的昆虫物种相关研究材料极少，我们基本上不知其"家底"。通过本次实地考察和总结性研究，我们对该区域昆虫物种多样性及其区系成分、分布类型和分布状况等有了初步认识。我们再次强调，尽管本书记录了1240种各类昆虫，但对于木兰围场实际存在的庞大昆虫种类来说，可能只是冰山一角，要揭开其神秘的物种多样性面纱，任重而道远，还需要不懈努力、持续挖掘。我们需要挖掘并搞清楚许多未知昆虫种类的本底，并针对一些研究薄弱和十分"空白"的类群进行专项考察，诸如传粉类昆虫资源、天敌类昆虫资源、水生类昆虫资源、食叶类昆虫资源、蛀干类昆虫资源、土壤类昆虫资源、清洁类昆虫资源、药用类昆虫资源、文

化类昆虫等，了解它们在木兰围场生物群落中所扮演的角色和发挥的功能，提升我们对域内昆虫资源的整体性认知水平。

（二）对资源昆虫的保护与利用

① 在条件允许的情况下，利用此次采集成果搭建木兰围场生物资源展，充分利用木兰围场的生物、土壤的特点设计展览板块，通过向游客科普，提升木兰围场的综合形象。

② 保护核心区的植被环境，扩大资源昆虫的栖息地，如保护传粉类昆虫的花粉植物，保护天敌类昆虫的生活环境，在保护级别的昆虫出没地带设立小型的保护带等。制定相关动物资源保护的条例条款，加强监督。药用类昆虫、食用类昆虫可以进行饲养，发展地方特色经济，带动经济的发展。

③ 建立资源和信息共享平台，使相关专家和研究人员能有效沟通和合作，促进资源共享和利用，提高资源使用效率，促进研究成果的应用与转化。

第 5 章

重要森林害虫发生与防治

一、食叶害虫

1. 台湾长大蚜 *Cinara formosana* (Takahashi, 1924)

该虫隶属于半翅目 Hemiptera 大蚜科 Lachnidae。

发生危害：寄主植物为松树。成、若虫刺吸 1~2 年嫩枝或幼树干部汁液。虫害严重发生时，松针尖端发红发干，针叶上也有黄红色斑，枯针、落针明显，影响松树生长。

该虫在木兰围场 1 年发生 10 代左右。以卵在松针上越冬。卵于 4 月上旬孵化，5 月中旬出现无翅雌蚜成虫，以孤雌胎生方式繁殖，有翅胎生雌蚜（迁移蚜）于 6 月上旬出现，10 月中旬性蚜出现，11 月上旬有翅性蚜交配产卵并以卵越冬。

防治方法：在 5 月和 10 月的若虫期、成虫期分别用 10%甲维吡虫啉 2000 倍液或 1.2%苦烟乳油 1000 倍液进行树冠喷雾。

2. 落叶松球蚜 *Adelges (Adelges) laricis* Vallot, 1836

该虫隶属于半翅目 Hemiptera 球蚜科 Adelgesidae。

发生危害：云杉、落叶松。以成、若虫在枝干吸食为害，并在枝芽处形成虫瘿，致使被害部位以上枝梢枯死。

该虫完成周期生活史需要两个寄主。第一寄主是云杉属树种，主要在其枝条端部产生大量的虫瘿为害；第二寄主是落叶松属树种，主要以侨蚜刺吸落叶松针叶及嫩枝汁液，并产生大量白絮状分泌物，造成枝条霉污而干枯，落叶松枝提前脱落。

防治方法：（1）规划造林时尽可能避免落叶松和云杉混交；（2）及时摘除新感染虫瘿，并进行焚烧处理。

3. 榆绿毛萤叶甲 *Xanthogaleruca aenescens* Fairmaire, 1878

该虫隶属于鞘翅目 Coleoptera 叶甲科 Chrysomelidae。

发生危害：成虫和幼虫均为害榆树叶片，受害榆树的叶片被吃成网眼状。

该虫在木兰围场 1 年发生 2 代。以成虫在屋檐、墙缝、树皮缝、杂草间及土缝内越冬。翌年 3 月至 4 月出蛰活动，第 1 代幼虫于 5 月中下旬出现。5 月底至 6 月初幼虫化蛹，6 月上旬出现第 1 代成虫，6 月下旬至 7 月上旬第 2 代幼虫出现，7 月上中旬第 2 代幼虫化蛹出现第 2 代成虫，并于 8 月下旬以第 2 代成虫进入越冬状态。

防治方法：（1）营造混交林；（2）在越冬代成虫产卵前，第 1 代幼虫和成虫越冬时，采用 4.5%高效氯氰菊酯 3000 倍液进行防治。

4. 铜绿异丽金龟 *Anomala corpulenta* Motschulsky, 1854

该虫隶属于鞘翅目 Coleoptera 金龟科 Scarabaeidae。

发生危害：该虫主要以幼虫为害 2～10 年生云杉、落叶松、樟子松等幼苗的根部，环剥地下根部韧皮部，造成疏导组织受损、营养无法运输，进而整株干枯死亡。

该虫在木兰围场 1 年发生 1 代。以老熟幼虫越冬。翌年春季越冬幼虫开始活动，5 月下旬至 6 月中下旬为化蛹期，7 月上中旬至 8 月为成虫期，7 月上中旬是产卵期，7 月中旬至 9 月是幼虫为害期，并于 10 月中旬后陆续进入越冬。

防治方法：在幼虫为害期，使用 25%毒死蜱乳油 1000～1500 倍液灌根处理。

5. 落叶松毛虫 *Dendrolimus superan* (Butler, 1877)

该虫隶属于鳞翅目 Lepidoptera 枯叶蛾科 Lasiocampidae。

发生危害：以幼虫为害落叶松、油松、樟子松、红松和云杉针叶。

该虫在木兰围场 1 年发生 1 代。以 3～4 龄幼虫地下越冬。4 月中旬越冬幼虫开始上树活动，6 月下旬开始化蛹，7 月下旬开始羽化产卵，产卵量 128～515 粒，经 12～15 天卵孵化为幼虫。

防治方法：（1）利用赤眼蜂、白僵菌对该虫进行生物防治；（2）烟雾防治：使用 4.5%高效氯氰菊脂乳油与 0 号柴油 1∶14 配制使用；用 1.2%的苦烟乳油与 0 号柴油 1∶7 配制使用；用 3.0%高渗苯氧威与 0 号柴油 1∶4 配制使用；用 0.6%的阿维菌素与 0 号柴油 1∶5 配制使用。

6. 落叶松尺蛾 *Erannis ankeraria* Staudinger, 1861

该虫隶属于鳞翅目 Lepidopterac 尺蛾科 Geometridae。

发生危害：以幼虫取食落叶松的针叶。

该虫在木兰围场 1 年发生 1 代。以卵越冬。卵于 5 月上旬开始孵化，幼虫于 6 月下旬在枯落层中化蛹，成虫于 9 月下旬开始羽化并交配产卵，卵多产于张开的球果鳞片中，少数产于树皮缝中。

防治方法：（1）落叶松尺蛾核型多角体病毒防治；（2）烟雾防治：用 4.5%高效氯氰菊脂乳油与 0 号柴油 1∶10 配制使用；用 1.2%苦烟乳油与 0 号柴油 1∶8 配制使用；用 3%高渗苯氧威与 0 号柴油 1∶5 配制使用；用 0.6%阿维菌素与 0 号柴油 1∶7 配制使用。

7. 华北落叶松鞘蛾 *Coleophora sinensis* Yang, 1983

该虫隶属于鳞翅目 Lepidoptera 鞘蛾科 Coleophoridae。

发生危害：幼虫取食落叶松针叶。

该虫在木兰围场1年发生1代。以幼虫在树枝上、树皮粗糙处越冬。越冬幼虫于翌年4月下旬开始活动；先将嫩叶咬出1个孔洞，而后蛀食叶肉，有时把筒鞘固定在蛀入孔的周围，再将整个身体钻入叶肉中蛀食；幼虫于5月中旬开始化蛹，蛹于6月中旬开始羽化，成虫将卵散产于叶背面，每次产1粒，有时2～3粒。

防治方法：（1）营造混交林；（2）于4月下旬至5月上旬幼虫为害初期，选用无公害烟雾防治，如1.2%的苦烟乳油与0号柴油1∶8配制使用。

8．舞毒蛾 *Lymantria dispar* (Linnaeus, 1758)

该虫隶属于鳞翅目Lepidoptera毒蛾科Lymantriidae。

发生危害：幼虫为害苹果、梨、桃、杏、杨、柳、落叶松、樟子松等多种植物。

该虫在木兰围场1年发生1代。以卵越冬。卵于翌年4月下旬至5月上旬孵化，幼虫于6月中下旬化蛹，蛹期12～17天，6月底蛹开始羽化为成虫，7月中下旬为发蛾盛期。成虫有趋光性。

防治方法：（1）改善林分条件；（2）秋季刮除卵块，降低虫口；（3）利用幼虫白天下树潜伏的习性，在树下堆石头诱集或在树干涂粘虫胶防治；（4）用4.5%的高效氯氰菊脂乳油1500～2000倍液喷雾；（5）1.2%的苦烟乳油与0号柴油1∶8配制使用；（6）利用寄蝇、寄生蜂、线虫、病毒及步甲、鸟等天敌控制其为害。

9．松线小卷蛾 *Zeiraphera griseana* (Hübner, 1799)

该虫隶属于鳞翅目Lepidoptera卷蛾科Tortricidae。

发生危害：幼虫取食落叶松针叶。

该虫在木兰围场1年发生1代。以卵在落叶松枝、干裂皮下或球果内越冬。卵于翌年4月下旬至5月上中旬孵化，6月上中旬老熟幼虫下树活动，在枯枝落叶层内结茧化蛹。成虫于7月中下旬羽化；以卵于8月上中旬越冬。

防治方法：（1）营造混交林，适时适度修枝及抚育间伐树木；（2）用4.5%的高效氯氰菊脂乳油与0号柴油1∶15配制成烟雾使用；（3）用1.2%的苦烟乳油与0号柴油1∶8配制使用，或3.0%的高渗苯氧威与0号柴油1∶6配制成烟雾使用。

10．油松叶小卷蛾 *Epinotia gansuensis* (Liu & Nasu, 1993)

该虫隶属于鳞翅目Lepidoptera卷蛾科Tortricidae。

发生危害：幼虫取食油松新梢嫩叶。

该虫在木兰围场1年发生1代。以卵在当年生针叶内侧的凹槽内越冬，卵于翌年5月上旬孵化，5月下旬至6月上旬为幼虫发生盛期，老熟幼虫于6月中下旬缀叶成束并在其中化蛹，成虫于7月下旬羽化产卵。

防治方法：（1）在60%的幼虫进入3龄前，用4.5%的高效氯氰菊脂乳油与0号柴油1∶10配制成烟雾使用；（2）营造混交林，增强林分抗性。

11. 松针卷叶蛾 *Epinotia rubiginosana* (Herrich–Schaffermüller, 1851)

该虫隶属于鳞翅目 Lepidoptera 卷蛾科 Tortricida。

发生危害：幼虫取食上年和当年生针叶。

该虫在木兰围场 1 年发生 1 代。以老熟幼虫结茧越冬。越冬幼虫于翌年 3 月化蛹，4 月中下旬成虫羽化并产卵于叶鞘基部内侧。5 月末幼虫孵化后钻入针叶内取食，并于 9—10 月吐丝缀叶。老熟幼虫于 11 月初吐丝下垂并在地面结茧越冬。

防治方法：（1）在成虫羽化前期，用 4.5% 的高效氯氰菊酯乳油 1000~1500 倍液在树冠和地面喷雾；（2）在成虫羽化末期，用 3% 的苯氧威乳油 1000~2000 倍液在林冠中下部和地面喷雾；（3）在幼虫期，以 1% 的甲维盐乳油 2000 倍液或 25% 的甲维灭幼脲 2000 倍液或 40% 的氧化乐果乳油 1000 倍液在树冠喷雾。

12. 黄褐幕枯叶蛾 *Malacosoma neustria testacea* (Motschulsky, 1861)

该虫隶属于鳞翅目 Lepidoptera 枯叶蛾科 Lasiocampidae。

发生危害：幼虫为害榆、桦、柞、杏、李、杨、落叶松、苹果、梨、山楂等。

该虫在木兰围场 1 年发生 1 代。以完成胚胎发育的幼虫在卵壳内越冬。幼虫于 5 月上中旬转移到小枝分杈处吐丝结网，白天潜伏于网中，夜间取食。老熟幼虫于 5 月底在叶背或果树附近的杂草上、树皮缝隙吐丝结茧化蛹。6 月中旬成虫羽化并交尾产卵。

防治方法：在幼虫为害初期采用 4.5% 的高效氯氰菊酯 3000 倍液或 1.2% 的苦烟乳油 1200~1500 倍液防治。

13. 分月扇舟蛾 *Closter anastomosis* (Linnaeus, 1758)

该虫隶属于鳞翅目 Lepidoptera 舟蛾科 Notodontidae。

发生危害：幼虫为害杨、柳、白桦。

该虫在木兰围场 1 年发生 2 代。越冬代幼虫于 4 月上中旬上树为害，6 月上旬化蛹，成虫于 6 月中旬羽化、交尾和产卵，6 月末 7 月初第 1 代幼虫孵出。7 月末第 1 代幼虫化蛹，8 月上旬第 1 代成虫羽化、交尾和产卵，8 月中旬第 2 代幼虫孵化，8 月下旬 2 龄幼虫下树于树皮裂缝及周围的枯枝落叶层内越冬。

防治方法：（1）用 4.5% 的高效氯氰菊脂乳油与 0 号柴油、机油（废机油最好）1：30：1 配成混合药液涂干，防止越冬代幼虫上树；（2）用 4.5% 的高效氯氰菊脂乳油或 1.2% 的苦烟乳油与 0 号柴油配制成烟雾防治。

14. 落叶松腮扁叶蜂 *Cephalcia lariciphila* (Wachtl, 1898)

该虫隶属于膜翅目 Hymenoptera 扁叶蜂科 Pamphiliidae。

发生危害：幼虫取食落叶松针叶。

该虫在木兰围场 1 年发生 1 代。以预蛹于土内越冬，少数预蛹有滞育现象。越冬预蛹于翌年 4 月中旬在土内化蛹，5 月上旬蛹开始羽化，5 月中旬成虫活动并开始产卵，卵于 6 月上旬开始孵化，6 月中旬至 7 月上旬为幼虫为害期；老熟幼虫于 6 月下旬开始下树做土室并以预蛹越冬。

防治方法：（1）保护、利用天敌，如招引益鸟、保护寄生蜂等用于生物控制；（2）烟雾防治：用 4.5%的高效氯氰菊脂乳油与 0 号柴油 1∶10 配制使用；用 1.2%的苦烟乳油与 0 号柴油 1∶8 配制使用。

15. 落叶松锉叶蜂 *Pristiphora laricis* (Hartig, 1837)

该虫隶属于膜翅目 Hymenoptera 叶蜂科 Tenthrediniae。

发生危害：幼虫取食落叶松针叶。

该虫在木兰围场 1 年发生 1 代。以老熟幼虫在枯枝落叶层内结茧做预蛹越冬。蛹于翌年 5 月底羽化为成虫，6 月初成虫产卵，6 月上中旬幼虫孵化，8 月底至 9 月初老熟幼虫下地结茧越冬。

防治方法：（1）保护、利用天敌；（2）用 1.2%的苦烟乳油或 3%的高渗苯氧威乳油配制成烟雾剂，用于控制 2~3 龄幼虫为害。

16. 落叶松红腹叶蜂 *Pristiphora erichsonii* (Hartig, 1837)

该虫隶属于膜翅目 Hymenoptera 叶蜂科 Tenthredinidae。

发生危害：该虫主要为害落叶松。幼虫取食寄主的针叶，成虫产卵时刺伤嫩梢皮层，致使枝梢弯曲枯萎。

该虫在木兰围场 1 年发生 1 代。以老熟幼虫结茧于树冠垂直投影范围内及附近的枯枝落叶层下或松软的土层内越冬；翌年 5 月下旬开始化蛹，6 月中旬成虫开始羽化和产卵；6 月下旬为成虫羽化高峰期；7 月下旬至 8 月上旬卵孵化为幼虫，8 月下旬至 9 月上旬老熟幼虫下树并结茧越冬。

防治方法：（1）营造混交林；（2）用 2.5%的溴氰菊酯 5000 倍液防治幼虫为害；（3）用甲维灭幼脲或杀铃脲 1000~2000 倍液防治幼虫为害；（4）用苦参碱农药与柴油 1∶8 配制成烟雾剂防治幼虫为害。

17. 云杉阿扁叶蜂 *Acantholyda piceacola* Xiao & Zhou, 1986

该虫隶属于膜翅目 Hymenoptera 扁叶蜂科 Pamphiliidae。

发生危害：该虫主要为害 2 年生以上的云杉，幼虫在寄主的主侧枝上做虫巢并取食针叶。

该虫在木兰围场 2 年发生 1 代。以老熟幼虫在土中做土室越冬；幼虫于 5 月中旬开始化蛹，下旬为化蛹盛期；成虫于 6 月中旬开始羽化，至下旬达到盛期。雌蛾于 6 月中旬开始产卵，至下旬达到盛期。7 月上旬幼虫孵出，中旬达到盛期。8 月上旬老熟幼虫开始坠落地面入土化蛹，中旬达到盛期，至 9 月上旬进入末期。该虫于翌年以预蛹滞育 1 整年。

防治方法：（1）在幼虫发育到 3 龄时，可用 1.2%的烟参碱、3%的高渗苯氧威、氯氰菊酯等亩施商品药 50 克喷烟防治；（2）在成虫产卵期，用 3%的高渗苯氧威乳油

800 倍液喷雾防治。

18．松阿扁叶蜂 *Acantholyda posticalis* (Matsumura, 1912)

该虫隶属于膜翅目 Hymenoptera 扁叶蜂科 Pamphiliidae。

发生危害：该虫主要为害油松、赤松、樟子松等，以幼虫取食针叶，大发生时针叶受害率达 80% 以上，枝梢上布满残渣和粪屑，林分似火烧一般。

该虫在木兰围场 1 年发生 1 代。以老熟幼虫在树冠投影下 5.0～10.0 cm 深的土室中以预蛹越冬。越冬幼虫于翌年 3 月下旬开始化蛹，4 月中旬为化蛹盛期，5 月上旬成虫羽化并产卵；5 月下旬幼虫大量孵化并进入为害期，并于 6 月上旬至下旬进入为害盛期，6 月下旬老熟幼虫下树寻找越冬场所。

防治方法：（1）营造混交林，加强天然次生林的抚育管理，提高郁闭度；对大面积油松纯林，补种阔叶树种，改善林分结构，提高抗虫害能力；（2）在成虫羽化高峰、产卵盛期前，用 1.2% 的苦参碱农药与柴油 1∶8 配制成烟雾剂喷施。

二、果实种子害虫

19．落叶松球果花蝇 *Strobilomyia laricicola* (Karl, 1928)

该虫隶属于双翅目 Diptera 花蝇科 Anthomyiidae。

发生危害：该虫为害落叶松球果。

该虫在木兰围场 1 年发生 1 代。以蛹于林内落叶层下越冬，尤其在落叶层与土表层之间。5 月上旬成虫羽化并产卵于落叶松的球果鳞片上，卵于 5 月中下旬孵化，幼虫于 6 月中旬蛀入鳞片基部，取食幼嫩种子；幼虫于 6 月下旬下树化蛹。

防治方法：（1）在卵的孵化期对树冠喷药，选择 4.5% 的高效氯氰菊酯乳油 1000～1500 倍液或 1% 的甲维盐乳油 2000 倍液防治；（2）在幼虫为害期于树干基部注射 50% 的甲胺磷乳油或 40% 的氧化乐果乳油 2 倍液防治。

三、蛀干害虫

20．落叶松八齿小蠹 *Ips subelongatus* Motschulsky, 1860

该虫隶属于鞘翅目 Coleoptera 象虫科小蠹亚科 Scolylinae。

发生危害：落叶松、黄花松。以幼虫蛀干为害，多数为害衰弱木和新倒木。

该虫在木兰围场 1 年发生 1 代。成虫于 5 月下旬越冬出蛰活动并进行交尾和产卵，6 月上旬幼虫孵化，下旬化蛹，7 月上旬最早见到新一代成虫；成虫于 10 月上旬越冬蛰伏，主要在枯枝落叶层、伐根及原木树皮下越冬，少数以幼虫、蛹在寄主树皮下越冬。成虫有 3 次活动高峰期，即 5 月中旬、7 月中旬及 8 月中旬。

防治方法：（1）营造混交林，及时清除衰弱木、风倒木和被压木；（2）保护寄生蜂、啄木鸟等天敌。

第二篇

各 论

本篇昆虫的分类编目按照原尾纲、弹尾纲、双尾纲、昆虫纲的顺序编排，共列出木兰围场昆虫 4 纲 23 目 148 科 821 属 1240 种，其中有形态简要特征者 1111 种（亚种），仅以目录形式列出者 129 种。本篇列出了常见种的简要识别特征、检视标本信息、分布地和食性等，部分种的形态图和大部分种的照片见图版。

第1章

原尾纲 Protura

　　该纲昆虫是一类典型的土壤动物,多在 20.0 cm 以上富含腐殖质的土壤中生活,分布以东洋界成分占绝对优势,见于森林湿润的土壤里、苔藓植物中、腐朽的木材和树洞中,以及白蚁和小型哺乳动物的巢穴中,吸食寄生在植物上的根菌或取食土壤中自由生活的真菌菌丝。该纲昆虫全球已知 3 目 10 科 80 属 810 种以上,中国分布 3 目 9 科 207 种。本文记述木兰围场 1 目 4 科 6 种。

古蚖目 Eosentomata

1. 夕蚖科 Hesperentomidae

(1) 棘腹夕蚖 *Hesperentomon pectigastrulum* (Yin, 1984)（图 2）

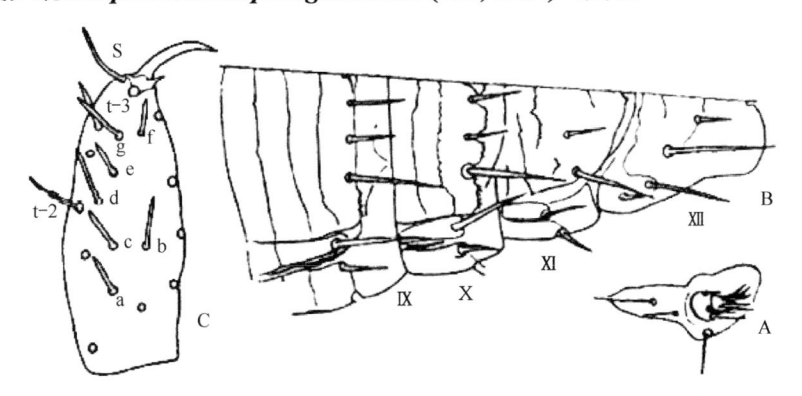

图 2　棘腹夕蚖 *Hesperentomon pectigastrulum* (Yin, 1984)（引自尹文英,1999）
A. 下唇须；B. 第 9—12 腹节腹面观；C. 前跗外侧面观

　　识别特征：体长 1250.0～1320.0 μm。黄色,前足跗节深色。头椭圆形,长 107.5～140.0 μm,宽 87.5～95.0 μm；假眼梨形,长 15.0～16.2 μm,宽 7.5～10.0 μm,头眼

比为 7.1～8.6；颚腺基部稍细，盲端稍膨大或不膨大，中部膨大呈袋状，后部长 17.5 μm，头颚腺比为 6.1～8.0；前跗长 75.0～96.2 μm，爪长 21.2 μm，跗爪比为 3.5～4.5，中垫长 2.5～3.8 μm，垫爪比为 0.17～0.25，基 3 端比为 0.8；中跗长 37.5 μm，爪长 17.5 μm，后跗长 42.5 μm，爪长 18.0～20.0 μm。第 2—6 腹节背板毛序为 8/12；第 8 腹节栉梳后缘尖齿 4 枚。

分布：河北、山西、陕西、宁夏。

2. 始蚖科 Protentomidae

(2) 中国原蚖 *Proturentomon chinensis* Yin, 1984（图 3）

识别特征：全长 800.0～916.0 μm；头长 75.0～88.0 μm，宽 50.0～58.0 μm；假眼圆形 8.0 μm × 8.0 μm，后杆末端钝圆，长 4.0～6.0 μm，头眼比为 5.4～6.8。颚腺管上具球形的萼，光滑而无花饰，近基端腺管中部稍粗大，盲端略呈小球形。前跗长 37.0～48.0 μm，爪长 12.0～14.0 μm，跗爪比为 3.0～3.6。中垫长 2.5～4.0 μm，垫爪比为 0.18～0.21。背面感器缺 t–1。t–2 短而尖，t–3 呈柳叶形。外侧感器 a、b、c、d、e、f 和 g 均为柳叶形，其中 b 与 f 较短小。内侧感器 a′、b′ 和 c′ 亦呈柳叶形，其中 c′ 稍长大。中跗长 13.0～17.0 μm，爪长 10.0～12.0 μm；后跗长 13.0～18.0 μm，爪长 10.0～14.0 μm。第 1—2 对腹足均 2 节，各 4 刚毛；第 3 腹足 1 节，2 刚毛；第 7 腹节后部 5～6 横棘纹；第 8 节的纵纹带上无明显纵纹，其后缘 1 排稀疏浅齿；栉梳略呈长方形，后缘 5～6 齿，此外还有 2～3 前齿；在第 9—11 节的背板，背和腹片两侧均密布成排小齿。

分布：河北、辽宁、内蒙古、山西、山东、宁夏。

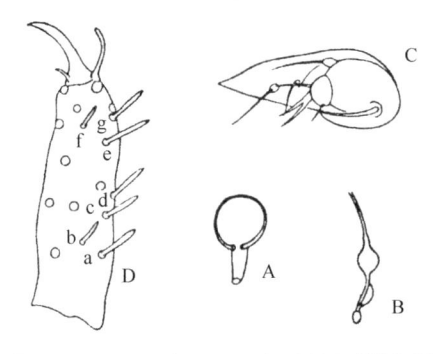

图 3 中国原蚖 *Proturentomon chinensis* Yin, 1984（引自尹文英，1999）
A. 假眼；B. 颚腺；C. 下唇须；D. 前谢外侧面观

3. 檗蚖科 Berberentomidae

(3) 高绳线毛蚖 *Filientomon takanawanum* (Imadaté, 1956)（图 4）

识别特征：体长 1200.0～1600.0 μm，头长 151.0～163.0 μm；假眼宽大于长；颚腺管细小，颚简单光滑，背面 1 椭圆形盔状附属物。前跗节长 100.0～120.0 μm，爪长 40.0～44.0 μm，具较小内悬片；中垫短小；中跗长 51.0～55.0 μm，爪长 21.0～24.0 μm；

后跗长 59.0～64.0 μm，爪长 23.0～26.0 μm。第 8 腹节的腰带上栅纹清晰，栉梳后缘向后弧形凸出，有尖齿 15～20 枚。腹部第 1—6 节的侧板上常具成排棘齿，有时沿第 8—11 腹节背板的后缘具小齿。

分布：河北（小五台山、承德）、吉林、山西、安徽、浙江；朝鲜半岛，日本。

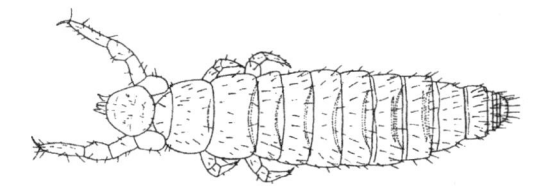

图 4 高绳线毛蚖 *Filientomon takanawanum* (Imadaté, 1956) 成虫整体背面观（仿 Imadaté, 1974）

4. 古蚖科 Eosentomidae

(4) 天目山巴蚖 *Baculentulus tianmushanensis* (Yin, 1963)（图 5）

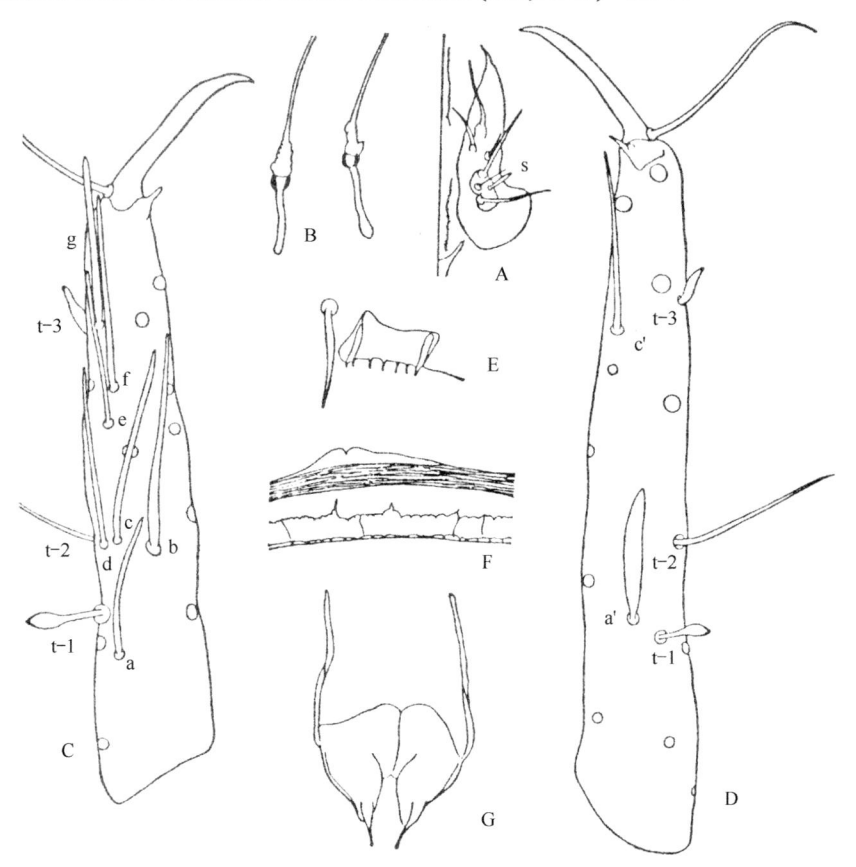

图 5 天目巴蚖 *Baculentulus tianmushanensis* (Yin, 1963)（引自尹文英，1963）
A. 下唇须；B. 颚腺；C. 前跗外侧面观；D. 前跗内侧面观；E. 栉梳；F. 腰带；G. 雌性外生殖器

识别特征：全长 800.0～1400.0 μm；头长 96.0～130.0 μm，假眼近圆形，直径 8.0～

12.0 μm，头眼比为 12～14。颚腺管短而平直，萼心形，简单或远侧具不规则的突起，腺管盲端不膨大或稍膨大；前跗长 70.0～96.0 μm，爪长 24.0～30.0 μm，跗爪比为 3.3～3.6，中垫长 3.0～4.0 μm；前跗背面感器 t–1 鼓槌状，基端比为 0.5，t–2 细长，t–3 细长芽形，外侧面感器 a 细长，b 长而粗，顶端接近 g 的基部，c 与 d 靠近，e 和 f 细长，f 的顶端不超过爪的基部，g 较短而长，顶端超过爪的基部，内侧感器 a′ 甚粗大，b′ 缺失，c′ 细长；第 8 腹节的腰带无栅纹，仅在中部 1 条排成波浪形的小齿；栉梳长方形，后缘生 6～8 枚小齿；雌性外生殖器的端阴刺尖细。

分布：河北、辽宁、内蒙古、河南、陕西、宁夏、甘肃、上海、安徽、浙江、湖北、江西、湖南、海南、重庆、四川、贵州、云南。

（5）日升古蚖 *Eosentomon asahi* (Imadaté, 1961)（图 6）

识别特征：体长 1200.0～1600.0 μm；头椭圆形，长 130.0～140.0 μm，宽 90.0～112.5 μm。大颚端齿 3 个；刚毛 sr 和 r 羽状；假眼圆形，长 10.0 μm，头眼比为 12；前跗长 110.0～110.0 μm，爪长 20.0～22.0 μm，跗爪比为 6.1～6.7，基端比为 0.92～1.0；中跗长 48.0～53.0 μm，爪长 13.0～16.0 μm；后跗长 61.0～63.0 μm，爪长 16.0～18.0 μm；第 3 对胸足跗节基部的刚毛 D2 刺状；第 2、3 胸足的爪垫均短，约为爪长的 1/6。

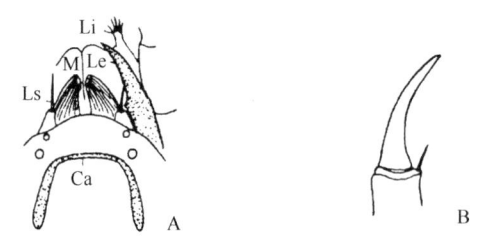

图 6 日升古蚖 *Eosentomon asahi*（引自 Imadaté，1961）
A. 口器背面观；B. 后爪和中垫（A 仿 Imadaté 1974；B 引自尹文英，1999）

检视标本：1 头，木兰围场五道沟，2016-VII-11，卜云采。

分布：河北、北京、内蒙古、东北、甘肃、青海、宁夏；日本。

（6）短身古蚖 *Eosentomon brevicorpusculum* Yin, 1965（图 7）

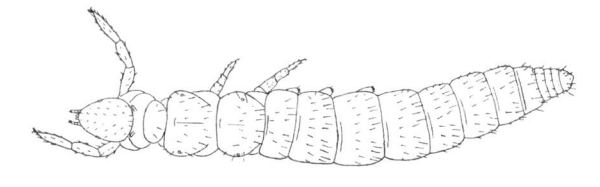

图 7 短身古蚖 *Eosentomon brevicorpusculum* Yin, 1965 成虫整体背面观（引自尹文英，1999）

识别特征：全长 630.0～754.0.0 μm；头长 77.0～80.0.0 μm，宽 55.0～64.0.0 μm；假眼较小，长 8.0～10.0 μm，头眼比为 8.0～10.0。前跗节长 50.0～56.0 μm；爪长 8.0～10.0 μm，跗爪比为 5.0～5.6。背面感器 t–1 纺绳形，基端比为 0.88，t–2 较纤细，t–3

正常；外侧面感器 a 较短，b 与 c 的长度相仿，d 较粗；c 和 g 的顶部膨大成匙形，f–1 短而尖，f 2 甚短小。内侧面感器 a 中部较粗，b′–1 粗钝，b′–2 较细弱，c 甚短小。中跗长 23.0～26.0 μm，爪长 6.4.0 μm；后跗长 27.0～29.0 μm，爪长 6.4～8.0 μm。中、后胸气孔直径 5.0～6.0 μm。

分布：河北、陕西、宁夏、甘肃、江苏、上海、安徽、浙江、湖北、江西、湖南、福建、广东、广西、重庆、四川、贵州、云南。

第 2 章

弹尾纲 Collembola

该纲昆虫常栖息于各种潮湿、隐蔽的环境中，如落叶下、石下、青苔间、地面、水边或积水地面上、腐植土中、蚁与白蚁巢穴中，甚至雪地上也见其踪迹；土壤中生活的跳虫，有助于土壤养分循环，帮助土壤的微结构形成，同时也为许多捕食者提供了食物。跳虫的食性包括腐食性或植食性，有些种类为害活的植物种子、根茎和嫩叶，成为农作物及园艺作物的害虫；也有为害菌类或地衣者，极少数为肉食性。

该纲昆虫全球已知 4 目 31 科 9000 余种，种数约占整个六足动物亚门的 0.74%，全球性分布。中国记录的跳虫种类约有 21 科 66 属 300 余种，河北记录 3 目 8 科约 30 种，全部营土栖生活。本书记述木兰围场该纲昆虫 1 目 3 科 6 种。

长角䗌目 Entomobryomorpha

5. 等䗌科 Isotomidae

(7) 白符等䗌 *Folsomia candida* Willem, 1902

识别特征：体长 600.0～1400.0 μm，白色。无眼。角后器窄椭圆形。爪简单。第 4–6 腹节完全愈合。弹器发达，齿节长，齿节下侧、内侧毛一般大于 8+8；端节 2 齿状。

分布：河北、山东、江苏、上海、浙江、福建及西北各省；全球广布。

(8) 沼生陷等䗌 *Isotomurus palustris* (Müller, 1776)

识别特征：体长 2.0 mm，浅灰色。触角大于头长；第 3 节感器位 2 个位于表皮皱褶内的感觉棒上；第 4 节顶端具 1 针状感毛。眼区深黑色，小眼每侧 8 个。角后器位简单椭圆形，长轴与毗邻小眼的直径相同。爪简单，齿不明显；小爪长是爪长的 2/5。腹部分节明显。腹管前表面约 24 根刚毛，每侧顶囊有 6 根刚毛。握弹器 4+4 齿，具刚毛 12 根。弹器发达；齿节为基节长度的 2 倍；端节 5 齿，无基刺。

分布：河北、北京、江苏、上海、浙江；日本，欧洲。

（9）小原等蚖 *Proisotoma (Proisotoma) minuta* (Tullberg, 1871)

识别特征：体长约 1.1 mm，长筒型，通常灰色。头部 8+8 眼，基本相等；角后器椭圆形，是小眼的 3～4 倍；小颚外侧叶简单，具小叶毛 4 根；下唇具不完全护卫毛；上唇毛序结构为 3/5-5-4。体表刚毛中等长度，胸部第 1 节无刚毛，第 2、3 节均有 1+1 或 2+2 刚毛。腹管侧顶端有 4+4 刚毛，后面 6 刚毛。握弹器有 4+4 齿和 1 刚毛；弹器较短，其基部前面 1+1 刚毛，齿节前后面均有 6 刚毛，其中前面刚毛排列方式为 1-2-3；端节 3 齿，无薄片，以亚顶端的齿最大；端节和齿节之比约为 1.0∶3.5。爪无齿，胫跗节具较长粘毛，非棍状。

分布：河北、上海等地；全球广布。

6. 长角蚖科 Entomobryinae

（10）黑暗长角蚖 *Coecobrya tenebricosa* (Folsom, 1902)

识别特征：无唇状乳头，唇缘"U"形，唇毛光滑，每侧眼 0～3 只，色素减少或无。触角顶端无鳞茎，镰状短毛有基底棘，触须有 4+4 齿和 1 大条纹毛，鳞片和牙棘无。柄具背面具光滑毛。胫节跗节具分化的毛囊。腹部第 1 节中间长毛 6+6 根；第 2 节中间内侧长毛 3+3 根。

分布：华北、东北、华中、华东、华南、西南；全球广布。

（11）索特长角蚖 *Homidia sauteri* (Börner, 1909)（图 8）

识别特征：体长 2.8 mm。底色灰白，具紫斑和色带，触角紫红色。体表光滑，颈部布许多深棕色刷状毛，身体无鳞片。头部小眼 8+8 个，位于深色眼区内，末 2 个略小。爪具 1 背齿和 2 内齿；小爪矛状，外缘宽；粘毛粗壮，端部扁平、膨大。腹部第 4 节长是第 2 节长的 6.8 倍。握弹器 4+4 齿，具 1 粗刚毛。弹器发达；基节和齿节长度之比为 2.0∶3.0；齿节 25～30 强壮刺并排成 2 排；端节 2 齿，1 基刺。

图 8 索特长角蚖 *Homidia sauteri* (Börner, 1909)（引自 J. Stach，1964）

分布：河北、山西、上海、浙江、福建；日本，越南，北美。

愈腹䖴目 Symphypleona

7. 圆䖴科 Sminthuridae

(12) 中华长角圆䖴 *Temeritas sinensis* Dallai & Faneiulli, 1985（图9）

识别特征：体长 1.5～1.9 mm。腹部或大或小，红棕色，大腹的背面和侧面有暗斑；头较亮，除复眼外全部黑色，触角仅第 4 节的前面和第 5—6 亚节具绿斑；胫跗节、弹器下侧无色。触角较短，第 3 节近端部有 2 小感觉杆，着生在 2 个凹陷之内；第 4 节分为 26 个亚节，各亚节 1 圈长毛。背毛长刺状，混杂一些小毛。后足转节外侧有 5 长毛，内侧 1 长毛。握弹器端部 3 毛。弹尾长，弹器基部 7–7 毛；齿节约 40 毛；端节内、外缘齿状，内缘细齿 15 枚，端节 1 毛。雌性生殖节具 1 尖弯尾器。

图 9 中华长角圆䖴 *Temeritas sinensis* Dallai & Faneiulli, 1985（引自 R. Dallai，1985）

分布：河北、陕西。

第3章

双尾纲 Diplura

该纲昆虫常见于草或树木繁茂的栖息地,生活于土壤中,是土壤分解者群落的一部分,有助于分解和循环有机营养物质。它们的食物包括各种各样的土壤生物、腐烂植物及其组织、菌丝、螨虫、其他昆虫和小型土壤无脊椎动物碎屑等。

该纲全球已知3目10科800余种,种数占比不足六足亚门的1.0%,分布于世界各地,中国分布3目10科200种以上,本书记述木兰围场1目1科1种。

铗尾目 Dicellura

8. 副铗虮科 Parajapygidae

(13) 黄副铗虮 *Parajapyx isabellae* (Grassi, 1886)(图10)

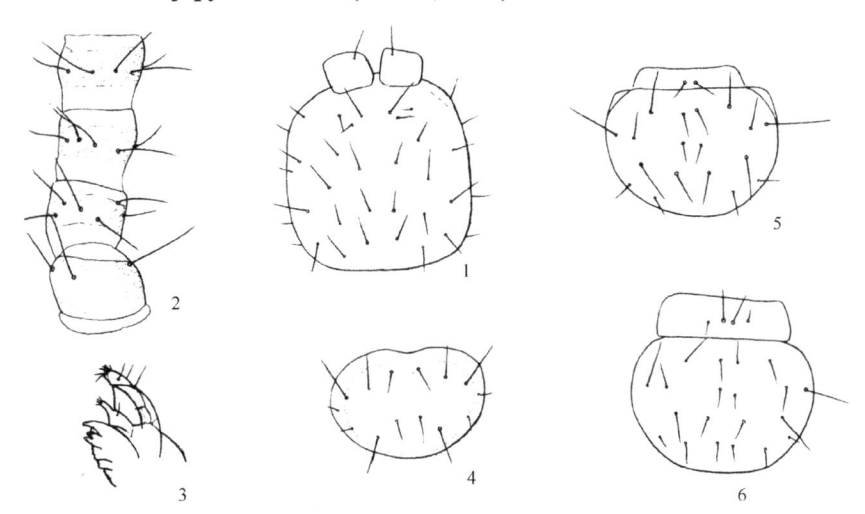

图10 黄副铗虮 *Parajapyx isabellae* (Grassi, 1886)(引自周尧,2002)
1. 头部背面观;2. 触角第1—4节;3. 上颚与下颚的端部;4. 前胸背板;5. 中胸背板;6. 后胸背板

识别特征：体长 2.0~2.8 mm。小型，细长；白色，末节及尾部黄褐色。头腹比为 1.0。触角 18 节。腹部第 1—7 节有刺突，腹板第 2—3 节有囊泡。臀尾比为 1.6；尾铗单节，左右略对称，内缘有 5 大齿，近基部 1/3 内陷。两侧爪稍有差异，有不成对中爪。

检视标本：1 头，围场县木兰围场五道沟，2016-VII-11，卜云采。

分布：河北、北京、山东、河南、陕西、宁夏、甘肃、江苏、上海、安徽、浙江、湖北、湖南、福建、广东、广西、四川、贵州、云南。

第4章

昆虫纲 Insecta

该纲昆虫是生物世界进化最为繁盛的动物类群，其物种总数约占整个六足动物亚门的 89.5%，分为无翅亚纲 Apterygota 和有翅亚纲 Pterygota 2 个亚纲。分布广泛，生活类型复杂多样。本书记述木兰围场 10 目 150 科 1218 种。

衣鱼目 Zygentoma

9. 衣鱼科 Lepismatidae

(14) 多毛栉衣鱼 *Ctenolepsima villosa* (Fabricius, 1775)（图 11）

识别特征：体长 10.0～12.0 mm；体扁长圆锥形，头大，体密被银色鳞片；无单眼，具复眼，两复眼左右远离；头部、胸部和腹部边缘具棘状毛束，腹部第 1 节背面具梳状毛 3 对，腹部具梳状毛 2 对，雄性生殖器较短。

分布：河北等全国各地；朝鲜，日本。

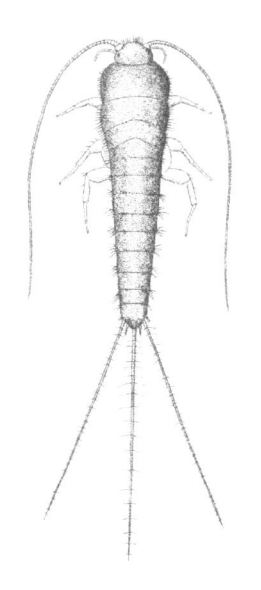

图 11 多毛栉衣鱼 *Ctenolepsima villosa* (Fabricius, 1775)（引自周尧，2002）

蜉蝣目 Ephemeroptera

10. 小蜉科 Ephemerellidae

（15）梧州蜉 *Ephemera wuchowensis* Hsu, 1937（图12）

识别特征：体长13.0～15.0 mm，淡黄色。头部触角窝边缘具黑色斑，复眼上半部灰、下半部棕。胸部具棕色斑点或条纹。足黄色，前足腿节端部、胫跗节基部和端部褐色。各腹节背板具黑色纵纹；尾丝3根，黄色，具黑色环纹。

分布：河北、北京、辽宁、河南、陕西、甘肃、安徽、浙江、湖北、湖南、四川、贵州。

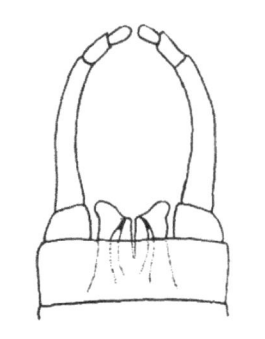

图12 梧州蜉 *Ephemera wuchowensis* Hsu, 1937 雄性外生殖器（仿徐荫祺）

（16）红天角蜉 *Uracanthella rufa* (Imanishi, 1937)（图13）

识别特征：体长5.0～10.0 mm；体色棕红色，复眼上半部红色、下半部黑色，前翅翅脉较弱。前足跗节第2节比第3节稍长。尾铗直，第1节粗短，第3节短小，长约为

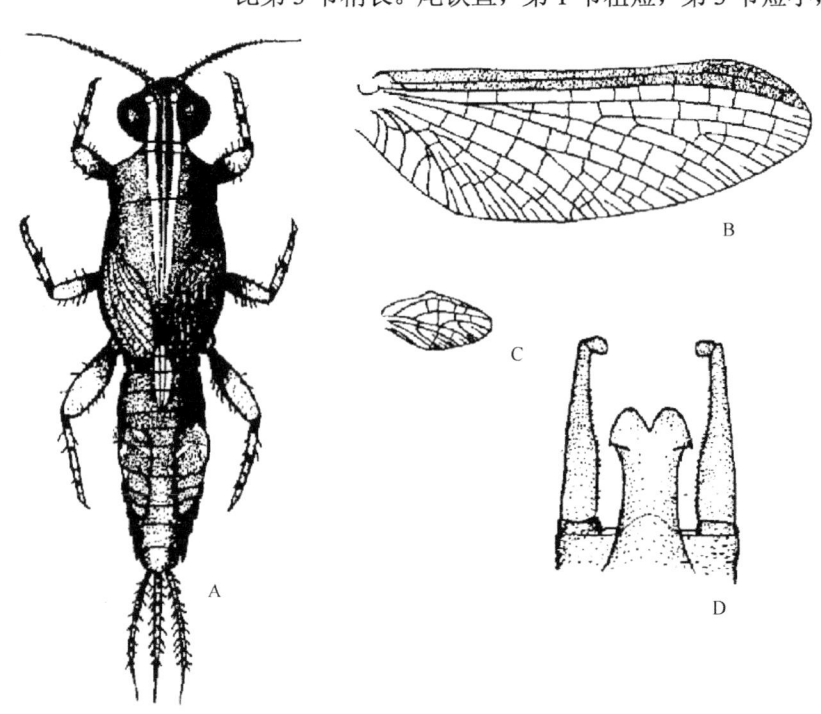

图13 红天角蜉 *Uracanthella rufa* (Imanishi, 1937)（引自周长发，2002）
A. 稚虫形态；B. 前翅；C. 后翅；D. 雄性外生殖器

宽的2.0倍。阳茎背部具1较大的突起,下侧观可见突起的顶端。尾丝3根,略长于身体的长度,其上具棕色环纹。

分布:华北、东北、华中、西北、西南。

11. 细裳蜉科 Leptophlebiidae

(17) 弯拟细裳蜉 *Paraleptophlebia cincta* (Retziu, 1783)(图14)

识别特征:体长6.0～6.5 mm,前足6.0 mm,前翅7.5 mm,后翅1.0 mm,尾丝8.0 mm。黑褐色(雄性)或红褐色(雌性)。复眼上半部分灰白色、下半部黑色,复眼在头顶中部彼此成点状接触;单眼端部白色,下半部黑色。胸部黑褐色。翅无色透明,横脉模糊(雄性)或清晰(雌性),PM脉的分叉点与翅基的距离较Rs脉与翅基的距离近,CuA脉与CuP脉之间3根闰脉及2根横脉,后2根闰脉较长翅痣区的横脉不同程度分叉;后翅前缘略凹,横脉多。前足腿节与胫节、胫节与跗节的接合处红褐色,其他部分黄色;各足具爪2枚,1钝1尖。腹部第2—6节无色透明,而其他部分黑褐色,雌性第9腹板的后缘中间强凹。尾丝3根,白色。

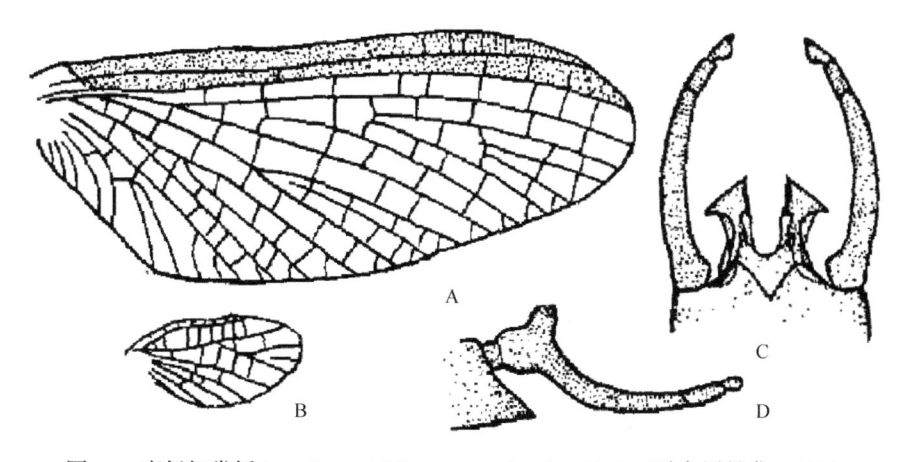

图14 弯拟细裳蜉 *Paraleptophlebia cincta* (Retziu, 1783)(引自周长发,2002)
雄成虫:A. 前翅;B. 后翅;C. 外生殖器下侧观;D. 尾铗侧面观

分布:河北;俄罗斯,欧洲。

12. 新蜉科 Neoephemeridae

(18) 埃氏小河蜉 *Potamanthellus edmundsi* Bae & McCafferty, 1998(图15)

识别特征:雄性体长8.5～10.0 mm,前翅8.5～10.0 mm,后翅3.5～5.0 mm,尾须23.0～29.0 mm,中尾丝10.0 mm;头棕红色,复眼黑色,位于头部背面,其间距约与中单眼宽度相当;3个单眼凸出,端部灰色,基部黑色。胸部棕红色,胸部背板中间1椭圆形的去骨化的洞不明显;各足爪2枚;前足腿节棕红色,胫节基部大部浅白色,端部棕红色;跗节各节基半部浅白色,端部半部棕红色,爪棕红色;中后足浅白色；前足两爪相似，圆钝，中后足的爪 1 钝 1 尖。前翅大部分区域都为红棕色色斑；后翅中间具小块色斑；腹部背板中间色较浅，大块白色与红棕色相间排列，几成 3 纵列红棕色条纹。尾铗 3 节，末 2 节小，其长度之和只有基节长度的 1/3，基节基部红棕色。尾须 3 根，红白相间，每 2 节中 1 节端部大部分为红色，基部 1 小段为白色，而另 1 节只有端部很小 1 部分为红色，其他部分白色。

分布：华北、华中、华东、华南、西南。

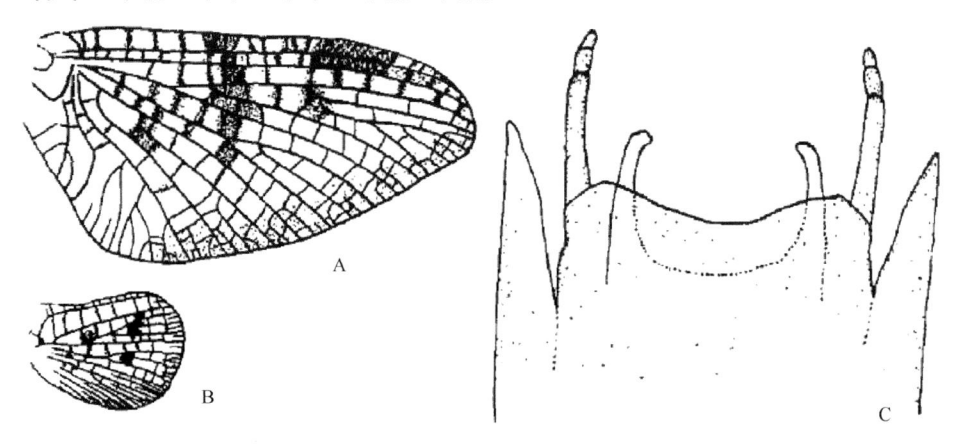

图 15 埃氏小河蜉 *Potamanthellus edmundsi* Bae & McCafferty, 1998（引自谢会，2009）
雄成虫：A. 前翅；B. 后翅；C. 外生殖器

蜻蜓目 Odonata

13. 螅科 Coenagrionidae

（19）心斑绿螅 *Enallagma cyathigerum* (Charpentier, 1840)（图版 I：1）

识别特征：体长 29.0~36.0 mm，腹长 22.0~28.0 mm，后翅长 15.0~21.0 mm。下唇黄色，上唇基部 3 小黑斑。胸黄或绿色；前胸背板中间具方形黑斑；合胸背前方黑色，肩前条纹绿色较宽，肩缝黑色。翅透明；翅痣黄色；弓脉在第 2 节前横脉之下；翅柄止于臀横脉内方。腹绿或黄色；第 1 节背面基部具方形黑斑；第 2 节黑斑位于背面端半部，呈心脏形；第 3—5 节黑斑在端半部；第 1—7 节末端具 1 环状条纹；第 10 节背面黑。足黄绿色，胫节内侧具黑条纹。

分布：河北、黑龙江、吉林、内蒙古、宁夏、新疆、西藏；俄罗斯（远东地区），欧洲大部分温带地区。

14. 扇蟌科 Platycnemididae

(20) 白扇蟌 *Platycnemis foliacea* (Selys, 1886)（图版 I：2）

识别特征：体长 33.0～35.0 mm，腹长 26.0～28.0 mm，后翅长 18.0～19.0 mm。头黑色，额前缘两侧或前面黄色，后头缘两侧各 1 黄条纹，颊黄色。前胸两侧具黄色带；合胸背前方黑色，肩前条纹窄，黄色；脊黄色；中胸后侧片前缘 1 黄色条纹，后胸侧片黄色，侧缝上方 1 黑斑。翅透明，翅痣黄褐色，内 1 翅室，前翅和后翅结后横脉分别 12 条和 9 条。腹部背面黑色，侧面黄色，第 1 节端部中间 1 小黄点；第 3—7 节基部具黄色环；第 10 节下侧黄白色。足白色，腿节背面黑色。雌性面部、触角第 1、2 节和足红黄色。

分布：河北、北京、天津、山西、河南、陕西、浙江、江苏、上海、安徽、江西、广西、四川、贵州；日本。

15. 色蟌科 Calopterygidae

(21) 透顶单脉色蟌 *Matrona basilaris* Selys, 1853（图版 I：3）

识别特征：体长 56.0～62.0 mm，腹长 46.0～51.0 mm，后翅长 34.0～43.0 mm。雄性颜面金属绿色，胸部深绿色具金属光泽，后胸具黄色条纹。翅黑色，翅脉基部 1/2 蓝色。腹部第 8—10 节下侧黄褐色。雌性胸部青铜色，翅深褐色，具白色的伪翅痣。腹部褐色。北方雄性翅正面几乎完全深蓝色，南方雄性仅基部不足 1/2 处蓝色。

分布：全国性（除西北地区外）；越南，老挝。

16. 蜓科 Aeshnidae

(22) 山西黑额蜓 *Planaeschna shanxiensis* Zhu & Zhang, 2001（图版 I：4）

识别特征：体长 68.0～70.0 mm，腹长 52.0～54.0 mm，后翅长 46.0～50.0 mm。体色以黄黑为主，合胸黑色，具肩前条纹和肩前下点，侧面有 2 条宽阔的黄绿色条纹，后胸前侧片有 2 个大小不一的黄色斑点。足黑褐色。翅透明。腹部黑色，各腹节侧缘具黄绿色斑点。雌性翅略褐色，基部有橙黄色，尾毛甚短，约与第 10 节等长。

分布：河北、北京、山西、湖北。

17. 伪蜻科 Corduliidae

(23) 绿金光伪蜻 *Somatochlora dido* Needham, 1930（图版 I：5）

识别特征：腹长 26.0～40.0 mm，后翅长 30.0～38.0 mm。额绿色有金属光泽，两侧具 1 黄斑点。头顶为 1 大突起，绿色发光；后头黑色，后头缘有白毛。前胸黑色具黄斑；合胸绿色，具金属光泽，合胸领及合胸脊黑色。翅透明，翅痣及翅脉褐色；结前横脉 7 条，前翅三角室具 1 横脉，亚三角室 3 室。腹部黑色，具黄斑；基 2 节膨大，闪绿色金光；第3节细，以后逐节增宽；第2节两侧具耳形突，下方具1黄斑；第3节侧下方具黄斑；肛附器黑色。足黑色，前足基节背面具1黄斑。

分布：河北、黑龙江。

18. 蜻科 Libellulidae

(24) 小斑蜻 *Libellula quadrimaculata* Linnaeus, 1758（图版 I：6）

识别特征：体长42.0~47.0 mm，腹长27.0~30.0 mm，后翅34.0~36.0 mm。体褐色，复眼褐色，面部黄色，胸部黄褐色；腹部基部6节褐色，后面4节主要黑色，第2—9节侧面具黄色斑点。头部颜面色淡，头顶具宽黑条纹。前胸黑色，前叶上缘黄色，背板中间1对"逗点"形小黄斑；合胸黄褐色；侧面具黑条纹；翅透明，前缘略具金黄色，翅结前缘脉有2行小黑齿；翅痣黑色；翅基和翅结处各1褐斑。腹部第1节背面黑色，侧下方具黄斑；第2—5节黄色，第4—6节末端背脊两侧1黑色斑；第7—10节背面黑色；第2—10节侧下缘有白纵条纹。

分布：河北、北京、东北、内蒙古；朝鲜半岛，日本，俄罗斯（西伯利亚），欧洲，北美洲。

(25) 白尾灰蜻 *Orthetrum albistylum* (Selys, 1848)（图版 I：7）

识别特征：腹长38.0~40.0 mm，后翅长41.0 mm。淡黄带绿色。颜面色淡，具黑短毛，头顶为1大突起，突起前为1宽黑条纹，后头褐色。前胸浓褐色，背板中间具接连的黄斑，合胸背前方褐色；脊淡色，上端具小褐斑，与第1条纹间具1窄褐色纵条纹；领淡色，两端各具1褐横斑；合胸侧面淡蓝色，具黑色条纹。翅透明；翅痣黑褐色；前缘脉及邻近横脉黄色，M_2脉强烈波状弯曲。腹部第1—6节淡黄色，具黑斑，第7—10节黑色；雌性第8、9节黑，第10节白；上肛附器近全白色。足黑色，胫节具黑色长刺。

分布：河北等全国分布；俄罗斯（西伯利亚），朝鲜半岛，日本，中亚，欧洲。

(26) 半黄赤蜻 *Sympetrum croceolum* (Selys, 1883)（图版 I：8）

识别特征：体长37.0~48.0 mm，腹长24.0~32.0 mm，后翅28.0~35.0 mm。雄性头部、胸部和翅金褐色，腹部红色。雌性腹部黄褐色，下生殖板较凸出。额前面红黄色，后部淡褐色，具黑色毛。头顶前部具1黑色窄条纹，头顶中间为1黄褐色突起。后头褐色。前胸褐色。合胸背前方赤黄色，无斑纹；合胸侧面赤黄夹杂橄榄色。前翅和后翅基半部金黄色，端半部透明；翅痣赤褐色。腹部黄或赤褐色，具界限不清晰的黑褐斑纹，足赤褐色，具黑刺。

分布：华北、东北、华中、华东、华南、西南；朝鲜半岛，日本。

(27) 褐带赤蜻 *Sympetrum pedemontanum* (Müller, 1766)（图版 I：9）

识别特征：腹长约23.0 mm，后翅长约26.0 mm；额前面红色，四周红褐色，具黑色短毛。头顶为1红褐突起，突起之前具黑色条纹；后头褐色。前胸黑色，具黄斑；合胸背前方红褐色，具淡褐色细毛；合胸脊后部黑色，脊两侧各具1条不明显褐色条纹；领黑色；合胸侧面红褐色，具黑色条纹。翅透明；翅痣红色，从翅前缘到后缘，具1褐色横带。腹部红褐色。肛附器黄褐色。雌性面色黄；翅痣白。足基节、转节及前足腿节下面黄色，余黑色，具黑刺。

分布：河北、北京、东北、内蒙古、新疆；广布于从欧洲至日本的欧亚大陆温带区域。

蜚蠊目 Blattaria

19. 蜚蠊科 Blattidae

（28）黑胸大蠊 *Periplaneta fuliginosa* Serville, 1839（图16）

识别特征：体大型（长30.0～40.0 mm）。黑色至黑褐色，具光泽，前翅红褐色，若虫体亮棕红色，头黑褐色，光亮，仅单眼黄色，唇基赤褐色；尾须黑褐色。前胸背板梯形，前缘近于平直，后缘弧形。雄性腹部背板第1节特化，前缘中间的毛茸圆形。尾须端部尖锐。前翅长过腹端。腿节下侧的刺发达。

食性：喜食香甜食品、如面包、饼干，以及垃圾、泔水等其他有机物。

分布：河北、北京、辽宁、江苏、安徽、上海、湖南、福建、广西、四川、贵州、云南。

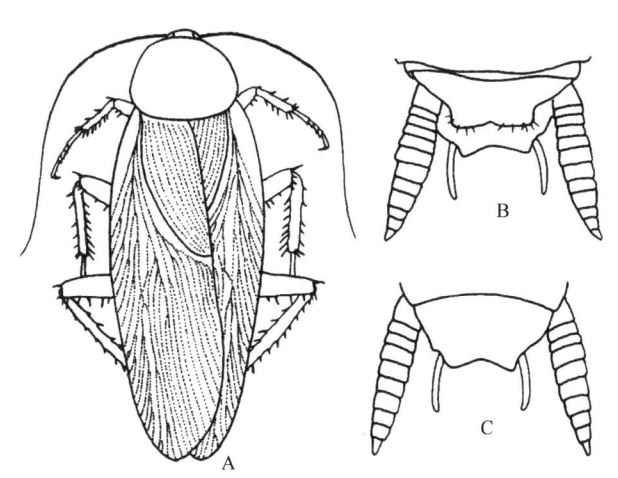

图16 黑胸大蠊 *Periplaneta fuliginosa* Serville, 1839（引自王志国等，2007）
A. 雄性整体背面观；B. 雄性腹端背面观；C. 雌性腹端背面观

（29）日本大蠊 *Periplaneta japonica* (Karny, 1908)（图 17）

识别特征：体长 20.0～25.0 mm。体型雄性狭长，雌性前狭后宽。深褐至黑褐色，略具光泽。雄性的前胸背板前窄后宽，略呈三角形，背面具不规则凹陷，雌性的则宽大呈扇面形，表面有浅的凹凸，中间具锚状纹。雄性翅长，超过腹端；雌性的翅长仅达到第 4 腹节背面中间。尾须粗壮，纺锤状，末端尖，黑褐色，长约等于其基部之间的距离。尾刺淡褐色，略内弯，约等于肛上板之长。

食性：腐烂木材、淀粉、糖类食物、润滑油、肉类等。

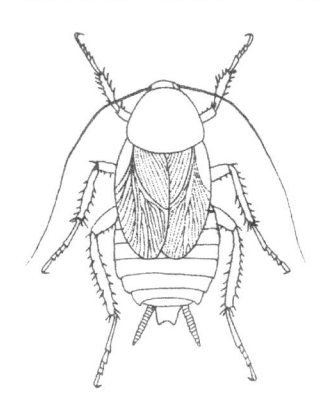

图17 日本大蠊 *Periplaneta japonica* (Karny, 1908) 雌性整体背面观（引自王志国等，2007）

分布：河北、北京、天津、吉林、辽宁、甘肃、江苏、上海、湖北、湖南、台湾、广西、贵州。

20．地鳖蠊科 Polyphagidae

（30）冀地鳖 *Phlyphaga plancyi* Bolivar, 1882（图版 II：1）

识别特征：体长 22.0～36.0 mm，宽 14.0～25.0 mm。体背面和下侧均偏平。背部黑棕色，通常在边缘有淡黄褐色斑块及黑色小点。雄性具翅，雌性无翅。头小，向下侧弯曲，口器为嚼式，上颚坚硬。触角长丝状，多节。复眼发达，肾脏形，环绕触角；单眼 2 个。前胸宽盾状，前狭后阔，将其头部掩于其下；雄性的前胸波状纹，有缺刻，具翅 2 对，前翅革质，后翅膜质。腹部第 1 腹节极短，其腹板不发达，第 8、9 腹节的背板缩短，尾须 1 对。足 3 对，发育相等，具细毛，生刺颇多，基部扩大，盖及胸下侧及腹基部分，长 2.2～3.7 cm。

食性：多种蔬菜叶片、根、茎及花朵；豆类、瓜类等的嫩芽、果实，杂草中的嫩叶和种子；米、面、麸皮、谷糠等干鲜品；家畜、家禽碎骨肉的残渣及昆虫残体等。

检视标本：2 头，围场县木兰围场，2015-VI-5。

分布：华北、东北地区、山东、河南、陕西、甘肃、青海、江苏、浙江、湖南；俄罗斯。

21. 姬蠊科 Blattellidae

(31) 德国小蠊 *Blattella germauica* (Linnaeus, 1767)（图版 II：2）

识别特征：体长 10.0～13.5 mm，背腹均扁平，椭圆形，油亮。棕褐色，复眼黑色，单眼区黄白色，两眼间头顶具棕色斑，部分个体额及唇基红棕色。触角基节浅褐色，其余黑褐色；前胸背板中域具黑褐色纵斑；翅色一致。前胸背板略梯形，宽阔扁平，长 2.1～2.7 mm，宽 2.6～3.67 mm；前缘近平直，后缘中部略凸出；背面 2 条上窄下宽的黑褐色纵线。中后胸较小，区分不明显。前翅革质，长 7.6～11.2 mm；后翅狭长，膜质，长达肛上板中部（雄性）或超过腹部末端（雌性），顶角显突。前足腿节腹缘刺式型，跗节具爪垫，爪对称，不特化，具中垫。腹部 10 节，扁阔；雄性第 1 腹节背板不特化，第 7、8 节特化，第 7 节背板中域两凹槽半遮，第 8 节背板近前缘两腺体近圆形。雄性腹部末节后缘两侧 1 对不相等的短圆尾刺，雌性无尾刺。

食性：淀粉、糖类食物、润滑油、肉类等。

分布：河北、全国性；世界广布。

螳螂目 Mantodea

22. 螳螂科 Mantidae

(32) 广斧螳 *Hierodula patellifera* (Audinet—Serville, 1839)（图版 II：3）

识别特征：体长 42.0～71.0 mm；绿色或紫褐色；前胸腹板基部具红褐色带斑；前翅淡绿色或淡褐色，翅斑黄白色，后翅末端绿色。额盾片宽大，略成五角形，中间 2 条不明显纵隆线。前胸背板宽，长菱形，侧缘有细钝齿，前端 1/3 中间 1 条纵沟，后端 2/3 部分中间 1 条细隆线。前翅宽，超过腹端，半透明；雄性前翅翅痣之后纵脉之间 1 排小翅室，中域翅室排列较稀疏；翅斑长圆形，后翅与前翅等长，透明。前足基节有 3～5 个明显的三角形小疣突，第 1、2 疣突相距较远；前足腿节粗短，稍短于前胸背板，侧扁，内缘具较长的褐色刺，胫节粗，短于腿节。腹部肥大，雌性肛上板较短，其中间深凹陷。雄性肛上板较雌性长，中部 1 条细纵沟。

分布：河北、北京、山东、河南、陕西、江苏、上海、安徽、浙江、湖北、江西、福建、台湾、广东、海南、香港、广西、四川、贵州、西藏；朝鲜，日本，越南，印度，菲律宾，爪哇，新几内亚，夏威夷岛，中美洲。

(33) 薄翅螳 *Mantis religiosa sinica* Bazyluk, 1960（图版 II：6）

识别特征：体长 43.0～88.0 mm。通常呈绿色或淡褐色。额小盾片略成方形，上缘角状凸出；雄性触角粗而长，雌性触角细而短。前胸背板较短，略与前足腿节等长，沟后区与前足基节等长，雌性外缘齿列均不明显。前、后翅均发达，超过腹部末端，前翅略短于后翅，较薄，膜质透明，仅前缘区有较狭革质且有不规则细的分支横脉；后翅膜翅透明。前足基节内侧具1深色斑或1具深色饰边的白斑；前足腿节具4枚中列刺和4枚外列刺，中、后足腿节膝部内侧片缺刺。腹部细长，肛上板短宽，中间具隆脊，端部中间稍凹陷。

分布：河北、北京、东北、山西、宁夏、甘肃、新疆、江苏、浙江、福建、广东、海南、四川、云南、西藏；世界广布。

（34）亮翅刀螳 *Tenodera angustipennis* Saussure, 1869（图版 II：5）

曾用名：狭翅大刀螳。

识别特征：体长雄性75.0~95.0 mm，雌性85.0~110.0 mm。体绿或褐色。该种与中华大刀螳和枯叶大刀螳形态十分近似，该种与后两者的主要区别在：前胸背板侧缘较平直；前胸腹板前足基节间1鲜黄斑；前翅狭长，末端尖，革质部窄；后翅透明，后翅基部无深色大斑，仅臀前域的横脉呈黑褐色并略带淡烟色。

分布：河北、山东、宁夏、江苏、安徽、浙江、湖北、福建、广西、四川；朝鲜，日本，印度，印度尼西亚，俄罗斯（西伯利亚），美国。

（35）中华大刀螳 *Tenodera sinensis* (Saussure, 1871)（图版 II：4）

识别特征：体长74.0~102.0 mm。绿色或褐色。前翅前缘区绿色或褐色，其余绿色或褐色。额小盾片横行，上缘呈弧形。前胸背板狭长，两侧扩展明显较宽，沟区周围扩展圆润；沟前区中纵沟两侧有小颗粒，沟后区小颗粒不明显；前胸背板沟后区与前足基节长度之差约为前胸背板最大宽度的0.3（雌）~1.0（雄）倍；雌性前胸背板侧缘具较密的细齿，雄性沟前区两侧具少量细齿或缺。前、后翅均发达，超过腹端；前翅翅端较钝；后翅臀域烟色斑浑浊，边界不明显。肛上板三角形，中间具隆起纵脊。前足腿节具4枚中列刺和4枚外列刺。

分布：河北、中国东部地区；朝鲜，日本，泰国，密克罗尼西亚，美国，加拿大。

等翅目 Isoptera

23. 鼻白蚁科 Rhinotermitidae

（36）黑胸散白蚁 *Reticulitermesi chinensis* Snyde, 1923（图18）

曾用名：黑胸网蟞；曾鉴定为黄胸散白蚁 *Reticulitermes speratus* (Rolbe, 1885)

识别特征：兵蚁头长1.68~1.86 mm，宽1.07 mm；前胸背板长0.44 mm，宽0.76~

0.82 mm。头、触角黄色或褐黄色，上颚暗红褐色；腹部淡黄白色。头上毛稀疏，胸及腹部的毛较密，头长圆筒形，后缘中部直，侧缘近平行。额峰凸出，峰间凹陷。上唇不长过上颚之半。上颚长约为头长之半。触角 15～17 节，第 3 节最短，第 4 节短于或等于第 2 节。前胸背板前宽后窄，前缘中间显凹，后缘较直。有翅成虫头、胸部黑色，腹部色稍淡。触角、腿节及翅黑褐色。腿节以下暗黄色。全身被密毛。头长圆形，后缘圆，两侧缘略呈平行状；后唇基较头顶色稍淡，长度为相宽度的 1/4；复眼小而平，不圆。触角 18 节：第 3—5 节最短，盘状；第 4+5 节常分裂不完全；或触角 17 节，第 3 节最短。前胸背板前宽后窄，前缘近直，前线中间缺刻无或不明显，后缘中间有缺刻。前翅鳞显大于后翅鳞。

寄主：老树桩、地板、门框、枕木、柱基、楼梯脚等的木质部分和木结构等。

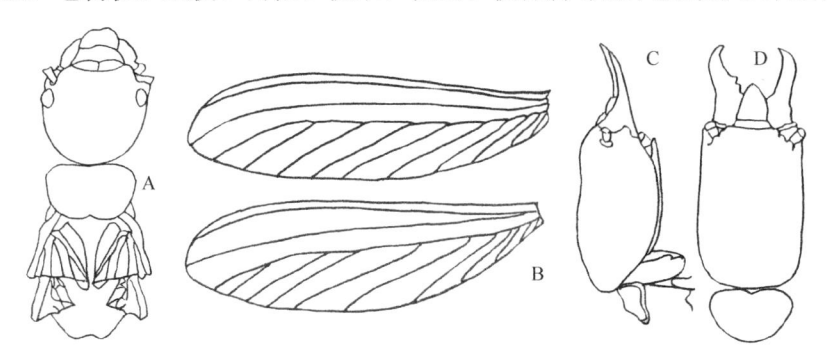

图 18　黑胸散白蚁 *Reticulitermesi chinensis* Snyde, 1923（仿蔡邦华）
有翅成虫：A. 头、胸背面观；B. 前、后翅
兵蚁：C. 头及前胸侧面观；D. 头及前胸背面观

分布：河北、北京、天津、吉林、辽宁、山西、山东、河南、陕西、甘肃、江苏、上海、安徽、浙江、湖北、江西、湖南、福建、广西、四川、云南；印度。

直翅目 Orthoptera

24. 螽斯科 Tettigoniidae

(37) 中华寰螽 *Atlanticus sinensis* Uvarov, 1924（图版 II：7）

识别特征：体长 23.0～29.0 mm；身体褐色至暗褐色。头顶狭窄，两侧呈黑色，每个复眼后方各 1 条黑色纵纹。前胸背板侧片上部和胸的侧部分布有黑褐色；雄性前翅长达到第 3、4 腹节，不露出前胸背板后缘。前、中和后足腿节下侧内缘分别有 2、2 和 3～5 枚刺，各腿节的外缘通常无刺；后足腿节外侧具较宽黑褐色纵带。

分布：河北、北京、东北、内蒙古、山西、陕西、河南、宁夏、甘肃、湖北、四川；朝鲜半岛。

（38）邦氏初姬螽 *Chizuella bonneti* (Bolivar, 1890)（图 19）

曾用名：邦内特姬螽 *Metrioptera bonneti* (Bolivar, 1890)。

识别特征：体长 16.0~22.0 mm，前胸背板长 5.0~6.0 mm；体色有绿色和褐色之分；复眼后方有白色条纹；前胸背板侧叶黑褐色，上黑下浅；腿为红褐色，各腿节上方及其与胫节基部黑色。头顶宽圆。前胸背板平坦，沟后区中隆线虚弱；侧片下缘微斜，后缘缺肩凹。前翅缩短，长达第 3 腹节背板后缘或略超过腹端，翅面散布黑色斑点；后翅不长于前翅。前足胫节外侧 3 端距，各足腿节下侧无刺。雄性腹部末节背板后端开裂成 2 个尖形的叶；尾须较细长，内齿位于基部；下生殖板宽大，后缘中凹较深，腹突细长。

分布：河北、北京、黑龙江、吉林、内蒙古、河南、陕西、宁夏、甘肃、江苏、安徽、湖北、四川；俄罗斯，朝鲜，日本。

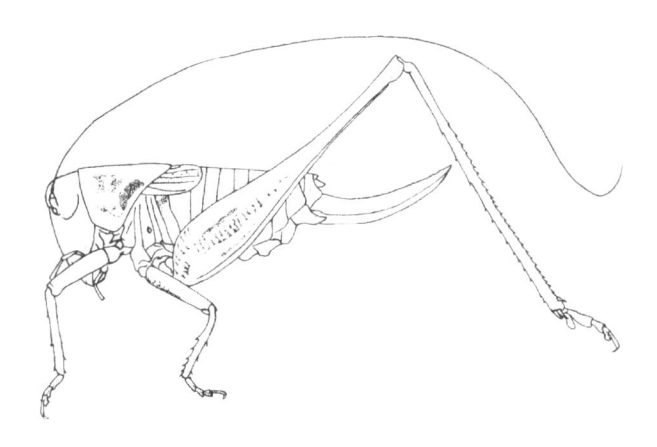

图 19 邦内特初姬螽 *Chizuella bonneti* (Bolivar, 1890)（引自王志国等，2007）

（39）长瓣草螽 *Conocephalus gladiatus* Redtenbacher, 1891（图版 II：8）

识别特征：体长 18.0~24.0 mm；淡绿色。头部和前胸背板背面褐色纵带向后渐扩宽，两侧具黄色边。头顶微侧扁，顶端较钝；侧缘向端部稍分开。前胸背板背面稍平；侧片长、高近相等，下缘向后较倾斜，后缘具弱肩凹；前胸腹板具 2 刺突。前翅长达后足腿节顶端，较狭窄；Sc 脉基半部明显变粗。后翅稍长于前翅。前、中足胫节缺背距，前足胫节内、外侧听器均为封闭型；各足腿节下侧缺刺，后足腿节膝叶具 2 刺。雄性第 10 腹节背板端部裂开成两叶，裂叶几乎相连且下弯。

分布：河北、北京、河南、上海、浙江、湖北、湖南、福建、台湾、广西、四川、贵州；朝鲜，日本，泰国，尼泊尔。

（40）优雅蝈螽 *Gampsocleis gratiosa* Brunner von Wattenwyl, 1862（图 20）

识别特征：体长 31.0~43.0 mm。黄绿或褐绿色。头大，具稀疏刻点；头顶宽于触角第 1 节；复眼近圆形，稍凸出。前胸背板前缘平直，后缘宽圆形，背面具较密刻点，沟后区侧隆线不明显，横沟 3 条，中横沟"V"字形，位于沟前区中部之后。前翅绿色，径脉域和中脉域具不明显暗斑；雄性前翅到达第 6、7 腹节，雌性到达第 2 腹节基部；后翅退化。前足腿节下侧内、外缘各具 8～10 枚刺，中足腿节下侧内、外缘各具 11～15 枚刺，后足腿节外侧具褐色纵条纹，下侧内、外缘各具 17～21 枚刺。

分布：华北、东北、山东、河南、陕西、甘肃、江苏、福建、重庆；蒙古，俄罗斯，朝鲜，韩国。

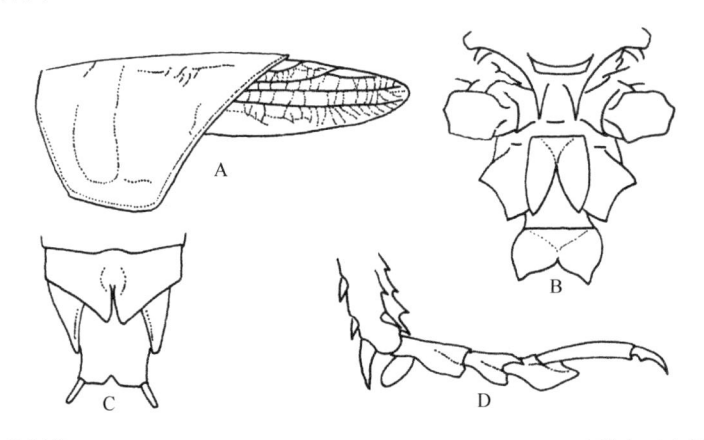

图 20　优雅蝈螽 *Gampsocleis gratiosa* Brunner von Wattenwyl, 1862（引自王志国等，2007）
A. 雌性前胸背板和前翅侧面观；B. 胸部下侧观；C. 后足跗节侧面观；D. 雄性腹端背面观

（41）暗褐蝈螽 *Gampsocleis sedakovii obscura* (Walker, 1869)

识别特征：体长约 35.0～40.0 mm，体粗壮，中等偏大，体长约 35.0～40.0 mm，与优雅蝈螽相似，却比其小。体色通常为草绿或褐绿色，条纹并布满褐色斑点，呈花翅状。头大，前胸背板宽大，似马鞍形，侧板下缘和后缘镶以白边。前翅较长，超过腹端，翅端狭圆，翅面具草绿色条纹并布满褐色斑点，呈花翅状，故也称"花叫"；前胸背板侧板下缘和后缘无白色镶边。雌性颜色偏绿。

分布：华北、东北、山东。

（42）镰尾露螽 *Phaneroptera* (*Phaneroptera*) *falcata* (Poda, 1761)（图版 II：9）

识别特征：体长 12.0～18.0 mm。绿色，具赤褐色散点。前胸背板背面圆凸；侧片长、高约相等。后翅超过前翅部分淡绿色，翅室内具细小的黑点，前翅不透明，雄性左前翅发音部不凸出，具 2 暗斑。雄性第 10 腹节背板后缘截形，肛上板横宽，后缘截形，背面中间凹陷；尾须较长，端半部呈角形弯曲，指向上方，端部尖锐；下生殖板长大于宽，端部稍扩宽，后缘具三角形凹口，下侧中隆线明显。

分布：河北、北京、东北、河南、陕西、甘肃、新疆、江苏、上海、安徽、浙江、湖北、湖南、福建、台湾、四川；朝鲜，日本，欧洲，非洲。

25. 蟋蟀科 Gryllidae

(43) 多伊棺头蟋 *Loxoble mmus doenitzi* Stein, 1881（图版 III：1）

识别特征：体长 15.5～20.0 mm。褐色。后头具 6 条基部融合的宽纵带；单眼黄色，下颚须和下唇须白色；前胸背板背片黄褐色，具杂乱褐色斑点，侧片前下角黄色。头侧突发达，向外显超出复眼。雄性前翅镜膜近菱形，具 2 条斜脉；后翅缺失或尾状。前足胫节外侧听器较大，内侧小，圆形；后足胫节背侧各具 5 枚长刺。雌性前翅具 10～11 条纵脉，横脉较规则。

分布：河北、北京、辽宁、山西、山东、河南、陕西、江苏、上海、安徽、浙江、江西、湖南、广西、四川、贵州。

(44) 黄脸油葫芦 *Teleogryllus emma* (Ohmachi & Matsumura 1951)（图版 III：2）

识别特征：体长 16.5～26.5 mm。头胸红褐色，复眼上缘至额突顶端具黄色窄条纹。复眼卵圆形；单眼半月形，3 枚，宽扁。前胸背板前缘较直，后缘波浪状，中部向后突；背片宽平，具 1 对较大三角形斑。雄性前翅基域深褐色，余褐色；基部宽，逐渐向后收缩；斜脉 3～4 条。后翅尾状，长于前翅。足黄褐色；前足胫节外侧听器大，近似长椭圆形，内侧听器小，近圆形；后足胫节端部深褐色，背面两侧各具 6 枚长刺。尾须黄褐色。雌性前翅横脉较规则。

分布：河北、北京、山西、山东、河南、陕西、江苏、上海、安徽、浙江、湖北、湖南、福建、广东、香港、海南、广西、四川、贵州、云南。

(45) 黑脸油葫芦 *Teleogryllus occipitalis* (Serville, 1838)

识别特征：体长 16.5～26.5 mm；头胸红褐色，复眼上缘沿额突具狭窄黄条纹。颜面圆形，复眼卵圆形；单眼 3 枚，呈半月形，宽扁。前胸背板前缘较直，后缘波浪状，中部向后突；背片宽平，具 1 对大的三角形斑。雄性前翅基域深褐色，余褐色；基部宽，逐渐向后收缩；斜脉 3 或 4 条；后翅明显长于前翅，尾状。足黄褐色；前足胫节外侧听器大，长椭圆形，内侧听器小，近圆形；后足胫节端部深褐色，背面两侧各具 6 枚长刺。雌性前翅具 10～11 平行纵斜脉，横脉较规则。

分布：河北、浙江、湖北、江西、湖南、福建、广东、海南、广西、西南；日本。

26. 树蟋科 Oecanthidae

(46) 长瓣树蟋 *Oecanthus longicauda* Matsumura, 1904（图 21）

识别特征：体长 11.5～14.0 mm。细长而纤弱，一般灰白、淡绿或淡黄色。前胸背板长，向后稍扩宽；雄性后胸背板具 1 大的圆形腺窝，内具瘤状突起。雄性前翅透明，镜膜甚大，内具分脉 1 条，斜脉 3 条。产卵瓣矛状，端部较圆，具齿。足细长；前足胫节内、外侧具大的长椭圆形膜质听器；后足胫节背面具刺，刺间具背距，胫节外侧上端距较长，爪基部1齿突。

分布：河北、黑龙江、吉林、山西、陕西、浙江、河南、江西、湖南、福建、广西、四川、贵州、云南。

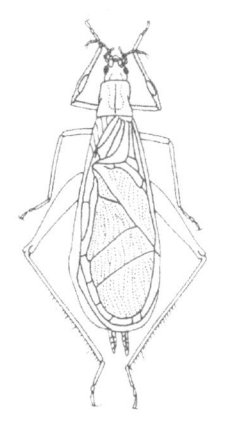

图21 长瓣树蟋 *Oecanthus longicauda* Matsumura, 1904（引自王志国等，2007）

27. 驼螽科 Rhaphidophoridae

（47）中华疾灶螽 *Tachycines* (*Tachycines*) *chinensis* (Storozhenko, 1990)（图22）

识别特征：体长 11.0～21.0 mm；前胸背板 5.5～7.5 mm；前足腿节 8.0～11.5 mm；后足腿节 16.5～19.0 mm；后足胫节 16.0～20.0 mm；后足跗基节 3.4～4.8 mm；产卵瓣♀13.5～15.5 mm。淡棕色或黄褐色，杂黑条纹。头顶端部2锥形瘤；复眼肾形，位于触角窝外缘，黑色；侧单眼1对，近圆形，淡；颜面淡色，具4条深色纵纹。前胸背板前缘直，后缘向后凸出，深色花纹明显，侧叶背缘具深色的弧形花纹；中胸背板后缘向后显突；后胸背板后向略突。前足和中足腿节具深色环纹，胫节淡色，无明显花纹；后足腿节端半部具深色环纹，外侧有不规则花纹；后足胫节下侧淡色，无花纹，背面具深色斑纹。前足腿节下内刺0～4枚，胫节下内刺2～3枚，外刺2枚；中足胫节下侧内外刺各2枚；后足腿节下内刺5～7枚，胫节内刺长达第1跗节端部。产卵瓣显长于后足腿节之半，基部较宽，至端部渐狭，末端上翘，腹瓣端缘多齿。

分布：河北、北京、河南。

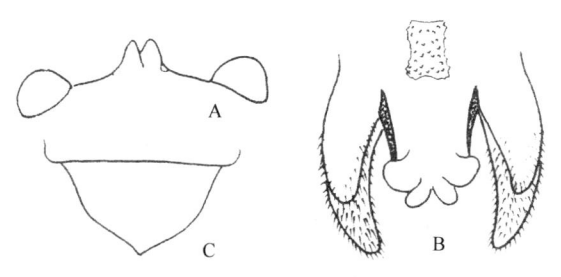

图22 中华疾灶螽 *Tachycines chinensis* Storozhenko, 1990（引自王志国等，2007）
A. 雄性头部背面观；B. 雄性生殖器背面观；C. 雌性下生殖板下侧观

28. 蝼蛄科 Gryllotalpidea

(48)东方蝼蛄 *Gryllotalpa orientalis* Burmeister, 1838（图版Ⅲ：3）

识别特征：体长 25.0～34.5 mm；体背面红褐，下侧黄褐；前翅褐，翅脉黑褐；足浅褐；腹部各节下侧具 2 个小的暗斑。前胸背板隆起，具短毛。雄性前翅可达腹部中部，具发声器；雌性横脉较多。前足胫节具 4 趾突，片状，前足腿节外侧腹缘较直；后足腿节较短；后足胫节长；胫节外侧具刺 1 枚，内侧刺 4 枚。腹部末端背面两侧各具 1 列毛刷。尾须细长，约为体长之半。

分布：河北、西北、华东、华南、西南；俄罗斯，日本，印度，菲律宾，印度尼西亚，澳大利亚，美国。

(49)单刺蝼蛄 *Gryllotalpa unispina* Saussure, 1874（图版Ⅲ：4）

曾用名：华北蝼蛄。

识别特征：体长 39.0～50.0 mm；体褐色。头狭于前胸背板，额凸起，复眼和单眼凸出，有 2 个侧单眼。触角较短。前胸背板具短绒毛，中间具光滑的 2 条纹。前翅淡褐色，具绒毛。后翅超过腹端。胫节具 4 片状趾突。跗节第 1、2 节呈片状趾突；后足较短，胫节背面内缘有 0～2 枚背距，外缘近端部 1 根刺，有 3 个内端距。

食性：禾谷类、烟草、甘薯、瓜类、蔬菜等植物的地下根茎部，以及播撒的种子和幼苗。

分布：河北、北京、吉林、辽宁、内蒙古、山西、宁夏、甘肃、新疆、江苏、安徽、湖北、江西、西藏；俄罗斯，土耳其。

29. 癞蝗科 Pamphagidae

(50)笨蝗 *Haplotropis brunneriana* Saussure, 1888（图版Ⅲ：5）

识别特征：体长 29.0～33.0 mm；体表具粗颗拉和短隆线；体黄褐至暗褐；前胸背板侧片常具不规则淡色斑纹；后足腿节背侧常具暗横斑；后足胫节背侧青蓝色，腹侧黄褐或淡黄。头短于前胸背板，三角形，中隆线和侧缘隆线均明显，后头部具不规则网状纹；颜面侧观稍向后倾斜，颜面隆起明显；复眼长径为短径的 1.25～1.50 倍。前胸背板中隆线呈片状隆起，侧观其上缘呈弧形，前、中横沟不明显，后横沟较明显。前胸腹板突的前缘隆起，近弧形。前翅短小，鳞片状；后翅甚小，刚可看见。后足腿节粗短，背侧中降线平滑，外侧具不规则短隆线；后足胫节端部具内、外端刺。腹部背面具脊齿，第 2 腹节背板侧面具摩擦板。雌性体型较雄性大，前翅较宽圆；产卵瓣较短，上产卵瓣之上外缘平滑。

寄主：树苗、豆类、高粱、玉米、棉、南瓜。

分布：河北、黑龙江、辽宁、内蒙古、山西、山东、河南、陕西、宁夏、甘肃、江苏、安徽；俄罗斯。

30. 斑腿蝗科 Catantopidae

(51) 短星翅蝗 *Calliptamus abbreviatus* Ikonnikov, 1913（图版 III：6）

识别特征：体长雄性 12.9~21.1 mm，雌性 23.5~32.5 mm；体褐色或黑褐色；前翅具有许多黑色小斑点；后足腿节内侧红色，具 2 不完整的黑纹带，基部有不明显的黑斑点，后足胫节红色。头短于前胸背板，头顶向前凸出，低凹；颜面侧观微后倾，缺纵沟。触角丝状，超过前胸背板的后缘。前胸背板中隆线低，侧隆线明显；后横沟近位于中部，沟前区和沟后区近等长；前胸腹板突圆柱状，顶端钝圆。前翅较短，通常不长达后足腿节的端部。后足腿节粗短，长为宽的 2.9~3.3 倍，上侧中隆线具细齿；后足胫节缺外端刺，内缘 9 枚刺，外缘 8~9 枚刺。尾须狭长，上、下两齿几乎等长，下齿顶端的下小齿较尖或略圆。雌性触角不达或刚达前胸背板后缘。

寄主：棉花、大豆、绿豆、蚕豆、玉米、瓜类、马铃薯、红薯、芝麻、蔬菜。

检视标本：1 头，围场县木兰围场北沟色树沟，2015-VIII-28，李迪采；1 头，围场县木兰围场五道沟，2015-IX-06，马莉采。

分布：河北、东北、内蒙古、山西、山东、陕西、甘肃、江苏、安徽、浙江、江西、广东、四川、贵州；蒙古，俄罗斯，朝鲜。

31. 斑翅蝗科 Oedipodidae

(52) 红翅皱膝蝗 *Angaracris rhodopa* (Fischer von Waldheim, 1836)（图版 III：7）

识别特征：体长 23.0~32.0 mm。浅绿或黄褐色，具细碎褐色斑点。颜面垂直，隆起宽，具宽浅纵沟，侧缘隆线呈弧形，头侧窝三角形，头顶宽平，倾斜，复眼卵圆形。前胸背板前端较狭，后部较宽；中隆线被 2 条横沟切断；侧隆线在沟后区明显，沟前区呈断续粒状；上侧面具粗糙粒状突起和不规则的短隆线；前缘较平，中部较宽，后缘直角形；侧片高大于长，下缘前、后角圆形。前翅常伸达后足胫节顶端，中闰脉粗隆并近于中脉；后翅略短于前翅，基部玫瑰红色。后足腿节粗短，外侧黄绿色，具 3 暗色横斑，上侧中隆线平滑，膝侧片顶端圆形；胫节橙红或黄色，基部膨大部分背侧具平行细横隆线，胫节外侧具刺 9 枚、内侧 11~13 枚。雌性前翅仅达或略超过后足胫节中部。

分布：河北、黑龙江、内蒙古、山西、宁夏、甘肃、青海；蒙古，俄罗斯。

(53) 蒙古束颈蝗 *Sphingonotus mongolicus* Saussure, 1888（图版 III：8）

识别特征：体长 27.0 mm，翅长 25.0 mm。匀称，褐色，有暗色横斑纹。前胸背板的沟前区较缩狭，近乎圆柱形，沟后区较宽平、明显，中隆线甚低，线状，在横沟之间消失；前胸背板侧片的前下角直角形，后下角圆形。前翅具 3 暗色横纹，近顶端的 1 个常不明显，有时仅呈小斑点。前、中足均具暗色横斑；后足腿节的外侧有 3 暗色横斑，基部 1 个很小，不明显，中部 1 个常不完整，后 1 个完整；腿节内侧蓝黑色，近端都具 1 淡色环。

分布：河北、东北、内蒙古、山东、甘肃。

（54）疣蝗 *Trilophidia annulata* (Thunberg, 1815)（图版 III：9）

识别特征：体长 11.7～16.9 mm。体暗褐色；头胸部具较密的暗色小斑点。头短，复眼间具 2 粒突。触角基部黄褐色。前胸背板前狭后宽，中隆线被中、后横沟深切断；侧隆线在前缘和沟后区明显。翅长超过后足腿节中部；前翅散布黑色斑点；后翅基部黄色，余部烟色。后足腿节上侧具 3 个黑色横纹，内侧和下侧黑色，近顶端具 2 个淡色纹；后足胫节中部之前具 2 个淡色纹。

检视标本：4 头，围场县木兰围场四合永苗圃，2015-VIII-21，张恩生采；2 头，围场县木兰围场四合永永庙宫，2015-VIII-21，蔡胜国采；1 头，围场县木兰围场四合永永庙宫，2015-VIII-12，宋烨龙采；1 头，围场县木兰围场四合永苗圃，2015-VIII-21，赵大勇采。

分布：河北、东北、内蒙古、山东、陕西、宁夏、甘肃、江苏、安徽、浙江、江西、福建、广东、广西、西南；朝鲜，日本，印度。

32. 网翅蝗科 Arcypteridae

（55）隆额网翅蝗 *Arcyptera coreana* Shiraki, 1930（图版 III：10）

识别特征：体长 27.0～30.0 mm。褐或暗褐色。前胸背板具黑斑；雌性前翅中脉域和肘脉域具黑斑；后翅黑褐或暗黑色；后足腿节内侧下隆线和底侧中隆线间淡红色，内侧具 3 黑横斑；后足胫节基部黑色，近基部黄色环纹，余部淡红或红色。头顶和后头中间具不明显中隆线，颜面侧观倾斜。触角向后长过前胸背板后缘。前胸背板中隆线明显，前、中、后横沟明显，后横沟切断中、侧隆线；沟后区略大于沟前区；前胸腹板中间具很小突起。前翅超过后足腿节末端；后翅发达与前翅等长。后足腿节内侧下隆线之上具 1 列明显音齿，外侧下膝片顶端圆形；后足胫节缺外端刺，内缘具刺 12 枚，外缘具刺 12～15 枚。尾须锥形。雌性头顶中隆线明显；触角不达前胸背板后缘。

检视标本：1 头，围场县木兰围场五道沟，2016–VII–11，赵大勇采。

分布：河北、东北、内蒙古、山东、河南、陕西、宁夏、甘肃、江苏、江西、四川；朝鲜。

（56）网翅蝗 *Arcyptera fusca* (Pallas, 1773)（图版 III：11）

识别特征：体长雄性 24.0～28.0 mm，雌性 30.0～39.0 mm。体暗黄褐色。前胸背板侧隆线处具淡色纵纹；后翅近乎黑褐色；后足腿节内下侧红色，内侧具 3 黑色横斑，外侧具明显淡色膝前环，膝部黑色；胫节红色，基部黑色，近基部具淡色环。头顶宽短，顶钝，具粗大刻点；头侧窝明显，宽平；颜面侧观后倾，隆起较宽平。复眼小，卵形。前胸背板宽平；沟前区长于沟后区。前翅超过后足腿节顶端，翅顶宽圆；肘脉域宽。后足腿节下膝侧片顶端圆形。雌性触角不达前胸背板后缘；前胸背板后横沟较直，中部略向前凸出；前翅略超过后足腿节的中部，翅顶狭圆；亚前缘脉域中部较宽，肘脉域宽，约为中脉域宽 2.0 倍。

检视标本：1 头，围场县木兰围场五道沟，2016-VII-11，赵大勇采。

分布：河北、河南、新疆；蒙古、俄罗斯。

(57) 中华雏蝗 *Chorthippus chinensis* Tarbinsky, 1927（图版 IV：1）

识别特征：体长雄性 17.5～23.0 mm，雌性 21.0～27.0 mm。暗褐色；触角褐色，复眼红褐色，前胸背板沿侧隆线具黑色纵带纹；前翅褐色，后翅黑褐色；后足腿节外、上侧具 2 黑横斑，内侧基部具黑色斜纹，下侧橙黄色，膝部黑色；后足胫节橙黄色，基部黑褐色；腹部末端橙黄色。头顶锐角形；头侧窝狭长四边形；颜面倾斜，隆起狭，在触角基部水平以下具浅纵沟。触角长达后足腿节基部。前胸背板前缘平，后缘圆角形凸出；中隆线明显，侧隆线角形内凹；沟前区与沟后区近等长；中胸腹板侧叶宽大于长，侧叶间中隔近方形。前后翅等长；雄性前翅超过后足腿节顶端，前缘脉及亚前缘脉"S"形弯曲；径脉域较宽；雌性前翅刚达后足腿节顶端。后足腿节内侧下隆线具音齿；膝侧片顶圆形；鼓膜孔宽缝状。

分布：河北、陕西、甘肃、四川、贵州。

(58) 东方雏蝗 *Chorthippus intermedius* (Bey-Bienko, 1926)（图版 IV：2）

识别特征：雄性体中小型，15.0～18.0 mm。黄褐色、褐色或暗黄绿色。头短于前胸背板，头顶前缘几呈锐角形；颜面略倾斜；复眼纵径为眼下沟的 2.0 倍。触角可达后足腿节中部。前胸背板侧隆线处具黑纵条纹，全长明显；中隆线明显；前、中横沟不甚明显，后横沟明显，切断中、侧隆线，沟前区与沟后区等长。前翅到达或略超过腹部末端，缘前脉域具闰脉；后翅略短于前翅。后足腿节橙黄褐色，内侧基部具黑色斜纹，内侧下隆线处具 107～131 音齿；后足胫节黄色，基部黑色。尾须短锥形，粗壮。雌性体较雄略大而粗壮；颜面近乎垂直；触角刚达前胸背板后缘；复眼纵径为眼下沟的 1.1～1.2 倍；前翅较短，缘前脉域、中脉域及肘脉域均具弱闰脉。

检视标本：2 头，围场县木兰围场五道沟，2015-VIII-06，宋烨龙采；1 头，围场县木兰围场北沟色树沟，2015-VIII-28，蔡胜国采；1 头，围场县木兰围场四合永头道川，2015-VIII-21，宋烨龙采；1 头，围场县木兰围场燕格柏，2016-VIII-17，马晶晶采；1 头，围场县木兰围场种苗查字，2016-VII-12，董艳新采；1 头，围场县木兰围场查字营林区，2016-VIII-01，王祥瑞采；1 头，围场县木兰围场龙潭沟，2016-VII-18，张润杨采；4 头，围场县木兰围场车道沟，2016-VII-26，高雪燕采；1 头，围场县木兰围场桃山乌拉哈，2015-VI-30，马晶晶采。

分布：河北、东北、内蒙古、山西、河南、陕西、宁夏、甘肃、青海、四川、西藏；蒙古，俄罗斯。

（59）青藏雏蝗 *Chorthippus qingzangensis* Yin, 1984（图版 IV：3）

识别特征：体长雄性 13.4~16.9 mm，雌性 19.6~24.5 mm。黄绿色、绿色；头部背面、前胸背板、前翅有时棕褐色；前翅前缘脉域常具白色纵条纹。头较前胸背板短，颜面倾斜。触角到达后足腿节基部。前胸背板中隆线、侧隆线明显，侧隆线较直，近平行；后横沟位于背板中部，沟后区约同沟前区等长。前翅超过后足腿节顶端；缘前脉域狭长，常缺闰脉；前缘脉域较狭，最宽处为亚前缘脉域最宽处的 1.2 倍；径脉微弯，几乎直；前翅向端部甚趋狭，翅痣明显。尾须圆柱形。后足腿节黄褐色，端部色较暗；后足胫节黄褐色；后足腿节内侧下隆线发音齿基段音齿呈不规则的双排；鼓膜孔半圆形。雌性触角仅达或略超过前胸背板后缘，前翅刚达后足腿节的端部。

检视标本：3 头，围场县木兰围场五道沟，2015-VIII-06，赵大勇采；5 头，围场县木兰围场四合永头道川，2015-VIII-21，宋烨龙采；1 头，围场县木兰围场北沟色树沟，2015-VIII-28，赵大勇采；1 头，围场县木兰围场四道沟，2016-VII-26，高雪燕采；1 头，围场县木兰围场北沟色树沟，2015-VIII-28，蔡胜国采。

分布：河北、黑龙江、内蒙古、山西、宁夏、甘肃、青海、新疆、西藏。

（60）宽翅曲背蝗 *Pararcyptera microptera meridionalis* (Ikonnikov, 1911)（图版 IV：4）

识别特征：体长雄性 23.0~28.0 mm，雌性 35.0~39.0 mm；前翅长雄性 18.0~21.0 mm，雌性 17.0~21.0 mm。褐或黄褐色。触角丝状。前胸背板背面暗黑色；侧隆线淡黄色，在沟前区颇向内弯曲，其间最宽处约为最狭处的 1.5~2.0 倍。前翅前缘脉域较宽，最宽处约为亚前缘脉域最宽处的 2.5~3.0 倍；雌性肘脉域较狭，肘脉域最宽处与中脉域最宽处近等宽。后足胫节顶端无端刺，沿外缘具刺 12~13 枚。

取食对象：禾本科作物和杂草。

分布：河北、东北、内蒙古、山西、山东、西北。

33. 蝗科 Acrididae

（61）条纹鸣蝗 *Mongolotettix vittatus* (Uvarov, 1914)（图版 IV：5）

识别特征：体长雄性 16.5~18.5 mm，雌性 27.0~28.0 mm；前翅长雌性 3.0~3.5 mm，雄性 7.0~8.0 mm。较细长。头大，略短于前胸背板；颜面向后倾斜，隆起明显，具纵沟，中眼之下较宽，向下端展开。触角剑状，基部数节宽阔，向端部渐细。前胸背板宽平，中隆线较低。雄性前翅发达；雌性前翅不发达，长卵形，1 条较狭的黑褐色纵条纹，在背部彼此不毗连。后足腿节外侧下膝侧片顶端较尖锐。

分布：河北、北京、黑龙江、吉林、内蒙古、陕西、甘肃；蒙古。

革翅目 Dermaptera

34. 球螋科 Forficulidae

(62) 斯氏球螋 *Forficula tomis scudderi* Bormans, 1880（图 23）

识别特征：体长雄性 14.0～21.5 mm，雌性 15.0～19.0 mm；体中至大型，稍扁平。头部与前胸背板约等宽，背面稍隆起，冠缝明显；复眼较小，短于后颊。触角 12 节。前胸背板长宽约相等，侧缘平行，后缘宽圆形，沟前区隆起，中沟明显。前翅稍长于前胸背板，端缘截形，表面具极弱的刻点；后翅退化，不长于前翅。足较粗壮。腹部延长，中部稍扩宽，表面具较密的细刻点，第 3、4 节两侧具腺褶。雄性第 10 腹节背板横宽，侧缘微向后趋狭，背面两侧在尾铗基部上方具弱的隆丘；肛上板较短，端部圆形；尾铗较狭长，微内弯，基部扩宽部分约占全长的 1/2 或更长，内缘具细齿。雌性尾铗仅端部内弯，内缘缺细齿。

分布：河北、黑龙江、辽宁、山西、河南、陕西、宁夏；俄罗斯（远东地区），朝鲜，日本。

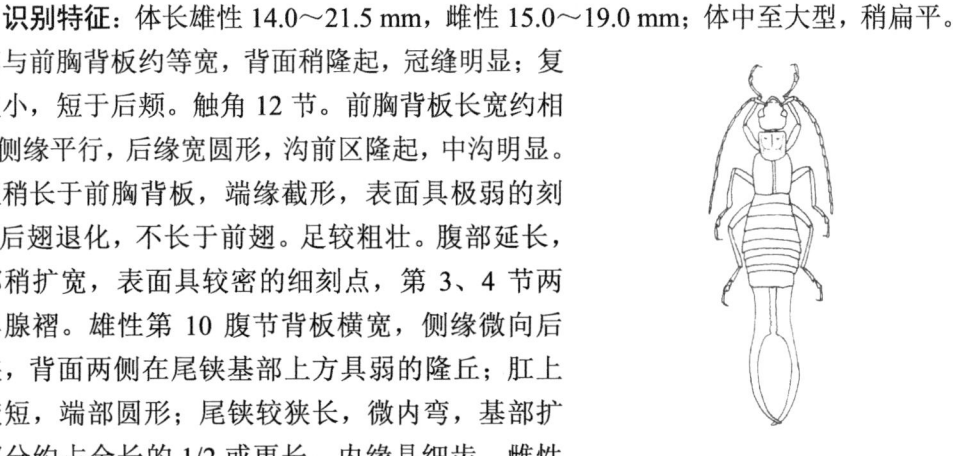

图 23 斯氏球螋 *Forficula tomis scudderi* Bormans, 1880（引自王志国等，2007）

螨目 Psocoptera

35. 虱螨科 Liposcelididae

(63) 无色虱螨 *Liposcelis decolor* (Pearman, 1936)（图 24）

图 24 无色虱螨 *Liposcelis decolor* (Pearman, 1936) 内颚叶（引自李法圣，2002）

识别特征：雌雄浅棕黄色，雄性体色浅白。头前部稍暗，腹部稍浅。触角棕色，复眼黑色。体长雌性 1.2～1.3 mm；雄性 0.8～0.8 mm。头顶宽雌性 269.0～306.0 μm；雄性 190.0 μm。头顶具由脊分界的副室，外边的副室为丘形且较大，里边的副室为鳞状，较小；副室内具清晰的小瘤突。小眼 7 个，下颚须端节 s 与 r 较长，近等长。触角环形脊明显。内颚叶外齿较内齿长。雌性小眼5个。后足腿节突刻纹。腹部第3—4节具由中型瘤分界的不太清晰的多角形副室，内有明显的中型瘤，第5—7节副室渐明显。生殖突主干末端分叉；T型板基部结构特殊。腹部紧凑型，第1及第2节的再分较模糊。

栖息场所：室内外。

分布：河北、北京、山东、河南、湖北；世界广布。

缨翅目 Thysanoptera

36. 管蓟马科 Phlaeothripidae

（64）稻管蓟马 *Haplothrips aculeatus* (Fabricius, 1803)

识别特征：体长1.5 mm左右；黑色略具光泽；头长于前胸。触角8节，第3—4节黄色；复眼后鬃、前胸鬃及翅基3根鬃长且尖锐。前翅无色，但基部稍暗棕；中部收缩，端圆，后缘有间插缨5～8根。第10节管状，长为头的3/5；末端轮鬃由管状的6根鬃及长鬃间的弯曲短鬃构成。前足腿节略膨大，跗节有小齿。足暗棕，前足胫节略黄，各跗节黄。

寄主：水稻、小麦、玉米、高粱及多种禾该科草、莎草科植物。

分布：河北、东北、内蒙古、山西、河南、陕西、宁夏、甘肃、新疆、江苏、安徽、湖北、湖南、福建、台湾、广东、海南、广西、西南；蒙古，朝鲜，日本，外高加索，欧洲。

37. 蓟马科 Thripidae

（65）葱韭蓟马 *Thrips alliorum* (Priesner, 1935)

识别特征：雌性体长1.5 mm，深褐色，触角第3节暗黄色，前翅略黄，腹部第2—8背板前缘线黑褐色。头略长于前胸，单眼间鬃长于头部其他鬃，位于三角连线外缘。复眼后鬃呈一横列排列。触角8节，第3、4节上的叉状感觉锥伸达前节基部。前胸背板后角均1对长鬃，且内鬃长于外鬃，后缘3对鬃，中鬃长于其余鬃；中胸背板布横纹。前翅前缘鬃49根，上脉鬃不连续，基鬃7根，端鬃3根，下脉鬃12～14根。腹部第5—8背板两侧栉齿梳模糊，第8背板后缘梳退化，第3—7背侧片通常具3根附属鬃，第3—7腹板各有9～14根鬃。雄性短翅。

分布：河北、辽宁、内蒙古、山东、陕西、宁夏、新疆、江苏、浙江、湖北、福建、台湾、广东、海南、广西、贵州、云南；朝鲜，日本，夏威夷。

半翅目 Hemiptera

38. 斑木虱科 Aphalaridae

(66) 萹蓄斑木虱 *Aphalara polygoni* Forster, 1848（图25）

识别特征：体翅长约 2.5 mm。浅褐色。头顶具浅褐至橙的斑。颊中部黑至褐色，两侧黄色。复眼黑褐色，单眼深红色。触角 1—2 节褐色，9—10 节黑色。胸部背面具褐色纵条纹。后胸后盾片黑色。胸部侧面底色米黄色，各骨缝沿线黑色，中胸下侧黑色。各足基节黑色至褐色，其余各节底色黄色，端跗节端部褐色。前翅透明，略带黄色。腹部黑色或背板黑色，腹板黄色，带褐色斑或完全黄色，带有褐色斑。头相较体下倾，前外角呈扁圆瘤状隆起；表面鳞片状，着生均匀的微小刚毛。颊侧瘤强烈凸出。眼前区瘤强烈凸出。触角高位端毛约与低位端毛等长。唇基较长，端部中间凸出。前翅卵圆形，端部 1/4 处最宽；翅刺小颗粒状，排列近似均匀且相对稀疏，不覆满整个翅面；缘纹小短刺状，范围较小。后足胫节端距 7~8 枚。

寄主植物：蓼属植物、萹蓄、水蓼、马尾松。

分布：华北、东北、山东、陕西、宁夏、甘肃、青海、江苏、四川、西藏；古北界广布。

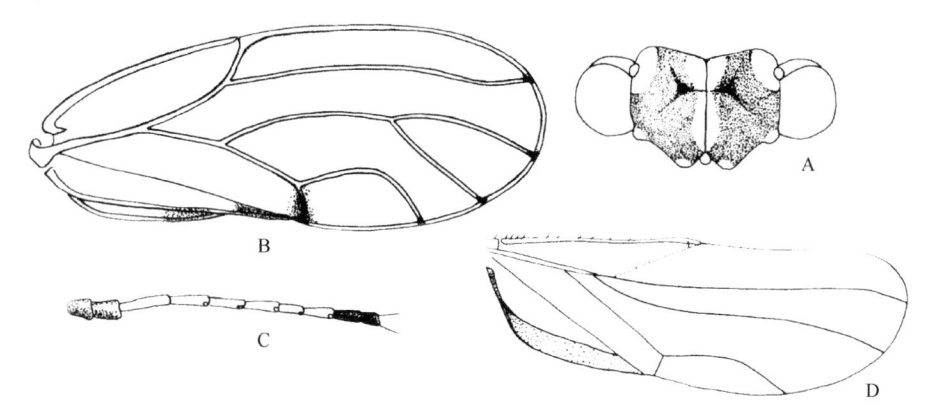

图25 萹蓄斑木虱 *Aphalara polygoni* Forster, 1848 （引自李法圣，2011）
A. 头；B. 前翅；C. 触角；D. 后翅

39. 蚜科 Aphididae

(67) 豆蚜 *Aphis (Aphis) craccivora* Koch, 1854（图26）

识别特征：无翅胎生雌蚜：体长 1.8~2.4 mm。肥，黑色、浓紫色，也有个体墨绿色，具光泽，体被蜡粉。中额瘤和额瘤微隆。触角 6 节，较体短，第 1、2、5 末端和第 6 节黑，余黄白。腹部 1—6 节背面隆板灰色，腹管黑色具瓦纹，长圆形。尾片黑色黑色具瓦纹，圆锥形，两侧各具 3 根长毛。有翅胎生雌蚜：体长 1.5～1.8 mm，体黑绿色至黑褐色，具光泽。触角 6 节，第 1、2 节黑褐色，第 3—6 节黄白色，节间褐色，第 3 节感觉圈 4～7 个且排列成行。

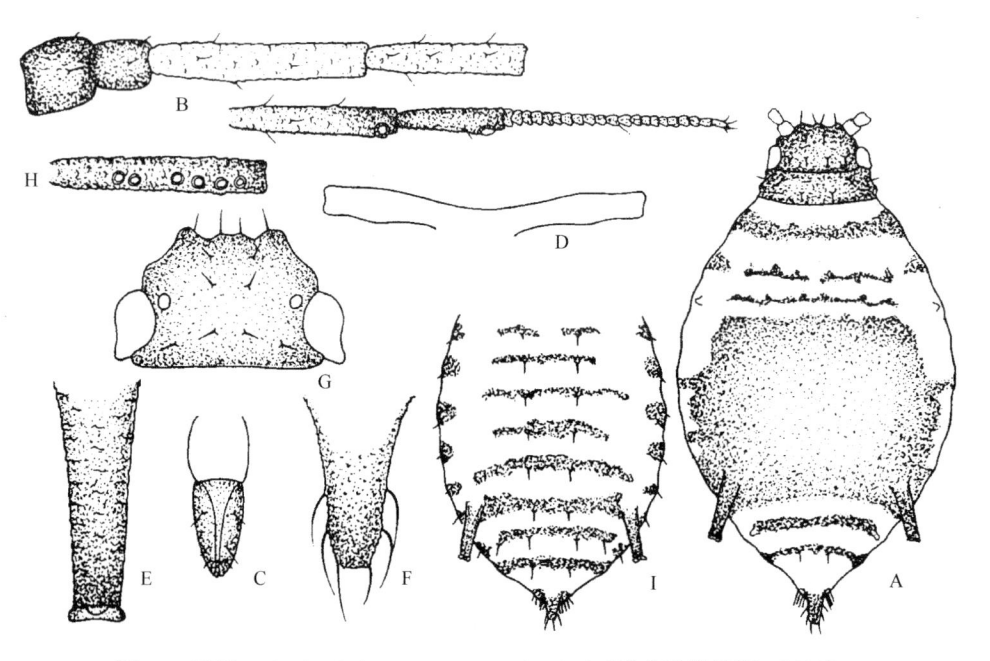

图 26 豆蚜 *Aphis* (*Aphis*) *craccivora* Koch, 1854（引自乔格侠等，2009）
无翅孤雌蚜：A. 整体背面观（示斑纹）；B. 触角；C. 喙节 IV+V；D. 中胸腹岔；E. 腹管；F. 尾片
有翅孤雌蚜：G. 头部背面观；H. 触角节 III；I. 腹部背面观

寄主：蚕豆、紫苜蓿等多种豆科植物。

分布：河北、北京等全国分布；世界分布。

(68) 萝卜蚜 *Lipaphis* (*Lipaphis*) *erysimi* (Kaltenbach, 1843)（图 27）

识别特征：有翅胎生雌蚜：头、胸黑色；腹部绿色。第 1—6 腹节各具独立斑，腹管前后斑愈合，第 1 节具背中窄横带，第 5 节具小型中斑，第 6—8 均具横带，第 6 节横带不规则。触角第 3—5 节依次具次生感觉圈。无翅胎生雌蚜：体长约 2.3 mm，宽 1.3 mm。绿色至黑绿色，被薄粉。表皮粗糙，具菱形网纹。腹管长筒形，顶端收缩。尾片具 4～6 根长毛。

分布：河北、北京、天津、辽宁、内蒙古、山东、河南、陕西、宁夏、甘肃、江苏、上海、浙江、湖南、福建、台湾、广东、四川、云南；朝鲜，日本，印度，印度尼西亚，伊拉克，以色列，埃及，东非，美国。

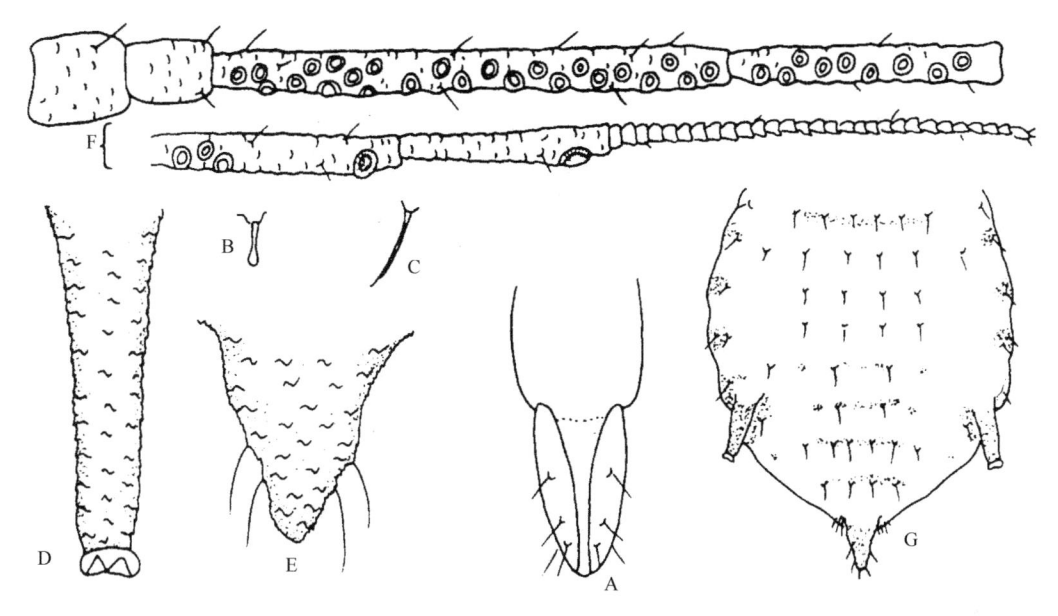

图 27 萝卜蚜 *Lipaphis* (*Lipaphis*) *erysimi* (Kaltenbach, 1843) （引自乔格侠等，2009）
无翅孤雌蚜：A. 喙节第 4+5；B. 体背刚毛；C. 腹部背纹；D. 腹管；E. 尾片
有翅孤雌蚜：F. 触角；G. 腹部背面观

（69）玉米蚜 *Rhopalosiphum maidis* (Fitch, 1856)（图 28）

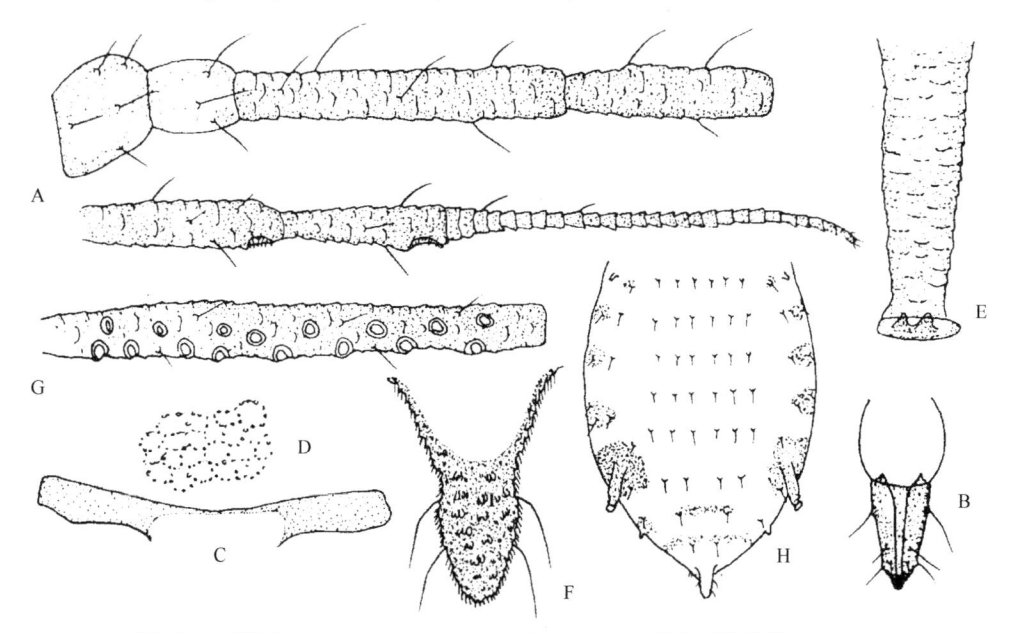

图 28 玉米蚜 *Rhopalosiphu mmaidis* (Fitch, 1856)（引自乔格侠等，2009）
无翅孤雌蚜：A. 触角；B. 喙节第 4+5；C. 中胸腹岔；D. 腹部背纹；E. 腹管；F. 尾片
有翅孤雌蚜：G. 触角节第 3；H. 腹部背面观

识别特征：无翅孤雌蚜：体长 1.8～2.2 mm。长卵形。活虫深绿色，被白粉，附肢黑色，复眼红褐色。腹部第7节具黑色毛片，第8节具背中横带，体表具网纹。触角、喙、足、腹管、尾片黑色。触角6节，长较体短。喙粗短。腹管长圆筒形，端部收缩，具覆瓦状纹。尾片圆锥状，具毛4～5根。有翅孤雌蚜：体长1.6～1.8 mm。长卵形。头、胸黑色，光亮，腹部黄红色至深绿色，腹管前具暗斑。触角6节，较体短。触角、喙、足、腹节间、腹管及尾片黑色。腹部第2—4节各1对大型缘斑，第6、7节上有背中横带。

寄主：玉蜀黍、高粱、粟、普通小麦、大麦等。

分布：全国广布；世界广布。

40. 球蚜科 Adelgidae

（70）落叶松球蚜 *Adelges* (*Adelges*) *laricis* Vallot, 1836（图29）

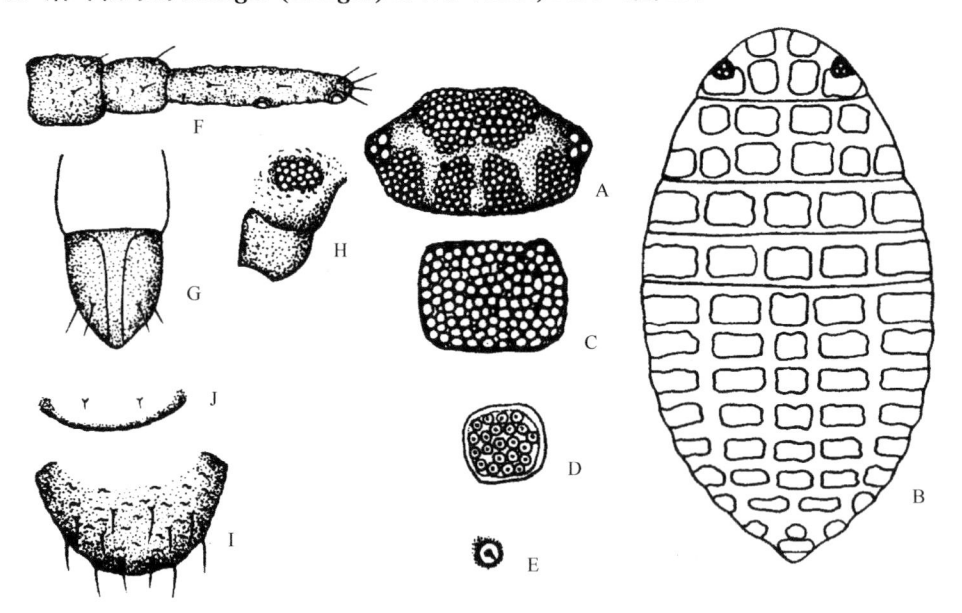

图29 落叶松球蚜 *Adelges* (*Adelges*) *laricis* Vallot, 1836 （引自乔格侠等，2009）
无翅孤雌蚜：A. 头部背蜡片；B. 体被蜡片；C. 蜡片；D. 蜡孔；E. 毛孔；F. 触角；G. 喙节IV+V；
H. 足基节窝蜡片；I. 尾板；J. 尾片

识别特征：触角第3节顶端毛长为该节宽的4.5倍。干母第1龄下侧前、中和后足基节有腺孔群，腺孔圆形，数量不等；有翅瘿蚜腹部背面第5节中侧蜡片愈合，第6节各蜡片均愈合。伪干母第1龄下侧中足和后足基节有蜡孔群，每个基节有2群，内外各一，蜡孔圆形，数量不等；伪干母成虫腹部第1—6节无缘蜡孔组成的缘蜡片。

分布：河北、北京、内蒙古、天津、山西、山东、东北、西北。

41. 大蚜科 Lachnidae

（71）台湾长大蚜 *Cinara formosana* (Takahashi, 1924)（图 30）

曾用名：油松长大蚜 *Cinara pinitabulaeformis* Zhang & Zhang, 1989

识别特征：体长 2.6~3.1 mm。赤黑至黑褐色，复眼黑色。触角 6 节，刚毛状，第 3 节最长。无翅型雌性，体粗壮；腹部圆，表面散布黑色粒状突瘤，偶被白色蜡粉。有翅型身体短棒状，全体黑褐色，布许多黑色刚毛，足上尤多，腹部稍尖，翅膜质透明。

分布：河北、北京、辽宁、内蒙古、山西、山东、河南、陕西、福建、广东、海南、广西。

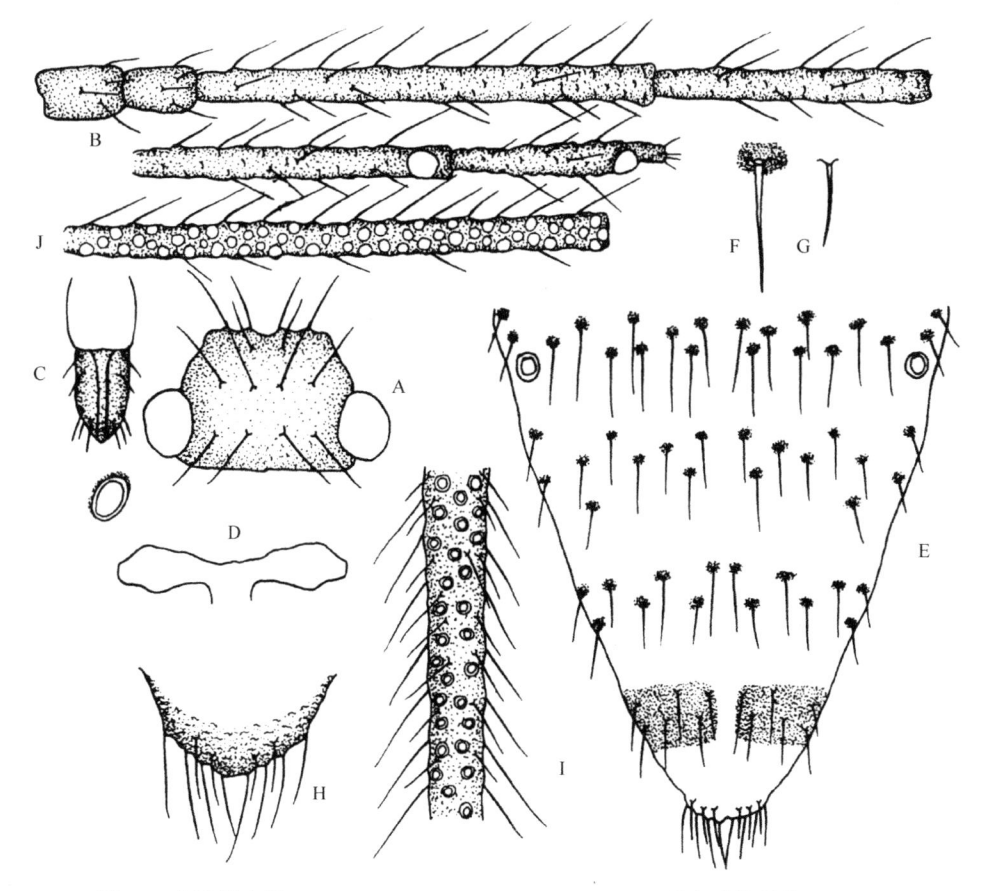

图 30 台湾长大蚜 *Cinara formosana* (Takahashi, 1924)（引自乔格侠等，2009）
无翅孤雌蚜：A. 头部背面观；B. 触角；C. 喙节第 4+5 节；D. 中胸腹岔；E. 腹部背片第 5—8 节；F. 腹部背刚毛；
G. 腹下侧毛；H. 尾片
无翅孤雌蚜：I. 后足胫节局部（示伪感觉圈）
有翅雄性蚜：J. 触角第 3 节

42．沫蝉科 Cercopidae

（72）褐带平冠沫蝉 *Clovia bipunctata* (Kirby, 1891)（图版 IV：6）

识别特征：成虫体长 8.0～9.0 mm。体淡褐色具灰色绒毛。头部头冠平坦，前缘有深褐色边，中间有 4 条茶褐色纵带，此带延伸至前胸背板，中间 2 条延伸至小盾片；颜面隆起光滑，淡黄白色，两侧有深褐色纵带，此带终止于舌侧板的端部。前胸背板具 7 条茶褐纵带，两侧纵带不甚明显，前端弧圆，后端深凹；小盾片三角形，端部尖；前翅淡黄褐色，翅基部有茶褐斑，中部 1 大三角形茶褐斑，二翅合拢时此斑呈菱形，翅端有褐色斜纹，爪片末端 1 黑斑点；胸部腹板淡黄白色，具黑色带状斑；足的侧刺和端刺黑色。腹部黄褐色具黑褐斑块。

寄主：花生、苎麻、水稻。

分布：河北、湖南、广西。

43．叶蝉科 Cicadellidae

（73）大青叶蝉 *Cicadella viridis* (Linnaeus, 1758)（图版 IV：7）

识别特征：体长（含翅）7.2～10.1 mm。青绿色，下侧橙黄色。头部颜面淡褐色；冠部淡黄绿色，前部两侧各具 1 组淡褐色弯曲横纹，与前下方颜面（后唇基）横纹相接，在近后缘处具 1 对不规则的多边形黑斑；后唇基侧缘和中间的纵条、两侧弯曲的横纹均黄色；颊区在近唇基缝处具 1 小形黑斑，触角窝上方具 1 块黑斑。前胸背板淡黄绿色，基半部深青绿色。小盾片淡黄绿色，中间横刻痕较短，不伸达边缘。前翅绿色具青蓝色光泽，前缘淡白，端部透明，翅脉为青黄色，具狭窄的淡黑色边缘；后翅烟黑色，半透明。腹部背面蓝黑色，其两侧及末节的颜色淡为橙黄带有烟黑色。足橙黄色，跗爪和后足胫节内侧具黑色细小条纹，后足胫节刺列的刺基部黑色。

取食对象：多种农作物和果树。

检视标本：1 头，围场县木兰围场新丰挂牌树，2015-VIII-03，李迪采。

分布：河北等全国广布；世界广布。

44．角蝉科 Membracidae

（74）黑圆角蝉 *Gargara genistae* (Fabricius, 1775)（图版 IV：8）

识别特征：体长约 7.0 mm，翅展约 21.0 mm，黄绿色，顶短，向前略突，侧缘脊状褐色。额长大于宽，具中脊，侧缘脊状带褐色。喙粗短，伸至中足基节。唇基色略深。复眼黑褐色，单眼黄色。前胸背板短，前缘中部呈弧形前突达复眼前沿，后缘弧形凹入，背板有 2 条褐色纵带；中胸背板长，上有 3 条平行纵脊及 2 条淡褐色纵带。腹部浅黄褐色，覆白粉。前翅宽阔，外缘平直，翅脉黄色，脉纹密布似网纹，红色细纹绕过顶角经外缘伸至后缘爪片末端。后翅灰白色，翅脉淡黄褐色。足胫节、跗节色较深。

寄主：刺槐、槐树、酸枣、枸杞、宁夏枸杞、桑树、柿树、柑橘、苜蓿、大豆、三叶锦鸡儿、直立黄芪（沙打旺）、大麻、黄蒿、胡颓子、烟草、棉花。

分布：全国分布（除青海外）；东半球各国。

（75）延安红脊角蝉 *Machaerotypus yananensis* Chou & Yuan, 1981（图31）

识别特征：雌性：体中型，黑色，唯复眼、上肩角与后突起橘红色，略有光泽。头宽大于高，黑色，有黄色细毛。复眼橘红色，半球状。单眼浅黄色，有光泽。头下缘倾斜，略弯曲，额唇基顶端圆而被细毛。前胸背板黑色有光泽，有粗刻点，两侧被细毛。小盾片露出部分窄狭，黑色。前翅基部革质，有黑色粗刻点，其他部分棕褐色，半透明，有皱纹；翅脉黑色，臀角处色浅。后翅灰白色，翅脉暗褐色。胸部侧面与下侧、腹部及足黑色，腹部各节背板后缘色较浅。

检视标本：1头，围场县木兰围场八英庄光顶山，2015-VI-15，李迪采。

分布：河北、陕西。

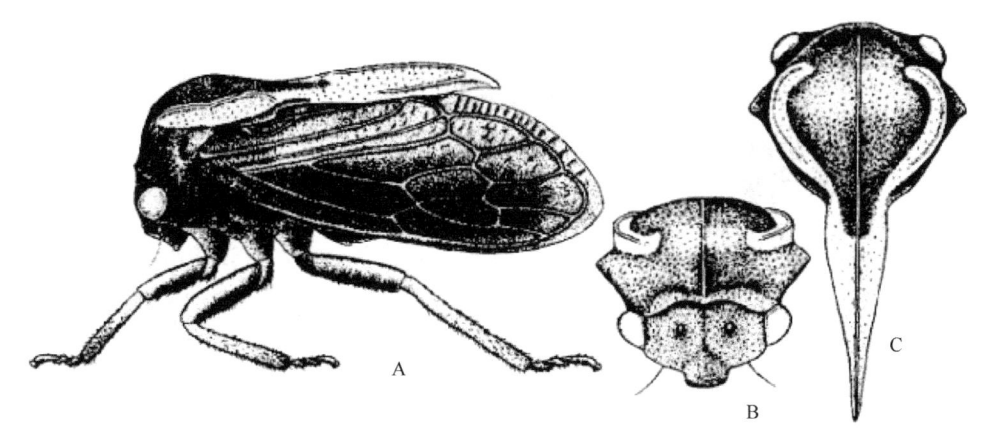

图 31 延安红脊角蝉 *Machaerotypus yan—anensis* Chou & Yuan, 1981（引自袁锋等, 2002）
A. 雌体侧面观；B. 头胸前面观；C. 头胸背面观

45. 蜡蝉科 Fulgoridae

（76）东北丽蜡蝉 *Limois kikuchi* Kato, 1932（图版 IV：9）

识别特征：体长 10.0 mm，翅展 33.0 mm。头、胸青灰褐色，散布黑色斑点。头细小；额黑褐色，有光泽，两侧有脊线；唇基隆起并具 1 明显的中脊，侧缘及中脊呈黑褐色，其余部分灰白色，并散布褐色点粒及黄色短毛；喙伸达腹部末端。前胸背板肩部 1 近圆形黑斑；中胸背板中脊线附近有不规则黑点。前翅近基部米黄色，散布许多褐色斑；后翅透明。腹部背面浅黄色，各节前缘 1 黑褐色的横带。腿节和胫节处常有土黄色的斑点和环带，后足胫节外侧有 5 枚刺。

分布：河北、东北、台湾；朝鲜。

46. 飞虱科 Delphacidae

（77）灰飞虱 *Laodelphax striatellus* (Fallén, 1826)（图 32）

识别特征：体长 2.0～2.6 mm。黄褐至黑色。头顶端半两侧脊间，额、颊、唇基和胸部侧板黑色；前胸背板、中胸翅基片、额和唇基脊、触角及足黄褐色。雄性中胸背板黑色，仅小盾片末端和后侧缘黄褐色；雌性中胸背板中域淡黄色，两侧具黑褐色宽纵带。雄性腹部黑色，雌性腹部背面暗褐色，下侧淡黄褐色。前翅淡黄褐透明，脉与翅面同色，翅斑大，黑褐色。头顶基宽大致与中长相等，基宽等于端宽，端缘平截；侧缘直，中侧脊起自侧缘基部上方，相遇于头顶端缘。额以近复眼下缘处为最宽，侧脊浅拱，中脊在基端分岔。触角圆筒形，伸过额的端部；喙伸出中足转节，但不达后足基节。前胸背板与头顶等长，侧脊后部弯曲相背，明显不伸达后缘。后足胫距后缘具齿 16～20 枚。

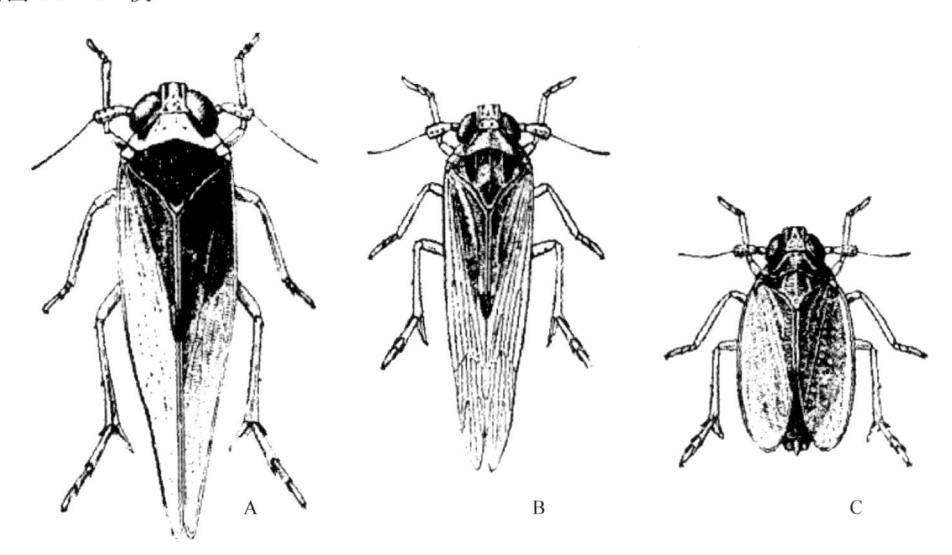

图 32 灰飞虱 *Laodelphax striatellus* (Fallén, 1826)（引自葛钟麟等，1984）
A. 长翅型雄性；B. 长翅型雌性；C. 短翅型雌性

寄主：水稻、小麦、谷子、高粱、稗、早熟禾、马唐、鹅冠草、看麦娘、狼尾草、千金子等。

分布：河北等全国分布；中亚细亚，东亚至菲律宾北部和印度尼西亚（北苏门答腊），欧洲，北非。

（78）白背飞虱 *Sogatella furcifera* (Horváth, 1899)（图版 IV：10）

识别特征：长翅型：体长雄性 2.0～2.4 mm，雌性 2.7～3.0 mm；体连同翅长雄性 3.2～3.8 mm，雌 4.0～4.6 mm。短翅型：体长雄性 2.5 mm，雌性 3.5 mm。头顶、前胸背板、中胸背板中域黄白色，仅头顶端部中侧脊与侧脊间黑褐色，前胸背板侧脊外侧区于复眼后方 1 暗褐色新月形斑，中胸背板侧区黑褐色；前翅微黄褐几透明，翅脉浅黄褐色，端郁略深暗，有的端部后半具有烟褐晕，翅斑黑褐色。面部额，颊与唇基皆黑色，脊色黄白；复眼黑色，单眼暗褐；触角淡褐色，基节下侧深暗。胸部下侧与足基节黑褐色，足其余各节色污黄白。整个腹部黑色，仅各节后缘与侧缘黄白。雌性体色与雄性不同处在于：中胸背板侧区为浅黑褐或黄褐色，头顶端半与整个面部及胸、腹下侧黄褐色。

寄主：水稻、稗、早熟禾。

分布：河北、东北、山西、山东、陕西、宁夏、甘肃、华中、江苏、安徽、浙江、江西、福建、台湾、广东、广西、西南；俄罗斯，朝鲜，日本，印度，斯里兰卡，菲律宾，印度尼西亚，马来西亚，大洋洲。

47．黾蝽科 Gerridae

（79）细角黾蝽 *Gerris* (*Macrogerris*) *gracilicornis* (Horváth, 1879)

识别特征：体长 14.8 mm，宽 3.3 mm。粗壮，酱褐色。头黑褐色，具酱褐色斑。触角约为体长的一半，第 1 节略弯曲，略长于头长；喙黄褐色，伸达前足基节。前胸背板表面具较浅横皱，中纵线显著，呈完整而连续的浅色条纹；前叶中纵线两侧各具 1 较大黑色斑；中胸两侧具短而直立的毛被；前缘直，侧缘略弯曲。翅亦呈酱褐色。腹部下侧黑色，隆起呈脊状，侧缘酱褐色；雌性第 7 腹节端角尖锐，腹部侧接缘向后延伸而成的刺突呈钝三角形，接近第 8 腹节后缘，未超过腹部末端；雄性第 8 腹板下侧具 1 对椭圆形凹陷，其上具银白色毛被。前足腿节淡黄色，外侧颜色渐深至褐色；中后足长，中足第 1 跗节长为第 2 跗节的 2.5 倍。多为长翅型。

分布：河北、山东、陕西、宁夏、湖北、福建、台湾、广西、四川、贵州、云南；俄罗斯，朝鲜，日本，印度北部，不丹。

48．划蝽科 Corixidae

（80）纹迹烁划蝽 *Sigara* (*Vermicorixa*) *lateralis* (Leach, 1817)（图 33）

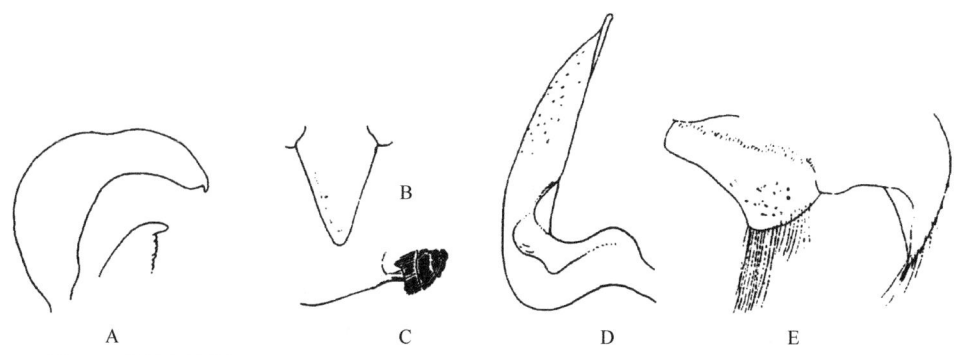

图 33　纹迹烁划蝽 *Sigara (Vermicorixa) lateralis* (Leach, 1817)（引自刘国卿等，2009）
A.右阳基侧突；B. 左阳基侧突；C. 腹突；D. 摩擦器；E. 第 7 腹节腹面观

识别特征：体长 5.1 mm，宽 1.8 mm（雄性）。前胸背板的皱纹较爪片的明显，革片及膜片光滑；前胸背板具 7~8 条黄色横纹，宽于其间的褐色纹。爪片的黄色斑不规则，革片为断续黄色横纹斑，膜片黄色斑零乱。后胸腹突呈长三角形。后足第 1 跗节的端部及第 2 跗节黑褐色。雄性头的前缘两眼之间向前突，头下侧平坦，下半部具稀疏毛，前足跗节具 1 列齿，由 27~31 齿组成，其端部的 6~7 个齿尖长；腹部背面右侧摩擦器小，通常由 3~4 栉片组成；第 7 腹板亚中突呈短舌状，端缘具长毛。

分布：河北、北京、天津、内蒙古、宁夏；欧洲。

49. 盲蝽科 Miridae

(81) 苜蓿盲蝽 *Adelphocoris lineolatus* (Goeze, 1778)（图版 IV：11）

识别特征：体长 6.7~9.4 mm，宽 2.5~3.4 mm。头单色或头顶中纵沟两侧各具 1 黑褐色小斑；毛同底色，或为淡黑褐色，短而较平伏。前胸背板胝色淡（同底色）或黑色，盘区偏后侧方各具 1 黑色圆斑，如胝黑色时，黑斑多大于黑色的胝；梳状板背面略内凹，齿面凸，长约 0.3 mm，梳柄连于基部；针突中部粗，两端细。小盾片中线两侧多具 1 对黑褐色纵带，具浅横皱，毛同前胸背板。爪片内半常色加深成淡黑褐，其中爪片脉处常成黑褐宽纵带状，内缘全长黑褐色。

检视标本：2 头，围场县木兰围场五道沟场部院外，2015-VII-07，赵大勇采。

分布：华北、东北、山东、河南、西北、浙江、湖北、江西、广西、四川、云南、西藏；古北界广布。

(82) 小欧盲蝽 *Europiella artemisiae* (Becker, 1864)

识别特征：体长 2.8~3.0 mm；体被银色丝状伏毛和褐色半直立毛；触角第 1 节黑色；前足、中足腿节污黄色，后足腿节黑色或暗褐色，各足胫节具刺，刺基具黑斑；前翅楔片处浅黄色，膜片在近楔片端角处为浅色。

分布：河北、北京、天津、东北、内蒙古、山西、山东、河南、陕西、宁夏、新疆、安徽、湖北、江西、四川、云南；俄罗斯，日本，欧洲。

(83) 棱额草盲蝽 *Lygus discrepans* Reuter, 1906（图版 IV：12）

识别特征：长 5.7~6.5 mm，宽 2.6~2.9 mm。椭圆形。淡污黄褐、黄绿或砖红色，具黑色斑纹，几无光泽或光泽弱。头多为 1 色，有时唇基末端黑色，头部毛短，额区具若干平行横棱，头顶宽于眼。触角第 1 节背面污黄褐，基部及下侧黑。前胸背板领毛长密，悬伏，略蓬松；胝后各 1 黑斑；后侧角 1 黑斑；后缘区 1 对宽黑横带；盘区刻点深密，色略深于底色；毛淡黑褐，半平伏（俯伏或悬伏），前胸侧板可有黑斑。小盾片黑斑"W"形，范围可较大。雌性腹下全部淡色；雄性腹下中间区域黑色。腿节黑斑可连成纵带，端段具 2~3 条褐环；胫节基部具 2 黑褐色斑。

分布：河北、陕西、宁夏、甘肃、四川、云南。

（84）雷氏草盲蝽 *Lygus renati* Schwartz, 1998（图版 V：1）

识别特征：体长 5.5～6.5 mm，宽 2.4～2.8 mm。狭椭圆形，两侧平行；淡黄褐或淡橙褐色，常有红色成分，有光泽。头淡黄褐色，或具 3 条红色至黑褐色的纵带；唇基具倒"Y"形红纹，上颚片及下颚片背半红，或各缝间红色；额区无成对平行横棱，但隐约可见深色横纹；雄性头顶狭于眼，雌性宽于眼；头背面毛短小，半直立。前胸背板深色斑带较不发达，淡色个体只在胝内缘或内、外缘 1 小黑斑；胝周边可为完整或断续的黑色。小盾片在雌性中黑斑甚小，只在基部中间 1 对三角形小黑斑或黑色短纵纹；雄性则黑斑多样，或与雌形同，或尚具 1 对侧纵带，橙黄、橙红或黑色。

分布：河北、内蒙古、青海、新疆、西藏；蒙古，哈萨克斯坦。

（85）长毛草盲蝽 *Lygus rugulipennis* Poppius, 1911（图版 V：6）

识别特征：体长 5.0～6.5 mm，宽 2.5～3.1 mm。椭圆形，相对较狭；黄褐、污褐或锈褐色，常带红褐色色泽。头部黄绿至红褐色，具各式红褐或褐色斑，额区具成对平行横棱纹或无，有时具红褐横纹，头顶宽于眼。触角黄、橙黄、红褐或深褐不等。前胸背板常带红褐色色泽，盘区常大范围具深色晕；前侧角有时略成 1 角度；胝淡色或周缘深色，较粗，或全部深色；前侧角可具黑斑，可与胝区黑斑相连；胝后 1～2 对黑斑或纵带，可伸达后缘黑带，纵带后半常色淡或成红褐色。中胸小盾片外缘部分全黑或部分淡色；淡色个体小盾片基部中间只具 1 对相互靠近的纵向三角形黑斑，常较伸长，伸达小盾片长之半或近末端处。

分布：河北、东北、内蒙古、河南、新疆、四川、西藏；俄罗斯，朝鲜，日本，全北区。

（86）西伯利亚草盲蝽 *Lygus sibiricus* Aglyamzyanov, 1990（图版 V：3）

识别特征：体长 5.2～6.5 mm，宽 2.5～2.8 mm。污绿或污黄色，有时具褐或锈褐色色泽。头可见隐约的深色横纹；额头顶区具 1 对侧黑纵带纹。前胸背板由淡至较深不等，最淡色个体在胝内缘处具 1 黑斑；胝外缘处具 1 黑斑，或胝边缘黑色；胝后 1～2 对黑色点状斑或伸长成条状黑带；侧缘前端、中部有黑斑或连成黑带；盘区刻点深而稀疏；毛短小；领毛亦短；前胸侧板有黑斑。小盾片具 3～4 条黑纵带。爪片脉两侧色深；革片后部具黑斑，中部纵脉后端区域及外端角黑斑明显；外侧具褐色点斑；缘片最外缘黑色；楔片具浅刻点及淡色密短毛，基外角及端角黑，最外缘基部 1/3～1/2 黑色；膜片烟色，沿翅室后缘为 1 深色带。腹下中间有黑斑。后足腿节端段具 2 深色环，胫节具膝黑斑及膝下黑斑。

分布：河北、黑龙江、吉林、内蒙古、陕西、甘肃、四川；蒙古，俄罗斯，朝鲜。

（87）荨麻奥盲蝽 *Orthops mutans* (Stål, 1858)（图版 V：4）

识别特征：体长 3.3～4.1 mm，长卵形，体背面密布粗大刻点，略具光泽。头垂直，极宽短，黄褐色，具光泽，有时头顶两侧及沿后缘嵴褐色，唇基黑褐色。有时下颚片亦为褐色，有时整个头部黑褐色，仅头顶有 2 条黄褐色纵纹直伸至额的端部，上颚片黄白色。触角第 1 节黄褐色。喙伸达中足基节。前胸背板黄褐，胝前 1 褐色横斑，胝的后半部深褐，前胸背板后缘 1 褐色宽横带，前胸背板黑色，仅中间 1 黄褐色纵斑盘域刻点粗大且深，具光泽。小盾片黄白或灰白色，基部中间 1 半圆形或三角形的深褐色斑，具粗刻点及细横皱。半鞘翅污黄褐色。体下侧黑褐至黑色。雄性腹部腹板侧缘黄白至浅黄褐色，有时生殖节无浅色边缘。雌性则每节气门周围具 1 较大的黄白色斑，有时末节侧缘无浅色斑。足黄褐色，基节基部浅褐，腿节基部有时浅褐，后足亚端部有 2 个模糊的褐色环，有时不完整，成若干碎斑状。胫节刺黄褐色。

分布：河北、内蒙古、宁夏、四川；蒙古，俄罗斯。

（88）杂毛合垫盲蝽 *Orthotylus flavosparsus* (Sahlberg, 1842)（图版 V：10）

识别特征：体长 3.3～4.0 mm，宽 1.3～1.4 mm；绿色，长椭圆形，被淡灰色、褐色毛及灰白色鳞片状毛，雄性体侧近于平行。头黄绿色，被淡长毛及少许黑褐色毛，头顶后缘具脊；头顶略平坦。触角黄褐色，密被淡色半倒伏毛；喙黄褐色，端部褐，伸达中足基节。眼褐色，后缘紧靠前胸背板前缘。前胸背板前端 1/3 的区域呈黄绿色，其他地方绿色，被黄色毛和一些不规则色斑。前缘中部微凹，后缘直，侧缘斜直，肩角和侧角钝圆。前胸背板宽几与第 2 触角节长相当或略短于其长度。中胸盾片露出，呈长条状，黄褐色。小盾片绿色，具隐约小黄斑，基部常黄色，基宽略大于其长。前翅革质部绿色，具隐约可见的不规则小黄斑，被淡灰色毛、褐色毛及白色鳞片状毛；革片较长；楔片绿色，毛被同前；膜片色路淡，半透明，翅脉及翅室均为绿色。足淡黄褐色，被淡色细毛，有时胫节端部及跗节色略深。下侧淡黄，被淡色细毛。

分布：河北、北京、天津、黑龙江、内蒙古、山东、河南、陕西、甘肃、新疆、浙江、湖北、江西、四川；俄罗斯，欧洲。

（89）横断异盲蝽 *Polymerus (Poeciloscytus) funestus* (Reuter, 1906)（图版 V：2）

识别特征：体长 4.7～6.5 mm，宽 2.3～3.1 mm。亮黑色。头垂直，眼内侧各具 1 黄白色斑；额区沿平行横纹着生整齐的刚毛状毛列；头顶中纵沟明显，沟的两侧臂外方具小网格状微刻区；后缘嵴明显，相对较粗，被有明显的银白色平伏丝状毛。触角黑褐色。前胸背板饱满拱隆，明显前下倾；后缘极狭窄处黄白色；侧缘直，后缘中段宽阔处微前凹；胝较平或微拱，胝前区密被银白色平伏丝状毛；盘区刻点密，表面刻皱状，毛甚密，二型。小盾片隆出，与中胸小盾片之间的凹痕颇深。爪片及革片内侧 Cu 脉后部刻点皱刻状；革片毛，二型；爪片缝两侧、楔片端角及革片在爪片端角后的内缘 1 小段白色；膜片灰黑，脉淡色。胫节黄白，腿节、胫节两端及体下全部黑色。

检视标本：1 头，围场县木兰围场新丰苗圃，2015-VI-08，李迪采；1 头，围场县木兰围场桃山乌拉哈，2015-VI-30，马晶晶采；1 头，围场县木兰围场城西山，2015-VII-01，张恩生采；4 头，围场县木兰围场五道沟沟塘子，2015-VII-07，马莉采；

1头，围场县木兰围场新丰苗圃，2015-VII-14，李迪采；2头，围场县木兰围场新丰东沟，2015-VII-15，张丽茹采；1头，围场县木兰围场燕格柏天桥梁，2015-VII-21，宋烨龙采；1头，围场县木兰围场新丰挂牌树，2015-VIII-03，马莉采；3头，围场县木兰围场五道沟，2015-III-06，赵大勇采。

分布：河北、北京、陕西、四川、西藏。

（90）斑异盲蝽 *Polymerus* (*Poeciloscytus*) *unifasciatus* (Fabricius, 1794)

识别特征：体长 5.0~6.8 mm，黑色；雄性体狭长，侧缘直；雌相对短宽而侧缘略圆拱。略具光泽。头近垂直或斜前倾。上颚片有时色较淡，褐至黑褐色；头顶两侧在眼内方各 1 黄斑，斑的内方可见小网格状微刻区。唇基与额之间明显下凹。头顶中纵沟甚浅，前胸背板较平直，黑，后缘狭细区黄白色；侧缘直，后缘微后拱；领粗，约为头后缘晴粗的 4.0 倍；胝微隆，界限不甚清楚，胝密布毛，同盘区，两胝相连。盘域刻点细碎，不甚整齐，呈刻皱状，胝间区最为深密，向后向两侧渐弱；毛二型。小盾片黑，端角有较大的黄白斑；向中间略拱隆，表面具不规则浅横皱。

分布：河北、北京、内蒙古、甘肃、新疆、四川；古北界，北美。

（91）黑始丽盲蝽 *Prolygus niger* (Poppius, 1915)（图版 V：7）

识别特征：体小，厚实，体长 3.9 mm，宽 1.5 mm；除头及附肢外，漆黑，有强光泽；毛褐色，短而半平伏，较密而均匀一致。头垂直，淡褐色或橙褐色，无斑纹，唇基最末端黑褐色，成横纹状；下颚片下半黑褐色；头顶后缘具嵴，微向前弧弯，具中纵沟，雌性头顶狭于眼宽 1/4。触角黄色。前胸背板均匀拱隆，前倾强烈；领甚细而下沉，粗约为触角第 1 节直径之半，有光泽，两侧端被眼遮盖；革片刻点密于前胸背板，较深；爪片刻点较粗糙、较疏。膜片黑褐，脉向端渐淡。足黄色；后足腿节最端缘黑色；胫节刺黑褐色，刺基 1 小黑点斑。臭腺沟缘淡黄色。

分布：河北、台湾；菲律宾。

（92）美丽杆盲蝽 *Rhabdomiris pulcherrimus* (Lindberg, 1934)（图版 V：8）

识别特征：体长 8.5 mm，宽 2.8 mm。胸下大部黑色，腹下黑，有光泽，侧区 1 宽黄带。头亮黑色，无毛；头顶中纵沟两侧前后各具 1 对微刻区；额前端有 2~3 小黄斑；喙伸达中足基节端部。触角窝内侧纵带黄色，触角第 1 节黑或淡黄褐至淡锈黄色；第 2 节黑或大部淡色、端部黑褐；末 2 节黑色。前胸背板侧缘直，后角宽圆，后缘中间微前凹；盘区亮淡黄色，有大黑宽带，具稀浅刻皱，近无毛，后缘 1 狭黄带，中纵带及后角区淡黄；领淡黄无毛。小盾片淡黄绿，基角黑；具浅横皱；中胸小盾片中段淡黄，两侧黑。半鞘翅污黄或污黄绿，脉色淡，两侧为宽黑纹或带，爪片沿内缘黑纹状；楔片狭长，淡黄，端 1/3 黑；膜片烟黑褐，脉黄或带橙色，于楔片端角后 1 大白斑。足淡黄，胫节污黄褐；后足腿节端半黑。

分布：河北；俄罗斯（远东地区），朝鲜，日本。

50. 花蝽科 Anthocoridae

(93) 淡边原花蝽 *Anthocoris limbatus* Fieber, 1836（图版 Ⅴ：9）

识别特征：体长 3.1 cm，宽 1.1 cm；体色较淡。头黑，眼前部分长：眼前缘以后部分长为 1:1，头顶有毛若干，极短；触角第 2 节基部 3/4，第 3 节基半浅色，其余深褐色，其上毛长不超过该节直径。前胸背板前 2/3 黑色，后 1/3 浅黄色，界限较清楚；侧缘稍凹，前角圆缓；毛被短、稀；领横皱明显；胝区光滑，中部无纵列毛，胝后凹陷浅宽，中部横皱明显，达于后缘。前翅毛被短稀，爪片接合缝两侧、内革片端部、楔片为褐色，革质部的其他部分为淡色；膜片与前翅革质部分相接处有 1 较宽的白色区域，呈倒"V"字形，其余灰褐色。足浅褐色，胫节毛长不超过该节直径。

分布：河北、内蒙古；蒙古，俄罗斯（西伯利亚、阿尔泰、乌苏里），欧洲广布。

(94) 西伯利亚原花蝽 *Anthocoris sibiricus* Reuter, 1875

识别特征：体长 3.6～4.0 cm，宽 1.3～1.5 cm；全体具光泽，毛被短。头黑，眼前部分长：眼前缘以后部分长为 1:1；头顶中部仅有几根毛，不呈"Y"字形分布，头顶后缘 1 列横毛；触角全部黑褐，其上毛长者达于或稍超过该节直径。前胸背板黑，侧缘微凹，生 1 列短毛，长为复眼直径的 1/3～1/2 或更短；领横皱清楚；胝区小，中部有纵列毛，胝后下陷浅宽；后叶横皱明显，达于后缘。前翅色斑变化大，与 *A. pilosus* (Jakovlev) 相似。足色同 *A. pilosus* (Jakovlev)；基节、腿节黑褐色，转节浅褐色，胫节由端至基部为浅褐至深褐色，胫节毛长不超过该节直径。

分布：河北、内蒙古、山西、宁夏、甘肃、青海；蒙古，俄罗斯（西伯利亚），欧洲。

(95) 黑色肩花蝽 *Tetraphleps aterrimus* (J. Sahlberg, 1878)（图版 Ⅴ：5）

识别特征：体长 3.4～4.2 cm，宽 1.5～1.6 cm；黑褐色。头的眼前部分长；头顶中间刻点密，刻点列由此向前侧方延伸。触角黑褐色。前胸的领较宽，侧缘直，呈薄边状，前角处较宽；前角垂缓；胝区较小，平坦，中纵线上有两行纵列毛；除胝区外，整个背板呈皱刻状，胝后凹陷浅，胝后皱刻横列，达于后缘；毛被短，较密，平伏。前翅仅楔片缝内侧、膜片亚基部及楔片后角之后各 1 白斑，外革片外缘有时黄褐，膜片深灰褐色；前翅密布刻点和短皱刻；毛被短，较密，平伏或半直立。喙黑褐，伸达前足基节。足黑褐，基节端部和腿节端部红色，胫节内侧黄褐，胫节的毛长不超过该节直径。臭腺沟缘的前缘弯曲，端部不达侧缘。雄性阳基侧突细长，略内弯，向端部渐变尖细。

分布：河北、黑龙江、吉林、内蒙古、山西、宁夏、新疆；俄罗斯（西伯利亚、贝加尔地区、远东地区），蒙古，日本，中亚，中欧。

51. 姬蝽科 Nabidae

(96)泛希姬蝽 *Himacerus apterus* (Fabricius, 1798)（图版 V：11）

识别特征：短翅型雄性体长 9.0 mm，宽 3.0 mm。雌性多为短翅型个体，体长 9.0～10.5 mm；少数长翅型，体长 11.0～11.5 mm。暗赭色，被淡色光亮短毛，淡黄色、暗黄色斑和晕斑。触角第 2 节及各足胫节具淡色环斑；短翅型雄性的第 1 触角节与头等长。前胸背板前叶与后叶之间两侧各 1 暗黄色圆斑，后叶色暗，淡色斑纹隐约可见。小盾片黑绒色，仅两侧中部 1 橘黄色小斑。前翅长达第 5 腹背板前端，各部分均具浅褐色点状晕斑。前足腿节背面具暗黄色晕斑，外侧斜向排列的 9 暗色斑之间为淡黄色，前足胫节亚节端部及基部具 1 淡黄色环斑，内侧有两列小刺黑褐色；后足胫节中部褐色域具 4 淡色斑。雄性生殖节端部平截。

检视标本：1 头，围场县木兰围场新丰挂牌树，2015-VIII-07，宋烨龙采。

分布：河北、北京、黑龙江、辽宁、内蒙古、山西、山东、河南、陕西、宁夏、甘肃、青海、江苏、浙江、湖北、广东、海南、四川、云南、西藏；俄罗斯，朝鲜，日本，非洲。

52. 扁蝽科 Aradidae

(97)文扁蝽 *Aradus hieroglyphicus* Sahlberg, 1878（图版 V：12）

识别特征：体长 6.8～9.4 mm；宽 3.2～4.1 mm。狭长；黄褐色，具黑褐色斑；全身布瘤突。头土褐色，方形；喙伸达中胸腹板近中间处。触角基突尖刺状，第 1 节最短；第 2 节最长。前胸背板中间具 4 列明显的瘤状脊。前翅长，黄褐色，散布黑褐色斑块。翅脉明显，覆有颗粒状瘤突；各腹节侧缘及前、后缘内侧布黑褐色斑块。足黄褐色；各足胫节端部具浅色环带；各足腿节、胫节上有单个浅色的瘤状突；跗节 2 节，无爪垫。

分布：河北、北京、天津、内蒙古、宁夏、新疆。

53. 缘蝽科 Coreidae

(98)波原缘蝽 *Coreus potanini* (Jakovlev, 1890)（图版 VI：1）

识别特征：体长 11.5～13.5 mm，宽 7.0～7.5 mm。黄褐至黑褐色；背腹均具细密刻点。头小，略方形，前端在两触角基内侧各 1 棘，两棘相对向前伸；头顶中间具短纵沟；复眼暗棕褐色，单眼红；喙达中足基节。触角基部 3 节三棱形，以第 1 节最粗大，外弯；第 2—3 节略扁，第 4 节纺锤形。前胸背板前部向下陡斜，侧角凸出，近于（或稍大于）直角；前胸侧板近前缘 1 新月形斑痕。前翅膜片淡棕色，透明，可达腹末端。腹部侧接缘扩展，显著宽于前胸侧角的宽度，并向上翘起；腹板散生黑斑，深色个体尤显；气门周围淡色。各足腿节下侧有 2 列棘刺，前足更显，呈锯齿状，腿节上有黑褐色斑，胫节上的黑斑几成环形，在深色个体中环形更明显，背面具纵沟。

取食对象：马铃薯。

分布：河北、内蒙古、山西、陕西、甘肃、湖北、四川、西藏。

54．异蝽科 Urostylididae

(99) 拟壮异蝽 *Urochela caudatus* Yang, 1939（图版Ⅵ：2）

识别特征：体长 7.8～11.0 mm，宽 3.0～4.5 mm。赭色，下侧土黄色或赭色，背面常有光泽。与无斑壮异蝽极相似，除雄性生殖节构造有区别外，前胸背板胝附近及小盾片基角上无 2 黑色小点斑。雌雄性的侧接缘均被革片覆盖，其后角不凸出，致使侧接缘外缘直。

分布：河北、山西、陕西、四川。

(100) 黄壮异蝽 *Urochela flavoannulata* (Stål, 1854)（图版Ⅵ：3）

识别特征：体长 8.5 mm，宽 3.7 mm。体下侧土黄色，胸部略带绿色，腹部各节气门黄色；体背面具刻点，头部无刻点，前胸背板胝部、革片外域端部及内域刻点稀疏。喙端部黑色，达中足基节；触角、胫节及跗节上具短毛。触角第 1、2 节褐色，第 3 节黑色，第 4—5 节的端半部黑色、基半部土黄色。前胸背板侧缘中部略弯，前角圆。前翅略超过腹部末端。雄性腹板侧接缘被革片所覆盖，雌性侧接缘露出于革片外；膜片赭色，半透明。足土黄色或浅褐色，胫节末端及跗节浅褐色。

检视标本：1 头，围场县木兰围场新丰挂牌树，2015-Ⅶ-14，李迪采。

分布：河北、黑龙江、吉林、山西、陕西、四川；朝鲜，日本。

(101) 平刺突娇异蝽 *Urostylis lateralis* Walker, 1867（图版Ⅵ：4）

识别特征：体淡绿色，背面具稀疏黑色刻点。通常触角第 1 节的外侧具褐色纵纹，但有的个体此深色纹无或非常隐约；第 2 节端半部色深，为棕褐色。前胸背板侧角的几个刻点及前翅革片外域稀疏的刻点黑色，侧缘近直，常具橘黄色泽；前胸腹板亚侧缘的前半部 1 黑色纵纹。前翅革片前缘亦黄色。头中叶凸出，略长于侧叶；外域刻点大而稀疏，膜片无色透明。雄性生殖节的腹突长而略弯，由基部向末端渐狭窄，顶端尖锐；侧突短而粗，前端钝，具毛；雌性腹部第 7 腹节后端缘中部向后圆突，呈扩短舌状。

取食对象：栎类等。

分布：河北、吉林、陕西、湖北、四川、云南；俄罗斯，朝鲜，印度。

55．同蝽科 Acanthosomatidae

(102) 直同蝽 *Elasmostethus interstinctus* (Linnaeus, 1758)（图版Ⅵ：5）

识别特征：长约 11.0 mm，宽约 5.5 mm（雄性）；长椭圆形，雌性稍大。黄绿色或棕绿色，通常前胸背板后缘、小盾片前端中间、爪片、革片顶缘具棕红色。头三角形，前端无刻点，头顶具稀疏的棕黑色刻点，中叶前端宽，中叶长于侧叶，眼红棕色，单眼红色；喙棕黄色，末端黑色，伸达中足基节之间。触角第1节粗壮，伸过头的前端，第1、2节具稀疏的细毛，第3、4节细毛浓密。前胸背板前缘光滑，近前缘处具棕黑色刻点，中间稍密，靠近前角稍稀疏，前角成小齿状，侧缘明显加厚，侧角后部黑色。小盾片三角形，具粗大刻点。膜片半透明，具浅棕色斑纹。腹部背面浅红色，侧接缘黄褐色，下侧黄棕色，气门黑色。

取食对象：梨。

检视标本：1头，围场县木兰围场四合永林场院内，2015-VIII-10，宋洪普采。

分布：河北、黑龙江、吉林、陕西、湖北、广东、云南；俄罗斯，朝鲜，日本，欧洲，北美洲。

（103）背匙同蝽 *Elasmucha dorsalis* (Jakovlev, 1876)（图版 VI：6）

识别特征：体长约7.0 mm，宽约4.0 mm。卵圆形，黄绿色，掺有棕红色斑纹。头棕黄色，具黑刻点，中叶与侧叶约等长，前端平截。触角黄褐色，第5节末端黑。前胸背板具暗棕色稀疏刻点，中域及侧缘中间具黄色纵斑纹，侧角明显凸出，末端暗棕色。小盾片刻点较粗，分布较均匀。胸下侧具黑色密刻点，各足基节之间黑褐色；革片刻点较细小，膜片半透明。腹部背面暗棕色，侧接缘各节具黑色宽带；下侧几乎无刻点，气门黑色，各气门外侧连接1条光滑的暗色短带。

分布：河北、山西、陕西、甘肃、浙江、安徽、福建、江西、广西；朝鲜，日本，俄罗斯（西伯利亚）。

（104）齿匙同蝽 *Elasmucha fieberi* (Jakovlev, 1864)（图版 VI：7）

识别特征：体长8.5 mm，宽4.0 mm。椭圆形，灰绿色或棕绿色，具黑色粗糙刻点。头三角形，中叶稍长于侧叶，头顶有黑色粗糙稠密刻点；喙4节，伸达腹部前端。触角第1节粗壮，稍超过头的前端，雄性触角全部黑色，雌性浅棕色，第4节中部及第5节端部棕黑色。前胸背板前角具明显横齿，伸向侧方，侧缘呈波曲状，侧角略微凸出，末端圆钝，刻点较密，呈深棕色。小盾片基部有1轮廓不太清楚的大棕色斑，此处刻点粗大，端部略微延伸，黄白色。革片外缘刻点较密，顶角淡红棕色，膜片浅棕色，半透明，具淡棕色斑纹。腹部背面暗棕色，侧接缘各节后缘黑色；下侧有大小不一的黑色刻点，气门黑色。足浅棕色，跗节棕褐色，爪末端黑色。

分布：河北、北京、山西、四川；欧洲。

56. 盾蝽科 Scutelleridae

（105）扁盾蝽 *Eurygaster testudinaria* (Geoffroy, 1785)（图版 VI：8）

识别特征：体长9.8～10.5 mm，宽6.8～7.1 mm。椭圆形，体色多变，由灰黄褐色至暗褐色，密布黑色小刻点。头三角形，宽大于长，前端明显下倾；复眼红褐色，单眼红色；喙黄褐色，端部褐色，伸达后足基节后缘。触角 5 节，第 1 节棒状，第 2、3 节较细，略弯曲，第 4、5 节稍粗，密布白色半直立绒毛。前胸背板黄褐色，宽约为长的 2.8 倍，密布黑色小刻点，这些刻点常组成数条不显著的黑褐色纵带。小盾片发达，舌状，密布黑色刻点，于中间形成"Y"字形黄褐色纹，近前胸背板部分侧缘各 1 平行四边形凹，色浅，具刻点。前翅未被小盾片遮盖部分黄褐色，其最宽处约为小盾片宽的 1/4。足上有暗褐色斑，胫节具黑褐色小刺。

分布：河北、黑龙江、吉林、内蒙古、山西、山东、陕西、新疆、江苏、浙江、湖北、江西、广东、四川；蒙古，俄罗斯，伊朗，塔吉克斯坦。

（106）绒盾蝽 *Irochrotus mongolicus* Jakovlev, 1902

识别特征：体长 5.0～5.5 mm，宽 3.0 mm；长椭圆形；全体灰黑色，略具光环，密被灰色及黑褐色长毛。复眼小，头部甚宽；触角 5 节，黑色。前胸背板前、后叶间以深沟分开，两叶长度近等，侧面较平展，侧边宽，侧缘中间深切；侧前角前伸，达复眼中部，前侧缘后角后伸，似包围前、后侧缘之间的区域。

寄主：麦类、假木贼。

分布：河北、内蒙古、新疆、四川；蒙古。

57. 蝽科 Pentatomidae

（107）紫翅果蝽 *Carpocoris purpureipennis* (De Geer, 1773)（图版 VI：9）

识别特征：体长 12.0～15.0 mm，宽 7.5～9.0 mm。宽椭圆形，黄褐至棕紫色，密被黑色刻点；体下侧黄褐至黑褐色，具刻点。头部三角形；复眼棕黑，单眼橘红色；喙黄褐色，伸达后足基节。触角细长，黑色，仅第 1 节黄色。前胸背板密被刻点，长明显短于宽。小盾片长三角形，被黑色刻点。前翅革片黄褐色，刻点较密；膜片半透明，黄褐，基内角具 1 大黑斑。腹部侧接缘外露，黄黑相间。足褐色微紫，密被短毛，腿节和胫节均匀分布黑色小斑点；第 1、2 跗节黄褐色，第 3 跗节黑色。

取食对象：梨、马铃薯、萝卜、胡萝卜、小麦、沙枣、苹果。

检视标本：1 头，围场县木兰围场新丰挂牌树，2015-VII-03，蔡胜国采。

分布：河北、北京、东北、内蒙古、山西、山东、西北；蒙古，俄罗斯，朝鲜，日本，印度，伊朗，土耳其。

（108）东亚果蝽 *Carpocoris seidenstueckeri* Tamanini, 1959（图版 VI：10）

识别特征：体长 12.5～13.0 mm，宽 7.0～7.5 mm。宽椭圆形；翅革片及前胸背板基半常呈紫红色；体下侧黄褐色，无黑色刻点。头呈长三角形；复眼棕黑色，向外凸出；喙末端黑色，向后伸至后足基节处。触角 5 节，第 1 节最短。前胸背板基部黄褐色，后半部常呈紫红色，有 4 条清楚的黑色纵纹。小盾片三角形，密布黑色刻点，末端淡色。翅革片紫红色，密布黑色刻点，膜片淡烟褐色。足黄褐色，有短的黄色细毛，腿节和胫节有稀疏的黑色小刻点，跗节3节。

分布：河北、北京、吉林、辽宁、内蒙古、山东、陕西；蒙古，俄罗斯，日本，欧洲。

（109）麻皮蝽 *Erthesina fullo* (Thunberg, 1783)（图版 VI：11）

曾用名：黄斑蝽。

识别特征：体长21.0~24.5 mm，体黑色，具白色或黄白色斑点，头两侧黄白色，头前端中间至小盾片基部具黄白色细中线；触角5节，黑色，第5节基部1/3黄白色。前胸背板前缘及前侧缘具黄色窄边。胸部腹板黄白色，密布黑色刻点。各腿节基部2/3浅黄，两侧及端部黑褐，各胫节黑色，中段具谈绿色环斑，腹部侧接缘各节中间具小黄斑，下侧黄白，节间黑色，两列散生黑色刻点，气门黑色，下侧中间具1纵沟，长达第5腹节。

取食对象：梨、苹果、泡桐、杨、柑橘及其他多种林木（如华山松）。

分布：河北、北京、东北、内蒙古、陕西、甘肃、山西、山东、华中、江苏、安徽、浙江、江西、台湾、广东、海南、西南；日本，南亚，东南亚。

（110）菜蝽 *Eurydema dominulus* (Scopoli, 1763)（图版 VI：12）

识别特征：体长6.0~9.0 mm，宽3.2~5.0 mm。椭圆形，橙黄或橙红色。头黑，侧缘橙黄或橙红色；复眼棕黄，单眼红；喙基节黄褐色，其余3节黑色，长达中足基节。触角全黑。前胸背板有6块黑斑。小盾片基部中间1大三角形黑斑，近端部两侧各1小黑斑。翅革片橙黄或橙红色，爪片及革片内侧黑色，中部有宽横黑带，近端角处1小黑斑。侧接缘黄色或橙色与黑色相间，体下淡黄，腹下每节两侧各1黑斑，中间靠前缘处也各有黑色横斑1块。足黄黑相间。

取食对象：十字花科蔬菜。

分布：华北、黑龙江、吉林、山东、华中、陕西、江苏、浙江、福建、海南、广西、西南；俄罗斯，欧洲。

（111）横纹菜蝽 *Eurydema gebleri* Kolenati, 1846（图版 VII：1）

识别特征：体长6.0~9.0 mm，宽3.5~5.0 mm。椭圆形，黄色或红色，具黑斑，全体密布点刻。头蓝黑色略带闪光，复眼前方1块红黄色斑，复眼、触角、喙均黑色，单眼红色。前胸背板红黄，有4大黑斑；中间1隆起的黄色"十"形纹。小盾片上有黄色"丫"形纹，其末端两侧各1黑斑。前翅革质部末端1横长的红黄色斑，膜质部棕黑色，有整齐的白色缘边。胸、腹部下侧各有4条纵列黑斑，腹末节前缘处1横长大黑斑。各足腿节端部背面、胫节两端及跗节黑色。

取食对象：十字花科蔬菜、油料作物、十字花科杂草。

检视标本：1头，围场县木兰围场新丰挂牌树，2015-VII-14，宋烨龙采。

分布：华北、东北、山东、华中、甘肃、江苏、安徽、广西、四川、云南、西藏；

蒙古，俄罗斯，朝鲜，哈萨克斯坦。

（112）广二星蝽 *Eysarcoris ventralis* (Westwood, 1837)（图版 VII：2）

识别特征：体长 6.0~7.0 mm，宽 3.5~4.0 mm。体卵形，黄褐色，密被黑色刻点。头部黑色或黑褐色，有些个体有淡色纵纹；多数个体头侧缘在复眼基部上前方 1 小黄白色点斑；喙伸达腹基部。触角基部 3 节淡黄褐色，端部 2 节棕褐。前胸背板略前倾，前部刻点稍稀，前角小，黄白色，侧角圆钝，不凸出。小盾片舌状，基角处黄白色斑很小，端缘常有 3 小黑点斑。翅膜片透明，长于腹端，节间后角上具黑点。腹部背面污黑，腹下区域黑色。足黄褐色，被黑色碎斑。

取食对象：水稻、小麦、高粱、玉米、小米、苴姜、棉花、大豆、芝麻、花生、稗、狗尾草、马兰、牛皮冻、老鹳草。

检视标本：1 头，围场县木兰围场桃山乌拉哈，2015-V-30，张恩生采。

分布：河北、北京、山西、河南、陕西、浙江、湖北、江西、福建、台湾、广东、海南、广西、贵州、云南；日本，越南，菲律宾，缅甸，印度，马来西亚，印度尼西亚。

（113）浩蝽 *Okeanos quelpartensis* Distant, 1911（图版 VII：3）

识别特征：体长 12.0~16.5 mm，宽 7.0~9.0 mm。长椭圆形，红褐或酱褐色，有光泽。头前缘呈弧形；复眼褐色，后缘紧靠前胸背板前缘，单眼橘红色有光泽；喙伸达后足基节。触角 5 节细长，黄褐色。前胸背板密布刻点；前胸背板及小盾片 1 隐约可见的中纵线。小盾片三角形。前翅革片密被褐色刻点。体下侧黄褐色，光滑无刻点，具明显的腹基刺，粗，不伸达前足基节；雄性生殖节常为鲜红色。足黄褐，略带一些红色，腿节背面常有 1 些黑色小点。

检视标本：1 头，围场县木兰围场新丰挂牌树，2015-VIII-03，宋烨龙采。

分布：河北、吉林、陕西、甘肃、湖北、江西、湖南、四川、云南；俄罗斯，朝鲜，日本。

（114）宽碧蝽 *Palomena viridissima* (Poda, 1761)（图版 VII：4）

识别特征：体长 12.0~14.0 mm，宽 7.5~9.2 mm。宽椭圆形，体背有密而均匀的黑刻点；体下侧淡绿色，略具光泽。复眼周缘淡褐黄，中间暗褐红；单眼暗红色；喙伸达后足基节间。触角第 1 节不伸出头末端，第 2 节显著长于第 3 节。前胸背板前倾，胝明显可见；后胸臭腺沟末端有黑色小斑点。前翅革质部前缘基部及侧接缘外缘为淡黄褐色；膜片棕色，半透明，末端超出腹部。腹气门黑褐色，生殖节亦常呈鲜红色。各足腿节外侧近端处 1 小黑点。

取食对象：麻、玉米等。

检视标本：1 头，围场县木兰围场种苗场查字大西沟，2015-VI-27，宋洪普采。

分布：河北、黑龙江、吉林、内蒙古、山西、山东、陕西、宁夏、甘肃、青海、云南；俄罗斯（西伯利亚），欧洲。

（115）红足真蝽 *Pentatoma rufipes* (Linnaeus, 1758)（图版 VII：5）

识别特征：体长 15.5～17.5 mm，宽 8.0～9.5 mm。椭圆形，深紫黑色，略有金属光泽，密布黑刻点；体下侧红黄色。头部表面具黑褐色刻点；复眼棕黑，单眼红色；喙伸达第 2 或第 3 可见腹节处。触角第 3 节远长于第 2 节。前胸背板密布刻点，仅胝区刻点稀少。小盾片三角形，密被刻点；胸部侧面略带紫红色，被黑色刻点。翅革质部前缘基半部具 1 黄色狭窄条纹；膜片烟色，半透明，超出腹部末端。足深红褐色，被半倒伏短毛，腿节及胫节具不规则黑褐色小斑，爪黑褐色。

取食对象：小叶杨、柳、榆、花楸、桦、橡树、山楂、醋栗、杏、梨、海棠。

检视标本：1 头，围场县木兰围场种苗场查字，2015-VII-10，宋烨龙采。

分布：华北、东北、西北、四川、西藏；俄罗斯，日本，欧洲。

（116）褐真蝽 *Pentatoma semiannulata* (Motschulsky, 1860)（图版 VII：6）

识别特征：体长 17.0～20.0 mm，宽 10.0～10.5 mm。宽椭圆形，红褐至黄褐色，无金属光泽，密被棕黑色粗刻点；体下侧淡黄或黄褐色表面光滑无刻点。头近三角形，背面刻点黑色；复眼红褐色，后缘紧靠前胸背板前缘，单眼橘红色；喙黄褐色，末端棕黑，伸达第 3 腹节腹板中间。触角细长，5 节，密被半倒伏淡色毛。前胸背板胝区较光滑。小盾片三角形，密被黑褐色刻点。前翅革质部黄褐色，膜片淡褐色，半透明，稍超过腹端。气门黑色，腹基突短钝，仅伸达后足基节。

取食对象：梨、桦树等。

分布：河北、东北、内蒙古、山西、陕西、宁夏、甘肃、青海、华中、江苏、浙江、江西、四川、贵州；蒙古，俄罗斯，朝鲜，日本。

（117）珠蝽 *Rubiconia intermedia* (Wolff, 1811)（图版 VII：7）

识别特征：体长 5.5～8.5 mm，宽 4.0～5.0 mm。宽卵形，被黑色刻点，具稀疏平伏短毛。头前部显著下倾，常被极短的平伏毛；复眼褐色，后缘紧靠前胸背板前缘；喙伸达后足基节。前胸背板近梯形，密被刻点；胝区色深，具不规则斑。小盾片亚三角形，密被刻点。前翅革片密布均匀黑色刻点；膜片微超过腹端，翅脉暗褐。体下侧散布黑色刻点，气门黄褐至黑褐色，基部中间亦无刺突。足黄褐色，各腿节前缘无斑，中、后腿节端半部黑斑较大。雄性生殖节密被褐色刻点。

取食对象：水稻、麦类、豆类、泡桐、毛竹、苹果、枣、狗尾草、小槐花、大青、老鹳草、柳叶菜、水芹菜等。

分布：河北、东北、山西、河南、宁夏、甘肃、青海、湖北、湖南、广东、广西、四川、贵州；蒙古，俄罗斯，日本，欧洲。

鞘翅目 Coleoptera

58. 龙虱科 Dytiscidae

（118）小雀斑龙虱 *Rhantus suturalis* (MacLeay, 1825)（图版 VII：8）

曾用名：异爪麻点龙虱。

识别特征：体长 11.0 mm，宽 6.8 mm。长椭圆形，背部略拱起；头、前胸背板、鞘翅棕黄色，足红褐色。头基部、内侧及眼内侧黑色；额唇缝深色。前胸背板中间 1 近菱形黑斑，中部 1 纵向刻线将黑斑一分为二；侧缘脊宽，隆起不显；网纹与头部近似；前缘、侧缘及基部两侧具粗糙刻点。鞘翅具黑色小斑点；翅缝深色，小黑斑在鞘翅亚端部近中缝处稠密分布，形成 2 稍大黑斑；鞘翅背部、侧缘及亚侧缘具刻点行，刻点行上小斑相对稠密。腹节红褐色，网眼伸长，具细刻线；第 3、4 腹节各 1 簇长纤毛，中部具及末腹节侧缘具大刻点行，刻点上长有短纤毛。雄性前足、中足基部 3 跗节膨大，具长椭圆形的吸盘。

分布：华北、东北、山东、甘肃、青海、江苏、浙江、湖北、福建、台湾、广东、澳门、广西、四川、贵州、西藏、云南；蒙古，俄罗斯（远东地区、西伯利亚），朝鲜半岛，日本，印度，阿富汗，中亚、西亚、克什米尔，尼泊尔，巴基斯坦，埃及（西奈），澳洲界，东洋界，欧洲，北非。

59. 步甲科 Carabidae

（119）铜绿虎甲 *Cicindela* (*Cicindela*) *coerulea nitida* Lichtenstein, 1796（图版 VII：9）

识别特征：体长 15.5～17.5 mm，宽 6.5～7.5 mm。头和前胸背板翠绿或蓝绿色，鞘翅紫红，体下侧蓝绿或紫色，身体具强烈金属光泽。复眼大而凸出，额具细纵皱纹，头顶具横皱纹；上唇蜡黄色，前缘和侧缘黑色；宽约为中部长的 3.0 倍，中部向前凸出并稍隆起，两侧各 1 大圆凹；前缘中间 1 尖齿，近前缘处每侧有 3～4 根长毛，前角 1 根长毛；上颚强大，雌性上颚基半部背面外侧蜡黄色，雄性基部背面 2/3 蜡黄色。触角第 1—4 节光亮，余节暗棕色。前胸宽稍大于长，基部稍狭于端部，两侧平直；盘区密布细皱纹。鞘翅密布细小刻点和颗粒，每翅有 3 斑；基部和端部各 1 弧形斑，基部的斑有时分裂为 2 逗点状斑，中部 1 近倒"V"形斑。

取食对象：蝗蝻、小型节肢动物等。

检视标本：2 头，围场县木兰围场五道林博园附近，2015-VI-02，张恩生、李迪采；1 头，围场县木兰围场车道沟，2016-VII-26，王祥瑞采。

分布：河北、东北、内蒙古、山西、山东、宁夏、甘肃、新疆、江苏、安徽；俄罗斯，朝鲜。

（120）芽斑虎甲 *Cicindela* (*Cicindela*) *gemmata gemmata* Faldermann, 1835（图版 VII：10）

识别特征：体长 18.0～22.0 mm，宽 7.0～9.0 mm。头、胸铜色，鞘翅深绿色，体下侧红色、绿色和紫色。头部颊区无白色毛或只有稀疏的几根白色毛；前胸背板有毛，胸部侧板密被白色毛；体下侧腹部无毛，或仅有细小稀疏而不明显的毛。鞘翅具淡黄色斑点，每翅基部 1 芽状小斑，中部 1 波曲形横斑，有时此斑分裂为 2 小斑，翅端靠近侧缘 1 小圆斑，与后面 1 条弧形细纹相连。雌性腹部 6 节，雄性腹部 7 节，且雄性前足跗节扁宽多毛。

取食对象：鳞翅目昆虫幼虫。

分布：华北、黑龙江、山东、河南、宁夏、甘肃、新疆、江苏、上海、安徽、浙江、湖北、江西、福建、台湾、广东、海南、四川、云南、西藏；俄罗斯，朝鲜，日本。

（121）铜翅虎甲 *Cicindela* (*Cicindela*) *transbaicalica transbaicalica* Motschulsky, 1844（图版 VII：11）

识别特征：体长约 12.0 mm，宽 5.0 mm。背铜色具紫或绿色光泽。复眼大而凸出；上唇横宽，前缘中间的尖齿较小。触角丝状，细长，11 节。鞘翅的基部和端部各 1 弧形斑，有时基斑还分裂为 2 逗点形斑；中部还 1 波曲的横斑。体下侧蓝紫色或蓝绿色，具强烈金属光泽和密粗长白毛。

取食对象：蝗蝻、小型节肢动物等。

分布：河北、内蒙古、宁夏、青海、新疆；蒙古，俄罗斯。

（122）日本虎甲 *Cicindela* (*Sophiodela*) *japonica* Thunberg, 1781（图版 VII：12）

识别特征：体长 15.0～19.0 mm。头、胸铜色，鞘翅深绿色，体下侧红色、绿色和紫色。头部颊区无白色毛或只有稀疏的几根白色毛；前胸背板有毛，胸部侧板密被白色毛；体下侧腹部无毛，或仅有细小稀疏而不明显的毛。鞘翅具淡黄色斑点，鞘翅肩部"C"形斑和端部"C"形斑均中断，中部 1 波浪形横斑，末端细无逗点。雌性腹部 6 节，雄性腹部 7 节，雄性前足跗节扁宽多毛。

分布：河北；俄罗斯，朝鲜半岛，日本，越南。

（123）双铗虎甲 *Cylindera* (*Cylindera*) *gracilis* (Pallas, 1773)（图版 VIII：1）

识别特征：体长 10.0～12.0 mm。墨绿色，无光泽。上唇前缘微波状，中间具尖齿。前胸背板长矩形，明显窄于头部，两侧平行。鞘翅窄，两侧平行，后端呈三角形收缩，鞘翅中部 1 白斑，由外斜向内侧，端部沿翅缘具 1 细白斑。体下侧少毛。

取食对象：多种小型昆虫。

分布：河北、北京、黑龙江、内蒙古、山东；蒙古，俄罗斯，朝鲜半岛，日本。

（124）斜斑虎甲 *Cylindera (Cylindera) obliquefasciata obliquefasciata* (Adams, 1817)（图版 VIII：2）

曾用名：斜纹虎甲、斜条虎甲。

识别特征：体长 10.0~11.0 mm，宽 3.0~4.0 mm。墨绿色。体下侧除中胸两侧及前、中足基节有白色毛外，其余均无毛。上颚基半部及口须（除末节）大部均为黄白色；上唇前缘波状，中间有前突的尖齿。触角基部 4 节有铜绿色金属光泽。前胸背板两侧有稀疏的白色毛。鞘翅具有乳白色斑：每鞘翅有 1 自外侧中部斜向内侧的细斑，此斑内前方有 1 小圆斑。各足胫节与跗节棕黄色；其余部分墨绿色。

取食对象：多种小型昆虫。

分布：华北、黑龙江、辽宁、山东、河南、宁夏、甘肃、青海、新疆、江苏、浙江；蒙古，中亚，巴基斯坦，伊朗。

（125）云纹虎甲 *Cylindera (Eugrapha) elisae elisae* (Motschulsky, 1859)（图版 VIII：7）

识别特征：体长 8.5~11.0 mm，宽 4.5~5.5 mm。背面深绿色，稍有铜色光泽。头部两复眼间凹陷，复眼下方有强蓝绿色光泽，上唇上唇灰白色，中间具 1 小齿，前缘 1 列白色长毛；上颚基部乳白色或浅黄色。触角基部 4 节蓝绿色，光滑无毛，第 5 节以后黑褐色，各节密布短毛。前胸背板具铜绿色光泽，圆筒形，长大于宽，着生白色长毛。鞘翅暗红铜色，翅肩部花纹呈"C"字形，中间呈斜"3"字形纹，端部花纹为弧形，各纹在侧缘相互连接；鞘翅密具细颗粒，并杂有稀的深绿色粗刻点。体下胸部和腹部的侧面及足的基节、腿节皆密被白色长毛。各足转节赤褐色，其余具蓝色光泽。

检视标本：1 头，围场县木兰围场车道沟，2016-VII-26，马莉采。

分布：华北、山东、宁夏、甘肃、新疆、江苏、安徽、浙江、江西、福建、台湾、华中、广东、四川、云南、西藏；蒙古，俄罗斯，朝鲜，日本。

（126）巨胸暗步甲 *Amara (Curtonotus) gigantea* (Motschulsky, 1844)（图版 VIII：4）

识别特征：体长 17.0~21.0 mm，宽约 6.5 mm。黑色，稍显蓝绿色，光洁无刻点。头光滑，顶中部拱起。触角 11 节，基部 3 节光洁，余节密被灰黄色短毛。前胸背板宽略大于长，基部稍宽于前缘，前角钝，侧缘弧凸，后角前直线外扩，后角近锐角，基部近平直；盘区光洁，中纵沟细，基凹有 2 条纵沟，外侧的 1 条细长。鞘翅长椭圆形；每侧有 9 行刻点行，行距后端明显隆起。足腿节粗壮，前足胫端扩大成长三角形；雄性前足跗节基部 3 节膨大。

分布：河北、东北、内蒙古、山东、陕西、四川；蒙古，俄罗斯，日本。

（127）大背胸暗步甲 *Amara (Curtonotus) macronota* Solsky, 1875（图版 VIII：5）

识别特征：体长约 12.0 mm。棕黑色。头顶略隆，不具刻点；额沟深但短；上颚短，端部钝；唇须倒 2 节内侧具毛数根；颏具齿；眉毛 2 根。触角短，达前胸背板后角,自第4节起被绒毛。前胸背板较隆,微纹明显;侧缘圆,在后角前弯曲;侧沟深,具粗刻点;基窝深,亦具粗刻点;盘区近前缘处有稀大刻点;后角尖,向外凸出。鞘翅隆,光洁无毛,条沟深,沟内刻点粗;行距稍隆,微纹清晰,不具刻点,第3行距无毛穴。足粗壮,雄性前跗节膨扩。

分布:华北、东北、山东、河南、陕西、甘肃、江苏、上海、浙江、江西、湖北、福建、广东、四川、贵州、云南;俄罗斯(东西伯利亚、远东地区),朝鲜半岛,日本。

(128) 齿星步甲 *Calosoma (Calosoma) denticolle* Gebler, 1833(图版 VIII:6)

识别特征:体长22.8~24.5 mm,宽9.0~11.7 mm。体黑色。头具密刻点,口须端节稍短于亚端节。触角长度超过体长之半。前胸背板横宽,侧缘圆弧状,最宽处在中部,中部及后角处各有缘毛1根,中部后略收狭,后角端稍向外突,两侧基凹浅;盘区具细密刻点,中沟两侧及基凹处的刻点较粗,常伴有皱褶;下侧胸部刻点细浅,前胸尚伴有1些浅的波纹。鞘翅星点绿色或金铜色,近于长方形,肩后稍膨出,翅基部在肩内有纵凹,星行间有7~9行距,瓦形纹不整齐,星点小,星行前、后星点之间不隆起。腹部刻点多位于两侧,末节有横皱,端部有半圆形凹陷。中、后足胫节不弯曲,雄性前跗节不膨大。

检视标本:1头,围场县木兰围场五道沟,2015-VIII-06,李迪采。

分布:河北、黑龙江、内蒙古、宁夏、新疆;蒙古,俄罗斯,乌兹别克斯坦,哈萨克斯坦,土耳其。

(129) 黑广肩步甲 *Calosoma (Calosoma) maximoviczi* Morawitz, 1863(图版 VIII:3)

曾用名:大星步甲。

识别特征:体长23.0~35.0 mm,宽11.5~4.5 mm。黑色,背面带弱铜色光泽,两侧缘绿色。头部密布刻点,两侧和后部有皱褶;额沟较长;上颚表面具皱纹。触角基部4节光洁,5节后密被灰褐色微毛,第2、3节扁形,雌性第3触角节长度明显长于第2、3节之和。前胸背板宽大于长,最宽处在中部,侧缘全弧形,缘边完整,中部略后1根侧缘毛;盘区密布皱状刻点,基凹浅。鞘翅宽阔,肩后有明显扩展;每鞘翅有深纵沟16条,沟底有刻点,行距具规则的浅横沟,使翅面形成瓦状纹;每鞘翅具3行带绿色光辉的星点,星点小,狭于行距,每星行间有3行距。

取食对象:毒蛾科、天社蛾科等鳞翅目昆虫的幼虫,为害柞蚕。

分布:河北、北京、吉林、辽宁、山西、山东、河南、陕西、宁夏、甘肃、浙江、湖北、福建、台湾、四川、云南、西藏;俄罗斯,朝鲜半岛,日本。

(130) 脊步甲指名亚种 *Carabus (Aulonocarabus) canaliculatus canaliculatus* Adams, 1812(图版 VIII:8)

识别特征:体长27.0 mm;宽9.5 mm;黑褐色,前胸背板近方形,两侧缘近平行,后角略向后凸出，侧缘毛 2 对，分别着生于后角和中部；鞘翅隆，主行距及鞘逢呈脊状，不间断，脊光洁，次行距和第 3 行距消失，主距间密布小刻粒。

分布：华北、东北；俄罗斯（远东地区），朝鲜。

（131）粘虫步甲 Carabus (Carabus) granulatus telluris Bates, 1883（图版 VIII：9）

识别特征：体长约 21.0 mm。黑色，头、前胸背板、鞘翅上具古铜色光泽。头上刻点模糊，上唇前缘深凹，唇基弧形弯曲；复眼球形而凸出；触角向后伸达前胸背板基部 4 节，基部 4 节光裸，5 节以后具棕黄色细密毛。前胸背板宽大于长，中部最宽；盘区具模糊稠密刻点，侧缘变为短皱纹；前缘弧凹，侧缘弧形，基部中叶弱突而两端后弯，两侧基凹浅；前角钝，后角钝圆而突。鞘翅长卵形，端部稍后最宽；每翅面具 3 条纵脊及 3 列纵瘤突，近翅缝 1 条脊模糊，近侧缘 1 列瘤突短而窄，整个翅面具稠密小粒突。下侧光滑。雄性前足跗节基部 4 节扩大且中胫节端半部外侧具金黄色稠密短毛刷。

分布：华北、东北、宁夏、甘肃、新疆；蒙古，朝鲜，日本，俄罗斯（西伯利亚），中亚。

（132）绿步甲 Carabus (Damaster) smaragdinus smaragdinus Fischer von Waldheim, 1823（图版 VIII：10）

识别特征：体长 30.0～35.0 mm，宽 10.5～13.5 mm。头、前胸背板暗铜色，绿色金属光泽强。唇基前部中间有深凹。前胸背板后角向下后方倾斜不显著，侧缘上下弯曲小，两侧基凹浅，鞘翅绿色，侧缘金绿色。每鞘翅有 6 行不亮的黑色瘤突（第 7 行瘤突两端不完整），奇数行瘤突短小，偶数行瘤突大，椭圆形；沿鞘翅 1 行大刻点，缝角刺突尖而上翘。雄性前足跗节基部 3 节膨大。

分布：河北、北京、东北、内蒙古、陕西。

（133）棕拉步甲 Carabus (Eucarabus) manifestus manifestus Kraatz, 1881（图版 VIII：11）

曾用名：罕丽步甲。

识别特征：体长 19.0～23.0 mm。体色变化多，暗绿色、蓝绿色或黑褐色，体背具铜色光泽。前胸背板外缘有宽边，前胸背板宽大于长，中部最宽，后缘宽于前缘，侧缘弧形，缘边上翻；刻点较粗密，中线明显。鞘翅长卵形，每鞘翅具 3 行条形瘤突（第 1 行最粗长），瘤突行间具 3 条细脊。

分布：华北、东北、山东、西北。

（134）碎纹大步甲 Carabus (Pagocarabus) crassesculptus Kraatz, 1881（图版 VIII：12）

曾用名：喀纳步甲。

识别特征：体长 15.0～30.0 mm，宽 9.0 mm。头和前胸背板蓝色，布稠密刻点；鞘翅具蓝色金属光泽，有蓝色疣突组成的纵纹贯穿鞘翅；前胸背板近心形，两侧缘于前1/3略膨，于后角前收窄，前胸背板中部以前具侧缘毛4对；鞘翅隆，主行距、次行距和第3行距均明显，行距致密，有间断。足黑色。

分布：华北、东北；俄罗斯（远东地区），朝鲜半岛。

（135）文步甲 Carabus (Piocarabus) vladsimirskyi vladsimirskyi Dejean, 1830（图版 IX：1）

曾用名：弗氏步甲指名亚种、长叶步甲。

识别特征：体长 21.0～25.0 mm。黑色，具古铜色光泽。头背面中部纵隆而两侧纵凹；上唇前缘深凹，上颚颇长；复眼外突；触角丝状且向后超过前胸背板基部，基部4节光滑，第5—11节密生短毛。前胸背板长短于宽，近中部最宽，背中间具细纵沟；前缘凹而无棱边，基部深凹而直，侧缘弧形外突而上卷；前、后角凸出而下沉，基部浅横凹。小盾片三角形。鞘翅肩部钝圆，侧缘刃状而向上翻；翅面各具4列刺突，近侧缘的排列紧密，其余3列稀疏。各足胫节直。

分布：华北、东北；俄罗斯（远东地区），朝鲜半岛。

（136）刻翅大步甲 Carabus (Scambocarabus) sculptipennis Chaudoir, 1877（图版 IX：2）

曾用名：纹鞘步甲。

识别特征：体长 20.0～25.0 mm，体背黑色或棕黑色。头顶有刻点及皱纹，上颚前端近钩状，基部有开叉齿。前胸背板略方形，宽大于长，密布细刻点，前缘近等于基缘，侧缘弧形，最宽处在中部，前角圆，后角钝。鞘翅卵形，密布整齐小颗粒，形成颗粒行。

检视标本：1头，围场县木兰围场五道林博园，2015-VI-02，李迪采；1头，围场县木兰围场种苗场查字小泉沟，2015-V-27，李迪采；3头，围场县木兰围场种苗场查字，2015-VI-18，马晶晶采。

分布：华北、东北、西北。

（137）黄斑青步甲 Chlaenius micans (Fabricius, 1792)（图版 IX：3）

识别特征：体长 14.0～17.0 mm，宽 5.5～6.5 mm。背浓绿色，具红铜色光泽；体下侧黑褐色，末腹节后端棕黄色；触角、鞘翅端纹，足的腿节和胫节均黄褐色。头顶密布刻点和皱纹，近眼内缘有纵皱纹，眉毛1根；上颚大部、口须、足的跗节和爪均红褐色。触角基部3节光亮无毛，4节后密被黄褐色微毛。前胸背板宽略大于长，密布皱状刻点、横皱纹及密被金黄色细毛；侧缘弧形，缘边上翻，基部平直，后角钝圆，其前1缘毛，基凹浅而宽圆，中纵沟深细。小盾片三角形，光亮。鞘翅条沟深细，沟底具细刻点，有小盾片刻点行，行距平，密布细刻点及横皱纹，密被金黄色细毛，端纹内缘圆而外缘向后伸长，第9行距有粗刻点行。

分布：河北、北京、辽宁、内蒙古、山东、陕西、宁夏、青海、江苏、安徽、江西、福建、台湾、华中、广东、广西、四川、贵州、云南。

(138)淡足青步甲 *Chlaenius pallipes* Gebler, 1823（图版 IX：4）

识别特征：体长 12.5~16.5 mm，宽 5.0~6.5 mm。头部、前胸背板绿色，具红铜色光泽；鞘翅暗绿色，无光泽；小盾片红铜色。头部具细刻点和皱纹，额沟短浅，额中部光亮无刻点；上颚光滑，末端尖弯；口须末端钝圆。触角基部 3 节光亮，有少许短毛，4 节后密被金黄色短毛并有细刻点。前胸背板宽略大于长；侧缘弧状，后缘近于平直，后角近于直角；盘区密布较粗刻点，后部刻点略皱状，两侧基凹浅沟状，背中沟细浅；背板及鞘翅均密被黄褐色短毛。小盾片三角形，表面光亮。每鞘翅有 9 条具细刻点条沟，有小盾片刻点行；行距平坦，密具横皱，第 9 行距有毛穴。

检视标本：6 头，围场县木兰围场新丰挂牌树 2015-VII-03，蔡胜国采；1 头，围场县木兰围场新丰挂牌树，2015-VII-24，马莉采；1 头，围场县木兰围场吉字营林区，2015-VI-09，张恩生采。

分布：河北、东北、内蒙古、山西、山东、宁夏、甘肃、青海、江苏、浙江、江西、福建、华中、广西、四川、贵州、云南；蒙古，俄罗斯，朝鲜，日本。

(139)异角青步甲 *Chlaenius variicornis* Morawitz, 1863（图版 IX：5）

识别特征：体长 11.7~12.6 mm。头铜绿色，前胸背板及鞘翅黑色，有蓝色光泽。头部具稠密刻点，无绒毛；须端节几乎呈圆筒形，下颚须无毛，下唇须倒 2 节近端区内侧有 2 根显著刚毛。触角第 3 节略长于第 4 节，除端刚毛外，尚有几根刚毛。前胸背板宽大于长，上有大而密的绒毛刻点；侧缘微有边垠，黑色，向后收缩，缘刚毛在基角之前一点；侧缘呈波曲状；前胸腹突无边垠。鞘翅无光泽，无斑纹、带纹，有稠密绒毛刻点；行距平坦。胸部和腹部下侧有稠密的、显著的绒毛刻点。雄腿节近基部无齿；跗节背面有很短的稀疏的刚毛。

分布：河北、北京、辽宁、山东、甘肃、江苏、安徽、浙江、湖北、江西、湖南、福建、广东、海南、广西、四川、贵州、云南。

(140)双斑猛步甲 *Cymindis binotata* Fischer von Waldheim, 1820（图版 IX：6）

识别特征：体长 7.5~8.0 mm，宽 2.5~3.0 mm。头红褐色；上唇、上颚、口须、触角及足黄褐色；头中凸光洁，触角基部前 3 节光洁，第 4—11 节被密毛。前胸背板略宽于头部，深赤褐色，侧缘淡黄色；前角宽圆，侧缘弧凸，边较宽，基角钝，中沟明显，基凹稍深。鞘翅暗绿色具金属光泽，侧缘浅色，略中凸；端缘平截，侧缘边较宽，行沟细、清，具细刻点，行距略凸。

分布：河北、北京、山西、甘肃、青海、新疆；蒙古，俄罗斯，哈萨克斯坦。

(141)半猛步甲 *Cymindis daimio* Bates, 1873（图版 IX：7）

识别特征：体长 8.5~9.5 mm，宽 3.2~3.8 mm。头部和前胸背板蓝黑色，光泽强；体密被黄褐色直立长毛；触角、口须、足的胫节和跗节棕褐色；足的腿节亮黑色。头部密布粗大刻点，头顶基部无刻点，额沟不明显；上唇前缘平直，口须末端钝圆。触角基部 3 节光亮无毛，4 节后密被黄褐色短毛。前胸背板略似心脏形；中胸前部缢缩似颈，鞘翅基部远离前胸背板。小盾片舌形，中部下凹，中间 1 长方形隆突。鞘翅紫红色，有光泽，缘折前半部黄褐色，后半部蓝黑色，翅上蹄形斑纹紫蓝色或青绿色；每鞘翅有 9 条具刻点条沟，有小盾片刻点行；鞘翅的蹄形斑纹是由两翅斑纹汇合而成；行距微隆，密布刻点。

分布：河北、北京、东北、内蒙古、山东、河南、陕西、宁夏、甘肃、湖北、中国北部；蒙古，俄罗斯，朝鲜，日本，东南亚。

（142）蠋步甲 *Dolichus halensis* Schaller, 1783（图版 IX：8）

曾用名：红胸蠋步甲。

识别特征：体长 16.0~20.5 mm，宽 5.0~6.5 mm。体黑色。头部光亮无刻点，额较平坦，额沟浅，沟中有皱褶；上唇长方形；上颚粗宽，端部尖锐；口须末端平截。触角基部 3 节光亮无毛，4 节后密被灰黄色短毛。前胸背板长宽约等，近于方形，中部略拱起，光亮无刻点；前横凹明显，中纵沟细，侧缘沟深，两侧基凹深而圆；前横凹前、两侧、基部及基凹处有密的刻点和皱褶。小盾片三角形，表面光亮。鞘翅狭长，末端窄缩，中部有长形斑，两翅色斑合成长舌形大斑；每鞘翅有 9 条具刻点条沟，有小盾片刻点行，第 3 行距有 2 毛穴，第 8 条沟有 23~28 毛穴。前足胫节端部斜纵沟明显。

取食对象：蚜虫、蝼蛄、蛴螬、粘虫、地老虎等鳞翅目昆虫幼虫。

检视标本：2 头，围场县木兰围场林管局，2015-VII-30，张恩生采；1 头，围场县木兰围场新丰挂牌树，2015-VIII-03，赵大勇采；3 头，围场县木兰围场五道沟，2015-VIII-06，李迪采；1 头，围场县木兰围场四合水永庙宫，2015-VIII-12，李迪采。

分布：华北、东北、陕西、甘肃、青海、新疆、江苏、安徽、浙江、江西、福建、华中、广东、广西、四川、贵州、云南；中欧，中南半岛，古北界。

（143）雕角小步甲 *Dyschirius tristis* Stephens, 1827（图版 IX：9）

识别特征：体长 2.9~3.4 mm。黑墨色且具金属光泽。头前口式，常窄于胸，唇基后具"V"形沟。触角念珠状。前胸背板近球形，前缘宽于基部；前、中胸间隘成颈状。小盾片三角形。鞘翅长卵形。足细长，前足腿节特膨大，胫节扁，端尖齿状。

分布：河北、辽宁。

（144）大头婪步甲 *Harpalus capito* Morawitz, 1862（图版 IX：10）

识别特征：体长 17.5~20.5 mm，宽 6.5~8.0 mm。头、前胸背板及鞘翅黑色，微带褐色；触角、口须、上唇周缘、唇基前缘及足黄色至黄褐色；前胸背板及鞘翅密被棕黄色毛；体下侧暗褐色。头宽大，略宽于前胸背板；额宽阔，额沟浅，两沟之间前宽后狭，成倒"八"字形；上唇前缘中间凹入深；上颚端尖扁薄。触角基部 2 节光洁，3 节中部后密被灰黄色细毛。前胸背板宽大于长，最宽处位于前部；前缘略内凹，基部平直，侧缘前部扩出，后部收狭，前部明显宽于后部；后角近于直角，角端尖锐；中纵沟细，基凹宽浅；盘区密布刻点，前基部刻点粗大，基凹底部刻点间隆起；侧缘毛1根，位于前部。每鞘翅有9条具刻点条沟，沟底刻点细小，行距平，密布细浅刻点。足跗节背面具刻点和毛；雄性前跗节基部前3节扩大，第1—4节下侧有粘毛。

检视标本：17头，围场县木兰围场四合水永庙宫，2015-VIII-12，蔡胜国采。

分布：河北、东北、内蒙古、山西、山东、陕西、宁夏、甘肃、华中、江苏、安徽、浙江、江西、福建、台湾；俄罗斯，朝鲜，日本。

（145）黄鞘婪步甲 *Harpalus pallidipennis* **Morawitz, 1862**（图版 IX：11）

曾用名：淡鞘婪步甲、白毛婪步甲。

识别特征：体长8.0～10.0 mm，宽3.0～4.0 mm。头、前胸背板黑色；触角、口须、前胸背板侧缘及足黄褐色，鞘翅褐色或黑褐色，具黄色斑纹；体下侧棕黄色，腹末节及侧缘多黑色。头部光洁或具极微细刻点；上颚端部黑色；上唇前缘微拱，基部较前端略宽；复眼间微隆，额沟短浅。触角长仅达前胸背板基缘。前胸背板宽略大于长；侧缘弧状，后缘近于平直，角端钝圆；盘区微隆，但基部中间凹，基凹位于其两端，中纵沟细，基缘刻点密。鞘翅宽度约与前胸宽接近，前半部两侧近于平行，后部渐收狭，基沟较平直，近肩角处略弯。体下侧有稀疏短毛。前足胫节端距较长，雄性前、中足跗节有4节扩大。

分布：华北、东北、山东、河南、陕西、宁夏、甘肃、江苏、湖北、江西、福建、广西、四川、西藏；蒙古，俄罗斯（西伯利亚），朝鲜，日本。

（146）绿艳扁步甲 *Metacolpodes buchanani* **(Hope, 1831)**（图版 IX：12）

曾用名：布氏细胫步甲。

识别特征：体长9.5～13.5 mm。棕黄色，光亮，鞘翅有深绿色光泽。头顶稍隆起，在近眼处有细皱纹；眼大；触角第1、4节长度相等，短于第3节。前胸背板隆，略呈心形，前1/3最宽，光洁无刻点；前缘和基缘近等宽，盘区有细皱纹，微纹横向排列；后角钝。鞘翅在端部均匀收狭。

分布：河北、北京、吉林、华东、华中、广东、四川、云南；俄罗斯（西伯利亚、远东地区），朝鲜半岛，日本，尼泊尔，巴基斯坦。

（147）铜色淡步甲 *Myas cuprescens* **Motschulsky, 1858**（图版 X：1）

曾用名：通缘步甲。

识别特征：体长约19.0 mm。黑色。前胸背板黑色、鞘翅铜色，具金属光泽；背面光滑无刻点。头部额沟清晰平行，两复眼间光亮低平。前胸背板后角略钝，侧缘具1～2行刻点，盘区1大凹陷。鞘翅刻点条沟细，刻点深；行间处光滑无刻点。

分布：河北；日本。

(148) 三点宽颚步甲 *Parena tripunctata* (Bates, 1873)（图版 X：2）

曾用名：小宽颚步甲。

识别特征：体长 6.5～8.0 mm。黄红褐色，头部、前胸背板及上翅暗褐色至黄赤褐色，头后部、前胸背板、鞘翅暗褐色。复眼凸出。前胸背板后角稍向外凸出，基部两端斜为钝角。鞘翅上被深刻点行，室间微隆起，小刻点分布稀疏，第 3 室 3 点具孔，鞘翅端部波浪型。

分布：河北、北京、陕西、四川；俄罗斯，朝鲜，日本。

(149) 黄毛角胸步甲 *Peronomerus auripilis* Bates, 1883（图版 X：3）

识别特征：体长 9.0～10.5 mm，宽 3.0～3.5 mm。黑色，触角柄节及足黄褐色，体背微带银色金属光泽，鞘翅尤为显著；体密被金黄色直立长毛。头后部稍膨大，光亮无毛无刻点，额前部及唇基中间隆起，额沟长而弯曲，前端达唇基，后端抵复眼内侧基部、两复眼间光亮低平，具粗刻点；复眼大而鼓出，眉毛 2 根；上颚短宽，末端尖细，弯曲度大；口须端部扩大成斧状。触角自第 2 节后黑色，第 1—3 节毛稀，第 4 节后密被灰黄色短毛和具微细刻点。前胸背板宽大于长，两侧缘在中部后呈角状凸起，基部平直，后角成直角状；背板刻点粗大，相互连接成多边形。小盾片三角形，有刻点。每鞘翅 9 条具刻点条沟，沟底刻点粗大，有小盾片刻点行；行距隆起，具粗横皱。

分布：河北、北京、东北、河南；俄罗斯，日本。

(150) 强足通缘步甲 *Poecilus fortipes* (Chaudoir, 1850)（图版 X：4）

曾用名：壮脊角步甲。

识别特征：体长约 11.0～15.0 mm。体色多变，黑色、蓝色、紫色、铜色或绿色，通常具强烈金属光泽。复眼凸出，头顶无刻点。触角均黑色，略带金属光泽。前胸背板略向基部变窄，侧边在后角之前直，后角端部较钝，轻微凸出；前胸敞边略宽，于中部之后明显变宽；基凹略深，外侧脊明显，基凹区有时具少量刻点。鞘翅基部毛穴存在；条沟略深，沟底具细刻点，行距略隆起；第 3 行距通常具 3 毛穴，均靠近第 3 条沟。阳茎端部几乎不向下弯曲，端片较短，基部宽约为长的 3.0 倍，端部圆。后胸前侧片长，后翅发达；中足腿节后缘具 2 根刚毛；后足跗节内侧无脊；外侧基部 2 节具脊。

分布：河北、内蒙古、宁夏、云南；蒙古，俄罗斯，朝鲜，日本。

(151) 直角通缘步甲 *Poecilus gebleri* (Dejean, 1828)（图版 X：5）

识别特征：体长 11.0～18.0 mm。背面黑色，鞘翅具铜绿光泽，侧缘边绿色，头及胸背板常有蓝色金属光泽，触角、口器、足及下侧棕褐至黑褐色。额唇基沟细，额沟较深，唇基每侧各具 1 毛；上唇前缘微凹，有 6 根毛。触角伸达鞘翅肩胛。前胸背板近方形，侧缘稍膨，中前部及后部各 1 长毛，后角稍大于直角；中纵沟不达及背板后缘，基部每侧有 2 条纵沟，外沟与侧缘间明显隆起；盘区光洁。鞘翅与前胸背板宽度近等，两侧稍膨，在后端近 1/3 收狭；基沟深，向前弯曲，外端有小齿突；条沟深，沟底有细刻点，行距平隆，第 3 行距有 3 毛穴。

检视标本：1 头，围场县木兰围场北沟哈叭气闹海沟，2015-V-29，张恩生采；1 头，围场县木兰围场种苗场查字，2015-VI-27，马晶晶采；围场县木兰围场燕伯格车道沟，2015-VII-20，赵大勇采；围场县木兰围场五道沟，2015-VIII-06，李迪采；围场县木兰围场五道沟梁头，2015-VI-30，蔡胜国采。

分布：河北、东北、内蒙古、宁夏、甘肃、青海、福建、四川、云南；蒙古，俄罗斯，朝鲜。

（152）突角通缘步甲 *Pterostichus acutidens* (Fairmaire, 1889)

识别特征：体长约 14.0～17.0 mm。体黑色，鞘翅具光泽，无金属色。复眼大而凸出，头顶无刻点。前胸背板近心形，向基部强烈变窄，侧边于后角之前强烈弯曲；后角强烈向外侧凸出，形成一很大的齿突；前胸基凹深，内侧基凹沟略可见，外侧基凹沟外侧强烈隆起形成脊，基凹内具少量刻点。鞘翅基部毛穴存在，肩部无齿突；第 3 行距通常具 3～4 毛穴，毛穴位置多变，通常靠近第 2 条沟。阳茎端片约呈三角形，宽略大于长，向端部逐渐变窄，端部圆；右侧叶长而弯曲，端部明显侧扁。各足末跗节下侧具毛。

分布：河北、北京、山西、辽宁。

（153）小黑通缘步甲 *Pterostichus nigrita* (Paykull, 1790)（图版 X：6）

识别特征：体长约 10.0～12.0 mm。前胸背板近圆形，基凹深，为简单的深坑；基凹内多刻点及皱纹，基凹外侧强烈隆起呈脊；前胸后角明显，端部通常具明显小齿突。鞘翅条沟略深，沟底具少量刻点。雄性末腹板具 1 非常小的瘤突，瘤突十分清晰，其基部略延伸形成 1 短脊；阳茎端部膨大；右侧叶端部强烈变宽，端部侧扁，略呈斧状。

分布：河北等中国北部；俄罗斯，欧洲。

（154）黑背狭胸步甲 *Stenolophus connotatus* Bates, 1873（图版 X：7）

识别特征：体长 6.5～7.5 mm，宽 2.5～2.8 mm。棕黄色，头部、上颚端部、前胸背板中部、鞘翅中部瓶形大斑和腹部为棕褐色。头顶光洁，额沟短浅，唇基 1 对毛；头下侧光洁，颏无齿，具毛 2 根；中唇舌略短于侧唇舌，下唇须亚端节内缘有毛 2 根。触角基部 2 节光洁，自 3 节后密被细毛。前胸背板宽略大于长，前缘微内凹，基部近于平直，侧缘弧形，后部收狭，背板最宽处在中部略前方，盘区光洁，中纵沟细而明显，两侧基凹具粗刻点，侧缘毛 1。鞘翅具细纵条沟，有小盾片行，行距微隆，第 3 行距端部 1 毛穴。

分布：河北、黑龙江、江西、福建、四川；俄罗斯，朝鲜半岛，日本。

60. 牙甲科 Hydrophilidae

(155) 尖突巨牙甲 *Hydrophilus (Hydrophilus) acuminatus* Motschulsky, 1854（图版 X：8）

识别特征：体长 28.0～42.0 mm。卵形，背部中等隆起；黑色，偶具有金属光泽；胸部及腹部第 1 节具毛，第 2—5 节光滑，具缘毛，侧区具明显或不明显黄斑。头上刻点较疏，呈"n"形分布。前胸背板基部宽于前缘；前胸腹板强烈隆起呈帽状，后部具深沟以接纳腹刺前端，基部具密毛，腹刺长达第 2 腹节中部，刺沟宽平。小盾片光滑无刻点。鞘翅 4 大刻点行，每个刻点行两侧 1 明显细脉，尤以后部明显，靠翅缝末端 1 小刺。腹节中部略纵隆，第 5 节纵脊明显。

分布：河北、北京、内蒙古、宁夏、上海、浙江、江西、台湾、广东、香港、四川、云南、西藏；俄罗斯，朝鲜半岛，日本，东洋界。

61. 葬甲科 Silphidae

(156) 达乌里干葬甲 *Aclypea daurica* (Gebler, 1832)（图版 X：9）

识别特征：体长 10.0～14.0 mm。体黑色，背面密布浓厚的棕色或棕灰色毛，偶尔稍少而局部露出黑色底色。头宽略不及前胸背板最大宽度的之半；上唇中间深"V"形缺刻。触角末端 3 节被土黄色微毛而略显发黄。前胸背板中间常具 6 疤状突起，分两排，前排 2 个相距较远，后排 4 个略成等距，不被体毛覆盖，其面异常光滑，形状不规则，前背中线上靠前缘处也有纵向的线状疤痕，由紧邻的疣突组成。鞘翅肋上具成列且彼此相互独立的黑色疣突，不被毛覆盖。各足腿节下侧被黑色短刚毛，胫节端距和爪棕红色。

分布：华北、黑龙江、陕西、青海、湖北、四川；俄罗斯，韩国，朝鲜。

(157) 滨尸葬甲 *Necrodes littoralis* (Linnaeus, 1758)（图版 X：10）

曾用名：亚种尸葬甲、大粗腿葬甲。

识别特征：体长 17.0～35.0 mm。黑色，偶尔略显棕红色。上唇光裸，仅前缘被棕黄色长毛。触角末端 3 节橘色。前胸背板近圆形，表面光滑，刻点非常细腻且均匀，基部刻点略大，中间微微隆起，中部具 1 不甚明显的纵向沟痕，沟痕较短，不达前胸背板前、基部。鞘翅刻点较前胸背板大，亦均匀，鞘翅具显著的端突，靠外的 2 条肋在经过端突后明显折角状转向，向内缘的肋靠拢；鞘翅末端平截，雌性鞘翅端角显圆但仍明显为平截。雄性前足和中足腿节末端下方正常，不陡然缢凹，后足腿节极度膨大，腿节下方具 1 排小齿；雄性后足胫节内侧末端不扩展，腿节下方具 1 排小齿。

分布：河北、北京、天津、黑龙江、辽宁、陕西、甘肃、青海、新疆、安徽、湖北、江西、湖南、福建、广东、广西、四川、云南、西藏；蒙古，俄罗斯，朝鲜半岛，日本，中亚，欧洲。

（158）黑覆葬甲 *Nicrophorus concolor* **Kraatz, 1877**（图版 X：11）

识别特征：体长 22.0～34.0 mm。亮黑色，触角端部 3 节红褐色至橙色。头横宽；复眼大而凸出，其内侧及头顶中间各 1 浅纵沟；上唇中间深凹，刻点稀疏，前缘具稠密的黑色刷状长毛，两侧前角 1 束棕色长刚毛；唇基端部 1 "U" 形膜质区，暗褐色至橙色。触角短，向后伸达前胸背板前角，端锤膨大明显；盘区刻点疏小。前胸背板近圆形，基部平截，各角均弧弯；盘区隆起，两侧及基部低平；前横沟位于端部 1/3，中部较浅；刻点疏小，低平处刻点略大，刻点间隙有稀疏的微刻点。小盾片大，倒三角形。鞘翅端部宽于基部；表面光滑，1 些稀疏粗刻点隐约排成 2 列；盘区刻点与前胸背板相似，刻点间隙有稠密的微刻纹和稀小刻点，还有许多杂乱无章的刻痕。前足第 1—4 跗节膨大，各胫节端角凸出。

分布：华北、东北、山东、陕西、江苏、安徽、浙江、江西、福建、华中、广东、海南、广西、四川、贵州、云南、西藏、台湾；蒙古，俄罗斯（远东地区），朝鲜半岛，日本，尼泊尔，不丹。

（159）达乌里覆葬甲 *Nicrophorus dauricus* **Motschulsky, 1860**

识别特征：体长 13.0～22.0 mm。黑色有光泽。头部长方形，横宽；复眼大，后颊膨大；复眼内侧自触角窝基部至头部基部具纵沟，两纵沟略弧弯，基部相连；上唇中间深凹缘，刻点小而稀疏，前缘具稠密的棕色刚毛，刷状，两侧前角各 1 束棕黄色长刚毛；唇基前端 1 大的 "U" 形的膜质区域，暗褐色至橙黄色。触角短，向后不达前胸背板前角，端部膨大明显，略扁。前胸背板近于倒梯形；刻点较小而稀疏。小盾片大，倒三角形，顶端宽阔钝圆，刻点与前胸背板低平处的相似，基半部具棕色短柔毛，基部光滑，无刻点和毛。鞘翅两侧近于平行；隐约有 3 条脊；盘区刻点大而粗糙，刻点间隙具稀疏的细微刻痕。

分布：河北、北京、东北、内蒙古、甘肃、青海、四川；蒙古，俄罗斯，韩国，朝鲜。

（160）红带覆葬甲 *Nicrophorus investigator* **Zetterstadt, 1824**（图版 X：12）

识别特征：体长 10.5～24.0 mm。触角末端 3 节橘黄色。前胸背板光裸无毛；体下于后胸下侧密布金黄色至黄褐色最长毛；腹部各节端部具 1 排不明显暗色长毛。鞘翅斑纹通常为宽大的带状。臀板端部具 1 排黄褐长毛。各足腿节、后足基节和转节上也具一些暗色短刚毛，后足胫节直。

分布：河北、东北、山东、宁夏；蒙古，朝鲜，日本，欧洲，北美洲。

（161）日本覆葬甲 *Nicrophorus japonicus* **Harold, 1877**（图版 XI：1）

曾用名：大红斑葬甲、大葬甲。

识别特征：体长 17.0～28.5 mm。触角末端 3 节为橘黄色。前胸背板光裸无毛；体下唯后胸下侧端缘具 1 排很长的金黄色毛，后胸下侧两侧、各节腹板端缘的金黄色毛较短，后胸腹板中间和各节腹板中间光裸；腹部各节背板端部具 1 排金黄色毛。后足胫节弯曲。

分布：河北、北京、天津、东北、宁夏、江苏、上海、安徽、浙江、福建、台湾；蒙古，俄罗斯，朝鲜，日本。

(162) 前星覆葬甲 *Nicrophorus maculifrons* Kraatz, 1877（图版 XI：2）

曾用名：花葬甲、额斑葬甲、前纹埋葬虫。

识别特征：体长 13.5～25.0 mm。头部黑色，触角锤部 4 节，触角末端 3 节橘黄色。前胸背板光裸无毛。鞘翅前后均具橘红色斑，斑纹边缘深波状、左右不接联，基部斑纹中具 1 黑色小圆斑，端部斑纹中无此斑。鞘翅缘折全为橘红色。腹部腹板光滑仅端缘具 1 排黑色刚毛。后足胫节直。

分布：河北、北京、东北、陕西、甘肃、江苏、上海、福建、广西；俄罗斯（东西伯利亚、远东地区），朝鲜半岛，日本。

(163) 尼覆葬甲 *Nicrophorus nepalensis* Hope, 1831（图版 XI：3）

曾用名：橙斑埋葬虫。

识别特征：体长 20.0～22.0 mm。亮黑色；触角端锤基部黑色，端部 3 节橙色；鞘翅 2 条橘色至红褐色横斑，其上有完整的黑斑。唇基前端 1 大"U"形膜区，暗褐色至橙黄色，头顶中间 1 橙红色菱形大斑；复眼大而凸出，其内侧具纵沟。触角向后伸达前胸背板前角，端锤显大。前胸背板近横长方形，前、基部均平直，各角均弧弯；盘区隆起，两侧及基部宽阔降低。小盾片倒三角形。鞘翅隐约可见 3 脊；盘区刻点粗大，刻点间隙具许多杂乱刻痕；缘折与盘区之间和边缘具稀疏的深色直毛，鞘翅基部 5～10 束深色长刚毛；缘折橙色。腹部第 2—3 可见节外露，具稠密小刻点和深色短毛。后足第 1 跗节长于其他节。

分布：华北、辽宁、山东、陕西、宁夏、甘肃、江苏、安徽、浙江、江西、福建、台湾、华中、广东、海南、广西、重庆、四川、贵州、云南、西藏；日本，印度，尼泊尔，不丹，巴基斯坦。

(164) 中国覆葬甲 *Nicrophorus sinensis* Ji, 2012

识别特征：体长 15.2～25.2 mm。触角末端 3 节暗色。前胸背板光裸无毛；体下于后胸下侧密布黄褐色最长毛；腹部各节端部具 1 排不明显暗色长毛。鞘翅斑纹通常基部为宽大带状、端部在近中缝端常较外侧端陡然抬升，使鞘翅端部内缘露出小块黑色区域。臀板端部具 1 排黄褐色长毛。后足腿节基部、后足基节和转节上具黄褐色的极短刚毛，后足胫节直。

分布：河北、北京、宁夏、四川。

（165）拟蜂纹覆葬甲 *Nicrophorus vespilloides* **Herbst, 1783**（图版 XI：4）

曾用名：大红斑葬甲、大葬甲。

识别特征：体长 11.0～17.0 mm。触角末端 3 节黑色。前胸背板光裸无毛；后胸下侧被较密黄白色毛。鞘翅端部通常明显更宽，使整体明显呈梯形；鞘翅基斑宽带状、端斑小而宽圆。臀板端部又 1 排黄褐色长毛。腹部各节端部 1 排黄色短刚毛。中足腿节、后足腿节、后足基节和转节上也具一些不易察觉的黄色短毛，后足胫节直。

分布：河北、黑龙江、吉林、内蒙古、四川；蒙古，俄罗斯，朝鲜半岛，日本，伊朗，以色列，哈萨克斯坦，土耳其。

（166）褐翅皱葬甲 *Oiceoptoma subrufum* **(Lewis, 1888)**（图版 XI：5）

曾用名：红胸媪葬甲。

识别特征：体长 11.0～17.0 mm。黑色至暗褐色，前胸背板暗红色；宽扁。头部小，宽度小于前胸背板最宽处的 1/3；复眼小，略凸出，基部 1 排红褐色直毛；上唇小，前缘凹，具稀疏柔毛；触角向后长达前胸背板中横线；盘区密布粗糙刻点及稀疏的暗红色短毛，颈部毛密长。前胸背板横宽，近梯形，长略大于宽 1/2；前缘中间凹缘，基部中间向后凸出，侧缘及各角均弧弯；密布粗糙刻点及暗红色柔毛；盘区 3 对隆突，后端向内倾斜，呈倒"八"字形；隆突颜色较深，其上柔毛随隆突起伏指向多变。鞘翅两侧近于平行，端部 1/3 弧弯；端部轻微横向褶皱；脊 3 条；密布粗糙刻点，刻点间隙具稠密微刻点。

分布：河北、北京、东北、内蒙古、陕西、甘肃、浙江、四川；俄罗斯，朝鲜半岛，日本。

（167）黑缶葬甲 *Phosphuga atrata atrata* **(Linnaeus, 1758)**（图版 XI：6）

曾用名：黑光葬甲、小黑葬甲.

识别特征：体长 8.0～14.0 mm。黑色。上唇前缘深凹，具长柔毛。触角向后伸达前胸背板中间，端锤较细。前胸背板横宽，半圆形；前缘直，基部向后略凸出，侧缘及四角均弧弯；盘区中间隆起，两侧及前角降低，密布粗糙深刻点。鞘翅盘区隆起，边缘折弯窄而深；3 条脊均止于隆起的盘区边缘，中脊较低，内脊略短于中脊，仅达到翅基部的 5/6，外脊位于翅基 2/3；翅上密布粗糙粗刻点，刻点间隙亮；雌性鞘翅基部内角略凸出。腹部末端露出 2～3 节。

分布：河北、北京、黑龙江、内蒙古、陕西、甘肃、青海、新疆、四川；中亚，欧洲。

（168）双斑冥葬甲 *Ptomascopus plagiatus* **(Ménétriés, 1854)**（图版 XI：7）

曾用名：双斑葬甲、双斑截葬甲、小斑截葬甲。

识别特征：体长 12.5～20.0 mm。体瘦，长梭形。额侧沟通常较短，仅具前半或有时也伸达复眼后平面上。前胸背板前缘和侧缘靠前处具较密灰黄色至污黄色短或稍长伏毛。鞘翅基部具1橘红色色带，常较大、呈圆角矩形、范围达鞘翅中部，有时较小，呈窄小并倾斜的小斑。后胸下侧密布灰黄色至棕黄色较长刚毛；体下其余部位包括足通常均密布同色或稍暗色刚毛；有时腹部尤其腹末2节被毛稀疏。中足胫节直或微弯，后足胫节直。

分布：河北、北京、黑龙江、辽宁、内蒙古、河南、宁夏、甘肃、青海、江苏、上海、湖北、福建、台湾、广西；俄罗斯，韩国，朝鲜。

（169）隧葬甲 *Silpha perforata* Gebler, 1832

曾用名：小扁尸甲、孔葬甲。

识别特征：体长 15.0～20.0 mm。较大、长椭圆形，黑色，常具微弱的蓝绿或蓝紫色金属光泽。头背刻点细腻，后头密布褐色短毛；上唇前缘具黄色长毛且中部弧凹。触角第8节略长于第9节。前胸背板略呈梯形，前缘浅凹；盘区平坦，与侧缘无明显界限；盘上刻点细密均匀；前胸背板和鞘翅均光裸无毛。鞘翅3条肋发达，几达翅端；盘区刻点粗，侧缘展边上的较浅细；鞘翅侧缘展边中等宽，在肩部较宽；后翅退化，无飞行能力。

分布：河北、北京、东北、山西、陕西、江西；俄罗斯，朝鲜半岛，日本。

（170）皱亡葬甲 *Thanatophilus rugosus* (Linnaeus, 1758)（图版 XI：8）

识别特征：体长 10.0～12.0 mm。黑色，仅褶皱和瘤突外均无光泽。头被黄色长毛。触角末节被浓密的灰黄色微毛。前胸背板通常被浓密灰黄色刚毛，其间遍布数量不等、形状不规则但前胸两侧对称的亮黑裸斑，刻点细密均匀。小盾片基部有稠密的灰黄色短毛，仅端部两侧各1裸斑。鞘翅刻点较大较深，具稠密的横褶皱或间隔分布形状不规则的瘤突，该瘤突和褶皱大多与肋相接；肩圆，翅上3条强肋，外侧的高和略超过端突，内侧2条矮、弯曲并达到翅端；鞘翅末顶圆（雄）或截形（雌）。

分布：河北、北京、黑龙江、辽宁、西北、四川、云南、西藏；中亚，欧洲。

（171）曲亡葬甲 *Thanatophilus sinuatus* (Fabricius, 1775)（图版 XI：9）

识别特征：体长 9.0～13.0 mm。较宽阔，黑色。头有棕黄色长毛和浅小刻点。触角端部3节被灰黄色密毛。前胸背板通常被浓密的短或长的灰黄色毛，其间散布数量不等的圆形裸斑，由此显露出其体表的本色；裸斑披弱光泽，刻点细密。小盾片上有灰黄色短毛，仅亚端部两侧为棕黄色长毛。鞘翅无光泽，刻点较为深大；肩部1小齿，翅上3条达到翅端的粗肋，其中内侧2条直达端缘，外侧1条略高；翅端平截圆形（雄）或波形（雌）。

分布：河北、北京、东北、内蒙古、陕西、新疆、湖北、台湾、四川、云南；中亚，欧洲，北非。

62. 隐翅甲科 Staphylinidae

（172）大隐翅甲 *Creophilus maxillosus maxillosus* (Linnaeus, 1758)（图版 XI：10）

曾用名：白带大隐翅虫。

识别特征：体长 14.0～22.0 mm。头、胸部黑色，光亮，触角和足黑色。头与前胸等宽或更宽。触角很短，第 2—3 节等长，第 4—10 节横宽，第 7—10 节更宽，末节短、凹。前胸背板两侧直，基部强缩，前角短圆，后角宽圆；沿边缘和近角处刻点显密，余地疏细；前角有稠密黑长毛。小盾片天鹅绒状。鞘翅长显宽于前胸背板，刻点细密；鞘翅中部具银灰色波状横纹，每翅 4 或 5 小黑点组成 1 列，基部具黑长毛。腹部刻点细密，夹杂黑色和银色毛；雄性第 5 腹板基部浅阔凹，第 6 节弧形凹宽深，边缘呈斜面。足有黄褐色细毛，前足腿节基部下侧 1 钝齿。

分布：河北、北京、黑龙江、内蒙古、陕西、宁夏、甘肃、新疆、云南；蒙古，俄罗斯，朝鲜，日本，印度，伊朗，叙利亚，欧洲。

（173）曲毛瘤隐翅甲 *Ochthephilum densipenne* (Sharp, 1889)

识别特征：体长 9.8～10.3 mm。细长，蓝黑色，光泽弱；触角膝状，第 1 节长且端部数节；足浅褐色。头、前胸背板、鞘翅几同宽同长，被粗密刻点。前胸背板正中线无刻点，具平滑纵带。

分布：河北、北京、吉林、辽宁；韩国，日本。

63. 阎甲科 Histeridae

（174）谢氏阎甲 *Hister sedakovi* Marseul, 1862（图版 XI：11）

识别特征：体长 3.6～4.8 mm。卵圆形，黑色，有光泽。前胸背板内侧线向后逐渐与前胸背板侧缘靠近，末端内弯；外侧线通常伸达侧缘中间，有时完整。鞘翅背线内无刻点；第 1—3 背线完整，第 4 背线前方略短，第 5 背线及傍缝线仅保留端部 1 小段。前臀板散布大刻点，其间杂有小刻点，中部的刻点稀；臀板刻点大部集中于基部，端区几乎光滑。

分布：河北、黑龙江、辽宁、山西、宁夏；蒙古，俄罗斯，韩国，朝鲜。

（175）条纹株阎甲 *Margarinotus striola striola* (Sahlberg, 1819)（图版 XI：12）

识别特征：体长 5.2～5.9 mm。前胸背板 2 条侧线，外侧线沿前胸背板前角而弯曲，内侧线内侧无刻点群，内侧线前缘部分不弯曲。鞘翅第 1—4 背线完全，第 5、6 背线基半部消失，只后半部分存在。

分布：河北、黑龙江、吉林；俄罗斯，朝鲜半岛，日本。

（176）吉氏分阎甲 *Merohister jekeli* (Marscul, 1857)（图版 XII：4）

识别特征：黑色光亮，胫节红棕色，长卵形，隆起。头部表面平坦，具稀疏的细刻点。前胸背板两侧均匀弧弯向前收缩，前角锐角，前缘凹缺部分均匀弧弯，后缘较直；表面具革质的网状底纹，侧面端部具稠密的大刻点，沿后缘两侧 2/3 具较粗大刻点带，小盾片前区通常 1 纵向刻点。鞘翅两侧弧圆，缘折密布大刻点；缘折缘线位于端半部；鞘翅缘线完整。前臀板和臀板有微弱的淡褐色革状底纹。前足胫节外缘有 3 枚大齿和 4～6 枚钝圆的刺，其中端部 1 齿最大且具 2 枚相互靠近的圆刺；前足腿节腿节线短，位于端部 1/4。

分布：河北、北京、东北、河南、甘肃、江苏、上海、安徽、浙江、湖北、江西、福建、台湾、广东、云南；俄罗斯，朝鲜半岛，日本，印度，菲律宾。

(177) 半纹腐阎虫 *Saprinus semistriatus* (Scriba, 1790)（图版 XII：2）

识别特征：体长 3.4～5.5 mm。卵圆形，具光泽，触角及足黑褐色。前胸背板两侧散布粗大刻点，刻点不扩散到后角；眼后窝大而深。鞘翅背线内有刻点，背线向后伸达中部稍后；第 3 背线不缩短，第 4 背线基部弯向翅缝，但不与傍缝线相接；肩线与第 1 背线平行，并与肩下线相接。前足胫节有小齿 10～13 个。

分布：河北、东北、宁夏、新疆；蒙古，俄罗斯，伊朗，欧洲。

64. 粪金龟科 Geotrupidae

(178) 戴锤角粪金龟 *Bolbotrypes davidis* Fairmaire,1891（图版 XII：3）

识别特征：体长 8.0～13.3 mm，宽 5.8～9.5 mm。体小型到中型，短阔，背面十分圆隆，近半球形。体色黄褐至棕褐，头、胸着色略深，鞘翅光亮。头面刻点挤密粗糙，唇基短阔，近梯形，中心略前 1 瘤状小凸，额上 1 高隆墙状横脊，横脊顶端有 3 突，中突最高，雌性横脊较阔较高。触角鳃叶部第 3 节特别膨大，上、下面各 1 条沟纹。前胸背板布粗大刻点，四周有饰边，后侧圆弧形，后缘不整波浪形，中部前方 1 陡直斜面，斜面上缘中段 1 短直横脊。小盾片近三角形。鞘翅圆拱，缝肋阔，背面 10 条深显刻点沟，第 1 刻点沟沿小盾片直达翅基，第 2 刻点沟仅见中段，外侧面有 5 条长短不一的刻点列。腹部密被绒毛。

分布：河北、北京、辽宁、山西、宁夏、甘肃；蒙古，俄罗斯，朝鲜。

(179) 叉角粪金龟 *Ceratophyus polyceros* (Pallas, 1771)（图版 XII：1）

识别特征：体长 24.0 mm，宽 13.0 mm。大，椭圆形，较扁薄，棕色或棕黑色，有弱金属光泽，体下被有浓密的黄棕色绒毛。头部光亮，有致密刻点，跟上刺突发达；上颚强大，顶端分叉。触角 11 节。前胸背板短宽，中部 1 纵沟，密布粗深显刻点；前缘平直，略宽于后缘，前、后侧角圆钝，后缘略呈波状，有明显饰边。小盾片前缘中部内陷，呈鸡心状。鞘翅具 13 条明显纵纹，纹间刻点不明显。臀板布有刻点和绒毛。前足胫节外缘有 6 枚齿突，端齿顶端分叉，端距尖而长；中、后足胫节各有端距 2 枚。

检视标本：2 头，围场县木兰围场五道沟，2015-VI-30，蔡胜国采。

分布：河北；乌兹别克斯坦，哈萨克斯坦，欧洲。

（180）粪堆粪金龟 *Geotrupes stercorarius* (Linnaeus, 1758)（图版 XII：5）

识别特征：体长 15.5～22.0 mm，宽 9.8～12.0 mm。中型，长椭圆形，背面十分圆拱；体背面黑色，有铜绿和紫铜色闪光，体下侧铜绿色闪光强于背面，胸下、腹下密被长强绒毛。唇基长大近菱形，前缘圆弧形，密布致密刻纹，中纵略呈脊形，纵脊后端隆起似小圆丘，额中部凹陷呈纵沟；上颚发达，弯曲似镰刀形，端部多少二叶形。触角鳃叶部栗色泛黄，密被柔短茸毛，光泽较弱，第 2 节明显较小较短，且不完整。前胸背板阔大，中间有不连续中纵刻点沟外，光滑无刻点，四周有深大刻点，尤以两侧为多；四周有饰边，前缘饰边高阔，中段尚有膜质饰边，前侧角钝角形，后侧圆弧形。小盾片短阔三角形。鞘翅刻点沟深显，有沟间带共 13 条。足粗壮，外缘有 7 齿。

取食对象：牛粪、马粪。

检视标本：1 头，围场县木兰围场吉字头道岔，2015-V-26，蔡胜国采；1 头，围场县木兰围场新丰挂牌树，2015-VIII-03，赵大勇采。

分布：华北、东北、山东、河南、宁夏、甘肃；蒙古，日本，伊朗，塔吉克斯坦，土库曼斯坦，欧洲，北美洲。

65．皮金龟科 Trogidae

（181）祖氏皮金龟 *Trox zoufali* Balthasar, 1931（图版 XII：6）

识别特征：体长 5.8 mm，宽 3.3 mm。小型，狭长椭圆形；体黑褐色，头、前胸晦暗，鞘翅稍有光泽。头较阔大，宽大于长，头面微弧隆、较平整，密布圆浅刻点，唇基前缘弧形，中间略显折角，表面刻纹杂乱，有少数淡黄短毛，头面有微弱可辨后弯弧形脊线，脊线前刻点多具淡黄短毛。触角鳃叶部短壮。前胸背板短阔，长为宽的 3/5，匀密布具毛圆浅刻点，前侧角锐而前伸，后侧角钝，侧缘略钝，最阔点在中点之后，后缘微后扩，侧缘后缘匀列短弱片状毛，盘区甚隆拱，两侧上翘呈敞边，中纵有前浅而模糊后略深显的宽浅纵沟，沟侧后部各 1 长圆浅凹。小盾片光滑，舌形。鞘翅刻点沟深显，沟间带宽，约为刻点沟宽的 3.0～4.0 倍，沟间带有成列毛丛，缘折上沿成发达纵脊。前足腿节扩大呈火腿形，与胫节缩合适可覆盖口部及触角，跗节短弱，爪短小简单。

取食对象：成、幼虫均以食粪为生。

分布：河北、北京、山西、宁夏、湖北；俄罗斯，朝鲜，东洋界。

66．锹甲科 Lucanidae

（182）红腿刀锹甲 *Hemisodorcus rubrofemoratus rubrofemoratus* (Snellen van Vollenhoven, 1865)（图版 XII：7）

识别特征：体长 23.4～58.5 mm。暗黑色，不被毛，光泽弱。头硕大，近横长方形。上颚发达，微弯，顶端 1/3 分叉，叉间具 1 小齿。触角 10 节，鳃叶部 4 节。前胸背板宽大于长，四周有饰边，密布刻点；前缘微波形，后缘近横直，侧缘中段直，前、后段弧凹。小盾片阔三角形。鞘翅合成椭圆形，中点之后弧形收狭。足壮，前足胫节外缘锯齿形，中足胫节外缘有棘刺 1 枚，跗节 5 节，末跗节约为前 4 节之和长，1 对简单爪。

取食对象：成虫取食树木溢液，幼虫取食朽木。

分布：河北、北京、辽宁、河南、甘肃、浙江、湖北、四川、重庆；朝鲜半岛，日本。

（183）达乌柱锹甲 Prismognathus dauricus (Motschulsky, 1860)（图版 XII：8）

识别特征：体小至中型，红褐色至黑褐色。头宽大于长，前缘中部缓凹，端部倾斜明显。雄性上颚较直，下缘略宽于上缘；上缘较光滑，基部 1 平直小齿，近端部 1 向上弯曲长齿；下缘锯齿状，靠近基部的齿比较粗壮；雌性上颚短于头长，内弯，顶尖不分叉，下缘中部 1 大弯齿，上缘中部 1 近于直立的长齿；唇基大，端缘中部向外凸出。前胸背板中间平缓隆起，前缘缓凹，后缘较平直，侧缘较直，近于平行。鞘翅约与前胸背板等宽，肩角圆。小盾片近三角形。前足胫节侧缘 4~6 锐齿；中足胫节 2 锐齿；后足胫节 1 小齿。

检视标本：6 头，围场县木兰围场龙潭沟，2016-VII-18，方程采；1 头，围场县木兰围场新丰，2015-VIII-17，蔡胜国采。

分布：河北、北京、东北、江西、湖南、广东、云南；蒙古，俄罗斯，韩国，朝鲜。

67. 金龟科 Scarabaeidae

（184）黑蜉金龟 Aphodius breviusculus (Motschulsky, 1866)

识别特征：体长 4.0~6.0 mm，宽 2.0~2.5 mm。长椭圆形，黑色光亮，鞘翅后外侧稍呈黑褐色。头部横列 3 瘤突，中间 1 个较明显，唇基前缘弧形，中间微凹，背面密布粗糙刻点；复眼较小。触角 9 节，棒部 3 节。前胸背板稍横向，前角稍尖，后角接近直角形，背面散布稀大刻点。小盾片三角形。鞘翅狭长，每翅有 9 条刻点行。臀板完全被鞘翅覆盖。足稍短壮，前足胫节外缘 3 齿，跗节较细长，端 2 爪略弯。

取食对象：动物粪便，尤其活动在牛、马、羊的活动场所和粮库中。

分布：河北、内蒙古、四川；日本，韩国，朝鲜。

（185）红亮蜉金龟 Aphodius impunctatus Waterhouse, 1875（图版 XII：9）

识别特征：体长 6.5~8.3 mm，宽 2.7~3.9 mm。小型甲虫，长椭圆形，全体红褐色，漆亮。头近半圆形，唇基长大，散布浅稀刻点，中间微圆隆，额唇基缝后折呈钝角。触角色较淡，鳃叶部短壮。前胸背板短阔弧形拱起，前后缘几平行，两侧疏布浅细刻点，后缘饰边完整。小盾片舌尖形，端尖，光滑无刻点。鞘翅狭长，每鞘翅有 9

条细显刻点沟，沟间带平滑。足壮，前足胫节外缘3齿，齿距接近，雄性前胫端距扁阔，末端斜截。

取食对象：粪食性。

分布：河北、东北、内蒙古、山西、宁夏；蒙古，俄罗斯，日本。

（186）游荡蜉金龟 *Aphodius erraticus* (Linnaeus, 1758)（图版 XII：10）

识别特征：体长7.5～8.8 mm，宽3.5～4.4 mm。体较扁阔，背面除鞘翅基部有黑色斜面外，均无毛；头、前胸背板、小盾片、鞘翅基部及缝肋黑色，鞘翅暗黄褐色，鞘翅第2–3沟间带后部有模糊的深褐条斑。头大隆拱，密浅圆刻点，雄性唇基中后方1小圆疣。前胸背板宽阔地弧形隆起，布稠密均匀的刻点，饰边完整。小盾片长三角形。每个鞘翅9条刻点列，沟间弧形拱起。前足胫节外缘3齿，距端位；爪1对且简单。

取食对象：粪食性。

分布：河北、山西、四川、西藏；阿富汗，欧洲，非洲。

（187）方胸蜉金龟 *Aphodius quadratus* Reiche, 1847（图版 XII：11）

识别特征：长9.7～10.8 mm，宽4.8～5.4 mm。黑褐色至黑色，背面光裸无毛。头大弧隆，唇基前缘圆弧形，头中1圆瘤突或微隆，额刻点稀。触角9节，鳃叶部3节。前胸背板阔大弧形拱起，布圆刻点，侧密中稀；前、侧缘饰边完整；后缘饰边宽，中断较长。小盾片三角形。每鞘翅具9条深沟列。前足胫节外缘3齿；跗节细，爪1对细弯。

取食对象：成、幼虫均以食粪为生。

分布：河北、东北；朝鲜，日本。

（188）直蜉金龟 *Aphodius rectus* Motschulsky, 1866（图版 XII：12）

识别特征：体长5.4～6.0 mm，宽2.7～3.0 mm。长椭圆形，背面弧形拱起，体黑褐色至黑色，或鞘翅黄褐色，鞘翅每侧具1长圆形黑褐色大斜斑，足的颜色较淡。头较小，唇基短阔，与刺突联呈梯形，密布粗细不匀的刻点，前缘中段微下弯，唇基中间有弱的短横脊，沿额唇基缝横列3小丘突，且雄强雌弱。触角鳃叶部深褐色。前胸背板光亮，长弧形拱起，散布大圆刻点，后缘饰边完整而很细。小盾片三角形。每个鞘翅10条深刻点沟，沟间平。下侧密被绒毛。前足胫节外缘3齿，雄性前胫端距多少呈"S"形。

检视标本：1头，围场县木兰围场五道沟，2015-VIII-06，刘浩宇采；2头，围场县木兰围场新丰苗圃，2015-VIII-08，蔡胜国采；2头，围场县木兰围场种苗场查字，2015-VIII-27，马莉采；2头，围场县木兰围场燕伯格车道沟，2015-VII-20，蔡胜国采；3头，围场县木兰围场桃山乌拉哈，2015-VII-07，马晶晶采。

分布：华北、东北、山东、河南、宁夏、新疆、江苏、福建、台湾、四川；蒙古，俄罗斯，朝鲜，日本，伊朗，吉尔吉斯斯坦，哈萨克斯坦。

(189) 短凯蜣螂 *Caccobius brevis* Waterhouse, 1875（图版 XIII：1）

识别特征：体长 5.0 mm，宽 3.0 mm。短阔椭圆形，背腹两面均拱起，黑亮，足棕褐色。头短阔，横椭圆形，唇基短阔，前缘微弯翘，中间浅凹，密布横皱；额唇基缝呈弧形横脊，头顶 1 横脊，脊间密布刻点。触角 9 节，鳃叶部 3 节。前胸背板短阔，十分拱起，匀布稠密细刻点，四周有线形饰边，侧缘向下钝角形扩出，基部向后钝角形延扩；前角尖伸，后角钝。鞘翅前宽后窄，每翅 8 条沟线，行间微隆，刻点散布；第 3、第 4 行间的基部及端缘常有棕红色暗斑。臀板近三角形，刻点上密下疏。足短壮；前足胫节端部平截，外缘 4 齿，中、后足胫节端部喇叭状。

分布：华北、东北；俄罗斯，朝鲜半岛，日本。

(190) 污毛凯蜣螂 *Caccobius sordidus* Harold, 1886（图版 XIII：2）

识别特征：体长 2.6~4.0 mm，宽 1.6~2.2 mm。椭圆形，棕褐色至黑褐色；鞘翅、口器、触角和足栗色；体表密被茸毛。唇基前缘中钝角凹缺，雄性额中部 1 扁圆角突，头顶横隆似脊；雌性简单。触角 8 节，鳃叶部 3 节。前胸背板宽阔，密布深大具毛刻点；侧、后缘弧凸，后缘中段呈钝角形后凸；前角前伸近直角状，后角几不可见；缺小盾片。每个鞘翅 7 条浅宽沟列，沟间布具毛刻点。前足胫端平截，外缘 4 齿；中、后足胫节长三角形，后足第 1 跗节显长于第 2 节。

分布：华北、山东、河南；俄罗斯，韩国，朝鲜。

(191) 车粪蜣螂 *Copris ochus* (Motschulsky, 1860)（图版 XIII：3）

识别特征：体长 21.0~27.0 mm，宽 12.6~15.2 mm。背面和下侧均拱起，黑色，背面光亮。雄性头部具 1 向后弧弯的强大角突，额前部有近马鞍形的横脊状隆起，其侧端呈瘤状或齿状。触角 9 节，鳃叶部 3 节。前胸背板宽大于长，后半部密布皱纹状大刻点；盘区高隆，中段更高，呈 1 对称的前冲角突，角突下方陡直光滑，侧方有不整齐凹坑，其前方 1 尖齿；雌性简单，仅前方中段 1 微缓斜坡，坡峰呈微弧形横脊。鞘翅刻点行浅，行间几不隆起。足粗壮，前足胫节外缘 3 齿。

取食对象：人粪、畜粪。

分布：华北、东北、山东、河南、江苏、浙江、福建、广东；蒙古，俄罗斯，朝鲜半岛，日本。

(192) 三叉粪蜣螂 *Copris tripartitus* Waterhouse, 1875

识别特征：体长 17.0 mm，宽 9.5 mm。椭圆形，黑亮。头扇面形；匀布粗圆刻点，前缘弯翘，中间有钝角形凹，雄性中间 1 向后弯曲的圆锥形角突，后面近基部两侧各 1 小齿突，雌性则为 1 短脊。触角 9 节，鳃叶部 3 节。前胸背板横阔，十分拱起，盘区光滑，密布粗圆刻点，雄性中点之前为 1 横脊状隆起，每侧两端具小瘤突，其外侧深陷外侧具 1 大齿突；雌性近前缘 1 矮横脊，长约为宽的 1/3；基部饰边内侧沟宽浅。小盾片不可见。鞘翅刻点行显深。臀板散布深圆刻点。前足胫节外缘 4 齿。

分布：河北、辽宁、山西、台湾、四川、云南；朝鲜，日本。

（193）双尖嗡蜣螂 *Onthophagus bivertex* Heyden, 1887（图版 XIII：4）

识别特征：体长 7.0 mm，宽 4.5 mm。椭圆形，头、前胸背板黑色，下侧栗色至黑色，鞘翅棕褐色至黑褐色，光泽弱。头前部半圆形，唇基平坦，密布深皱刻点；唇基前缘微弯翘；雄性头顶有斜伸的、中间微弯的板状突，雌性无板突，仅见唇基缝呈横脊者，头顶 1 高横脊。触角 9 节。前胸背板隆起，密布粗刻点，多数刻点具短毛，前角锐角形前伸，顶钝，后角甚钝。小盾片不可见。鞘翅前宽后狭，刻点行浅显，行间微隆，疏布成列短毛。臀板近三角形，疏布具毛刻点。前足胫节外缘 4 齿，中、后足胫节端部喇叭状。

分布：华北、山东、四川、福建；蒙古，俄罗斯，朝鲜半岛，日本。

（194）驼古嗡蜣螂 *Onthophagus gibbulus gibbulus* (Pallas, 1781)（图版 XIII：5）

曾用名：小驼嗡蜣螂。

识别特征：体长 9.6~10.1 mm。长卵圆形，除鞘翅黄褐色外身体其他处黑色至棕褐色，散布黑褐小斑和具毛刻点。雄性头近三角形，唇基前端高翘，额唇基缝呈弧形矮横脊，头顶有向后斜伸的指状突，其顶端向后弯下，侧观呈"S"形；雌性头呈梯形，前缘近横直或略中凹，有 2 条近平行的横脊。触角 9 节。前胸背板横阔，雄性拱起，密布具毛刻点，前中部有光亮的倒"凸"形凹坑，其在雌性缓隆，近前缘中段有短矮横脊。鞘翅 7 条浅阔刻点行，行间疏布成列短毛。前足胫节外缘 4 粗齿，近基处锯齿形，中、后足胫节端部喇叭状。

取食对象：粪食性。

分布：华北、新疆；蒙古，俄罗斯，朝鲜半岛，日本，欧洲。

（195）黑缘嗡蜣螂 *Onthophagus marginalis nigrimargo* Goidanich, 1926（图版 XIII：6）

识别特征：体长 7.3~7.8 mm，宽 4.0~4.5 mm。体小型，短阔椭圆形，背面两色；头、前胸背、臀板黑色，鞘翅黄褐色，四周为不整黑色条斑，翅面有不规则斑驳黑斑，下侧棕褐至黑色。头上平，额唇基缝弧弯，头顶向后板形延伸，板端中间呈小指形突，雌性头上前部梯形，刻点密面具毛，有 2 平行横脊。触角 9 节。前胸背板拱起，雄性前中有凹坑，发育较弱的个体，前部中间 1 对小疣凸，雌性前中 1 半圆前伸突起，突起前端垂直光滑。鞘翅前阔后狭，表面平整，7 条刻点线可辨。前足胫节外缘 4 齿，距发达端位；中足后足胫节喇叭状。

分布：河北、东北、内蒙古、宁夏、新疆、重庆、四川、云南、贵州、西藏；蒙古，印度，阿富汗，哈萨克斯坦。

（196）掘嗡蜣螂 *Onthophagus fodiens* Waterhouse, 1875（图版 XIII：7）

识别特征：体长 7.0~11.0 mm，宽 4.0~6.9 mm。长椭圆形，中段两侧近平行，体色黑至棕黑，光泽暗。唇基长超过头长之半，密布横皱，雄性侧缘微弯近直，前端高翘，头上密布横皱，额唇基缝缓脊状，头顶有短隆脊。触角 9 节。前胸背板心形，雄性侧前方斜行塌凹，致背面约略有"凸"形或三角形高面，其上密布圆刻点，塌凹处刻点具毛，毛根处隆起似鳞；雌性三角形高面隐约可辨，刻点稠密，多具毛。小盾片不可见。鞘翅 7 条刻点线深显，行间布具毛刻点。臀板近三角形，散布具毛刻点。前足胫节外缘 4 大齿，基部有数枚小齿，中、后足胫节端部喇叭状。

分布：华北、黑龙江、上海、江西、福建、四川；俄罗斯（远东地区），朝鲜半岛，日本。

（197）赛氏西蜣螂 *Sisyphus schaefferi* (Linnaeus, 1758)（图版 XIII：8）

识别特征：体长 9.0～10.0 mm，宽 4.5～6.5 mm。椭圆形，隆厚，黑色，光泽暗。头上粗糙，密布短毛及小瘤；唇基前缘中段弧凹，凹两端翘起呈齿突；刺突发达。触角 9 节，鳃叶部 3 节。前胸背板宽大于长，圆拱，四周有饰边，侧缘前段狭，后段直，两侧近平行，基部饰边线形；盘区密布具毛刻点，中纵带光滑，前凸后凹；缺小盾片。鞘翅前宽后窄，末端收缩似楔状，每翅 8 刻点行，行间散布具毛小瘤凸。前足短壮，胫节外缘 3 齿；中、后足细长，以后足最长。

食性：粪食性。

分布：华北、东北、河南、陕西、四川；俄罗斯（远东地区），朝鲜半岛，欧洲。

（198）钝齿婆鳃金龟 *Brahmina (Brahmina) crenicollis* (Motschulsky, 1854)

识别特征：体长 13.0～17.0 mm，宽 7.0～9.0 mm。长椭圆形，后方略扩，茶色或棕色，光亮。触角 10 节，鳃叶部 3 节。唇基横短且边缘上翘，中间无凹。头部密布大刻点和细长毛，额区复眼间具皱状横脊。前胸背板短阔，侧缘近中部宽弧角形外扩，前半段收缩较明显；前后缘无饰边，前后角均钝角形；盘区密被褐色细长毛。小盾片短阔三角形，被绒毛。鞘翅稍长，后边略外扩，每翅 3 条光亮宽纵肋，肋间有黄白色细毛并形成条带。前足胫节 3 外齿，爪细长，爪下中部具 1 个斜生小爪齿。

分布：华北、东北、山东、甘肃；俄罗斯（远东地区），朝鲜，韩国。

（199）福婆鳃金龟 *Brahmina faldermanni* Kraatz, 1892（图版 XIII：9）

曾用名：发婆鳃金龟。

识别特征：体长 9.0～12.2 mm，宽 4.3～6.0 mm。长卵圆形，栗褐色或淡褐色，鞘翅色泽略淡，全体被毛；胸下被长柔毛，腹下密布具毛刻点。唇基梯形，密布深大刻点，前部刻点具毛，前缘近横直，头顶粗糙，刻点粗皱纹状且稠密，头顶略见皱褶状横脊。触角 10 节，雄性鳃叶部较长大，约等于其前 6 节长度之和，雌性则短小。前胸背板密布大小不一的具长毛浅圆刻点，侧缘钝角形扩阔，锯齿形，齿刻中具长毛，前后侧角均钝角形。小盾片三角形，布许多具竖毛刻点。鞘翅密布具毛深粗刻点，基部的毛明显较长，纵肋可辨。臀板布稠密的具毛刻点。后足跗节第 1 节略短于第 2 节，爪端部深裂，下支末端斜切。

检视标本：1 头，围场县木兰围场新丰挂牌树，2015-VIII-17，宋烨龙采；2 头，围场县木兰围场四合水永庙宫，2015-VIII-12，宋烨龙采。

分布：河北、北京、辽宁、山西。

（200）赛婆鳃金龟 *Brahmina sedakovi* (Mannerheim, 1849)（图版 XIII：10）

曾用名：介婆鳃金龟。

识别特征：体长 13.0～16.0 mm。长卵圆形，深红褐色，具光泽，体被毛不均匀。唇基边缘弯翘，前缘近横直或略凹凸，布密深大短刻点，头顶后头间横脊状。触角 10 节，鳃叶部短于前 6 节之和，雌性的更为短小。前胸背板短阔弧形拱起，散布浅大圆形长毛刻点，侧缘钝角形扩出，角短，内侧 1 不规则裸区，后缘中段无饰边。小盾片半椭圆形，布细小毛刻点。鞘翅缝肋发达，4 条纵肋纹明显，盘区长毛刻点稀，侧后部短毛刻点密。前足胫节外缘 3 齿，内缘距与外缘中齿对生，中、后足胫节端距均 2 枚，后足胫节外后棱有 6 枚棘突，后足第 1、2 跗节等长，爪短且深切。

检视标本：1 头，围场县木兰围场燕伯格车道沟，2015-VII-20，蔡胜国采；1 头，围场县木兰围场四合水，2015-IX-06，赵大勇采。

分布：河北、吉林、黑龙江、山西；蒙古，俄罗斯。

（201）红脚平爪鳃金龟 *Ectinohoplia rufipes* (Motschulsky, 1860)（图版 XIII：11）

曾用名：红足平爪鳃金龟。

识别特征：体长 7.0～9.5 mm，宽 3.7～5.0 mm。深褐至黑褐色，密被圆形或卵圆形鳞片。头部银黄色；前胸背板灰黄褐色；鞘翅被棕红色圆形鳞片，端部多呈淡金黄色或淡银绿色，后半部常有淡黄绿色鳞片组成 2 条"∧"形横带，前半部有淡色鳞片杂生；各足红褐色；体背面色泽昏暗，下侧具珠光。头较大，唇基阔，近梯形，前角圆形；头背平整，其间杂生短竖毛。触角 10 节，鳃叶部甚短小，呈卵圆形或圆形，由 3 节组成。前胸背板基部稍狭于翅基，相当拱起，侧缘锯齿形；前角近直角形，后角弧形。小盾片长三角形，侧缘略呈弧形。鞘翅肩凸外侧，鞘翅与臀板及下侧鳞片相似；缝角处 4～5 粗刺毛。前足胫节外缘 3 齿；前、中足 2 爪大小接近，末端分裂，后足 1 爪完整。

取食对象：苹果、李、榛及桦树的叶子。

分布：河北、东北、山东、宁夏、湖北；蒙古，俄罗斯（东西伯利亚），朝鲜半岛，日本。

（202）棕狭肋鳃金龟 *Eotrichia niponensis* (Lewis, 1895)（图版 XIII：12）

曾用名：棕色鳃金龟、棕色金龟甲。

识别特征：体长 17.5～24.5 mm，宽 9.5～12.5 mm。棕色，略具丝绒闪光。头部较小，唇基宽短，前缘中间明显凹入，前侧缘上卷。触角 10 节，鳃叶部 3 节。前胸背板宽大，侧缘外扩，中纵线光滑呈微凸，除后缘中段外缘边外均具饰边，侧缘饰边不完整，呈锯齿状，并密生褐色细毛。小盾片有少数刻点。鞘翅质地很薄；肩凸明显。胸部下侧密生白色长毛。前足胫节外缘仅有2齿，后足胫节细长，端部呈喇叭状，爪中位很直，1枚锐齿。腹部圆大，并有光泽。

取食对象：成虫可取食月季、刺槐、果树等树叶；幼虫为害各种作物的地下根茎。

分布：河北、东北、山西、山东、河南、陕西、甘肃、宁夏、江苏、浙江、湖北、广西、四川；俄罗斯（远东地区），韩国，朝鲜。

（203）二色希鳃金龟 *Hilyotrogus bicoloreus* Heyden, 1887（图版 XIV：1）

识别特征：体长12.3～15.5 mm，宽7.0～8.0 mm。狭长；头部、前胸背板、中胸小盾片栗褐色，鞘翅淡茶褐色，腹部颜色似鞘翅。头较宽，唇基短阔，散布深大刻点，边缘极度折翘，前缘微弧凹，侧缘弧形；额头顶部中间约有20个浅大具毛的刻点。触角10节，鳃叶部5节，雄性长大，雌性短小。前胸背板短，刻点深大，前缘有成排纤毛，侧缘弧形，前后侧角呈钝角，后缘无饰边。鞘翅散布圆大刻点，4条纵肋明显。臀板表面皱褶，端缘具长毛。前足胫节外缘有3齿，爪端部深裂，下支末端斜截。

取食对象：核桃、樱桃、桃、梨、李等的叶子。

检视标本：1头，围场县木兰围场新丰挂牌树，2015-VIII-17，宋烨龙采。

分布：河北、北京、东北、山西、河南、宁夏、甘肃、青海、湖北、四川、贵州；俄罗斯（远东地区），朝鲜。

（204）朝鲜大黑鳃金龟 *Holotrichia diomphalia* (Bates, 1888)（图版 XIV：2）

识别特征：体长16.2～21.0 mm，宽8.0～11.0 mm。体型中等，较短阔扁圆，后方微扩阔；体黑褐色或栗褐色，最深为沥黑色，以黑褐色个体为多，下侧色泽略淡，相当油亮。唇基密布刻点，前缘微中凹，头顶横形弧形拱起，刻点较稀。触角10节，鳃叶部3节组成，雄性鳃叶部长大，明显长于其前6节长之和；雌性鳃叶部短小。前胸背板中稀侧密散布脐形刻点，侧缘弧形扩阔，最阔点略前于中点。小盾片三角形，后端圆钝，基部散布少量刻点。鞘翅表面微皱，纵肋明显，纵肋3最弱。第5腹板中部后方有深谷形凹坑；臀板短宽，略近倒梯形，散布圆大刻点，中间有浅纵沟平分顶端为2个矮小圆凸，上侧方各1小圆坑。前足胫节内缘距约与中齿对生；后足第1跗节短于第2节；爪齿位中点之前，长大于爪端。

分布：河北、北京、东北、山东、宁夏；蒙古，俄罗斯（远东地区、东西伯利亚），朝鲜半岛，日本。

（205）直齿爪鳃金龟 *Holotrichia koraiensis* Murayama, 1937

识别特征：触角稍细长，鳃叶部略短，下缘于近中点处向端急剧斜行收狭。臀板上方无小圆坑，腹下中纵沟较狭，刻点密且几乎全部具毛，雄性末腹板横脊几乎横直，中段不向后弧弯，爪齿几乎中位垂直生。

检视标本：2 头，围场县木兰围场北沟色树沟，2015-VIII-28，李迪采；5 头，围场县木兰围场新丰挂牌树，2015-VIII-03，马晶晶采；3 头，围场县木兰围场燕伯格车道沟，2015-VII-20，马莉采。

分布：河北、黑龙江、辽宁、山西、甘肃、青海。

（206）华北大黑鳃金龟 *Holotrichia oblita* (Faldermann, 1835)（图版 XIV：3）

识别特征：体长 16.2~21.8 mm，宽 8.0~11.0 mm。中型甲虫，长椭圆形，体背腹较鼓圆丰满，体色黑褐色至黑色，油亮光泽强。唇基短阔，前缘、侧缘向上弯翘，前缘中凹显。触角 10 节，雄性鳃叶部约等于其前 6 节总长。前胸背板密布粗大刻点，侧缘向侧弯扩，中点最宽，前段有少数具毛缺刻，后段微内弯。小盾片近半圆形。鞘翅密布刻点微皱，纵肋可见。肩凸、端凸较发达。臀板下部强度向后隆起，末端圆尖，第 5 腹板中部后方有较深狭三角形凹坑。前足胫节外缘 3 枚齿，后足第 1 跗节略短于第 2 节，爪下齿中位垂直生。

取食对象：榆、苹果等的嫩叶。

检视标本：1 头，围场县木兰围场燕伯格车道沟，2015-VII-20，赵大勇采；1 头，围场县木兰围场北沟色树沟，2015-VIII-28，宋烨龙采。

分布：华北、东北、山东、河南、陕西、甘肃、宁夏、江苏、安徽、浙江、江西；蒙古，俄罗斯（东西伯利亚、远东地区），朝鲜半岛，日本。

（207）弧齿爪鳃金龟 *Holotrichia sichotana* Brenske, 1897（图版 XIV：4）

识别特征：体长 16.6~20.4 mm，宽 7.6~9.7 mm。中型，较狭长；体棕红色，鞘翅色常略淡；胸下密被绒毛，腹部下面刻点较稀。头较狭小，唇基较长，前缘中凹，弧形明显，侧缘近直形，布粗大刻点。触角 10 节，鳃叶部 3 节，雄性鳃叶部十分长、大，下缘自基部 1/3 向端部急剧斜形收狭。胸背板中疏侧密地分布"大"形刻点，中间有皱凸中纵带，前缘饰边有呈列长毛；前侧角钝角形，后侧角近直角形，基部稍宽于翅基。小盾片近尖圆形，有宽平中纵带。鞘翅布脐形刻点，缝肋宽凸，4 条纵肋清楚，纵肋 1 后方扩阔，端部与缝肋及纵肋 1 相接。臀板短阔，三角形，甚圆拱，侧上方有圆坑。后足第 1 跗节略短于第 2 节；爪细长，爪齿接近爪端。

分布：河北；俄罗斯。

（208）斑单爪鳃金龟 *Hoplia aureola* (Pallas, 1781)（图版 XIV：5）

识别特征：体长 6.5~7.5 mm，宽 3.6~4.2 mm。黑至黑褐色，鞘翅浅棕褐色；体表密被不同颜色的鳞片；不少个体背面的黑褐色斑点不完全、模糊或完全消失。头较大，唇基短阔略呈梯形，前缘中段微弧凹、密被纤毛，头顶部有金黄或银绿色圆至椭圆形鳞片与纤毛相间而生。触角 9 节，鳃叶部 3 节。前胸背板弧隆，基部略狭于翅基，被圆大的金黄或银绿色鳞片，其间杂生有短粗纤毛；许多个体有 4 或 6 个黑褐色鳞片形成的斑点，呈前 4 后 2 横向排列，前角伸成锐角，后角钝角形；侧缘弧凸锯齿形，齿刻中有毛。小盾片半圆形，密被黑褐色鳞片，两侧被金黄色鳞片。鞘翅各有 7 黑褐色鳞片斑点。前臀节仅部分外露。

取食对象：甘蓝、禾本科植物、杂草、灰榆等灌木叶片。

检视标本：62 头，围场县木兰围场种苗场查字，2015-VI-27，李迪采；1 头，围场县木兰围场种苗场查字大西沟，2015-VI-27，蔡胜国采；3 头，围场县木兰围场五道沟场部，2015-VII-07，宋烨龙采；3 头，围场县木兰围场五道沟，2015-VII-08，李迪采；3 头，围场县木兰围场种苗场查字龙潭沟，2015-VI-02，蔡胜国采。

分布：河北、东北、内蒙古、山西、甘肃、江苏；蒙古，俄罗斯，朝鲜。

（209）围绿单爪鳃金龟 *Hoplia cincticollis* (Faldermann, 1833)（图版 XIV：6）

识别特征：体长 11.4~15.0 mm，宽 6.0~8.3 mm。黑至黑褐色，鞘翅淡红棕色。除唇基外，体表密被各式鳞片，头部鳞片淡银绿色，柳叶形卧生，前胸背板盘区鳞片金黄褐色，长条形竖生，中间鳞片色最深，无金属光泽，四周有楠圆形卧生银绿色鳞片；小盾片的鳞片与前胸背板盘区相似；鞘翅密被长条形或少量短被针形、卵圆形黄褐鳞片；臀板、前臀板及体下侧鳞片淡银绿色。头平整，被长毛。触角 10 节，鳃叶部短小，由 3 节组成。前胸背板圆拱，侧缘钝角形扩出，前侧角尖而突，后侧角直角形。鞘翅有稀疏短小刺毛。足粗壮，前足 2 爪大小相差甚大，小爪仅及大爪长的 1/3；后足只 1 爪。

取食对象：榆、杨、桑、杏、梨、桦嫩梢的嫩叶及野生白首蓿苗。

分布：河北、东北、内蒙古、山西、山东、河南、甘肃、宁夏。

（210）戴单爪鳃金龟 *Hoplia davidis* Fairmaire, 1887（图版 XIV：7）

识别特征：体长 12.6~14.0 mm，宽 7.1~7.8 mm。体卵圆形，扁宽；体黑褐色至黑色，鞘翅淡红棕色。前胸背板、小盾片、鞘翅的鳞片卵形或椭圆形浅黄绿色，无光泽；鞘翅近侧缘鳞片近方形；前臀板后方、臀板的鳞片近圆形浅银绿色，有光泽。头部鳞片短椭圆形，淡银绿色，有光泽；除唇基外，体表均密被鳞片；唇基横条形，边缘弯翘，前缘近平直。触角 10 节褐色，鳃叶部 3 节。前胸背板隆起，侧缘圆弧形外扩；前角前伸，尖锐，后角钝。小盾片盾形。鞘翅纵肋几乎不见，散生黑色短刺毛或裸露小点。前、中足 2 个爪大小差异显著，大爪端部近背面分裂。

取食对象：禾本科叶片。

检视标本：1 头，围场县木兰围场五道沟沟塘子，2015-VII-07，宋烨龙采；1 头，围场县木兰围场五道沟，2015-VIII-06，刘效竹采。

分布：河北、北京、甘肃、青海、四川。

（211）黑绒金龟 *Maladera orientalis* (Motschulsky, 1858)（图版 XIV：8）

识别特征：体长 6.0~9.0 mm，宽 3.4~5.5 mm。小型，近卵圆形；体黑褐或棕褐色，亦有少数淡褐色个体，体表较粗而晦暗，有微弱丝绒般闪光。头大，唇基油亮，无丝绒般闪光，布挤皱刻点，有少量刺毛，中间小隆起，额唇基缝钝角形后折；额上刻点较稀较浅，头顶后头光滑。触角9节，少数10节，有左右触角互为9节、10节者，鳃叶部3节，雄性触角、鳃叶部长大，鳃叶部长约为触角前5节长度之和。前胸背板短阔，后缘无饰边；胸部腹板密被绒毛，腹部各腹板均1排毛。小盾片长大三角形，密布刻点。鞘翅有9刻点沟，沟间带微隆拱，散布刻点，缘折有成列纤毛。臀板宽大三角形，密布刻点。前足胫节外缘2齿；后足胫节较狭厚，布少数刻点，胫端2端距着生于跗节两侧。

取食对象：多种农作物、多种果树、林木、蔬菜、杂草等。

检视标本：1头，围场县木兰围场五道沟沟门，2015-VI-02，马晶晶采；1头，围场县木兰围场五道林博园附近，2015-VI-02，张恩生采；1头，围场县木兰围场五道沟，2015-VIII-06，攀迪采；1头，围场县木兰围场种苗场查字种子园，2015-V-27，马晶晶采；4头，围场县木兰围场种苗场查字小泉沟，2015-V-27，宋洪然采；1头，围场县木兰围场种苗场查字，2015-V-27，赵大勇采；29头，围场县木兰围场龙头山东山，2015-V-26，马莉采。

分布：华北、东北、山东、河南、西北、江苏、安徽、浙江、湖北、江西、福建、台湾、广东、海南、贵州；蒙古，俄罗斯（远东地区），朝鲜半岛，日本。

（212）弟兄鳃金龟 *Melolontha frater frater* Arrow, 1913（图版 XIV：9）

识别特征：体长22.0～26.0 mm，宽12.0～14.0 mm。体棕色或褐色，密被灰白色短毛。唇基近方型，前缘平直，头顶有长毛。触角10节，雄性鳃叶部7节，较长；雌性为6节，较短小。前胸背板被灰白色针状毛，后角直角形，盘区有不连贯的浅纵沟。鞘翅4纵肋明显，纵肋间具粗大刻点。臀板有明显中纵沟，先端凸出。雄性前足胫节外缘有2齿，雌性有3齿；爪下接近基部处有小齿，后足胫节2端距生于一侧。

取食对象：成虫取食阔叶树叶片；幼虫为害苗木地下根部。

检视标本：1头，围场县木兰围场新丰挂牌树，2015-06-08，张恩生采。

分布：河北、东北、内蒙古、山西、山东、陕西、宁夏、青海、江苏、安徽、浙江、华中、台湾、四川、贵州；蒙古，朝鲜，日本。

（213）大栗鳃金龟蒙古亚种 *Melolontha hippocastani mongolica* Méneétriés, 1854（图版 XIV：10）

识别特征：体长25.7～31.5 mm，宽12.9～13.9 mm。全体栗褐色、黑褐色至黑色，常有墨绿色金属闪光；鞘翅及足跗节以下为褐色至棕色，鞘翅边缘黑褐色至黑色；腹部前5节腹板两侧端有乳白色三角形斑。头部密布具直立绒毛的小刻点。前胸背板横阔，鞘翅基部略狭，盘区有宽浅纵沟，沟内长有马鬃似的长毛，沟侧光滑，两侧密被有毛刻点，后缘1长毛组成的三角区，后角呈锐角形。小盾片半椭圆形，散布零星小刻点。臀板密布刻点被有平伏绒毛，端部侧缘有直立长绒毛，臀板端部常延伸成窄突，雄比雌显著长；腹板第1–5节侧面各1白色三角形斑。前足胫节外缘雄性2齿，雌性

3齿；中后足胫节外面有锉状刻点和小绒毛，其中1短而细的劈齿状横列刺；爪等长，基部下面有尖齿。

取食对象：杨、杉、松、桦树的叶片。

分布：华北、陕西、甘肃、青海、宁夏、四川、贵州；蒙古，俄罗斯。

（214）灰胸突鳃金龟 *Melolontha incana* (Motschulsky, 1854)（图版XIV：11）

识别特征：体长24.5～30.0 mm，宽12.2～15.0 mm。深褐色或栗褐色，密被灰黄或灰白色鳞毛。头阔大，绒毛向头顶中心趋聚。触角10节，雄性鳃叶部7节，长而弯；雌性鳃叶部6节，小而直。前胸背板因覆毛而色异，常呈5纵纹，中间及两侧纹色较深，基部中段弓形后突。每鞘翅3条明显纵肋，臀板三角形，中胸腹板突长达前足基节中间，近端部收缩变尖。雄性前足胫节端部外缘2齿，雌性3齿。

取食对象：成虫为害杨、柳、榆、苹果、梨等果树林木的叶片；幼虫为害禾谷类、豆类、薯类等作物及苗木的根部。

检视标本：5头，围场县木兰围场五道沟沟塘子，2015-VII-07，蔡胜国采；7头，围场县木兰围场五道沟，2015-VIII-06，李迪采；2头，围场县木兰围场林管局，2015-VII-30，宋烨龙采；14头，围场县木兰围场燕伯格车道沟，2015-VII-20，蔡胜国采。

分布：华北、东北、山东、河南、陕西、甘肃、青海、宁夏、浙江、江西、湖北、四川、贵州；俄罗斯（远东地区），朝鲜。

（215）大云斑鳃金龟 *Polyphylla laticollis chinensis* Fairmaire, 1888（图版XIV：12）

识别特征：体长17.0～21.8 mm，宽8.4～11.0 mm。中型甲虫，长椭圆形，体背腹较鼓圆丰满；黑褐色至黑色，强油亮光泽。唇基短阔，前缘、侧缘向上弯翘，前缘中凹显。触角10节，雄性鳃叶部约等于触角前6节总长。前胸背板密布粗大刻点，侧缘向侧弯扩，中点最阔，前段有少数具毛缺刻，后段微内弯；胸下密被柔长黄毛。小盾片近半圆形。鞘翅密布刻点微皱，纵肋可见；肩凸、端凸较发达。臀板下部强度向后隆起，隆起高度几及本腹板长之和，末端圆尖，第5腹板中部后方有较深狭三角形凹坑。前足胫节外缘3齿，后足跗节第1节略短于第2节，爪下齿中位垂直生。雄性之阳基侧突下端分叉，上支齿状，下支短直。

检视标本：1头，围场县木兰围场燕伯格车道沟，2015-VII-20，李迪采。

分布：河北等全国广布（除新疆、西藏外）；朝鲜，日本。

（216）鲜黄鳃金龟 *Pseudosymmachia tumidifrons* (Fairmaire, 1887)（图版XV：1）

识别特征：体长11.5～14.5 mm，宽6.0～7.0 mm。光滑无毛，鲜黄褐色，头部和复眼黑褐色，前胸背板及小盾片褐色，鞘翅及下侧亮黄褐色。唇基新月形，前侧缘卷翘；头上中纵沟明显，沟侧隆起，两复眼间显隆。触角9节。鳃叶部3节，其在雄性的长度等于柄部各节之和，在雌性则短于前5节长之和。前胸背板及小盾片具少量刻点。鞘翅最宽处位于翅的后端，纵肋 I、II 显见。臀板呈三角形，具细毛。

前足胫节外缘 3 齿，中齿接近端齿；后足胫节中间 1 具刺横脊，后足跗节第 2 节下侧内缘 18～22 栉刺；爪端深裂。

取食对象：禾谷类作物及马铃薯、红薯、大豆等作物的地下部分。

分布：河北、吉林、辽宁、山西、山东、河南、甘肃、江苏、浙江、江西、湖南、四川；朝鲜。

(217) 小阔胫玛绢金龟 *Serica ovatula* (Fairmaire, 1891)（图版 XV：2）

识别特征：体长 6.5～8.0 mm，宽 4.2～5.0 mm。红棕色或红褐色，具丝绒状光泽。唇基前狭后宽，近梯形，前缘上卷，点刻较多，有较显著的纵脊。触角 10 节，鳃叶部 3 节，雄性鳃叶部长等于触角第 2—7 节总长的 1.5 倍；雌性的鳃叶部则与触角第 2—7 节总长等长或稍长。前胸背板侧缘后段直，前侧角尖，后侧角钝。小盾片长三角形。鞘翅有 4 条具刻点纵沟，沟间带隆起明显，后缘刻点较多，后侧缘折角明显。臀板三角形。前足胫节外侧有 2 齿，后足胫节极宽扁，表面光亮，几乎无刻点，爪下有齿。

取食对象：柳、杨、榆、苹果等的叶片。

分布：河北、东北、内蒙古、山西、山东、河南、宁夏、江苏、安徽、广东、海南、四川。

(218) 拟凸眼绢金龟 *Serica rosinae rosinae* Pic, 1904（图版 XV：3）

识别特征：体长 7.0 mm，宽 4.0 mm。小型，长卵圆形；除复眼及头部色较深为黑褐色外，余为深棕褐色，略有天鹅绒闪光。唇基近方形，边缘略上卷，前缘中部成弧形凹入。触角 9 节，亮黄色。鳃叶部 3 节，雄性的长大，约为触角各节总长的 2.5 倍；雌性的短小，约与触角各节总长等长。前胸背板近横方形，前方收狭，前侧角钝，略前伸，后侧角直角形，侧缘前段略向内弧弯，余较直，后缘中段后弯。小盾片钝三角形。鞘翅长，其 9 条沟纹，布有分布不甚均匀的黑褐色斑。臀板略弧隆。前胫节外缘 2 齿，1 内缘距，较尖；后足爪深裂，下支端部斜截。

取食对象：麦类、苜蓿、林木、果树。

检视标本：7 头，围场县木兰围场新丰挂牌树，2015-VIII-03，蔡胜国采；6 头，围场县木兰围场燕格柏，2015-VII-20，马莉采；4 头，围场县木兰围场北沟色树沟，2015-VII-28，宋烨龙采；2 头，围场县木兰围场孟梁小孟奎，2015-VII-27，蔡胜国采；1 头，围场县木兰围场桃山乌拉哈，2015-VII-07，马莉采。

分布：河北、黑龙江、辽宁、山西；俄罗斯。

(219) 毛喙丽金龟 *Adoretus* (*Chaetadoretus*) *hirsutus* Ohaus, 1914（图版 XV：4）

识别特征：体长 8.5～11.0 mm，宽 4.5～5.5 mm。体小型，长卵圆形，后部微扩阔。体淡褐色，头面色最深，近棕褐色，鞘翅最淡，淡茶黄色，全体均被细长针尖状毛。头阔大，唇基长大，半圆形，边缘近垂直折翘；眼鼓大，上唇"喙"部较长，无纵脊。触角 10 节，鳃叶部 3 节，雄性鳃叶部长大，长于触角前 6 节之和的 1.3 倍；雌性鳃叶部较短小，略长于触角前 6 节之和。小盾片小，狭长三角形，末端尖圆，明显低于翅平面。鞘翅狭长，4 条狭直纵肋可见。臀板隆拱，被毛更密更长。足较弱，前足胫节外缘 3 齿，内缘距正常，跗节部短于胫节；后足胫节粗壮膨大，略似纺锤形。

取食对象：蔷薇科果树、葡萄、林木、豆类及杂草等植物。

分布：河北、辽宁、山西、山东、河南、陕西、甘肃、江苏、浙江、福建、台湾、广东、广西、四川、贵州；朝鲜半岛，东洋界。

（220）脊绿异丽金龟 *Anomala aulax* (Wiedemann, 1823)（图版 XV：5）

识别特征：体长 7.2~13.1 mm，宽 7.1~8.3 mm。头部深绿色；复眼灰褐色，椭圆形，触角 5 节，黄褐色。前胸背板前缘平截两边呈角状外突，侧后缘呈弧状外弯，背板深绿色。两侧边缘铜绿色，前宽后窄，鞘翅青绿色，具光泽。边缘 1.5 mm 宽的黄边，10 纵带。胸部腹板黄绿色，有细毛。腿节绿黄色，胫、跗节褐色。前腿节端部生 4 刺，中腿节外侧生 1 列刺，前胫节端生 1 距，中、后足胫节端 1 对不等大棘状距，且外侧横生 3 列刺。跗节 5 节，第 1—4 节间具刺，分别为前跗节 2 根，中跗节 3~4 根，后跗节 3 根，端部生 1 对不等大的爪，大爪分叉。腹部黄绿色。

检视标本：2 头，围场县木兰围场孟梁小孟奎，2015-VII-27，蔡胜国采；3 头，围场县木兰围场燕伯格车道沟，2015-VII-20，蔡胜国采；1 头，围场县木兰围场林管局，2015-VII-30，张恩生采；4 头，围场县木兰围场四合水，2015-IX-06，赵大勇采；4 头，围场县木兰围场北沟色树沟，2015-VIII-28，宋烨龙采；1 头，围场县木兰围场桃山乌拉哈，2015-VI-30，马莉采；1 头，围场县木兰围场五道沟，2015-VIII-06，李迪采；2 头，围场县木兰围场克勒沟新地营林区，2015-VI-17，蔡胜国采；1 头，围场县木兰围场燕伯格上水头，2015-VII-20，宋烨龙采；4 头，围场县木兰围场五道沟，2015-VII-20，李迪采。

分布：河北、安徽、浙江、湖北、江西、湖南、福建、广东、海南、香港、广西、四川、云南、西藏；韩国，朝鲜。

（221）多色异丽金龟 *Anomala chamaeleon* Fairmaire, 1887（图版 XV：6）

识别特征：体长 12.0~14.0 mm，宽 7.0~8.5 mm。体中型，卵圆形。体色变异大，有 3 个色型：(a) 与侧斑异丽金龟肖似，但前胸背板两侧有淡褐色纵斑；(b) 全体深铜绿色，(c) 与 (a) 型格局相同但颜色迥然不同，为浅紫铜色。前胸背板后缘侧段无明显饰边，内侧仅勉强可见宽浅横沟，后侧角圆弧形，腹部前 3~4 腹板侧端迄脊状明显，无或有时有淡色斑点；雄性鳃叶部甚宽厚长大，长为触角前 5 节总长之 1.5 倍。

检视标本：1 头，围场县木兰围场城，2015-VI-28，蔡胜国采；2 头，围场县木兰围场五道沟，2015-VII-06，李迪采；1 头，围场县木兰围场四合水永庙宫，2015-VIII-12，李迪采。

分布：华北、东北、山东、陕西、甘肃；蒙古，俄罗斯，朝鲜。

(222) 铜绿异丽金龟 *Anomala corpulenta* Motschulsky, 1853（图版 XV：7）

识别特征：体长 15.0～19.0 mm，宽 8.0～10.5 mm。背铜绿色，有光泽，下侧黄褐色，鞘翅色较浅，唇基前缘及前胸背板两侧呈淡黄色条斑。头部具皱密刻点；唇基短阔梯形，前缘上卷，触角 9 节，鳃叶部 3 节。前胸背板前角锐，后角钝，表面刻点浅细。小盾片近半圆形。鞘翅密布刻点，缝肋明显，纵肋不明显。前足胫节外缘 2 齿，内缘 1 距；前中足的爪分叉，后足的爪不分叉。

取食对象：成虫取食苹、核桃、榆树等叶；幼虫取食马铃薯块茎等。

分布：河北、东北、内蒙古、山西、山东、陕西、宁夏、江苏、安徽、浙江、江西、华中、四川；蒙古，朝鲜。

(223) 黄褐异丽金龟 *Anomala exoleta* Faldermann, 1835（图版 XV：8）

识别特征：体长 12.5～17.0 mm，宽 7.2～9.7 mm。背面黄褐色，光亮，下侧色浅，淡黄褐色或浅黄色。唇基近长方形，密布皱状刻点；复眼大而鼓凸；雄性鳃叶部长大，与唇基宽度相等或略长。触角 9 节。前胸背板密布刻点，基部中间有黄色细毛，前后角均为钝角形。小盾片短阔。鞘翅刻点密，纵肋可见。前足 2 爪之内爪仅端部微裂，中足此爪则深裂为 2 支。

取食对象：成虫取食杏树的花、叶及杨、榆、大豆等的叶片。幼虫为害薯类、禾谷类、豆类、蔬菜、苗木及其他作物地下部分。

分布：华北、东北、山东、河南、陕西、甘肃、青海、宁夏、江苏、安徽、湖北、福建。

(224) 侧斑异丽金龟 *Anomala luculenta* Erichson, 1847（图版 XV：9）

识别特征：体长 13.0～16.3 mm，宽 7.0 mm。中型，长椭圆形，后方稍扩阔；头面、前胸背板、小盾片及臀板深铜绿色，鞘翅底黄褐色，有明显浅铜绿色闪光层，腹部第 1-5 腹板侧上方各 1 淡黄褐或淡褐色三角形大斑。唇基长大，梯形，前缘近覆直，密布挤皱刻点，头顶隆拱，头面密布前大后细的刻点；触角 9 节。鳃叶部雄性长大，略长于或等于触角前 5 节长之和。前胸背板密布横扁圆形刻点，除后缘中段外，四周皆有饰边，侧缘后段近平行，前段明显收拢；前侧角前伸锐角形，后侧角钝角形，后缘侧段饰边明显，饰边内侧有深显横沟。小盾片近半圆形，密布横扁刻点。鞘翅可见 4 条纵肋，以背面的纵肋 1、2 较明显。臀板短阔三角形，上部有少量绒毛。足颇壮，深紧铜色，前足胫节外缘 2 齿，端齿甚长，指向前方，内缘距位于胫节长之中点前、中足 2 爪之大爪端部分为 2 支。

取食对象：板栗、核桃楸、尖柞、小灌木等的叶子。

分布：河北、天津、东北、内蒙古；蒙古，俄罗斯，韩国，朝鲜。

（225）蒙古异丽金龟 *Anomala mongolica mongolica* **Faldermann, 1835**

识别特征：体长 16.8～22.0 mm，宽 9.2～11.5 mm。复眼黑色；头、前胸背板、小盾片、臀板和所有胫节均亮青铜色；胸腹部、所有基节、转节、腿节赤铜绿色，强烈闪光。头上刻点多，唇基横椭圆形。前胸背板梯形，中间具光滑的中线。鞘翅肩瘤明显，纵肋不明显。臀板具黄褐色细毛，腹部第1—5节腹板两侧各具1黄褐色细毛斑。前足胫节外侧2齿和中足胫节外侧1齿仅留痕迹，并具缘距。

分布：河北、东北、内蒙古、山东；俄罗斯。

（226）粗绿彩丽金龟 *Mimela holosericea holosericea* **(Fabricius, 1787)**（图版 XV：10）

识别特征：体长 14.0～20.0 mm，宽 8.5～10.6 mm。背面深铜绿色，有强烈金属光泽；体表粗糙不平，凸出部更显光泽铮亮。头顶拱起，布细刻点；鳃叶部雄性长大，雌性较短。触角9节。前胸背板较短，侧缘后段近平行，前段收狭；基部饰边中断；盘区密布粗大刻点，中纵沟凹陷。小盾片近半圆形，散布刻点。鞘翅粗糙，肩凸、端凸发达；缝肋亮而凸出，纵肋1显直、2不连贯、3和4模糊不全。前足胫节外侧2齿。

分布：河北、北京、东北、内蒙古、山西、陕西、青海；俄罗斯，朝鲜半岛，日本。

（227）分异发丽金龟 *Phyllopertha diversa* **Waterhouse, 1875**（图版 XV：11）

识别特征：体长 9.0～10.5 mm，宽 4.5～6.0 mm。长椭圆形；雌雄性色差异极大，雄性鞘翅除四周、肩凸、端凸与其余体部黑色外，呈半透明黄褐色；雌性浅橘黄色，头上于眼内侧呈大块黑斑，略似大熊猫面部，触角、鳃叶部淡棕褐色；除中、后胸下侧黑或黑褐色外，均淡橘黄色。唇基短阔梯形，侧角圆，边缘弯翘，头顶甚拱起，布稠密粗刻点；雄性头上尤其是额被长绒毛。触角9节，鳃叶部雄长雌短。前胸背板甚短阔，弯拱，散布细浅刻点，横列4黑斑，中大侧小，略呈弧形排列；雄性刻点具毛，雌性刻点粗而无毛，四周有饰边，侧缘略呈"S"形；前角尖伸，后角直角形微凸出。小盾片短阔，近半圆形。鞘翅仅见肩凸、端凸，色泽略深；纵肋不显，刻点行4条。腹部各腹节侧端、臀板两侧各1黑斑，臀板阔三角形（雄）或近菱形（雌），布具毛浅皱刻。各足胫节末端及跗爪部均黑褐色，光泽颇强；前足胫节外缘2齿，前足、中足之大爪端部分裂。

分布：华北、东北、山东、陕西、浙江；韩国，朝鲜，日本。

（228）庭园发丽金龟 *Phyllopertha horticola* **(Linnaeus, 1758)**（图版 XV：12）

识别特征：体长 8.4～11.0 mm，宽 4.5～6.0 mm。长椭圆形，以墨绿色为主，有强烈金属光泽。主要性别差异为：雄性鞘翅偏深红褐色，雌性则淡色、黄褐或棕色，足色棕褐，但有墨绿金属泛光；雄性体背面密布长绒毛，雌性被毛稍疏。唇基短阔梯形，前方微收缩，边缘弯翘，头上粗皱，刻点稠密，额唇基缝近横直。触角9节，鳃叶部雄长雌短。前胸背板短宽，缓拱，光亮，匀布具毛深刻点，四周有饰边，侧缘微"S"形；前侧角锐角形，顶圆钝，后角直角形；基部中段近横直，侧段弯缩。小盾片半椭圆形，散布具绒毛刻点。鞘翅 8～9 条深刻点行，雌性鞘翅侧缘于肩凸之后呈纵长鼓泡。臀板大三角形，顶圆尖，密被长绒毛，尤以雄性者为盛。前足胫节外缘端部 2 齿，前、中足大爪端部分裂。

取食对象：成虫为害小麦、蚕豆、油菜等的叶片及苹果、桃、梨、柳等的叶、花、幼叶等。

分布：华北、东北、陕西、宁夏、青海、新疆、西藏；蒙古，俄罗斯（远东地区、东西伯利亚），朝鲜，吉尔吉斯斯坦，哈萨克斯坦，欧洲。

（229）中华弧丽金龟 *Popillia quadriguttata* (Fabricius, 1787)（图版 XVI：1）

识别特征：体长 7.5～12.0 mm，宽 4.5～6.5 mm。头、前胸背板、小盾片、胸、腹部下侧、3 对足的基节、转节、腿节、胫节均青铜色，有闪光，尤以前胸背板最盛。头上刻点细密；唇基梯形，前缘直而弯翘。触角、鳃叶部雌性粗短，雄性粗长。前胸背板隆起，密布小刻点，两侧中段 1 小圆形凹；前角凸出，侧缘中部弧扩，基部平直，基沟几与斜边等长。小盾片三角形，前方的一段弧凹。鞘翅黄褐色，沿缝肋绿或墨绿色；短宽，后方显缩，盘上 6 条近相平行刻点行，第 2 行基部刻点散乱，后方不达翅端，肩突发达，缘折从中点起到合缝处具膜质饰边。臀板外露，基部 2 白色毛斑。

取食对象：幼虫取食豆类、禾谷类等地下部分，成虫取食梨、苹果、杏、葡萄、桃、榆、紫穗槐、杨、牧草等。

检视标本：1 头，围场县木兰围场新丰挂牌树，2015-VII-14，蔡胜国采。

分布：华北、东北、山东、河南、陕西、宁夏、甘肃、江苏、安徽、浙江、江西、湖北、福建、广东、广西、四川、贵州、云南、台湾；俄罗斯，韩国，朝鲜。

（230）苹毛丽金龟 *Proagopertha lucidula* (Faldermann, 1835)（图版 XVI：2）

识别特征：体长 8.9～12.2 mm，宽 5.5～7.5 mm。长卵圆形，背、下侧弧形拱起；除鞘翅茶或黄褐，半透明，四周颜色较深外，其余黑或黑褐色，常有紫铜或青铜色光泽，有时雌性腹部中间有形状不规则的淡褐色区。唇基长而无毛，密布稠密皱纹状刻点；头上刻点较粗大且稠密，具长毛。触角 9 节，鳃叶部 3 节，雄性鳃叶部长宽约相等，雌性仅及额宽之半。前胸背板密布具长毛刻点；前、后角均圆钝；基部中段向后扩出。小盾片短阔，散布刻点。鞘翅油亮，刻点行 9 条，行间刻点散布。臀板短阔三角形，粗糙，雌性尤甚，密布具长毛刻点。前足胫节外缘 2 齿，雄性内缘无距。

取食对象：幼虫取食各种作物的须根、块根，成虫取食苹果、梨、李、葡萄、杨、柳、花生、大豆等植物的花、幼芽、嫩叶等。

检视标本：1 头，围场县木兰围场种苗场查字小泉沟，2015-05-27，宋洪普采。

分布：华北、东北、河南、陕西、甘肃、江苏、安徽；俄罗斯。

(231) 长毛花金龟 *Cetonia magnifica* Ballion, 1871（图版 XVI：3）

曾用名：长毛纹潜花金龟、华美花金龟。

识别特征：体长 13.5~18.5 mm，宽 7.0~8.5 mm。体椭圆形，古铜色或深绿色，被粉末状薄层，有时被磨损略显光泽；体下和足光亮，泛铜红色。鞘翅散布众多白色绒斑，几乎全体密布浅黄色长茸毛。唇基短宽，前缘稍微折翘，中凹浅，前角圆，两侧有饰边，框外下斜呈钝角形，密布粗大刻点和竖立或斜伏茸毛；头面中纵隆较高，两侧各 1 小坑，坑内茸毛较长。前胸背板近梯形密被粗大刻点和茸毛，有时盘区有绒斑；侧缘弧形，后角略呈钝角形，后缘中凹浅。小盾片狭长，末端钝。鞘翅近长方形，稀布刻纹和茸毛，近边缘布众多的白色斑，外缘后部 2 个横斑较大，近翅缝后部的 1 个和翅端的 1 个次之，其余斑点小而不规则。

取食对象：玉米、高粱、苹果、梨、槐等的花。

分布：华北、东北、山东、陕西、宁夏、甘肃；俄罗斯（东西伯利亚、远东地区），朝鲜。

(232) 铜绿花金龟 *Cetonia viridiopaca* (Motschulsky, 1860)（图版 XVI：4）

识别特征：体长 15.0~17.0 mm，宽 8.0~9.5 mm。体型较宽大，深绿色，背面几乎无金属光泽，被绿色粉末状分泌物，前胸背板盘区有 2 对白斑，下侧光亮，泛铜红色，表面黄绒毛较稀。前胸背板两侧有压迹，白绒斑较明显，黄绒毛较稀。鞘翅稍宽大，背面白绒斑较大而明显，纵肋较高，皱纹和黄绒毛稀疏。臀板短宽，末端圆，密布细小皱纹，黄绒毛较稀，1 明显中纵隆，近于基部横排 4 个间距几等的小白斑。中胸腹突宽大。后胸腹板中部除中间小沟外很光滑，两侧密布皱纹和黄绒毛，后胸后侧片前半部除近于七缘宵黄绒毛外密布粗糙皱纹和白色小绒斑，但无毛。腹部的中部光滑，散布稀小刻点，两侧皱纹较大，近侧缘的皱纹细密，第 1–5 腹节两侧中部和侧端分别具白绒斑，外侧被黄色长绒毛。

取食对象：栎树、玉米、高粱。

分布：华北、东北、宁夏；俄罗斯，韩国，朝鲜。

(233) 白斑跗花金龟 *Clinterocera scabrosa* (Motschulsky, 1854)（图版 XVI：5）

识别特征：体长 12.2~13.0 mm；宽 5.0~5.5 mm。型小，黑色；每鞘翅中部具 1 白线斑，身体表面具不同程度的白色绒层。唇基宽大，前缘弧形，微反卷，两侧稍扩展，背面密布粗糙刻点；颏甚宽大，密布弧形皱纹。触角较短，基节宽大，片状，近于三角形，具粗糙皱纹。前胸背板稍短宽，椭圆形；背面散布稀大环形刻纹，小盾片近于正三角形，末端尖锐；前胸后侧片的边缘、后胸后侧片、腹部两侧、足的转节等都或多或少带白绒斑或绒层。鞘翅狭长，肩部最宽，两侧近于平行，后外端缘圆弧形，缝角不凸出；表面密布长弧形或近于环形刻纹，每翅除中间 1 大斑外还有小斑和绒层。臀板短、甚凸出，基部常有白绒层，散布稀大环形刻纹。足较短，前足胫节外缘有 2

齿，雌强雄弱，有时雄性仅前端 1 齿，跗节短小，爪较小，略弯曲。

分布：河北、北京、辽宁、山西、山东、陕西、宁夏、华中、广西、四川、云南；俄罗斯（远东地区），朝鲜半岛，日本。

（234）小青花金龟 *Gametis jucunda* (Faldermann, 1835)

识别特征：长 12.0～14.0 mm，宽 7.0～7.5 mm。古铜、暗绿、青黑、铜红等颜色，光泽中等，背面布大小不等的银白绒斑，密被绒毛。头部黑褐，唇基前缘深中凹，密布刻点（中部）及皱刻（两侧）。鳃叶部长于触角前 6 节之和。前胸背板前狭后阔，有白绒斑，侧缘弧形外扩，基部中段内弯，绒毛密长；中胸腹突前突较狭，顶圆钝。小盾片三角形，末顶圆钝。鞘翅疏布弧形至马蹄形刻纹，毛疏，有多个银白色斑散布，翅肋 3 个在鞘缝，近外缘 3 个，其中中部 1 个最大，有时紧挨缘折有纵行斑。下侧及足均黑色，密被黄褐绒毛；臀板 4 个白斑横列。前足胫节外缘 3 齿，内距与中齿对生。

取食对象：成虫取食苹果、梨及一些树木的花心、花瓣、子房等。幼虫以腐殖质为食。

分布：华北、黑龙江、山东、甘肃、宁夏、江苏、上海、浙江、湖北、福建、海南、广西、四川、云南；俄罗斯（远东地区），朝鲜半岛，日本，印度，尼泊尔，东洋界。

（235）黄斑短突花金龟 *Glycyphana fulvistemma* Motschulsky, 1858（图版 XVI：7）

识别特征：体长 9.0～10.5 mm；宽 4.0～4.5 mm。背面无光泽，被粉末状分泌物，唇基黑色，前胸背板、小盾片、鞘翅深绿色，臀板砖红色；前胸背板前部两侧有白色绒带，中间两侧各 1 小白斑，每翅散布 5～8 白绒斑。唇基短宽，前缘中凹较浅，前角较圆，两侧向下呈钝角形斜扩；刻点粗糙稠密；中隆线较低。前胸背板近椭圆形，饰边纤细，基部无中凹；刻点粗密。小盾片稍狭长，顶钝。鞘翅基部最宽，肩后外缘强烈内弯，两侧向后稍变窄，后外端缘圆弧形，缝角不凸出。臀板基部两侧和腹部近侧缘具不同形状的白绒斑；臀板微宽，顶圆，密布皱纹和淡色毛，基部两侧各 1 不规则白绒斑。足较短壮，刻点粗密，具浅黄色绒毛，膝部有白斑；前足胫节外缘 3 齿。

分布：华北、东北、陕西、华东、华中、广西、重庆、四川、贵州、云南；俄罗斯，朝鲜半岛，日本。

（236）白星花金龟 *Protaetia brevitarsis* (Lewis, 1879)（图版 XVI：6）

识别特征：体长 18.0～22.0 mm，宽 11.0～12.5 mm。长椭圆形；古铜色、铜黑色或铜绿色，光泽中等；前胸背板及鞘翅布有众多条形、波形、云状、点状白色绒斑，左右大致对称排列。唇基前缘近横直，弯翘，中段微凹，两侧隆脊近直，近平行，刻点和刻纹稠密。触角 10 节，雄性鳃叶部显长于触角前 6 节长之和，棕黑色。前胸背板前窄后宽，前缘无饰边，侧缘弱"S"形弯曲，侧方密布斜波形或弧形刻纹，散布甚多乳白绒斑，有时沿侧缘有带状白纵斑。小盾片长三角形。鞘翅侧缘前段内弯，表面多绒斑，较集中者大致为 6 团，团间散布小斑。臀板 6 绒斑。前胫节外缘 3 锐齿；跗节短壮，端节端部 1 对锥形爪。

取食对象：苹果、桃、梨等成熟水果及玉米、高粱等的花及幼嫩种子。

分布：华北、东北、山东、西北、江苏、上海、安徽、浙江、江西、福建、台湾、华中、广东、广西、四川、贵州、云南、西藏；蒙古，俄罗斯（远东地区），朝鲜半岛，日本。

（237）褐翅格斑金龟 *Gnorimus subopacus* Motschulsky, 1860（图版 XVI：8）

识别特征：体长 15.0~19.0 mm，宽 7.0~10.0 mm。较扁，鞘翅暗褐色或褐红色，微泛绿色，其他地方深绿色，除鞘翅外均具弱光泽。前胸背板 10~14 白斑，鞘翅和臀板散布众多小白斑。唇基宽方形，前缘上翘，中凹较宽，两侧饰边雄性较高，侧缘弧形；密布粗大刻点和黄茸毛。前胸背板较扁，长宽约相等，近梯形，密布刻纹，散布较稀黄茸毛。小盾片短宽，半圆形，散布粗大刻纹。鞘翅较宽大，密布粗大皱纹，每翅 7~9 白斑。臀板短宽，刻纹精细，中间或 1 短纵沟，通常 7 白斑。

取食对象：玉米、高粱、珍珠梅等。

分布：河北、东北；俄罗斯，朝鲜半岛，日本。

（238）短毛斑金龟 *Lasiotrichius succinctus* (Pallas, 1781)（图版 XVI：9）

识别特征：体长 9.0~12.0 mm，宽 4.3~6.0 mm。小至中型，长椭圆形，体色黑。唇基长，前缘中凹明显，头面毛色黑褐粗密；复眼鼓凸。触角 10 节，鳃叶部 3 节。前胸背板长，前方略收狭，基部显著狭于翅基，被毛密长，隐约可见被毛有灰褐—灰白—灰褐—灰白黄 4 横带差异，后缘向后斜弧形后扩。小盾片小，长三角形，端尖，密布有 2 齿，距端位。鞘翅前阔后狭，肩突、端突发达，有 2 条纵肋可辨，密被柔弱绒毛，有宽"羊"条形淡黄褐色斑纹，后 1 横条后缘相当翅面后 1/3 之分界线，全体密被绒毛，毛色淡黄、棕褐至黑褐。前臀大部外露，密被淡灰白短齐绒毛，呈 1 横带，臀板三角形，密被深褐绒毛。足长大，前足胫节外缘近端部。各足第 1 跗节最短，爪成对简单。

取食对象：玉米、高粱、向日葵及林木的花。

检视标本：2 头，围场县木兰围场孟滦碑梁沟，2015-VII-28，蔡胜国采；3 头，围场县木兰围场种苗场查字，2015-VII-07，宋烨龙采；1 头，围场县木兰围场新丰苗圃，2015-VI-08，赵大勇采；6 头，围场县木兰围场新丰挂牌树，2015-VIII-25，宋烨龙采；11 头，围场县木兰围场五道沟，2015-VIII-06，蔡胜国采；2 头，围场县木兰围场八英庄砬沿沟，2015-VIII-11，张恩生采；10 头，围场县木兰围场四合水头道川，2015-VIII-21，蔡胜国采；1 头，围场县木兰围场城，2015-VIII-28，蔡胜国采；1 头，围场县木兰围场桃山乌拉哈，2015-VIII-30，任国栋采。

分布：华北、东北、山东、河南、陕西、宁夏、江苏、浙江、湖北、福建、广东、广西、四川、云南；蒙古，俄罗斯，朝鲜，日本，欧洲。

(239) 欧亚虎纹斑金龟 *Trichius fasciatus* (Linnaeus, 1758)（图版 XVI：10）

曾用名：束带斑金龟。

识别特征：体长 12.5～16.0 mm；宽 7.5～8.5 mm。型较短宽，黑色，唇基、下侧和足稍微有光泽，前胸背板和鞘翅几无金属光泽，鞘翅呈褐黄色或褐红色，每翅有 3 黑色横向带，全体除唇基前部和鞘翅散布稀短黄绒毛外几乎遍布竖立黄绒毛，臀板两基角各 1 弧形黄色大绒斑。背面密布小刻点，除前部外密被黄色长绒毛。前胸背板长宽相等，前角延伸为锐角形，两侧边缘为弧形，后角为钝角形微向上翘，后缘弧形。小盾片短小，几呈半圆形，密布刻点和黄绒毛。鞘翅较短宽，近于长方形，肩后最宽，两侧向后稍变窄，具纤细较高饰边；臀板甚宽大。足稍细长，密布较大刻点和黄绒毛，前足胫节外缘具 2 齿；中、后足胫节末端近于平截，各 1 横向中隆突；跗节长于胫节，雄性前足跗节第 1 节扩大，顶端外缘呈圆形，雌性前足胫节稍短，第 1 跗节较短小，顶端外缘呈齿状；爪长大弯曲。

取食对象：接骨木、珍珠梅、榆树等。

分布：华北、山东；蒙古，俄罗斯，日本，乌兹别克斯坦，吉尔吉斯斯坦，哈萨克斯坦，欧洲。

68. 吉丁甲科 Buprestidae

(240) 沙柳窄吉丁 *Agrilus moerens* Saunders, 1873

识别特征：体长 5.9～7.2 mm，宽 1.1～1.5 mm。楔形，铜绿色，有金属光泽，被白色细绒毛。头、前胸背板及鞘翅密布网状皱纹；复眼肾形，褐色，较凸出。触角 11 节，锯齿状，基节较长，其余各节等长。鞘翅狭长，具铜绿色光泽。雌性腹部比雄性略宽，腹部末端 1 小突起和 1 凹坑；雄性腹部末端平展，无凹陷和突起。

取食对象：成虫为害沙柳叶片，幼虫钻蛀沙柳干部。

分布：河北、北京、黑龙江、内蒙古、陕西、甘肃、宁夏、四川；俄罗斯，朝鲜半岛，日本。

(241) 白蜡窄吉丁 *Agrilus planipennis* Fairmaire, 1888（图版 XVI：11）

曾用名：花曲柳窄吉丁。

识别特征：体长 11.5～15.0 mm。绿色，前胸背板更具铜绿色金属光泽。额区中间有"V"形凹。前胸背板宽稍大于长，前缘和基部具饰边，基缘稍宽于前缘，侧缘斜直；盘区密布横皱状刻点。鞘翅基部中间有钝角状前突，两侧中部缢缩，后面 1/3 斜变窄，翅端呈弧形，沿翅缘具多个小齿突。

取食对象：花曲柳。

分布：河北、北京、天津、东北、内蒙古、山东、四川、台湾；蒙古，俄罗斯（远东地区），韩国，日本。

(242) 绒绿细纹吉丁 *Anthaxia proteus* Saunders, 1873

识别特征：体长约3.1 mm，宽约1.2 mm。细小，绒绿色具金属光泽。头短密布网格状细纹，头顶正中具1短杆状细纵脊。前胸背板横宽，前缘双曲状，中部前突，基部平截状。小盾片细小半圆形。鞘翅背观两侧中前部近于平行，末端窄削。翅顶圆弧状，鞘翅表面绒状。下侧蓝黑色，具细密刻点及少数短绒毛。

分布：河北、东北、江西、福建、台湾；俄罗斯，朝鲜，日本。

(243) 青铜网眼吉丁 *Anthaxia reticulata reticulata* Motschulsky, 1860（图版XVI：12）

识别特征：体长4.0～8.0 mm。蓝黑带青铜色，光泽弱。头短宽，复眼大。触角11节，锯齿状。前胸背板宽大于长，前缘微凹，基部微凸，两侧后角前稍凹，后角钝圆，侧缘均匀弧扩并在其前、后直线状收狭；盘区密布网眼状刻点，中纵脊明显光滑。小盾片舌形。鞘翅与前胸背板同宽，端部1/3渐变狭，翅面密布颗粒状斑点。

分布：河北、北京、天津、东北；蒙古，俄罗斯，朝鲜。

(244) 六星铜吉丁 *Chrysobothris affinis* Fabricius, 1794

识别特征：体长约13.0 mm，全紫褐色，有紫色和绿色金属光泽。额中间1纵沟；复眼椭圆形，黑褐色；触角锯齿状，紫褐色。前胸背板宽约为长的2倍，前侧角凸出，两侧缘近平行，后缘中间钝角后凸；鞘翅宽于前胸背板，密布刻点形成的褶皱，每翅3近圆形金绿色浅凹的小斑点，肩角下方各1长形浅凹陷；下侧中间部分及腿小节内侧翠绿色闪光明显。足其他部分紫褐色；前足腿节下侧具齿。

取食对象：幼虫取食梨、苹果、桃、枣、樱桃、唐槭、五角枫、杨树。

分布：河北、东北、内蒙古、山西、陕西、甘肃、新疆；俄罗斯，土耳其，欧洲。

(245) 梨金缘吉丁 *Lamprodila limbata* (Gebler, 1832)（图版XVII：1）

识别特征：体长16.0～18.0 mm，宽6.0 mm左右。翠绿色，有金属光泽，触角黑色；体两侧镶金色边缘。头上布粗刻点，中间具1倒"Y"形隆起。前胸背板中间宽，外缘弧形，盘上5条蓝黑色纵隆线，中间1条显粗，两侧的细。小盾片扁梯形。鞘翅10余条断续的蓝黑色纵纹，翅端锯齿状。雄性腹端凹入较深，胸部下侧密生黄褐色绒毛。

取食对象：梨、苹果、杏、桃、杨等。

分布：河北、东北、山东、河南、西北、江苏、浙江、湖北、江西；蒙古，俄罗斯。

69. 叩甲科 Elateridae

(246) 细胸锥尾叩甲 *Agriotes subvittatus subvittatus* Motscholsky, 1860（图版XVII：2）

识别特征：体长约10.0 mm。头、前胸背板、小盾片和下侧暗褐色；鞘翅、触角和足茶褐色。体被黄白毛，有金属光泽。额前缘隆起，唇基前缘平截。触角弱锯齿状，末节端部尖锥状变窄。前胸背板宽大于长，中纵沟细弱；侧缘由中部向前向后弧形变狭；后角尖，略分叉，锐脊1条，几与侧缘平行。小盾片盾形。鞘翅与前胸背板等宽，两侧平行，中部之后弧形变狭；刻点行明显，行间扁平。跗节、爪简单。

取食对象：小麦。

分布：河北、东北、内蒙古、山西、山东、河南、陕西、宁夏、甘肃、青海、江苏、湖北、江西、福建；俄罗斯，日本。

（247）泥红槽缝叩甲 *Agrypnus argillaceus argillaceus* (Solsky, 1871)（图版 XVII：3）

识别特征：体长15.5 mm，宽5.0 mm。狭长。通体红褐色，全身密被有茶色、红褐色的鳞片短毛。触角短，不达前胸基部，第4节以后各节形成锯齿状，末节椭圆形，近端部凹缩成假节。前胸背板长不大于宽；中间纵向低凹，后部更明显；侧缘后部具细齿状边。小盾片两侧基半部平行，然后急剧膨大，向后变尖，呈盾状，端部拱出。鞘翅宽于前胸，两侧平行，后1/3开始向后变狭，端部连合拱出；表面有明显的粗刻点，排列成行，直至端部。下侧被鳞片毛和刻点，前面刻点更强烈。前、后胸侧板无跗节槽。

取食对象：华山松、核桃。

检视标本：9头，围场县木兰围场新丰挂牌树，2015-VII-14，李迪采；3头，围场县木兰围场新丰东沟，2015-VII-15，刘效竹采；4头，围场县木兰围场五道沟沟门，2015-VI-02，张恩生采；1头，围场县木兰围场五道沟沟塘子，2015-VII-07，蔡胜国采。

分布：河北、北京、吉林、辽宁、内蒙古、河南、甘肃、湖北、台湾、海南、广西、四川、云南、西藏；俄罗斯，韩国，朝鲜。

（248）双瘤槽缝叩甲 *Agrypnus bipapulatus* (Candèze, 1865)（图版 XVII：4）

识别特征：体长16.5 mm，宽5.0 mm。黑色，触角红色，基部红褐色，足红褐色；全体密被褐色和灰色鳞片状扁毛并形成一些模糊云状斑。额中间低凹。前胸侧缘长大于中宽；侧缘光滑，呈弱弧形弯曲，向前变狭，向后近后角处波弯，前缘向后半圆形凹入；前角斜突，拱圆形；前胸背板中部2横瘤；基部倾斜，正对小盾片前方一段凸起；后角宽大。小盾片自中部向基部收缩，向端部渐尖。鞘翅基部与前胸基部等宽，自基部向中部渐宽，两侧弧形弯曲；背面相当隆起，基角向前倾斜，后部向端部收缩。跗节下侧有稠密的灰白色垫状毛。

取食对象：花生、甘薯、麦类、水稻、棉花、玉米、大麻。

分布：河北、东北、内蒙古、河南、江苏、湖北、江西、福建、台湾、广西、四川、贵州、云南；日本。

（249）黑斑锥胸叩甲 *Ampedus sanguinolentus sanguinolentus* (Schrank, 1776)（图版 XVII：5）

识别特征：体长11.0 mm，宽3.0 mm。头、前胸背板、小盾片、身体下侧、触角和足均黑色，光亮，被黑色短绒毛，爪栗色。额前缘拱出呈弓形，刻点强烈。触角不太长，向后不达前胸后角端部，末节中部缢缩成假节。前胸宽大于长，约等于头和前胸长度之和；背面凸，前部和两侧刻点强烈，侧缘向外略拱，微弱弓形，后缘附近低平；后角直，向后伸，1条明显的对角脊。小盾片舌状，布有明显刻点，但前缘和后缘附近光滑。鞘翅红色，但基缘黑色，沿中缝具1长椭圆形大黑斑，黑斑最宽处占鞘翅10个条纹间隙；基部和前胸等宽，两侧平行，近端1/3逐渐内弯；表面有沟纹，每翅9条，每1沟纹都1列均匀规则的粗刻点；沟纹间隙不凸，分散有不均匀不规则细刻点。

取食对象：柳树林。

检视标本：7头，围场县木兰围场桃山乌拉哈，2015-VI-01，蔡胜国等采；1头，围场县木兰围场桃山柳塘子大斗子沟，2015-VI-01，张恩生采；2头，围场县木兰围场种苗场查字小泉沟，2015-VI -18，蔡胜国采；3头，围场县木兰围场种苗场查字大西沟，2015-VI-27，张恩生采。

分布：河北、黑龙江、吉林、内蒙古；蒙古，俄罗斯，伊朗，哈萨克斯坦，土耳其，欧洲。

（250）蒙古齿胸叩甲 *Denticollis mongolicus* (Motschulsky, 1860)

识别特征：体长13.0 mm。体宽4.0 mm。体狭，长方形，茶褐色；头、触角和前胸颜色更暗，足同体色。全身被稀疏的棕色短毛，下侧较密。头近四方形，前部略凹，额前缘上凸，并向前伸盖住口器；表面布细刻点，均匀，不太密，但额脊上的刻点粗大。眼球形凸出，远离前胸前缘。触角向后伸超过前胸后角；前胸背板凸，宽略大于长；前缘直；后角和两侧低垂；后角不狭长。鞘翅长，两侧相当平行。表面有强烈刻点沟纹，密布粗糙颗粒。前胸腹板短宽；腹侧缝直，前端关闭，中后部呈浅沟状；腹前叶近于无。后基片狭，三角形，从内向外逐渐变狭。

分布：河北、吉林、内蒙古；蒙古。

（251）棘胸筒叩甲 *Ectinus sericeus sericeus* (Candèze, 1878)（图版XVII：6）

识别特征：体长10.0 mm，宽2.6 mm。黑色，中度发亮；鞘翅砖红色，触角、足暗褐色。全身被不稠密黄毛。前胸宽稍胜于长，中间略变狭，刻点粗密；后角分叉，有锐脊。鞘翅与前胸等宽，有刻点行，行间隙平坦，有刻点。

取食对象：小麦、玉米、高粱、粟、陆稻、甘薯、马铃薯、烟草、甜菜、向日葵、豆类、苜蓿、茄、胡萝卜、柑橘、牧草等。

分布：河北、吉林、山东、河南、湖北、湖南、福建、四川；俄罗斯，日本。

（252）椭体直缝叩甲 *Hemicrepidius oblongus* (Solsky, 1871)

识别特征：体长12.0 mm，宽4.0 mm。扁；头、前胸背板、下侧和触角黑色，前胸背板非常光亮；鞘翅、缘折及腹部侧缘茶褐色；足腿节下侧黑色，其余褐色。头部中间向前拱出呈角状；刻点粗密，边缘隆起，形状不规则；额脊完全，额槽宽深，中间较两侧略狭。触角向后长过前胸后角。前胸背板长显大于宽；背面隆起，刻点较头部细弱；前缘直，两侧后方圆拱，两侧毛长稠密；后角短，向后方伸出；盘区1脊；基沟明显，短齿刻状。鞘翅略宽于前胸背板，两侧平行，中部之后渐变狭；肩角圆拱；盘区刻点行细，两侧行间的刻点较中间为粗；行间扁平，刻点细弱，稀少。

分布：河北、吉林、辽宁；俄罗斯（远东地区），朝鲜。

（253）微铜珠叩甲 *Paracardiophorus sequens sequens* Candèze, 1873（图版 XVII：7）

识别特征：体长 6.0 mm，宽 1.5 mm。完全黑色，带铜色光泽，被毛灰白色。头顶略凸，额脊完整，其前缘弧形拱起，刻点细密。前胸背板长宽近等，中域相当隆起，具粗细两种刻点；两侧弧形拱起，具极细的边，从基部向前不伸抵前角；后角短，靠外侧具1脊纹，后角两侧凹进。小盾片心形，基缘中间凹下，形成浅纵纹。鞘翅基部宽，逐渐向端收狭，其长小于其基宽的 2.0 倍，表面刻点沟纹深，沟纹间隙平，无皱纹。爪基部略膨阔。

检视标本：1头，围场县木兰围场种苗场查字小泉沟，2015-V-27，刘浩宇采；1头，围场县木兰围场种苗场查字，2015-VI-27，马晶晶采；1头，围场县木兰围场五道林博园附近，2015-VI-02，刘浩宇采。

分布：河北、山西、陕西、浙江、福建；朝鲜，日本。

（254）铜紫金叩甲 *Selatosomus aeneomicans* (Fairmaire, 1889)

识别特征：体长 17.5 mm，宽 5.0～5.5 mm。中型，长椭圆形；绿紫铜色，光亮，有金属闪光，全身分散有微白色细柔毛；前胸背板纵中线有紫铜色闪光，下侧常常铜色，触角黑褐色，足褐色至深褐色。额中部向前三角形低凹，密布刻点。触角从第4节开始明显锯齿状，第3节略长于第4节，大多节端部被有刚毛。前胸背板球面凸，长宽略相等，密布明显刻点，两侧向外弧形拱起，侧缘向前变狭，向后深波状；纵中线平滑无刻点，有时纵中线不明显；后角长尖，分叉，上有强烈的脊纹。小盾片适当凸，端部近于平截。鞘翅中后部 2/3 处向后变狭，端部完全，每鞘翅背面有8条细刻点线纹，在基部凹入呈沟状，沟纹间具有细刻点。

检视标本：3头，围场县木兰围场种苗场查字大西沟，2015-VI-27，蔡胜国采；1头，围场县木兰围场种苗场查字小泉沟，2015-V-27，马莉采；1头，围场县木兰围场种苗场查字，2015-VII-07，宋烨龙采；3头，围场县木兰围场北沟哈叭气闹海沟，2015-V-29，马晶晶采。

分布：河北、甘肃、江苏、湖北、四川、贵州。

（255）宽背金叩甲 *Selatosomus latus* (Fabricius, 1801)（图版 XVII：8）

识别特征：体长 15.0 mm，宽 5.0 mm。褐铜色；下侧、触角、足和背面同色；前胸背板和下侧的绒毛黄色，较密。额扁平，刻点明显，前面及两侧较密。前胸背板宽大于长，两侧圆弧形拱弯；前缘宽凹；侧缘凸边，向前内弯，向后弱弯；基部波状；盘上中纵沟明显，从基部到达前缘附近；盘区隆起，刻点稠密；前角短，不尖；后角长，分叉，具1脊。小盾片宽，两侧弧形拱起。鞘翅基部宽于前胸背板，中部扩宽，之后向前向后变窄，盘区相当隆起，行明显，其在基部凹，有刻点行；行间扁平，布小刻点。

分布：河北、黑龙江、吉林、内蒙古、宁夏；蒙古，俄罗斯（西伯利亚、远东地区），伊朗，哈萨克斯坦，土耳其，欧洲。

(256) 麻胸锦叩甲 *Selatosomus puncticollis* Motschulsky, 1866（图版XVII：9）

识别特征：体长16.0～19.0 mm；宽6.0～6.5 mm。黑色，前胸背板、鞘翅具有铜色光泽，触角、足均黑色。头密布刻点，前胸背板球面样凸，刻点密，两侧更粗，更密。鞘翅自基部向后扩宽到端部1/3，然后变狭，端部浑圆形凸出，表面有细沟纹，其间隙略平，散布有小刻点。

检视标本：1头，围场县木兰围场五道沟梁头，2015-VI-30，蔡胜国采；1头，围场县木兰围场北沟色树沟，2015-V-29，马莉采。

分布：河北、吉林、辽宁、甘肃、湖北；俄罗斯，朝鲜半岛，日本。

70. 皮蠹科 Dermestidae

(257) 小圆皮蠹 *Anthrenus verbasci* (Linnaeus, 1767)（图版XVII：10）

识别特征：体长1.7～3.2 mm，宽1.1～2.2 mm。卵圆形，背面隆起明显；暗褐色至黑色，具光泽。头部被黄色鳞片，具1中单眼，复眼内缘不凹入。触角11节，触角棒3节，角窝深，为前胸背板侧缘的1/2长。前胸背板基部中间及侧缘有白色鳞片斑，其余为暗色鳞片。鞘翅横列3条黄色及白色鳞片形成的不规则弯带。下侧大部分被白色或黄白色鳞片，仅第2—5腹板前侧部及第5腹板中间有黄褐色鳞片斑。

取食对象：禾谷类粮食、面粉、燕麦、大米、糠、花生、胡椒、毛织品、皮革、丝、毛、动物标本、药材。

分布：河北、东北、宁夏、甘肃、青海、安徽、浙江、江西、福建、华中、四川、贵州、云南；世界广布。

(258) 红带皮蠹 *Dermestes vorax* Motschulsky, 1860（图版XVII：11）

识别特征：体长7.0～9.0 mm。黑色，前胸背板覆单一黑色毛，周缘无淡色毛斑。鞘翅基部由红褐色毛形成1条宽横带，每鞘翅的红褐色横带内有4黑毛斑。雄性腹部第3、4节腹板近中间各1直立毛束。

取食对象：皮张、中药材和家庭储藏品。

分布：河北、东北、内蒙古、山东、甘肃、新疆、浙江、广西；俄罗斯，朝鲜，日本。

(259）白背皮蠹 *Dermestes dimidiatus* Steven, 1808（图版 XVII：12）

识别特征：体长 9.0～11.0 mm。头密生黑色及黄褐色毛，向头的正中倒伏，黄褐色毛隐约成 5 小斑；触角黑褐色。前胸背板及鞘翅基部约 1/4 处密生玫瑰色茸毛，茸毛退色后常呈粉紫色或淡褐色；前胸背板背面中间 1 对无茸毛的黑色眼状斑。鞘翅后大半段黑色，密布黑毛；中胸腹板密布白毛，两侧上角处各有 3 黑斑。腹部腹板密布白毛，第 1 节除中部外，大部黑色；在黑色区中有 2 条弯曲的白毛纵纹，第 2—4 节两侧各 1 半圆形黑斑，第 5 节两侧各 1 三角形黑斑，基部 1 凹形大黑斑；雄性第 3、4 节腹板中间各 1 褐色毛簇。足黑褐色，密生黄褐色毛和刺。

取食对象：兽骨、生皮张、干鱼、动物性物质。

分布：河北、黑龙江、内蒙古、宁夏、甘肃、青海、新疆、西藏；蒙古国，俄罗斯（西伯利亚），哈萨克斯坦，欧洲。

（260）拟白腹皮蠹 *Dermestes frischii* Kugelann, 1792（图版 XVIII：1）

识别特征：体长 6.0～10.0 mm。黑色或暗褐色。头部无中单眼，两侧着生白色毛，中间以黄褐色毛为主。前胸背板中间着生黑色杂黄褐色及白色毛，两侧及前缘着生大量白色或淡黄色毛，形成淡色宽毛带；两侧毛带基部各 1 卵圆形黑毛斑，使白色带的基部形成叉状。鞘翅以黑色毛为主，杂生白色或黄褐色毛，有时形成淡色毛斑。腹板上的暗色毛斑以白色毛为主，仅前胸背板缘折基部 1/4～1/3、中胸腹板两侧、后胸腹板前侧片侧缘中部分别着生黑色或深褐色毛；腹部密布伏毛；雄性第 4 腹板后半部中间 1 圆形凹窝，着生直立褐色毛束。

取食对象：兽皮、生皮张、动物性药材、干鱼、粮仓碎粮及家庭贮藏物。

分布：河北等中国大部分省份；世界广布。

71. 蛛甲科 Ptinidae

（261）褐蛛甲 *Pseudeurostus hilleri* (Reitter, 1877)（图版 XVIII：2）

识别特征：体长 1.9～2.8 mm，宽 1.0～1.6 mm。宽卵形；暗红褐色，光亮。头被较密的黄褐色细伏毛；复眼卵形，几乎不凸出。触角位于复眼之间，11 节，末节纺锤形，长达体长的 2/3；基部隆起，脊突宽不超过触角第 1 节长的 1/4。前胸背板和鞘翅上的毛淡褐色，相当稀；前胸背板端部 3/4 近圆形，基部缩窄近颈状；无毛垫，密布刻点与粒突。小盾片小。鞘翅愈合，无后翅；肩角不明显，刻点行浅。雌性第 5 腹板末端中间两侧各 1 大型卵形浅刻点，各自生出 1 个由直立长毛构成的毛刷。胫节细而弯曲。

取食对象：谷类、豆类、油料、皮毛、羽毛、丝织品、植物性及动物性干物质。

分布：华北、东北、山东、陕西、宁夏、甘肃、青海、江苏、安徽、浙江、江西、福建、华中、广东、四川、贵州；俄罗斯（远东地区、东西伯利亚），韩国，日本，欧洲。

(262) 药材甲 *Stegobium paniceum* (Linnaeus, 1758)（图版 XVIII：3）

识别特征：体长 2.0～3.0 mm。长椭圆形；黄褐色至深赤褐色。触角 11 节，末端 3 节膨大、松散。前胸背板显隆，前缘圆形，基部略比鞘翅基部宽，基部中叶 1 纵脊，后角钝圆；盘上有小颗粒，着生灰色茸毛，两侧较密。鞘翅有明显刻点行，被灰黄色毛。

取食对象：幼虫取食面包、面粉、粮食、薯干、饼干、中药材、书籍等。

分布：河北等全国广布；世界广布。

72. 长蠹科 Bostrichidae

(263) 中华粉蠹 *Lyctus sinensis* Lesne, 1911

识别特征：体长 3.0～5.0 mm。扁长形；棕黄褐色，前胸背板基部 2/3 黑褐色，鞘翅中部 1 基部与前胸背板基部近等宽且向后变窄、伸达翅端的黑褐色纵带。触角 11 节，触角棒 2 节，末节扁卵形，亚末节倒梯形。前胸背板长明显大于宽，两侧近平行，前角圆钝；盘上散布小颗粒，中间 1 光滑而不明显且贯全长的中线纵。鞘翅两侧平行，端部圆；表面刻点小而浅，中部不明显，边区明显。各足腿节近等长。

取食对象：家具、芦席、箩筐、扁担、筷子等干燥的竹木材及其制品与中药材。

分布：华北、辽宁、宁夏、青海、江苏、安徽、浙江、江西、福建、台湾、华中、广西、四川、贵州、云南；朝鲜，日本，欧洲，澳洲。

(264) 褐粉蠹 *Lyctus brunneus* (Stephens, 1830)（图版 XVIII：4）

识别特征：体长 2.2～7.0 mm。狭长；褐色、赤褐色或黄褐色，密生金黄色或黄褐色茸毛。额唇基沟明显。前胸背板端部最宽并与鞘翅基部等宽；前角圆，后角尖；前缘明显凸出，基部略凸或近于直，侧缘浅凹或波弯，具大量微齿；背面略隆起，中纵凹宽而浅，通常呈单一长形。小盾片小。鞘翅两侧平行，末端圆滑，背面略隆起；每翅 6 纵列小刻点及 4 条弱纵隆线。前足基节间突发达，左右基节被分隔，基节窝后方封闭；前足腿节比中、后足腿节粗大。

取食对象：幼虫蛀食家具、筷子、芦席、扁担、拖把等竹木材及其制品与中药材。

分布：河北、辽宁、内蒙古、山西、山东、陕西、宁夏、青海、江苏、上海、安徽、江西、福建、台湾、华中、广东、海南、广西、四川、贵州、云南；日本，乌兹别克斯坦，欧洲，非洲。

73. 穴甲科 Bothrideridae

(265) 花绒寄甲 *Dastarcus helophoroides* (Fairmaire, 1881)

识别特征：体长 5.2～10.0 mm，宽 2.1～3.8 mm。扁而坚硬，深褐色，背面覆盖鳞毛并形成条纹。头凹入胸内；复眼黑色，卵圆形。触角短小，11 节，端部膨大呈扁球形，基节膨大。头部和前胸背板密布小刻点。前胸背板和鞘翅有明显的纵脊或沟槽；前胸背板前缘弧弯或弯曲，中间凸出，基部窄而端部宽。鞘翅基部有缺刻，翅上1椭圆形深褐色斑纹，尾部沿中缝1粗"十"字形斑；每翅4条纵沟，沟脊由粗刺组成；侧缘在后半部明显变窄。腹部腹板7节，基部2节愈合。足跗节4节，爪1对。

取食对象：幼虫捕食天牛、吉丁、象甲等蛀干幼虫和蛹，成虫不食。

分布：华北、吉林、辽宁、山东、河南、陕西、宁夏、甘肃、江苏、上海、安徽、浙江、湖北、台湾、广东、香港；俄罗斯，朝鲜，日本。

74. 瓢甲科 Coccinellidae

(266) 二星瓢虫 *Adalia bipunctata* (Linnaeus, 1758)（图版XVIII：5）

识别特征：体长4.5~5.3 mm，宽3.1~4.0 mm。长卵形，半圆形拱起；黑色，背面光裸。唇基白色，上唇黑褐色，紧靠复眼内侧1近半圆形黄白色斑，触角黄褐色；前胸背板黄白色，1"M"形黑斑；鞘翅橘红色至黄褐色，中间2横长形黑斑；前胸背板及鞘翅缘折橙黄色；腹部外缘、跗节黑褐色。头部刻点均匀细密，复眼近椭圆形，三角形凹入；唇基前缘直，上唇肥厚，前缘直。触角粗壮，11节。前胸背板前缘深凹，基部中叶凸出；前角尖，后角圆。小盾片三角形。鞘翅中部较宽，肩角钝圆，不上翻，端角尖。腹部基半部及端末刻点稀而深；雄性第5腹板基部直，第6腹板基部中叶弧凹；雌性第5腹板基部中叶舌形凸出，第6腹板基部尖弧形凸出。足较长，跗爪端部不对裂，爪间中部有尖齿。

分布：河北、北京、东北、山西、河南、陕西、宁夏、甘肃、新疆、江苏、浙江、江西、福建、四川、云南、西藏；亚洲，非洲，北美洲，南美洲。

(267) 六斑异瓢虫 *Aiolocaria hexaspilota* (Hope, 1831)（图版XVIII：6）

识别特征：体长9.7~10.2 mm，宽8.6~8.7 mm。宽卵形，圆弧形拱起；体黑色，背面光裸；触角深褐色，端末黑褐色；前胸背板两侧各1大黄斑；鞘翅浅红褐色，有黑色斑纹；腹部外缘黄褐色。头部刻点粗且稀；唇基圆弧形深凹，上唇前缘弧凹；复眼较大，近圆形。触角11节，长于额宽。前胸背板、小盾片和鞘翅刻点均匀细密，鞘翅外缘稀疏、圆形、深粗；前胸背板前缘深凹，前角尖锐；外缘端部斜直，基部弧形。小盾片三角形。鞘翅肩角宽圆伸；肩宽达胸宽1/3以上。雄性第5腹板基部直，第6腹板基部直，中间浅凹；雌性第5腹板基部近直，第6腹板基部尖圆凸出。爪完整，具基齿。

取食对象：蚜虫类。

检视标本：1头，围场县木兰围场新丰挂牌树，2015-VII-14，马晶晶采。

分布：河北、北京、黑龙江、吉林、内蒙古、河南、陕西、宁夏、甘肃、湖北、福建、台湾、广东、四川、贵州、云南、西藏；俄罗斯，朝鲜，日本，印度，缅甸，尼泊尔。

（268）灰眼斑瓢虫 *Anatis ocellata* (Linnaeus, 1758)（图版 XVIII：7）

识别特征：体长 8.0~9.0 mm，宽 6.0~7.0 mm。长圆形，弧形拱起；体光裸。头部黑色；触角黄褐色。头部较平直，刻点粗稀，复眼半圆形，唇基带形，上唇弧形凸出。触角 11 节，长约等于复眼间距离。前胸背板黄色，中间具 1 香炉形大黑斑，侧缘黑色，并在中部向后扩展内伸，呈舌形黑斑，前缘凹入较浅，侧缘弧形，细微隆起，无纵槽，后缘弧形，刻点细密；前胸背板缘折除外缘与后侧黑色外，全为浅黄色。小盾片黑色，短肥，两侧边向外弯曲。鞘翅浅褐黄色，各具 10 黑斑，缘折黄色，外缘黑色；鞘翅边缘隆起，具两种刻点，外缘部分明显粗稀。雌性第 5 腹板后缘中部宽舌形外凸，第 6 腹板后缘圆凸。足黑色，跗节褐色，腿节不露出体缘之外，爪完整，具基齿。

取食对象：松柏上的蚜虫。

检视标本：1 头，围场县木兰围场新丰挂牌树，2015-VIII-03，宋烨龙采；1 头，围场县木兰围场新丰东沟，2015-VII-15，李迪采；1 头，围场县木兰围场燕伯格上水头，2015-VII-20，宋烨龙采；1 头，围场县木兰围场五道沟，2015-VII-08，宋烨龙采；3 头，围场县木兰围场新丰挂牌树头道洼，2015-V-28，马莉采。

分布：河北、北京、东北；蒙古，俄罗斯，日本，欧洲。

（269）十斑裸瓢虫 *Calvia decemguttata* (Linnaeus, 1767)（图版 XVIII：8）

识别特征：体长 4.8~5.8 mm，宽 3.8~4.5 mm。宽卵形，体背拱起较高；整体浅黄色或浅棕色，具奶白色斑点。头部奶白色，头顶处具 1 对褐色圆斑。前胸背板两侧各具 1 大浅色斑，中部具 1 前小后大浅色斑。鞘翅上共 10 较大白色斑点，每 1 鞘翅上呈 2-2-1 排列，有时白色斑内为浅棕色的圆斑，即成眼斑型，或白斑扩大相连。体下侧浅棕色，体侧颜色更浅，但中、后胸腹板后侧片白色。足浅棕色。

检视标本：1 头，围场县木兰围场五道沟沟塘子，2015-VII-07，宋烨龙采；1 头，围场县木兰围场五道沟，2015-VIII-06，张恩生采；1 头，围场县木兰围场北沟色树沟，2015-VIII-28，蔡胜国采。

分布：河北、黑龙江、吉林、四川；蒙古，俄罗斯，朝鲜半岛，日本，欧洲。

（270）四斑裸瓢虫 *Calvia muiri* (Timberlake, 1943)（图版 XVIII：10）

识别特征：体长 2.7~2.9 mm；宽 2.0~2.2 mm。长卵圆形，弧形拱起；全身具刻点；被金黄色细毛。雌性头黑色，雄性红黄色，触角、口器红黄色。前胸背板黑色；前胸腹板上部纵隆线伸达前缘。鞘翅黑色，有 2 红斑，前斑位于鞘翅近基部 1/3；后斑位于近末端 1/3，后斑常消失。下侧黑至黑褐色；后基线在腹板 5/6 处弯向前方。足红褐色。前胸腹板上部纵隆线伸达前缘。后基线在腹板 5/6 处弯向前方。

检视标本：1 头，围场县木兰围场种苗场查字小泉沟，2015-V-27，马莉采。

分布：河北、陕西、浙江、江西、福建、台湾、华中、广西、四川、贵州、云南；

日本。

（271）十四星裸瓢虫 *Calvia quatuordecimguttata* (Linnaeus, 1758)（图版 XVIII：9）

识别特征：体长 5.1～7.1 mm，宽 4.1～5.8 mm。宽卵形，圆形拱起；头黄褐色，复眼黑色，口器、触角红褐色；前胸背板有 5 白斑；小盾片黄白色；鞘翅 7 白斑，外缘及翅中缝具白色窄纹；下侧边缘浅黄色，中部深黄色至红褐色；足深黄色。头被较稀细毛，刻点稀小。触角 11 节，长约为复眼间额宽 2.0 倍，锤部各节接合不紧，端节显大。前胸背板显宽，后角前最宽且靠近外缘有长形下凹；前缘近梯形凹入，中部略凸，外缘、基部缓弧形；前角钝圆，后角圆形；刻点细密。小盾片扁三角形。鞘翅基部 1/3 最宽，肩胛显突；前缘弱凹，肩圆，端钝。雄性第 5 腹板基部直，第 6 腹板基部中叶圆形凹入；雌性第 5 腹板基部弱凸，第 6 腹板基部中叶凸出。足长大；爪完整，有宽大基齿。

取食对象：蚜虫。

检视标本：5 头，围场县木兰围场桃山柳塘子大斗子沟，2015-VI-01，蔡胜国采；2 头，围场县木兰围场龙头山头板，2015-VI-26，马莉采；2 头，围场县木兰围场五道沟，2015-VI-30，马莉采；1 头，围场县木兰围场燕伯格上水头，2015-VII-20，李迪采；1 头，围场县木兰围场克勒沟新地营林区，2015-VI-17，马莉采。

分布：河北、黑龙江、吉林、陕西、宁夏、甘肃、新疆、四川、西藏；俄罗斯，日本，印度，斯里兰卡，北美洲。

（272）红点唇瓢虫 *Chilocorus kuwanae* Silvestri, 1909（图版 XVIII：11）

识别特征：体长 3.3～4.9 mm，宽 2.9～4.5 mm。近圆形，端部稍窄，背面拱起。体黑色，唇基前缘红棕色，鞘翅中部之前各 1 横长形或近圆形橙红色小斑，腹部各节红褐色，第 1 节基部中间黑色。前胸背板基部弓形，前、后角钝圆，但前角窄于后角；后角内侧 1 条沿基部斜伸的斜脊，与基部形成尖角状的窄带，窄带内较光滑，无明显刻点；侧缘弧形，侧缘缝线自前角外缘连至前缘且消失于前缘中部之前。雄性第 5 腹板基部中间直而稍内凹，第 6 腹板弧形外凸而基部中间较直；雌性第 5、6 腹板基部弧形外凸，后者几乎完全被第 5 腹板覆盖。

取食对象：杨牡蛎蚧、杏球蚧、桑白蚧等。

分布：河北、北京、东北、山西、山东、河南、陕西、宁夏、甘肃、江苏、上海、安徽、浙江、江西、湖南、福建、广东、香港、四川、贵州、云南；朝鲜，日本，印度，欧洲，北美洲。

（273）黑缘红瓢虫 *Chilocorus rubidus* Hope, 1831（图版 XVIII：12）

识别特征：体长 5.2～7.0 mm，宽 4.5～5.7 mm。近心脏形，背面明显拱起；头、前胸背板及鞘翅周缘黑色，背面中间枣红色；小盾片多黑色，枣红色与黑色分界不明显；部分越冬个体的翅缝黑色，每翅中间枣红色而边缘渐黑色；前胸背板缘折和鞘翅缘折的外缘黑色，内缘红褐色；口器、触角及胸、腹部红褐色；足色泽较深，趋于枣红色。前胸背板两侧伸出部分刻点较粗且有白色短毛，侧缘平直，肩角及前角钝圆。鞘翅缘折宽，但无明显的下陷以容纳中、后足腿节末端。雌性第 5 腹板基部圆弧形外突，第 6 腹板几乎全被覆盖；雄性第 5 腹板基部弧形外突，第 6 腹板稍外露。跗爪基半部 1 三角形基齿。

取食对象：杏球蚧、朝鲜球蚧等。

分布：华北、东北、山东、河南、陕西、甘肃、宁夏、江苏、浙江、湖南、福建、海南、四川、贵州、云南、西藏；蒙古，俄罗斯，朝鲜，日本，越南，印度，尼泊尔，印度尼西亚，澳洲。

（274）拟九斑瓢虫 Coccinella magnifica Redtenbacher, 1843（图版 XIX：1）

识别特征：体长 5.5～7.0 mm，宽 4.4～5.3 mm。卵圆形。头黑色，额斑较大，与复眼相接，并与复眼白色内突相连；上颚外侧黄白色。触角浅黄褐色。前胸背板黑色，前角白斑近方形，前胸背板缘折外前方有长形的白斑。鞘翅黄褐色至红色，共有 9 黑斑，除如七星瓢虫斑外，在肩胛上各具 1 小黑斑，有时斑纹会减少，如 7 斑或 5 斑等。下侧黑色，中、后胸后侧片白色，后胸前侧片的后端亦为白色。

检视标本：4 头，围场县木兰围场龙头山东山，2015-V-26，李迪采；2 头，围场县木兰围场五道沟，2015-VI-02，马晶晶采；1 头，围场县木兰围场五道沟沟门，2015-VI-02，张恩生采。

分布：河北、北京、内蒙古、山东、陕西、甘肃、新疆、江苏、西藏；蒙古，俄罗斯，吉尔吉斯斯坦，哈萨克斯坦，欧洲。

（275）七星瓢虫 Coccinella septempunctata Linnaeus, 1758（图版 XIX：2）

识别特征：体长 5.2～7.0 mm，宽 4.0～5.6 mm。头部刻点均匀细小，中等密度；复眼椭圆形，小眼面细；唇基带形，前缘不向两侧伸延。触角 11 节，锤节紧密相连，被稀疏不齐细毛。前胸背板前缘中部内凹，前角尖锐，基角钝圆，两侧有明显的隆线，其前端止于内凹的侧角，后端止于基角的后缘，基部较宽，刻点细，中等密度。小盾片近正三角形，刻点同前胸背板。鞘翅侧缘加厚隆起，由密布粗刻点的纵槽与拱起的部分隔开，前部较宽，后部较窄；前胸腹板中间略拱起，上具 2 条纵隆线；中胸腹板略拱起，前缘齐平，中部无凹入；中胸后侧片四边形；后胸腹板侧隆线围绕前突前缘；后基线分叉。雄性第 5 腹板后缘中间浅微内凹，第 6 腹板后缘平截，中部 1 横凹陷，其基上缘 1 排长毛复下来；雌性第 5 腹板后缘齐平，第 6 腹板后缘凸出，表面平整。足密生细毛，胫节末端内侧具 2 距，爪基部有大型齿。

检视标本：5 头，围场县木兰围场五道沟场部，2015-VII-07，宋烨龙、马晶晶采；4 头，围场县木兰围场桃山乌拉哈，2015-VII-07，马晶晶采；12 头，围场县木兰围场北沟色树沟，2015-V-29，马晶晶采；6 头，围场县木兰围场龙头山东山，2015-V-21，马晶晶采。

分布：华北、东北、山东、西北、江苏、上海、安徽、浙江、江西、福建、台湾、华中、重庆、四川、贵州、云南、西藏；蒙古，俄罗斯（远东地区），朝鲜，日本，印度，尼泊尔，不丹，巴基斯坦，阿富汗，伊朗，塔吉克斯坦，乌兹别克斯坦，土库曼斯坦，吉尔吉斯斯坦，哈萨克斯坦，科威特，黎巴嫩，塞浦路斯，沙特阿拉伯，叙利亚，伊拉克，以色列，欧洲，非洲。

（276）横斑瓢虫 *Coccinella transversoguttata transversoguttata* **Faldermann, 1835**（图版 XIX：3）

识别特征：体长 6.0～7.2 mm，宽 4.5～5.4 mm。虫体卵圆形，扁平拱起。头黑色，近复眼处各 1 大型黄白斑，紧靠复眼；复眼黑色，在其内凹处各 1 小型黄白斑，可与大型斑连接；唇基黑色，前缘有时具黄色窄条。触角黑褐色。前胸背板黑色，在其前角各 1 四边形（或近三角形）的黄白斑；中、后胸后侧片及后胸前侧片端部黄白色；此外，在每个鞘翅上具有下列 5 个点形黑斑：小盾斑位于小盾片两侧及下方，两半对合呈长圆形横斑；屑斑在肩胛上；在外缘 1/3 和 2/3 处各 1 小型斑；在中部偏内略前于 1/2 处有大型黑色横斑；在 2/3 处另 1 黑斑与外缘后侧斑并列。鞘缝无条纹。下侧黑色，具有白色细毛。足黑色。

分布：河北、黑龙江、内蒙古、山西、河南、西北、四川、云南、西藏；俄罗斯，欧洲，北美洲。

（277）横带瓢虫 *Coccinella trifasciata* **Linnaeus, 1758**（图版 XIX：4）

识别特征：体长 4.8～4.9 mm，宽 3.8～4.1 mm。椭圆形，前部明显下弯，使体呈半球形拱起。头部、复眼黑色；雌性复眼内侧有三角形黄斑，与内凹的黄斑连接。触角栗褐色。下侧黑色，中、后胸后侧片，后胸前侧片末端及第 1 腹板前角浅黄色。前胸背板黑色，肩角各有三角形黄白斑，并伸展到下侧，在前胸背板缘折上形成四边形黄白斑，占前部 1/2，肩角斑于前缘以黄白色带连接。小盾片黑色。鞘翅黄色，基部小盾片两侧之黄白色撗斑达到肩胛，鞘翅各 3 条均匀近于平行的横带纹；在基部 1/6 处的 1 条，从肩胛起向内与对应的横带于鞘缝上小盾片顶点之下连接，有时在此处向上延展到小盾片两侧；中部和 3/4 处各 1 条，距外缘和鞘缝近相等，前者略长；上述各横带外端都微向前弯。

取食对象：柳蚜、麦蚜、艾蒿蚜等。

检视标本：1 头，围场县木兰围场五道沟沟塘子，2015-VII-07，马莉采；1 头，围场县木兰围场五道沟，2015-VI-30，李迪采。

分布：河北、北京、黑龙江、内蒙古、西北、四川、西藏；蒙古，俄罗斯，北美洲。

（278）十一星瓢虫 *Coccinella* (*Spilota*) *undecimpunctata menetriesi* Mulsant, 1850（图版 XIX：5）

识别特征：体长 4.0～5.6 mm，宽 3.0～4.1 mm。卵圆形，扁平拱起；体黑色。唇基前缘有细窄黄条纹，上颚外面黄色；复眼内侧黄斑不及眼宽之半，不紧靠复眼，复眼下部内凹处有小黄斑，不与眼侧相连。前胸背板前角有三角形黄白色斑，以窄纹沿侧缘伸至后角。小盾片两侧鞘翅基部各 1 三角形白斑；鞘翅黄色，小盾片下 1 宽为小盾片基部 6.0 倍的黑圆斑；肩胛 1 小黑斑；外缘 1/3、2/3 和 3/4 处各 1 黑斑，中部稍前近翅缝处有较大横形黑斑；中、后胸下侧后侧片黄色。前胸背板刻点比头部与鞘翅浅。鞘翅外缘细窄、加厚隆起，内侧有纵槽。后基线外支不达腹板前缘；雄性第 5 腹节基部弱凹，第 6 腹节中间全部凹入，基部内凹；雌性第 5 腹节基部直，第 6 腹节不凹，基部渐缓外凸。

取食对象：麦蚜、棉蚜、艾蒿蚜。

检视标本：1 头，围场县木兰围场五道沟场部院外，2015-VII-07，马晶晶采。

分布：河北、山西、山东、陕西、宁夏、甘肃、新疆；俄罗斯，欧洲，澳洲界，新北界。

（279）中华瓢虫 *Coccinula sinensis* (Weise, 1889)（图版 XIX：6）

识别特征：体长 3.0～4.2 mm，宽 2.4～3.2 mm。卵圆形，背面拱起。体黑色，额灰色，口器、触角褐色；前胸背板前缘黄色，中间向后弯大呈三角形黄斑，前角具 1 大黄斑；每翅 7 橘黄色斑；腹部缘折、中胸后侧片、前侧片的大部分及第 1 腹板两侧黄色；腿节末端、胫节末端以下褐色。

取食对象：蚜虫。

检视标本：7 头，围场县木兰围场龙头山东山，2015-V-26，张恩生采；7 头，围场县木兰围场五道沟沟门，2015-VI-02，蔡胜国采；7 头，围场县木兰围场五道沟，2015-VI-30，任国栋采。

分布：华北、吉林、辽宁、山东、陕西、甘肃、宁夏、四川；蒙古，俄罗斯（东西伯利亚、远东地区），朝鲜半岛，日本。

（280）十六斑黄菌瓢虫 *Halyzia sedecimguttata* (Linnaeus, 1758)（图版 XIX：7）

识别特征：体长 5.0～5.5 mm，宽 4.0～4.6 mm。椭圆形，较拱起；深褐色；头部黄白色，唇基、口器褐色；复眼黑色；前胸背板 5 黄白斑；每翅 8 黄白圆斑；前胸背板缘折和鞘翅缘折黄褐色；胸、腹部腹板及足褐色。前胸背板前缘弱凹，两侧弧形，基部弧形，中间后凸，后角钝圆。

取食对象：真菌孢子。

分布：河北、黑龙江、吉林、陕西、宁夏、新疆、台湾、四川、云南；蒙古，俄罗斯，日本，欧洲。

（281）异色瓢虫 *Harmonia axyridis* (Pallas, 1773)（图版 XIX：8）

识别特征：体长 5.4～8.0 mm，宽 3.8～5.2 mm。卵圆形，半球形拱起。体背面光裸，色泽及斑纹变异很大；头部、前胸背板及鞘翅具均匀浅小刻点，鞘翅边缘刻点较深、粗而稀。唇基前缘弱凹，上唇前缘直，下唇须端节斧形；复眼椭圆形，近触角基部附近三角形凹入。前胸背板前缘深凹，基部中叶凸。小盾片前直，侧缘弧弯。鞘翅侧缘不明显向外平展，肩角稍向上掀起，端角弧形内弯；翅缝末端稍内凹，边缘具宽扁隆线，在鞘翅 7/8 处端末前显隆形成横脊。鞘翅缘折中、后胸侧面最宽；后基线分叉；雄性第 5 腹板基部弧凹，第 6 腹板基部中叶半圆形内凹；雌性第 5 腹板基部中叶舌形凸出，第 6 腹板中部纵隆起，基部圆突。爪完整，基齿宽大。

取食对象：紫榆叶甲卵、粉蚧、木虱、豆蚜、棉蚜等。

检视标本：7 头，围场县木兰围场桃山柳塘子大斗子沟，2015-VI-01，刘浩宇采；5 头，围场县木兰围场北沟色树沟，2015-V-29，李迪采；5 头，围场县木兰围场五道沟沟门，2015-V-06，李迪采；11 头，围场县木兰围场八英庄砬沿沟，2015-VI-15，马晶晶采；10 头，围场县木兰围场五道沟，2015-VII-08，蔡胜国采；14 头，围场县木兰围场五道沟场部院外，2015-VII-07，赵大勇采；15 头，围场县木兰围场龙头山东山，2015-V-21，马晶晶采；20 头，围场县木兰围场新丰挂牌树，2015-VII-03，李迪采；13 头，围场县木兰围场克勒沟新地营林区，2015-VI-17，马晶晶采。

分布：河北、黑龙江、吉林、内蒙古、宁夏、甘肃、浙江、江西、福建、台湾、华中、广东、海南、广西、四川、贵州、云南、西藏；蒙古，俄罗斯，朝鲜，日本，美国。

（282）隐斑瓢虫 *Harmonia yedoensis* (Takizawa, 1917)（图版 XIX：9）

识别特征：体长 6.4～7.3 mm，宽 4.7～5.6 mm。椭圆形，扁平拱起。头红褐色，复眼黑色，触角、上唇、口器红褐色。斑纹隐约透出基色，不明显。前胸背板栗褐色，两侧有大型白斑，自前角达后角；前胸腹板纵隆线较长，伸延至板面中间，其最前端略向外倾；后基缘分叉，内支向后与后缘平行，不融合，外支不达到腹板前缘。小盾片黑色。鞘翅栗褐色，具不明显的白斑；斑纹变异较大，主要是中斑可与衣钩斑在其中部或前部接合；缘斑在肩胛前同衣钩斑接合；或各斑浅淡，分界不明。下侧黄褐色，后胸腹板、各足的胫节和跗节深褐色；中胸腹板后侧片黄白色。头部和前胸背板刻点比鞘翅刻点较浅。鞘翅外缘隆起狭窄，内侧纵槽不明显，但有粗刻点。雄性第 5 腹板后缘伸延下折，在中间略弯折以承受第 6 腹板表面上的隆起；第 6 腹板后缘圆形外凸。

取食对象：蚜虫。

检视标本：1 头，围场县木兰围场克勒沟毛大砍石人沟，2015-VI-17，赵大勇采；1 头，围场县木兰围场新丰挂牌树，2015-VI-08，马晶晶采；1 头，围场县木兰围场五道沟，2015-VIII-06，赵大勇采；1 头，围场县木兰围场林管局灯诱，2015-VII-30，李迪采；1 头，围场县木兰围场龙头山东山凤凰岭，2015-VI-16，蔡胜国采。

分布：河北、北京、山东、河南、陕西、浙江、江西、湖南、福建、台湾、广东、香港、广西、四川、贵州、云南；朝鲜，日本，越南。

（283）马铃薯瓢虫 _Henosepilachna vigintioctomaculata_ (Motschulsky, 1858)（图版 XIX：10）

识别特征：体长 6.6～8.3 mm。近卵形或心形，背面拱起。红棕至红黄色。头中部 2 黑斑，有时连合。前胸背板 1 个近三角形的中斑。鞘翅 6 基斑及 8 变斑；鞘翅端角的内缘与翅缝成切线相连，不成角状凸出；后基线近圆弧形，但在前弯时稍成角状弯曲，基部伸达第 1 腹板的 6/7～7/8 处；雄性第 5 腹板基部稍外突，第 6 腹板基部有缺切；雌性第 5 腹板基部直且中间近末端的 1/2 以后有凹，第 6 腹板中间纵裂。

取食对象：马铃薯、曼陀罗等茄科植物。

检视标本：1 头，围场县木兰围场四合水苗圃，2015-VIII-21，蔡胜国采。

分布：河北、北京、东北、山西、山东、陕西、宁夏、甘肃、江苏、安徽、浙江、福建、台湾、华中、四川、贵州、云南、西藏；俄罗斯（远东地区、东西伯利亚），朝鲜半岛，日本，印度，尼泊尔，巴基斯坦，东洋界。

（284）七斑长足瓢虫 _Hippodamia septemmaculata_ (DeGeer, 1775)

识别特征：体长 5.0～7.8 mm，宽 3.2～3.9 mm。体长卵形，背面轻度拱起。头部黑色，前缘白色，呈三角形深入额间，复眼黑色，触角和口器黄褐色。前胸背板黑色，前缘及侧缘白色。小盾片黑色，后具 1 大型共同斑，似有小盾斑与后侧的斑纹相连而成。鞘翅橙红色或黄色，每鞘翅各有 4 黑斑，缘折橙红色，肩斑近四方形，较大，独立，不与基缘相连，后侧方 1 小圆斑，近翅中部具 1 折角的横斑，不达侧缘或鞘缝，近翅端具 1 近三角形斑，独立。中胸及后胸后片侧白色，第 2—5 节腹板两侧棕色。下侧黑色。附爪 1 中齿，着生在爪的 2/3 处，较小。足黑色。

分布：河北、内蒙古；蒙古，俄罗斯，朝鲜半岛，欧洲。

（285）十三星瓢虫 _Hippodamia (Hemisphaerica) tredecimpunctata_ (Linnaeus, 1758)（图版 XIX：11）

识别特征：体长 6.0～6.2 mm，宽 3.4～3.6 mm。长形，扁拱。黑色，背面光裸。头部前缘黄色，三角形，突入复眼之间，口器、触角黄褐色；前胸背板橙黄色，中部 1 近梯形大黑斑，自基部前伸近达前缘，近侧缘中部各 1 圆小黑斑；鞘翅橙红至黄褐色，13 黑斑；前胸背板和鞘翅的缘折及腹部第 1-5 腹板外缘橙黄色，中、后胸后侧片黄白色；腿节橙黄色；头部、前胸背板、小盾片刻点细密，鞘翅刻点深密，外侧粗稀。头外露，唇基前缘直。触角 11 节，长于额宽，锤部接合紧密。前胸背板圆拱起，前缘微凹，前角钝圆；外缘弧形，饰边细窄隆起，纵槽浅宽；基部中叶弧凸，小盾片前直，两侧内凹使后角明显凸出。鞘翅外缘向外平展，纵槽在中部最宽最深；肩胛明显凸出，肩角钝圆，端角尖。

取食对象：棉蚜、麦长管蚜、豆长管蚜、麦二叉蚜、槐蚜等。

检视标本：1 头，围场县木兰围场四合水永庙宫，2015-VIII-12，李迪采。

分布：河北、北京、东北、山东、河南、西北、江苏、安徽、浙江、江西、湖北；蒙古国，俄罗斯（远东地区、东西伯利亚），朝鲜半岛，日本，阿富汗，伊朗，塔吉克斯坦，乌兹别克斯坦，土库曼斯坦，哈萨克斯坦，吉尔吉斯斯坦，土耳其，伊拉克，欧洲，非洲，新北界。

（286）多异瓢虫 *Hippodamia variegate* (Goeze, 1777)（图版 XIX：12）

识别特征：体长 4.0～4.7 mm，宽 2.5～3.0 mm。长卵形。黑色，体背光滑；头基半部黄白色或颜面有 2～4 黑斑，触角、口器黄褐色；前胸背板黄白色，基部有黑色横带，常向前分出 4 支，有时支端部左右相互愈合形成 2 个中空的方斑；鞘翅黄褐色至红褐色，具 13 黑斑并常常发生变异；下侧胸部侧片黄白色；足端部黄褐色。触角 11 节，锤节接合紧密。前胸背板显拱，侧缘上翻，内侧具纵沟，基部具细隆边。雄性第 5 腹板基部微凹，第 6 腹板直；雌性第 5 腹板基部舌形凸，第 6 腹板尖形凸。足细长，中、后足胫节末端各有 2 枚距刺；爪中部具小齿。

取食对象：棉蚜、棉蚜、豆蚜、玉米蚜、槐蚜。

检视标本：4 头，围场县木兰围场北沟色树沟，2015-V-29，马晶晶采；5 头，围场县木兰围场新丰挂牌树，2015-VII-14，蔡胜国采；4 头，围场县木兰围场新丰苗圃，2015-VI-08，赵大勇采；7 头，围场县木兰围场五道沟，2015-VIII-06，马晶晶采。

分布：华北、东北、山东、河南、西北、福建、四川、云南、西藏；日本，印度，阿富汗，古北界，非洲。

（287）黑中齿瓢虫 *Myzia gebleri* (Crotch, 1874)（图版 XX：1）

识别特征：体长 7.2～9.0 mm，宽 5.5～6.7 mm。宽卵形，背面较拱起。头黄褐色，沿复眼 1 条较宽的淡黄色带；背面黄褐色或黑色；若黄褐色则具白色或黄白色斑纹，若黑色则具黄褐色斑纹；前胸背板两侧具浅色卵形大斑，侧缘同色。小盾片两侧各 1 近卵形浅色斑，与翅基相接，后侧方具 1 长形斑。每翅 4 条浅纵条纹，近翅缝处具 1 纵条，远不达基部而达端部并与近翅缘的纵条相连，肩角下方各具 1 纵条，近翅端处变细；浅色个体的下侧及足大多黑色或黑褐色，前胸背板缘折及中胸后侧片白色。

检视标本：1 头，围场县木兰围场北沟哈叭气闹海沟，2015-V-29，张恩生采；3 头，围场县木兰围场龙头山东山凤凰岭，2015-VI-16，蔡胜国采；1 头，围场县木兰围场克勒沟毛大坝石人沟，2015-VI-17，赵大勇采；1 头，围场县木兰围场克勒沟新地营林区，2015-VI-17，张恩生采。

分布：河北、内蒙古、甘肃、宁夏；俄罗斯，日本。

（288）十二斑巧瓢虫 *Oenopia bissexnotata* (Mulsant, 1850)（图版 XX：2）

识别特征：体长 4.4～5.1 mm，宽 3.6～4.0 mm。长圆形，弯拱；黑色，光裸；头基半部、触角黄褐色，口器褐色；前胸背板前角 1 四边形大黄斑；每翅 6 黄斑；足大部分褐色；头部、前胸背板、小盾片刻点细密，鞘翅刻点略粗且深，边缘更粗深；复眼内侧纵直平行，基半部内凹。前胸背板前缘和外缘细窄隆起，基部平坦。小盾片三角形，顶角狭长尖锐。鞘翅基部弱弧凹，外缘外伸，至端末等宽；肩角明显拱起，肩胛不明显。雄性第 5 腹板基部浅凹，第 6 腹板中部显凹；雌性第 5 腹板基部弱凸，第 6 腹板尖圆突。爪不分裂，基部具齿。

取食对象：榆四麦棉蚜、苹果蚜、杨缘纹蚜。

分布：河北、东北、山东、西北、湖北、四川、贵州、云南；俄罗斯。

（289）菱斑巧瓢虫 *Oenopia conglobata conglobate* (Linnaeus, 1758)（图版 XX：3）

识别特征：体长 4.4~4.9 mm，宽 3.1~3.7 mm。椭圆形，半圆形拱起。背面光裸；头黄白色，触角、口器黄褐色；复眼黑色；前胸背板暗黄色，具 7 形状、大小不同的黑斑；小盾片黑色或黄褐色，边缘黑色；鞘翅暗黄色，每翅具 8 大小不一黑斑，鞘缝黑色；下侧黑色，腹部外缘及端末部分褐色或黄褐色，中胸后侧片黄色；头部、前胸背板刻点细密而浅，鞘翅细密而深。前胸背板前缘宽且深凹，侧缘弧形，基部弧形，中部直；前角尖，后角明显。小盾片三角形。鞘翅基部较宽，外缘显隆至端角，内侧纵槽明显，端角宽圆，弱上卷。雄性第 5 腹板基部直，第 6 腹板弧凹；雌性第 5 腹板基部直，第 6 腹板尖弧形凸。爪细小，具基齿。

分布：河北、黑龙江、内蒙古、山西、山东、河南、西北、江苏、安徽、浙江、福建、四川、西藏；古北界。

（290）梯斑巧瓢虫 *Oenopia scalaris* (Timberlake, 1943)（图版 XX：4）

识别特征：体长 4.2~4.3 mm；宽 2.5~2.6 mm。卵圆形，背面稍拱起，光滑无毛。头黄色，额后缘黑色，并在中部向后延伸。前胸背板黄色，具 1 黑色大基斑，中线亦黄色。小盾片黑色。鞘翅黑色，各具 3 个黄色斑，均近于鞘缝，前斑三角形，与鞘翅基缘相接；中斑大，卵形；后斑圆，略比中斑小。鞘翅周缘黄色，边缘呈波状，在两黄斑间内凹。

取食对象：蚜虫。

检视标本：1 头，围场县木兰围场龙头山东山，2015-V-26，张恩生采。

分布：河北、北京、河南、宁夏、福建、台湾、广东；朝鲜，日本，越南。

（291）龟纹瓢虫 *Propylea japonica* (Thunberg, 1781)（图版 XX：5）

识别特征：体长 3.8~4.7 mm，宽 2.9~3.2 mm。长圆形，弧形拱起；黄色，光裸。雄性头部额上基部在前胸背板下黑色，雌性额上有三角形黑斑或扩展至整个头部，触角、口器黄褐色；复眼黑色；前胸背板中间具大黑斑，其基部与后缘相连，有时扩展至整个前胸背板，仅前、基部黄色。小盾片黑色；翅面具斜长形肩斑及侧斑，斑纹常有变异，翅缝黑色；雌性胸部各腹板黑色，雄性前、中胸下侧中部黄褐色，中、后胸下侧及后侧片白色；腹部腹板中部黑色而边缘黄褐色；足黄褐色；头部刻点细密而浅，鞘翅粗深，前胸背板介于二者之间。前胸背板前缘浅凹，侧缘较直；前角锐，后角钝。小盾片三角形。鞘翅外缘明显外伸，端角尖。雄性第 5 腹板基部直，第 6 腹板近直；雌性第 5 腹板基部弱弧凸，第 6 腹板基部圆突。爪端部不分裂，基部具齿。

检视标本：1 头，围场县木兰围场八英庄砬沿沟，2015-VIII-11，宋烨龙采；2 头，围场县木兰围场八英庄光顶山，2015-VI-15，马莉采；1 头，围场县木兰围场新丰挂牌树，2015-VII-03，赵大勇采；1 头，围场县木兰围场种苗场查字，2015-VI-27，李迪采。

分布：河北、北京、东北、内蒙古、山东、陕西、宁夏、甘肃、新疆、江苏、上海、浙江、江西、福建、台湾、华中、广东、海南、广西、四川、贵州、云南；俄罗斯，日本，印度。

（292）方斑瓢虫 *Propylea quatuordecimpunctata* (Linnaeus, 1758)（图版 XX：6）

识别特征：体长 3.5～4.5 mm。卵形，弱拱。头部白色或黄白色，头顶黑色；雌性额中部 1 黑斑，有时与黑色头顶相连。前胸背板白色或黄白色，中基部 1 大型黑斑，黑斑的两侧中间常向外凸，有时黑斑扩大，侧缘及前缘色浅，通常雌性黑斑较大；或偶尔前胸背板黄白色，具 6 黑斑。小盾片黑色。鞘翅黄色或黄白色，翅缝黑色，翅面斑纹变异大。足黄褐色。

取食对象：棉蚜、玉米蚜、高粱蚜、菜蚜、豆蚜、木虱、叶螨等。

检视标本：8 头，围场县木兰围场五道沟，2015-VI-30，任国栋采；3 头，围场县木兰围场五道沟沟塘子，2015-VII-07，李迪采；5 头，围场县木兰围场八英庄砬沿沟，2015-VI-15，马莉采；6 头，围场县木兰围场八英庄光顶山，2015-VI-15，赵大勇采；4 头，围场县木兰围场桃山乌拉哈，2015-VI -30，马莉采。

分布：河北、东北、陕西、甘肃、新疆、江苏、贵州；蒙古，俄罗斯，朝鲜，日本，欧洲。

（293）二十二星菌瓢虫 *Psyllobora vigintiduopunctata* (Linnaeus, 1758)（图版 XX：7）

识别特征：体长 3.7～4.1 mm，宽 2.9～3.2 mm。椭圆形，半圆形拱起。体色鲜明，背面光裸；头部浅橙色，触角、口器褐色；复眼黑色；前胸背板浅橙色，有 5 黑斑；小盾片黑色；鞘翅浅橙色，每翅 11 黑斑；足褐色，有时腿节近端部有黑斑；刻点细密，头部、前胸背板很浅，鞘翅较深。前胸背板前缘浅凹，前角及侧缘明显翻卷。鞘翅外缘明显翻卷，向后渐细窄，纵槽基半部明显深宽，向后变窄浅。前胸下侧无纵隆线；中胸下侧前缘全部浅宽弧凹；后基线弧形后伸到腹板基部，向外平行，不达侧缘。雄性第 5 腹板基部近直，第 6 腹板直，中部弱凹；雌性第 5 腹板基部中叶舌形突，第 6 腹板尖形突。足细长，爪细长，不分裂，基齿短小尖锐。

取食对象：椿树白粉菌。

检视标本：4 头，围场县木兰围场北沟色树沟，2015-V-29，马晶晶采；9 头，围场县木兰围场四合水头道川，2015-VI-03，马晶晶采；3头，围场县木兰围场新丰挂牌树头道洼，2015-V-28，马莉采；6头，围场县木兰围场新丰挂牌树，2015-VII-03，李迪、蔡胜国、马莉采。

分布：河北、北京、河南、新疆、上海、四川；蒙古，俄罗斯，朝鲜半岛，中亚，欧洲。

（294）红褐粒眼瓢虫 *Sumnius brunneus* Jing, 1983（图版 XX：8）

识别特征：体长 5.8～6.2 mm；宽 3.8～4.2 mm。体长椭圆形，前胸背板背面略平坦，鞘翅背面弧形隆起；体背面、下侧及足均为红褐色，被金黄色细密毛。前胸背板宽度约相等于鞘翅肩胛凸起间的宽度，前角宽圆，外侧缘宽弧形；前内侧的 1/3 有明显的凹陷。鞘翅不具斑纹，但外缘具 1 黑褐色窄隆线，沿鞘翅周缘 1 浅色周边。第 1 腹板的后基线成圆弧形。

分布：河北、北京、山西、河南、四川、云南。

（295）十二斑褐菌瓢虫 *Vibidia duodecimguttata* (Poda von Neuhaus, 1761)（图版 XX：9）

识别特征：椭圆形，半圆形拱起；背面光裸；头乳白色，触角黄褐色；复眼黑色；前胸背板和鞘翅褐色，前胸背板两侧各 1 乳白纵条，有时分为前角和后角 2 斑；每翅 6 乳白色斑；前、中胸下侧及侧片乳白色，其他部分和足黄色至黄褐色；头、前胸背板刻点细浅不明显，鞘翅圆且粗深。前胸背板较扁平，前缘弱弧凹，侧缘明显翻起，纵槽宽且深。小盾片等边三角形。鞘翅侧缘外伸狭窄，外伸部分与拱起部分界线明显。雄性第 5 腹板基部直，第 6 腹板无纵凹；雌性第 5 腹板基部中叶舌形微凸，第 6 腹板中间纵凹浅沟状。爪细小，完整，基齿宽大。

取食对象：椿树白粉菌。

分布：河北、北京、吉林、河南、陕西、甘肃、青海、上海、浙江、湖南、福建、广东、广西、四川、贵州、云南、西藏；俄罗斯，日本，朝鲜，欧洲。

75．蚁形甲科 Anthicidae

（296）三斑一角甲 *Notoxus trinotatus* Pic, 1894

曾用名：三点独角甲、一角甲。

识别特征：体长 4.2～5.3 mm，细长，棕黄色，头大向下，复眼黑色外突，眼后收缩，触角丝状，11 节，末端稍膨大。前胸背板略呈球形，前区 1 个角状突起，超过头长，尖端暗色，鞘翅显宽于前胸背板；每鞘翅具 3 个黑点，即肩下方近缝处 1 个，翅端外侧和鞘翅中部各 1 个，黑点的形状、大小变异较大，翅面密被成行的黄短毛。

取食对象：取食小昆虫。

检视标本：1 头，灵寿县五岳寨管理处，2016-V-21，闫艳采。

分布：河北、北京、天津、黑龙江、吉林、内蒙古、山东、陕西、宁夏、甘肃、新疆；俄罗斯，朝鲜半岛，日本，蒙古至中亚。

76. 芫菁科 Meloidae

(297) 大头豆芫菁 Epicauta megalocephala (Gebler, 1817)（图版 XX：10）

识别特征：体长 6.0～13.0 mm，宽 1.0～3.0 mm。黑色，头圆形，两侧平行，后角圆，基部平直，背面刻点较粗密，光亮，额中间有长圆形小红斑。近触角基部内侧的额 1 对圆亮瘤突；唇基与头上刻点细疏，前缘光亮；上唇刻点与唇基等同。触角向后伸达鞘翅中部（雄）或体长的 1/3。前胸背板端部 1/3 最宽，之前突然变窄，之后近平行；基部直；盘区中线明显，基部中间显凹，刻点与头部相同。鞘翅两侧平行，肩圆；盘区刻点较前胸弱，等大，甚密。下侧光亮，肛节背板前角明显，前缘近直，基部中间有三角形缺刻，雌性则直，背面刻点细疏。足细长，胫节直；前足第 1 跗节侧扁，基部细，端部刀状，雌性正常柱状。

取食对象：大豆、马铃薯、甜菜、花生、菠菜、黄芪、锦鸡儿、沙蓬、苜蓿。

分布：华北、东北、河南、西北、安徽、四川；蒙古，俄罗斯，韩国，哈萨克斯坦。

(298) 西北豆芫菁 Epicauta sibirica (Pallas, 1773)（图版 XX：11）

识别特征：体长 12.5～19.0 mm，宽 4.0～5.5 mm。黑色，头大部分红色。触角稍长于头、胸之和；雌性线状，每节有稠密刺毛，各节前端刺毛向前突；雄性第 4-9 节栉齿状。前胸背板长宽近相等，两侧平行，前端变窄；密布细小刻点和细短黑毛，中间 1 条纵凹纹，基部之前 1 个三角形凹；前胸腹板纵隆线较长，伸延至板面中间，其最前端略向外倾；后基缘分叉，内支向后与后缘平行，不融合，外支不达到腹板前缘。鞘翅外缘及端部具很窄的灰白色毛带。前足除跗节外被白色毛。

取食对象：玉米、花生、豆类、锦鸡儿、甜菜、马铃薯、南瓜、向日葵、苜蓿、刺槐、桐属、黄芪等。

检视标本：2 头，围场县木兰围场龙潭沟，2016-VII-18，张润杨采。

分布：华北、东北、河南、西北、四川；蒙古，俄罗斯，日本，哈萨克斯坦。

(299) 横纹沟芫菁 Hycleus solonicus (Pallas, 1782)

识别特征：体长 15.2～21.5 mm，宽 3.2～6.7 mm。中型。无黄毛。鞘翅斑纹如下：肩部 1 纵斑，向后至 1/4 处，向前达基部沿基缘至小盾片侧面；翅面 1/4 近翅缝处 1 圆斑；中间靠后 1 横斑，偶 2 裂；端 1/4 处 2 斑，翅缘侧斑弧形，较大，翅缝侧斑小，圆形；沿端缘 1 黑色窄缘斑。雄性前足跗节外侧被长毛，第 1 跗节略短于末节。

分布：华北、黑龙江、辽宁、陕西、宁夏、甘肃、新疆、江苏、湖北、湖南；蒙古，俄罗斯（东西伯利亚、西西伯利亚、远东地区），朝鲜，哈萨克斯坦。

（300）绿芫菁 *Lytta caraganae* (Pallas, 1781)（图版 XX：12）

识别特征：体长 10.0~25.0 mm。蓝绿色，具金属光泽。头三角形，后角圆，具粗刻点；额中间有黄色椭圆斑，后头中间至额斑具浅凹痕；上唇前缘微凹；唇基基半部褶皱，半透明；触角向后伸达鞘翅基部，间刻点较后头小。前胸背板近六边形，基部 1/4 最宽，由此向前强烈收缩，向后渐收缩，端部宽于基部；前角突，雌性圆，后角宽圆，基部中间深凹，散布刻点。小盾片舌状。鞘翅皱纹状，2 纵脊，基部钝圆，肩突。第 5 腹板深凹，倒数第 2 节前缘弧凹，第 9 背板近方形，端部具黑毛。雄性前足胫节端部 1 钩状外端距；前足第 1 跗节基部细，端部斧状；中足转节 1 枚刺突，雌性无；后足转节具瘤突。

取食对象：花生、苜蓿、黄芪、柠条、槐属、水曲柳等。

分布：华北、东北、山东、西北、江苏、上海、安徽、浙江、江西、华中；蒙古，俄罗斯，朝鲜，日本。

（301）绿边绿芫菁 *Lytta suturella* (Motschulsky, 1860)（图版 XXI：1）

识别特征：体长 13.0~28.0 mm，宽 3.0~10.0 mm。蓝或绿色，具金属光泽。头三角形，散布刻点及短毛；额中间具橘黄色椭圆斑；后头中间具浅凹，后头两侧刻点明显多于盘区；唇基基半部透明、光滑，中基部具黄色长毛及刻点；上唇前缘近直角凹。触角向后伸达身体之半。前胸背板近倒梯形，几乎无刻点，散布黄色短毛；中间具浅纵凹，纵凹与前角间各具圆形凹，雌性无圆凹，纵凹基部与前胸背板基部之间具三角形凹。小盾片三角形。鞘翅具宽而长的黄色条带，几乎扩展至整个鞘翅。第 5 腹板基部深弧凹，两端尖，雌性基部中间锐角凹，倒数第 2 节基部浅弧凹，第 8 背板基部钝角凹。雄性前足胫节末端 1 距，雌性 2 距；雄性中足胫节的距端半部拱形，雌性直；后足胫节内端距基半部细，端半部掌状，外端距细，端部稍钩状。

取食对象：水曲柳、柠条、蚕豆、白蜡、刺槐、忍冬属、柠条锦鸡儿等。

分布：河北、辽宁、内蒙古、山西、河南、宁夏、青海、新疆、江苏、上海、广西、贵州；俄罗斯，韩国，日本，塔吉克斯坦。

（302）圆胸短翅芫菁 *Meloe corvinus* Marseul, 1877（图版 XXI：2）

识别特征：体长 10.0~15.5 mm。黑青色，鞘翅略橘红色。头方形，有稠密粗刻点，两颊近平行；上唇基部直，两侧缘弯曲变圆，密布黄褐色短柔毛，端部内凹；唇基基部圆弧形，侧缘弯曲，背面密布黄褐色长柔毛。触角念珠状。前胸背板窄于头，侧缘较强圆形，雌性近平行，基部内凹；盘区密布粗刻点，基部中间有近三角形浅凹，浅凹刻点稀疏。鞘翅表面有稠密较强不规则皱纹。腹板末节稍内凹。

取食对象：成虫为害豆科植物、荠芥、杂草等，幼虫为害蜜蜂。

分布：河北、东北、内蒙古、河南、浙江；俄罗斯，韩国，日本。

（303）曲角短翅芫菁 Meloe proscarabeaus proscarabaeus Linnaeus, 1758（图版 XXI：3）

识别特征：体长 12.0～42.0 mm。黑色，无光泽。头方形，有稠密粗刻点；额区 1 纵细缝与唇基相连；上唇基部直，两侧平行，端部中间略凹，背面有稠密褐色短柔毛；唇基中基部有稠密具褐色长柔毛刻点。触角 11 节。前胸背板端部 1/6 处最宽，侧缘近平行与基部相连，基部略内凹；前角钝，后角直；盘区粗糙有稠密大刻点。鞘翅表面有稠密纵皱纹。腹板基部略凹。

分布：华北、黑龙江、辽宁、甘肃、安徽、湖北、四川、西藏；俄罗斯，朝鲜半岛，日本，欧洲。

（304）丽斑芫菁 Mylabris speciosa (Pallas, 1781)（图版 XXI：4）

识别特征：体长 15.0～24.0 mm，宽 3.6～6.8 mm。黑色，具金属光泽。唇基中基部疏布粗大浅刻点和黑色毛；额微凹，中间具倒心形红斑和细纵沟；上唇前缘直，中部具刻点和短毛。触角近丝状，向后达鞘翅肩部，末节较短，长不超过宽的 2.0 倍，雌性仅达前胸背板基部。前胸背板长宽近相等，基半部两侧近平行，中部向端部渐收缩，中部和基部中间各 1 浅凹。鞘翅黄色，密布黑短毛，基部黑斑不与中斑相连，黑缘斑弧形。腹部仅被黑长毛，第 5 腹板基部深弧凹，雌性直，至多中部有小缺刻；第 9 背板近倒梯形，基部中间锐角深凹，端部被毛。

取食对象：枸杞、草木樨、胡麻、苜蓿、紫苑、马蔺等的花器。

分布：河北、天津、东北、陕西、宁夏、甘肃、青海、江西；蒙古，俄罗斯，阿富汗，乌兹别克斯坦，哈萨克斯坦。

（305）圆点斑芫菁 Mylabris aulica Ménétriés, 1832

识别特征：体长 10.0～22.0 mm；宽 2.6～6.7 mm。黑色，具光泽，密布刻点和黑毛；额上有 2 红至暗红圆斑。触角末节侧扁，卵圆形，顶端钝圆，长宽比小于 2。鞘翅黄色，黑斑 2-1-2 型，斑纹大小变化多样，后侧 2 圆斑偶愈合。

分布：华北、黑龙江；俄罗斯，哈萨克斯坦。

（306）西北斑芫菁 Mylabris sibirica Fischer von Waldheim, 1823（图版 XXI：5）

识别特征：体长 7.5～15.5 mm，宽 1.8～4.3 mm。黑亮。唇基中基部疏布粗大浅刻点，被黑长毛；额微凹，中间有不明显纵脊，前端两侧各有红色小圆斑；上唇前缘直，刻点细小，被毛较唇基短；触角向后伸达鞘翅肩部，雌性仅达前胸背板基部。前胸背板长宽近相等，基部 1/4 处最宽，向端部和基部渐收缩；沿中线有圆凹，基部中间有椭圆形凹。鞘翅密布黑长毛，斑纹多变，有时端斑中间深凹。第 5 腹板基部弧凹，雌性直；第 9 背板近倒梯形，基部弧凹，后角被毛。雄性前足胫节下侧密布淡黄色短毛，雌性前足胫节外缘被黑长毛；跗爪背叶下侧无齿。

分布：河北、内蒙古、山西、陕西、宁夏、甘肃、新疆；俄罗斯，吉尔吉斯斯坦，哈萨克斯坦，欧洲。

77. 拟天牛科 Oedemeridae

(307) 黑胫菊拟天牛 *Chrysanthia geniculata geniculata* Schmidt, 1846

识别特征：体长 12.0 mm。眼间距宽于触角窝间距。触角丝状，端节顶圆，着生于复眼外面。上颚分裂。前足胫节 2 枚端距或无端距。爪简单。跗节跗垫为 1-1-1 式，肛节短且端部凹陷，第 8 腹节凸出可见。中、后足腿节端部或胫节黄色。

分布：河北；土库曼斯坦，俄罗斯（西伯利亚），欧洲。

(308) 光亮拟天牛 *Oedemera lucidicollis flaviventris* Fairmaire, 1891（图版 XXI：6）

识别特征：体长 4.9～7.6 mm。青蓝色或墨绿色，口器和跗节栗棕色至乌黑色，前胸背板橙色。头稍宽于前胸背板。触角向后伸达鞘翅长的 3/4，端节后半部稍窄；背面具稀疏细刻点或细皱纹，具稀疏黄色毛，弱光泽至无光泽。前胸背板长宽相等至稍宽，心形，前背凹深；盘区几乎无刻点，布细皱纹。鞘翅侧缘微凹，具粗肋，表面具细皱纹，布稀疏棕色直毛，端部具刻点，略带光泽。后足腿节中度变粗。

分布：河北、北京、黑龙江、山东、河南、陕西、甘肃、浙江、湖北、江西、湖南、福建、四川、贵州；朝鲜。

(309) 黑跗拟天牛 *Oedemera subrobusta* (Nakane, 1954)（图版 XXI：7）

识别特征：体长 5.7～9.4 mm。暗绿橄榄色至灰蓝绿色。头部长宽近相等；唇基前缘梯形，唇基沟明显；额平坦，具细皱纹和稀疏黄毛，无光泽至略带光泽；眼小，拱起，为头部最宽处。触角线状，超过鞘翅之半，第 1—2 节端部膨大，第 3—10 节圆柱状，端节 1 侧略窄圆。前胸背板心形，长宽相等至稍宽；前缘圆突；基部中间微凹，略呈波状；前、后角均钝圆；盘上窝发达，中间纵脊稍发达至缺失，无光泽至略具光泽。小盾片三角形，被毛。鞘翅肋长达其长的 1/3。端部变窄，中缝微凹。足细长，爪简单。

检视标本：4 头，围场县木兰围场种苗场查字，2015-V-27，刘浩宇采；4 头，围场县木兰围场新丰挂牌树，2015-V-28，蔡胜国采；4 头，围场县木兰围场北沟色树沟，2015-V-29，马晶晶采；4 头，围场县木兰围场五道沟梁头，2015-VI-15，马莉采；3 头，围场县木兰围场新丰挂牌树头道洼，2015-V-28，马莉采。

分布：河北、内蒙古、陕西、宁夏、甘肃、青海、湖北、四川；蒙古，俄罗斯，朝鲜，日本，中亚，欧洲。

78. 赤翅甲科 Pyrochroidae

(310) 淡红伪赤翅甲 *Pseudopyrochroa ruffle* (Motschulsky, 1866)

识别特征：体长 6.5～10.0 mm。前胸背板、鞘翅赤色，头前方、复眼、触角、小盾片、足暗黑色。头部两复眼之间，具横向隆起。触角 11 节。雄性触角栉齿状；雌性触角锯齿状。前胸背板宽大于长，最宽处位于中点后，呈钝角状，点前点后的侧缘均成直线式收狭，盘区具中纵沟（雌性更明显）。鞘翅基部显宽于前胸背板，鞘翅从基部 1/3 开始，呈弧状外扩，至端部呈弧状收狭，两翅汇合处不合拢，呈两弧形裂开。

分布：河北、辽宁；俄罗斯（远东地区），日本。

79．拟步甲科 Tenebrionidae

(311) 中华琵甲 *Blaps* (*Blaps*) *chinensis* Faldermann, 1835（图版 XXI：8）

识别特征：体长 18.0～20.0 mm，宽 6.5～7.0 mm。细长，较隆起；黑色，有绸缎状光泽。头部和前胸背板散布极小的稀疏浅刻点，上唇窄而前缘略凹。前胸背板长和宽约相等，有背中线；盘区密布小刻点，两侧近于直，前端较窄；前角钝圆，后角尖。略向后凸出。鞘翅刻点较醒目，有 8 条明显的纵纹；前胸腹板非常独特，在前足基节之间有明显的沟，腹突向后水平地伸直，端部具尖，不在基节后方弯折。足细长，胫节瘦而直，跗节下面有短毛。

检视标本：1 头，围场县木兰围场林管局，2015-IX-10，郭欣乐、王霞采。

分布：华北、辽宁、山西、山东、河南、陕西、甘肃、宁夏、江苏、湖北。

(312) 达氏琵甲 *Blaps* (*Blaps*) *davidis* Deyrolle, 1878（图版 XXI：9）

识别特征：体长 18.0～23.0 mm，宽 8.0～11.5 mm。宽卵形，黑色有弱光。上唇长方形，前缘略凹，具毛列及刻点；颊椭圆形；唇基前缘直截，与侧缘夹角为钝形；头顶有稠密弱点。触角第 2—6 节圆柱形，第 7 节阔三角形，均有短刚毛，第 8—10 节近球形，末节不规则卵形，前半部有稠密棕色短毛及少量长毛。前胸背板方形，前缘凹陷，饰边不完整；侧缘圆弧形，饰边完整；基部中间直，两侧弱弯；盘区略拱起，中沟有或无，有刻点及皱纹，四周低陷；前角、后角较尖。小盾片裸露三角形。鞘翅前端与前胸背板连接处有小粒点；侧缘向端部弧形收缩，饰边完整，背面可见其全长；翅面稍扁平，有明显皱纹，中缝明显或不明显；雄性翅尾长约 2.0～3.0 mm，雌性短但明显可见；假缘折有杂乱的刻纹及小粒点。前足腿节棍棒状，端部收缩，其下侧外缘棱线弱弧形隆起，胫节内侧粗糙；中、后足胫节有稠密刺毛，端距尖锐；后足第 1 跗节不对称，远长于第 2、3 节之和。

取食对象：麸皮、饲料、小麦、黄豆渣、黄米、柠条豆荚、茅草、苜蓿等。

检视标本：3 头，围场县木兰围场五道沟梁头，2015-VI-30，马莉采；1 头，围场县木兰围场八英庄光顶山，2015-VIII-11，马莉采；1 头，围场县木兰围场山湾子苗圃，2015-VII-20，宋烨龙采；1 头，围场县木兰围场车道沟，2016-VII-26，王祥瑞采。

分布：华北、陕西、宁夏。

(313) 油泽琵甲 *Blaps* (*Blaps*) *eleodes* Kaszab, 1962

识别特征：体长 15.0～16.0 mm，宽 6.5～7.0 mm。长卵形，亮黑色。上唇近方形，前缘直，被棕色长毛；唇基前缘弧凹，侧缘与颊间钝凹，刻点细疏；额唇基沟角状拱弯；头顶略拱，刻点疏细。触角向后长达前胸背板基部。前胸背板宽略大于长；前缘直，无饰边；侧缘前面 1/3 最宽，向前后浅收缩，近基部几乎平行，具细饰边；基部近于直，无饰边；前角圆钝，后角直角形；盘区略隆起，有稀疏细刻点。小盾片隐藏。鞘翅长卵形；基部与前胸背板基部近等宽；侧缘圆弧形，中部最宽，背观仅基部饰边可见；盘区扁平，基部略隆起，刻点细密；无翅尾，少数尖圆形。足细长，腿节基半部具稠密金黄色毛；后足胫节弱"S"形，中后部内侧具稠密金黄色直毛；后足跗节长。

分布：河北。

（314）弯齿琵甲 *Blaps (Blaps) femoralis femoralis* (Fischer von Waldheim, 1844)（图版 XXI：10）

识别特征：体长 16.0～22.0 mm。中等长度，黑色，无光泽或有弱光泽。横椭圆形，几乎无缺刻；唇基前缘中部较直并有棕色毛，两侧弱弯，稍隆起；头顶有刻点；头上刻点不明显或只在前缘明显，唇基沟浅凹。触角顶部有棕褐色毛区，末节不规则尖卵形，前面大部分为棕褐色毛区。前胸背板方形；前缘深凹和无边；侧缘基半部直，端半部收缩，具饰边；基部较直，无饰边；前角圆，后角直角形；盘被均匀圆刻点，侧缘低凹。前胸背板有纵皱纹，前胸腹突中间浅凹，其折下部分的顶端直角形弯曲并具毛。鞘翅侧缘长圆弧形，中间最宽，饰边前面 1/3 由背面可见；背面密布扁平横皱纹；背面圆拱，从背面观鞘翅端部三角形，雄性翅尖短小，在雄性几乎不明显，翅尖背面具沟。前足腿节下侧端部有发达的沟状齿；中足腿节的齿很钝；前足胫节直，端部不变粗；中、后足胫节端部喇叭状；后足胫节弯曲。雄性腹部在第 1、2 腹节间有锈红色刚毛刷，第 1 腹板前缘的凸出部分布横皱纹，其两侧及第 2、3 节有细纵皱纹，端部 2 节有细刻点。有些个体翅上的皱纹变为粒突，尤其在翅的后端。

分布：河北、内蒙古、山西、陕西、甘肃、宁夏；蒙古。

（315）皱纹琵甲 *Blaps (Blaps) rugosa* Gebler, 1825（图版 XXI：11）

识别特征：体长 15.0～22.0 mm；宽 7.5～10.0 mm。长椭圆形，较宽；黑色并有弱光泽。从头部向鞘翅的 2/3 处略扩展；上唇长方形，前缘凹入并有稠密的棕色刚毛；头顶中间隆起，有稠密粗刻点；复眼横形，前颊向前变窄；背面密被粗刻点，唇基缝明显；上唇有细毛。触角第 4—6 节短，长宽近于相等，第 3 节最长，第 7 节粗圆柱形，第 8—10 节横圆球形，末节不规则卵形，端部 4 节前端被黄褐色感觉毛。前胸背板方形，宽大于长 1.2 倍；前缘弧凹，两侧具饰边；侧缘前端略缩，中后面近于平行，饰边细而完整；基部近于直截，无饰边；后角向后略凸出。鞘翅有明显的横皱纹和颗粒，长大于宽 1.4 倍；两侧长圆弧形，仅基部饰边由背面可见；翅尾前陡峭下沉。前足胫节直，外端部略扩大，端距扁，顶钝。

检视标本：2 头，围场县木兰围场五道沟林博园，2015-VI-02，刘浩宇采；3 头，围场县木兰围场五道沟梁头，2015-VI-30，张思生采；1 头，围场县木兰围场龙头山，2016-VII-02，蔡胜国采；1 头，围场县木兰围场五道沟，2016-VII-08，张思生采。

分布：河北、内蒙古、吉林、辽宁、陕西、宁夏、甘肃、青海；蒙古，俄罗斯（西伯利亚）。

(316) 原齿琵甲 *Itagonia provostii* Fairmaire, 1888（图版 XXI：12）

识别特征：体长 10.0～11.0 mm。卵形，亮黑色，口须及触角棕褐色。唇基前缘宽凹；前颊弧弯，其外缘窄于复眼；背面具深圆刻点和稠密纵皱纹；上唇横阔，前缘浅凹，被橙黄色缘毛；刻点同头部。触角向后达到前胸基部。前胸背板近梯形，两侧中部最宽；前、后缘较直，仅两侧具饰边，后角宽直角；背面拱起，具细中线，盘区有稀疏小刻点；侧板布粗糙长皱纹。前足基节间的腹突驼背状弯曲，端部圆阔和略水平状伸出，表面中间有深凹。鞘翅尖卵形，侧缘长圆弧形，中后部最宽，饰边细翘；背面纵向拱起，中缝凹陷，翅面布粗糙横皱纹和圆形、长圆形浅刻点；前足腿节短，端齿外侧直立；胫节大端距长于第 1 跗节；前、中足跗节的第 1—4 节下侧端部具棕红色毛丛；中、后足胫节内端距大于外端距。

分布：华北、宁夏。

(317) 瘦直扁足甲 *Blindus strigosus* (Faldermann, 1835)

识别特征：体长 7.0～9.0 mm，宽 3.8～3.9 mm。长卵形，扁平，雌性略较雄性大；亮黑色，体下侧 1 层白色絮状物；口须、触角端部及跗节棕红色。唇基前缘浅凹；触角端部 4 节外侧布棕黄色毛；前胸背板横宽，近于梯形和扁平，两侧基部最宽，中部之前较强地收缩，侧缘具细边，盘区密布长卵形刻点，中间刻点疏小，向侧区渐变粗，侧板内侧密布长条纹，外侧光滑。鞘翅 9 条刻点行，行上刻点深大，行间密布小刻点。前足胫节向前较强地变粗，外缘直，前端直角形，内缘弱弯，前端凸出，跗节基部 3 节下侧具棕黄色毛垫；中、后足胫节直。雄性前足跗节基部 3 节显宽。

分布：河北、北京、天津、内蒙古、辽宁、湖北、台湾；蒙古，俄罗斯（远东地区），朝鲜，日本。

(318) 网目土甲 *Gonocephalum reticulatum* (Motschulsky, 1854)（图版 XXII：1）

识别特征：体长 4.5～7.0 mm，宽 2.0～3.0 mm。锈褐色至黑褐色，前胸背板两侧浅棕红色。头部和前胸前角近等宽，刻点粗；唇基沟深凹，上唇宽大于长 1.5 倍，两侧圆，各 1 棕色长毛束。触角向后长达前胸背板中部，第 3 节长于第 2 节 1.5 倍，端部 4 节锤状。前胸背板宽大于长 2.0 倍，侧缘圆形并有少量锯齿，后角之前略凹；盘区密布粗网状刻点和少量光滑粒点，其中 2 瘤突明显；侧缘边宽扁；后角尖直角形。鞘翅两侧平行，长大于宽 1.6～1.7 倍；刻点行细而显著，行间光亮，盘上密布黄色弯毛，刚毛从刻点中间伸出；行间有 2 排不规则毛列，行上刚毛出自刻点中间。前足胫节外缘锯齿状，末端略凸出，前缘宽度与第 1—3 跗节长度之和相等。

分布：华北、东北、西北；蒙古，俄罗斯（远东地区），朝鲜。

（319）扁足毛土甲 *Mesomorphus villiger* (Blanchard, 1853)（图版 XXII：2）

识别特征：体长 6.5~8.0 mm；宽 2.5~3.0 mm。细长，两侧略平行，黑褐色或棕色，无光泽，被稀疏灰黄色长伏毛，触角口须及跗节略带棕红色。唇基前缘中间深凹；头背面布毗邻的较大脐状刻点，每 1 刻点着生 1 黄色长毛。触角向后不达前胸背板基部，第 8—10 节扁阔，顶节倒梨形。前缘弧形浅凹，两侧有饰边；侧缘有完全饰边，宽圆形弯曲，基部略前处最宽；基部 2 湾状，两侧有细沟；前角钝角形，后角近于直角形；背板宽隆，具有大小两种圆刻点，并着生长黄毛。小盾片半六角形，布刻点。鞘翅基部与背板基部等宽，向后略变宽，翅布细刻点行，行间近于扁平，刻点小而稀疏，并长 1 黄色长毛。前足胫节向端部渐变宽，端部宽等于其前 2 个跗节的宽度之和，外端齿略尖，跗节不宽，下侧有海绵状长毛；后足基跗节与末跗节等长。

取食对象：米、小麦、玉米、稻谷、麸皮、豆饼及各种储藏品。

分布：华北、东北、华南、西北地区东部；朝鲜半岛，日本，热带非洲，亚洲，阿富汗，印度，菲律宾，萨摩亚群岛，澳大利亚。

（320）类沙土甲 *Opatrum subaratum* Faldermann, 1835（图版 XXII：3）

识别特征：体长 6.5~9.0 mm；宽 3.0~4.5 mm。椭圆形，短粗，黑色，略具锈红色，无光泽；触角、口须和足锈红色，腹部暗褐色略具光泽；唇基前缘中间有三角形深凹，两侧角弧形弯曲。触角向后伸达前胸背板中部。前胸背板横宽，中后部最宽；前缘深凹，中间宽直，两侧具饰边；侧缘前面强烈收缩；前角钝圆，后角直角形；基部中叶凸出，两侧浅凹；盘区隆起，粒点均匀分布，两侧扁平。鞘翅基部与前胸背板等宽，行间隆起，各行间有 5~8 个瘤突，行及行间布细粒。前足胫节端外齿凸出，前缘宽于基部 4 个跗节的长度之和；后足末跗节显长于基跗节。

取食对象：针茅草、苜蓿、柠条、碎粮、油渣、麸皮、饲料、瓜类、高粱、麻类、苹、梨、甜菜等。

分布：华北、东北、西北、江苏、上海、安徽、浙江、福建；蒙古，俄罗斯，哈萨克斯坦。

（321）多点齿刺甲 *Oodescelis punctatissima* (Fairmaire, 1886)（图版 XXII：4）

识别特征：体长 11.0~12.5 mm，宽 6.0~7.0 mm。黑色，光亮；头宽阔，刻点粗密；唇基前缘直，唇基沟略凹；额扁平，刻点粗密。触角向后达到前胸背板基部，第 2—9 节短圆柱形，第 10 节近球形，末节尖卵形。前胸背板横阔，基部最宽，向中部近于直，端部强烈收缩；前缘深凹，近于半圆形；侧缘饰边粗；后缘近于直；前角尖角形，后角锐直角形；盘区布长圆形粗密刻点，侧缘纵向拉伸。前胸腹突弱尖角形。鞘翅基部宽于前胸背板基部，中部最宽，饰边由背面可见中部；翅面刻点粗大，比前胸背板的圆而分散。雄性腹部前 2 节有虚弱环状毛。前足腿节有锐齿，胫节从基部到中部均匀变粗；后足腿节内侧具稠密长毛；雄性前、中足第 1—4 跗节扩展。

检视标本：1头，围场县木兰围场五道沟梁头，2015-VI-30，马莉采。

分布：华北、山东、河南、陕西、宁夏、甘肃、台湾、四川。

（322）短体刺甲 *Platyscelis brevis* **Baudi di Selve, 1876**（图版 XXII：5）

识别特征：体长 8.0～13.0 mm，宽 4.5～7.0 mm。黑色，弱光泽。头横阔，唇基前缘直，唇基沟平坦；额弱拱，背面有较密粗刻点。触角向后达到前胸背板基部，第2—8节长圆柱形，第9—10节近球形，末节尖卵形。前胸背板横阔，基部之前最宽，由此向基部微缩，向端部强缩；前、后缘近直；两侧具细饰边，基部至中部弱扁；前角钝角形，后角近直角形；盘区中间刻点粗且稀疏，渐向侧缘变粗密。前胸腹突尖角形。鞘翅长卵形，较拱，基部略宽于前胸背板基部，中部最宽；侧缘饰边较粗，由背面可见中部；翅面具粗密浅刻点及模糊的纵肋，渐向侧缘和端部变为皱纹状。腹部无凹陷。前足胫节外缘棱边不尖锐，端部显粗；雄性前、中足第1—4跗节扩展。

检视标本：18头，围场御道口，2004-VI-18，高超采；1头，木兰围场查字，1288 m，2015-V-27，李迪采；1头，围场五道沟，1720 m，2015-VI-30，李迪采；3头；围场赛罕坝宝石沟，1189 m，2015-VI-1，单军生采；1头，围场赛罕坝白水，1510 m，2015-VI-26，方程采。

分布：河北、东北、内蒙古、山西、山东；蒙古，俄罗斯。

（323）李氏刺甲 *Platyscelis* (*Platyscelis*) *licenti* **Kaszab, 1940**

识别特征：体长 10.5～11.0 mm；宽 6.0～6.6 mm。亮黑色。头部刻点稠密，以唇基沟最明显；唇基前缘直截。前胸背板横阔，以基部最宽；前缘直；侧缘由基向到端部弯缩；基部中间弱弯；前角钝圆，后角直角形；盘区横向强烈隆起，基部至中间扁平；刻点小，在侧缘变为长皱纹，靠近侧缘变为细密和杂乱。鞘翅短卵形，基部几乎不比前胸背板宽，中部稍扩；侧缘饰边窄，背观可见其达到中部之后，无纵肋痕迹；盘上刻点粗密。腿节短粗；前足胫节外缘直，端部直角形，内侧略弯，下侧强烈凹陷；后足胫节直；雄性前足跗节粗；中足跗节弱扩。腹部无凹和光裸。

检视标本：6头，河北围场赛罕坝洪水，1799 m，2015-VI-28，单军生，方程采；2头，围场赛罕坝小梨树沟，1737 m，2015-VII-15，单军生，方程采。

分布：河北、内蒙古。

（324）心形刺甲 *Platyscelis subcordata* **Seidlitz, 1893**（图版 XXII：6）

识别特征：体长 9.0～9.5 mm，宽 5.5～6.0 mm。黑色，具弱光泽。头宽阔，刻点粗密；唇基前缘直，唇基沟几乎不凹，具稀疏刻点且在复眼间彼此纵向汇集；额扁平，有较密粗刻点；触角向后伸达前胸背板基部。前胸背板横阔，中部之后最宽，向前强烈、向后近平行地收缩；前缘深凹，两侧弯曲具饰边，基部近于直；前角钝，后角近于直；盘区刻点稀疏，渐向侧缘、基部变粗变密且几乎相互连接。鞘翅中部最宽，饰边由背观仅见其端部；翅面布不规则圆形粗刻点，刻点在侧缘几乎连接。前胫节端部略向外扩展，下侧凹；雄性的前、中足第1—4跗节扩展。

分布：河北、北京、黑龙江、辽宁、山西、山东、宁夏。

(325) 绥远刺甲 *Platyscelis (Platyscelis) suiyuana* Kaszab, 1940 （图版 XXII：7）

识别特征：体长 11.0～15.0 mm；宽 6.0～8.5 mm。黑色，光泽弱。头部横阔，刻点粗密；唇基前缘直截。触角向后达到前胸背板基部。前胸背板宽于长 1.7 倍，基部最宽；前缘近直；两侧由基部向端部渐缩，具细饰边；基部近直；前角钝角形，后角锐或直角形；盘区中间布稀疏小刻点，渐向侧缘变为粗密，稀见纵向汇合者。鞘翅基部几乎不比前胸背板宽，中部最宽，饰边较粗，背观可见其全部；盘上密布粗刻点，端部夹杂稠密细皱纹。前足胫节向端部骤然变粗，外缘直，端圆，内侧较扁，下侧凹陷；中足胫节弱弯；后足胫节基部近直；雄性前、中足第1—4跗节扩展。腹部光裸无压迹。

检视标本：1头，围场县木兰围场龙潭沟，2016-VIII-18，张润杨采。

分布：河北、内蒙古、山西、河南、陕西、甘肃、宁夏。

(326) 大卫邻烁甲 *Plesiophthalmus davidis* Fairmaire, 1878 （图版 XXII：8）

识别特征：体长 16.0 mm。黑色，长卵形，强烈隆起。头部几乎垂直于前胸背板，并深深插入其中；唇基大多横宽；颊钝突；眼大，靠近下颚须端节扩大。触角丝状，细长。前胸背板梯形，基部最宽；背面明显昏暗，昏暗，下侧发光。前缘有饰边，小盾片三角形。鞘翅隆起，有刻点线，沿内缘具细边。腹部通常宽盾形。雄性肛节端部凹。足细长，前足腿节具齿，雄性前足胫节多少延长，向内弯曲，端部内侧大多变粗跗节长，各节从基部向端部（倒数第1节除外）逐渐缩短；爪镰刀状，尖锐。

分布：河北、北京、河南、湖北；俄罗斯，韩国，朝鲜。

(327) 杂色栉甲 *Cteniopinus hypocrita* (Marseul, 1876) （图版 XXII：9）

识别特征：体长 11.0～13.0 mm；宽 3.5～4.5 mm。窄长，前胸背板、鞘翅及足黄色，其余褐色至黑色。上唇近正方形，前缘凹，色浅，周缘具浅色长毛，头顶疏布具黑毛细刻点；唇极端部栗色，侧缘具浅色长毛，中部布具毛刻点。触角长达鞘翅中部，末节端部浅色；口须深色，端节端缘浅色。前胸背板近梯形，较窄，由基部向前缓慢收缩；端缘与基缘具饰边，侧缘近基部饰边可见，向前近乎无，基缘2道浅湾；盘区拱起，密布黄毛和细刻点；纵中近基部具圆凹。小盾片近舌状，基半部与边缘深色，端半部黄色，布纵皱纹与绒毛。鞘翅窄长；饰边与中缝栗色；盘区密布伏毛；行间扁拱。足的基节、转节黑色，腿节、胫节黄色，跗节色略深，被深色毛，距与爪较细长。前胸背板黄色或中部深色，腹板深色密布长毛。

取食对象：成虫取食植物花粉。

分布：河北、东北、河南、陕西、甘肃、湖北、四川、贵州、西藏；俄罗斯，日本。

（328）黑足伪叶甲 *Lagria atripes* Mulsant & Guillebeau, 1855（图版 XXII：10）

识别特征：体长 8.0～8.9 mm。横宽，前体黑色，触角、中胸小盾片和足黑褐色，鞘翅褐色；被长且直立的黄色茸毛。头部窄于前胸背板，下颚须末节锥形，上唇、唇基前缘弧形凹，额唇基沟深，长弧形；额侧突基瘤不发达，额不平坦，布粗密刻点，头顶不隆起；颊短，眼后发达；复眼细长，眼间距为复眼横径的 2.0 倍。触角仅伸达鞘翅肩部，触角节简单，第 3—10 节逐渐变短变粗，末节稍大于其前 2 节长度之和。前胸背板刻点粗密，中间具深的纵扁凹；两侧基半部收缩，前、后角凸出不明显。鞘翅宽阔，刻点甚密，刻点间距约为 1 个刻点的直径，翅缝隆起；肩部隆起；鞘翅饰边除肩部外其余可见；缘折常形。

检视标本：1 头，围场县木兰围场北沟，2016-VII-06，马晶晶采；1 头，围场县木兰围场燕伯，2016-VII-14，马晶晶采。

分布：河北、宁夏；俄罗斯，伊朗，土库曼斯坦，土耳其，欧洲。

（329）多毛伪叶甲 *Lagria hirta* (Linnaeus, 1758)（图版 XXII：11）

识别特征：体长 7.5～9.0 mm。前面黑色，触角、中胸小盾片和足黑褐色，鞘翅褐色，较光亮，但触角鞭节光泽较弱；头、前胸背板被直立的深色长毛，鞘翅被半直立的黄色长茸毛。头部与前胸背板约等宽，额唇基沟深，长弧形；额侧突基瘤不发达，额不平坦，布稀疏的粗刻点；复眼间距与复眼横径约相等。触角向后远超过鞘翅肩部，第 3—10 节渐粗，末节端部尖削，长约为其前面 3 或 4 个节的长度之和。前胸背板刻点稀小，有些个体的前胸背板中间具浅纵凹，基部 1/3 两侧有横凹；基半部收缩，前、后角凸出不明显。鞘翅细长，平坦，有不明显的纵脊线，刻点小而杂乱，刻点间距约为 1～3 个刻点的直径；鞘翅饰边除肩部外其余可见。

分布：河北、天津、黑龙江、河南、陕西、宁夏、甘肃、四川；俄罗斯（东西伯利亚），伊朗，伊拉克，以色列，塞浦路斯，塔吉克斯坦，乌兹别克斯坦，土库曼斯坦，哈萨克斯坦，土耳其，摩洛哥，阿尔及利亚。

（330）黑胸伪叶甲 *Lagria nigricollis* Hope, 1843（图版 XXII：12）

识别特征：体长 6.0～8.8 mm。细长，头胸部黑色，触角、中胸小盾片和足黑褐色，鞘翅褐色，光泽较强，但触角鞭节光泽较弱；头、前胸背板被深色长直毛，鞘翅被黄色半直立长毛。头窄于或等宽于前胸背板；上唇和唇基前缘浅凹，额唇基沟深，长弧形；头顶平坦；眼间距为复眼横径的 1.5 倍。触角的端部长过鞘翅肩部，第 3—10 节渐变为粗短，末节端部弯曲，约等于或略短于其前 5 节的长度之和。前胸背板刻点稀小，有些个体中区两侧 1 对凹；两侧基半部略缩；前、后角圆形。鞘翅有不明显纵脊线，刻点较稀疏，刻点间隔约为 4 个刻点的直径；肩部隆起；侧缘饰边除肩部外其余可见。

分布：河北、辽宁、新疆、福建、华中、重庆、四川；朝鲜，日本，俄罗斯（东西伯利亚）。

（331）东方小垫甲 *Luprops orientalis* (Motschulsky, 1868)

识别特征：体长 9.5 mm，宽 4.0 mm。细长，倒卵形，较凸起；栗褐色，鞘翅色较淡，具光泽和细绒毛。唇基隆起并被 1 条深横沟将其和额分开；头背面散布粗刻点。触角粗长，渐向端部变宽，第 3 节比第 4 节稍长，以后各节短圆锥形，末节粗并呈卵形。前胸背板长方形；前半部圆宽，后半部收缩；后角较显；基部长直并具细饰边；盘区扁拱，刻点明显。小盾片半圆形并有若干刻点。鞘翅长是前胸背板长的 4.0 倍，两侧基部近平行，向中后部扩展，翅尖圆形；肩瘤圆；盘区稍扁，刻点稀疏且小而易见，行上模糊。前胸腹板尖端粗，基节之间具痂。胫节直；跗节下侧密被黄毛；后足第 1 跗节长是第 2、3 节之和。

取食对象：芦苇、草帘、粮粒。幼虫除取食小麦胚部和剥食小麦的皮层外，甚至可吃掉整粒小麦。

分布：河北、东北、内蒙古、山东、江苏、安徽、浙江、江西、湖南、华中、广西、云南、四川、贵州；朝鲜，日本。

（332）纵凹东鳖甲 *Anatolica externecoastata* Fairmaire, 1888

识别特征：体长 11.0～13.0 mm，宽 4.0～5.5 mm。宽卵形，黑色，无光泽。唇基前缘直，侧缘斜直，与颊间弱弧凹；前颊圆弧形，较眼窄；眼稍后突，外缘圆，与后颊间宽弧形，内、后缘间圆锐，眼褶不明显；后颊向后弱弧形收缩；头顶平坦，布稠密且近于汇合的圆刻点。触角长达前胸背板基 1/3，末节尖卵形。前胸背板方形；前缘弱弧凹，饰边中断；侧缘宽弧形，端 1/3 最宽；基部两侧直，中间稍后突，饰边细；前角尖锐、后角圆直稍钝角形；盘平坦，稠密的圆刻点近汇合。前胸侧板具稠密皱纹状粒突；腹板具小刻点，部分汇合，腹突在基节间深细纵凹，不向后凸出；中、后胸腹板和腹部的刻点楔形且稠密。鞘翅宽卵形，基部直，仅肩部具饰边，肩钝角形前伸；侧缘中间偏后最宽；翅背圆隆，具 2 条浅扁凹，刻点长而稠密。各足胫节粗短，向端部均匀膨大，端距细小。

分布：河北、北京、内蒙古。

（333）蒙古高鳖甲 *Hypsosoma mongolica* Ménétriès, 1854 （图版 XXIII：1）

识别特征：体长 9.0～11.0 mm；宽 4.0～5.0 mm。尖卵形，略扁，漆黑色，发亮。唇基前缘直截，侧缘和前颊弱弧形；头顶平坦，触角之间 1 对凹，刻点圆形自端部向基部渐变为长卵形，在眼后则为卵圆形。触角向后长达前胸背板基部 1/4，内缘弱锯齿状，末节扁卵形。前胸背板横阔；前缘宽凹，饰边中断；侧缘圆弧形，近基部直缩；基部弱双弯状；前角尖钝，后角尖直角形；中线窄，盘上有稠密的椭圆刻点。小盾片小。鞘翅近卵形；基部弱弯，饰边完整；侧缘 3 条纵脊并在端部消失；盘区平坦，刻点卵形，间距与其距自身大小近相等，脊沟模糊，向端部渐消失。腹部隆起，刻点疏浅。前足胫节外侧端部弱角状,端距粗短。

分布:华北、辽宁、河南、陕西。

(334)暗色圆鳖甲 *Scytosoma opacum* (Reitter, 1889)(图版 XXIII:2)

识别特征:体长 8.5～10.0 mm,宽 3.0～4.5 mm。体长卵形,黑色,无光泽。头部横阔;唇基隆起,前缘直,与颊间凹清楚;前颊在眼前平行,较眼窄;眼卵形,眼褶弱隆;后颊向后弱收缩;刻点在唇基圆形、在余部卵形,均较其间距大,部分纵向汇合。触角长达前胸背板基部,内侧锯齿状;第 6—10 节倒梯形,末节近菱形。前胸背板与翅等宽或稍窄;前缘弧凹,饰边在中间变弱或断开;侧缘圆弧形,端 1/3 最宽,近基部略直,饰边细;基部弱双弯状,雄性两侧具饰边、雌性无饰边;前角直、后角圆钝角形;盘稍拱,无中线,稠密的长卵形刻点较其间距宽,部分纵向汇合;前胸侧板纵长棘粒突稠密;中、后胸腹板的具毛小刻点稀疏均匀。小盾片短舌状。鞘翅卵形;基部强烈弯曲,肩角直立;缘折粗糙;翅背鲨皮状,翅肋可见,翅缝凹陷,布稠密的小颗粒并向后渐消失。足细短;前足胫节下侧粗糙,仅端部膨大。

分布:华北、宁夏。

80. 郭公甲科 Cleridae

(335)胸突奥郭公 *Omadius tricinctus* (Gorham, 1892)

识别特征:体长 7.5～11.0 mm。暗棕褐色,前头隆起钝。触角 11 节,近棍棒状,端部 3 节稍膨大。前胸筒状,前、后缘平直;侧缘弧凸,后角前内凹;密覆细毛。鞘翅肩胛明显,两侧平行,唯翅端 1/3 稍外凸,翅端椭圆形;翅面刻点沟列明显,沟间平。两翅基部 1/3 具 1 个细颈瓶状浅斑;翅端各具 1 椭圆形浅斑。足腿节暗棕褐色,胫、跗节色浅。

分布:河北、台湾;不丹。

(336)莱维斯郭公 *Thanasimus lewisi* (Jacobson, 1911)(图版 XXIII:3)

识别特征:体长 7.0～10.0 mm。头、前胸背板黑色,密布刻点和细毛。头中间具弱隆起。前胸背板中纵线呈平滑状。鞘翅肩胛明显,两侧平行,两翅端弧状汇合;刻点沟列明显,沟间平密布小刻点;鞘翅基部 1/3 呈赤色;余 2/3 呈黑色,在黑色区的端 1/3 具窄白横带。鞘翅的赤色区多变异,有的赤色消失。

取食对象:木材害虫。

分布:河北、北京、吉林、山东、河南、宁夏、青海;韩国,日本。

(337)中华毛郭公甲 *Trichodes sinae* Chevrolat, 1874(图版 XXIII:4)

识别特征:体长 9.0～18.0 mm。头部和前胸深蓝色,具金属光泽,下唇须、下颚须及触角基部黄褐色。鞘翅红色,各鞘翅最基部具 1 半圆形小黑斑;鞘翅基部 1/3、端部 1/3 和末端各具 1 黑色横纹,基部 1/3 或端部 1/3 的横纹可能在中缝处中断从而形成不连续的左右黑斑，下侧深蓝黑色。与大卫毛郭公的区别在于，个体较小，雄性腿节不膨大，鞘翅基部 1/3 或端部 1/3 各具 1 黑斑外，最基部和最端部还各具 1 黑斑（最基部的黑斑非常小）；且中国东部和中部的种群，鞘翅基部 1/3 和端部 1/3 的黑斑通常在左右翅形成连续的横纹，雄性腿节不膨大，雄性胫节端部具 2 距。

取食对象：胡萝卜、蚕豆、榆树等植物花粉。

检视标本：3 头，围场县木兰围场城，2015-VI-28，蔡胜国采；1 头，围场县木兰围场种苗场查字，2015-VI-27，马莉采；1 头，围场县木兰围场五道沟场部院外，2015-VII-07，李迪采；2 头，围场县木兰围场五道沟，2015-VIII-06，蔡胜国采；3 头，围场县木兰围场新丰挂牌树，2015-VII-14，宋烨龙采；9 头，围场县木兰围场山滦子大素汰，2015-VII-29，蔡胜国采；2 头，围场县木兰围场四合水头道川，2016-VI-29，赵大勇、马莉采。

分布：华北、吉林、辽宁、陕西、甘肃、青海、宁夏、江苏、上海、安徽、浙江、江西、福建、华中、广东、广西、重庆、四川、贵州、云南、西藏；蒙古，俄罗斯，朝鲜。

81. 露尾甲科 Nitidulidae

（338）细胫露尾甲 *Carpophilus delkeskampi* Hisamatsu, 1963

识别特征：体长 2.0～4.0 mm，宽 1.5～2.0 mm。倒卵形，显隆，两侧明显向外扩展；淡至暗栗褐色，极少黑色；密布细伏毛，光亮。触角 11 节，末 3 节锤状，第 2 节长于第 3 节。前胸背板宽大于长，侧缘弧形，基部显较端部宽。鞘翅基部与前胸背板基部近等宽，肩部和端部黄色至红黄色淡色斑不太明显，边缘界限较模糊，端部色斑外侧部分总是朝外侧后方逐渐缩小；有时雄性端斑较小且不明显，椭圆形至长卵形，位于翅缝两侧旁。臀板末端圆形（雄）或尖圆形（雌）。后胫节细长，基半部弱扩，端半部近平行。

取食对象：酒曲、曲胚、酒糟、酵母、菌类及腐败物。

分布：河北、北京、天津、甘肃、青海、新疆、山西、宁夏、福建、广东、广西、贵州、云南；日本，菲律宾。

（339）酱曲露尾甲 *Carpophilus hemipterus* (Linnaens, 1758)（图版 XXIII：5）

识别特征：体长 2.0～4.0 mm，通常长为宽的 2.0 倍，尤以雌性较为明显。鞘翅端部及肩部的黄色影斑较大，其黑色部分相对缩，边缘界限相当清晰，其外侧部分明显向外侧前方扩展，且特大，两性同形；中胸腹板具中纵脊和斜隆脊。后胸腹板上的中足基节窝基部线除两极端部分外，余和两基节窝之间的横线平行，自基节窝外侧约 1/3 向后弯，终于后胸前侧片基部 1/3。腹末 2 节背板外露于鞘翅末端。后足胫节自基部向端部明显扩大成长三角形；雌性臀板末端近平截状，雄性臀板末顶圆形。

取食对象：为害酒曲、曲胚、酒糟、酵母、菌类及腐败物质。

分布：河北等全国广布；世界广布。

（340）短角露尾甲 *Omosita colon* (Linnaeus, 1758)（图版 XXIII：6）

识别特征：体长 2.0~3.5 mm。较宽，近椭圆形，背面稍隆起；淡至暗赤褐色，光亮，密生细毛；每翅 7 淡红黄斑，基半部 6 圆形淡色小斑，端半部 1 黄色大斑，斑内还 1 暗色小圆斑。触角棒状部 3 节，大而连接紧密；触角沟宽而深，互相平行或基部略接近。前胸背板中部或基部 2/5 最宽，前缘深凹，前角向前显突，大而钝，基部 2 湾状；侧缘近弧形，宽阔平展且向上弯翘；中部基部端部各 1 较深宽凹，近基部 2/5 两侧缘各 1 狭纵凹。侧观臀板露外并垂直弯下。第 5 腹板基部略 2 湾，末端宽凹。

取食对象：生皮张、骨骼、玉米、高粱、谷子等禾谷类粮食。

分布：河北、东北、内蒙古、山西、山东、西北、江苏、浙江；蒙古，俄罗斯，朝鲜，日本，土耳其，欧洲，澳洲，新北区。

82．隐食甲科 Cryptophagidae

（341）远东星甲 *Atomaria lewisi* Reitter, 1877（图版 XXIII：7）

识别特征：体长 3.6~6.2 mm。棕黄至灰褐色。唇基前缘弧凸，复眼间的额上有横脊；眼缢缩。前胸背板前角钝，后角尖锐；侧缘弧凸无黑纹，基部中段直，两侧弧凹；盘区中部隆脊，两侧凹凸不匀。小盾片半圆形。鞘翅长椭圆形，基部直，肩角直角状；两侧微弧凸，末端弧窄；翅面布不规则的云状黑褐斑，行间微突，缝肋宽隆起。

取食对象：仓库内发霉食物。

分布：河北、北京、天津、东北、内蒙古、山东、河南、陕西、宁夏、甘肃、青海、江苏、上海、安徽、浙江、湖北、福建、台湾、广东、广西、四川、贵州、云南；蒙古，俄罗斯，朝鲜，日本，印度，尼泊尔，不丹，阿富汗，伊朗，塔吉克斯坦，乌兹别克斯坦，吉尔吉斯斯坦，哈萨克斯坦，欧洲。

83．叶甲科 Chrysomelidae

（342）十四斑负泥虫 *Crioceris quatuordecimpunctata* (Scopoli, 1763)（图版 XXIII：8）

识别特征：体长 5.5~7.5 mm，宽 2.5~3.2 mm。棕黄至红褐色，具黑斑。唇基三角形，基半部纵隆；头顶微隆，中间有细纵沟，两侧有刻点及稀毛。触角粗短，念珠状。前胸背板方形，前缘向前拱，两侧圆弧或稍膨，基部微窄，后缘微拱；基部横凹浅，中间有短纵凹；刻点均匀、浅细。小盾片舌形。鞘翅基部内侧稍隆，刻点行整齐，行距较平坦，基部刻点较大。

取食对象：禾草类。

分布：河北、北京、黑龙江、吉林、内蒙古、山东、江苏、浙江、福建、台湾、广西、云南；俄罗斯，日本，哈萨克斯坦。

(343) 鸭跖草负泥虫 *Lema diversa* (Baly, 1873)

识别特征：体长 4.8～6.0 mm，宽 2.0～3.0 mm。长形，下侧、头的大部分、触角和足黑色；头顶、颈部和体背黄褐或红褐色，有时腹节两侧、端部或大部分黄褐或红褐色。头前半部具刻点，每刻点着生 1 银白色毛，上唇横形；额唇基长三角形；头顶和颈部光洁，前者微凸，具极细刻点。触角约为体长之半。前胸背板近于方形，两侧中部收缩较深，表面微拱凸，光亮，前端中间有浅凹，中间常有 2 行细小刻点，两前角有少量细刻点；侧凹后横沟清楚，沟中间 1 小凹窝。小盾片舌形，有时顶端较宽。鞘翅两侧较平直，基后凹不深，翅基半部刻点粗大，较稀，向翅端渐细，端末行距间隆起。雄性第 1 腹节中间有细隆线，有时隆线基部不很清楚，末端明显。

取食对象：鸭跖草、黄精及菊属植物。

分布：河北、北京、黑龙江、吉林、山东、华中、安徽、浙江、江西、福建、广东、广西、四川、贵州；朝鲜，日本。

(344) 红胸负泥虫 *Lema fortunei* Baly, 1859

识别特征：体长 6.0～8.2 mm，宽 3.0～4.0 mm。长形，具金属光泽；头、前胸和小盾片血红色；触角（基部第 1、2 节除外）、胫节和跗节黑色，偶红褐色，腿节红褐色，偶见后足或所有足黑色者；鞘翅蓝至蓝紫色，下侧黄褐至红褐色，有时后胸腹板黑色。后头强烈收缩，额唇基长三角形，额瘤很小，光亮无刻点和毛，头顶平，中间具或无短纵沟。触角丝状，稍粗。前胸背板长宽近于相等，两侧中部收缩，基缘中叶向后弯突；盘区隆起，光亮，横沟不显，其中间 1 凹窝；前角和横沟前有稀疏刻点，中间 2～3 刻点行不规则。小盾片横宽，被稀疏短毛。鞘翅基部隆起，刻点粗大，向后渐变小和稠密。下侧毛稀短。

取食对象：薯蓣属植物。

分布：河北、北京、山东、陕西、新疆、江苏、浙江、安徽、湖北、福建、台湾、广东、广西、四川；朝鲜，日本。

(345) 蓝翅负泥虫 *Lema honorata* (Baly, 1873)（图版 XXIII：9）

识别特征：体长 4.6～6.2 mm，宽 2.2～3.0 mm，具金属光泽；头、前胸血红色至红褐色；触角黑色；鞘翅蓝色或蓝紫色；小盾片、体下侧和足蓝黑色。头在眼后强烈收缩；上唇横形；额唇基呈长三角形，表面有稀疏的短毛；头顶中间具浅的短纵沟，但有时不明显，光亮几乎无刻点，毛极少。前胸背板近于圆柱形，长略大于宽，两侧中部收缩，基部之前的横沟较浅，沟前隆起，前角有少量细刻点，中间 2 行不明显。小盾片甚小，方形。鞘翅基部明显隆起，之后有浅凹，肩瘤甚突，无小盾片行，基半部刻点深大且稀疏，向后渐变浅、细，端部行间微隆。

取食对象：薯蓣属植物。

分布：河北、北京、山东、浙江、江西、福建、台湾、广西、云南；朝鲜，日本，越南北部。

（346）隆胸负泥虫 *Lilioceris merdigera* (Linnaeus, 1758)（图版 XXIII：10）

识别特征：体长 5.5～7.0 mm。背面褐黄色至褐红色，触角黑色，足深褐色，但是各节关连处及跗节背面黑色，小盾片基部有时黑色；前胸腹板、中胸全部、后胸腹板侧缘及侧板黑色；头部具稀疏的白色毛，后胸腹板外侧光洁，内侧毛极稀疏，后胸前侧片光洁，但周缘有毛。头与头颈间的横凹明显；额瘤不发达，表面光滑；头顶隆起呈桃状，中沟深，贯穿前后，侧缘有少量刻点；头颈部刻点粗密，基部更密。触角长度超过鞘翅肩胛。前胸背板近于方形，长宽接近，两侧缘中部内凹，基缘微突，表面隆起，前部中间 1 条粗纵沟，有时该沟向后伸过中部，基部 1 处浅凹，靠近基缘 1～2 条细横纹，两侧伸达侧凹；背板刻点极少，粗细不一，纵沟中 1 行粗刻点。小盾片舌形，端部稍狭，基半部微凹，两侧有刻点及毛。鞘翅较宽阔，基部隆起，其后有凹痕；刻点 10 行，基部、端部及近翅外缘的刻点稍大；有小盾片刻点行，其内侧 1 行细刻点直伸至翅后部。

分布：华北、东北、山东、湖北、浙江、福建、台湾、广西；蒙古，俄罗斯，朝鲜，日本，尼泊尔，欧洲。

（347）红颈负泥虫 *Lilioceris sieversi* (Heyden, 1887)

识别特征：体长 6.5～8.5 mm，宽 3.5～4.5 mm。头、前胸背板及小盾片棕红至褐红色；鞘翅蓝紫色，具金属光泽；触角、足及体下侧紫黑色，触角基部几节及足常带褐色。头顶中尖 1 条浅纵沟，沟两侧隆起。触角细，长度几乎达体长之半。前胸背板长大于宽，刻点分散，近前、基部较少，前部中间常 1 短纵行刻点。鞘翅基半部的刻点较端半部的大；行距平坦。

取食对象：小麦、穿龙薯蓣。

分布：河北、北京、吉林、黑龙江、浙江、福建；俄罗斯（远东地区），朝鲜。

（348）小麦负泥虫 *Oulema erichsoni* Suffrian, 1841

识别特征：体长 4.5～5.0 mm，宽 1.8～2.4 mm。背下侧深蓝色，有金属光泽，上唇、触角（第 1–3 节除外）及足接近黑色。头、触角及足具黄色毛，胸部下侧毛短，刻点粗大，稀密不匀，后胸腹板刻点较侧板的大。头具刻点，额唇基刻点粗密，头顶刻点有粗有细，后头上刻点极细，额瘤面光平。触角短粗。前胸背板长略大于宽，前缘较平直，基部微拱出，两侧于中部之后收狭，前角微凸出；基横凹不深，中间常 1 短纵沟，凹前明显隆起，刻点稀疏，中线有 2～3 行排列极不规则的刻点，在基凹前消失，其余刻点位于前缘、前角及基凹中，基凹的刻点较密，两侧凹面上有较密的粗横纹，纹间有刻点。小盾片近于梯形，基部稍宽，端缘有时微凹。鞘翅刻点行整齐，基部 1/4 微隆起，刻点亦较大；行距平坦，一般行距中尚有细刻点行，小盾片行的内侧，1 行小刻点。

分布：河北、黑龙江、内蒙古、新疆；蒙古，俄罗斯，日本，欧洲。

(349) 豆长刺萤叶甲 *Atrachya menetriesii* (Faldermann, 1835)（图版 XXIII：11）

识别特征：体长 5.0～5.6 mm，宽 2.7～3.5 mm。头顶刻点极细；额瘤前内角向前突。前胸背板侧缘较直，向前略膨阔；表面明显隆起，刻点由北方种向南方种渐密，雄性更明显。小盾片三角形，光滑无刻点。鞘翅刻点细密，雄性小盾片之后中缝处有凹。雄性腹部末节三叶状。后足胫节端部具较长刺，第 1 跗节长于其余 3 节之和，爪附齿式。

取食对象：柳属、水杉、甜菜、大豆、瓜类等。

检视标本：13 头，围场县木兰围场新丰苗圃，2015-VII-14，李迪采；1 头，围场县木兰围场孟滦碑梁沟，2015-VII-28，蔡胜国采；7 头，围场县木兰围场新丰挂牌树，2015-VIII-03，宋烨龙采。

分布：河北、黑龙江、吉林、内蒙古、山西、宁夏、甘肃、青海、江苏、浙江、湖北、江西、湖南、福建、广东、广西、四川、贵州、云南；俄罗斯，朝鲜，日本。

(350) 胡枝子克萤叶甲 *Cneorane elegans* Baly, 1874（图版 XXIII：12）

识别特征：体长 5.7～8.4 mm，宽 3.0～4.5 mm。头、前胸、中胸腹板、后胸腹侧片及足棕黄色或棕红色，触角黑褐色（基部数节黄褐色）；小盾片颜色有变异，有时淡色，有时暗色；鞘翅绿色、蓝色或紫蓝色。上唇宽稍大于长，额瘤大，隆突较高，近方形；前内角略向前伸；头顶光洁，几无刻点。触角略短于体长，第 3 节是第 2 节长的 2.0 倍，第 4 节明显长于第 3 节，第 5 节短于第 4 节但略长于第 3 节，以后各节大体与第 5 节等长；雄性触角在中部之后渐膨粗，末端第 2、3 节下侧扁平或凹。前胸背板宽为长的 1.5 倍，两侧弧圆，基缘较平直，表面稍突，无横沟，具极细的刻点。小盾片舌形，光洁无刻点。鞘翅缘折基部宽，端部窄，翅面刻点很密。雄性腹部末节顶端中间淡色，具 1 横片向上翻转。后足胫端无刺，爪附齿式。

取食对象：胡枝子。

检视标本：2 头，围场县木兰围场五道沟，2015-VIII-06，宋烨龙采；1 头，围场县木兰围场新丰挂牌树，2015-VI-08，张恩生采；1 头，围场县木兰围场大西沟，2015-VI-27，马莉采。

分布：河北、北京、东北、山西、陕西、宁夏、甘肃、江苏、安徽、浙江、湖北、江西、湖南、福建、台湾、广东、广西、四川；蒙古，俄罗斯（西伯利亚），韩国，朝鲜。

(351) 桑窝额萤叶甲 *Fleutiauxia armata* (Baly, 1874)（图版 XXIV：1）

识别特征：体长 5.5～6.0 mm；宽 2.5～2.8 mm。黑色；头的后半部及鞘翅蓝色，头前半部常为黄褐或者黑褐色；足有时杂有棕色；触角背面褐色，下侧棕色或淡褐色。雄性额区为 1 较大凹窝，窝的上部中间具 1 显著突起，其顶端盘状，表面中部具毛；

雌性额区正常。触角之间隆突，触角约与体等长。头顶微隆，光亮无刻点。前胸背板宽大于长，两侧在中部之前稍膨阔；盘区微突，两侧具1明显的圆凹，刻点细小。小盾片三角形。鞘翅两侧近于平行，基部表面稍隆，刻点稠密。雄性腹部末节三叶状，中叶近方形。前足基节窝开放。爪附齿式。

取食对象：桑、枣树、胡桃、杨树等。

分布：河北、东北、河南、甘肃、浙江、湖南；俄罗斯（东西伯利亚、远东地区），朝鲜半岛，日本。

（352）戴利多脊萤叶甲 *Galeruca dahlii vicina* (Solsky, 1872)（图版 XXIV：2）

识别特征：体长 8.5 mm。头部、触角、下侧及足呈黑色；前胸背板、小盾片及鞘翅呈黄褐色。头顶、角后瘤及额区布满刻点，头顶刻点显得更粗大；触角长不及鞘翅中部。前胸背板宽，侧缘基部窄，中部之后膨阔，侧缘内具侧沟，盘区布满粗大刻点，中部1侧凹，两侧各1侧凹，近中部较深；前后角皆钝圆形。小盾片半圆形，布较细刻点。鞘翅基部稍宽于前胸背板，肩角不很凸出；沿中缝及侧缘各1道脊，盘区各2道纵脊，直达端部；在中缝与盘区2脊之间的2区内，每区具4行刻点，其外刻点不甚规则。下侧布黄灰色毛，腹部末端缺刻状。前足基节窝关闭，爪双齿式，胫节外侧具脊。

取食对象：车前草科。

分布：河北、黑龙江、吉林、内蒙古、山西、湖南；俄罗斯，朝鲜半岛，日本。

（353）二纹柱萤叶甲 *Gallerucida bifasciata* Motschulsky, 1860（图版 XXIV：3）

识别特征：体长 7.0～8.5 mm，宽 4.0～5.5 mm。黑褐至黑色。头顶微凸，具较密细刻点和皱纹。触角有时红褐色；雄性触角较长，伸达鞘翅中部之后；雌性触角较短，伸至鞘翅中部。前胸背板宽，两侧缘稍圆，前缘明显凹，基缘略凸，前角向前伸突；表面微隆，中部两侧有浅凹，以粗大刻点为主，间有少量细小刻点。小盾片舌形，具细刻点。粗大刻点较稀，成纵行，之间有较密细小刻点；鞘翅表面有两种刻点，鞘翅黄色、黄褐或橘红色，基部有2斑点，中部之前具不规则的横带，未达翅缝和外缘，有时伸达翅缝，侧缘另具1小斑；中部之后1横排有3长形斑；末端具1近圆形斑，额唇基呈三角形隆起，额瘤显著，较大近方形，其后缘中间凹陷。中足之间后胸腹板突较小，足较粗壮，爪附齿式。

检视标本：15头，围场县木兰围场八英庄碇沿沟，2015-VI-15，塞罕坝考察组采；6头，围场县木兰围场新丰苗圃，2015-VI-08，塞罕坝考察组采；2头，围场县木兰围场新丰挂牌树，2015-VII-14，塞罕坝考察组采；10头，围场县木兰围场种苗场查字小泉沟，2015-VI-18，塞罕坝考察组采。

分布：河北、东北、陕西、甘肃、江苏、江西、华中、福建、台湾、广东、广西、四川、云南。

（354）四斑长跗萤叶甲 *Monolepta quadriguttata* (Motschulsky, 1860)（图版 XXIV：4）

识别特征： 体长 2.7～3.2 mm，宽 1.2～1.5 mm。头部褐色，上唇黑色，头顶具刻点。触角黑褐色，长超过鞘翅中部。前胸背板黄褐色，宽约为长的 2.0 倍，盘区较隆，刻点稀疏。小盾片三角形，光洁无刻点。每个鞘翅基部和端部各 1 黄斑，基部黄斑四周被黑色包围，端部黄斑达翅缘及中缝，头部及额瘤具横纹；鞘翅刻点明显地粗于前胸背板，分大、小两种，大刻点不规则排列，小刻点位于其间；缘折基部宽，然后突然变窄，到中部消失。下侧刻点较粗密。

取食对象： 大豆、麻、十字花科蔬菜等。

检视标本： 1 头，木兰围场龙头山东山，2015-VIII-04，宋烨龙采；1 头，围场县木兰围场新丰，2016-VII-10，张润杨采；1 头，围场县木兰围场林管局，2015-VII-30，宋烨龙采；7 头，围场县木兰围场四合水苗圃，2015-VIII-21，蔡胜国采；4 头，围场县木兰围场新丰挂牌树，2015-VIII-17 蔡胜国采；2 头，围场县木兰围场北沟色树沟，2015-VIII-25，宋烨龙采。

分布： 河北、黑龙江；蒙古，俄罗斯，朝鲜半岛，日本。

（355）阔胫萤叶甲 *Pallasiola absinthii* (Pallas, 1773)（图版 XXIV：5）

识别特征： 体长 6.5～7.5 mm，宽 3.2～4.0 mm。长形；黄褐色，具黑斑，全身被毛。头顶中间具纵沟，密布粗刻点和毛；额瘤三角形，具刻点及毛。触角较粗短。前胸背板前缘隆突，侧缘具细饰边，中部微膨阔；盘区中间具较宽浅纵沟，两侧有较大凹，刻点稀少，其余部分稠密。小盾片端部钝圆。鞘翅肩角瘤状突，每翅有 3 条纵脊，翅面刻点粗密。足粗壮，胫节端半部明显粗大。

取食对象： 榆属、艾蒿属、薄荷。

检视标本： 1 头，围场县木兰围场孟梁小孟奎，2015-VII-27，蔡胜国采；8 头，围场县木兰围场四合水，2015-IX-06，蔡胜国采；1 头，围场县木兰围场五道沟，2015-VIII-06，蔡胜国采；1 头，围场县木兰围场龙头山，2015-VIII-04，宋烨龙采。

分布： 河北、吉林、辽宁、内蒙古、陕西、宁夏、甘肃、新疆、四川、云南、西藏；蒙古，俄罗斯，中亚。

（356）双带窄缘萤叶甲 *Phyllobrotica signata* (Mannerheim, 1825)（图版 XXIV：6）

识别特征： 体长 7.0～9.5 mm，宽 3.0～3.5 mm。头部、前胸背板、鞘翅及足黄褐色或黄色；头顶具黑斑。触角第 1—5 节黄褐色，第 6—11 节黑褐色，前胸背板有时具黑斑；每个鞘翅上 1 条褐色纵带；后胸下侧及腹部黑褐色或者黑色。头顶较隆，无刻点；额瘤明显。触角长达鞘翅中部。前胸背板宽稍大于长，前后角钝圆。盘区较平，具稀疏刻点、小盾片方形，或端部稍圆，中部 1 纵凹，上面布网纹，鞘翅两侧平行，肩角隆突，翅面具刻点，刻点间为网纹，足发达，布满网纹及短毛，爪跗齿式。

取食对象： 艾蒿属。

检视标本：1头，围场县木兰围场种苗场查字小泉沟，2015-VI-18，马莉采；1头，围场县木兰围场燕格柏车道沟，2015-VII-20，宋烨龙采；1头，围场县木兰围场五道沟，2015-VI-30，李迪采；1头，围场县木兰围场五道沟场部院外，2015-VII-07，赵大勇采。

分布：河北、东北、内蒙古、山西、山东、甘肃、宁夏；蒙古，俄罗斯（西伯利亚），朝鲜。

（357）榆绿毛萤叶甲 *Xanthogaleruca aenescens* (Fairmaire, 1878)（图版 XXIV：7）

识别特征：体长 7.5～9.0 mm，宽 3.5～4.0 mm。体长形；橘黄至黄褐色，具黑斑，鞘翅绿色，全身被毛。头顶刻点颇密；额瘤明显，光亮无刻点；唇基隆突；触角长达鞘翅肩胛之后。前胸背板前、后缘中间微凹，侧缘中部膨阔；盘区中间具宽浅纵沟，两侧近圆形深凹，刻点细密。小盾片较大，近方形。鞘翅两侧近平行，翅面具不规则纵隆线，刻点极密。雄性腹部末节后缘中间深凹，臀板顶端后突；雌性末节顶端为小缺刻。足较粗壮，爪双齿式。

取食对象：山榆、白榆。

检视标本：47头，围场县木兰围场五道沟，2015-IX-04，张恩生采；30头，围场县木兰围场五道沟场部，2015-VII-07，宋烨龙采；1头，围场县木兰围场湾子苗圃，2015-VII-29，宋烨龙采；1头，围场县木兰围场城西山，2015-VII-01，张恩生采；1头，围场县木兰围场城，2015-VI-28，蔡胜国采；1头，围场县木兰围场林管局，2015-VIII-27，宋洪普采；1头，围场县木兰围场桃山乌拉哈，2015-VI-30，马晶晶采。

分布：河北、吉林、内蒙古、山西、山东、河南、陕西、宁夏、甘肃、江苏、湖南、台湾；蒙古，俄罗斯，日本。

（358）圆顶梳龟甲 *Aspidimorpha difformis* (Motschulsky, 1860)（图版 XXIV：8）

识别特征：体长 6.5～8.6 mm，宽 5.0～7.2 mm。椭圆形，前后端几近等圆，背面较不拱凸，敞边宽阔透明，外缘反翘。体色乳白至棕黄色，鞘翅盘区有时呈绛色；触角、足淡棕黄色，触角末节为熏烟色。淡色个体，盘侧、肩瘤处、驼顶和中后部的横条纹及刻点内带呈深色；深色个体，近中缝一带略染淡色，盘侧中桥常浅色。敞边透明，乳白色或淡黄色，基部和中后部均1深色条斑。

取食对象：藜属、打碗花属植物。

分布：河北、东北、福建、台湾、贵州；俄罗斯，朝鲜，日本。

（359）蒿龟甲 *Cassida fuscorufa* Motschulsky, 1866（图版 XXIV：9）

识别特征：体长 5.0～6.2 mm，宽 3.6～4.8 mm。椭圆形略呈卵形，不拱凸，敞边不阔，平坦。背面深棕红色，个别淡棕黄色；足黑色；触角棕栗带赤色，基节大部分与末端5节黑或黑褐色。体背具细皮纹，前胸背板、小盾片皮纹更紧密。触角长度一般不达肩角。前胸背板（雄）较阔，相等或稍阔于鞘翅基部；较狭（雌），等于或稍狭于鞘翅基部。鞘翅具模糊不规则较深色斑纹，肩角很圆；翅面粗糙，有时隆脊显著；刻点粗密，有时很整齐排成 10 行，有时比较混乱。

取食对象：蒿属植物、野菊花。

分布：河北、黑龙江、辽宁、山西、山东、河南、陕西、甘肃、江苏、浙江、湖北、江西、台湾、海南、广西、四川；朝鲜，日本，俄罗斯（西伯利亚）。

（360）甜菜龟甲 *Cassida nebulosa* Linnaeus, 1758（图版 XXIV：10）

识别特征：体长 6.0～7.8 mm，宽 4.0～5.5 mm。长椭圆形或长卵形；半透明或不透明，无网纹，体色变异较大，鞘翅布小黑斑。唇基平坦多刻点，侧沟清晰，中区钟形。触角达鞘翅肩角，末 5 节粗壮。前胸背板基侧角甚宽圆，表面布粗密刻点，盘区中间具 2 个微隆起。鞘翅盘区基缘直，敞边窄，表面粗皱，刻点密，敞边基缘向前拱，外缘中段明显宽厚，肩角略前伸；两侧平行，驼顶平拱，顶端平塌横脊状；基凹微显，刻点粗密且深，行列整齐，第 2 行距高隆。

取食对象：甜菜、旋复花属、蓟属、三色苋、藜属、滨藜属等。

分布：华北、东北、山东、陕西、宁夏、甘肃、江苏、上海、湖北、四川、贵州、云南；蒙古，俄罗斯，朝鲜半岛，日本，塔吉克斯坦，乌兹别克斯坦，哈萨克斯坦，土耳其，欧洲。

（361）淡胸藜龟甲 *Cassida pallidicollis* Boheman, 1856（图版 XXIV：11）

识别特征：体长 5.2～6.8 mm。卵圆形；体背色泽幽暗，不光亮，具细皮纹；前胸背板及小盾片黄褐色；鞘翅底色淡黄褐色、黑褐色至黑色。额唇基、触角及足黄褐色，触角末端 5 节稍深或无，腿节基部黑色。触角向后伸达鞘翅肩角。前胸背板椭圆形，长度不足宽之半，侧角圆钝；盘上刻点粗密，中纵纹光滑，偶不明显，侧区多皱纹。鞘翅基部显宽于前胸背板，平直，肩略伸，背微隆呈横隆脊，与第 2 行间连接；刻点较整齐，一般第 8、9 行的刻点较粗深；每翅 2 纵脊，1 条位于第 2 行，显著，在驼顶区呈弧形内弯，其左右有若干短分支；另 1 条位于后部，自第 6 行间向后内斜至第 3 行间，但远不及前者粗大。

取食对象：藜属。

分布：河北、辽宁；蒙古，俄罗斯，韩国，朝鲜。

（362）黑龟铁甲 *Cassidispa mirabilis* Gestro, 1899（图版 XXIV：12）

曾用名：双锥龟铁甲。

识别特征：体长 4.5～5.0 mm，宽 3.5～4.0 mm。黑色，具光泽。唇基凸出，被细毛；头顶两眼间皱褶极细，中线清晰，后方正中具棕红色斑。触角 9 节，约超过体长之半，末 3 节被淡黄色密毛。前胸背板梯形，盘区横褶精细均匀，基部横凹明显；两侧敞边平坦，边缘 11～15 齿，较粗短，不甚尖锐，表面具狭长斑。小盾片近舌状。鞘翅高隆，刻点细小，刻点行不整齐，有小盾片刻点行，3 条脊极不明显，背刺锥状；

敞边中部显凹，边缘34～42锯齿，盘上具半透明斑。足较细长，胫节被淡黄色短毛；跗节远较胫节短，第1跗节短小；爪2裂，端部尖细。

分布：河北、北京、山西、四川。

(363) 锯齿叉趾铁甲 *Dactylispa angulosa* (Solsky, 1872)（图版 XXV：1）

识别特征：体长3.3～5.2 mm；宽1.8～3.1 mm。长方形，体背棕黄至棕红，具黑斑，有光泽。头具刻点及皱纹。触角粗短，约为体长的一半。前胸背板宽；盘区密布刻点，具淡黄色短毛，中间1条光滑纵纹，近前、基部各1条横沟，前缘者较浅，盘区中部稍隆起；胸刺粗短，前缘每侧2刺，前刺近端部1小侧齿，也有具后刺者；每侧缘3刺，约等长。小盾片三角形，顶圆钝。鞘翅侧缘敞出，两侧平行，端部微阔，刻点行10条，盘上具短钝瘤突；翅基及小盾片6、7小刺，翅端有若干小刺；侧缘刺扁平，锯齿状，短而密，各刺大小约相等；端缘刺小，刺长短于其基部宽度。

分布：河北、北京、天津、黑龙江、辽宁、山西、河南、陕西、甘肃、江苏、上海、浙江、安徽、福建、广西、四川、贵州、云南；俄罗斯（西伯利亚、远东地区），朝鲜，日本。

(364) 瘤翅尖爪铁甲 *Hispellinus moerens* (Baly, 1874)（图版 XXV：2）

识别特征：体长3.5～5.0 mm，宽1.4～2.0 mm。黑色，略带金属光泽。触角粗壮，向后伸达鞘翅肩部，端部数节粗大，被金黄色密毛，第8–10节宽大于长。前胸横宽，前角具管状小突，后角钝齿状，四角各1长毛；盘区皱纹粗糙，淡色毛疏稀；前缘两侧各1对叉状刺；两侧各3刺，前2刺基部合并，第3刺分立；前胸背板刺近乎横平，刺端钝。鞘翅刻点刻，每翅中部9刻点行；盘上具瘤状刺，中缝基部约1/4处1粗刺，缘刺18～26根，均短钝，略长于盘区瘤刺。足粗壮，前足腿节下侧1齿，中、后腿节下侧具1或多个小钝齿；爪单一，端尖。

取食对象：牛鞭草。

分布：河北、黑龙江、辽宁、山东、江苏、江西、台湾；俄罗斯，日本。

(365) 蓟跳甲 *Altica cirsicola* Ohno, 1960（图版 XXV：3）

识别特征：长卵形；金绿色，光亮。触角、足和下侧较暗；上唇黑色，上颚端部棕红。头顶无刻点；额瘤近似圆形，显突，触角间隆脊呈戟状，上部粗宽下部细狭。触角向后伸至鞘翅中部。前胸背板基前横沟中部直，沟前盘区相当拱凸，表面具皮纹状细网纹，刻点细密。小盾片具粒状细纹，鞘翅刻点较前胸背板的粗密、深显，表面具粒状细纹，这是本种的重要识别特征。

取食对象：蓟属。

分布：河北、东北、内蒙古、山西、山东、甘肃、青海、华中、福建、四川、贵州；日本，越南。

(366) 紫榆叶甲 *Ambrostoma quadriimpressum quadriimpressum* (Motschuslky, 1845) (图版 XXV：4)

识别特征：体长 8.5~11.0 mm，宽 5.2~6.5 mm。长椭形；背面金绿色间紫铜色，在鞘翅基部横凹之后有 5 条不规则的紫铜色纵条纹；下侧铜绿色；足紫罗兰色。头部刻点深显，中等大小。触角细长。前胸背板宽约为中长的 2.0 倍，侧缘直，从基向前略变宽；盘区具粗细两种刻点，很密。小盾片半圆形，无刻点。鞘翅肩后横向凹陷，横凹后强烈隆起，刻点较前胸背板盘区的为粗，略呈双行样列，行距上具细刻点、很密，使行列显得混乱。

取食对象：白榆、黄榆、春榆、常绿榆。

检视标本：1 头，围场县木兰围场山湾子苗圃，2015-VII-29，宋烨龙采。

分布：河北、东北、内蒙古、贵州；俄罗斯（西伯利亚）。

(367) 蒿金叶甲 *Chrysolina aurichalcea* (Mannerheim, 1825) (图版 XXV：5)

识别特征：体长 6.2~9.5 mm，宽 4.2~5.5 mm。背面通常青铜色或蓝色，有时紫蓝色；下侧蓝色或蓝紫色。触角第 1、2 节端部和下侧棕黄。头顶刻点较稀；额唇基较密。触角细长，约为体长之半。前胸背板横宽，表面刻点很深密，粗刻点间有极细刻点；侧缘基部近于直形，中部之前趋圆，向前渐狭，前角向前凸出，前缘向内弯进，中部直，后缘中部向后拱出；盘区两侧隆起，隆内纵行凹陷，以基部较深，前端较浅。小盾片三角形，有 2~3 粒刻点。鞘翅刻点较前胸背板的更粗、更深，排列一般不规则，有时略呈纵行趋势，粗刻点间有细刻点。

取食对象：沙蒿。

检视标本：118 头，围场县木兰围场五道沟，2015-VIII-06，蔡国胜采；68 头，围场县木兰围场种苗场查字，2015-VI-27，马莉采；3 头，围场县木兰围场四合永头道川，2015-VI-25，张恩生采；4 头，围场县木兰围场新丰挂牌树，2015-VII-03，塞罕坝考察组采；2 头，围场县木兰围场桃山乌拉哈，2015-VII-07，塞罕坝考察组采。

分布：河北、北京、东北、山东、陕西、甘肃、新疆、华中、安徽、浙江、福建、台湾、广西、四川、贵州、云南；俄罗斯，朝鲜，日本，越南，缅甸。

(368) 薄荷金叶甲 *Chrysolina exanthematica exanthematica* (Wiedemann, 1821) (图版 XXV：6)

识别特征：体长 6.5~11.0 mm，宽 4.2~6.2 mm。背面黑色或蓝黑色，具青铜色光泽。头、胸刻点相当粗密。触角细长，末 5 节略粗。前胸背板近侧缘明显纵隆，内侧深纵凹，前缘深凹，前角近圆形突。鞘翅刻点约与前胸背板等粗而更密，每翅有 5 行无刻点的光亮圆盘状突起。雄性前足第 1 跗节略膨阔，雌性各足第 1 跗节下侧光秃。

取食对象：艾蒿属、薄荷。

分布：河北、东北、宁夏、青海、江苏、安徽、浙江、江西、福建、华中、广东、广西、四川、贵州、云南；俄罗斯（西伯利亚），朝鲜，日本，印度。

（369）沟胸金叶甲指名亚种 Chrysolina sulcicollis sulcicollis (Fairmaire, 1887)（图版 XXV：7）

识别特征：体长10.0 mm，宽6.0 mm。长卵形，尾端略阔，鞘翅中部后拱凸，膜翅消失。体黑色，有时具铜色或蓝紫色光泽；下侧和足蓝紫色或蓝黑色。头顶具细刻点，稀疏，向唇基逐渐加密。触角黑色，基部2节带棕；触角较细弱，向后伸过鞘翅肩部。前胸背板宽，两侧缘在中部之前收狭，前角凸出尖锐，前缘中部接近直形；盘区刻点显较头顶的粗、密，靠近侧缘的纵隆较高，隆上有刻点，其内侧刻点粗大，基部1/2形成深凹沟。小盾片三角形，有稀疏刻点。鞘翅刻点约与前胸背板的等粗；有时每翅具2条纵隆线。雌性各足第1跗节下侧沿中线光秃。

检视标本：1头，围场县木兰围场哈叭气，2015-V-29，张恩生采。

分布：河北、东北、内蒙古、山西、宁夏、湖北；朝鲜。

（370）弧斑叶甲 Chrysomela lapponica Linnaeus, 1758（图版 XXV：8）

识别特征：体长5.5~7.7 mm，宽2.5~3.4 mm。头顶较平，纵沟纹处稍凹陷，盘区具有较密的中粗刻点；复眼远离，复眼长卵形。触角在复眼的内侧，向后一般到前胸背板基部。前胸背板基部宽端部窄；盘区细刻点较密；侧缘微微隆起，具粗密刻点，侧缘逐渐向前弧弯收狭，前角凸出；基部弧形，前缘向内弧凹。小盾片三角形，上具粗刻点。鞘翅黄褐色（或黄色），翅面有左右对称的3大黑斑，中缝黑色，缘折或有或无黑色斑；基部与前胸背板基部约等宽，肩角圆滑，翅面具不规则的粗密刻点。下侧后胸腹板中突呈方形，突于中足基节间，光滑具轻微小刻点；腹部可见5节，表面基本光滑，第1节宽大，中部呈方形，前突于后足基节间；足腿节粗大，胫节长不超过腿节。

分布：华北、东北；蒙古，俄罗斯，日本，吉尔吉斯斯坦。

（371）杨叶甲 Chrysomela populi Linnaeus, 1758（图版 XXV：9）

识别特征：体长8.0~12.5 mm，宽5.4~7.0 mm。长椭圆形；具铜绿色光泽。头部刻点细密，中间略凹。触角向后略过前胸背板基部，末5节较粗。前胸背板侧缘微弧，前缘较深弧凹，前角凸出；盘区近侧缘较隆起，内侧纵行凹且刻点较粗，中部刻点稀且细。小盾片光滑，中部略凹。鞘翅刻点粗密，靠外侧边缘隆起具1行刻点。爪节基部下侧圆形，无齿片状突起。

检视标本：40头，围场县木兰围场龙头山东山，2015-V-26，马晶晶等采；19头，围场县木兰围场桃山乌拉哈沟，2015-VI-01，蔡胜国等采；4头，围场县木兰围场种苗场查字，2015-VI-27，蔡胜国等采；2头，围场县木兰围场北沟，2015-V-29，蔡胜国等采；2头，围场县木兰围场桃山柳塘，2015-VI-01，马莉采；1头，围场县木兰围场五道沟沟塘子，2015-VII-07，李迪采。

分布：华北、东北、山东、西北、华中、江苏、安徽、浙江、江西、福建、广西、四川、贵州、云南、西藏；俄罗斯（西伯利亚），朝鲜，日本，印度，欧洲，非洲。

（372）柳十八斑叶甲 *Chrysomela salicivorax* (Fairmaire, 1888)（图版 XXV：10）

识别特征：体长 6.3~8.0 mm，宽 3.6~4.5 mm。体长卵形；头部、前胸背板中部、小盾片和下侧深青铜色；前胸背板两侧、腹部两侧棕黄至棕红色；鞘翅棕黄或草黄色，每翅 9 黑蓝色斑，中缝 1 狭条黑蓝色；足色棕黄，腿节端半部黑蓝色或沥青色。触角端末 5 节黑色，基部棕黄，触角仅伸达前胸背板基部。头顶中间 1 纵沟痕，唇基凹陷，刻点粗密。前胸背板盘区中部较平，沿中线具 1 纵沟痕。刻点细密，以基部较粗；两侧略隆起，其内侧凹陷。鞘翅黑斑颇有变化，黑斑小至消失；盘区刻点密、混乱。各足胫节外侧面沿中线内凹，呈沟槽状。

取食对象：杨属、柳属。

检视标本：1 头，围场县木兰围场桃山柳塘子大斗子沟，2015-VI-01，李迪采。

分布：河北、北京、东北、山东、陕西、宁夏、甘肃、安徽、浙江、湖北、江西、湖南、四川、贵州、云南；朝鲜。

（373）东方油菜叶甲 *Entomoscelis orientalis* Motschulsky, 1860（图版 XXV：11）

识别特征：体长 5.0~6.0 mm；宽 3.0~3.5 mm。长卵圆。棕黄至棕红色，头顶中间 1 纵带、前胸背板中部、小盾片、每鞘翅中间大部、下侧中、后胸腹板和足蓝黑色，略带绿色光泽。头顶拱凸，刻点深密。触角黑色，基部带红色，向后超过鞘翅基部。前胸背板宽，基缘略向后拱弧，侧缘趋直；表面刻点相当粗深，中部黑斑内略疏，两侧较密。小盾片舌形，几乎无刻点。鞘翅刻点相当粗深、很密，刻点间光滑无皱。

分布：华北、黑龙江、辽宁、山东、宁夏、江苏、浙江、湖北、广西；俄罗斯，朝鲜，欧洲。

（374）核桃扁叶甲 *Gastrolina depressa* Baly, 1859（图版 XXV：12）

识别特征：体长 5.0~7.0 mm。长方形，背面扁平。头小，中间凹陷，刻点粗密。触角短，端部粗，节长约与端宽相等。前胸背板淡棕黄，头、鞘翅蓝黑，触角、足全部黑色。腹部暗棕，外侧缘和端缘棕黄，前胸背板宽约为中长的 2.5 倍，基部显较鞘翅为狭，侧缘基部直，中部之前略弧弯，盘区两侧高峰点粗密，中部明显细弱。鞘翅每侧 3 纵肋，各足跗节于爪节基部下侧呈齿状凸起。

检视标本：2 头，围场县木兰围场新丰东沟，2015-VII-13，马莉采；21 头，围场县木兰围场新丰挂牌树，2015-VII-14，马莉、宋烨龙、蔡国胜采。

分布：河北、北京、东北、陕西、甘肃、江苏、安徽、浙江、福建、华中、广东、广西、四川、贵州。

(375) 蓼蓝齿胫叶甲 *Gastrophysa atrocyanea* Motschulsky, 1860（图版 XXVI：1）

曾用名：羊蹄齿胫叶甲

识别特征：体长 5.5 mm，宽 3.0 mm。长椭形；深蓝色，略带紫色光泽，下侧蓝黑，腹部末节端缘棕黄。头上刻点相当粗密、深刻，唇基呈皱状。触角向后超过鞘翅肩胛。前胸背板横阔；侧缘在中部之前拱弧，盘区刻点粗深，中部略疏。小盾片舌形，基部具刻点。鞘翅基部较前胸略宽，表面刻点更粗密。各足胫节端部外侧呈角状膨出。

取食对象：辣蓼、羊蹄根、萹蓄、山柳、酸模。

分布：河北、北京、东北、陕西、甘肃、青海、江苏、上海、安徽、浙江、江西、湖南、福建、四川、云南；俄罗斯，朝鲜半岛，日本，越南。

(376) 黑盾角胫叶甲 *Gonioctena fulva* (Motschulsky, 1860)（图版 XXVI：2）

识别特征：体长 5.0~6.0 mm，宽 3.0 mm。长方形，体侧接近平行，背面拱凸；棕黄至棕红色，光亮；前胸背板基缘 1 狭条、触角端部 7 节和足黑色。头小，缩入胸腔很深；唇基和复眼内侧刻点粗密，头顶中间显稀。触角向后伸达前胸背板基部。前胸背板黑色表面拱凸，侧缘直，前角处收狭；前角钝圆，后角直；盘区中部刻点极细、稀，沿前缘略粗密、深显，两侧 1/3 区域刻点也粗密；粗刻点间有细刻点。小盾片半圆形，黑色光洁。鞘翅基缘黑色，刻点行列规则整齐，行距上平，无细刻点。

取食对象：胡枝子。

检视标本：2 头，围场县木兰围场桃山柳塘子大斗子沟，2015-VI-01，李迪采；1 头，围场县木兰围场桃山乌拉哈沟，2015-VI-01，马晶晶采。

分布：河北、黑龙江、吉林、山西、江苏、浙江、湖北、江西、湖南、福建、广东、四川；俄罗斯，越南。

(377) 梨斑叶甲 *Paropsides soriculata* Swartz, 1808（图版 XXVI：3）

识别特征：体长 9.0 mm，宽 6.0 mm。近圆形，背面相当拱；体棕黄色且变异很大，具黑色、棕红色或黄色斑。头小，刻点细密。触角细短，向后伸至前胸背板基部，末 5 节略扁宽。前胸背板侧缘弧形，向前渐变窄；盘区刻点密，两侧较粗，两侧中部各 1 圆凹。小盾片无刻点。鞘翅刻点略呈纵行，近外侧明显粗深。

取食对象：杜梨、梨。

分布：河北、吉林、辽宁、内蒙古、山西、江苏、安徽、浙江、江西、福建、华中、广东、广西、四川、贵州、云南；俄罗斯，朝鲜，日本，越南，印度，缅甸。

(378) 光背锯角叶甲 *Clytra laeviuscula* Ratzeburg, 1837（图版 XXVI：4）

识别特征：体长 10.0~11.5 mm。长方形；头顶和体下侧密被银白色毛。头部刻点粗密；两复眼之间明显低凹，中间有深坑，从此向两触角基窝延伸为"∧"形沟痕，向后延伸至头顶为 1 清晰纵沟。触角第 4 节起锯齿状。前胸背板隆起，侧缘饰边窄；除前缘两侧、后缘和后侧角有小刻点外，其余光滑无刻点。小盾片长三角形，光滑无刻点。鞘翅刻点细弱，肩胛处 1 略圆形或方形黑斑，中部稍后 1 宽黑横斑。

取食对象：刺槐、麻栎、柳属、榆属、桦属、杨属、山毛榉、卫矛、鼠李。

检视标本：1 头，围场县木兰围场五道沟，2015-VI-30，李迪采。

分布：华北、黑龙江、吉林、山东、陕西、江西；俄罗斯，朝鲜，日本，欧洲。

（379）黑盾锯角叶甲亚洲亚种 *Clytra atrphaxidis asiatica* Chûjô, 1941（图版 XXVI：5）

识别特征：体长 6.4～9.5 mm。近柱形，头小，黑色，三角形。上颚短小；上唇红褐色前缘中间浅凹，具长刚毛，额区稍凹，布粗刻点及粗皱纹；复眼内侧被稀疏短毛；头顶高隆，光滑无刻点。触角黄褐色，基部 4 节颜色稍浅；较长，伸达前胸背板基部。前胸背板黄褐色，横宽，基半部具近扇形黑斑，黑斑前缘具缺刻；前角下弯，钝角状，侧缘弧圆，后角宽圆状，基部中部膨出，膨出部分直，侧边窄；盘区隆起，光亮，基部尤其是两侧具清晰刻点，其余区域光滑；前胸下侧黄褐色，中后胸下侧和腹部黑色。小盾片黑色。鞘翅棕黄色，基半部具黑色斜带，端部 2/5 处亦具 1 条黑横带，黑带外缘未达鞘翅缘折。足大部分黑色，胫、跗节橘红色至红褐色，爪节黑色。

分布：河北、北京、吉林、辽宁、山西、山东、陕西、甘肃、青海、江苏、上海、江西；俄罗斯，朝鲜。

（380）东方切头叶甲 *Coptocephala orientalis* Baly, 1873（图版 XXVI：6）

识别特征：体长 4.5～5.0 mm。雄性头部宽短，额极宽；头顶高隆，光滑无刻点；唇基中后部高隆，后缘与头顶之间浅横凹；上唇宽；颊和上颚强大，顶端尖锐，侧缘具短毛。触角第 1、4 节背面具蓝黑色斑。前胸背板宽，侧缘弧形，表面光滑无刻点。小盾片三角形，端部中线略呈纵脊，表面光滑。鞘翅刻点较粗密，有 2 条蓝黑色横带。

取食对象：蒿属。

分布：河北、辽宁、山东、甘肃、江西、云南；朝鲜。

（381）肩斑隐头叶甲 *Cryptocephalus bipunctatus cautus* Weise, 1893（图版 XXVI：7）

识别特征：体长 4.3～6.1 mm。黑色；头上刻点深密，有时具细皱纹，被灰色细短卧毛。触角基常 1 隆起的光，4 节黄褐色，粗长（雄），与身体近于等长；或达体长的 2/3（雌）。前胸背板高隆，黑亮，刻点十分细小而不明显。小盾片舌形，末顶圆钝，表面光亮。鞘翅棕黄色或棕红色，长稍大于宽，基部与前胸约等宽，周缘和肩胛后方均隆起，其上小纵斑均黑色；盘区刻点较大而清楚，排列成规则的 11 行，在肩胛下方的 2 行刻点，基半部有时排列较不规则。雄性臀板基部略平切；雌性较弧圆。雄性腹末节腹板中部 1 光滑无毛的浅凹。足黑色。

取食对象：柞树。

分布：河北、东北、内蒙古、山东、陕西、江苏；俄罗斯，朝鲜，欧洲。

(382) 胡枝子隐头叶甲 *Cryptocephalus coerulans* Marseul, 1875

识别特征：体长 3.6～5.0 mm。背深蓝色，具金属光泽。头顶中部光滑，刻点极细小，中间 1 纵沟，在复眼的内侧和上方刻点较大而密，额基刻点粗大。雄性触角较粗长，伸达体末端；雌性触角稍短，约达体长的 2/3。前胸背板横宽，侧缘黄色；盘区刻点小，略呈长形，适当密。小盾片舌形，末端平切或圆钝，表面疏布细小刻点。鞘翅肩胛和在小盾片的后面明显隆起，盘区刻点在基半部较大，端半部细小，在肩胛下面和盘区中部有横皱纹，刻点常排列成略规则的双行，行距隆起，在肩胛下面的 1 条行距隆起较明显。足大部分黑色，转节和腿节基部棕黄色，前足颜色通常较淡，腿节基半部或大部分及胫节下侧均为棕黄色。

取食对象：胡枝子、榛子。

分布：河北、东北、山西；蒙古，俄罗斯，朝鲜，日本。

(383) 艾蒿隐头叶甲 *Cryptocephalus koltzei koltzei* (Weise, 1887)（图版 XXVI：8）

识别特征：体长 3.2～5.0 mm，宽 1.8～2.7 mm。黑色。头部被灰白色短毛，刻点细密而清晰；头顶中间有纵沟纹。雄性触角超过体长之半，雌性仅达体长之半。前胸背板侧边细窄，后缘中部后凸；盘区刻点细密略长形，有很细淡色短毛，两侧具纵皱纹。小盾片光亮，三角形，末端直，具稀疏微细刻点。鞘翅肩胛和小盾片后方明显隆起，刻点小而清晰，排成略规则纵行，行距有细小刻点，刻点毛细短而稀疏且不明显。体下侧密被细刻点和灰白色短毛；前胸腹板方形，宽稍大于长，具粗密刻点和短毛；中胸腹板宽短，后缘直，具粗刻点和毛。

取食对象：艾蒿属、杨属。

分布：河北、东北、内蒙古、山西、山东、河南、陕西、甘肃、江苏、浙江、湖北、福建；俄罗斯（东西伯利亚、远东地区），朝鲜。

(384) 斑额隐头叶甲指名亚种 *Cryptocephalus kulibini kulibini* Gebler, 1832（图版 XXVI：9）

识别特征：体长 3.5～5.0 mm，宽 1.8～2.7 mm。背面金属绿色，个别蓝紫色，下侧黑绿色。头部刻点小而清晰，适当密；额刻点较大。雄性触角较粗长，超过体长 2/3，雌性约达体长之半。前胸背板横宽，表面光亮，刻点细小；侧缘弧形，敞边较宽。小盾片舌形，端部较隆，光亮，具稀疏小刻点。体下侧密布细小刻点和淡色短毛；前胸腹板方形，具较粗密刻点和毛；中胸腹板宽短，刻点密，后缘中部凹；鞘翅肩胛明显隆起，小盾片后面隆起，侧缘敞边窄；盘区刻点粗大，端部较小，近侧缘和中缝几行有时呈较不规则双行排列；肩胛下面和盘区中部常有横褶皱。臀板基部刻点小而密，端部较大且较疏；雄性腹末节中间浅纵凹。

取食对象：胡枝子。

分布：河北、北京、东北、山西；朝鲜，日本。

(385) 榆隐头叶甲 *Cryptocephalus lemniscatus* Suffrian, 1854（图版 XXVI：10）

识别特征：体长 3.5～5.2 mm。淡棕红色。头部淡黄色，被短的灰色竖毛，具小而深的刻点，较密，额唇基上刻点较大较疏；头顶中间 1 墨绿色长三角形斑。触角丝状，约为体长之半，触角基部 5 节棕黄到棕红色，端节黑褐色。前胸背板横宽，淡黄色，被短的灰色竖毛，每侧具墨绿色斑。小盾片端缘平切，黑色光亮，略呈长形，有时端部具 1 红黄色斑。鞘翅淡黄或土黄色，两侧近于平行，每翅 1 条宽墨绿色纹，沿中缝处 1 条窄黑色纵纹。肩胛隆起，在肩胛内侧 1 明显的纵凹洼，基部在小盾片的两侧和后面均隆起；盘区其余部分的刻点小而疏，排列成略规则的纵行，行距内布小刻点。

取食对象：榆树。

分布：华北、黑龙江、辽宁、山东、陕西。

(386) 黑缝隐头叶甲黑纹亚种 *Cryptocephalus limbellus semenovi* Weise, 1889

识别特征：体长 2.7～4.5 mm。黑色。头部被稀疏短毛和细密刻点，额区 1 条波浪形淡黄色纵纹；唇基刻点粗疏，两触角间 1 黄斑。触角基部 5 节棕黄色到棕红色，其余黑色，或大部分棕黄色，仅末端 1、2 节黑色。前胸背板横宽，大部分黑色，被密而深的长形刻点，前缘和两侧具黄色宽边，自前缘中间到盘区中部或接近中部 1 条无刻点的黄色光纵纹，此纹后方两侧各 1 黄色大圆斑，两侧具纵皱纹。小盾片长方形。鞘翅淡黄色，被稀疏短毛，盘区中间 1 条宽黑纵纹；鞘翅自基缘中间直到小盾片后方明显隆起，肩胛稍隆起；盘区刻点大小不一，黑色纵纹刻点粗密，形成横皱纹，其余部分的刻点小而深，排列成不规则的纵行，行距上有细小刻点，每刻点着生 1 淡色半竖毛。足棕黄色或棕红色，腿节端部乳白色。

分布：华北、黑龙江、吉林、陕西、甘肃、青海；俄罗斯（东西伯利亚），朝鲜，日本。

(387) 械隐头叶甲 *Cryptocephalus mannerheimi* Gebler, 1825（图版 XXVI：11）

识别特征：体长 7.9 mm，宽 4.4 mm。黑色，光亮，具黄斑。头顶刻点小而深；额刻点较大较密，常汇集成皱纹状；复眼内缘深凹。触角基部有光亮小瘤，雄性触角达体长 3/4；雌性约达体长之半。前胸背板横宽，自基部向前渐收缩，侧缘稍敞出，后缘中部稍后凸；盘区刻点长形，不密。小盾片长方形，后缘直或稍圆钝，具稀疏刻点。鞘翅基部肩胛内侧稍凹，肩胛、小盾片两侧和后端隆起；侧缘中部之后较直，中部之前稍弧弯；盘区刻点较前胸背板大，肩胛下方常有横皱纹。

取食对象：茶条械、榆树。

分布：河北、东北、山西、甘肃；蒙古，俄罗斯，朝鲜，日本。

(388) 黄缘隐头叶甲 *Cryptocephalus ochroloma* Gebler, 1830（图版 XXVI：12）

识别特征：体长 6.4～7.6 mm，宽 3.5～5.0 mm。蓝黑或蓝紫色，光亮，无毛。头顶刻点细密；额刻点粗密。雄性触角向后长过体长之半；雌性近体长一半。前胸背板横宽，两侧向前收缩，中部高凸，侧缘敞边明显；盘区刻点长形而深密，刻点间有细纵纹。小盾片长方形，末端直，表面光亮或具几个细小刻点。鞘翅盘区刻点大而密，内侧半部常不规则双行排列。

取食对象：榆、柳属。

分布：河北、东北、内蒙古、山西、甘肃；蒙古，俄罗斯，朝鲜。

（389）酸枣隐头叶甲指名亚种 Cryptocephalus peliopterus peliopterus Solsky, 1872（图版 XXVII：1）

识别特征：体长 6.5～8.0 mm，宽 3.5～4.5 mm。头、体下侧和足黑色，被灰白色短毛；前胸背板和鞘翅淡黄到棕黄色，具黑斑，鞘翅端部具淡色细毛。头部刻点细密。触角基部 1 小光瘤；雄性触角约达体长 3/4；雌性约达鞘翅肩部。前胸背板横宽，侧缘稍敞出，后缘中部后凸；盘区刻点细小；前胸腹板略长方形，前足基节间较狭，前缘稍弧弯，后缘略直并在前足基节后面向两侧尖角状扩展。小盾片长方形。鞘翅长方形，缘折在鞘翅基部 1/3 弧圆形外凸，肩胛稍隆，基缘和小盾片两侧明显隆起；肩胛内侧刻点略成不规则纵行。腿节稍侧扁。

取食对象：酸枣、枣、圆叶鼠李。

分布：华北、东北、山东、陕西、宁夏；俄罗斯，朝鲜，日本。

（390）斑腿隐头叶甲 Cryptocephalus pustulipes Ménétriès, 1836（图版 XXVII：2）

识别特征：体长 5.0～5.6 mm。黑色。头部凹凸不平，被稀疏短刚毛，布粗密、大小不一的刻点，颊上各具 1 黄斑。触角基部 4 节黄褐色，余节黑褐色。前胸背板横宽，前部及两侧均黄色，且前部横纹狭，基部中线两侧各具 1 大的卵圆形黄斑；侧缘弱弧形，敞边窄；盘区微隆，布稠密长圆形刻点，黄斑刻点稍显稀疏。小盾片舌形，末端平切，表面布稀疏细刻点。鞘翅棕色，基部 1/4 处及鞘翅中部之后各具 2 个成排的黑斑。肩胛明显隆起，刻点圆形，粗大稀疏，鞘翅末端刻点细疏。体下侧黑色，各足基节均黄色，足大部分黑色，腿节末端具 1 黄色斑，胫节黄褐色，跗节黑褐色。

分布：河北、东北、山西、甘肃、江苏、浙江、江西、四川；俄罗斯，朝鲜，日本。

（391）绿蓝隐头叶甲无斑亚种 Cryptocephalus regalis cyanescens Weise, 1887（图版 XXVII：3）

识别特征：体长 4.7～6.0 mm，宽 2.8～3.7 mm。头上刻点细密，唇基刻点大而稀。触角丝状，黑褐色。前胸背板横宽，两侧弧圆，敞边狭窄，基部中部后凸；背面光亮，具铜绿色光泽，盘区刻点细密。小盾片绿色，基部宽而端部窄，末端直，表面具刻点。鞘翅无斑，沿基缘和中缝有黑纵纹；盘区具明显横皱纹，刻点紧密而排列杂乱。

取食对象：杂草。

分布：华北、东北、山东、河南、甘肃、青海、湖北；俄罗斯（东西伯利亚）。

（392）绿蓝隐头叶甲指名亚种 *Cryptocephalus regalis regalis* Gebler, 1830（图版 XXVII：8）

识别特征：体长 4.4～5.2 mm，宽 2.2～2.8 mm。外形与绿蓝隐头叶甲 *Cryptocephalus regalis cyanescens* Weise, 1887 十分近似，除体型较窄外，主要区别特征是：本种唇基有时 1 黄斑，颊 1 黄斑；鞘翅刻点较浅弱，横皱纹较弱；后胸下侧中部较光亮，刻点和毛很稀疏，常具细横皱纹。

分布：河北、东北、内蒙古、山西、陕西、甘肃、青海、江苏、安徽、湖北；蒙古，朝鲜，俄罗斯，日本。

（393）齿腹隐头叶甲 *Cryptocephalus stchukini* Faldermann, 1835（图版 XXVII：5）

识别特征：体长 5.0～6.2 mm，宽 2.8～3.2 mm。黑亮，被灰色毛，前胸背板和鞘翅淡棕红色，具黑斑。头部刻点密而深；头顶中间常有细短沟纹。雄性触角约达体长 2/3，雌性约达体长之半。前胸背板侧缘弧形，敞边狭窄，盘区刻点较密而清晰；雌性刻点较雄性密且粗，略长形。小盾片长形，端部直，表面有稀疏小刻点。鞘翅肩胛与小盾片后方隆起，盘区刻点粗密，排列规则，有时肩胛内侧基半部有几行刻点略成纵行。臀板刻点基半部细密，端半部大而疏；雄性腹末节中部有长圆形浅纵凹，凹的基缘中部有齿状小突起。

取食对象：杨树。

分布：河北、北京、东北、山西、宁夏、甘肃、青海、新疆；蒙古，俄罗斯。

（394）中华钳叶甲 *Labidostomis chinensis* Lefèvre, 1887（图版 XXVII：6）

识别特征：体长 6.0～9.0 mm，宽 3.0 mm。蓝绿色，有金属光泽，鞘翅土黄或棕黄色。头长方形，斜向前伸，雌性头向下，上颚不前伸；唇基前缘略方形或波形凹，雌性直；唇基后部在触角基部之间稍隆；两复眼之间较浅横凹，凹内刻点粗密，后缘具细皱状隆起；头顶光亮，刻点小而稀疏。触角约达前胸背板后缘。前胸背板横宽，具小而较稀疏均匀刻点。小盾片长三角形，末端钝圆，有小刻点和毛。鞘翅刻点粗密，近小盾片和中缝处较疏。雄性前足粗大，胫节细长而内弯，第 1 跗节较宽而长。

取食对象：胡枝子属、青杨。

分布：河北、东北、内蒙古、山西、山东、陕西、甘肃、宁夏；俄罗斯，朝鲜，俄罗斯（西伯利亚）。

（395）二点钳叶甲指名亚种 *Labidostomis urticarum urticarum* Frivaldszky, 1892（图版 XXVII：7）

识别特征：体长 7.3～11.0 mm。长方形。体蓝绿色至靛蓝色，有金属光泽。头大，长方形。上颚强大，钳形前伸，前缘中间内凹；上唇前缘、额唇基、额区中间凹陷内刻点粗密，着生刚毛；头顶高凸，布稀疏小刻点，着生直立或前伸的柔毛。触角短，伸达前胸背板基部。前胸背板横宽，前缘前角下弯，后角上翘较高；盘区稍隆，刻点疏密不一，中线两侧具毛刻点稠密，刻点间距等于或稍大于刻点直径，毛倒伏；两侧刻点细疏。小盾片长三角形，末端钝圆，端部1深凹，凹前缘极隆起，隆脊厚，近于光滑无刻点。鞘翅黄褐色，肩部1黑色圆斑；两侧平行，弱光泽，光裸无毛；布浅粗刻点，刻点间距不一，中缝处刻点较密，两侧刻点稀疏，刻点间网纹不清晰。

取食对象：多花胡枝子、青杨、榆树。

分布：华北、黑龙江、辽宁、山东、陕西、甘肃、青海；蒙古，俄罗斯，朝鲜。

（396）锯胸叶甲 *Melixanthus adamsi* Baly, 1877（图版XXVII：4）

识别特征：体长5.2～7.5 mm。棕黄色或褐色，有的个体颜色较深。头部密被粗刻点；复眼小，圆形。触角细长，不及鞘翅中部。前胸背板两侧各3～4小齿，中部的较大，盘区2横凹，分别位于基、端部不远。小盾片三角形，表面具毛及刻点。鞘翅两侧接近平行，端部稍膨阔，翅面4条不完全脊线；缘折上1行刻点。雄性腹部末节中间微突，雌性腹部末节中间具凹洼。

取食对象：落叶松、桦木。

检视标本：1头，围场县木兰围场北沟色树沟，2015-V-29，蔡胜国采；4头，围场县木兰围场新丰挂牌树头道洼，2015-V-28，马莉采；8头，围场县木兰围场种苗场查字五间房，2015-VI-28，李迪采；6头，围场县木兰围场种苗场查字，2015-VI-27，李迪采；9头，围场县木兰围场种苗场查字大西沟，2015-VI-27，李迪采；1头，围场县木兰围场种苗场查字槽子沟，2015-VI-18，张恩生采；1头，围场县木兰围场种苗场查字小泉沟，2015-VI-18，赵大勇采；13头，围场县木兰围场五道沟梁头，2015-VI-30，蔡胜国采；8头，围场县木兰围场五道沟龙潭沟，2015-VI-02，刘浩宇采。

分布：河北、东北、内蒙古、山西；俄罗斯（西伯利亚），日本。

（397）黄臀短柱叶甲 *Pachybrachis ochropygus* (Solsky, 1872)（图版XXVII：9）

识别特征：体长3.5 mm，宽1.8 mm。圆柱形；背面淡黄色，具斑纹和纵带，下侧黑色。头部密布白色细毛，刻点粗密；头顶中间具纵沟，纵沟有时向下二分叉。触角细长。前胸背板横宽，表面密布刻点，近后缘有明显横凹。小盾片倒梯形，光亮，顶端直。鞘翅刻点较头、胸部粗密，端半部略纵行排列。雄性腹末节中间略低凹，雌性具圆凹。前足腿节较中、后足明显粗壮，雄性前、中足第1跗节梨形宽大。

取食对象：柳树。

分布：河北、北京、东北、山西、甘肃、新疆、安徽、四川；蒙古，朝鲜。

（398）花背短柱叶甲 *Pachybrachis scriptidorsum* Marseul, 1875（图版XXVII：10）

识别特征：体长3.0 mm，宽1.5 mm。圆柱形；背面淡黄色，具斑纹和纵带，下侧黑色。头部复眼间刻点稀疏。前胸背板密布刻点。小盾片倒梯形，光亮。鞘翅刻点行列清晰，每翅基部11行，行距明显隆起。前足腿节较中、后足粗壮；雄性前、中足

第 1 跗节梨形宽大；后足第 1 跗节等于第 2、3 节之和。

取食对象：达呼里胡枝子、蒿属。

分布：华北、东北、山东、陕西；蒙古，俄罗斯，朝鲜，哈萨克斯坦，土耳其，叙利亚。

（399）杨柳光叶甲 *Smaragdina aurita hammarstraemi* (Jacobson, 1901)（图版 XXVII：11）

识别特征：体长 3.6～5.0 mm。蓝黑色。头部毛细短，上唇前端微凹，口器褐色；颏宽短，前缘宽 "U" 形凹入；额唇基被较长刚毛，前缘中间微凹；两复眼之间额区低凹，刻点较粗密，略呈皱状；头顶不隆起，刻点细小稀疏。触角细，基部 4 节黄褐色，其余烟褐色，伸达前胸背板后缘。前胸背板横宽，两侧黄褐色、光亮，中部黑色，表面隆起，刻点细；下侧蓝黑色，前胸侧片黄褐色。小盾片三角形，端部高凸，光滑无刻点。鞘翅中后部略宽，肩胛明显，具细小刻点；盘区刻点粗密、混乱。足较细，中足第 1 跗节较细长。

取食对象：杨、柳、桦、头花蓼、野茉莉。

检视标本：1 头，围场县木兰围场五道沟沟塘，2015-VII-07，李迪采；1 头，围场县木兰围场五道沟场部院外，2015-VII-07，宋烨龙采；1 头，围场县木兰围场五道沟，2015-VI-30，宋烨龙采；5 头，围场县木兰围场桃山乌拉哈，2015-VI-30，马晶晶采；1 头，围场县木兰围场龙头山头板，2015-VI-26，马莉采。

分布：河北、黑龙江、吉林、山西、山东、甘肃、宁夏；俄罗斯，朝鲜，日本。

（400）酸枣光叶甲 *Smaragdina mandzhura* (Jacobson, 1925)

识别特征：体长 2.8～4.0 mm。狭长，圆筒形；金绿色或深蓝色，具金属光泽；表面隆起，刻点粗密，靠近中缝和端部略呈纵行排列。头部刻点粗密，光裸无毛；上颚顶端暗红色，不发达；上唇前端或全部黄褐色，上唇前端微凹；颏前缘 "U" 形凹入；两复眼之间低凹，被粗密刻点；头顶隆起，刻点较小而疏。触角短，达不到前胸背板后缘。前胸背板宽；盘区隆起，侧缘弧形，前角钝角状，后角宽圆，基部中间稍向后凸出。整个表面刻点粗密，在大刻点间密布微细刻点，尤以两侧更为明显。小盾片三角形，末端圆形，表面高凸，基部和边缘具刻点。鞘翅中后部略宽；肩胛显突，光亮无刻点。足细弱。

取食对象：酸枣、榆树、芒属。

分布：河北、北京、东北、内蒙古、山西、山东、江苏、浙江；蒙古，朝鲜，日本，俄罗斯（西伯利亚）。

（401）梨光叶甲 *Smaragdina semiaurantiaca* (Fairmaire, 1888)（图版 XXVII：12）

识别特征：体长 4.2～5.4 mm，宽 2.5 mm。长方形；蓝黑色，有金属光泽。头小，密布粗刻点，刻点间隆起形成斜皱纹；两复眼间微凹；头顶高隆，中间具浅纵沟。触角伸达前胸背板基部。前胸背板隆起，光滑无刻点，后角圆，侧缘弧形。小盾片长三角形，顶端尖锐，端部高隆，光滑无刻点。鞘翅刻点粗密。雄性足较粗壮，第1跗节较宽阔。

取食对象：梨属、苹果、云杉、核桃、杨属、柳属、刺槐、山杏。

分布：河北、北京、黑龙江、吉林、山东、河南、陕西、宁夏、江苏、浙江、湖北；俄罗斯，朝鲜半岛，日本。

（402）黑足厚缘肖叶甲 *Aoria nigripes* (Baly, 1860)

识别特征：体长6.4~7.5 mm，宽2.6~3.6 mm。长圆形，背面隆起甚高；暗棕色到栗褐色，密被灰白色半竖毛。头上刻点粗深，头顶处稠密成皱纹状；唇基具稀疏大刻点，前缘凹切。触角细长，丝状，达体长之半。前胸宽稍大于长，两侧弧圆，无侧边，背板前缘平直，后缘较厚，呈饰边状且弧形弓弯，中部稍向后凸；盘区刻点密，粗深刻。小盾片三角形，刻点和毛被密。鞘翅基部明显宽于前胸，肩胛圆隆，基部不明显隆起；盘区刻点密，不如前胸的深刻，在肩胛和基部的下面稠密呈墨皱纹状，行距上分布有细小刻点。足粗壮，后足胫节较前中足胫节长很多。

分布：河北、吉林、内蒙古、江苏、浙江、湖北、江西、福建、台湾、广东、海南、香港、广西、四川、贵州、云南；越南，老挝，柬埔寨，泰国，印度，缅甸，印度尼西亚。

（403）褐足角胸肖叶甲 *Basilepta fulvipes* (Motschulsky, 1860)（图版XXVIII：1）

识别特征：体长3.0~5.5 mm，宽2.0~3.2 mm。小型，卵形或近于方形；体色变异较大：一般体背铜绿色，或头和前胸棕红鞘翅绿色，或身体为单色的棕红或棕黄。头部刻点深密，头顶后方具纵皱纹，唇基前缘凹切深。触角丝状，雌性的达体长之半，雄性的达体长的2/3。前胸背板宽短，宽近于或超过长的2.0倍，略呈六角形，前缘较平直，后缘弧形，两侧在基部之前、中部之后凸出成较锐或较钝的尖角；盘区密布深刻点，前缘横沟明显或不明显。小盾片盾形，表面光亮或具微细刻点。鞘翅基部隆起，后面1条横凹，肩后1条斜伸的短隆脊；盘区刻点一般排列成规则的纵行，基半部刻点粗深，端半部刻点细浅；行距上无刻点或具细刻点。腿节下侧无明显的齿。

取食对象：李、梨、苹果、艾蒿、大豆、谷子、玉米、高粱、大麻、甘草、蓟等。

分布：华北、东北、山东、陕西、宁夏、江苏、浙江、湖北、江西、湖南、福建、台湾、广西、四川、贵州、云南；朝鲜，日本。

（404）中华萝藦肖叶甲 *Chrysochus chinensis* Baly, 1859（图版XXVIII：2）

识别特征：体粗壮，长卵形；金属蓝或蓝绿、蓝紫色。触角黑色。头部在唇基处的刻点较其余部分细密，毛被亦较密；头中间1条细纵纹，有时此纹不明显；在触角的基部各1稍隆起光滑的瘤。触角较长或较短，达到或超过鞘翅肩部。前胸背板长大于宽，基端两处较狭；盘区中部高隆，两侧低下；侧边明显，中部之前呈弧圆形，中部之后较直；盘区刻点或稀疏或较密或细小或粗大。小盾片心形或三角形，蓝黑色。

鞘翅基部稍宽于前胸，肩部和基部均隆起，二者之间 1 条纵凹沟，基部之后 1 条或深或浅的横凹；盘区刻点大小不一。前胸前侧片前缘凸出，刻点和毛被密；前胸后侧片光亮，具稀疏的几个大刻点。前胸腹板宽阔，长方形，在前足基节之后向两侧展宽；中胸腹板宽，方形。

取食对象：萝藦、甘薯、蕹菜、芋头、桑、松、杨、柳、榆、槐、罗布麻、青冈、茄子、烟草、雀瓢、夹竹桃、曼陀罗。

分布：河北、东北、内蒙古、山西、山东、陕西、宁夏、甘肃、青海、江苏、浙江、江西、福建、华中、广西、四川、贵州、云南、西藏；俄罗斯，朝鲜，日本。

（405）甘薯肖叶甲 *Colasposoma dauricum* Mannerheim, 1849（图版 XXVIII：3）

识别特征：体长 5.0~7.0 mm，宽 3.0~4.0 mm。体色以铜色和蓝色为主，上唇暗红或黑红色，触角基部第 2–6 节黄褐色，有时向端部略带蓝色。头顶明显隆起，中间通常可见纵沟痕；额唇基后部中间瘤突低平，这里呈现横向凹陷。触角较细长，端部 5 节略粗，呈圆筒形而不扁阔，各节长度约为其宽度的 2.0 倍。小盾片刻点一般较细而稀。鞘翅刻点较细小，刻点间较光平，杂有微细刻点，有时具皮革状细皱纹；雌性鞘翅外侧肩胛后方横皱较低平，而且仅限肩下极短部分；雄性几乎光滑无皱。

取食对象：甘薯、蕹菜、小麦等。

分布：河北、黑龙江、吉林、内蒙古、山西、山东、西北、华中、江苏、安徽、浙江、江西、福建、广东、海南、广西、四川、贵州、云南；蒙古，俄罗斯（西伯利亚），朝鲜，日本，印度，缅甸。

84. 天牛科 Cerambycidae

（406）瘦眼花天牛 *Acmaeops angusticollis* (Gebler, 1833)（图版 XXVIII：4）

识别特征：体长 6.5~8.0 mm。体狭长，紫红褐色；有光亮绿色平伏密毛，有时呈灰绿色，无直立毛。头顶和后头密布刻点。触角褐色，雄性触角细，超过鞘翅 1/3，雌性达中部。前胸近前缘具深沟，雄性胸部前端略宽于基部，雌性则明显宽，中部凹陷，有光滑的纵中线。前翅长窄，雌性由肩部向后肩渐窄，密布刻点。足暗褐色，胫节和跗节略呈灰色，后足第 1 跗节几乎等于第 2、3 节长之和；胫节和跗节少量毛。

分布：河北、吉林、内蒙古、新疆；蒙古，俄罗斯，韩国，朝鲜。

（407）锯花天牛 *Apatophysis (Apatophysis) siversi* Ganglbauer, 1887（图版 XXVIII：5）

曾用名：河北锯花天牛、斯氏锯花天牛。

识别特征：体长 12.9~21.5 mm，宽 4.2~7.1 mm。体型或多或少出现一定的滨化，由最小到最大都有记述。鞘翅有光泽，通常有明显的或强烈的闪光，或带有柔和的闪光。复眼凸出，成虫触角第 3 节明显长于第 4 节，前胸两侧具强烈锥状瘤突，从非常发达到中等发达，顶部由钝到尖锐，横断凹陷位于中线侧的基底部椎间盘结节前，由浅到深。

分布：河北、北京、辽宁。

(408) 阿木尔宽花天牛 *Brachyta amurensis* Kraatz, 1879（图版 XXVIII：6）

识别特征：体长 14.0～21.0 mm。深蓝或紫罗兰色，头、胸及腹部近于黑蓝色；头、胸密布具长毛粗深刻点。额前缘 1 细横沟。触角黑色，自第 3 节起各节基部被淡灰色绒毛；雌、雄触角均长于体长，柄节向端部逐渐膨大，柄节及第 3 节端部有刷状毛簇，有时柄节端部仅下缘具浓密长毛，基部 6 节下缘有稀少细长缨毛。前胸背板长度近相等，两侧中部稍膨大。鞘翅密布刻点，有黑色半直立毛。

取食对象：松、刺槐、苜蓿等。

分布：河北、黑龙江、内蒙古；俄罗斯，韩国，朝鲜。

(409) 黄胫宽花天牛 *Brachyta bifasciata bifasciata* (Olivier, 1792)（图版 XXVIII：7）

识别特征：体长 17.0～22.0 mm。较大；黑色；头、胸密生黑褐色短粗毛。额中间 1 条纵沟，头上刻点细密。触角粗短。前胸背板前后端各 1 条横沟，横沟之间 1 条纵中线。鞘翅黄褐色，具黑色斑纹，近小盾片翅基缘黑，鞘翅基部 1/4 近中缝处及鞘翅侧缘中部各 1 黑色小斑点，有时侧缘基部 1 黑色小斑点，3 黑点略呈三角形，中部之后有黑色横斑，端部有黑斑，两斑在侧缘相连接。

取食对象：芍药。

分布：河北、东北、内蒙古、甘肃、青海、四川、西藏；俄罗斯，韩国。

(410) 黑胫宽花天牛 *Brachyta interrogationis* (Linnaeus, 1758)（图版 XXVIII：8）

识别特征：体长 9.0～18.5 mm。黑色；鞘翅黄褐色，每鞘翅各 6 黑斑；头、胸有灰黄稀绒毛。头中间 1 纵中线。触角细短，一般达鞘翅中部稍后，柄节膨大；有时触角第 3、4、5 节基部及胫节前端红褐色。前胸背板前端略窄，侧缘中部之前具瘤突，前、后端各 1 浅横沟。小盾片长三角形。鞘翅端缘圆弧形，翅面密布刻点。

检视标本：1 头，围场县木兰围场吉字营林区，2015-VI-06，刘浩宇采；9 头，围场县木兰围场八英庄光顶山，2015-VI-15，李迪采；1 头，围场县木兰围场八英庄砬沿沟，2015-VI-15，马莉采；1 头，围场县木兰围场五道沟梁头，2015-VI-30，马莉采；15 头，围场县木兰围场五道沟，2015-VII-08，李迪采；3 头，围场县木兰围场种苗场查字，2015-VI-27，邱济民采。

分布：河北、东北、内蒙古、新疆；蒙古，俄罗斯（西伯利亚、远东地区），朝鲜半岛，日本，哈萨克斯坦，北欧。

(411) 异宽花天牛 *Brachyta variabilis variabilis* (Gebler, 1817)（图版 XXVIII：9）

识别特征：体长 9.5～20.0 mm。光亮；体、触角、足黑色，翅黑色、红色或橘黄色，刻点变化大。头顶皱纹状，被平伏毛。触角单色，雄性触角末节上有小环节，第

5—10节上有边，雄性触角不达鞘翅中部，触角第6节以后各节有灰白色毛，颊有深凹陷。前胸毛较多，有绒毛组成的宽带。前翅无刻点个体的翅缝黑色，雄性鞘翅末端略尖，而雌性则不明显。雄性腹部第5节末端圆，雌性扁。该种体色和花纹变化很大，故分多个变型。

检视标本：1头，围场县木兰围场种苗场查字，2015-VI-07，马晶晶采。

分布：河北、新疆；蒙古，俄罗斯（西伯利亚、远东地区），朝鲜半岛，哈萨克斯坦。

（412）俄蓝金花天牛 *Carilia virginea aemula* (Mannerheim, 1852)（图版 XXVIII：10）

曾用名：俄蓝银花天牛。

识别特征：体长7.0~11.0 mm。头部黑色，前胸背板暗红色，鞘翅金蓝色，肛板黄褐色或第2、3节前半部黄褐色，其余部分黑色。前胸背板长宽近相等，后缘稍宽于前缘，均有细饰边，前后均有横凹沟，侧缘中部具短瘤突。小盾片三角形。鞘翅宽短，肩宽与翅长之比为1:2，肩角凸出，内侧凹，两侧缘平行，缝角圆。

分布：华北、黑龙江、吉林、陕西、宁夏、湖北；蒙古，俄罗斯，哈萨克斯坦，欧洲。

（413）瘤胸金花天牛 *Carilia tuberculicollis* (Blanchard, 1871)（图版 XXVIII：11）

识别特征：头、触角、小盾片及足黑色，前胸背板红褐色，鞘翅黑，具青铜光泽。头上刻点粗密，额中间1细纵沟，复眼外缘及颊具淡黄色绒毛。触角端部6节黑褐色；触角较细，伸达鞘翅中部之后。前胸背板横阔，有前后横沟，侧缘瘤突明显；中区两侧具隆突，中间1短纵沟，近端部两侧各1瘤突，胸面有少许极细刻点。小盾片三角形，顶角圆，表面有淡色毛。鞘翅两侧近于平行，端部稍窄，外端角圆，缝角明显。翅面有粗密皱纹状刻点，近中缝有几行整齐刻点。腹部有少量细毛。

分布：河北、黑龙江、内蒙古、河南、陕西、甘肃、湖北、福建、四川、西藏。

（414）凹缘金花天牛 *Gaurotes ussuriensis* Blessig, 1873（图版 XXVIII：12）

识别特征：体长10.0~13.0 mm；宽3.5~4.5 mm。黑色，鞘翅墨绿，稍带红铜色；触角端部7节、腿节前部及胫节大部分红褐，被淡黄绒毛，鞘翅绒毛较稀。额中间1细纵线，具粗密皱纹刻点，头顶刻点较细。触角细，一般长达鞘翅中部之后。前胸背板长同宽近于相等，前端稍宽，侧缘中部之前略具瘤突，有前、后浅横沟，中区两侧稍拱隆，中间1细纵凹陷，胸面具粗密皱纹刻点。小盾片三角形，端角圆。鞘翅肩宽，后端较狭，端缘凹切，外端角钝，缝角较尖，翅面具粗密皱纹刻点。中胸腹板凸片伸至中足基节中部，端末圆形，与后胸腹板前缘突起接触。中后足腿节近端部内缘凹呈钝突。

分布：河北、天津、东北；俄罗斯（西伯利亚、远东地区），韩国，朝鲜。

（415）橡黑花天牛 *Leptura aethiops* Poda von Neuhaus, 1761（图版 XXIX：1）

识别特征：体长 15.5 mm，宽 4.5 mm。黑色，被毛灰黄色，较短，头部和后颊毛较直立，后胸腹板毛较厚密，腿节内侧毛较多。头部除上唇外密布深的细刻点；额顶部宽凹，中沟细而明显，额唇基沟深凹。触角向后伸达鞘翅中部。前胸背板前缘宽约为基部的 1/2，饰边明显；侧缘圆弧状弯曲；盘区圆隆，至基部前深凹，基部浅弯；后角尖突且伸达肩角，盘上刻点深而细密。小盾片三角形。鞘翅两侧基半部平行，端缘平截，缝角略突，翅上密布细刻点。后胸腹板隆起，前侧片狭长。后足腿节伸达第 5 腹节中部，胫节稍短于跗节，第 5 腹节露出鞘翅之外。

取食对象：桦木、柞木、槲、榛、柯等。

检视标本：5 头，围场县木兰围场种苗场查字，2015-VII-07，蔡胜国采；3 头，围场县木兰围场种苗场查字小泉沟，2015-VI-18，赵大勇采；1 头，围场县木兰围场新丰挂牌树，2015-VII-14，蔡胜国采；1 头，围场县木兰围场燕伯格上水头，2015-VII-20，蔡胜国采。

分布：河北、黑龙江、吉林、宁夏、青海、江西、福建、广西、云南；蒙古，俄罗斯，朝鲜，日本，欧洲。

（416）曲纹花天牛 *Leptura annularis* Fabricius, 1801（图版 XXIX：2）

识别特征：体长 15.0～17.0 mm，宽 4.0～5.0 mm。黑色；下颚须、下唇须、触角黄褐色，足黄褐色；头、胸、鞘翅黄斑及下侧均密被黄色细毛，后胸及腹节腹板毛厚密。头部与前胸中部等宽，额横宽，中沟浅细，前缘横陷；唇基上斜，光滑，刻点细而稀；头顶平坦，刻点粗密，复眼肾形，内缘凹缺，下叶长于其下颊，头顶除唇基、上唇外密被灰黄毛；后颊短，复眼后头部收狭。前胸背板前后端均有深横陷，中部两侧膨大，至下横陷处弯向后侧角，后缘波形，中间向后凸出，后侧角尖突。小盾片狭长三角形，密被金褐色细毛。鞘翅黑色具金黄色相间的花斑，两翅基部 1 对缺口向下的弧形斑，内侧较长，外侧端部稍上弯，中部前方 1 对横斑，内侧较宽，下侧角稍向后尖伸，中部后方 1 对背向三角形斑，端部前方 1 对弧形外沿三角斑，鞘翅基缘、中缝、外侧缘均黑色。

检视标本：1 头，围场县木兰围场孟滦碑梁沟，2015-VII-28，蔡胜国采；3 头，围场县木兰围场种苗场查字，2015-VII-07，蔡胜国采；1 头，围场县木兰围场桃山乌拉哈，2015-VI-30，李迪采；1 头，围场县木兰围场种苗场查字小泉沟，2015-VI-18，马莉采。

分布：河北、东北、内蒙古、山西、山东、陕西、宁夏、甘肃、浙江、江西、四川；蒙古，俄罗斯（西伯利亚、远东地区），哈萨克斯坦，欧洲。

（417）十二斑花天牛 *Leptura duodecimguttata duodecimguttata* Fanricius, 1801（图版 XXIX：3）

识别特征：体长 11.0～14.0 mm。黑色。额中间 1 细纵沟，额前缘中部 1 小三角形的无刻点区域，颊较短。触角一般达鞘翅中部稍后。头、胸被灰黄色绒毛，鞘翅绒毛稀而短，每个鞘翅有 6 黄褐小斑纹。前胸背板前端有横沟，中部拱凸，后部中间 1 条短纵线。小盾片三角形，布极细密刻点。鞘翅刻点细密。

取食对象：柳属。

检视标本：2 头，围场县木兰围场桃山乌拉哈，2015-VII-07，李迪采；2 头，围场县木兰围场五道沟，2015-VII-08，李迪采；2 头，围场县木兰围场种苗场查字，2015-VII-07，蔡胜国采；1 头，围场县木兰围场种苗场查字大西沟，2015-VI-27，马莉采。

分布：河北、黑龙江、吉林、内蒙古、陕西、青海、浙江、福建、四川；蒙古，俄罗斯，韩国，日本。

（418）黄纹花天牛 *Leptura ochraceofasciata ochraceofasciata* (Motschulsky, 1862)（图版 XXIX：4）

识别特征：体长 16.0～20.0 mm。黑褐色至黑色，密生金黄色毛。头上刻点细密，中间 1 条纵沟。触角除柄节褐色外，其余各节黑色，雌性较短，雄性向后略超过鞘翅中部。前胸背板前后缘各 1 条横沟，中间 1 条纵沟；后角凸出，三角形。小盾片狭长，三角形。鞘翅 4 条淡黄色横带；基部中间向后弯曲，外端角尖锐，翅上 4 黄带，与 4 黑带相间，翅末端黑色。足赤褐色，基节跗节、后足腿节末端和后足胫节黑褐色或黑色；雄性后足胫节弯曲，末端较粗大。

分布：河北、黑龙江、吉林、内蒙古、甘肃、新疆、浙江、福建；俄罗斯（远东地区），朝鲜半岛，日本。

（419）红翅裸花天牛 *Nivellia sanguinosa* (Gyllenhal,1827)（图版 XXIX：5）

曾用名：血翅天牛。

识别特征：体长 10.5 mm，体宽 3.0 mm。黑色，鞘翅暗朱红色。头上刻点稠密，被稀疏的浅黄色竖毛，头部及额的正中有光滑细纵沟，后头圆筒形，无毛，口须黑褐色。触角向后伸超过鞘翅端部（雄）或短于鞘翅很远（雌），第 5 节最长，长过第 3 节。前胸背板前窄后宽，侧缘中部弱弧形弯曲，靠近前缘和基部略缩；基部中叶向后轻微凸出，盘区密布刻点，无毛，两侧微隆。翅面刻点疏小，被稀疏黑色短毛。下侧刻点细微，被灰黄色细毛。后足第 1 跗节长约为第 2、3 节之和 2.0 倍。

取食对象：为害枞、冷杉、松。

分布：河北、东北、内蒙古、河南、甘肃；蒙古，俄罗斯，朝鲜，日本，哈萨克斯坦。

（420）肿腿花天牛 *Oedecnema gebleri* Ganglbauer, 1889（图版 XXIX：6）

识别特征：体长 11.0～17.0 mm。黑色；头狭小，额近方形，中沟明显，头顶和后头上刻点粗密；复眼内缘深凹，下叶近三角形；后颊宽短，密生灰白色直立毛，后颊向后强烈缢缩。触角细，长过鞘翅中部，柄节肥粗，密布刻点。前胸背板密被灰黄细毛，前端边缘后方凹陷成细横沟，两侧缘向中部渐膨大，后角尖短，表面密布颗粒状细刻点。小盾片三角形，端缘平截。翅面黑斑点每翅 5 个，基半部 3 个呈三角形排列，大小有变异。后足腿节极膨大，胫节粗短、弧形弯曲，扁而宽，端部内端角延伸成 1 扁齿，第 1 跗节长于第 2、3 节之和，短于其余各节之和。

分布：河北、黑龙江、吉林、内蒙古、新疆、福建；蒙古，俄罗斯，朝鲜半岛，哈萨克斯坦。

（421）黄带厚花天牛 *Pachyta mediofasciata* Pic, 1936（图版 XXIX：7）

识别特征：体长 12.0～17.0 mm，宽 4.0～6.5 mm。黑色，无光泽，仅鞘翅端部微光亮；头着生稀细灰毛，体下侧密被灰黄色的短毛。头较长，下颚须端节长，扁阔，背面有纵凹痕，额中间 1 细纵沟。密布粗皱纹刻点，触角较细，伸至鞘翅端部，雄性触角稍短。前胸背板前端窄，后端宽，前缘微弧凸，基部呈波纹状，侧缘突显著，中间具纵沟，两侧隆起，胸面具粗皱纹刻点。小盾片长三角形。鞘翅斑纹有变化，一般每个鞘翅有 3 个黄至黄褐色斑纹，肩上方及近小盾片处各 1 圆斑，中部 1 条弯曲横带；有时近小盾片处无斑，或者有时端部有黄褐斑纹；鞘翅肩部宽，肩角明显，逐渐向端部狭窄，端缘切平，表面具粗刻点，前端皱纹显著。

取食对象：为害华山松、油松。

分布：河北、吉林、内蒙古、陕西、青海。

（422）四斑厚花天牛 *Pachyta quadrimaculata* (Linnaeus, 1758)（图版 XXIX：8）

识别特征：体长 15.0～20.0 mm，宽 6.0～8.0 mm。黑色，鞘翅黄褐色，每翅中部前后方各 1 近方形大黑斑。头小，前部较狭长，额、唇基、上唇均较短小，密布刻点；头顶、后头稍下陷，皱刻粗密，头顶中沟明显；复眼内缘凹陷，上叶较宽短，下叶呈钝三角形，与其下颊约等长，颊刻点粗深。触角基瘤较小、分开，触角长不达鞘翅中部。前胸背板粗糙不平，密布粗皱刻，长宽略等，前、后横陷沟较宽深，背面强烈隆突，中沟下陷，侧刺突短而尖，稍上翘，基部双曲波形，中部向后凸出，基部与后横线之间 1 细横沟，表面密生灰黄细毛。小盾片三角形。鞘翅宽，小盾片前缘两侧的基角和肩角均凸出，肩角内侧凹陷，侧缘向后稍狭，端缘稍平截，缘角不凸出，翅面基半部密布粗皱刻点，至后黑斑后翅端部翅面光滑。腹部宽短，末节钝圆。足细。

取食对象：为害华山松、红松、油松、云杉等。

分布：河北、黑龙江、吉林、西北；蒙古，俄罗斯，哈萨克斯坦，欧洲。

（423）赤杨缘花天牛 *Stictoleptura dichroa* (Blanchard, 1871)（图版 XXIX：9）

又名：赤杨褐天牛、黑角伞花天牛、赤杨斑花天牛。

识别特征：体长 12.0～20.0 mm，宽 4.0～6.5 mm。黑色，前胸、鞘翅及胫节赤褐色。头部有稠密刻点及黄灰色竖毛，头顶及额的正中具细纵沟，后头圆筒形，下颚须深褐色，下唇须黄褐色。触角向后伸达鞘翅中部（雌）或长过其中部（雄），第 3 节最长；末节与第 3 节约等长（雄）；第 3–4 节圆筒形，第 5–10 节末端膨大，外端角凸出呈锯齿状，以雄性显著。前胸背板长与宽约相等；侧缘弱弧形；端部最窄，中域隆起，基部骤凹；后角钝突；盘区密布刻点及黄色竖毛，中间 1 细纵沟。小盾片正三角形，密被黄色细毛。鞘翅肩部最宽，向后逐渐变窄；基部斜切，外角尖锐；翅面刻点较胸面稀疏、均匀分布，被黄色竖毛。下侧刻点小，被灰黄色细毛，光亮。足上有灰黄色细毛。

取食对象：松、栎、赤杨。

分布：河北、黑龙江、吉林、山西、山东、河南、陕西、安徽、浙江、湖北、江西、湖南、福建、四川、贵州；俄罗斯。

（424）斑角缘花天牛 *Stictoleptura variicornis* (Dalman, 1817)（图版 XXIX：10）

识别特征：体长 14.5～21.5 mm，宽 4.5～7.0 mm。鞘翅、触角黑色，第 4–8 节基部淡黄色。头部中间 1 纵沟。触角向后伸达鞘翅中部（雌）或鞘翅或 4/5 处（雄）。前胸背板前窄后宽，前面刻点粗密呈皱纹状，前后端各 1 横沟，中间有时具光滑中线。小盾片黑色，尖三角形。鞘翅基部宽，末端窄；基部斜切，外端角不凸出；翅上刻点粗大，具金黄色短毛。

分布：华北、东北、陕西；俄罗斯，朝鲜半岛，日本，欧洲。

（425）栎瘦花天牛 *Strangalia attenuata* (Linnaeus, 1758)（图版 XXIX：11）

识别特征：体长 11.0～17.0 mm。瘦长，漆黑色，密被金黄色毛。触角第 7–11 节污黄色。每鞘翅各 4 黄色宽带纹，下侧黑色，第 2–4 腹节前部及足红褐色，后足腿节端部黑色，跗节黑褐色。头下方中间 1 三角形光滑区，中部具纵沟；复眼呈球形，凸出。触角细长，雄性达鞘翅端部 1/3，雌性仅超过鞘翅中部。前胸钟形，稍隆起，背面刻点细密，基部中间毛较长。小盾片三角形，顶端尖。鞘翅狭长，两翅端部分开。雄性第 5 腹节后半段中间凹陷，后缘直。足较粗短。

取食对象：栎、栗、柞树。

分布：华北、东北、西南；俄罗斯，朝鲜，日本，伊朗，土耳其，欧洲。

（426）中黑肖亚天牛 *Amarysius altajensis altajensis* (Laxmann, 1770)（图版 XXIX：12）

识别特征：体长 11.0～15.0 mm，宽 3.5～5.0 mm。触角向后伸展，雌性较短，接近鞘翅末端，雄性则约为体长的 1.5 倍，第 3 节最长。前胸宽度稍大于长，两侧缘呈弧形，无侧刺突，前部较基部稍窄，胸面密布粗糙刻点，有 5 个不同的隆起（前 2 后 3），被浓密的暗棕色细长竖毛。小盾片呈短宽的三角形，有黑色毛。鞘翅窄长，后部较基部宽，后缘圆形，翅面扁平，有小刻点，分布并不紧密，被黑色短小坚毛，基部的毛较细而长。下侧布有刻点和浅棕色绒毛，胸部的刻点较腹部的粗糙稠密。足中等大小，后足第 1 跗节长于第 2、3 跗节的总长。

检视标本：24头，围场县木兰围场五道沟沟门，2015-VI-02，李迪采；2头，围场县木兰围场龙潭沟，2015-VI-02，刘浩宇采；2头，围场县木兰围场种苗场查字小泉沟，2015-VI-18，马莉采。

分布：河北、北京、黑龙江、内蒙古；蒙古，俄罗斯，朝鲜。

（427）红翅肖亚天牛 *Amarysius sanguinipennis* (Blessig, 1873)（图版XXX：1）

识别特征：体长14.0～19.0 mm，宽4.0～5.5 mm。小盾片黑色，呈三角形，平接于鞘翅。触角着生于中部，唇基、上唇、颚须均黑色。触角黑色，雄性较细长，长度超过体长；雌性触角较粗，长度不超过鞘翅，柄节较粗，二节宽超过长，雌性端部几节略宽锯齿状。下侧黑色，较光亮有短绒毛，各足均黑色，各跗节均有毛垫。

分布：河北、北京、内蒙古；俄罗斯，朝鲜，日本。

（428）鞍背亚天牛 *Anoplistes halodendri ephippium* (Stevens & Dalman, 1817)（图版XXX：2）

识别特征：体长约13.0 mm，宽约4.0 mm。窄长黑色。触角略等于体长。前胸背板宽略超长，有短侧刺突；胸面刻点大浅，点间网纹状。小盾片三角形覆白细毛。鞘翅基部、肩部、外缘橙红色，呈鞍形，中部在中缝区形成窄长的黑斑，延伸至鞘翅末端。头短刻点粗覆灰白色细长竖毛；鞘翅窄长而扁，两侧平行，末端钝圆。

取食对象：忍冬、锦鸡儿、洋槐。

检视标本：3头，围场县木兰围场八英庄砬沿沟，2015-VI-15，李迪采；2头，围场县木兰围场新丰挂牌树，2015-VI-08，张恩生采；1头，围场县木兰围场五道沟沟塘子，2015-VII-07，蔡胜国采。

分布：河北、东北、内蒙古；蒙古，俄罗斯，朝鲜。

（429）红缘亚天牛 *Anoplistes halodendri pirus* (Arakawa, 1932)（图版XXX：3）

曾用名：普红缘亚天牛、红缘天牛。

识别特征：体长15.0～18.0 mm，宽4.5～5.5 mm。狭长，黑色，被灰白色细长毛。触角细长，雄性触角约为体长的2.0倍，第3节最长；雌性触角与体长近相等，末节最长。前胸侧刺突短钝，前胸背面刻点稠密，呈网状。鞘翅狭长，两侧平行，末端圆钝，每鞘翅基部1朱红色椭圆形斑，外缘1条朱红色狭带纹。足细长，后足第1跗节长于第2、3跗节之和。

取食对象：苹果、梨、李、榆、旱柳、杨、蒙古栎、金银花、枣、葡萄、刺槐、沙枣、锦鸡、糖槭等。

检视标本：1头，围场县木兰围场五道沟梁头，2015-VI-30，蔡胜国采；1头，围场县木兰围场五道沟，2015-VI-30，李迪采；4头，围场县木兰围场八英庄砬沿沟，2015-VI-15，马莉采；6头，围场县木兰围场桃山乌拉哈，2015-VI-30，张恩生采。

分布：河北、东北、内蒙古、山西、山东、河南、西北、江苏、浙江、湖北、江西、湖南、台湾、贵州；蒙古，俄罗斯（西伯利亚），朝鲜，哈萨克斯坦。

(430) 缺环绿虎天牛 *Chlorophorus arciferus* (Chevrolat, 1863)（图版 XXX：4）

识别特征：体长 10.0～14.0 mm。黑色，被蓝绿色绒毛。前胸背板中间黑斑横形，鞘翅环纹前方及外侧开放，中部横斑完整，翅端斜截。鞘翅基部 1 个卵圆形黑环，中间 1 条黑色横沟明显，头部具颗粒刻点。触角基瘤相互接近；触角为体长之半或稍长，柄节与第 3-5 节的各节近于等长，前胸背板长略大于宽，胸面球形，密布细刻点，黑斑上有粗糙刻点，小盾片半圆形，鞘翅两侧平行，端缘浅凹，缘角和缝角呈细齿状；翅面具极细密刻点，后足腿节伸至翅末端。

分布：河北、安徽、浙江、江西、海南、四川、云南；尼泊尔，不丹。

(431) 槐绿虎天牛 *Chlorophorus diadema diadema* (Motschulsky, 1854)（图版 XXX：5）

识别特征：体长 8.0～14.0 mm。棕褐色，头部及下侧被灰黄色绒毛。触角基瘤内侧呈角状凸起，头顶无毛。前胸背板略呈球状，密布刻点，前缘及基部有少量黄色绒毛，肩部 2 黄色绒毛斑，近小盾片沿内缘为 1 向外斜条斑，中间稍后及末端都具 1 横条纹。

取食对象：刺槐、樱桃、桦、灌丛、柠条锦鸡儿。

分布：河北、黑龙江、吉林、内蒙古、山东、河南、陕西、江苏、安徽、浙江、湖北、江西、湖南、福建、台湾、广东、广西、四川、贵州、云南；蒙古，俄罗斯，韩国，朝鲜。

(432) 灭字绿虎天牛 *Chlorophorus figuratus* (Scopoli, 1763)（图版 XXX：6）

识别特征：体长 8.0～13.0 mm。淡黄或黄白色，带纹呈 1 大"灭"字。身体呈细长的圆柱形。前胸背板与鞘翅宽度大致相等。鞘翅在末端截断状。头、前胸背板和鞘翅黑色或棕色，鞘翅具各种多毛灰色条纹。鞘翅第 3 及第 4 带纹于鞘缝处不相连接。

分布：河北、辽宁、江苏、江西；俄罗斯，伊朗，哈萨克斯坦，欧洲。

(433) 杨柳绿虎天牛 *Chlorophorus latofasciatus* (Motschulsky, 1861)（图版 XXX：7）

识别特征：体长 8.0～12.0 mm。黑褐色，被灰白色绒毛。触角基瘤内侧呈明显的角状凸出。头无毛，密布刻点，触角约至鞘翅中间。前胸背板似球形，密布粗糙刻点，除灰白色绒毛外，中域有细长直立毛，中域有黑斑。小盾片半圆形，密生绒毛。鞘翅上有灰白色绒毛形成的多条斑纹。后足第 1 跗节长于其余 3 节长之和。

取食对象：为害柳属、桦属、杨属。

分布：河北、东北、内蒙古、山东、河南、陕西、浙江；蒙古，俄罗斯，韩国，朝鲜。

(434) 六斑绿虎天牛 *Chlorophorus simillimus* (Kraatz, 1879)（图版 XXX：8）

曾用名：六斑虎天牛。

识别特征：体长 9.0～17.0 mm。黑色，被灰色绒毛，无绒毛覆盖处形成黑色斑纹。触角基瘤彼此很接近，内侧呈角状凸出，触角向后长达鞘翅中部稍后。前胸背板中区 1 个叉形黑斑，两侧各 1 个黑斑。每鞘翅具 6 黑斑，翅面布稠密的细刻点。头颅淡黄褐色，口器框棕褐色区较细；唇基和上唇很小，淡白色；下唇舌很小，圆形，端部不超过下唇须第 1 节；侧单眼 1 对，很小，稍凸；触角与前种相似，但第 1 节稍宽大于长。前胸背板淡黄色，前端横斑色淡，后区"山"字形骨化板前端两侧有 2 个凹陷，较粗糙，后方具细纵刻纹；前胸腹板中前腹片中间两侧有 2 个较平坦卵形区。腹部背面的泡突光滑平坦，无瘤突，表面有浅细线痕围成的近宽卵形区，中沟两侧各 1 个，稍隆起，横沟极不明显。

取食对象：柞木、杨。

分布：河北、黑龙江、吉林、内蒙古、山东、河南、西北、浙江、湖北、江西、湖南、福建、广西、四川、云南；蒙古，俄罗斯（远东地区、东西伯利亚），朝鲜半岛，日本。

（435）三带虎天牛 *Clytus arietoides* Reitter, 1900（图版 XXX：9）

识别特征：体长 9.0～11.0 mm。深褐至黑色，触角及足红褐色。头、前胸背板、鞘翅基部、体下侧具深黄或淡黄色立毛，前胸背板前缘具黄色带，刻点不规则，呈网状。小盾片密被黄色卧毛。鞘翅具 4 条黄色纵纹，鞘翅边缘黄色纵纹消失。头较短，额宽，中间具平坦的纵沟；头部具较密的刻点。

分布：河北、东北、内蒙古、新疆；蒙古，俄罗斯，朝鲜半岛，日本，哈萨克斯坦。

（436）黄纹曲虎天牛 *Cyrtoclytus capra* (Germar, 1824)（图版 XXX：10）

识别特征：体长 8.0～19.0 mm。狭长，两边近平行，黑褐色，具稀疏直立毛，触角柄节黑褐色，其余各节及胫节、跗节棕红色。头部具颗粒状刻点，两侧各 1 条平行黄条纹，头顶后端 1 黄色绒毛狭条，前胸背板呈球形，略狭长，前基部有黄色绒毛镶成的狭边。小盾片三角形，被黄色绒毛。鞘翅 4 斜行黄色条纹，处于第 1 与第 2 横斜条间的外缘 1 细狭黄色纵斑。后足第 1 跗节长度等于其余 3 跗节长度之和。

取食对象：为害赤杨。

分布：河北、黑龙江、吉林、内蒙古；俄罗斯，朝鲜，日本，欧洲。

（437）鱼藤跗虎天牛 *Perissus laetus* Lameere, 1893（图版 XXX：11）

识别特征：体长 8.0～10.5 mm；宽 2.5～3.0 mm。黑褐色至灰黄色，头部及前胸被灰白色毛，前胸背面中间具 1 横形黑斑；小盾片黑褐色，边缘具灰白色毛；各鞘翅 4 灰白色毛带纹；体下侧密被灰白色绒毛；足黑色至棕红色，具稀疏灰白色毛。头部短，密布网状刻点，额稍隆起。触角较短，略向端部变粗。前胸长宽约等，两侧圆形，中点之后处最宽，背面隆起，散布较稀疏的粗大颗粒。小盾片宽圆形，具细小刻点。

鞘翅基部与前胸等宽，小盾片后较隆起，侧缘在中点之后变宽，末端斜截，缘角具短齿，翅面密布细小刻点。足较粗短。

取食对象：为害鱼藤、鸡血藤、栎、榕、梨、香须树、金合欢、猫尾树、黄檀、柿、腊肠树。

分布：河北、海南、云南；东洋界。

（438）尖纹虎天牛 *Rhabdoclytus acutivittis acutivittis* (Kraatz, 1879)（图版 XXX：12）

识别特征：体长 11.0～18.0 mm。长形，黑色，被淡黄或灰黄色绒毛；体下侧浓密白色绒毛；触角除柄节外其余各节及足胫节、跗节黑褐色。颊较长，长于复眼下叶。触角狭长，达鞘翅端部。前胸背板于无绒毛着生处形成黑色斑纹，中间1条纵纹，两侧各2大斑，有时每侧愈合成1个；密布细粒状刻点。每翅4条淡黄或灰黄绒毛纵条纹，第3条弯曲呈尖锐角度，略呈"V"形。足细长，后足第1跗节长于其余跗节的总长度。

取食对象：为害葡萄、柳属。

分布：河北、东北；俄罗斯（远东地区），韩国，朝鲜。

（439）东亚艳虎天牛 *Rhaphuma xenisca* (Bates, 1884)（图版 XXXI：1）

识别特征：体长 7.5～11.0 mm。黑色，触角及足黑褐色。小盾片白色。鞘翅及小盾片后方具斜条纹，肩部具2突，中间后方及鞘翅两侧灰白色。

分布：河北、日本。

（440）桦脊虎天牛 *Xylotrechus clarinus* Bates, 1884（图版 XXXI：2）

识别特征：体长 9.5～20.0 mm。一般黑褐色，鞘翅及腹节有时深棕色，触角及足棕红色。头被淡黄色或灰白色绒毛，头顶刻点深，额中纵线两侧各1斜脊。触角短小，伸至鞘翅肩部，第4节与第5节长度相等，比第3节略短，末端4节较短小。前胸背板略呈球面形，前缘及基部有淡黄色绒毛，表面密布刻点，两侧有明显短毛。小盾片后缘有黄色绒毛。鞘翅表面有淡黄色或乳白色绒毛形成的条斑，紧接小盾片周围略有淡黄色绒毛，肩部为1狭小短横条，基部沿内缘1斜纵条，至外缘向前略弯转，形成方形条斑，鞘翅末端又1狭细横条及黄色或乳白色绒毛。雌性腹部末节极尖长，全部露于鞘翅外。

取食对象：杨、白桦、日本桤木等。

分布：河北、东北、内蒙古、山西、甘肃、湖南。

（441）咖啡脊虎天牛 *Xylotrechus grayii grayii* White, 1855（图版 XXXI：3）

识别特征：体长 9.5～15.0 mm，宽 2.5～4.5 mm。黑色，鞘翅及足棕褐色。触角端部六节被白毛；前胸背板 10 黄白色毛斑；小盾片端部被白毛，鞘翅上具灰白色曲折的细条纹；基部呈长"V"形，中部呈"W"形，中部后方具斜横带；中后胸腹板散布细白毛斑，腹部腹板两侧各 1 白毛斑。头部额纵脊明显；头顶有粒状皱纹。触角长达鞘翅中部，第 3—5 节下侧有细缨毛。前胸背板近球形，背面隆起，具粗刻点并密生细黑毛。鞘翅基部较前胸背板稍宽，向后渐狭，表面具细刻点，端缘平切。后足第 1 跗节长于其余各节之和。

取食对象：为害咖啡树、柚木、榆、梧桐、毛泡桐。

分布：华北、江苏、甘肃、福建、台湾、四川、贵州；日本。

（442）弧纹脊虎天牛 *Xylotrechus hircus* (Gebler, 1825)（图版 XXXI：4）

识别特征：体长 7.0～17.0 mm。黑色。后头上刻点密，其他部分有稀疏刻点和不密的褐色短毛；额刻点密，有中纵脊。触角黄褐色，较细，具直立短毛。前胸侧缘圆弧形，长宽约相等，胸面均匀隆起，有密而小的刻点和平伏及直立细毛，前、后缘有弯曲的光滑边。小盾片扁而宽，略呈半圆形，有褐色半直立毛。前翅由黄白色毛组成的两对条纹，其外侧有个略弯曲的白色横带；前翅黄白色，不很长，有括号形白色毛环与本属其他种相区别，略鼓，有短的半直立毛，向末端稍狭窄，圆。足腿节红色，其余黑褐色，雄性后足腿节顶几乎达前翅末端，雌性明显较短。多数情况下生活在桦树林，有时在混交林。

分布：河北、东北、内蒙古；蒙古，朝鲜，日本，哈萨克斯坦。

（443）四带虎天牛 *Xylotrechus polyzonus* (Fairmaire, 1888)（图版 XXXI：5）

识别特征：体长 11.5～13.5 mm；宽 3～3.5 mm。黑色，鞘翅黑褐，基部红褐；被浓密黄色绒毛，无黄绒毛着生处形成黑色斑纹；体下侧大部分着生浓密黄色绒毛；触角及足黄褐，腿节大部分黑褐。头较圆，额侧脊不平行，中部较窄，复眼之间的额上具 1 条细纵沟，额有纵脊；后头上刻点较密，散生粒状刻点。触角中等细，长达鞘翅基部，第 3 节稍短于柄节，同第 4 节约等长。前胸背板稍窄于鞘翅，前胸背板长度同宽度约相等，两侧微呈弧形，中间 1 条黑纵斑，同两侧各 1 小黑斑相连接，侧斑向下弯曲同基部横斑接触，形成 2 个完整黄色绒毛圆斑，侧缘还各 1 黑斑；胸面有细粒状刻点。小盾片半圆形，被黄色绒毛。鞘翅两侧平行，端缘略斜切，外端角尖锐；每翅有四条横带；翅面有细密刻点。后足腿节超过鞘翅端部。

分布：河北、北京、湖北、广东；俄罗斯，韩国，朝鲜。

（444）黑胸虎天牛 *Xylotrechus robusticollis* (Pic, 1936)（图版 XXXI：6）

识别特征：体长 14.0～16.0 mm，宽 4.0～6.0 mm。体粗壮，黑色；触角并节及足黑褐，有时足棕褐。头上刻点粗糙，雄性触角长达鞘翅基部，雌性触角则稍短，第 3 节同柄节约等长，稍长于第 4 节。前胸背板前缘、基部两侧及小盾片基部有黄色绒毛，前胸背板后端有灰白色绒毛；两侧圆弧，表面拱凸；刻点大深凹，形成网状脊纹。每鞘翅有 2 黄色绒毛斑纹；有时肩沿侧缘有黄色绒毛，基部 1 层灰白色绒毛。鞘翅较短，端缘斜切，外端角圆形，缝角刺状，基部有曲状细脊纹。小盾片舌形。后胸腹部前 3

节有浓密黄色绒毛。后足腿节较长，远超过鞘翅端部。

取食对象：绣线菊属、钓樟属植物。

分布：河北、湖北、江西、四川、贵州。

(445) 白蜡脊虎天牛 *Xylotrechus rufilius rufilius* Bates, 1884（图版 XXXI：7）

识别特征：体长约 14.0 mm，宽约 4.5 mm。黑色，前胸背板除前缘外，全为红色。头顶刻点较粗，疏被白色绒毛。额侧缘脊不平行，中部略狭，上有 4 分支纵脊；颊短于复眼下叶。触角黑褐色，长达翅肩，雄性触角略长，第 3 节与柄节等长，稍长于第 4 节。前胸背板较大，长宽约相等，与鞘翅基部等宽，基部较前缘稍宽，两侧弧形，表面粗糙，具短横脊纹。小盾片半圆形，端缘被白色绒毛。鞘翅上有淡黄色绒毛斑纹；翅基缘和近基部 1/3 各 1 横带，沿中缝处彼此相连；近端部 1/3 也 1 横带，靠中缝一端较宽，端缘有淡黄色绒毛；鞘翅肩部宽，端部狭，外端角尖，翅面具粗密刻点。下侧被黄白色绒毛，腹部第 1—3 节基部具浓密黄色绒毛。

分布：河北、黑龙江、山东、陕西、浙江、江西、福建、台湾、华中、海南、广西、四川、云南；俄罗斯（远东地区），朝鲜半岛，日本。

(446) 苜蓿多节天牛 *Agapanthia amurensis* Kraatz, 1879（图版 XXXI：8）

识别特征：体长 10.0～12.0 mm，宽 2.8～4.0 mm。触角粗壮，柄节黑色，第 2 节开始由黄褐色到深褐色，其从长到短排列顺序为 3–10 节，第 11 节为桃形，较第 8 节长。腹部、足、各胫节黄褐色。小盾片黑色呈小三角形，两侧有相连的呈横条纹的黑斑，但触角着生于复眼前端。下侧黑色，中足窝圆形，前足窝近圆形外侧角状开放式。

取食对象：松、刺槐、苜蓿等。

检视标本：5 头，围场县木兰围场新丰东沟，2015-VII-15，蔡国胜采；1 头，围场县木兰围场新丰挂牌树，2015-VII-08，张恩生采；1 头，围场县木兰围场桃山乌拉哈，2015-VI-30，马莉采；1 头，围场县木兰围场种苗场查字，2015-VI-27，蔡胜国采；2 头，围场县木兰围场五道沟沟门，2015-VI-02，李迪采。

分布：河北、黑龙江、吉林、内蒙古、山东、河南、陕西、宁夏、新疆、江苏、浙江、湖北、江西、湖南、福建、四川；蒙古，俄罗斯，朝鲜，日本。

(447) 大麻多节天牛 *Agapanthia daurica daurica* Ganglbauer, 1884（图版 XXXI：9）

识别特征：体长 11～20.0 mm。长形，黑色或金属铅色；头、胸部密布粗刻点，每个刻点内着生 1 黑色长竖毛。头部散生淡黄色短毛，复眼下叶有淡灰色绒毛；额近于方形，前缘 1 条横凹。触角黑色，有时从第 3 节起的各节基部黄褐；雌、雄触角均长于身体，雌性基部数节下侧有稀少缨毛。前胸背板有 3 淡黄或金黄色绒毛纵纹，其余部分有稀少短黄毛。小盾片密布淡黄或金黄色绒毛。鞘翅散生淡黄、灰黄或淡灰色绒毛，形成不规则细绒毛花纹；鞘翅基部刻点较粗糙，每个刻点着生 1 黑色短平伏毛。雄性腹部末节基部中间凹，雌性腹部末节基部较平直。

取食对象：为害大麻、山杨。

分布：河北、黑龙江、吉林、内蒙古、山东、河南、陕西、宁夏、新疆、江苏、浙江、湖北、江西、湖南、福建、四川；蒙古，俄罗斯（东西伯利亚、远东地区），日本，朝鲜。

（448）毛角多节天牛 *Agapanthia pilicornis pilicornis* (Fabricius, 1787)（图版 XXXI：10）

识别特征：体长 11.0～16.0 mm。体长形，藏青色或黑色。体背面着生直立或半直立稀疏黑色细长毛，体下侧被淡灰色毛及稀疏黑色细长毛。额前缘 1 细横沟，上有黑色长毛。触角第 3、4 节大部分及以下各节基部淡橙红色，其上着生稀疏白色细毛，柄节、第 2 节及以下各节端部黑褐或黑色；雌、雄触角均超过体长，基部 6 节下侧有稀疏细长硬毛，端部膨大似棒状。前胸背板宽大于长，两侧中部之后稍膨宽而微突。小盾片半圆形，被淡黄色绒毛。鞘翅密布粗刻点。足较短，后足腿节不超过腹部第 2 节端缘。

检视标本：1 头，河北围场塞罕坝千层板长腿泡子，2015-VII-23，塞罕坝普查组采。

分布：河北、吉林、山东、陕西、江苏、浙江、湖北、江西、四川；俄罗斯，韩国，朝鲜。

（449）中华星天牛 *Anoplophora chinensis* (Forster, 1771)（图版 XXXI：11）

识别特征：体长 25.0～31.0 mm，宽 8.0～12.0 mm。黑色具金属光泽，被毛。头具细密刻点，额宽大于长；复眼下叶长大于宽。触角约 2.0 倍于体长，触角基瘤隆突，中间深陷；柄节粗壮，圆柱形，端部略膨大。前胸背板宽显大于长，侧刺突圆锥状，端部尖；基部前明显收缩；中区不平坦，约具 5 瘤突，每侧缘各具 2 刺突，后部横沟之前具 1 较大的瘤突；后中部两侧具数个粗大刻点。小盾片宽舌状，中间具光裸的纵沟。鞘翅长约 1.9 倍于肩宽，侧缘近于平行，在端部略收狭。翅顶圆；前翅基部具光滑的粗颗粒，其余部分具极细的稀刻点。下侧及足具细刻点，前胸腹板凸片中等发达。足粗壮，中等长。

分布：河北、吉林、辽宁、山东、河南、陕西、甘肃、江苏、安徽、浙江、湖北、江西、湖南、福建、台湾、广东、海南、香港、广西、四川、贵州、云南；朝鲜，缅甸，北美洲。

（450）光肩星天牛 *Anoplophora glabripennis* (Motschulsky, 1854)（图版 XXXI：12）

识别特征：体长 20.0～35.0 mm，鞘翅肩宽 8.0～12.0 mm。黑色，具淡紫红色或淡铜绿色金属光泽；被蓝灰色绒毛。头部具细刻点，额近方形，中纵沟显著；复眼下叶长大于宽，略长于颊。触角约为体长的 2.0 倍，触角基瘤显著隆突，柄节粗壮，向端部变粗，柱状，略扁。前胸背板宽大于长，侧刺突圆锥形，端部尖细；中区具不规则的细皱和极细的稀刻点，中部之后中间略为隆起。小盾片舌状。每鞘翅约具 5 行横斑，肩角侧具 1 模糊毛斑，翅面沿鞘缝及缘折散布极小的不规则毛斑，刻点内着生 1

极短的细绒毛；鞘翅长约为宽的 2.0 倍，向端部略收狭，端缘圆；表面具极细的不规则印痕及极细的刻点。中胸腹板突片具小瘤突。腹板末节腹板端缘中内微凹。

取食对象：苹果、柳、李、梨、樱桃、杨、榆等。

分布：河北、东北、内蒙古、山西、山东、河南、陕西、宁夏、甘肃、江苏、安徽、浙江、湖北、江西、湖南、福建、广西、四川、贵州、云南、西藏；朝鲜，日本。

（451）日本象天牛 *Mesosa japonica* Bates, 1873（图版 XXXII：1）

识别特征：体长 10.0~16.0 mm。黑色；体背面被灰白色或黑褐色绒毛，下侧被灰白色长毛，其间散布橙黄色或橙红色绒毛。触角第 2 节以后红褐色；触角第 1 节锥形，第 3 节明显长于第 1 节。前胸背板中间基部和两侧均有弱突起，两侧前缘附近有小突起。头及前胸背板密布刻点，鞘翅基部刻点粗密。

分布：河北、吉林、台湾；俄罗斯，日本。

（452）四点象天牛 *Mesosa myops* (Dalman, 1817)（图版 XXXII：2）

识别特征：体长 7.0~16.0 mm。卵形；黑色；被灰色短绒毛，并杂有许多火红色或金黄色毛斑。复眼很小，分成上下两半。触角赤褐色，第 1 节背面有杂金黄色毛，第 3 节起每节基部近 1/2 为灰白色，各节下侧密生灰白及深棕色缨毛；雄性触角超出身体 1/3，雌性与体等长。前胸背板中间具 4 丝绒状斑纹，前斑长形，后斑近卵圆形，每个斑两边镶有火红色或金黄色毛斑；具刻点及小颗粒，胸面不平坦，中间后方及两侧有瘤状突起，侧面近前缘处 1 瘤突。小盾片中间火黄或金黄色，两侧较深。鞘翅有很多黄色和黑色斑点，每翅中段各具 1 较大不规则的黑斑黄斑；鞘翅沿小盾片周围毛大致淡色；基部 1/4 具颗粒。

取食对象：苹果、赤杨。

检视标本：2 头，围场县木兰围场种苗场查字小泉沟，2015-V-27，马莉采；3 头，围场县木兰围场新丰挂牌树，2015-VII-24，马莉采；2 头，围场县木兰围场新丰挂牌树头道洼，2015-V-28，马莉采。

分布：河北、东北、内蒙古、甘肃、青海、新疆、安徽、浙江、河南、湖北、台湾、广东、四川、贵州；俄罗斯，朝鲜半岛，日本，欧洲。

（453）云杉小墨天牛 *Monochamus sutor longulus* (Pic, 1898)（图版 XXXII：3）

识别特征：体长 14.0~18.0 mm。黑色，有时微带古铜色光泽，被稀疏绒毛，绒毛从淡灰到深棕色。头部刻点密，粗细混杂。雄性触角向后长过体长 1.0 倍多，黑色，密布细颗粒，雌性超过 1/4 或更长，第 3 节基部往后被灰色毛。雌性在前胸背板中部稍前方有 2 淡色小斑点，鞘翅上常有稀散不显著的淡色小斑点。前胸背板中间前方略有皱纹，不同个体间有变异；侧刺突粗壮末端钝。小盾片具灰白色或灰黄色毛斑，中间有无毛细纵纹 1 条。鞘翅绒毛细而短，末端钝圆。

取食对象：落叶松、云杉。

检视标本：1 头，围场县木兰围场种苗场查字，2015-VI-27，曹运强采；1 头，围场县木兰围场新丰挂牌树，2015-VII-14，赵大勇采。

分布：河北、黑龙江、吉林、内蒙古、山东、河南、青海、新疆、浙江；俄罗斯，朝鲜半岛，日本，哈萨克斯坦。

（454）云杉大墨天牛 *Monochamus urussovii* (Fischer von Waldheim, 1805)（图版 XXXII：4）

识别特征：体长 27.0~31.5 mm，鞘翅肩宽 8.0~10.0 mm。黑色，触角及足红褐色至黑褐色，具古铜色至墨绿色金属光泽。头及前胸背板被极短的褐色伏毛，前胸背板侧刺突后方具黑色竖毛。小盾片密被黄色绒毛，极少出现中间具极细而不完整的光裸纵线。鞘翅被黄色短绒毛，端部较浓密，形成毛斑。足跗节侧缘具黑色长毛。头具大小不一的浅刻点，额宽大于长，略向外凸出，中纵沟明显；复眼下叶长宽近于相等，约等长于颊。触角约为体长的 2.2 倍，触角基瘤隆突，分开，柄节粗壮，圆柱形；表面粗糙。前胸背板宽大，侧刺突圆锥状，端部钝，中区具不规则的刻点及微皱。鞘翅长约为宽的 2.0 倍，向端部逐渐收狭，端缘圆；表面基半部具光裸的颗粒，有时愈合成横皱，端半部具浅刻点及微弱而不规则的皱纹；中区基部中间明显抬高，其后具 1 明显浅陷。腹部末节腹板端缘略呈弧形凸起。足较长，前足显长于中、后足。

分布：河北、东北、内蒙古、山东、河南、陕西、宁夏、新疆、江苏；蒙古，俄罗斯，朝鲜半岛，日本。

（455）黑点粉天牛 *Olenecamptus clarus* Pascoe, 1859（图版 XXXII：5）

识别特征：体长 12.0~17.0 mm，宽 3.2~4.0 mm。底黑褐，被白绒毛；触角、足棕黄色。头顶基部有 3 黑色长形斑；前胸背板中间 1 黑斑，常向前后延伸成不规则的纵条纹；其两侧各 2 黑色卵形斑。小盾片被白绒毛。鞘翅黑色斑有两种类型：每鞘翅有 4 黑点，肩上 1 长形，翅中间 2 圆形，近翅端外缘 1 卵形较小；每鞘翅有 3 黑点，此类型的前胸背板中间及两侧斑点常有变异。

取食对象：为害杨、桃、桑树。

分布：河北、东北、山西、河南、陕西、江苏、浙江、江西、湖南、台湾、四川、贵州；朝鲜，日本，俄罗斯（西伯利亚）。

（456）粉天牛 *Olenecamptus cretaceus cretaceus* Bates, 1873（图版 XXXII：6）

识别特征：体长 15~27 mm，宽 3.8~5.5 mm。棕红色到深棕色；下侧及背面中区密被白色绒毛，下侧以中间较稀，两侧基较厚；背面中区粉毛极厚，有如涂了一层白粉。从头部复眼基部、前胸两侧 1 宽阔直条直至鞘翅外侧，包括肩部在内直到近末端处，均被灰黄色绒毛；前胸背板中间 1 无粉纵线纹。额阔胜于长，近乎方形，密布颗粒，极显著。雄性触角为体长 2.3 倍，雌性触角为体长 1.8 倍。前胸背板中区有许多横脊线。鞘翅刻点粗大，末端斜切，其外端角尖锐。

分布：河北、河南、江苏、浙江、湖北、江西、台湾、四川。

（457）八星粉天牛 *Olenecamptus octopustulatus* (Motschulsky, 1860)（图版 XXXII：7）

识别特征：体长 9.0～15.0 mm。淡棕红色；下侧黑色或棕褐色，腹部末节棕黄，触角与足通常较体色淡；体背面被黄色绒毛，头部沿复眼前缘、内缘和后侧及头顶等处被白色粉毛。触角极细长，雄性触角为体长的 3.2 倍，雌性触角为体长的 2.3 倍，雌性第 3 节背面刺粒更少。前胸背板中部两侧各 2 白色大斑点。小盾片被黄毛。每鞘翅上 4 大白斑排列直行；鞘翅刻点粗大，末端切平，外端角有时尖锐。

取食对象：为害栎、柳、杨、栗、桑、檫、柞、枫杨。

分布：河北、东北、内蒙古、陕西、宁夏、甘肃、江苏、上海、安徽、浙江、江西、福建、台湾、华中、广东、海南、广西、四川、贵州；蒙古，俄罗斯（东西伯利亚、远东地区），朝鲜半岛，日本。

（458）黑翅脊筒天牛 *Nupserha infantula* (Ganglbauer, 1889)（图版 XXXII：8）

识别特征：体长 11.0～13.0 mm，宽 2.8～3.1 mm。黑色。复眼内缘深凹，小眼面细粒，复眼下叶远长于颊。触角黄褐色，基部 2 节暗黑褐色，有时第 3 节棕褐色或黑褐色，其余各节端部黑褐色。前胸腹板及中胸腹板（除中区外）黄褐色，中胸腹板中区及后胸腹板黑色。小盾片舌形。鞘翅两侧近平行，端缘呈凹缘，缘角呈角状，缝角小；鞘翅刻点较细。腹部黄褐，其中前 3 节中区黑色。足黄褐色，跗节第 1 节及后足胫节黑褐色。

取食对象：刺楸、菊等。

分布：河北、北京、陕西、甘肃、浙江、湖北、江西、湖南、福建、广东、广西、四川、贵州、云南。

（459）中斑赫氏筒天牛 *Oberea herzi* Ganglbauer, 1887（图版 XXXII：10）

识别特征：体长 9.0～13.0 mm，宽 2.0～3.0 mm。黑色，较狭长，近圆柱形，密被浅色绒毛。头横宽，略宽于前胸。复眼大而突，内缘深凹，下叶大而圆。触角黑色，11 节，基瘤平坦，左右分开。雄性触角约与鞘翅等长，雌性略短于鞘翅。前胸背板圆筒形，长略胜于宽，点刻较密，中间隐约 1 小脊延至后缘，小脊两侧各 1 不甚明显的小圆突。后胸前侧片前缘宽，后缘极窄，呈三角形。小盾片小，近梯形。鞘翅狭长，肩部较前胸宽，两侧平行，端缘钝圆。点刻较粗深，近端部渐细浅，排列不整齐，大致可分为 6 行。每鞘翅沿中缝内侧为土黄色，外侧为烟黑色，自中部以后至端部，两色均逐渐变浅。足短，黄褐色。中足基节窝外侧开式，后足腿节不超过第 2 腹节后缘；爪为附齿式。

检视标本：1 头，围场县木兰围场五道沟场部院外，2015-VII-07，宋烨龙采。

分布：河北、北京、吉林、山东、青海、江苏；俄罗斯，朝鲜。

(460) 舟山筒天牛 *Oberea inclusa* Pascoe, 1858（图版 XXXII：9）

识别特征：体长 13.0～16.0 mm，宽 2.0～2.5 mm。体细长，圆筒形，黄褐色。头部黑色，较短。复眼黑色，半月形，稍凸出，下叶较额长。触角黑色，11 节，仅达翅鞘长的 2/3 或稍超过。前胸圆筒形，长略胜于宽，黄褐色。翅鞘黑色狭长，肩部以后狭缩，两侧略平行；翅基部及小盾片周围黄褐色，鞘翅中间 1 条黄褐色纵带，鞘翅端部较模糊，翅端斜切，端角钝；鞘翅基部点刻较粗大，排列整齐，向翅端渐小，排列不整齐。前胸和中胸下侧绝大部分为黄褐色。后胸腹板黄褐色，中间 1 黑色三角形大斑。腹部黄褐色，第 1、2、3 节中间黑色，第 5 节中间 1 细而亮的隆起纵条纹。雄性的隆起纵条纹更为明显，腹末节具黑色毛。雌性腹末节露于鞘翅之外。足较短，黄褐色，胫节端部及跗节暗褐色。

分布：河北、内蒙古、河南、江苏、浙江、湖北、江西、福建、广东、广西、四川；韩国，朝鲜。

(461) 黑腹筒天牛 *Oberea nigriventris nigriventris* Bates, 1873（图版 XXXII：11）

识别特征：体长 15.0～16.5 mm，宽 1.5～2.2 mm。细长。头顶凹，头部中间具纵沟，具细密刻点，后头皱纹状；雄性触角明显超过体长，雌性略超过。前胸背板筒形，具细小刻点和不明显瘤突。小盾片端部窄且直。鞘翅狭长，两侧近平行，末端斜直，缝角和缘角具刺；翅面具排列整齐的刻点，向后渐小。后胸和腹部两侧刻点密；雄性第 5 腹节具浅凹，雌性无，具细沟。足粗短，后足腿节不达第 1 腹节基部。

取食对象：梅、沙梨、李。

分布：河北、辽宁、内蒙古、山东、甘肃、江苏、安徽、浙江、江西、福建、台湾、华中、广东、海南、广西、四川、贵州、云南；日本，越南，老挝，缅甸。

(462) 瞳筒天牛 *Oberea pupillata* Gyllenhal, 1817（图版 XXXII：12）

识别特征：体长 12.0～16.5 mm，宽 2.5～3.0 mm。大部分黑色；体被金黄色绒毛，刻点密布；鞘翅大部分黑色，基部橙黄色，中间颜色较浅。头与前胸等宽，头顶中间稍凹陷，头部中间 1 纵沟。触角红褐至黑色，触角短于体长。前胸宽胜于长，前胸背板中区隆起；基部两侧各 1 小点，中间偶具小黑点。小盾片近方形。鞘翅两侧近于平行，末端斜截，缝角和缘角都钝，端部刻点稀疏。后胸腹板黄褐色，偶具黑斑。第 2 腹板中间黑色，第 4 节黄褐色，肛节中间 1 三角形深凹，肛节除基部外黑色。足黄褐色，跗节颜色稍深。

分布：河北、陕西；欧洲。

(463) 黑尾筒天牛 *Oberea reductesignata* Pic, 1916（图版 XXXIII：1）

识别特征：体长 17.0 mm，宽 3.5 mm。狭长，具光泽，两侧近于平行；密被金黄色薄绒毛，背上有稀疏黄白色直毛；头部、触角、鞘翅肩角及末端、肛节黑色，前胸、小盾片、鞘翅、下侧及足黄褐色，鞘翅色泽较浅；后足胫节端部黑褐色。头部短，略宽于前胸，散布较粗刻点，中间纵沟向后延伸至后头；触角基瘤间较宽阔，中间浅凹；后头上刻点较密；复眼大，黑色，略呈球形凸起。触角细长，约与体等长。前胸背板宽略胜于长，高拱，刻点稀疏，近前缘及近后缘各 1 横沟，两侧中间略凸出。小盾片近长方形。鞘翅略宽于前胸背板，两侧直，向后渐窄，末端斜切，缝角及缘角均具小刺；盘上刻点较粗，中部各 7 列规则刻点，后端刻点较小。雌性肛节基部中间具纵沟。足粗短；后足腿节长不超过第 2 腹节基部。

分布：河北、湖北、台湾、福建；东洋界。

(464) 三条小筒天牛 *Phytoecia rufipes rufipes* (Olivier, 1795)（图版 XXXIII：2）

曾用名：西伯利亚小筒天牛。

识别特征：体长 9.0～16.0 mm。前胸背板具 3 条淡色纵条纹，不具红斑点，鞘翅缝灰色。

分布：河北、吉林、内蒙古、山西；朝鲜，俄罗斯（西伯利亚）。

(465) 菊小筒天牛 *Phytoecia rufiventris* Gautier des Cottes, 1870（图版 XXXIII：3）

识别特征：体长 6.0～11.0 mm，宽约 2.0 mm。圆筒形；黑色，被灰色薄绒毛，不遮盖底色。头部刻点极密，额阔。触角被稀疏的灰色和棕色绒毛，下侧有稀疏缨毛；触角等于或略长于体长。前胸背板宽大于长，中间 1 三角形红斑；刻点粗密。鞘翅布稠密杂乱的刻点，被毛均匀，不形成斑点。

取食对象：菊科、艾蒿、三脉紫菀等。

分布：河北、东北、内蒙古、山西、山东、陕西、宁夏、甘肃、江苏、安徽、浙江、江西、福建、台湾、华中、广东、海南、广西、四川、贵州；蒙古，俄罗斯，朝鲜半岛，日本。

(466) 丽直脊天牛 *Eutetrapha elegans* Hayashi, 1966（图版 XXXIII：4）

曾用名：十星天牛。

识别特征：体长 12.0～15.0 mm，体色橙红色，前胸背板有 4 枚黑斑，中间 1 条黑色短小纵斑，翅鞘左右各 10 枚黑色斑点，位于翅缘有 3 枚，第 3 枚与内侧的斑点相连。

分布：河北、云南、台湾。

(467) 十六星直脊天牛 *Eutetrapha sedecimpunctata sedecimpunctata* (Motschulsky, 1860)（图版 XXXIII：5）

识别特征：体长 13.0～21.0 mm，宽 3.5～5.5 mm。长形，黑色，密被灰黄色绒毛，纵灰条，灰黄到深黄。触角灰色。前胸背板中区 4 黑色小圆斑，侧面 1 黑色纵纹。小盾片两侧各 1 小黑斑，中区色彩与鞘翅同。每鞘翅肩脊纹内方各 8 黑色小斑点，2 个 1 组，纵基部到端部排成"之"曲形，但端末 1 个常消失，常见每翅 7 斑；鞘翅发达，两侧近平行，向后稍狭，肩下1显著脊纹，其外侧具1平行脊线；盘上刻点密，胸部和翅上均有具直毛刻点。雄性体较狭，肛节不外露，额长方形；触角较体略长。雌性体较宽，肛节外露，其下侧中间1直线纹；额较阔，近方形，触角一般较体稍短，有时等长。

分布：河北、东北、陕西、台湾；俄罗斯，朝鲜，日本。

(468) 培甘弱脊天牛 *Menesia sulphurata* (Gebler, 1825)（图版 XXXIII：10）

识别特征：体长约 7.0 mm，宽约 1.8 mm。小型；棕栗色至黑色；体背密被黑褐色及黄色绒毛；足橙黄色至棕红色，触角除柄节外，余节棕黄至深棕栗色。头顶全部或大部分被淡色绒毛，额宽胜于长。触角向后长过体长的 1/4 以上；下缘具缨毛，第 3 节与第 4 节约等长。前胸圆筒形，刻点稠密，中区两侧各 2 黑斑，常合并成 1 宽斑，被中间 1 淡色细纵纹分隔。小盾片近方形，大部分被黄色绒毛。每翅 4 黄色大斑，从基部到端区排成直行，有时彼此向内合并或前 2 个全部合并；盘区刻点粗密，不规则，内、外端角尖细。

取食对象：薄壳山核桃、核桃、苹果、杨、椴树等。

分布：河北、吉林、山西、山东、河南、陕西、台湾；俄罗斯（西伯利亚、远东地区），朝鲜半岛，日本。

(469) 断条楔天牛 *Saperda interrupta* Gebler, 1825（图版 XXXIII：7）

识别特征：体长 5.5~8.5 mm，宽 2.8~3.2 mm。基色黑，被灰绿或灰色绒毛，并有黑色绒毛斑点，触角黑色。头顶中区 1 个，向前延伸至额，全部或部分呈黑色，但有时两直线各向内扩展，至合并成 1 大黑斑；或 2 直线中间变窄，甚至中断，分裂成 4 斑；头部刻点粗深，眼下叶较颊长 1.0 倍。触角具不明显灰白色毛，下侧具缨毛；触角基瘤不显著，两角间较宽。鞘翅肩下具 1 较阔黑纵纹，其长达到翅的后部，但不与末端连接；绒毛之外有褐、白色竖毛，其位于背面者褐色，下侧及足部者白色。鞘翅两侧平行，刻点较头、胸部的粗大，末端圆形。肛节较长，长于第 4 节 1.0 倍。

取食对象：铁杉。

检视标本：1头，围场县木兰围场四合水虎字北岔，2015-VI-03，蔡胜国采；1头，围场县木兰围场北沟色树沟，2015-V-29，宋洪普采。

分布：河北、吉林、河南、宁夏、福建；俄罗斯，韩国，朝鲜。

(470) 黑八点楔天牛 *Saperda octomaculata* Blessig, 1873（图版 XXXIII：8）

识别特征：体长 9.0~15.0 mm。灰绿色或黄褐色，具光泽，前胸有 2 个大的黑色斑点，前翅肩部下面无黑色斑点，翅面有 4 个纵列的黑色斑点。

检视标本：1头，围场县木兰围场种苗场查字，2015-VI-27，张恩生采。

分布：河北、山东；蒙古，朝鲜半岛，日本。

(471) 桃红颈天牛 *Aromia bungii* (Faldermann, 1835)（图版 XXXIII：9）

识别特征：体长 28.0～37.0 mm，宽 8.0～10.0 mm。黑色，有光亮。雄性触角向后长过体长 4–5 节，雌性触角向后长过体长 1.0～2.0 倍。前胸背板棕红色，前基部黑色，收缩下陷，密布横皱纹；前胸背面 4 光滑瘤突，具角状侧刺突。鞘翅表面光滑，基部较前胸宽，端部渐狭。

取食对象：山桃、杏、柳、苹、李、樱桃。

分布：河北、东北、内蒙古、山西、山东、河南、陕西、甘肃、江苏、安徽、浙江、湖北、江西、湖南、福建、广东、海南、香港、广西、四川、贵州、云南；朝鲜。

(472) 杨红颈天牛 *Aromia orientalis* Plavilstshikov, 1932（图版 XXXIII：6）

识别特征：体长 24.0～28.0 mm，宽 4.5～7.0 mm。深绿色，前胸背板赤黄色，前后两缘蓝色，有光泽，触角和足伪蓝黑色。头部蓝黑色，下侧有许多横皱，头顶部两眼间有深凹。触角基部两侧各 1 突起，尖端锐；触角等于或长于体长。小盾片黑色，光滑，略向下凹。鞘翅密布刻点和皱纹，各有 2 纵隆起，在近翅端处消失。

取食对象：杨、旱柳。

分布：河北、东北、内蒙古、河南、陕西、甘肃、浙江、湖北、福建；蒙古，俄罗斯，朝鲜，日本。

(473) 金色扁胸天牛 *Callidium aeneum aeneum* (DeGeer, 1775)（图版 XXXIII：11）

识别特征：体长 8.0～11.0 mm，宽 3.0～4.0 mm。头黑褐色，前部有内凹和三角区，前后各部 1 凹区，两侧触角基部内侧有中缝；前横沟中部上翘；复眼肾形，内凹严重，上下叶几乎分开，唇基与上颚内侧红褐色。触角红褐色，第 3 节最长，第 2 节最短，其余各节几乎等长。前胸背板黑褐色，刻点细密，两侧毛较长。小盾片舌状，四周略凸出，于前胸背板后部相连处 1 小三角处。

检视标本：1 头，围场县木兰围场五道沟梁头，2015-VI-30，马晶晶采；1 头，围场县木兰围场八英庄光顶山，2015-VI-15，赵大勇采。

分布：河北、黑龙江；蒙古，俄罗斯，日本，土耳其，欧洲。

(474) 紫缘常绿天牛 *Chloridolum lameeri* (Pic, 1900)（图版 XXXIII：12）

识别特征：体长 10.5～17.0 mm，宽 2.0～3.0 mm。头金属绿或蓝色，头顶紫红，前胸背板红铜色，两侧缘金属绿或蓝色；小盾片蓝黑带紫红色光泽；鞘翅绿或蓝色，两侧红铜色；触角及足紫蓝色，体下侧蓝绿色，被银灰色绒毛。额中间 1 细纵沟，密布刻点；复眼间有纵脊纹。触角柄节端部膨大，表面密布刻点，背基部至端部 1 浅纵凹，第 3 节长于第 4 节。前胸背板长略胜于宽，两侧缘刺突较小，前缘及基部具横皱纹；中区有弯曲脊纹。小盾片光滑，边缘有少许刻点。鞘翅刻点稠密，基部稍有皱纹。后足细长，后足腿节超过鞘翅末端。

分布：河北、山东、华中、浙江、江西、福建、台湾、云南。

（475）冷杉短鞘天牛 *Molorchus minor minor* (Linnaeus, 1758)（图版 XXXIV：1）

识别特征：体长 7.5～10.5 mm，宽 2.0～2.5 mm。黑色，触角、鞘翅、足红褐色，前胸背板前基部、小盾片覆银白毛。头与前胸前端等宽。触角间具浅纵沟，触角 12 节（雄）或 11 节（雌），等长或长于体长。前胸背板长超宽，后端稍狭前端，后端前紧缩 1 横沟，侧刺突小钝，中间 5 圆形隆起。小盾片近长方形，末顶圆。鞘翅短缩，达第 1 腹节中部，基端阔，末端狭，基部圆，在翅中间稍靠后，1 乳白色纵纹斜伸向后方，两侧对称呈倒"八"字形。

取食对象：冷杉。

分布：河北、黑龙江、辽宁、陕西、甘肃、青海、新疆；蒙古，俄罗斯，朝鲜半岛，哈萨克斯坦，土耳其，欧洲。

（476）赤天牛 *Oupyrrhidium cinnabarium* (Blessig, 1872)（图版 XXXIV：2）

识别特征：体长 10.0～16.0 mm；宽 3.0～5.0 mm。黑色扁平；前胸背板、小盾片及鞘翅红色，被红色短绒毛，前胸背板两侧黑色，头顶红色，唇基黄褐，触角着生黑褐绒毛，跗节黑褐。头较短，额中间 1 细纵沟，前额具横凹，颊短于复眼下叶，头具细密刻点，雄性触角细长，超过鞘翅端部，雌性触角粗且壮，伸至鞘翅中部之后，柄节膨大。前胸背板宽略超于长，前端较后端宽，后端紧缩，两侧缘微呈圆弧，无侧刺突，后侧微具瘤突；胸面较平坦，密布细刻点，两侧刻点稍粗。小盾片似舌状。鞘翅较短，后端稍窄，端缘圆形，翅面有细密刻点，每翅各具 3 纵脊线，近中缝 1 条较短。腿节基部呈细柄状，端部突然膨大呈棒状，雄性后足胫节微弯曲，雄性肛节短阔，端缘平直，雌性肛节较狭长，端缘微弧形。

分布：河北、吉林、辽宁、河南；俄罗斯，韩国。

（477）黄褐棍腿天牛 *Phymatodes testaceus* (Linnaeus, 1758)（图版 XXXIV：3）

识别特征：体长 6.0～16.0 mm。红褐色，前、中、后胸及雄性腹板颜色较暗，后足第 1 节长于余下两节之和。后腿第 1 节比其后 2 节的总和还要长。头部、中、后胸部、腹部黑色，前胸背是红褐色，上翅膀是浓蓝色。触角和腿节前端是暗色。

分布：河北、吉林、辽宁；韩国，日本，东西伯利亚。

（478）多带天牛 *Polyzonus fasciatus* (Fabricius, 1781)（图版 XXXIV：11）

识别特征：体长约 18.0 mm，宽约 4.0 mm。体蓝绿色至蓝黑色，鞘翅蓝绿色至蓝黑色，基部常有光泽。头、前胸有粗糙刻点和皱纹，侧刺突端部尖锐。触角及足细长，约与体等长，第 3 节长于第 1、2 节之和。鞘翅中间 2 不等宽淡黄色横带；翅面被白色短毛，表面有刻点，翅顶圆形。下侧被银灰色短毛，雄性下侧可见 6 节，第 5 节基部凹陷，雌性腹部下侧可见 5 节，末节基部拱凸呈圆形。

取食对象：栎、棉、杨、松树、枣树、柏、竹、木荷、黄荆、柳、刺槐、橘、桉、菊、蔷薇、玫瑰。

分布：河北、吉林、内蒙古、山西、山东、陕西、宁夏、甘肃、青海、华中、江苏、安徽、浙江、江西、福建、广东、香港、广西、贵州；蒙古，俄罗斯（西伯利亚），朝鲜。

（479）帽斑紫天牛 *Purpuricenus lituratus* Ganglbauer, 1887（图版 XXXIV：5）

识别特征：体长约 20.0 mm，宽约 7.0 mm。黑色，前胸背板及鞘翅朱红色。雌性触角与体等长，雄性的触角为体长的 2.0 倍，以末节最长。前胸背板宽短，两侧缘中部有侧刺突，基部略狭缩，胸面密布粗糙刻点，呈皱褶状，被灰白色细长竖毛，胸部背板具 5 黑斑，略隆起。鞘翅有 2 对黑斑，前 1 对略呈圆形，后 1 对较大，在中缝处相连接呈礼帽状，帽形黑色斑上密被黑色绒毛；翅两侧平行，基部圆形，翅基部刻点皱褶状。下侧被稀疏灰白色软毛。

分布：河北、吉林、辽宁、陕西、甘肃、江苏、江西、贵州、云南；俄罗斯，朝鲜，日本。

（480）蓝丽天牛 *Rosalia coelestis* Semenov, 1911（图版 XXXIV：6）

识别特征：体长 18.0～29.0 mm；宽 4.0～8.0 mm。具淡蓝色绒毛和黑斑纹；触角柄节、雄性端部数节、雌性末节和足黑色，腿节中后部有淡蓝色毛环，后足胫节中部及跗节被淡蓝色绒毛。头中间 1 细纵凹线；头具细密刻点；颊、上颚刻点粗糙，雄性上颚具背齿；柄节刻点稠密。触角第 3—6 节端部丛生浓密黑色簇毛，其余端部黑色；雄性触角端部 5 节超出翅外，雌性端部 3 节超出鞘翅外。前胸背板中间 1 近方形大黑斑与前缘接触，两侧各 1 小黑点及 1 小瘤突，偶见黑点与大黑斑连接。鞘肩无黑斑，每翅 3 不规则黑横斑，分别位于肩后、中部及端部之前；基部散生黑色细粒状刻点。后足胫节端部不扁阔；后足第 1 跗节长约为第 2、3 跗节长之和。

分布：河北、黑龙江、吉林、河南、陕西；俄罗斯（远东地区），朝鲜半岛，日本。

（481）双条松天牛 *Semanotus bifasciatus* (Motschulsky, 1875)（图版 XXXIV：10）

识别特征：体长 10.0～22.0 mm，宽 3.5～7.0 mm。宽扁，头部黑色且具细刻点，触角黑褐色，前胸背板黑色，鞘翅棕黄色。触角较短，雌性触角长度达体长之半，雄性超过体长的 3/4。前胸背板两侧圆弧形，具有较长淡黄色绒毛；背板中间 5 光滑疣突，梅花形排列；中后胸下侧被黄色绒毛。鞘翅 2 黑色宽横带，位于中部和末端，翅中部的宽横带在中缝处断开，翅面具许多刻点，末顶圆形。腹部被棕色绒毛，腹部末端微露于鞘翅外。

取食对象：杉树、松树、柏树。

分布：华北、山东、河南、陕西、甘肃、青海、江苏、上海、安徽、浙江、湖北、江西、福建、台湾、广东、广西、四川、贵州、云南；蒙古，俄罗斯，朝鲜半岛，日本。

(482) 拟腊天牛 *Stenygrinum quadrinotatum* Bates, 1873（图版 XXXIV：8）

识别特征：体长 12.0~14.0 mm，宽 3.0~3.5 mm。狭小，赤褐色，鞘翅中间前后各 1 淡黄褐色小斑，周围黑褐色。头短，前胸背板圆柱形，长胜于宽，两侧稍膨大。触角被灰色细绒毛，复眼粗粒，下叶凸出，接近上鄂基部；雄性触角约与体等长，雌性达鞘翅后端 1/4；柄节略弯，略长于第 3 节，第 3 节略长于第 4 节、与第 5 节等长。前胸背板及鞘翅表面有稀疏细竖毛，鞘翅中部及端部稍狭，末端狭圆，表面密布细刻点。足腿节基部呈细柄，端部膨大，光滑，足胫节两侧有细长毛，身体下侧被稀疏细毛。

取食对象：栎、栗。

分布：河北、东北、内蒙古、山东、河南、陕西、甘肃、江苏、安徽、浙江、湖北、江西、湖南、福建、台湾、广东、广西、四川、贵州、云南；俄罗斯，朝鲜半岛，日本。

(483) 家茸天牛 *Trichoferus campestris* (Faldermann, 1835)（图版 XXXIV：9）

识别特征：体长 13.0~18.0 mm，宽 3.0~6.0 mm。黑褐色，被棕黄绒毛和稀疏长竖毛。小盾片棕黄色。雄性额中间 1 细纵沟。雄性触角长达鞘翅端部，雌性略短。前胸背板长宽近等，前端宽于后端，两侧圆弧形，无侧刺突；胸面刻点粗密，其间又生细小刻点，雌性无。鞘翅两侧近平行，后端稍狭，外端角弧形，内端角垂直；翅面分布中等刻点。后足第 1 跗节较长，约等于第 2、3 跗节之和。雌性肛节狭长，端缘弧形，雄性较宽而平直。

取食对象：刺槐、油松、枣、丁香、杨树、柳树、黄芪、苹果、柚、桦木、云杉等。

分布：河北、东北、内蒙古、山西、山东、河南、西北、江苏、安徽、浙江、湖北、江西、湖南、四川、贵州、云南、西藏；蒙古，俄罗斯，朝鲜，日本，印度。

(484) 小灰长角天牛 *Acanthocinus griseus* (Fabricius, 1792)（图版 XXXIV：7）

识别特征：体长 8.0~12.0 mm，宽 2.2~3.5 mm。略扁平；基底黑褐至棕褐色；触角各节基部及腿节基部棕红色。头被灰色短绒毛，颊着生绒毛带灰黄色。触角短，雄性为体长的 2.8 倍，第 3—5 节下沿有厚密短柔毛。复眼内缘深凹，下叶长略于宽。头中间 1 细沟，具细密刻点。前胸背板被灰褐色绒毛，前端 4 污黄色圆形毛斑，排成横行。小盾片中部被淡色绒毛。鞘翅中部 1 浅灰色宽横斑，其中杂黑斑；浅灰色横纹下 1 条黑横纹，其下有浅色花斑，尤以端区明显；盘上棕黄色绒毛斑，以左翅基部较多。雌性肛节较长，与第 1、2 节腹板之和约等长。

取食对象：红松、鱼鳞松、油松、华山松、栎等。

检视标本：2 头，围场县木兰围场种苗场查字，2015-VI-27，曹运强采。

分布：河北、东北、内蒙古、河南、陕西、宁夏、甘肃、新疆、安徽、浙江、湖北、江西、福建、广东、广西、贵州；俄罗斯，朝鲜，日本，欧洲。

（485）中华裸角天牛 *Aegosoma sinicum sinicum* White, 1853 （图版 XXXIV：4）

曾用名：中华薄翅天牛。

识别特征：体长 30.0～52.0 mm，宽 8.5～14.5 mm。赤褐色或暗褐色，偶鞘翅深棕红色，头胸部及触角基部数节深暗。头部具细密刻点，生灰黄色细短毛，上唇布棕黄色直长毛；前额中间至前额 1 细纵沟。雄性触角等于或略长于体长，第 2 节最长；雌性触角向后伸达鞘翅后半部。前胸背板前端狭窄，基部宽阔，呈梯形，基部中间两侧略弯曲；仅两侧基部有饰边；盘区密布粒点和短灰黄毛，中间偶被稀毛。小盾片三角形。鞘翅宽于前胸背板，向后渐窄，盘上有细刻点，基部略粗糙，有 2～3 细纵脊。胸腹板被密毛。

分布：河北、北京、内蒙古、黑龙江、吉林、山东、河南、江苏、上海、浙江、湖北、江西、湖南、海南、广西、台湾；蒙古，俄罗斯，朝鲜，日本，越南，老挝，缅甸，东洋界。

（486）皱胸粒肩天牛 *Apriona (Arhopalus) rugicollis rugicollis* Chevrolat, 1852（图版 XXXIV：12）

识别特征：体长 26.0～51.0 mm。黑褐色，体背及鞘翅密生暗黄色细绒毛，鞘翅中缝及侧缘具青灰色窄边。前胸背板有明显的横皱褶。鞘翅基部约 1/3 具黑色瘤状颗粒（约 150 个），每个鞘翅端部具 1 对齿突。

分布：华北、辽宁、山东、陕西、甘肃、安徽、江苏、上海、浙江、江西、福建、台湾、华中、广东、海南、香港、广西、四川、贵州、云南、西藏；朝鲜半岛，日本，越南，老挝，柬埔寨，泰国，印度，缅甸。

（487）朝鲜梗天牛 *Arhopalus (Arhopalus) coreanus* (Sharp, 1905)（图版 XXXV：1）

识别特征：体较长，鞘翅长度约为前胸的 4 倍。黑褐色，触角及足黑褐色。前胸背板具皱纹刻点，两侧较粗糙。前胸长为鞘翅长度的 1/4，头和胸较窄，触角较长，前胸刻点密而小，小盾片窄，平坦，中间 1 细亮线。

取食对象：桦木。

分布：河北、东北；韩国，朝鲜，日本，缅甸。

（488）褐梗天牛 *Arhopalus (Arhopalus) rusticus rusticus* (Linnaeus, 1758)（图版 XXXV：2）

识别特征：体长 25.0～30.0 mm，宽 6.0～7.0 mm。体较扁，褐色或红褐色；雌性较黑，密被灰黄色短绒毛。头上刻点稠密，中间 1 纵沟自额前延伸达头顶中间。触角粗长，达到体长的 3/4（雄性）或约达体长的 1/2（雌性）。前胸背板宽大于长，两侧圆；前胸背板刻点密，中间 1 光滑稍凹纵纹，与后缘前中间 1 横凹相连，两侧各 1 肾形长凹，具粗刻点，后缘直，前缘中间向后稍弯。小盾片大，末端圆钝，舌形。鞘翅薄，两侧平行，后缘圆，各翅面有 2 平行纵隆纹；翅面刻点较前胸背板稀疏，基部刻点较粗大，越近末端渐弱。下侧较光滑，颜色较淡，常棕红色；雄性肛节较短阔，雌性较狭长，基端阔，末端狭。

取食对象：杨、柳、油松、华山松、赤松、欧洲白皮松、冷杉、柏、榆、桦树、椴树、侧柏、圆柏等。

分布：河北、东北、内蒙古、山东、河南、陕西、宁夏、甘肃、浙江、湖北、江西、福建、四川、贵州、云南；蒙古，俄罗斯，朝鲜，日本，欧洲，非洲。

(489) 松幽天牛 *Asemum striatum* (Linnaeus, 1758)（图版 XXXV：3）

识别特征：体长 11.0~20.0 mm。黑褐色，生灰白色密绒毛，下侧有强光。头部刻点密，复眼内缘微凹。触角 11 节，仅达体长之半，触角间 1 明显纵沟。前胸背板宽大于长，侧缘弧形，中部向外略呈圆形凸起；下侧中间少许凹陷。小盾片宽三角形，端角圆。鞘翅两侧平行，端缘圆形，翅上有纵脊，前缘具横皱。体下侧光亮，足短，腿节宽扁。

取食对象：油松、云杉、落叶松。

分布：河北、黑龙江、吉林、内蒙古、山西、西北、山东、浙江、湖北；蒙古，俄罗斯，朝鲜，日本，中亚，欧洲。

(490) 栗灰锦天牛 *Astynoscelis degener degener* (Bates, 1873)（图版 XXXV：4）

识别特征：体长 10.0~16.0 mm，宽 3.0~6.0 mm。红褐至暗褐色，密被灰色混杂灰黄色绒毛，小盾片被灰黄色绒毛，触角第 3 节及以后各节基部被灰绒毛，体下被灰黄色绒毛。头具细密刻点，额宽大于长，中间 1 细纵线，两触角间微凹，复眼下叶长于颊。触角约为体长的 2.0 倍，触角基瘤彼此相距较远，柄节端疤微弱；第 3 节约 2.0 倍长于柄节。前胸背板具细密刻点，宽稍大于长，侧刺突短钝。鞘翅肩部较宽，后端较窄，端缘圆，翅面刻点较前胸背板稀疏。体下侧及足有分散刻点，足较短而粗壮，腿节较粗大。

分布：河北、黑龙江、吉林、内蒙古、山东、陕西、甘肃、江苏、浙江、湖北、江西、湖南、福建、台湾、广东、香港、广西、四川、贵州、云南；俄罗斯，朝鲜，日本。

(491) 云斑白条天牛 *Batocera horsfieldi* (Hope, 1839)（图版 XXXV：5）

识别特征：体长 32.0~65.0 mm；宽 9.0~20.0 mm。黑或黑褐色，密被灰色绒毛，有时灰中带青或黄色。前胸背板中间 1 对肾形白色毛斑。小盾片被白毛。鞘翅白斑形状不规则，一般排成 2~3 行，若第 3 行以近中缝最短，则由 2~4 小斑排成，中行达翅中部以下，最外 1 行达翅端部；若第 2 行则近中缝 1 行，由 2~3 斑点组成；白斑差异很大，鞘翅中间前有许多小圆斑或斑点扩大成云片状。体下两侧各 1 道白色直条纹，从眼后到尾部，常在中胸至后胸间、胸与腹间及腹部各节间中断；后胸外端角 1 长圆形白斑。

取食对象：桑、柳、栗、栎、榆、枇杷、山黄麻、乌桕、女贞、泡桐。

分布：河北、北京、吉林、江苏、安徽、浙江、湖北、江西、湖南、福建、台湾、广东、广西、四川、贵州、云南；朝鲜，日本，越南，印度。

（492）大牙土天牛 *Dorysthenes paradoxus* (Faldermann, 1833)（图版XXXV：6）

曾用名：大牙锯天牛。

识别特征：体长33.0～40.0 mm，宽12.0～14.0 mm。外貌与曲牙土天牛很相似，主要区别是触角第3—10节外端角较尖锐；前胸侧缘的齿较钝，前齿较小并与中齿接近，中齿不向后弯；雌性腹基节中间呈圆形，不为三角形。

取食对象：玉米、高粱、栎、榆、柏、杨、杏、桐、柳。

分布：河北、吉林、辽宁、内蒙古、山西、山东、河南、陕西、宁夏、甘肃、青海、江苏、安徽、湖北、台湾、四川；蒙古，俄罗斯，韩国，朝鲜。

（493）三棱草天牛 *Eodorcadion egregium* (Reitter, 1897)（图版XXXV：7）

识别特征：体长14.0～22.0 mm。椭圆形，黑色。头顶2平行绒毛条纹；复眼深凹，小眼面细，额中间1纵沟。触角黑色，具黑毛，少见个体触角第3—6节基部有淡色毛环；触角向后长过鞘翅末端（雄），少数个体略长于鞘翅或与鞘翅等长或约达鞘翅长度的3/4（雌），个别达鞘翅末端。前胸背板绒毛分布在中间纵沟两侧，靠近两侧处1对平行条纹，平行条纹两侧前端1对平行浓密绒毛条纹，有时2对条纹形状不明显。小盾片半圆形，两侧被白色绒毛。每鞘翅有白色清晰绒毛条纹，条纹间1纵脊，共3条。足腿节大部分或后端光亮。

分布：河北、新疆；蒙古。

（494）肩脊草天牛 *Eodorcadion humerale* (Gebler, 1823)（图版XXXV：12）

识别特征：体长14.0～18.0 mm，宽4.5～6.0 mm。体较阔大，黑色，有时或多或少带酱红色。被灰黄色绒毛，下侧极密厚，背面则形成如下的斑点：头部两颊、额前缘两侧及沿复眼下叶内沿均有毛斑，触角基瘤之间及头顶中区各有两条纵斑；前胸背板中区两侧及沿侧刺突内沿各1条纵斑；小盾片侧缘有毛斑；鞘翅毛斑呈不规则的小点状，有时极密，分布遍全翅，有时极稀，甚至中区缺如，仅留肩下脊线左右有斑点。触角第3-9节每节基部有淡灰色绒毛。

取食对象：硷草。

分布：河北、北京、黑龙江、内蒙古、山东；俄罗斯。

（495）多脊草天牛 *Eodorcadion multicarinatum* (Breuning, 1943)（图版XXXV：9）

识别特征：体长14.5～18.0 mm。体红褐色或近黑色，雄性触角长于体，雌性触角伸达鞘翅端部1/4；触角端疤明显；触角节具白色毛环。前胸侧刺突尖而狭，前胸背板中线具粗糙刻点，具光滑的瘤突，具1对中区绒毛纵带。鞘翅刻点粗糙，纵脊显著，覆盖稀疏的灰白色绒毛。鞘翅脊线差不多同等发达，在鞘缝与肩部的白色条带之间约有 9 条脊。有些脊在基部部分融合至消失。鞘缝附近无脊，密被灰白色毛；肩部毛纹多少明显，弯曲的边缘也具灰白色绒毛（包括缘折），但不具显著的条带。

分布：河北、辽宁、内蒙古、山西、陕西、宁夏、甘肃、青海。

（496）东北拟修天牛 *Eumecocera callosicollis* (Breuning, 1943)（图版 XXXV：10）

识别特征：体长 8.0～11.0 mm，宽 2.2～2.5 mm。体闪光灰黑色，具近直立细毛，触角较短，触角柄节长方锥形至近纺锤形，节长胜于宽，第 3 节最长，以后各节长度递减，柄节约和第 8 节等长；前胸长宽约相等，具 1 小侧瘤突；小盾片近半圆形，黑色刻点细密与鞘翅平接，包围触角基瘤周长的 2/3。下侧黑色到黑褐色，有白伏毛密布，并有稀少长立毛，雌性腹节极度收缩。后足第 1 跗节约与以后各节之和相等。

分布：河北、东北、内蒙古；俄罗斯，韩国。

（497）北亚拟修天牛 *Eumecocera impustulata* (Motschulsky, 1860)（图版 XXXV：11）

识别特征：体长 9.0～13.0 mm。略长，黑色；头、前胸有灰绿色鳞状密毛；前胸背板 2 黑色条纹，侧面 1 条纹，并有黄绿色棱形斑点。复眼突，有宽凹陷；头顶宽，略鼓扁，复眼间有不清晰的脊线；雄性复眼下叶长于上叶的 2.0 倍。触角细，长于体长，第 3 节等于第 4、5 节长之和。雄性胸长大于宽，雌性宽大于长，胸面有粗糙刻点，两侧平行，窄于前翅。前翅被鳞片状毛，肩部宽，末端显窄。

检视标本：1 头，围场县木兰围场种苗场查字小泉沟，2015-VI-18，赵大勇采；1 头，围场县木兰围场四合水头道川，2015-VI-03，马晶晶采；1 头，围场县木兰围场五道沟，2015-VI-30，任国栋采。

分布：河北、东北；蒙古，俄罗斯（远东地区、东西伯利亚、西西伯利亚），朝鲜半岛，日本。

（498）白条利天牛 *Leiopus albivittis albivittis* Kraatz, 1879（图版 XXXV：8）

识别特征：体长 5.5～8.0 mm。较小。头顶前端宽，略鼓，中部有纵沟；复眼小眼面细，有宽凹陷。触角黑褐色，长于体长，第 1 节细，短于第 3 节，与第 4 节等长，密布刻点；各节基部呈黄色光泽，触角基长，凸出。前胸 2/3 后渐窄，前胸侧面瘤状突大，其顶端尖，体、头、前翅、足黑色；前胸鼓，有深的密刻点和密而短的褐色毛，基部有细而宽的横沟，侧缘凹。小盾片扁，三角形，有灰白色平伏毛。前翅中部有"U"字形花纹，花纹基部横斑，3/4 处有白色横带，侧缘平行，2/3 向后狭窄，翅面鼓，中部向后略凹，前半段有大稀疏刻点及后段有小稀疏刻点，被灰白色毛，有独特灰白色花纹，翅缝有白色细条纹，肩部具不明显的小凸起和长硬毛。雄性腹部第 5 节略凹，雌性略钝。足腿节棒状，中足胫节内侧。

取食对象：幼虫为害柳树。

分布：河北、吉林；蒙古，俄罗斯（西伯利亚、远东地区），韩国。

(499) 双簇污天牛 *Moechotypa diphysis* (Pascoe, 1871)（图版 XXXVI：1）

识别特征：体长 16.0～24.0 mm。宽，黑色，体被黑色、灰色、褐灰黄色及火黄色绒毛。前胸背板和鞘翅多瘤状突起，鞘翅基部 1/5 处各 1 丛黑色长毛，偶前方及侧方有 2 较短黑毛丛。鞘翅瘤突上一般有黑绒毛，淡色绒毛围成不规则格状。体下有火黄色毛斑，偶带红色，腿节基部及端部、胫节基部和中部各 1 火黄色或灰色毛环，第 1-2 跗节被灰色毛，有时下侧火黄色毛区扩大。触角自第 3 节起各节基部都 1 淡色毛环纹头中间 1 纵纹；触角雄性略长，雌性较体稍短。前胸背板中间 1 "人"字形突起，两侧各 1 大瘤突，侧刺突末端钝圆，其前方另 1 较小瘤突。鞘翅宽阔，多瘤状突起。中足胫节无纵沟。

取食对象：栎属。

分布：河北、北京、东北、河南、陕西、安徽、浙江、江西、广西；朝鲜，日本，俄罗斯（西伯利亚）。

(500) 苎麻双脊天牛 *Paraglenea fortunei* (Saunders, 1853)（图版 XXXVI：2）

识别特征：体长 10.0～16.0 mm，宽 3.5～6.0 mm。黑色，被青绿色绒毛及黑色斑纹。头大部分淡色，少数头顶黑色，有时全黑色。触角较体稍长。前胸背板淡色，中部两侧各 1 圆形黑斑。鞘翅斑纹变化较大，每翅 3 个黑色大斑，位于基部外侧、中部之前和端部之后，翅端色淡。腹面淡色。

取食对象：苎麻、木槿、桑。

分布：河北、北京、东北、河南、江苏、上海、安徽、浙江、江西、湖南、福建、广东、广西、四川、贵州、云南；日本。

(501) 松梢芒天牛 *Pogonocherus fasciculatus fasciculatus* (DeGeer, 1775)（图版 XXXVI：3）

识别特征：体长 5.0～8.0 mm。黑色，肩部宽，密布小刻点和灰白色平伏毛及黑色直立毛，足、触角有白色环纹。头宽短，颊略长，有平伏和直立毛；复眼小，眼面细，具宽凹。触角粗，褐色；雌性触角短于体长；雄性略长，触角基略凸，有半直立黑色长毛，第 1 节具密刻点和平伏毛及黑色硬毛。前胸后段红褐色，侧面有尖大突起，前后段有横宽带，胸面鼓，密布小刻点和黑褐色及灰白色平伏毛，并有黑色或浅褐色直立毛，中部有瘤状突起。小盾片侧缘平行，向顶端狭窄，顶端钝圆，中部有白色纵带。鞘翅中部宽，顶端明显狭窄，黑褐色，两侧各 3 黑色卵圆形斑，翅面布褐或白色平伏毛，有 3 纵脊。足有平伏密毛和稀疏直立毛，腿节基部、胫节顶端及跗节具红黄色毛，腿节棒状。

分布：河北、东北；蒙古，俄罗斯，哈萨克斯坦，土耳其。

(502) 柳角胸天牛 *Rhopaloscelis unifasciata* Blessig, 1873（图版 XXXVI：11）

识别特征：体长 8.0 mm，宽 2.5 mm。暗棕色，散布刻点，密被短薄灰白色细绒毛，散布稀疏的较长黑色直立毛。头部短，略宽于前胸前端，额横宽，较拱起，密布小刻点；复眼下叶略短于颊长；触角细长，约为体长的 1.5 倍。触角略呈红棕色，基瘤突起较高，互相远离，中间浅凹。前胸两侧瘤间宽稍大于长，近前端及近后端收缩，侧缘中间侧瘤呈角状凸起，背面散布稀小刻点，两侧瘤间呈横形隆起。小盾片长方形，末端平截，中间具纵沟。鞘翅基脊突棕黑色，翅中部具棕黑色大横纹，外端宽。鞘翅两侧缘近于平行，近端部向后略狭，末端斜截，缘角略凸出，翅基中间各 1 瘤状脊突，基部略下凹，中部以后较隆。下侧及足密布微细刻点，足短，腿节端半部极膨大呈球棒状，后足腿节伸达腹部末端。

取食对象：柳、杨。

检视标本：1 头，围场县木兰围场新丰挂牌树，2015-VII-24，张恩生采。

分布：河北、吉林、陕西、浙江、福建、广东、香港；蒙古，俄罗斯，朝鲜半岛，日本，哈萨克斯坦。

（503）麻竖毛天牛 *Thyestilla gebleri* (Faldermann, 1835)（图版 XXXVI：6）

识别特征：体长 9.0～18.0 mm。黑绿色。头部及体下侧有灰白色绒毛，头胸背面及鞘翅正中与两侧有黄白色纵纹 3 条相贯穿。触角各节圆筒形，灰白色细毛与黑色相间；雄性触角稍长于体，雌性则略短于体。腹部末节中间凹入。

取食对象：杨、栎、棉、大麻、蓟等。

分布：河北、东北、内蒙古、山西、陕西、宁夏、青海、江苏、安徽、浙江、江西、福建、台湾、华中、广东、广西、四川、贵州；朝鲜，日本，俄罗斯（西伯利亚）。

（504）樟泥色天牛 *Uraecha angusta* (Pascoe, 1857)（图版 XXXVI：5）

识别特征：体长 16.0～21.0 mm，鞘翅肩宽 4.5～5.0 mm。黑色，触角第 3 节以后各节深棕色，被棕红或浅棕灰绒毛。额与触角柄节有稀疏黑毛，第 3–5 触角节基部被灰白色绒毛。每鞘翅中部 1 黑褐色斜斑，内端不达中缝，外端向前斜伸至翅缘，基部及端部散布淡褐色不规则小斑。额长宽近于相等，中间具细纵沟。复眼小、眼面粗，内缘深凹，下叶长约为宽的 1.5 倍，明显长于颊。触角向后长过体长 2.0 倍，第 2 节与第 4 节近等长，显长于柄节。前胸背板稍横宽，两侧中部刺突短钝，中区具细粒。小盾片近半圆形。鞘翅基部刻点粗密，中部之后渐变稀小。腹部末节腹板端缘近平直。

分布：河北、陕西、江苏、浙江、江西、福建、台湾、华中、广东、广西、四川、贵州、西藏。

85．卷象科 Attelabidae

（505）榛卷叶象 *Apoderus coryli* (Linnaeus, 1758)（图版 XXXVI：7）

识别特征：体长 8.6～6.8 mm，宽 3.0～4.4 mm。头、胸、腹、触角和足黑色，鞘翅红褐色，但颜色有变异，前胸和足常呈红褐色或部分红褐色。头长卵形，长宽之比约为 8：5，基部缢缩，细中沟明显，喙短，长宽约相等，端部略放宽，背面密布细刻点,上颚短,钳状;眼凸隆,触角着生于喙背面中间或稍靠后,触角着生处隆起成瘤突,从喙基部向额两侧至眼背缘有细沟。触角柄节短于索节1、2节之和,索节第2—4节较长,第7节粗短。小盾片短宽,略呈半圆形。鞘翅肩明显,两侧平行,端部放宽,刻点行明显。雄性胫节较细长,外端角有向内指的钩,雌性胫节较短宽,内、外端角均有钩,内角有齿,爪合生。下侧和臀板密布粗刻点。

检视标本:12头,北木兰围场种苗场查字大西沟,2015-VI-27,张恩生、李迪等采;4头,围场县木兰围场桃山乌拉哈,2015-VII-07,李迪、马莉采;1头,围场县木兰围场五道沟沟门,2015-VI-02,刘浩宇采;2头,围场县木兰围场五道沟,2015-VI-30,任国栋采;1头,围场县木兰围场四合水虎字北岔,2015-VI-03,马莉采;1头,围场县木兰围场四合水头道川,2016-VI-29,赵大勇采;2头,围场县木兰围场八英庄光顶山,2015-VI-15,李迪采。

分布:河北、东北、山西、陕西、江苏、四川;蒙古,俄罗斯,朝鲜,日本,欧洲。

(506) 梨卷叶象 *Byctiscus betulae* (Linnaeus, 1758) (图版 XXXVI:4)

识别特征:体长6.4~7.3 mm。色有2型:全体青蓝色,微具光泽;或豆绿色,具金属光泽。全体被稀疏而极短的绒毛。头长方形,两复眼间额深凹;复眼很大,微凸出,略呈圆形;喙粗短,较头部长,但短于前胸;触角着生处前方微弯曲。触角黑色,棍棒状,先端3节密生黄棕色绒毛。前胸背板长不大于宽,侧缘呈球面状隆起,前缘较后缘窄,前、后缘皆具横的皱褶;中间具1条细的纵沟,整个胸部被细刻点。鞘翅长方形,侧缘肩的后方微微凹入;尾板末端圆形,密被刻点。雄性喙较粗而弯,前胸背板宽大呈球状隆起。两侧各具1尖锐的伸向前方的刺突。雌性喙较细而直,前胸背板显较雄性窄小,微隆起,两侧无刺突。

取食对象:梨、苹果、小叶杨、山杨、桦树。

分布:河北、东北、内蒙古、河南、新疆、浙江、江西;俄罗斯,日本,土耳其,叙利亚,欧洲。

(507) 苹果卷叶象 *Byctiscus princeps* (Solsky, 1872) (图版 XXXVI:9)

曾用名:苹果金象、红斑金象。

识别特征:体长7.2 mm。亮绿色;鞘翅4红色斑点。头长等于或略大于头基部宽,端部缩窄,密布刻点。触角柄节短,第3—4节约等长,第7节短宽,棒节紧密。前胸背板均匀分布细刻点,前、后缘横纹稠密,中沟明显;前缘窄于后缘,后缘中叶凸出呈两道湾。小盾片略宽,倒梯形。鞘翅两侧平行,端部放宽,盘上刻点密布;行上刻点难以辨认,顶区卧毛短稀,侧面和端部毛密长;臀板外露,密布刻点和被伏毛。足较细;腿节棒状;胫节内端角1小尖齿。

取食对象:苹果等蔷薇科植物。

分布:河北、黑龙江、吉林;朝鲜,日本。

（508）山杨卷叶象 *Byctiscus rugosus* (Gebler, 1829)（图版 XXXVI：10）

识别特征：体长约 6.0～7.0 mm。椭圆形，体绿色，略带紫色金属光泽；喙、腿节、胫节均呈紫金色。喙伸向头的前下方微弯曲；额稍下凹，具粗皱褶。触角暗黑色，着生于喙的中部两侧，11 节，具疏生毛。前胸背板刻点细密，前部收缩强烈，中、后部向外凸出，尤以中部明显，中间 1 浅纵沟。鞘翅刻点粗大，排列不甚整齐，肩区稍隆起，后部向下圆缩。足具细刻点，着生灰白色和灰褐色毛。

取食对象：辽东栎、山杨。

分布：华北、黑龙江、吉林、宁夏、新疆、浙江、湖北、福建、四川、甘肃；蒙古，俄罗斯，朝鲜半岛，日本，缅甸，哈萨克斯坦。

（509）小卷叶象 *Compsapoderus geminus* (Sharp, 1889)（图版 XXXVI：8）

识别特征：体长 4.5～5.5 mm。头部、触角、足黑色；鞘翅棕褐色，也有全体黑色的。后头中间具宽纵凹。触角末端 3 节呈棒状，端节顶尖。头与前胸呈颈状。前胸背板后缘最宽，具后横沟；盘区中间具较宽纵沟，沟两侧具竖半圆形塌凹。小盾片宽三角形，顶端圆钝。鞘翅明显宽于前胸背板，肩角圆弧，角下微凹后稍外突，端缘弧弯，缝角钝圆；翅面刻点列清晰，刻点稀疏，行距宽平。

取食对象：柳树。

分布：河北、湖北、湖南、四川、贵州、云南；俄罗斯，朝鲜半岛，日本。

86．象甲科 Curculionidae

（510）平行大粒象 *Adosomus parallelocollis* Heller, 1923（图版 XXXVI：12）

识别特征：体长 16.0 mm，宽 7.0 mm。喙粗较弯，中隆线钝圆。触角棒状。前胸宽大于长，基缘截断形。两侧直到前端 1/4 处平行，而后突然收窄，形成横缢；盘区中纵线细，近前端消失，中间往往扩成菱形，沿隆线密被白毛，形成中纹；两侧各有密白纹两条。鞘翅略宽于前胸，中间最宽，后端略窄；表面散布大小的光滑颗粒，颗粒间覆白鳞毛，其中较长而宽的毛在肩行之间形成 1 斜带；在后半端再形成不规则斑点。

检视标本：1 头，围场县木兰围场五道沟，2015-VIII-06，李迪采。

分布：河北、北京、东北、内蒙古、山东、安徽。

（511）黑斜纹象 *Bothynoderes declivis* (Olivier, 1870)（图版 XXXVII：1）

识别特征：体长 7.5～11.5 mm。梭形；体壁黑色，被白色至淡褐色披针形鳞片。喙粗壮，略扁，较前胸背板短，中隆线前端分成两叉。前胸背板和鞘翅两侧各 1 互相衔接的黑条纹和 1 白条纹，条纹在鞘翅中间前后被白色鳞片组成的斜带所间断；前胸背板宽略大于长，基部略等于前端，前缘后缢缩，基部中间凸出，两侧呈截断形；背面散布稀刻点，黑色条纹具少量大刻点。鞘翅两侧平行，中间以后略缩，顶端分别缩成小尖突，行间扁平，行上刻点不明显。

取食对象：刺蓬、骆驼蓬、蜀葵、甜菜。

分布：河北、北京、东北、内蒙古、甘肃、青海、新疆；蒙古，俄罗斯（西伯利亚、远东地区），韩国，日本，土库曼斯坦，哈萨克斯坦，欧洲。

(512) 亥象 *Callirhopalus sedakowii* Hochhuth, 1851（图版 XXXVII：2）

识别特征：体长 3.5～4.5 mm。卵球形；体壁黑色；触角、足黄褐色，被石灰色圆形鳞片；触角和足散布较长的毛，头和前胸的毛很稀。喙粗短，端部扩大，两侧隆，中间呈沟状。触角位于侧面，颇弯，柄节直，向端部渐宽；索节第 3—7 节宽大于长，棒卵形。前胸宽大于长，两侧略圆，有 3 褐色纹。鞘翅近球形，行间 1 行很短的倒伏毛，鞘翅行之间 1 褐色斑，其基部为弧形，长达鞘翅中间，褐斑后外侧形成 1 淡斑，2 斑之间形成 1 灰色 "U" 形条纹。足粗，腿节棒状，胫节直，胫窝关闭，跗节宽，爪合生。

取食对象：茵陈蒿、马铃薯、甜菜。

分布：河北、内蒙古、山西、陕西、甘肃、青海；蒙古，俄罗斯。

(513) 胖遮眼象 *Pseudocneorhinus sellatus* Marshall, 1934（图版 XXXVII：3）

识别特征：体长 5.5～7.2 mm，宽 3.1～4.2 mm。壁黑色。喙较粗短，基部窄，背面中部凹洼，中间不甚明显的中隆线；喙和头部密被褐色鳞片，间有半倒伏状的片状毛；口上片的隆线明显，上方鳞片稀；触角沟背面可见。触角膝状，柄节长，端部粗，休止时能遮盖复眼。前胸宽大于长，从基部至 3/4 处两侧近平行，向前缩细，眼叶发达，背面中间和侧鳞片暗褐色，其间者色淡，鳞片间稀有片状毛。鞘翅卵形，强度隆起，鳞片稠密，行上较宽，行间稍隆，各行间 1 列向的片状毛，肩部有暗色斑，行间 1–5 自中前方斜向肩后的黑褐色条纹，其后为 1 淡色宽带，再后有白、褐、黑色鳞片组成的花斑。各足鳞片稠密，爪合生。

检视标本：17 头，围场县木兰围场种苗场查字，2015-V-27，马晶晶采；9 头，围场县木兰围场种苗场查字小泉沟，2015-VI-18，蔡胜国、赵大勇采；13 头，围场县木兰围场种苗场查字，2015-VI-27，李迪采；1 头，围场县木兰围场新丰挂牌树头道洼，2015-V-28，宋洪普采；2 头，围场县木兰围场北沟色树沟，2015-V-29，马晶晶采；12 头，围场县木兰围场桃山乌拉哈，2015-VI-30，赵大勇采；3 头，围场县木兰围场五道沟，2015-VI-30，马晶晶、宋烨龙采。

分布：河北、山西、河南、陕西、宁夏、甘肃。

(514) 短毛草象 *Chloebius immeritus* (Schoenherr, 1826)（图版 XXXVII：4）

识别特征：体长 3.0～3.9 mm，宽 1.2～1.6 mm。体长椭圆形，体壁黑色，被绿色具金属光泽的鳞片，有的掺杂淡黄褐色鳞片；触角和足红褐色。喙背面扁平，两侧平行，中沟窄而深。触角细长，柄节长达前胸，索节第 1 节长于第 2 节，第 3—7 节倒圆锥形，棒略等于索节末 4 节之和。前胸宽略大于长，两侧略圆，中间最宽，前、后缘约等宽，均为截断形。小盾片钝三角形。鞘翅肩蓝圆，前胸和鞘翅行间的毛较短，倒伏，从背面不容易看见。

取食对象：苜蓿、甘草、甜菜、苦参、红花、花棒、沙枣。

检视标本：12 头，围场县木兰围场五道沟，2015-VI-30，任国栋采；1 头，围场县木兰围场五道沟梁头，2015-VI-30，李迪采；12 头，围场县木兰围场克勒沟新地营林区，2015-VI-17 李迪采；1 头，围场县木兰围场种苗场查字小泉沟，2015-VI-18，张恩生采；4 头，围场县木兰围场桃山乌拉哈，2015-VI-30，任国栋采。

分布：河北、东北、内蒙古、山西、陕西、宁夏、甘肃、青海、四川；蒙古，俄罗斯，朝鲜。

（515）隆脊绿象 *Chlorophanus lineolus* Motschulsky, 1854（图版 XXXVII：5）

识别特征：体长 11.4～13.0 mm，宽 4.1～4.8 mm。黑色，被淡绿色至深蓝绿色鳞片，有光泽，前胸两侧和鞘翅两侧为黄绿色鳞片。喙粗短直，中隆线凸起明显，上至额，两边隆线较钝，至眼上方；复眼狭小，明凸起。触角沟位于喙两侧，直向眼；触胼鬃状，索节粗细均匀，皆长大于宽，索节第 1 节短于第 2 节，棒节密实，环纹明显。前胸背板满布弯皱纹，基部最宽，2 道湾深宽，中沟往往被皱纹切断，前半部尤甚。小盾片尖，三角形。鞘翅末端锐尖，奇数行间色淡，宽且隆起，呈隆脊。雄性前胸腹板前缘中部凸出，向下，两侧成角；雌性腹末节腹板端部隆起。各足腿节端半部及胫节的前外侧金红色。

取食对象：榆、柳、苹果。

检视标本：1 头，河北围场塞罕坝长腿泡子，2016-VIII-08，袁中伟采；1 头，河北围场塞罕坝第三乡翠花宫，2016-VIII-30，周建波、袁中伟采。

分布：河北、黑龙江、辽宁、山东、陕西、甘肃、华中、江苏、安徽、江西、福建、台湾、广东、广西、四川、贵州、云南。

（516）西伯利亚绿象 *Chlorophanus sibiricus* Gyllenhal, 1834（图版 XXXVII：6）

识别特征：体长 9.5～10.8 mm。梭形，黑色，密被淡绿色鳞片。前胸两侧和鞘翅行间 8 的鳞片黄色。喙短，长略大于宽，两侧平行，中隆线明显，延长到头顶。触角沟指向眼，柄节长仅达眼的前缘，索节第 1 节短于第 2 节，第 3—7 节长大于宽。前胸宽大于长，基部最宽，后角尖，两侧从基部至中间近于平行，背面扁平，散布横皱纹。鞘翅行间刻点深，中间以后逐渐不明显，鞘翅端部形成锐突。雄性前胸腹板前缘凸出呈领状，喙和前胸较长，锐突也较长，雌性中足胫节端齿特别长，锐突较短。

取食对象：杨树、柳树。

检视标本：8 头，围场县木兰围场种苗场查字，2015-VII-07，蔡胜国采；17 头，围场县木兰围场桃山乌拉哈，2015-VI-30，马晶晶采；5 头，围场县木兰围场新丰挂牌树，2015-VII-03，马晶晶采；1头，围场县木兰围场新丰苗圃，2015-VII-14，李迪采；7头，围场县木兰围场五道沟，2015-VI-30，李迪采；1头，围场县木兰围场孟梁小孟奎，2015-VII-27，蔡胜国采；1头，围场县木兰围场孟滦碑梁沟，2015-VII-28，张恩生采；1头，围场县木兰围场山滦子大素汰，2015-VII-29，宋烨龙采；1头，围场县木兰围场北沟色树沟，2015-VIII-28，宋烨龙采。

分布：河北、东北、内蒙古、山西、陕西、宁夏、甘肃、青海、四川；蒙古，俄罗斯，朝鲜。

（517）欧洲方喙象 *Cleonis pigra* (Scopoli, 1763)（图版 XXXVII：7）

识别特征：体长 11.2～17.0 mm，宽 4.0～5.0 mm。长椭圆形；体壁黑色，密被灰白色毛状鳞片。头顶鳞毛黄褐色；复眼较扁，横长；喙方形，短粗，长为宽的 2.0 倍，背面有 4 隆线，两侧各 1 沟。触角沟前端从背面可以看到，后端斜向眼下，其上缘与眼下缘相接；触角膝状，柄节端部粗。胸基部宽，向端部渐窄，基部宽略大于长，中部 1 龙骨状突。小盾片尖三角形，色淡。鞘翅灰色，基部略宽于胸，肩微突，自肩后斜向中后方 1 暗色条纹，翅瘤处 1 暗色斑，鞘翅基半部与胸散布粒状突起。腹部下侧毛较长，散有无毛的"雀斑"。后足第 1 跗节甚长。

取食对象：蓟属植物。

分布：河北、东北、山西、陕西、甘肃、新疆；蒙古，俄罗斯，欧洲。

（518）柞栎象 *Curculio dentipes* (Roelofs, 1875)（图版 XXXVII：8）

识别特征：体长 5.5～10.0 mm。卵形至长卵形，黑色；喙、触角、足红色，被灰白色鳞片；鞘翅锈赤色，被褐色鳞片，这种鳞片集成不规则的斑点或带，下侧和足被较细的均一灰色鳞片，前胸背板具 3 条不明显的纵纹。喙很细，在中间以前较弯，光滑，基部密布刻点。触角细长。前胸背板宽大于长，两侧圆，基部弱 2 湾，密布刻点。小盾片舌状。鞘翅行上沟状，有细鳞片 1 行，行间具皱纹。臀板略露出，腹部基部隆，末节中间洼，后缘钝圆。腿节各 1 明显的齿。

取食对象：柞栎、麻栎、栓皮栎、蒙古栎、辽东栎、板栗的种子。

检视标本：1头，围场县木兰围场林管局，2015-VII-30，宋烨龙采；1头，围场县木兰围场四合水永庙宫，2015-VIII-12，马晶晶采。

分布：华北、东北、山东、河南、陕西、江苏、安徽、浙江、湖北、福建、广西；日本。

（519）榛象 *Curculio dieckmanni* (Faust, 1887)（图版 XXXVII：9）

识别特征：体长 7.6～8.0 mm。卵形，黑色，被褐色细毛和较长而粗的黄褐色毛状鳞片；鞘翅鳞片组成波状纹；鞘翅缝后半端散布近于直立的毛。头部密布刻点，喙长为前胸的 2.0～3.0 倍，端部很弯，基部放粗，有隆线，隆线间有成行的主刻点，触角着生于喙的中间以前；额中间有小窝。前胸宽大于长。密布刻点。小盾片舌状。鞘翅具钝圆的肩，向后逐渐缩窄，行上明显，1 行很细的毛。臀板中间有深窝。后足较长，腿节各 1 齿。

分布：河北、东北、陕西、青海；俄罗斯（远东地区），朝鲜，韩国，日本。

（520）短带长毛象 *Enaptorrhinus convexiusculus* Heller, 1930（图版 XXXVII：10）

识别特征：体长 8.0～10.5 mm，宽 2.2～3.9 mm。型较粗，雄性鳞片近于玫瑰色，雌性白色。喙长于其端部之宽，雄性无中隆线；雌性有不明显的中隆线。触角索节第 1 节长于第 2 节，棒较短而粗。前胸长略大于宽，中部前最宽，有细的中沟，中沟和两侧背负白色鳞片，前胸全部散布颗粒，颗粒有脐状点，脐状点有很细而长的横指的毛。雄性背部略扁，第 1—3 行间在翅坡之前具 1 密被鳞片的弓形带，鞘翅两侧和端部密被白色鳞片，行间稀布成行颗粒；雌性行间比雄性宽得多，仅鞘翅第 1 行间有分散而不明显的颗粒。翅被黄至黑褐色长毛，足稀被鳞片。雄性后足胫节的长毛黄色，腹部密被鳞片，并散布小颗粒，颗粒有长而细的毛。

取食对象：松、悬钩子、荆条、枫杨。

分布：河北、北京、辽宁、山东、安徽。

（521）臭椿沟眶象 *Eucryptorrhynchus brandti* Harold, 1881（图版 XXXVII：11）

识别特征：长 11.5 mm，宽 4.6 mm。个体较小；身体较发光，前胸几乎全部鳞片叶片状。额比喙基部窄得多，中间无凹窝；喙的中隆线两侧无明显的沟。前胸背板、鞘翅的肩及鞘翅端部 1/4（除翅瘤以后的部分）密被雪白色鳞片，鳞片叶状，仅掺杂少数赭色鳞片；肩略凸出。

取食对象：臭椿。

分布：河北、北京、黑龙江、辽宁、山西、山东、河南、陕西、宁夏、甘肃、江苏、上海、四川；俄罗斯，朝鲜。

（522）沟眶象 *Eucryptorrhynchus scrobiculatus* (Motschulsky, 1854)（图版 XXXVII：12）

识别特征：体长 15.0～20.0 mm。长卵形，凸隆，体壁黑色；触角暗褐色，鞘翅被乳白、黑色和赭色细长鳞片。头部散布粗深刻点；喙长于前胸；触角柄节未达到眼。触角沟基部以后的部分具中隆线，其后侧端具短沟，短沟和触角之间具长沟，胸沟长达中足基节之间；额略窄于喙的基部，散布较小的刻点，中间具深大窝；眶沟深，散布白色鳞片。前胸背板宽大于长，中间以前逐渐略缩，前缘后缢缩，基部浅 2 道湾。鞘翅长大于宽，肩部最宽，向后逐渐紧缩，肩斜，很凸出；翅肩部被白色鳞片，基部中间被赭色鳞片。前胸两侧和腹板、中后胸腹板主要被白色鳞片，腹部鳞片赭色并掺杂白和黑色鳞片。足被白和黑色鳞片，腿节棒状，有 1 齿。

取食对象：臭椿。

分布：河北、北京、天津、辽宁、河南、陕西、宁夏、甘肃、江苏、湖北、四川。

(523) 漏芦菊花象 *Larinus scabrirostris* (Faldermann, 1835)（图版 XXXVIII：1）

识别特征：体长 7.5 mm。黑色，椭圆形，有时涂硫磺色粉末。触角暗红褐色。前胸背板宽大于长，两侧至中间前略缩，其后骤然圆扩；眼叶明显，背面显隆，无中隆线，散布粗密刻点，具稀疏短灰毛，两侧散布较密的长灰毛。鞘翅长方形，宽于前胸背板，两侧平行，端部钝圆，基部以后具深长凹；行上明显，以基部的行上宽深，近端部行上的刻点不明显，灰毛短而稀疏，聚集成斑点。前足胫节端部外缘变宽，中间内弯。

取食对象：菊属植物。

分布：河北、东北、内蒙古、山西、陕西、宁夏；蒙古，俄罗斯（远东地区、东西伯利亚），韩国，朝鲜。

(524) 波纹斜纹象 *Lepyrus japonicus* Roelofs, 1873（图版 XXXVIII：2）

曾用名：杨黄星象。

识别特征：体长 9.0～13.0 mm。黑褐色，密被土褐色细鳞片，其间散布白色鳞片。前胸背板两侧具延续到肩的窄而淡的斜纹；鞘翅中间被白色鳞片波状带。喙密被鳞片，中隆线很细，两侧具微弱的隆线；触角沟达到眼的下面；眼扁。触角柄节直，向端部放宽，索节第 1 节短于第 2 节，其他节宽大于长，棒卵形。前胸背板宽略大于长，向前缩窄，背面散布皱刻点，中隆线限于前端。小盾片周围凹。鞘翅具明显向前凸出的肩，两侧平行，或向后略放宽，中间以肩缩窄，背面略隆。肩以后具不明显的横凹，行上明显，行间扁，翅瘤明显。腹板第 1—4 节两侧各具 1 密被土色鳞片的斑点。足短而粗，腿节具小而尖的齿，前足胫节内缘几乎直，具明显的突起、短刺和直立的毛。

分布：华北、东北、山东、陕西、江苏、安徽、浙江、福建；俄罗斯（西伯利亚），朝鲜，日本。

(525) 尖翅筒喙象 *Lixus acutipennis* (Roelofs, 1873)（图版 XXXVIII：3）

识别特征：体长 13.0～19.0 mm。身体细长，黑色，触角柄节、索节和爪褐色；被灰毛。喙圆筒形，中间有浅中沟；额中间有小窝。触角短而粗。前胸中间和两侧光滑，基部最宽，向前逐渐缩窄，基部 2 道湾，小盾片前略凹，有短沟，无眼叶，表面散布均一刻点，两侧各有灰色毛带。鞘翅不宽于前胸，细长，两侧平行，端部分别缩成短尖，行上明显，刻点细长，小盾片周围具 1 三角形斑，鞘翅缝中间的 2 条斜带（后端的 1 条较短）和近顶端的 1 条短带均黑色。下侧和足覆白毛。

取食对象：旋覆花、艾蒿、马尾松、楸树。

分布：河北、北京、东北、山西、陕西、甘肃、江苏、上海、浙江、湖北、湖南；朝鲜，日本。

(526) 黑龙江筒喙象 *Lixus amurensis* Faust, 1887（图版 XXXVIII：4）

识别特征：体长 9.0～12.0 mm。细长，近平行；覆盖细毛，鞘翅背面散布不明显灰色毛斑，腹部两侧散布灰色或略黄毛斑，触角和跗节锈赤色。喙弯，散布距离不等的显著皱刻点，通常有隆线，一直到端部，被倒伏细毛，雄性的喙长为前胸的 2/3，雌性喙长为前胸的 4/5，几乎不粗于前足腿节；触角位中间之前；额凹，1 长圆形窝，眼扁卵圆形。前胸圆锥形，两侧略拱圆，前缘后未缢缩，两侧被略明显的毛纹，背面散布大而略密的刻点，刻点间散布小刻点。鞘翅的肩不宽于前胸；基部 1 明显的圆凹，第 3 行间基部几乎不隆，肩略隆；两侧平行或略圆，行上明显，刻点密，行间扁平，端部凸出成短而钝的尖，略开裂。腹部散布不明显的斑点。足很细。

分布：河北、东北、山西、西北；俄罗斯（远东地区、东西伯利亚），朝鲜，日本。

（527）圆筒筒喙象 *Lixus fukienesis* Voss, 1958（图版 XXXVIII：5）

识别特征：体长 7.0~13.5 mm。鞘翅前端的行纹极为明显，但向端部逐渐变得很细，第 2、3 行间基部不凸出，但较宽，而且散布较粗的刻点。索节淡红至黑色，索节第 3、4 节等长。触角无论雌雄都着生于喙中部以前；眼叶通常不存在，眼后的纤毛却经常存在。

检视标本：1 头，围场县木兰围场新丰挂牌树头道洼，2015-V-28，马莉采；1 头，围场县木兰围场八英庄光顶山，2015-VI-15，赵大勇采；1 头，围场县木兰围场五道沟，2015-VI-30，宋烨龙采；1 头，围场县木兰围场桃山乌拉哈，2015-VI-30，任国栋采；1 头，围场县木兰围场种苗场查字，2015-VII-07，蔡胜国采。

分布：河北、北京、东北、山西、陕西、浙江、江西、湖南、福建、广西、四川。

（528）钝圆筒喙象 *Lixus subtilis* Boheman, 1835（图版 XXXVIII：6）

识别特征：体长 9.0~12.0 mm。细长，近于平行；被细毛，鞘翅背面散布不明显灰色毛斑，腹部两侧散布灰色或略黄毛斑；触角和跗节锈赤色。额凹，1 长圆形窝，眼扁卵圆形；喙弯，散布距离不等的显著皱刻点，有隆线，一直到端部，被倒伏细毛，雄性的喙长为前胸的 2/3，雌性喙长为前胸的 4/5，不粗于前足腿节。触角位于前中间，索节第 1 节略粗长于第 2 节，第 2 节略长大于宽，其他节宽大于长。前胸背板圆锥形，两侧略拱圆，前缘后未缢缩，两侧被毛纹，背面散布大密点。鞘肩不宽于前胸，基部 1 圆凹，第 3 行间基部几乎不隆，肩略隆；两侧平行或略圆，行上明显，刻点密，行间扁平。腹部散布不明显斑点。足很细。

取食对象：灰条、甜菜。

检视标本：1 头，围场县木兰围场五道沟，2015-VIII-06，李迪采；1 头，围场县木兰围场新丰挂牌树头道洼，2015-V-28，宋洪普采。

分布：河北、宁夏；蒙古，俄罗斯，朝鲜半岛，日本，阿富汗，伊朗，乌兹别克斯坦，土库曼斯坦，哈萨克斯坦，土耳其，叙利亚，欧洲。

（529）金绿树叶象 *Phyllobius virideaeris virideaeris* (Laichartingm, 1781)（图版 XXXVIII：7）

识别特征：体长 3.5~6.0 mm。长椭圆形，体壁黑色，密被卵形略具金属光泽的绿色鳞片。喙长略大于宽，两侧近平行，背面略凹；触角沟开放。触角短，柄节弯，长达到前胸前缘，棒节卵形。前胸宽大于长，前后端宽约相等，前后缘近于截断形，背面沿中线略凸出。鞘翅两侧平行或后端略放宽，肩明显，行上细，行间扁平；鞘翅行间鳞片间散布短而细的淡褐色倒伏毛。腿节略呈棒形，无齿。雄性腹板末节扁平，雌性腹板末节凹。

取食对象：李子树、杨树。

检视标本：6头，围场县木兰围场种苗场查字，2015-VI-27，蔡胜国、马莉采；4头，围场县木兰围场八英庄，2015-VI-15，蔡胜国、马莉采；6头，围场县木兰围场桃山柳塘子大斗子沟，2015-VI-01，刘浩宇、马晶晶采；8头，围场县木兰围场五道沟，2015-VI-02，蔡胜国、马晶晶采；1头，围场县木兰围场新丰挂牌树，2015-VII-03，马莉采；1头，围场县木兰围场克勒沟新地营林区，2015-VI-17，李迪采；1头，围场县木兰围场桃山乌拉哈，2015-VII-07，宋烨龙采；1头，围场县木兰围场新丰挂牌树头道洼，2015-V-28，宋洪普采。

分布：河北、黑龙江、吉林、内蒙古、山西、陕西、甘肃、新疆、湖北、四川；蒙古，俄罗斯，中亚，欧洲。

（530）金绿球胸象 *Piazomias virescens* Boheman, 1840（图版 XXXVIII：8）

识别特征：体长 4.3～6.5 mm，宽 1.7～2.9 mm。密被绿色金属光泽或金黄光泽鳞片和鳞状毛，有时鳞片呈鲜艳铜绿色，发蓝，完全无光；触角和足褐至暗褐色。头光滑，喙向前端缩窄；背面两侧有明显隆线；触角沟上缘延长至眼，和喙隆线构成三角形深窝。触角柄节长达眼中部。前胸宽大于长，两侧凸圆，中间最宽，后缘宽大于前缘，有刀刃状隆线，后缘前缩为浅沟，中沟缩短或消失，表面光滑，有3条暗纹。鞘翅卵形或宽卵形，宽几乎等于前胸基部，使前胸和鞘翅相连，前缘隆线明显，两侧凸圆，表面光滑，行间 8–11，形成边纹；刻点行宽，行间扁，毛明显。胫节内缘 1 排长齿；足与腹部发强光。

取食对象：大豆、锦鸡儿、甘草、大麻、荆条。

检视标本：2头，围场县木兰围场桃山乌拉哈，2015-VI-30，赵大勇采。

分布：华北、黑龙江、吉林、山东；俄罗斯。

（531）梨虎象 *Rhynchites heros* Roelofs, 1874（图版 XXXVIII：9）

识别特征：体长 10.0～12.0 mm，宽 3.5～3.9 mm。暗紫色，略带绿或蓝色金属光泽，全身覆灰白茸毛。头部复眼后密布细小横皱纹；雄性喙前端向下略弯；雌性喙较直。雄性触角着生于喙端部 1/3，雌性触角着生于喙中部。前胸背板略呈球形，背板中部有3条明显凹纹，呈倒"小"字形排列。小盾片倒梯形。鞘翅肩胛隆起明显，刻点粗大呈 8 纵列，肩部外侧 1 短列；鞘翅基部两侧平行，向后渐窄。前足最长，中足略短于后足，腿节棒状，胫节细长，足端 2 爪分离，有爪齿。

取食对象：梨、苹果。

分布：华北、东北、山东、陕西、宁夏、甘肃、江苏、浙江、福建、湖北、江西、湖南、四川、贵州、云南；蒙古，俄罗斯，朝鲜半岛，日本。

(532) 红脂大小蠹 *Dendroctonus valens* LeConte, 1860（图版 XXXVIII：10）

识别特征：体长 5.3～9.2 mm。红褐色。头部额面具不规则小隆起，额区具稀疏黄毛；头盖缝明显；口上缘中部凹陷并有黄色刷状毛；口上突阔，明显隆起，两侧臀圆鼓凸起。头顶具稀疏刻点，无颗粒状突起。前胸背板前缘中间稍呈弧形向内凹陷，并密生细短毛，近前缘处缢缩明显，前胸背板及侧区密布浅刻点，并具黄毛。鞘翅基缘约 1/2 处明显锯齿突起，翅上 8 条稍内陷刻点沟，由圆至卵圆形刻点组成，鞘翅斜面第 1 沟间部基本不凸起，第 2 沟间部不变窄、不凹陷；沟间表面均有光泽；沟间部上刻点较多，在其纵中部刻点凸起呈颗粒状，有时前后排成纵列。

分布：河北、山西、河南、陕西。

(533) 六齿小蠹 *Ips acuminatus* (Gyllenhal, 1827)（图版 XXXVIII：11）

识别特征：体长 3.8～4.1 mm。圆柱形；赤褐色至黑褐色，有光泽。眼肾形，前缘中部有浅弧形凹刻；额面平隆光亮，遍生粗大刻点，分布不匀；无中隆线，两眼之间额中心常有 2～3 较大颗粒，排横列；额毛黄色，细长竖立。前胸背板长稍大于或等于宽，瘤区和刻点区前后各占背板长度一半；瘤区密布圆钝颗瘤，茸毛较多，细长舒展，分布于背板前半部和两侧；刻点区平坦无毛，底面平滑光亮，无背中线，刻点圆大深陷，中部较疏，两侧较密。鞘翅刻点沟凹陷，沟中刻点圆大稠密，成行排列；沟间部宽阔，无刻点，仅翅侧缘沟间部中有刻点，排列散乱。翅盘盘面宽阔凹陷，底面平滑光亮，散布刻点，不成行列，翅缝轻微凸出，把盘面对称分开；翅盘两侧边缘上部各 3 齿，下半部光平，成 1 道弧形边缘。

取食对象：红松、华山松、高山松、油松、樟子松、思茅松。

检视标本：1 头，围场县木兰围场种苗场查字，2015-V-27，马晶晶采。

分布：河北、东北、内蒙古、山西、山东、河南、陕西、甘肃、青海、新疆、湖南、福建、台湾、四川；俄罗斯，韩国，日本，哈萨克斯坦，土耳其，塞浦路斯。

(534) 十二齿小蠹 *Ips sexdentatus* (Boerner, 1766)（图版 XXXVIII：12）

识别特征：体长 5.8～7.5 mm。圆柱形；褐色至黑褐色，有强光泽。眼肾形，眼前缘中部有弧形缺刻；额面平隆，具竖弱金黄毛，刻点突起；额面 1 横向"一"字形隆堤，突起在两眼之间的额面中心，堤基宽厚，堤顶狭窄光亮；口上片之间有中隆线与横堤连成"丁"字形。触角锤状，锤状部的外面节间向顶端强烈弓突，几呈角形。前胸背板长大于宽；瘤区颗瘤低平微弱，茸毛细弱，向后方倾伏，前长后短，稀疏散布；刻点区底面平滑光亮，刻点稀疏散布；刻点区无毛。鞘翅刻点沟微陷，沟中刻点圆大深陷，前后等距排列，大小始终不变；沟间部宽阔平坦，无点无毛，一片光亮；

鞘翅的茸毛短少细弱，散布在翅盘前缘、鞘翅尾端和鞘翅侧缘上，翅缝两侧光秃无毛；翅盘开始于翅长后部的 1/3，盘底深陷光亮，翅缝微弱突起，底面上散布着刻点。

取食对象：云杉、红松、华山松、高山松、油松、云南松、思茅松。

检视标本：3 头，围场县木兰围场龙头山苗圃，2015-VII-08，张思生采。

分布：河北、东北、内蒙古、山西、河南、陕西、甘肃、湖北、台湾、四川、云南；蒙古，俄罗斯，朝鲜半岛，日本，哈萨克斯坦，土耳其。

（535）落叶松八齿小蠹 *Ips subelongatus* Motschulsky, 1860（图版 XXXIX：1）

识别特征：体长 4.4～6.0 mm。黑褐色，有光泽。眼肾形，前缘中部有缺刻，缺刻上部圆阔，下部狭长；额面平而微隆，刻点突起成粒，圆小稠密，遍及额面的上下和两侧；额心无大颗瘤；额毛金黄色，细弱稠密，在额面下短上长，齐向额顶弯曲。前胸背板长大于宽，瘤区颗瘤圆小稠密，从前缘直达背顶；瘤区中的茸毛细长挺立；刻点区刻点圆小浅弱，背板两侧较密，中部疏少；无无点的背中线；刻点区光秃无毛。鞘翅刻点沟轻微凹陷，沟中刻点圆大清晰，紧密相接；沟间部宽阔，靠近翅缝沟间部的刻点细小稀少，零落不成行列；靠近翅侧和翅尾的沟间部的刻点深大，散乱分布；鞘翅茸毛细长稠密。翅盘盘面较圆小，翅缝突起，纵贯其中，翅盘底面光亮；刻点浅大稠密，点心生细弱茸毛，尤以盘面两侧更多；翅盘边缘上各 4 齿。

取食对象：落叶松、黄花松。

分布：河北、东北、内蒙古、山西、山东、河南、陕西、新疆、台湾；蒙古，俄罗斯，朝鲜半岛，日本。

（536）落叶松小蠹 *Scolytus morawitzi* Semenov, 1902

识别特征：体长 2.6～4.0 mm。头黑色，前胸背板黑褐色，鞘翅褐色，有光泽。额面较宽阔平隆，均匀分布粗大颗粒，无中隆线；额毛甚多，短小匍匐。前胸背板长小于宽；背板有稠密刻点，遍布杂乱；背板亚前缘和前缘两侧疏生长毛，其余光秃。小盾片刻点粗，具少许微毛。鞘翅背面侧缘在延伸时渐缩狭窄，尾端圆钝；刻点沟不凹陷，沟中刻点正圆形；沟间部狭窄，刻点形状与沟中相似，有细窄线沟将沟间刻点连起来，不规则地零星散布小刻纹，整个翅面布满沟、点、线；鞘翅茸毛短齐直立。

取食对象：落叶松。

检视标本：3 头，围场县木兰围场五道沟，2015-VII-20，宋烨龙采；2 头，围场县木兰围场五道沟梁头，2015-VII-12，蔡胜国采。

分布：河北、黑龙江、辽宁；蒙古，俄罗斯，朝鲜。

（537）纵坑切梢小蠹 *Tomicus piniperda* (Linnaeus, 1758)（图版 XXXIX：2）

识别特征：体长 3.4～5.0 mm。头、前胸背板黑色；鞘翅红褐色至黑褐色，有光泽。鞘翅基缘翘起且有缺刻，近小盾片处缺刻中断；鞘翅沟内刻点圆大，点心无毛；沟间宽阔，中部以后沟间布小刻点，点中心生短毛；斜面第 2 行间凹陷，表面平坦，只有小点。前足胫节外顶端无明显端距。

取食对象：各种松树。

检视标本：64头，围场县木兰围场五道沟梁头，2015-VI-30，张思生采；12头，围场县木兰围场五道沟，2015-VII-12，宋烨龙采；2头，围场县木兰围场新丰挂牌树，2015-VII-20，宋烨龙采。

分布：河北、东北、内蒙古、山西、山东、陕西、甘肃、青海、江苏、安徽、浙江、江西、福建、华中、广西、四川、贵州、云南；蒙古，俄罗斯，朝鲜半岛，日本，哈萨克斯坦，土耳其，欧洲。

广翅目 Megaloptera

87. 泥蛉科 Sialidae

(538) 古北泥蛉 *Sialis sibirica* McLachlan, 1872

识别特征：体长雄 8.0～10.0 mm、雌 9.0～12.0 mm，前翅长雄 11.0～12.0 mm、雌 13.0～15.0 mm，后翅长雄 10.0～11.0 mm、雌 12.0～13.0 mm。头部黑色，头顶中间具若干隆起的黄褐色纵斑或点斑。触角及复眼深褐色，胸部黑色，翅浅灰褐色，翅脉深褐色，足深褐色，腹部黑色；腹端第 9 腹板短、拱形，腹视两侧略缢缩；第 10 背板窄，端半部向后突伸，末端略膨大；第 10 腹板极小的爪状，分为左右 2 片。

分布：河北、黑龙江、吉林、内蒙古、青海；蒙古，俄罗斯，日本，欧洲。

蛇蛉目 Rhaphidioptera

88. 蛇蛉科 Raphidiidae

(539) 戈壁黄痣蛇蛉 *Xanthostigma gobicola* Aspock & Aspock, 1990

识别特征：体长 10.0 mm。头近三角形，漆黑色，上唇和唇基黄褐色；单眼 3 个。触角基部 2 节黄褐色，余节颜色较深，向端部渐变黑色。前胸与头部近等长，黑褐色，基部颜色稍浅。翅透明，长超过腹部末端，翅痣褐色，中间有横脉；翅脉网状，个体间变化大。足黄褐色。腹部黑褐色，两侧各 1 淡黄色纵条纹；产卵器与腹部近等长。

分布：河北、北京、内蒙古、山西、陕西、宁夏；蒙古。

脉翅目 Neuroptera

89. 褐蛉科 Hemerobiidae

（540）全北褐蛉 *Hemerobius humulinus* Linnaeus, 1761（图版 XXXIX：3）

识别特征：体长 5.0～7.0 mm；前翅长 6.0～8.0 mm，后翅长 5.0～7.0 mm。头部黄色；复眼前后两侧深褐色；下颚须和下唇须黄褐色，其末节深褐色。触角黄色。从头顶至后胸背中间呈黄色宽带，前胸两侧红褐色，中后胸两侧褐色。前翅半透明，黄褐色，密布灰褐色断续的波状横纹，脉上有多个黑点；Rs 分 3 支，分支处有黑点；阶脉两组均黑褐色；m–cu 横脉处 1 大黑点，cu 分叉处 1 小黑点。后翅无色透明，仅前缘和臀角内侧色较深，翅脉淡褐色。腹部前 3 节背央 1 黄色纵带与胸部黄色宽带相连，余部褐色。足黄褐色，跗节端部褐色。

分布：河北、辽宁、山西、陕西、江苏、湖北、江西、四川；俄罗斯，日本，欧洲，北美洲。

（541）薄叶脉线蛉 *Neuronema laminatum* Tjeder, 1937

识别特征：体长 8.0～9.5 mm；前翅长 10.0～12.0 mm，后翅长 9.0～10.5 mm。翅黄褐色，头胸部具褐斑。触角黄褐色，具褐色环。前翅黄褐色，后缘中间三角斑白色透明，斑上方的中阶脉组褐色，其中部以上向内侧折曲成角，内阶脉组下面连接的肘臀阶脉组为淡色的细线，其基部内曲，Rs 分 4～6 支，末支再分出 4～6 支。后翅大部分淡褐色，外缘及内外两阶脉组之间为透明的带，Rs 分 7～13 支。雄性臀板瓢形，后缘密生小齿，下角凹入再伸出 1 长臂，臂端部有几个小齿。

分布：华北、东北、河南、陕西、宁夏、甘肃、安徽、湖北、湖南、广西、四川；俄罗斯。

90. 草蛉科 Chrysopidae

（542）丽草蛉 *Chrysopa formosa* Brauer, 1851（图版 XXXIX：4）

识别特征：体长 8.0～11.0 mm。绿色。头部具 9 黑褐色斑；颚唇须黑褐色。触角第 1 节绿色，第 2 节黑褐色，鞭节褐色。前胸背板两侧有褐斑和黑色刚毛，基部 1 横沟，不达侧缘，横沟两端有"V"形黑斑；中、后胸背板小盾片后缘两侧近翅基处具 1 褐斑。前翅前缘横脉列 19 条，黑褐色，翅痣浅绿色，内无脉；径横脉 11 条，近 R_1 端褐色；Rs 分支 12 条；阶脉绿色。后翅前缘横脉列 15 条，黑褐色，径横脉 10 条，近 R_1 端褐色；阶脉绿色。腹部背面具灰色毛，下侧多黑色刚毛。胫节端、跗节及爪褐色，爪基部弯曲。

取食对象：蚜虫、叶螨。

分布：华北、东北、山东、河南、西北、江苏、安徽、浙江、湖北、江西、湖南、福建、广东、西南；蒙古，俄罗斯，朝鲜，日本，欧洲。

(543) 大草蛉 *Chrysopa pallens* (Rambur, 1838)（图版 XXXIX：5）

识别特征：体长 11.0~14.0 mm；前翅长 15.0~18.0 mm，后翅长 12.0~17.0 mm。头部黄色，一般有 7 斑，也多有 5 斑等；颚唇须黄褐色。触角基部 2 节黄色，鞭节浅褐色。胸背中间具黄色纵带，两侧绿色，前胸背板基部 1 条不达侧缘的横沟。前翅前缘横脉列在痣前为 30 条，黑色；翅痣淡黄色，内有绿色脉；径横脉 16 条，第 1—4 条部分黑色，其余绿色；Rs 分支 18 条，近 Psm 端褐色；Psm–Psc 9 条，翅基的 2 条暗黑色，余为绿色；内中室三角形，r–m 位于其上；阶脉中间黑、两端绿色。后翅前缘横脉列 24 条，黑褐色；径横脉 7 条，第 1—4 条近 R_1 端黑色，第 5—7 条黑褐色；Rs 分支 15 条，部分脉近 Rs 端黑褐色；阶脉中间黑、两端绿色。腹部黄绿色，具灰色长毛。足黄绿色，胫端及跗节黄褐色，爪褐色，基部弯曲。

取食对象：多种蚜虫、叶螨、叶蝉、鳞翅目昆虫卵及低龄幼虫。

分布：华北、东北、山东、河南、陕西、宁夏、甘肃、新疆、江苏、安徽、浙江、湖北、江西、湖南、福建、台湾、广东、海南、广西、四川、贵州、云南；俄罗斯，朝鲜，日本，欧洲。

91. 蚁蛉科 Myrmeleontidae

(544) 褐纹树蚁蛉 *Dendroleon pantherinus* (Fabricius, 1787)（图版 XXXIX：6）

识别特征：体长 17.0~25.0 mm；前翅长 22.0~31.0 mm，后翅长 21.0~30.0 mm。黄褐色。额中间触角基部和复眼黑色；下唇须、下颚须黄褐色，短小。触角黄褐色，近中间部 1 段黑色，端部膨大部分黑色，膨大部分前色淡。胸部背面中间有褐色纵带，后胸褐纹最大而明显；胸部下侧两侧有明显的褐带。翅透明，具明显斑纹；翅脉大多褐色，部分黄色，脉上具褐色短毛，翅痣淡红褐色；前翅褐斑较后翅的多；前翅 Rs 的点在 Cu 分叉的内侧，后翅 Rs 的起点内侧只有条横脉连结 r 与 m 之间。腹部第 2 节黑色，第 3 节大部分及下侧黑褐色。足黄褐色，腿节中部和端部、胫节端部具黑斑；胫节端部 1 对距，黄褐色，细长而弯曲。

分布：河北、陕西、江苏、江西、福建；欧洲。

(545) 条斑次蚁蛉 *Deutoleon lineatus* (Fabricius, 1798)（图版 XXXIX：7）

识别特征：体长 30.0~38.0 mm；前翅长 33.0~41.0 mm，后翅长 32.0~40.0 mm。头黄色，头顶具 2 横列黑斑，额上 3 小黑斑在触角下部排成 1 横带，触角上方黑色，复眼黑色。唇基、下颚须及下唇须黄色。触角各节端有黑斑。前胸背板黄色，两侧缘黑色，背中间有 2 条黑色纵带，其中部稍宽大，中后胸黑色；中胸背面有黄斑，后缘有黄边。翅透明，翅痣黄色，翅脉上有细毛；Sc 与 R 上有许多黑褐色点，Sc 上的黑褐色点最密，呈 1 列点线。雌性后翅端部约 1/4 处的下部有明显的黑褐色条斑，雄性此斑多不明显或完全消失。足的基节、转节和腿节上半部黄色，余部黄色有黑斑，足上刚毛基部有黑点，胫节中间外侧有黑纹；胫节端部 1 对很长的距，伸达第 3 跗节，红褐色，略弯曲，似爪。

分布：河北、吉林、辽宁、内蒙古、山西、山东；俄罗斯，朝鲜，土耳其，欧洲。

（546）朝鲜东蚁蛉 *Euroleon coreaus* (Okamoto, 1924)

识别特征：体长 24.0～32.0 mm；前翅长 25.0～34.0 mm，后翅长 23.0～32.0 mm。头部黄色，头顶有 6 黑斑，中间 2 黑斑似被中沟分开，后头亦有几个黑斑；额大部分黑色，唇基中间 1 大黑斑；下颚须短小，黑色；下唇须很长，末端膨大，黑色。触角黑色。胸部黑褐色，前胸背板两侧及中间各 1 黄色纵条，前端 1 对小黄点，中后胸近黑褐色，中胸后缘有黄边。翅透明，翅痣黄，翅脉大部黑色，部分黄色，脉上有细毛；前翅 10 余大小不等的褐斑，后翅褐斑少。腹部黑色，第 4 节以后各节后缘有窄黄边。足基节黑色，转节黄色，腿、胫节黄褐色具黑斑；胫节端距黄色细而直，伸达第 1 跗节末端；跗节第 1 节黄色，其余黑色。

分布：河北、北京、内蒙古、山西、河南、陕西、宁夏、甘肃、新疆、四川；朝鲜。

92. 蝶角蛉科 Ascalaphidae

（547）黄花蝶角蛉 *Ascalaphus sibiricus* Evermann, 1850（图版 XXXIX：8）

识别特征：体长 17.0～25.0 mm；前翅长 18.0～28.0 mm，后翅长 16.0～26.0 mm。黑色多毛。头顶和额中间灰黄色，触角基部附近的毛长，前伸。额两侧光滑橙黄色。触角黑色，较前翅略短，端部膨大为扁球形，节间淡色环。胸部黑色，前胸侧瘤黄色，其后 1 黄色横线，中胸背板有 6 黄色斑点，后胸全部黑色；胸部侧面也有黄斑。翅长三角形；前翅基部 1/3 黄色，不透明，M 与 Cu 脉间 1 褐色纵条，翅脉黄色；前翅其余部透明，翅脉褐色，翅痣褐色三角形，内有褐色横脉。后翅基部 1/3 褐色，中部黄色部分被 2 条褐线分为大小不等的三块；翅端和后缘为浅褐色；痣褐色。足的转节和腿节基部黑色，腿节大部分和胫节为橘黄色，胫节末端及跗节黑色。

分布：河北、东北、内蒙古、山西、山东、陕西。

鳞翅目 Lepidoptera

93. 长角蛾科 Adelidae

(548) 小黄长角蛾 *Nemophora staudingerella* (Christoph, 1881)（图版 XL：1）

识别特征：翅展 17.0～20.0 mm。雄性触角是翅长的 3.0 倍多；雌性约为 1.5 倍。翅近中部具 1 黄色横带，内外侧具银灰色边，翅端半部具大片紫色鳞片。

分布：河北、北京、东北、青海、湖北、贵州；俄罗斯，日本。

94. 麦蛾科 Gelechiidae

(549) 甜枣条麦蛾 *Anarsia bipinnata* (Meyrick, 1932)（图版 XL：2）

识别特征：翅展 15.5～20.5 mm。头灰褐色，额两侧黑色；下唇须第 1、2 节外侧深褐色，内侧灰白色；雌性第 3 节灰白色，基 1/3 和中部黑色。胸部及翅基片灰褐色。前翅前、后缘近平行，前缘中部略凹，顶角钝；灰褐色，散布黑色竖鳞；前缘具外斜的模糊短横线，基部黑色；中部 1 近半圆形黑斑，中室中部 1 斜置黑斑；缘毛灰褐色。后翅灰褐色，缘毛灰色。前、中足黑褐色，跗节具白环；后足胫节褐色，跗节具白环。腹部褐色，末端灰白色。

分布：河北、黑龙江、内蒙古、山西、河南、陕西、宁夏、甘肃、青海、安徽、湖北、四川、贵州；俄罗斯，韩国，日本。

(550) 山楂棕麦蛾 *Dichomeris derasella* (Denis & Schiffermüller, 1775)（图版 XL：3）

识别特征：翅展 20.0～22.0 mm。头灰黄色；下唇须第 1、2 节外侧褐至赭褐色，内侧、末端灰白色；第 3 节灰白色，下侧有黑纵线。触角下侧灰白色，背面柄节褐色，鞭节具灰黄色环纹。前翅自基部至近端部渐宽，顶角尖，外缘直斜；淡赭黄色；前缘基部赭褐色；中室近基部、中部和末端及翅褶中部和末端各 1 褐色斑点；前缘 3/4 处 1 条不清晰的褐色横带外弯达臀角前；缘毛浅黄色。后翅浅褐色，缘毛灰白色。腹部灰褐色。前、中足褐色；后足灰白，略带黄色。

分布：河北、北京、天津、辽宁、山东、河南、陕西、宁夏、甘肃、青海、安徽、浙江、湖南、福建、贵州；俄罗斯，韩国，土耳其，欧洲。

(551) 桃棕麦蛾 *Dichomeris heriguronis* (Matsumura, 1931)

识别特征：翅展 12.0～19.5 mm。头灰褐色；下唇须第 1、2 节外侧深赭褐色，内侧黄白色；第 3 节深褐色，末端灰白色。触角鞭节橘黄色，背面具褐色环纹。胸部褐色，两侧黄色；翅基片基半部褐色，端半部浅黄色。前翅赭黄色，前缘近平直，顶角尖，外缘近顶角处略凹入；前缘基 5/6 褐色；后缘赭褐色；中室 1/3、3/5 处及末端各 1 小黑点，翅褶 3/5 处 1 长黑点；端带前端窄，内侧直；前缘端部和外缘黄色；缘毛赭黄色，后缘处深褐色。后翅及缘毛灰褐色。腹部灰褐色。足褐色，后足胫节黄白色。

分布：河北、黑龙江、辽宁、河南、陕西、浙江、湖北、江西、福建、台湾、广东、四川、贵州、云南；韩国，日本，印度，北美洲。

（552）艾棕麦蛾 *Dichomeris rasilella* (Herrich–Schäffer, 1854)（图版 XL：4）

识别特征：翅展 11.0~16.5 mm。头灰白到褐色；下唇须第 1、2 节外侧赭褐至褐色，内侧灰白至灰褐色；第 3 节深褐色。触角背面褐灰相间，下侧灰白色。胸部和翅灰白至褐色。前翅前缘端半部深褐色，4/5 处 1 白色外斜短线，中部或其外侧略凹，顶角尖，外缘近顶角处略凹入；中室中部及末端、翅褶 2/3 处及末端有深褐斑纹；外缘褐色；缘毛灰褐至深褐色，臀角处灰白色。后翅缘毛灰白色。前、中足深褐色，跗节有灰白色环纹。腹部背面灰白至褐色，下侧灰褐至深褐色。

分布：河北、天津、黑龙江、辽宁、山东、河南、陕西、宁夏、甘肃、青海、安徽、浙江、湖北、江西、湖南、福建、台湾、香港、广西、四川、贵州、云南；俄罗斯，韩国，日本，欧洲。

（553）白桦棕麦蛾 *Dichomeris ustalella* (Fabricius, 1794)（图版 XL：5）

识别特征：翅展 21.0~25.0 mm。头褐色，额灰褐色；下唇须第 1、2 节赭褐色，内侧黄白色，末端灰白色；第 3 节灰白色，下侧褐色。触角背面褐色、下侧灰白色。胸部赭褐色，两侧黄色；翅基片赭褐色，略有金属光泽，末端浅黄色。前翅棕色，狭长，前缘中部略凹，顶角尖，外缘斜直；缘毛黄色，顶角处杂褐色。后翅深褐色，前缘基半部白色，缘毛灰黄色。前、中足深褐色；后足腿、胫节淡黄色，跗节褐色，各节外侧末端白色。

分布：河北、河南、甘肃、浙江、江西、广西、四川；俄罗斯，韩国，日本，欧洲。

（554）甘薯阳麦蛾 *Helcystogramma triannulella* (Herrich-Schäffer, 1854)

识别特征：翅展 13.0~17.5 mm。头棕至深棕色，额灰黄色；下唇须第 2 节褐色；第 3 节黑褐色，背面及末端黄色。触角鞭节背面黑褐色，下侧淡赭色。胸部和翅基片深褐色。前翅灰褐至深褐色；前缘端 1/4 处 1 棕黄色小斑，中室中部、端部各 1 棕黄色环形斑；翅褶中部具黑褐色长椭圆形斑；前缘端 1/4 及外缘具黑褐色斑；缘毛灰褐至深灰褐色。后翅及缘毛灰色。腹部背面灰褐至黑褐色，下侧灰黄色。前、中足外侧灰褐至黑褐色，跗节各节末端灰黄色，内侧浅黄色；后足浅黄色。

分布：河北、天津、辽宁、山东、河南、陕西、甘肃、新疆、江苏、安徽、湖北、江西、湖南、台湾、香港、广西、四川、贵州；俄罗斯，韩国，日本，印度，哈萨克斯坦，欧洲。

95. 列蛾科 Autostichidae

(555) 和列蛾 *Autosticha modicella* (Christoph, 1882)

识别特征：翅展 11.0～14.0 mm。头部浅褐色；下唇须下侧和外侧灰褐色，第 3 节散生黑色鳞片，背面及内侧灰白色，略带黄色。触角深褐色。胸部和翅基片褐色。前翅浅褐色，散生黑色鳞片；中室中部、端部及翅褶中部各 1 小黑点；翅端尖；缘毛浅褐色。后翅和缘毛深灰色。足灰色，前、中足胫节具白环。

分布：河北、天津、黑龙江、辽宁、内蒙古、山西、河南、浙江、台湾、四川；俄罗斯，韩国，日本。

96. 遮颜蛾科 Blastobasidae

(556) 林弯遮颜蛾 *Hypatopa silvestrella* Kuznetzov, 1984

识别特征：翅展 8.0～16.5 mm。头黄色，额黄褐色；下唇须外侧黑褐色，混有灰白色，内侧黄色，第 3 节约为第 2 节的 3/5。触角柄节背面黑褐色，下侧浅黄色；鞭节背面黑褐、黄褐相间，下侧黄色。胸部和翅基片灰褐至黑褐色。前翅灰至灰褐色，1/3 具灰白色宽横带；中室末端具黑褐色小圆斑；缘毛灰至灰褐色，混有灰白色。后翅及缘毛深灰。腹部背面灰色，下侧黄白色，末端黄色。前、中足外侧黑褐色，内侧黄白色；后足腿节灰白色，胫节末端黄色。

分布：河北、河南；俄罗斯，韩国，日本。

97. 鞘蛾科 Coleophoridae

(557) 戈鞘蛾 *Coleophora gobincola* (Falkovitsh, 1982)

识别特征：翅展 15.0～16.0 mm。头白色。下唇须白色，背面赭褐色；第 2 节长约为复眼直径的 1.5 倍；第 3 节约为第 2 节长度的一半。喙覆盖白色鳞片。触角柄节白色，具粗大鳞毛簇，略带黄色。胸部及翅基片白色，有时浅黄色。前翅赭黄色，自基部至翅端近前缘 1 条褐色宽纵带；反面褐色，略带赭色光泽。后翅褐色。前、中足外侧赭褐色，内侧灰白色，下侧白色；后足白色，外侧有赭褐色纵带。腹部灰白色，第 1 背板无刺斑；第 2 背板刺斑长方形，长约为宽的 1.5 倍，各有 22～37 枚刺状毛。

分布：河北、内蒙古、山西、河南、陕西；蒙古。

(558) 华北落叶松鞘蛾 *Coleophora sinensis* Yang, 1983

识别特征：翅展 8.0～10.0 mm。头铅褐色，头顶被粗糙鳞片，有金属光泽；眼后鳞褐色；下唇须灰白至褐色，第 2 节短于复眼直径，端部有粗糙鳞片；第 3 节长约为第 2 节长度的 2/3；喙被白色至灰白色鳞片。触角柄节宽，深褐色；鞭节深褐色，向端部逐渐成浅褐色或灰色。胸部和翅基片深褐色，有金属光泽。前翅长披针形，前后缘近平行，深褐色，略带土黄色，有较弱的丝绢光泽；缘毛灰褐色。后翅褐色，缘毛灰褐色。腹部背面深褐色，下侧灰褐色；第 1—7 节背板各 1 对不规则长方形刺斑，第 2—6 节刺斑其长约为宽的 1.0 倍，后半部更宽些；第 1 背板横脊近均匀，各刺斑有 8 短刺；第 3 背板每刺斑有 33 短刺。足深褐色。

取食对象：华北落叶松。

分布：河北、内蒙古、山西、河南。

98. 草蛾科 Ethmiidae

（559）欧洲草蛾 *Ethmia dodecea* **(Haworth, 1828)**（图版 XL：6）

识别特征：翅展 19.0～20.0 mm。头灰白色，具松散的鳞片；下唇须下侧黑褐色，背面灰白色，第 3 节短于第 2 节，末端尖。触角柄节黑色，鞭节褐色。胸部、翅基片及前翅灰褐色；胸部背面 4 黑斑，翅基片基部 1 黑斑。翅基部黑褐色；翅面上 11 大小不等黑斑和斑纹：基部近前缘 1 长形斑纹；翅基部 1/4 及翅端部 1/4 近前缘各 1 斑点；中室中部、端部及近翅端处有 3 列斑点，近翅端不明显；沿翅褶到翅端约 3/4 有 4 斑，在第 2—3 间下 1 较小斑。后翅浅褐色。前足和中足黑褐色，胫节及跗节具白斑。后足灰褐色。

分布：河北、北京、吉林、辽宁、山西、陕西、宁夏、新疆、湖北；俄罗斯，伊朗，哈萨克斯坦，伊拉克，欧洲。

（560）青海草蛾 *Ethmia nigripedella* **(Erschoff, 1877)**（图版 XL：7）

识别特征：翅展 24.0～27.0 mm。头、下唇须及触角均黑色；喙黄褐色，基部被黑色鳞片。胸部黑褐色，背面 4 黑圆点。翅基片，前、后翅及缘毛均为深黑褐色；前翅翅面上 5 大黑点，从中室中部到中室末端有 3 个，末端最大；中室基半部后缘 2 个，与中室中部的呈三角形排列；从近翅端沿前缘、经顶角、外缘到臀角前 1 列小黑点。腹部橘黄色，背面基部黑褐色。足黑色。

检视标本：1 头，围场县木兰围场种苗场查字小泉沟，2015-V-27，蔡胜国采。

分布：河北、北京、黑龙江、吉林、内蒙古、山西、陕西、宁夏、甘肃、青海、新疆、海南、西藏；蒙古，俄罗斯，日本，土耳其。

（561）长角草蛾 *Ethmia ubsensis* **Zagulagev, 1975**

识别特征：翅展 21.5～25.5 mm。头部黑色，触角周围和颈两侧杂灰褐色；下唇须黑褐色，杂灰白色。触角深褐色，鞭节具黄褐环纹。胸部灰黄色，中、端部各 2 黑斑；翅基片基部内侧 1 黑斑。前翅和缘毛黄灰色，前缘色略深，翅室 2/3 处 1 黑点；翅褶基部、1/3 和 1/2 处各 1 短带；翅基 1/4 处后缘 1 黑点；中室端部 3 黑点三角形排列；外缘 10 小黑点、部分个体无。后翅和缘毛灰褐色。腹部橙黄色，第 1 节和第 2—5 节节间深灰褐色。前、中足深灰褐色，后足橙黄色，跗节端半部杂褐色。

分布：河北、宁夏、青海；蒙古，俄罗斯。

99．木蠹蛾科 Cossidae

(562) 榆木蠹蛾 *Yakudza vicarius* (Walker, 1865)（图版 XL：8）

识别特征：体长 23.0～40.0 mm；翅展 46.0～86.0 mm。灰褐色；头顶毛丛、领片和翅基片暗褐灰色，中胸白色，后缘具 1 黑色横带。触角丝状，不达前翅前缘的 1/2。前翅暗褐色，翅端许多黑色网纹，中室及其上方煤黑色，中室端（横脉）上 1 明显白斑。

取食对象：多种阔叶树树干。

分布：华北、东北、山东、河南、陕西、宁夏、甘肃、江苏、上海、安徽、四川；俄罗斯，朝鲜，日本，越南。

100．卷蛾科 Tortricidae

(563) 榆白长翅卷蛾 *Acleris ulmicola* (Meyrick, 1930)（图版 XL：9）

识别特征：翅展 15.0～20.0 mm。头部灰色；下唇须灰色，直而下垂，有深浅不同的鳞片；第 2 节端部膨大有长鳞片，末节相当大但鳞片短。触角柄节灰色；鞭节颜色更深些。胸部灰色，但中间有锈灰色；翅肩片锈色或除基部外呈灰褐色；腹部灰褐色到暗灰色。前翅前部窄，后部宽；前缘基部 1/3 弯曲，中部稍有凹陷；顶角短、圆形；外缘直而斜；底色灰，或多或少色淡，有深灰色点或横斑；中部到边缘有分散褐色网或点；中带发达，背部宽，前缘部分不清楚；缘毛比底色深，夹杂有褐色。后翅灰褐色，前缘色淡，周围有色斑，顶色尖；缘毛长，淡灰褐色。

取食对象：榆科、黑榆、裂叶榆、春榆。

检视标本：1 头，榆白长翅卷蛾，围场县木兰围场五道沟场部，2015-VI-30，李迪采。

分布：河北、北京、黑龙江、吉林、内蒙古、山东、河南、宁夏、青海、台湾、西藏；俄罗斯，韩国，日本。

(564) 点基斜纹小卷蛾 *Apotomis capreana* (Hübner, 1817)（图版 XL：10）

识别特征：翅展 15.0～18.6 mm。头顶粗糙，浅茶色至浅黄褐色；触角棕褐色至褐色；胸部、领片及翅基片浅褐色，杂有褐色及白色或浅黄褐色；胸部下侧白色。前翅前缘微弓或弓形，具 9 对白色钩状纹；外缘缘毛浅褐色，有褐色基线，臀角处缘毛白色或灰白色；翅下侧灰褐色，前缘钩状纹淡黄色，外缘翅脉之间有淡黄色小点，后缘与后翅交叠处白色。后翅浅褐色、褐色或棕褐色，前缘白色 1 缘毛浅灰色，有灰色基线；翅下侧浅茶色，浅灰色，或浅茶褐色。腹部背面浅褐色，下侧乳白色至淡黄色。前、中足淡褐色，跗节褐色，每亚节末端被浅黄色环状纹；中足胫节表面浅黄色；后足白色，胫节基部具 1 束深褐色或黑色长毛刷，跗节同前足。

分布：河北、内蒙古、陕西、宁夏、甘肃；俄罗斯，欧洲，北美洲。

（565）苹黄卷蛾 *Archips ingentanus* (Christoph, 1881)（图版 XL：11）

曾用名：大后黄卷叶蛾。

识别特征：翅展雄 10.0~27.0 mm，雌 23.0~25.0 mm。头部和前胸为深褐色，腹部褐黄色。前翅褐黄色，有深褐色网状纹，基斑、中带和端纹雄性比雌明显，顶角雌性比雄更凸出，前缘褶相当于前翅的 1/3 长。后翅基半部灰色，端半部黄色。腹部第 2–3 节背面各 1 对背穴。

分布：河北、东北、华中、华南；俄罗斯，朝鲜，日本，印度，巴基斯坦，阿富汗。

（566）草小卷蛾 *Celypha flavipalpana* (Herrich-Schäffer, 1851)（图版 XL：12）

识别特征：翅展 12.0~17.0 mm。头顶粗糙，浅茶色至棕色；触角褐色至深褐色，一些个体在触角后方两侧各被 1 褐色小点。胸部浅黄色、赭黄色至浅褐色，在基部 1/3 与 2/3 处分别被 1 深褐色横纹；胸部下侧白色。前翅窄，顶角钝或略尖；翅下侧棕褐色，前缘钩状纹浅黄色，后端浅棕色。后翅浅灰色至灰色，基部略浅，前缘近白色；缘毛浅灰色，有灰色基线；翅下侧浅褐色。前足浅褐色，跗节深褐色，每亚节末端被 1 浅黄色环状纹；中足腿节白色，胫节浅茶色，前端与后端分别被 1 深褐色大斑，跗节同前足跗节；后足白色至浅黄色，雄性胫节具 1 束黑色细长毛刷，跗节除第 1 亚节外褐色，被浅黄色环状纹。

分布：河北、北京、天津、黑龙江、吉林、内蒙古、山东、河南、陕西、宁夏、甘肃、青海、新疆、浙江、安徽、湖北、湖南、四川、贵州；俄罗斯，韩国，日本，欧洲。

（567）青云卷蛾 *Cnephasia stephensiana* (Doubleday, 1849)（图版 XL：13）

识别特征：翅展 14.5~20.5 mm。额和头顶鳞片粗糙，灰褐色，夹杂灰白色鳞片；下唇须长不及复眼直径的 1.5 倍，外侧灰褐色，内侧灰色，第 2 节端部略膨大；第 3 节小。触角灰褐色。胸部鳞片灰褐色，夹杂灰白色鳞片，端部有竖鳞。翅基片发达，灰褐色；前翅前缘较平直，顶角较钝，外缘斜直，臀角宽；前翅底色灰色，斑纹灰褐色；基斑大，中部向外伸出；中带完整而宽，连接翅前、后缘的中部，中间部分缢缩；亚端纹从翅前缘 2/3 处伸达臀角，前半部宽，后半部窄；斑纹中散布黑色鳞片；缘毛暗灰色。后翅宽，灰色到暗灰色；缘毛灰白色。腹部背面暗灰色，下侧灰色。足暗灰，被有黑色鳞片。

取食对象：茼蒿、蒲公英、旋覆花、山柳菊、蓟、一年蓬、藏岩蒿、宽叶山蒿、蜂斗菜、千里光、苦苣菜、款冬、矢车菊、车前、钝叶酸模、酸模、紫花苜蓿、菜豆、白三叶、野豌豆、苹果、悬钩子、草莓、越橘、烟草、藜、短毛独活、柿。

分布：河北、山西、陕西、甘肃、青海、四川；俄罗斯，朝鲜，日本，中亚，中欧。

(568) 华微小卷蛾 *Dichrorampha sinensis* Kuznetzov, 1971

识别特征：翅展15.0 mm。下唇须第1节浅黄白色；第2节内侧黄色，外侧基半部黑褐色、端半部黑色，中间黄白色；第3节灰黑色，前伸，末端尖。触角黄褐色，短于前翅一半。前翅灰褐色，缘褶长约为前翅的1/3；前缘钩状纹黄灰色，自端2对钩状纹间发出的铅色暗纹伸向外缘，自第3对钩状纹间发出的铅色暗纹伸达翅外域，自第5对钩状纹间发出的铅色暗纹达中室；外缘具4～5黑点；背斑浅灰色，斜达翅中部；缘毛亮白色。后翅暗棕色，缘毛浅灰色，基线色暗。

分布：河北、山西、陕西、上海。

(569) 白钩小卷蛾 *Epiblema foenella* (Linnaeus, 1758)（图版XL：14）

识别特征：翅展12.0～26.0 mm。头顶灰色，额白色，下唇须灰褐色，第3节平伸。触角灰色。胸部及翅基片灰褐色。前翅褐色；前缘端半部具4对白色钩状纹，其余钩状纹不明显；顶角褐色；翅面的白色斑纹有4种主要类型：①由后缘1/3伸出1条白色宽带，到中室前缘以90°角折向后缘，而后又折向顶角，触及肛上纹；②由后缘1/3伸出1条宽的白带，到中室前缘以90°角折向肛上纹，但不触及肛上纹；③由后缘基部14伸出1条白色细带，达中室前缘；④由后缘1/4处伸出1条白色宽带，伸向前缘，端部变窄，但不达前缘。后翅及缘毛灰色或褐色。

取食对象：艾蒿、北艾、芦苇。

检视标本：1头，围场县木兰围场克勒沟新地营林区，2015-VI-17，马莉采。

分布：河北、天津、黑龙江、吉林、内蒙古、山东、河南、陕西、江苏、浙江、安徽、福建、江西、湖北、湖南、广西、四川、贵州、云南、甘肃、青海、宁夏、新疆、台湾；蒙古，俄罗斯，朝鲜，日本，泰国，印度，哈萨克斯坦，中亚。

(570) 油松叶小卷蛾 *Epinotia gansuensis* (Liu & Nasu, 1993)

识别特征：体长7.0～8.0 mm；翅展12.0～15.0 mm。头顶黑褐色；复眼绿褐色或棕褐色。触角丝状。前翅锈黄或锈黄褐色，前缘有钩状纹。后翅灰色，缘毛基部1/3深褐色，端部2/3色淡，顶角部分呈白色。足除胫节有黑色环状纹外，其余各节呈银灰色或灰白色。

取食对象：油松。

分布：河北、甘肃、青海。

(571) 松叶小卷叶蛾 *Epinotia rubiginosana* (Herrich-Schaffermüller, 1851)（图版XL：15）

识别特征：体长5.0～6.0 mm；翅展15.0～20.0 mm。体灰褐色。前翅灰褐色，有深褐色基斑、中横带和端纹；基斑大，约占前翅的1/3多，中带上窄下宽，其下部宽约占后缘的1/2，臀角处有6条黑色短纹，前缘具白色钩状纹。后翅灰褐色。雄蛾前翅无前缘。

分布：河北、北京、辽宁、内蒙古、河南、陕西、甘肃。

(572) 千岛花小卷蛾 *Eucosma ommatoptera* Kuznetsov, 1968

识别特征：翅展 15.0～17.5 mm；头顶灰色，额白色。触角褐色。下唇须灰色，第 2 节端部和第 3 节深灰色。胸部及翅基片黄褐色。前翅黄褐色，前缘钩状纹不明显；基斑红褐色，从前缘 1/3 伸达后缘近中部，外侧中部凸出，约占翅面 1/3；中带从前缘中部斜向后缘臀角前；肛上纹近圆形，内有 3 排黑色斑点；缘毛褐色。后翅及缘毛黑褐色。前、中足褐色；后足灰褐色。

分布：河北、河南、云南；俄罗斯。

(573) 金翅单纹卷蛾 *Eupoecilia citrinana* Razowski, 1960（图版 XLI：1）

识别特征：翅展 13.0～17.0 mm。头顶及额白色，下唇须外侧黄褐色，内侧白色。触角褐色。胸部黄褐色。翅基片淡黄色；前翅底色金黄色；基斑深褐色，位于翅前缘，约占翅的 1/5；中带深褐色，前缘宽，后缘窄；外缘 1 深褐色带，与中带平行；无明显的顶斑和臀斑；缘毛黑褐色。后翅及缘毛灰褐色。腹部褐色。足黄色，跗节均有黑褐色环状纹。

分布：河北、北京、天津、黑龙江、吉林、陕西、河南、湖南；俄罗斯，韩国，日本。

(574) 泰丛卷蛾 *Gnorismoneura orientis* (Filipjev, 1962)（图版 XLI：2）

识别特征：翅展 13.0～18.5 mm。额被短的灰褐色鳞片，头顶被粗糙的灰褐色鳞片；下唇须长不及复眼直径的 1.5 倍，外侧灰褐色，内侧黄褐色，第 2 节端部略扩展，第 3 节短而细。触角细，灰褐色。胸部黄褐色。翅基片基部黄褐色，端部黄白色；前翅宽短，顶角较钝，外缘斜直，臀角宽阔；前翅底色土黄色，斑纹黄褐色夹杂黑褐色鳞片；中带从前缘中部之前斜伸至后缘，中部之后分叉；缘毛黄白色。后翅暗灰色，缘毛灰色，无特化香鳞。腹部背面暗褐色，下侧黄白色。足黄白色，前足、中足跗节外侧被暗褐色鳞片。

分布：河北、天津、黑龙江、山西、河南、山东、陕西、宁夏、甘肃；俄罗斯，韩国，日本。

(575) 李小食心虫 *Grapholita funebrana* Treitschke, 1835（图版 XLI：3）

识别特征：翅展 10.0～13.5 mm。头灰黄褐色；下唇须上举，第 2 节端部稍膨大，第 3 节前伸，黄褐色，末端微钝。触角黄褐色，长约为前翅一半。前翅灰褐色，杂黄白色；前缘钩状纹黄色，每对钩状纹间各发出 1 条铅色暗纹；肛上纹内、外缘线铅色，具金属光泽，内有 5 条紫色短横线，沿肛上纹外缘线外有 2 黑色斑点；背斑黄白色，不规则波状纹位于后缘中部，斜至中部；具亚端切口；缘毛灰褐色。后翅黄棕色，基部颜色较浅；缘毛灰黄褐色。

分布：河北、北京、天津、黑龙江、山西、宁夏、甘肃、新疆；俄罗斯，韩国，日本，小亚细亚，欧洲。

（576）圆后黑小卷蛾 *Metendothenia atropunctana* (Zetterstedt, 1839)（图版 XLI：4）

识别特征：翅展 14.0～17.0 mm。头顶灰褐色；下唇须上举或前伸，略下垂，第 1 节白色、第 2 节浅褐色、第 3 节褐色。触角褐色。胸部、领片及翅基片灰褐色。前翅窄长，顶角尖，浅褐色；前缘略弯曲，钩状纹白色，无暗纹；基斑与亚基斑连接，褐色杂有浅褐斑；中带深褐色，外侧黄白色；中室外缘外侧具 1 黑色小点；后中带浅褐色；亚端纹浅褐色；缘毛浅褐色，臀角处白色；下侧褐色，翅端浅褐色，后端白色。后翅宽卵圆形，灰或褐色，前缘白色；缘毛和下侧浅灰色。腹部背面棕褐色，下侧浅灰色。

分布：河北、黑龙江、吉林、河南、四川；古北界。

（577）细圆卷蛾 *Neocalyptis liratana* (Christoph, 1881)（图版 XLI：5）

识别特征：翅展 14.5～20.5 mm。额鳞片短，黄白色；头顶被粗糙的黄白色鳞片；下唇须细，约与复眼直径等长，第 2 节外侧被黑褐色鳞片。触角黄褐色。胸部黄褐色。翅基片黄褐色杂暗灰色；前翅前缘 1/3 隆起，其后平直；顶角较尖；外缘斜直；臀角宽阔；雄性前缘褶伸达前缘中部之前，基部黑色；前翅底色土黄色，斑纹黑色；基斑消失，中带前缘 1/3 清晰，其后模糊；亚端纹较大；翅端部角散布灰褐色短纹；缘毛黄白色。后翅灰暗，顶角色更暗，缘毛属底色。足黄白色，前足和中足跗节外侧被黑褐色鳞片。

分布：河北、天津、黑龙江、河南、陕西、甘肃、青海、安徽、浙江、江西、湖南、福建、台湾、四川、云南；俄罗斯，韩国，日本。

（578）栎新小卷蛾 *Olethreutes captiosana* (Falkovitsh, 1960)（图版 XLI：6）

曾用名：栎小卷蛾。

识别特征：翅展 16.0～21.0 mn，下唇须向上曲，第 2 节末端膨大，末节倾斜。前翅黄色；基部有 3 条短银色线，由前缘到翅顶外缘也有 3 条平行银色线，其中 1 条中断。翅中间为白色圆斑，圆斑中间为黑条斑，黑条斑中间有 3 枚银色点。另 1 条银色线由前缘直通后缘。后翅灰褐色，缘毛白色。

分布：河北、黑龙江、吉林、内蒙古、河南、陕西、宁夏、甘肃、青海、新疆；俄罗斯，韩国，日本，欧洲。

（579）溲疏小卷蛾 *Olethreutes electana* (Kennel, 1901)（图版 XLI：7）

识别特征：翅展 14.0～19.0 mm。头顶粗糙，黄褐色；下唇须上举，白色，基部外侧褐色；第 2 节略膨大；第 3 节略长，尖。触角褐色。胸部与翅基片光滑，褐色。前翅长，窄或宽，顶角尖或近成直角；黑褐色或褐色；缘毛白色，外缘中部褐色，外缘处有褐色基线；翅下侧浅褐色，钩状纹浅黄色，清晰。后翅灰色；缘毛浅灰色，有灰色基线；翅下侧浅灰色或浅茶色。腹部背面灰褐色，下侧白色。足白色或略呈浅黄色；前足胫节浅褐色，跗节深褐色，每小节末端被淡黄色环状纹；中足胫节浅褐色，中部浅黄色，跗节同前足跗节，后足胫节不膨大，雄性胫节具 1 束深灰色长毛刷。

分布：河北、北京、天津、黑龙江、吉林、河南、甘肃、安徽、浙江、四川、云南；俄罗斯，日本。

（580）广小卷蛾 *Olethreutes examinatus* (Falkovitsh, 1966)

识别特征：翅展 15.0～20.0 mm。头顶粗糙，浅茶色。触角褐色。胸部、翅基片及领片褐色，杂有浅茶色；后胸脊突小；胸部下侧白色。前翅长而宽，略呈三角形，顶角尖，斑纹褐色；缘毛褐色，杂有浅黄色；翅下侧棕褐色，前缘钩状纹浅黄色，后端与后翅交叠处暗白色。后翅棕褐色，前缘浅灰色；缘毛棕褐色，翅下侧浅棕褐色。腹部背面浅褐色，下侧基部近白色，端部浅褐色。前足褐色，跗节每亚节末端被浅黄色环状纹；中足白色，胫节褐色，中部及末端各具 1 浅黄色环状纹，跗节同前足跗节；后足浅灰色，略呈白色，胫节不膨大，基部具 1 束灰色长毛刷。

分布：河北、黑龙江、吉林、湖北、陕西、宁夏、甘肃、青海；俄罗斯，日本。

（581）黄褐卷蛾 *Pandemis chlorograpta* Meyrick, 1921（图版 XLI：8）

识别特征：翅展 18.5～24.5 mm。额被黄白色短鳞片，头顶被浅褐色粗糙鳞片。触角浅褐色。胸部和翅基片灰褐色，胸部夹杂红褐色鳞片。前翅宽阔，翅前缘中部之前隆起，其后平直；顶角近直角；外缘略斜直；前翅底色灰褐色，斑纹暗褐色，翅端部有横或斜的短纹；基斑大；中带后半部略宽于前部；亚端纹小；顶角和外缘缘毛端部锈褐色，其余灰褐色。后翅暗灰色，顶角略带黄白色，缘毛同底色。足灰白色，前足和中足胫节被灰褐色鳞片。腹部背面暗褐色，下侧灰白色。雌性顶角更凸出，前翅底色较雄性浅。

取食对象：苹果、水杨梅、花楸、桃、山荆子、草莓、菜豆、黑杨、萨哈林冷杉、虎杖、忍冬科、柑橘、榆科、桦木、栎、槭、椴树、小檗、鼠李、桑、珍珠菜、醋栗。

检视标本：1 头，围场县木兰围场燕格柏车道沟，2015-VII-20，刘效竹采。

分布：河北、北京、黑龙江、河南、陕西、甘肃、浙江、江西、福建、四川；日本。

（582）松褐卷蛾 *Pandemis cinnamomeana* (Treitschke, 1830)（图版 XLI：9）

识别特征：翅展 17.5～22.5 mm。额及头顶前方被白色鳞片，头顶后方被灰褐色粗糙鳞片。触角浅褐色。翅基片与胸部均为暗褐色或灰褐色。前翅宽阔，前缘 1/3 隆起，其后平直；顶角近直角；外缘略斜直；前翅底色灰褐色，斑纹暗褐色，翅端部有横或斜的短纹；基斑大；中带后半部略宽于前部；亚端纹小；顶角和外缘缘毛端部锈褐色，其余灰褐色。后翅暗灰色，顶角略带黄白色，缘毛同底色。腹部背面暗褐色，下侧白色。足灰白色，前足和中足胫节被灰褐色鳞片。

取食对象：苹果、梨、柳、春榆、落叶松、冷杉、槭、栎、桦木、越橘。

分布：河北、天津、黑龙江、河南、陕西、浙江、湖北、江西、湖南、重庆、四川、云南；俄罗斯，韩国，日本，欧洲。

（583）榛褐卷蛾 Pandemis corylana (Fabricius, 1794)（图版 XLI：10）

识别特征：翅展雄 19.5～20.5 mm，雌 22.5～24.5 mm。额及头顶被黄白色鳞片；下唇须细长，约为复眼直径的 2.5 倍，外侧灰白色且夹杂灰褐色鳞片，内侧灰白色；第 2 节鳞片较松散。触角黄白色。胸部及翅基片黄白色。前翅宽阔，前缘 1/3 隆起，其后平直，顶角近直角，外缘略斜直；前翅底色土黄色，斑纹黄褐色；基斑大；中带后半部略宽于前部；亚端纹小；顶角和外缘端部缘毛黄褐色，其余灰色。后翅和缘毛灰色，顶角略带黄白色。腹部背面灰褐色，下侧黄白色。足灰白色，被灰褐色鳞片。

分布：河北、北京、天津、黑龙江、吉林；俄罗斯，朝鲜，日本，欧洲。

（584）长褐卷蛾 Pandemis emptycta Meyrick, 1937

识别特征：翅展雄 21.5～23.5 mm，雌 25.5～27.5 mm。额被白色长鳞片；头顶被灰褐色粗糙鳞片。触角基部白色，其余灰白色。胸部和翅基片均为灰褐色，夹杂少量黄褐色鳞片。前翅宽阔，中部之前均匀隆起，其后平直；顶角近直角；外缘略斜直；雄性前缘褶发达，仰达翅前缘中部之后；前翅底色灰褐色，斑纹由灰褐色和黄褐色鳞片组成，翅面散布灰褐色小点；基斑大；中带后半部宽于前部；亚端纹呈倒三角形；缘毛基部灰褐色，端部黄褐色。后翅暗灰色，缘毛同底色。腹部背面暗褐色，下侧黄白色。足黄白色，前足跗节被灰褐色鳞片。

检视标本：1 头，围场县木兰围场燕格柏车道沟，2015-VII-20，马莉采。

分布：河北、北京、河南、陕西、宁夏、甘肃、湖北、四川、贵州。

（585）苹褐卷蛾 Pandemis heparana (Denis & Schiffermüller, 1775)（图版 XLI：11）

识别特征：翅展雄 16.5～21.5 mm，雌 24.5～26.5 mm。额被灰白色长鳞片；头顶被灰褐色粗糙鳞片。触角基部白色，其余灰白色。胸部灰褐色，夹杂少量暗褐色鳞片。翅基片发达，基半部暗褐色，端部灰褐色；前翅宽阔，前缘中部之前均匀隆起，其后平直；顶角近直角；外缘略斜直；前翅底色灰褐色，斑纹由灰褐色和黄褐色鳞片组成；基斑大；中带后半部宽于前部，有时中带常断裂；亚端纹小；顶角缘毛暗褐色，其余黄褐色。后翅暗灰色，顶角略带黄白色。腹部背面暗褐色，下侧灰白色。足黄白色，前足和中足跗节被灰褐色鳞片。

取食对象：桃、李、杏、日本樱花、楹梓、草莓、绿肉山楂、花楸、悬钩子、蔷薇、绣线菊、杨、柳、白桦、日本桤木、榛、牛蒡、一年蓬、菜豆、白三叶、越橘、胡颓子、胡桃、甜菜、亚麻、桑、欧丁香、钝叶酸模、椴树、槭、灯台树、日本栗、槲树、迎红杜鹃、黑榆、鼠李。

分布：河北、天津、黑龙江、陕西、青海；俄罗斯，朝鲜，日本，欧洲。

(586) 齿褐卷蛾 *Pandemis phaedroma* Razowski, 1978

识别特征：翅展 20.5～23.5 mm。额和头顶浅褐色或黄白色；下唇须细长，约为复眼直径的 2.5 倍，黄白色，被褐色鳞片。触角浅褐色。翅基片和胸部灰褐色。前翅宽阔；顶角钝圆；端部略斜直。前翅底色浅灰褐色，斑纹暗褐色，翅端部 1/3 具横或斜的短纹；基斑大；中带前后几乎等宽；亚端纹小弓缘毛属底色。后翅暗灰色，顶角略带黄色，缘毛浅灰色。腹部背面暗褐色，下侧黄白色。足黄白色，前足和中足被黄褐色鳞片。雌性顶角更凸出，前翅底色较雄性浅。

分布：河北、陕西、甘肃。

(587) 斑刺小卷蛾 *Pelochrista arabescana* (Eversmann, 1844)（图版 XLI：12）

识别特征：翅展 17.5～23.0 mm；头顶鳞片灰白色夹杂褐色。触角浅褐色。下唇须灰褐色，末节小，下垂。前翅狭长；前缘端半部具 4 对钩状纹，向下两两会合；后缘斜向前缘 1 条短带与后缘的横"3"字形斑纹的第 1 个突起相汇合；缘毛灰色。后翅及缘毛浅灰色。

取食对象：艾属植物。

分布：河北、吉林、内蒙古、山西、宁夏、甘肃、青海；蒙古，伊朗，哈萨克斯坦，欧洲。

(588) 黑缘褐纹卷蛾 *Phalonidia zygota* Razowski, 1964

识别特征：翅展 14.5～15.0 mm。头顶及额白色；下唇须银白色，前伸；第 2 节略宽大，基部褐色；第 3 节小，下垂。触角褐色。胸部和翅基片银白色。前翅淡黄白色，前缘有 3 大黑斑，分别位于翅基部、1/6 处及中部；后缘 1/3 处 1 大黑斑；中带黑褐色，中间间断；端纹和外缘斑黑褐色，约占整个翅面的 1/3；缘毛黑褐色。后翅及缘毛灰褐色。前、中足褐色，跗节具黄色环；后足淡黄色。

分布：河北、北京、天津、黑龙江、吉林、内蒙古、山东、甘肃、青海；蒙古，俄罗斯，韩国，日本。

(589) 环铅卷蛾 *Ptycholoma lecheana* (Linnaeus, 1758)（图版 XLI：13）

识别特征：翅展 19.0～23.5 mm。额上被黄色和黄褐色短鳞片；头顶被红褐色粗糙鳞片；下唇须与复眼直径近等长，外侧土黄色，被少许黄褐色鳞片。触角细，灰褐色。翅基片发达，与胸部均黑色。足灰色，前足和中足跗节端部被黄白色鳞片。前翅宽阔，端部扩展；雄性前缘褶宽而长，伸达翅前缘中部，黑色。前翅底色红黄色，斑纹黑色；基斑大；中带出自翅前缘 1/3，端半部窄，后半部较宽；外缘线出自翅前缘中部，伸达臀角前方，另 1 条纵纹从外缘线伸出；缘毛黑色。后翅前缘灰白色，其余黑色，缘毛黄白色。腹部背面暗褐色，下侧灰褐色。

取食对象：苹果、日本樱花、草莓、蔷薇、山楂、稠李、花楸、欧洲甜樱桃、菜豆、捧叶憾、春榆、柳、杨、落叶松、水青冈、白蜡、栎、椴树、毛榛、桦木。

分布：河北、东北、河南、陕西、宁夏、湖南；俄罗斯，韩国，日本，欧洲。

（590）筒小卷蛾 *Rhopalovalva grapholitana* (Caradja, 1916)

识别特征：翅展 10.0～18.0 mm。头部灰黄色，额白色；下唇须灰白夹杂褐色。前翅银白色；前缘端半部具 4 对钩状纹；基斑约占翅面的 1/4；中带从前缘中部伸达臀角前；肛上纹白色，内有褐点；缘毛灰色。后翅及缘毛灰色。

取食对象：胡枝子、空心菜。

分布：河北、北京、东北、河南、陕西、宁夏、甘肃、上海、安徽、江西；俄罗斯（远东地区），韩国。

（591）李黑痣小卷蛾 *Rhopobota latipennis* (Walsingham, 1900)

识别特征：翅展 15.0 mm。头顶灰色，额灰色；下唇须灰色夹杂褐色；第 3 节小，平伸。触角灰褐色。胸部及翅基片灰褐色。前翅灰褐色，顶角凸出，镰刀状；前缘从基部 1/3 到顶角具 7 对白色钩状纹，基部 2 对略模糊，端半部 5 对清晰可见；基斑约占翅面的 1/3；中带从前缘中部伸达后缘近臀角处；肛上纹近圆形，灰色，内侧上角处具 1 黑斑；缘毛深灰色。后翅及缘毛灰色。前足褐色，中、后足灰色，胫节和跗节具褐色鳞片。

取食对象：秋子梨、稠李。

分布：河北、黑龙江、河南、江西；俄罗斯，日本。

（592）光轮小卷蛾 *Rudisociaria expeditana* (Snellen, 1883)（图版 XLI：14）

识别特征：翅展 15.0～20.0 mm。头顶深褐色，杂有黄褐色鳞片；下唇须前伸，略上举；下侧基半部白色，端半部深褐色；第 2 节膨大，末端极宽；第 3 节略长，前伸。触角深褐色，达前翅的 1/2。胸部深褐色，杂有白色鳞片。前翅窄，呈长三角形，外缘斜；翅面白色，散布赭色鳞片；前缘有 8 对白色钩状纹，基部 7 对分别抵达后缘，第 8 对抵达外缘；基斑、中带及端纹均呈褐色；缘毛白色，基线褐色。后翅宽，浅灰色；缘毛白色，基线灰色。足深褐色，后足胫节近白色，基部伸出 1 小毛刷。

检视标本：1 头，围场县木兰围场种苗场查字，2015-VI-27，马莉采。

分布：河北、内蒙古、宁夏、甘肃、青海、新疆；俄罗斯，朝鲜。

（593）松线小卷蛾 *Zeiraphera griseana* (Hübner, 1799)

识别特征：翅展 12.0～22.0 mm。前翅深灰白色，基斑黑褐色，约占前翅的 1/3，斑纹中间外凸，呈箭头状；基斑和中带之间银灰色，上下宽、中间窄；中带由 4 黑斑组成，从前缘中部延伸至臀角；顶角银灰色，近顶角和外缘处各有大小不等的 3 黑斑。后翅灰褐色，缘毛黄褐色。静止时全体呈钟状，两前翅和中带之间合成 1 银灰色三角形。

分布：河北、黑龙江。

（594）落叶松线小卷蛾 *Zeiraphera lariciana* **Kawabe, 1980**

识别特征：前翅展 9.0～15.0 mm。头胸部黄褐色，混杂有红褐色鳞片。触角灰褐色，各环节褐色。前翅无前缘褶；底色淡橙黄色或灰色；前缘有 1 些不明显的条纹；所有斑纹皆呈褐色。后翅灰褐色，基部淡，端部深。

分布：河北、甘肃、新疆；日本，欧洲。

101. 斑蛾科 Zygaenidae

（595）灰翅叶斑蛾 *Illiberis hyalina* **(Staudinger, 1887)**（图版 XLI：15）

识别特征：翅展 26.0～27.0 mm。雄蛾触角栉齿状，雌蛾触角锯齿状。体翅灰褐色，微黄，侧面观略带蓝紫色闪光。翅灰褐色，微黄，侧面观略带淡紫闪光。雄性触角栉齿状，末 10 节锯齿状；雌性触角锯齿状，末端简单。

分布：河北、北京、四川；日本。

102. 刺蛾科 Cochlidiidae

（596）黄刺蛾 *Monema flavescens* **Walker, 1855**（图版 XLII：1）

识别特征：翅展 29.0～36.0 mm。头和胸背黄色；腹背黄褐色。前翅内半部黄色，外半部黄褐色，有 2 条暗褐色斜线，在翅尖前会合于 1 点，呈倒"V"形，内面 1 条伸到中室下角，几乎成两部分颜色的分界线，外面 1 条稍外曲，伸达臀角前方，但不达后缘，横脉纹为 1 暗褐色点。后翅黄或赭褐色。

取食对象：苹果、梨、桃、杏、李、樱桃、山楂、榲桲、柿、枣、栗、枇杷、石榴、柑橘、核桃、杧果、醋栗、杨梅、杨、柳、榆、枫、榛、梧桐、油桐、槭木、乌桕、楝、桑、茶等。

检视标本：2 头，围场县木兰围场新丰挂牌树，2015-VII-14，张恩生采。

分布：河北等全国广布（除甘肃、宁夏、青海、新疆、西藏和贵州目前尚无记录外）。

（597）梨娜刺蛾 *Narosoideus flavidorsalis* **(Staudinger, 1887)**（图版 XLII：2）

识别特征：翅展 30.0～36.0 mm。外形与迹银纹刺蛾近似，但全体褐黄色。触角双栉形分支到末端（后者分支到基部 1/3）。前翅外线以内的前半部褐色较浓，后半部黄色较显，外缘较明亮，外线清晰暗褐色，无银色端线。

取食对象：梨、柿、枫。

分布：河北、东北、山西、江苏、浙江、江西、台湾、广东；俄罗斯，朝鲜，日本。

（598）中国绿刺蛾 *Parasa sinica* **Moore, 1877**（图版 XLII：3）

识别特征：翅展 21.0～28.0 mm。头顶和胸背绿色。前翅绿色，基斑和外缘暗灰褐色，前者在中室下缘呈角形外曲，后者与外缘平行内弯，其内缘在 2 脉上呈齿形曲。后翅灰褐色，臀角稍带灰黄色；腹背灰褐色，末端灰黄色。

检视标本：5 头，围场县木兰围场五道沟沟塘子，2015-VII-07，赵大勇采；1 头，围场县木兰围场新丰挂牌树，2015-VII-03，蔡胜国采。

分布：河北、东北、山东、江苏、浙江、湖北、江西、台湾、贵州、云南；俄罗斯，朝鲜，日本。

103．螟蛾科 Pyralidae

（599）钝小峰斑螟 *Acrobasis obtusella* (Hübner, 1796)（图版 XLII：4）

识别特征：翅展 17.5～20.0 mm。头顶被黄褐色至灰褐色鳞毛；下唇须上举，达头顶，第 1 节灰白色，第 2—3 节黑褐色；喙基部被灰白色鳞片。触角褐色；雄性柄节基部具三角形突起。领片及翅基片黄褐色至灰褐色；前翅灰褐色；内横线白色，弧形，外侧具 1 条白色至黄色的条带；外横线白色，波浪形；中域具 1 内斜的白色宽条带，2 中室端，黑褐色，分离，位于该条带内；缘毛灰色。后翅浅灰至深灰色；缘毛浅灰色。前足黑褐色，杂白色，跗节端部镶白色边；中足和后足基节至胫节灰白色，跗节黑褐色，端部镶白边，距灰褐色。

分布：华北、东北、山东、河南、陕西、宁夏、甘肃、新疆、浙江、湖南、广西、四川、贵州；俄罗斯，巴勒斯坦，欧洲。

（600）果梢斑螟 *Dioryctria pryeri* Ragonot, 1893（图版 XLII：5）

识别特征：翅展 23.0～24.5 mm。头顶被棕褐色粗糙鳞毛，下唇须黑褐色，第 2 节粗壮，达头顶，第 3 节细小，雄性下颚须冠毛状，藏于下唇须第 2 节的凹槽内，雌性下颚须柱状被鳞，淡黄色。触角黑褐色；雄性鞭节基部缺刻内鳞片簇黑色，长柱形，布满缺刻；腹部纤毛短。前翅宽阔，长为宽的 2.5 倍；底色多红褐色，基域、亚基域及外缘域锈红色；后缘内横线内 1 条锈红色纵带；内、外横线及中室端斑灰白色，清晰；缘毛暗灰色。后翅外缘颜色加深，缘毛灰褐色。

取食对象：赤松、油松、马尾松、黑松、黄山松等。

检视标本：1 头，围场县木兰围场新丰挂牌树，2015-VIII-17，宋烨龙采；2 头，围场县木兰围场四合永永庙宫，2015-VIII-21，宋烨龙采。

分布：河北、天津、东北、陕西、甘肃、山东、河南、江苏、浙江、安徽、江西、湖北、湖南、广东、四川、台湾；朝鲜，日本。

（601）微红梢斑螟 *Dioryctria rubella* Hampson, 1891

识别特征：翅展 19.0～27.0 mm。下唇须雄性 3 节均深褐色，雌性基部 2 节褐色与灰白色相间，第 3 节褐色；下颚须短柱状，灰白色。触角褐色，雄性缺刻处鳞片短而密，瓦状纵向排列，只在缺刻远端向外凸出，下侧纤毛长，与缺刻中部宽度相当；

雌性纤毛短。前翅底色褐色，掺杂玫瑰红色；内横线灰白色，波形，外侧近后缘处 1 灰白色圆斑；外横线白色，内侧镶黑边，近前缘和后缘处直，中间 1 向外的尖角；外横线后缘的尖角处 1 灰白色大斑；缘毛褐色。后翅灰白色，缘毛浅灰色。

取食对象：马尾松、黑松、红松、赤松、樟子松、白皮松、华山松、黄山松、油松、湿地松、火炬松、云杉等。

检视标本：1头，围场县木兰围场新丰挂牌树，2015-VIII-17，马晶晶采。

分布：河北、北京、天津、东北、山东、河南、陕西、江苏、安徽、浙江、江西、湖南、福建、广东、海南、广西、四川、贵州；俄罗斯，朝鲜，日本，菲律宾，欧洲。

（602）缘斑歧角螟 *Endotricha costaemaculalis* Christoph, 1881（图版 XLII：6）

识别特征：翅展 18.0～24.0 mm。额黄褐色，头顶淡黄色；下唇须第 1、2 节外侧黑褐色，内侧金黄色，第 3 节金黄色。领片和胸部红褐色，翅基片黄褐色。前翅密被黑褐色鳞片，翅中域前缘 1 列黑白相间的短线；内横线黄白色，外弯；中室端部 1 枚月牙形黑色斑纹；外横线黄白色，锯齿状，与翅外缘平行；翅顶角至外缘近 1/3 缘毛白色，其余缘毛基半部红褐色，端半部灰白色。后翅颜色和斑纹同前翅；后缘缘毛灰色，其余缘毛黄白色至淡褐色，基部 1 条深褐色线。腹部背面紫褐色，下侧黄褐色。

检视标本：1头，围场县木兰围场新丰挂牌树，2015-VIII-03，刘浩宇采。

分布：河北、河南、浙江、湖北、广东、贵州；俄罗斯，朝鲜，日本，印度。

（603）纹歧角螟 *Endotricha icelusalis* (Walker, 1859)

识别特征：翅展 15.0～20.0 mm。额淡褐色掺杂红色，头顶淡黄色掺杂红色；下唇须暗褐色，第 2 节和第 3 节端部金黄色；下颚须暗褐色。触角淡褐色。领片红色掺杂淡黄色，胸部和翅基片黄褐色。前翅暗红色，前缘 1 列黑黄相间的短线；翅基域深褐色至深红色；内横线黄色，略外弯；外横线黑色，向内倾斜；缘毛淡黄色，亚基部 1 条褐色线。后翅基域深褐色，中域黄色，外域深褐色至深红色；后缘缘毛灰白色，其余缘毛同前翅。腹部背面红褐色掺杂黑色，下侧黄褐色。

检视标本：1头，围场县木兰围场四合永永庙宫，2015-VIII-21，宋烨龙采。

分布：河北、东北、安徽、浙江、河南、陕西、新疆、湖北、江西、湖南、广东、广西、四川、云南；俄罗斯，日本，印度，欧洲。

（604）灰巢螟 *Hypsopygia glaucinalis* (Linneaus, 1758)（图版 XLII：7）

识别特征：翅展 17.0～27.0 mm。额和头顶淡黄色；喙淡褐色掺杂黄白色；下唇须内侧黄白色，外侧黄白色掺杂淡褐色；下颚须黄白色。触角背面黄褐色与黄白色相间；下侧淡褐色，密被白色短刚毛。胸部和翅基片灰色，翅基片后缘密被白色长鳞毛。前翅灰色，前缘中部 1 列黄色斑点；内横线淡黄色，中部外弯；中室基部 1 枚淡褐色斑点，不明显；外横线淡黄色，中部略弯；缘毛灰白色，近基部淡褐色。后翅灰色；内横线和外横线黄白色，二者后端靠近；缘毛同前翅。腹部黄褐色。

检视标本：2 头，围场县木兰围场四合永永庙宫，2015-VIII-21，宋烨龙采；4 头，围场县木兰围场新丰挂牌树，2015-VIII-17，马晶晶采。

分布：河北、北京、天津、东北、内蒙古、山东、河南、陕西、甘肃、青海、江苏、浙江、湖北、江西、湖南、福建、海南、台湾、广西、四川、贵州、云南；朝鲜，日本，欧洲。

（605）蜂巢螟 *Hypsopygia mauritialis* (Boisduval, 1833)（图版 XLII：8）

识别特征：翅展 14.0～24.0 mm。额和头顶淡黄色；下唇须黄白色掺杂淡褐色；第 2 节约为第 1 节长的 3.0 倍；下颚须黄白色。触角背面淡褐色与黄白色相间；下侧黄白色，密被白色短纤毛。领片、胸部和翅基片淡褐色至紫红色。前翅水红色；内横线和外横线淡黄色，二者在前缘扩展成 1 枚斑点；缘毛淡黄色。后翅水红色；内横线和外横线浅黄色，波状；缘毛同前翅。腹部红褐色。足淡黄色；前足外侧红褐色；中足内、外距长度之比约为 2：1，后足两对距内、外距长度之比均为 3：2。

取食对象：胡蜂幼虫。

检视标本：2 头，围场县木兰围场新丰挂牌树，2015-VII-24，蔡胜国采。

分布：河北、辽宁、河南、陕西、青海、新疆、上海、浙江、湖北、江西、湖南、广东、台湾、海南、广西、四川、云南；日本，印度，缅甸，印度尼西亚，非洲。

（606）赤巢螟 *Hypsopygia pelasgalis* (Walker, 1859)

识别特征：翅展 18.0～29.0 mm。额和头顶红褐色掺杂淡黄色；下唇须内侧黄白色，外侧红褐色掺杂淡黄色。触角背面灰白色；下侧红褐色，密被白色短纤毛。领片、胸部和翅基片红褐色。前翅紫红色，散布黑色鳞片；内横线淡黄色，中部略外弯；前缘中部 1 列黄色斑点，中部前端 1/5 处 1 枚褐色斑点；外横线淡黄色，前缘扩展为 1 枚三角形斑点，中部略外弯，后端 1/4 处内弯成角；缘毛基部 1/4 紫红色，端部 3/4 黄色。后翅紫红色；内横线和外横线淡黄色，呈波状；缘毛同前翅。腹部红褐色。

取食对象：茶树。

分布：河北、山东、河南、陕西、湖北、湖南、台湾、海南、广西、四川、贵州、西藏；朝鲜，日本，欧洲。

（607）褐巢螟 *Hypsopygia regina* (Butler, 1879)（图版 XLII：9）

识别特征：翅展 16.0～22.0 mm。额暗红色，两侧淡黄色；头顶红褐色掺杂淡黄色；下唇须暗红色掺杂深褐色；第 3 节淡黄色，约为第 2 节长的 1/3。前翅紫红色掺杂黑色，前缘黑色，1 列白色斑点；中部 1 条淡黄色宽带，内侧深褐色镶边；中室端斑黄色；外横线黄色至暗红色，直，略内斜，深褐色镶边；缘毛黄白色，近基部暗红色掺杂深褐色。后翅紫红色掺杂黑色；中部 1 条淡黄色宽带，深褐色镶边，外侧在后端 1/3 内弯；缘毛同前翅。腹部生殖节淡黄色，其余红褐色。

分布：河北、北京、内蒙古、河南、浙江、湖北、江西、湖南、福建、台湾、广东、海南、广西、四川、贵州、云南；日本，泰国，印度，不丹，斯里兰卡。

(608) 渣石斑螟 *Laodamia faecella* (Zeller, 1839)（图版 XLII：10）

识别特征：翅展 21.0～26.5 mm。头顶黑褐色。下唇须雄性第 2 节约为第 1 节长的 6.0 倍，第 3 节极其短小；雌性第 2 节细，为第 3 节长的 4.0 倍；下颚须雄性黄色，藏于下唇须第 2 节的凹槽内，与其等长；雌性灰褐色，短小，约与下唇须第 3 节等长。触角黑褐色，柄节长为宽的 2.0 倍。前翅底色灰黑色；内横线前缘外侧和后缘内侧各 1 黑褐色斑；外横线内、外侧均镶黑褐色细边；中室端斑黑褐色；外缘线深褐色；缘毛浅灰色。前翅下面茶褐色；后翅弱透明，灰褐色，外缘及翅脉色深，缘毛浅灰色。

检视标本：5 头，围场县木兰围场新丰挂牌树，2015-VIII-03，李迪采。

分布：河北、黑龙江、吉林、甘肃、青海、新疆；欧洲。

(609) 卡夜斑螟 *Nyctegretis lineana katastrophella* Roesler, 1970

识别特征：翅展 11.0～19.0 mm。头顶被灰白或灰褐色鳞毛；下唇须过头顶，灰白色掺杂黑褐色；下颚须灰白色，短柱状多鳞。触角灰褐色。胸、领片及翅基片灰褐色。前翅灰褐至黑褐色；内横线白色，由基部 1/3 向外倾斜；外横线白色，由端部 1/3 向内倾斜，两横线呈倒"八"字形排列；前缘近中部 1 大而明显的黑褐色呈倒三角形斑，其周围颜色较浅；中室端斑白色靠近。后翅半透明，与缘毛皆灰色。

分布：河北、内蒙古、西北；蒙古，朝鲜。

(610) 红云翅斑螟 *Oncocera semirubella* (Scopoli, 1763)（图版 XLII：11）

识别特征：翅展 19.0～28.5 mm。头顶被淡黄色隆起鳞毛；下唇须弯曲上举，明显超过头顶，约是头长的 2.0 倍，内侧淡黄色，外侧褐色；雄性下颚须淡黄色，刷状，藏在下唇须第 2 节的凹槽内；雌性较短，灰白色，端部鳞片扩展。触角淡黄褐色，柄节长为宽的 2.0 倍，雄性缺刻内鳞片簇上面灰褐色，下面黄白色。领片和翅基片的内侧淡黄色，外侧红色；前翅前缘白色，后缘黄色，中部桃红色，有的中部被黄色和棕褐色纵带替代；内、外横线均消失；缘毛红色。后翅茶褐色，缘毛黄白色。

取食对象：豆科。

检视标本：1 头，围场县木兰围场四合永永庙宫，2015-VIII-21，蔡胜国采。

分布：河北、天津、黑龙江、吉林、陕西、宁夏、甘肃、青海、江苏、浙江、安徽、江西、山东、河南、湖南、台湾、广东、四川、贵州、云南；俄罗斯，日本，印度，英国，欧洲。

(611) 紫斑谷螟 *Pyralis farinalis* (Linnaeus, 1758)（图版 XLII：12）

识别特征：翅展 16.0～27.0 mm。额淡褐色，头顶黄褐色。触角红褐色。前翅基域和外域紫褐色；中域黄褐色，近 M_2 脉处略呈紫色，翅前缘 1 排白色刻点，翅中部前端 1/4 处 1 枚褐色斑点；内横线和外横线白色，前者中部外弯，后者前端 1/3 较宽，略内弯，中部外弯至 M_2 脉处后向内呈半圆形弯曲至 CuA_2 脉，随之向外呈半圆形弯曲至翅后缘；翅外缘 1 列深褐色斑点；缘毛基部 1 条淡黄色线，随后 1 条淡褐色线，端半部灰白色。后翅淡褐色，内横线和外横线同前翅；翅外缘 1 列深褐色斑点；缘毛同前翅。腹部第 1、2 节黑色，其余茶褐色。

寄主：面粉类、谷物、干果类、种子、茶叶、饼干、苜蓿、甘草、腐烂物等。

检视标本：1 头，围场县木兰围场木兰围场院内，2015-VII-25，张恩生采。

分布：河北、天津、黑龙江、山东、陕西、宁夏、新疆、江苏、浙江、江西、湖北、湖南、台湾、广东、广西、四川、云南、西藏；俄罗斯，朝鲜，日本，印度，缅甸，伊朗，欧洲。

(612) 拟紫斑谷螟 *Pyralis lienigialis* (Zeller, 1843)（图版 XLII：13）

识别特征：翅展 14.0～18.0 mm。额和头顶深褐色。触角淡褐色，雄性触角下侧密被白色纤毛。前翅基域和外域紫褐色，中域黄褐色，翅中部前端 1/4 处 1 枚深褐色斑点；内横线和外横线白色，前者中部外弯，后者前端 2/3 向外倾斜，在肘脉处内弯后内斜伸至后缘；臀角 1 枚深褐色斑点；缘毛淡褐色，基部 1 条白色线。后翅淡褐色，外横线白色，弯曲，中室中间和翅臀角分别 1 枚深褐色斑点；缘毛同前翅。腹部背面第 1、2、5、7 节黑色，其他各节赭黄色；下侧淡黄色。

检视标本：1 头，围场县木兰围场木兰围场院内，2015-VII-25，张恩生采。

分布：河北、甘肃、湖北、湖南、福建、广东、广西、贵州；北欧。

(613) 金黄螟 *Pyralis regalis* Schiffermüller & Denis, 1775（图版 XLII：14）

识别特征：翅展 15.0～24.0 mm。额和头顶金黄色；喙黄褐色。触角黄褐色至紫褐色。领片红黄色，胸部紫褐色，翅基片红褐色。前翅基域和外域紫褐色，前缘中部 1 排黑白相间的短线；内横线和外横线黄白色，黑色镶边，内横线前端 2/3 和外横线前端 1/3 呈白色宽带，两宽带之间金黄色，前者近直，向外倾，后者近翅后缘向内 1 宽齿状弯曲；缘毛基部 1/3 红褐色，端部 2/3 灰白色。后翅基域和中域紫褐色，外域略带浅紫罗兰色；内横线和外横线白色，黑色镶边，齿状弯曲；后缘缘毛灰色，其余缘毛同前翅。腹部紫褐色，第 3、4 节深褐色。

取食对象：茶叶。

检视标本：1 头，围场县木兰围场四合永永庙宫，2015-VIII-12，宋烨龙采；5 头，围场县木兰围场新丰挂牌树，2015-VII-14，马晶晶采；1 头，围场县木兰围场五道沟场部，2015-VI-30，蔡胜国采。

分布：河北、北京、天津、东北、山西、山东、河南、陕西、甘肃、湖北、江西、湖南、福建、台湾、广东、海南、四川、贵州、云南；俄罗斯，朝鲜，日本，印度，欧洲。

(614）小脊斑螟 *Salebria ellenella* Roesler, 1975（图版 XLII：15）

识别特征：翅展 17.0～22.0 mm。头顶被灰褐色鳞毛；下唇须明显过头顶；雄性第 2 节是第 3 节的 8.0 倍，雌性为 4.0 倍；下颚须雄性黄褐色，冠毛状，藏于下唇须的凹槽内，外部不可见；雌性短小，灰褐色，端部鳞片扩展；喙基部灰褐色。触角淡褐色，雄性缺刻内被黑色椭圆形鳞片簇。胸部灰褐色。前翅底色灰褐色；内横线灰白色，较直；翅后缘中部具 1 模糊的灰白色圆斑；外横线波状；中室端斑黑色，相接，呈月牙形；缘毛深褐色。后翅灰褐色，半透明；缘毛灰色。腹部黑褐色至灰褐色，各节端部镶黄白边。

检视标本：1 头，围场县木兰围场四合永永庙宫，2015-VIII-12，宋烨龙采；1 头，围场县木兰围场五道沟场部，2015-VI-30，马莉采。

分布：河北、北京、天津、山东、河南、陕西、宁夏、甘肃、新疆、江苏、安徽、浙江、湖北、江西、福建、广东、台湾、广西、四川、贵州；朝鲜。

（615）烟灰阴翅斑螟 *Sciota fumella* (Eversmann, 1844)

识别特征：翅展 23.0～26.5 mm。头顶被黑褐色竖立长鳞毛，雄性触角间呈毛窝状；下颚须雄性冠毛状，黄褐色，藏在下唇须第 2 节的凹槽内不可见；雌性灰白色，柱状被鳞。触角黑褐色（雄）或灰褐色（雌），柄节长为宽的 1.7 倍，雄性鞭节缺刻内具黑色鳞片簇和 1 列黑色齿突。前翅底色灰褐色，基域土黄色；内横线细弱，灰白色，位于翅基部 2/5 处，锯齿状；中室端斑黑色；外横线模糊，灰白色，波状，在 M_1 脉和 A 脉处各 1 向内的尖角；缘点黑色；缘毛深褐色。后翅半透明，灰褐色；缘毛灰褐色。腹部灰褐色，各节端部镶嵌白边。

检视标本：1 头，围场县木兰围场五道沟沟塘子，2015-VII-07，李迪采；2 头，围场县木兰围场四合永永庙宫，2015-VIII-21，李迪采。

分布：河北、河南、云南；俄罗斯，日本，欧洲。

（616）银翅亮斑螟 *Selagia argyrella* (Denis & Schiffermüller, 1775)（图版 XLIII：1）

识别特征：翅展 25.5～31.0 mm。头顶黄白色；下唇须淡黄色，第 1 节弯曲上举，第 2 节前倾，第 3 节前伸，第 2 节为第 3 节长的 3.0 倍；下颚须淡黄色，柱形，约与下唇须第 3 节等长。触角背面黄白色，下侧褐色，柄节长为宽的 2.0 倍，鞭节基部缺刻内有齿突被黄褐色鳞片簇覆盖。胸、领片及翅基片淡黄色，被金属光泽。前翅长为宽的 3.0 倍，顶角钝；翅面无任何线条及斑纹，有金属光泽，淡黄色中杂少量褐色；缘毛黄白色。后翅不透明，黄灰色；缘毛黄白色。前、后翅反面均茶褐色。

检视标本：10 头，围场县木兰围场燕格柏车道沟，2015-VII-20，李迪采；1 头，围场县木兰围场种苗场查字，2015-VI-27，李迪采；2 头，围场县木兰围场五道沟沟塘子，2015-VII-7，李迪采；2 头，围场县木兰围场五道沟场部，2015-VIII-6，李迪采；26 头，围场县木兰围场新丰挂牌树，2015-VII-14，李迪采。

分布：河北、天津、内蒙古、山东、河南、陕西、宁夏、青海、新疆；亚洲，欧洲。

104. 草螟科 Crambidae

（617）夏枯草线须野螟 *Anania hortulata* (Linnaeus, 1758)（图版 XLIII：2）

识别特征：翅展 24.0～28.0 mm。头胸背面黄色，胸部具黑色斑点，腹部背面灰褐色，各节末具白色横带。前翅白色，基部黄色，前缘基部具褐色至黑色斑；中线不完整，在中室处呈 1 大黑斑。

分布：河北、北京、吉林、山西、陕西、甘肃、青海、江苏、广东、云南；日本，欧洲，北美洲。

（618）岷山目草螟 *Catoptria mienshani* Bleszynski, 1965（图版 XLIII：3）

识别特征：翅展 18.0～20.0 mm。额和头顶乳白色；下唇须外侧黄褐色，内侧乳白色，长约为复眼直径的 3.0 倍；下颚须黄褐色，末端白色。触角背面淡褐色，下侧淡黄色，密被白色纤毛。前翅黄褐色，有 2 枚纵条白斑，内侧白斑近三角形，约为翅长的 3/5，外侧白斑为不规则四边形，2 枚白斑周围密被黄褐色至黑色鳞片；亚外缘线白色，前端约 1/3 外弯成 1 角；翅顶角 1 枚白色斑点；翅外缘均匀分布 7 枚黑色斑点；缘毛褐色。后翅灰色，外缘稍暗；缘毛灰白色。

分布：河北、内蒙古、山西、河南、陕西、宁夏、甘肃、贵州、西藏。

（619）双斑草螟 *Crambus bipartellus* South, 1901

识别特征：翅展 18.0～24.0 mm。额和头顶白色；下唇须外侧淡黄褐色，背面和内侧白色，长为复眼直径的 3.0 至 4.0 倍；下颚须黄褐色，末端白色。前翅底色白色，散布黄褐色至褐色鳞片；纵纹白色，约为翅长的 4/5，与翅前缘相接，端部 1/4 尖齿状，后缘和外缘密被黄褐色至褐色鳞片；亚外缘线白色，黄褐色镶边，前端约 1/3 外弯成 1 角；翅外缘深褐色至黑色，后端 2/3 有 5 枚黑色斑点；顶角处缘毛基部白色，其余缘毛黄褐色至淡褐色。后翅淡灰色，翅外缘和顶角稍暗，缘毛白色。

分布：河北、黑龙江、河南、陕西、宁夏、甘肃、浙江、湖北、江西、福建、四川、云南；缅甸。

（620）银光草螟 *Crambus perellus* (Scopoli, 1763)（图版 XLIII：4）

识别特征：翅展 21.0～28.0 mm。额和头顶银白色；下唇须外侧黄褐色，内侧银白色，长约为复眼直径的 4.0 倍；下颚须基部黄褐色，端部银白色。领片、胸部和翅基片白色，领片两侧淡黄色。前翅银白色，有光泽，无斑纹；缘毛银白色。后翅灰白色至深灰色；缘毛同前翅。足黄褐色。腹部灰褐色。

取食对象：银针草。

检视标本：5 头，围场县木兰围场新丰挂牌树，2015-VIII-03，李迪采；2 头，围场县木兰围场燕格柏车道沟，2015-VII-20，蔡胜国采。

分布：河北、黑龙江、吉林、内蒙古、山西、河南、宁夏、甘肃、青海、新疆、江西、四川、云南、西藏；日本，欧洲，非洲。

（621）黄绒野螟 *Crocidophora auratalis* (Warren, 1895)

识别特征：翅展 19.0~23.0 mm。额黄色，两侧有乳白色纵条；头顶黄色；下唇须下侧白色，背面黄褐色；下颚须黄褐色，端部膨大。胸腹部背面黄色，腹部背面各节后缘有白条；下侧灰白色。翅黄色，雄性颜色较雌性暗，近黄褐色；翅面斑纹黑褐色；前、后翅缘毛基半部黑褐色，端半部白色。前翅前中线出自前缘 1/4 处，呈圆弧形达后缘 1/3 处；中室圆斑不清晰；中室端脉斑直；后中线出自前缘 3/4 处，略呈圆弧形，达 CuA$_1$ 脉基部，达后缘 2/3 处。后翅后中线与前翅相似，前半部稍直。

检视标本：1 头，围场县木兰围场新丰挂牌树，2015-VII-24，蔡胜国采。

分布：河北、天津、河南、广东、贵州；日本。

（622）竹淡黄野螟 *Demobotys pervulgalis* (Hampson, 1913)（图版 XLIII：5）

识别特征：翅展 25.5~30.0 mm。额浅黄色，两侧有乳白色纵条纹；头顶浅黄色；下唇须下侧白色，背面浅黄褐色。胸腹部背面浅黄色，下侧乳白色。翅浅黄色，翅面斑纹褐色。前翅前中线锯齿状，自前缘 1/4 处达后缘 1/3 处；中室圆斑小；中室端斑直；中室外侧有模糊的斑块；后中线锯齿状，出自前缘 3/4 处，略呈弧形至 CuA$_1$ 脉后折至 CuA$_2$ 脉基部 1/3 处，达后缘 2/3 处；亚外缘带被浅黄色翅脉断开；各脉端棕褐色。后翅后中线褐色，锯齿状；亚外缘带同前翅。

取食对象：青篱竹。

检视标本：1 头，围场县木兰围场五道沟场部，2015-VI-30，李迪采；3 头，围场县木兰围场种苗场查字，2015-VI-27，李迪采；13 头，围场县木兰围场新丰挂牌树，2015-VI-8，李迪采。

分布：河北、河南、陕西、江苏、浙江、湖南、福建、广西、贵州；日本。

（623）梳齿细突野螟 *Ecpyrrhorrhoe puralis* (South, 1901)

识别特征：翅展 24.0~29.0 mm。额浅黄色，两侧有乳白色纵条；头顶浅黄色；下唇须下侧白色，背面棕黄色；下颚须棕黄色，末端浅黄；喙基部白色。触角黄色，柄节前侧有乳白色纵节。翅基片和胸部背面明黄色，下侧乳白色。前、后翅缘毛明黄色。前翅前中线、中室圆和端脉斑及后中线深黄色。后翅中室后角斑块和后中线深黄色。腹部背面明黄色，下侧浅黄色。足乳白色；前足胫节有棕色宽环；中足胫节外侧黄色。

分布：河北、山东、河南、湖北、广东；日本，美国。

（624）红纹细突野螟 *Ecpyrrhorrhoe rubiginalis* (Hübner, 1796)（图版 XLIII：6）

识别特征：翅展 17.0～22.5 mm。额棕褐色，两侧有白条；头顶棕黄色；下唇须下侧白色，背面棕黄色；下颚须棕黄色。触角棕褐色，柄节前有白色纵条。胸部背面棕黄色，下侧灰白色。前、后翅黄色，有的散布红棕色或褐色鳞片；外缘有黄褐色、棕褐色或褐色宽带，宽带内缘锯齿状；前、后翅缘毛基半部褐色，端半部浅褐色。前翅前中线、中室圆斑、中室端脉斑和后中线褐色。后翅后中线褐色，中室后角斑块大，褐色。足淡黄色，前足胫节棕褐色。腹部背面黄色，下侧灰白色。

取食对象：唇形科、水苏属、鼬瓣花属。

分布：河北、北京、天津、内蒙古、河南、陕西、新疆、广东；日本，欧洲。

（625）茴香薄翅野螟 *Evergestis extimalis* (Scopoli, 1763)（图版 XLIII：7）

识别特征：翅展 28.0 mm。头黄褐色；下唇须黄褐色，第 2、3 节末端掺杂褐色；下颚须白色。胸部及腹部背面浅黄色，下侧有白色鳞片。前翅浅黄色，前中线浅褐色，形成向外凸出的钝角；中室端脉斑为浅褐色肾形环斑；后中线不明显；沿翅外缘有暗褐色大斑块；缘毛深褐色。后翅淡黄褐色，外缘浅褐色；缘毛浅黄色。

取食对象：油菜、萝卜、白菜、芥菜、茴香、甜菜。

检视标本：5 头，围场县木兰围场五道沟沟塘子，2015-VII-7，李迪采；1 头，围场县木兰围场五道沟场部，2015-VIII-6，李迪采；5 头，围场县木兰围场新丰挂牌树，2015-VII-24，李迪采；2 头，围场县木兰围场燕格柏车道沟，2015-VII-20，李迪采。

分布：河北、北京、黑龙江、内蒙古、山东、陕西、江苏、四川、云南；俄罗斯，朝鲜，日本，欧洲，北美洲。

（626）双斑薄翅螟 *Evergestis junctalis* (Warren, 1892)（图版 XLIII：8）

识别特征：翅展 15.0～22.5 mm。额黑褐色，两侧有浅黄色纵条纹；头顶黄褐色；下唇须浅褐色，第 1 节、第 2 节端部和第 3 节端部白色。触角黑褐色。翅基片和胸部背面黑褐色，下侧污白色。前后翅黑褐色。前翅前缘基部 2/3 处 1 浅黄色近椭圆形斑；中室端部 1 黄色长斑伸达翅后缘中部；缘毛黑褐色。后翅基部颜色略浅，中部 1 黄色大斑从前缘中部发出，达 CuA_2 脉外侧；缘毛浅黄色，基部黑褐色。腹部黑褐色，各节后缘浅黄色。足污白色，前足外侧黑褐色。

分布：河北、黑龙江、河南、陕西、湖北、四川、云南；俄罗斯，朝鲜，日本。

（627）桑绢丝野螟 *Glyphodes pyloalis* Walker, 1859（图版 XLIII：9）

识别特征：翅展 21.0～24.0 mm。头顶白色；下唇须白色，弯曲上举，略倾斜，端部两侧有黑褐色带纹，具前伸的鳞毛，端部黄白色。前、后翅缘毛基部浅棕黄色，端部灰白色；前翅白色，基部褐色；沿前缘 1 黄色纵带；前中线、中横线、后中线和亚外缘线棕黄色，边缘深褐色，前中线、中横线和后中线在近内缘处连接；亚外缘线宽，近前缘向内有齿；有的个体中室内近前缘 1 小黑点。后翅白色，半透明；外缘 1

棕黄色带，窄于翅基部到外缘的 1/3，边缘褐色；近臀角处 1 小黑点。

检视标本：2 头，围场县木兰围场四合永永庙宫，2015-VIII-21，李迪采。

分布：河北、天津、陕西、江苏、浙江、湖北、福建、广东、台湾、四川、云南；日本，越南，印度，缅甸，斯里兰卡。

（628）四斑绢丝野螟 *Glyphodes quadrimaculalis* **(Bremer & Grey, 1853)**

识别特征：翅展 31.5～38.0 mm。头顶黑褐色，两侧近复眼处有 2 白色细条。下唇须前伸，下侧白色，其余黑褐色。触角黑褐色，丝状。胸、腹部下侧及两侧白色，背面黑色。前翅黑色，有 4 白斑，最外侧白斑下侧沿翅外缘有 5 小白斑排成 1 列；缘毛黑褐色，臀角处白色。后翅白色，外缘 1 黑色宽带，缘毛白色，顶角和臀角处褐色。

检视标本：1 头，围场县木兰围场燕格柏车道沟，2015-VII-20，蔡胜国采；1 头，围场县木兰围场五道沟场部，2015-VIII-06，刘浩宇采；3 头，围场县木兰围场新丰挂牌树，2015-VIII-17，宋烨龙采；3 头，围场县木兰围场四合永永庙宫，2015-VIII-12，蔡胜国采。

分布：河北、天津、东北、山东、河南、陕西、宁夏、浙江、湖北、福建、广东、四川、贵州、云南；俄罗斯，朝鲜，日本。

（629）棉褐环野螟 *Haritalodes derogata* **(Fabricius, 1775)（图版 XLIII：10）**

识别特征：翅展 25.0～36.5 mm。领片 1 对黑褐色斑，翅基片上有 4～6 黑褐斑，前胸上 1 对黑褐色斑，中胸 1 大黑褐斑。前、后翅淡黄色，前中线、后中线、亚外缘线及外缘线褐色；前、后翅缘毛淡黄色。前翅基部有 3 黑褐斑；黑褐斑与前中线间 1 新月形斑纹；中室内 1 深褐色环形斑纹；中室端 1 深褐色肾形斑纹；中室下方 1 稍小的深褐色环斑。后翅中室端 1 细长褐色环纹。腹部背面黄褐色，各腹节后缘淡黄色，第 1 腹节背面 1 对黑褐斑，腹部末端 1 黑褐斑。

取食对象：棉、木槿、黄蜀葵、芙蓉、秋葵、蜀葵、锦葵、冬葵、野棉花、桐。

分布：河北、北京、内蒙古、山西、山东、河南、陕西、江苏、安徽、浙江、湖北、江西、湖南、福建、广东、台湾、广西、四川、贵州、云南；朝鲜，日本，越南，泰国，印度，缅甸，菲律宾，新加坡，印度尼西亚，非洲，南美洲。

（630）狭翅切叶野螟 *Herpetogramma pseudomagna* **Yamanaka, 1976**

识别特征：翅展 24.0～30.0 mm。下唇须白色，端部外侧及背面褐色；下颚须黄白色，端部褐色。体褐色。触角黄色，背面被褐鳞；雄性下侧纤毛长约为触角直径的 1/2。胸、腹部淡褐色或淡黄褐色，胸部下侧白色。前、后翅褐色；前、后翅缘毛灰白色或灰褐色。前翅中室圆斑和中室端斑黑褐色，两斑之间淡黄色；前中线暗褐色，呈波状外弯；后中线暗褐色，呈波状，在 M_2 脉与 CuA_2 脉之间向外弯，后向内弯；前中线内侧及后中线外侧具黄色带纹。后翅中室端斑黑褐色；后中线暗褐色，弯曲同前翅。

分布：河北、河南、甘肃、浙江、湖北、福建、四川；日本。

（631）艾锥额野螟 *Loxostege aeruginalis* (Hübner, 1796)（图版 XLIII：11）

识别特征：翅展 28.0～32.0 mm。前翅乳白色，前缘带浅褐色，散布乳白色鳞片；前中线褐色，从中室前缘 1/3 发出，向外倾斜至 2A 脉处，与和外缘平行的褐色后中线相连成 1 钝角；中室圆斑扁圆形，褐色；中室端脉斑大，褐色，近横"V"形，与中室后角的大三角形斑相连；A 脉为褐色横带；亚外缘线褐色，宽带状；外缘线细，褐色；缘毛乳白色，近基部有褐色线，末端略带褐色。后翅乳白色，后中线和亚外缘线褐色，宽带状，二者近平行；外缘线同前翅；缘毛乳白色，近基部有褐色线。

检视标本：4 头，围场县木兰围场五道沟沟塘子，2015-VII-07，宋烨龙采。

分布：河北、北京、天津、山西、河南、陕西、青海、湖北；欧洲。

（632）网锥额野螟 *Loxostege sticticalis* (Linnaeus, 1761)（图版 XLIII：12）

识别特征：翅展 24.0～26.5 mm。前翅棕褐色掺杂污白色鳞片；中室圆斑扁圆形黑褐色，中室端脉斑肾形黑褐色，二者之间是平行四边形的淡黄色斑；后中线黑褐色，略呈锯齿状，出自前缘 4/5 处，在 CuA_1 脉后内折至 CuA_2 脉中部，达后缘 2/3 处；亚外缘线淡黄色，被翅脉断开；外缘线和缘毛黑褐色。后翅褐色；后中线黑褐色，外缘伴随着淡黄色线；亚外缘线黄色；外缘线黑褐色；缘毛从基部开始依次是黑褐色带、浅黄色线、浅褐色宽带和污白色带。腹部背面褐色，第 3–7 节后缘淡黄色线；下侧污白色。

取食对象：甜菜、黎、紫苜蓿、大豆、豌豆、蓖麻、向日葵、菊芋、茼蒿、马铃薯、紫苏、葱、洋葱、胡萝卜、亚麻、玉米、高粱。

检视标本：1 头，围场县木兰围场五道沟龙潭沟，2015-VI-2，李迪采；8 头，围场县木兰围场桃山石人梁营林区，2015-VI-1，李迪采；1 头，围场县木兰围场四合永庙宫，2015-VIII-21，李迪采；6 头，围场县木兰围场新丰挂牌树，2015-VIII-17，李迪采；1 头，围场县木兰围场北沟哈叭气闹海沟，2015-V-29，李迪采。

分布：河北、天津、吉林、内蒙古、山西、河南、陕西、宁夏、甘肃、青海、新疆、江苏、四川、西藏；俄罗斯，朝鲜，日本，印度，欧洲，北美洲。

（633）豆荚野螟 *Maruca vitrata* (Fabricius, 1787)（图版 XLIII：13）

识别特征：翅展 23.0～28.5 mm；额棕褐色，两侧和正中各 1 白条。下唇须黑褐色，下侧白色。胸、腹部背面棕褐色，下侧白色。前翅棕褐色或黑褐色；中室内 1 倒杯形透明斑；中室下 1 小透明斑；中室外 1 从翅前缘延伸至 CuA_2 脉的长透明斑。后翅白色，半透明，外缘域棕褐色或黑褐色；前缘处有 2 黑斑；中线纤细，呈波纹状；在中线与后中线之间近臀角处有不连续的淡褐色线。缘毛棕褐色或暗褐色，臀角处白色。

取食对象：大豆、菜豆、豌豆、豇豆、扁豆、绿豆、玉米。

分布：河北、北京、天津、内蒙古、山西、山东、河南、陕西、江苏、浙江、湖北、湖南、福建、台湾、广东、海南、广西、四川、贵州、云南；朝鲜，日本，印度，斯里兰卡，欧洲，北美洲。

(634) 紫菀沟胫野螟 *Mutuuraia terrealis* (Treitschke, 1829)

识别特征：翅展 26.5 mm。额、头顶、下颚须浅黄色；下唇须下侧白色，背面黄褐色。触角浅黄色。胸部背面浅灰黄色，下侧和足灰白色。前、后翅缘毛浅灰黄色。前翅浅灰黄色；前中线褐色，出自前缘 1/4 处，略呈弧形，达后缘 2/5 处；中室圆斑和中室端脉斑褐色；后中线褐色，呈锯齿状，外缘伴随淡黄色线，在 CuA_1 脉后向内折至 CuA_2 脉基 1/3 处，然后略向内倾斜至后缘 2/3 处。后翅乳白色；后中线褐色，与外缘近平行，在 CuA_2 脉上形成 1 内凹锐角；亚外缘带浅灰黄色。

分布：河北、内蒙古、青海、湖北、福建、四川、云南；俄罗斯，韩国，日本，阿富汗，欧洲。

(635) 款冬玉米螟 *Ostrinia scapulalis* (Walker, 1859)

识别特征：翅展 22.0～33.0 mm。翅颜色有变化，额两侧具乳白色纵条纹；雄性前翅浅褐，中部褐色，外线前半部齿形外突，外缘带褐色，内缘呈锯齿状；中足胫节粗大，为后足胫节的 2.0 倍粗；雌性前翅浅黄色或黄色，翅面斑纹褐色。

分布：河北、北京、天津、吉林、河南、陕西、新疆、江苏、上海、浙江、湖北、湖南、福建、台湾、广西、贵州、云南、西藏；俄罗斯，朝鲜，日本，印度。

(636) 乌苏里褶缘野螟 *Paratalanta ussurialis* (Bremer, 1864)（图版 XLIII：14）

识别特征：雄性：翅展 32.0～35.0 mm。额黄褐色，两侧的白条从中部开始变细向内倾斜并在正前方相遇，头顶乳白色。下唇须下部白色，上部棕黄色。下颚须明显，棕黄色。喙基部鳞片白色。触角黄色，柄节略带褐色。胸部背面淡黄，两侧棕黄色，下侧乳白色。足乳白色，前足基节内侧、腿节内侧、胫节和中足胫节外侧基部褐色。前后翅淡黄色，前缘带褐色；前中线褐色，从前缘带 1/5 处发出，在 2A 脉处略向内倾斜达后缘 1/3 处；中室基半部褐色，中室端脉斑褐色，梯形；后中线褐色，从前缘带 2/3 处发出，与外缘近平行至 Cu_2 脉处，在 Cu_2 脉上形成 1 内凹的锐角，然后锯齿状至后缘 2/3 处；外缘带褐色，在顶角处宽，然后渐狭窄。后翅后中线在 M_1 至 Cu_2 脉之间形成半圆形，然后直达 2A 脉处，外缘带褐色，从前至后逐渐狭窄。前后翅缘毛淡褐色。雌性：翅展 30.5～31.5 mm；前翅较雄性宽短。中室基半部淡黄色，中室圆斑位于基部 2/3 处；中室端脉斑较雄性长。其他与雄性同。

分布：河北、北京、黑龙江、河南、陕西、宁夏、湖北、福建、台湾、四川、贵州、云南；俄罗斯，朝鲜，日本，伊朗。

(637) 豆扇野螟 *Patania ruralis* (Scopoli, 1763)

识别特征：翅展 27.0～31.0 mm。额圆，淡褐色，略向前凸出；头顶密生黄白色长鳞毛；下颚须丝状，淡褐色。胸部白色或黄白色。前、后翅淡黄色，外缘淡褐色或黄褐色；前、后翅缘毛淡褐色或淡黄褐色，后缘黄白色。前翅中室圆斑及中室端斑浅褐色；前、后中线浅褐色，后中线在 CuA_1 脉和 CuA_2 脉之间向内弯曲，末端达中室圆斑下方外缘处。后翅中室端斑浅褐色，后中线呈波状，末端达中室端斑下方后缘处。腹部背面第 1 节白色或黄白色，其余各节淡褐色或黄褐色；下侧黄白色。

分布：河北、吉林、山西、陕西、新疆、台湾、四川、云南；朝鲜，日本，印度，印度尼西亚，欧洲。

(638) 三条扇野螟 *Pleuroptya chlorophanta* (Butler, 1878) （图版 XLIII：15）

识别特征：翅展 24.5～28.0 mm。额淡黄色；下唇须背面橘黄色，下侧白色。胸、腹部背面黄色，下侧白色。前翅黄色；前中线黑褐色，略呈弧形；中室圆斑和中室端脉斑黑褐色；后中线黑褐色，从 M_2 脉至 CuA_2 脉之间向外凸出；缘毛浅褐色，基部有黑褐色线。后翅中室端脉斑浅褐色；后中线与前翅相似；缘毛浅黄色，基部有黑褐色线。腹部各节后缘白色，末节背面 1 条黑色横带。前足胫节端有黑环。

取食对象：栗、栎、柿、泡桐、梧桐。

分布：河北、天津、内蒙古、山东、河南、宁夏、江苏、安徽、浙江、湖北、江西、福建、广东、台湾、广西、四川；朝鲜，日本。

(639) 纯白草螟 *Pseudocatharylla simplex* (Zeller, 1877) （图版 XLIV：1）

识别特征：翅展 16.0～28.0 mm。额和头顶白色；下唇须背面和内侧白色，外侧和下侧淡黄色；长约为复眼直径的 3.0 倍；下颚须淡黄色，末端白色。触角背面黄白色；下侧淡褐色，密被淡黄色纤毛。领片、胸部和翅基片白色至黄色。前翅白色，前缘淡黄色，无斑纹；缘毛白色。后翅和缘毛白色。腹部灰白色。前足深褐色；中足和后足内侧黄白色，中足外侧黄褐色，后足外侧淡黄色。

检视标本：1 头，围场县木兰围场新丰挂牌树，2015-VII-03，赵大勇采。

分布：河北、北京、天津、黑龙江、辽宁、山东、河南、陕西、甘肃、江苏、浙江、湖南、湖北、福建、台湾、香港、广西、四川、贵州、西藏；俄罗斯，日本。

(640) 黄纹野螟 *Pyrausta aurata* (Scopoli, 1763) （图版 XLIV：2）

识别特征：翅展 16.0～21.0 mm。额黄色，有时掺杂黑色鳞片；头顶黄色；下唇须下侧乳白色，背面黄色，有时端部掺杂褐色鳞片；下颚须黄色；喙基部鳞片浅黄色，有时掺杂褐色鳞片。胸部背面被黑色和黄色鳞片，下侧浅黄色，有时掺杂黑色鳞片。前翅黑褐色，经常被红色鳞片，翅基至前中线黄色；中室末端 1 黄色方斑；中室外侧紧挨后中线 1 黄色椭圆形大斑，在 CuA_2 脉前后各 1 形状不规则的黄色斑点；缘毛黑色，末端色浅。后翅黑色；缘毛黑色，端部 1/3 污白色。腹部均匀散布黑色和黄色鳞片，各节后缘黄色。

检视标本：1 头，围场县木兰围场燕格柏车道沟，2015-VII-20，宋洪普采。

分布：河北、黑龙江、河南、陕西、新疆、江苏、湖北、湖南、福建、四川；蒙古，朝鲜，日本，阿富汗，伊朗，土耳其，叙利亚，欧洲，非洲。

（641）黄斑野螟 *Pyrausta pullatalis* (Christoph, 1881)

识别特征：翅展 18.5 mm。额黑褐色，两侧有乳白色纵条；头顶黄褐色；下唇须下侧乳白色，背面黑褐色；下颚须黑褐色，末端浅黄色。触角黑褐色，下侧有微毛。胸部背面黑色，下侧灰褐色。前、后翅黑色。前翅前缘 4/5 处有浅黄色椭圆形斑点达 M_3 脉；缘毛黑色。后翅后中线浅黄色，细丝状，出自前缘近中部，达臀角；缘毛黑色，端部 2/3 乳白色，臀角处完全黑褐色。足枯黄色。腹部背面黑色，各节后缘有浅黄色窄带；下侧黑色掺杂浅黄色鳞片，各节后缘有乳白色宽带。

分布：河北、河南、陕西、贵州；俄罗斯，日本。

（642）红黄野螟 *Pyrausta tithonialis* (Zeller, 1872)（图版 XLIV：3）

识别特征：翅展 16.5～22.0 mm。额黄褐色或褐色，两侧有乳白色纵条；头顶黄色；下唇须下侧乳白色，背面褐色。触角背面被淡黄色鳞片，下侧褐色或黑褐色，密被微毛。前翅玫瑰红色，散布褐色鳞片，翅基部至前中线黄色；前中线为淡黄色窄带，从前缘 1/3 处直达后缘 1/3 处；后中线为淡黄色窄带，从前缘 3/4 处发出，与外缘近平行至 CuA_2 脉后直达后缘 2/3 处；缘毛褐色。后翅褐色；缘毛褐色，端半部色浅。腹部背面从前到后从黄色至黄褐色，各节后缘色浅，下侧灰白色或褐色。

检视标本：2 头，围场县木兰围场五道沟沟塘子，2015-VII-07，蔡胜国采；1 头，围场县木兰围场种苗场查字，2015-VI-27，李迪采。

分布：河北、内蒙古、山东、河南、陕西、甘肃、青海、新疆、四川；蒙古，朝鲜，日本。

（643）伞双突野螟 *Sitochroa palealis* (Denis & Schiffermüller, 1775)（图版 XLIV：4）

识别特征：翅展 30.0～34.0 mm。额浅绿色；头顶较额颜色稍深；下唇须下侧浅绿色区域大，背面褐色；下颚须、喙基部褐色。触角褐色。胸部浅绿色。前翅背面浅绿色，下侧颜色略浅；前缘、顶角、中室后缘、中室圆斑、中室端脉斑和后中线在翅下侧黑褐色。后翅颜色较前翅浅；翅下侧顶角和前缘 2/3 处有褐色斑块；外缘线褐色。缘毛颜色与翅相同。足褐色，中后足基节、腿节和胫节被浅绿色鳞片。腹部背面白色，下侧褐色，掺杂浅绿色鳞片。

取食对象：茴香、防风、独活、白芷、胡萝卜、败酱。

检视标本：1 头，围场县木兰围场燕格柏车道沟，2015-VII-20，宋洪普采；1 头，围场县木兰围场五道沟，2015-VIII-06，宋烨龙采。

分布：河北、北京、黑龙江、山西、陕西、新疆、江苏、湖北、广东、云南；俄罗斯，朝鲜，印度，欧洲。

（644）尖锥额野螟 *Sitochroa verticalis* (Linnaeus, 1758)（图版 XLIV：5）

曾用名：尖双突野螟。

识别特征：翅展 21.5~28.0 mm。前翅背面黄色，下侧浅黄色，斑纹黑褐色；中室后缘和 CuA_2 脉基部变宽；后中线宽，出自前缘 3/4 处，与外缘平行，达后缘 2/3 处；亚外缘线宽，在顶角处加大为斑块，略弯；缘毛基半部黄色，有褐色斑点，端半部浅褐色。后翅背面颜色较前翅稍浅，下侧颜色同前翅，斑纹黑褐色；后中线出自前缘 2/3 处，与外缘略平行，在 M_1 脉与 M_2 脉之间及 1A 脉上形成内凹的角；亚外缘线在顶角处膨大为斑块，其余部分由断续的斑点组成；缘毛基半部与前翅相同，端半部乳白色。

检视标本：8 头，围场县木兰围场新丰挂牌树，2015-VII-14，李迪采；6 头，围场县木兰围场燕格柏车道沟，2015-VII-20，李迪采；8 头，围场县木兰围场五道沟沟塘子，2015-VII-7，李迪采。

分布：华北、黑龙江、辽宁、山东、陕西、宁夏、甘肃、青海、新疆、江苏、福建、四川、云南、西藏；俄罗斯，韩国，日本，印度，欧洲。

（645）细条纹野螟 *Tabidia strigiferalis* Hampson, 1900（图版 XLIV：6）

识别特征：翅展 20.0~24.0 mm。前翅基部、中室内、中室端及中室下各 1 黑斑，中室外侧具 1 排黑色短纵纹，排列叶圆弧形；亚外缘线由黑斑排列成弧形，但最后 2 斑不在弧线中。前足腿节具黑色条纹，胫节近中部具黑环；腹部背面无黑点，或除末节外各节具黑色纵条。

分布：河北、北京、黑龙江、陕西、甘肃、安徽、浙江、福建、海南、四川；俄罗斯，朝鲜。

（646）银翅黄纹草螟 *Xanthocrambus argentarius* (Staudinger, 1867)

识别特征：翅展 19.0~25.5 mm。额和头顶白色；下唇须白色，外侧淡褐色。触角背面黄白色至黄褐色；下侧深褐色，密被白色纤毛。领片淡黄色，中间白色；胸部淡黄色；翅基片淡黄色，内侧和后缘白色。前翅银白色，前缘黄褐色；外横线淡黄色掺杂淡褐色，呈"M"形，分别在前端 1/3 处和后端 1/4 处外弯成锐角且与亚外缘线相连；亚外缘线白色，内侧淡褐色镶边，外侧淡黄色镶边，前端 2/5 处外弯成角，后端 1/5 处外弯成齿状；外缘深褐色，近臀角处有 3 枚黑色斑点；缘毛白色。后翅和缘毛白色。

检视标本：1 头，围场县木兰围场五道沟沟塘子，2015-VII-07，宋烨龙采。

分布：河北、黑龙江、辽宁、内蒙古、山西、河南、陕西、宁夏、甘肃、青海、新疆、四川；俄罗斯，吉尔吉斯斯坦，哈萨克斯坦。

（647）褐翅黄纹草螟 *Xanthocrambus lucellus* (Herrich-Schaffer, 1848)（图版 XLIV：7）

识别特征：翅展 18.0~30.0 mm。额淡褐色；头顶前端 1/2 淡黄色，后端 1/2 白色。前翅白色，散布淡褐色鳞片；白色纵纹由基部至端部约 1/3 处，纵向中间掺杂淡褐色鳞片，末端分两叉，前端叉约为后端叉长的 2.0 倍；外横线黄褐色，前端 1/3 处外弯成锐角，后端 1/3 处和近后缘分别外弯成锐角；亚外缘线白色，淡褐色镶边，前端 2/5 处外弯；外缘深褐色，近臀角处有 3 枚黑色斑点；缘毛基部 1/2 灰白色，端部 1/2 淡褐色。后翅淡褐色，外缘深褐色；缘毛白色，近基部淡褐色。腹部淡褐色。

检视标本：9 头，围场县木兰围场种苗场查字，2015-VI-27，马莉采；5 头，围场县木兰围场五道沟沟塘子，2015-VII-07，李迪采。

分布：河北、北京、天津、黑龙江、辽宁、山西、山东、陕西、宁夏、青海、江苏、浙江、湖南、四川；蒙古，朝鲜，日本，中亚，欧洲。

105. 蚕蛾科 Sphingidae

(648) 多齿翅蚕蛾 *Oberthueria caeca* (Oberthür, 1880)

曾用名：黄波花蚕蛾。

识别特征：翅展雄性 20.0～26.0 mm；体长 15.0～22.0 mm。头棕色，触角背面白色；雄性下半部分呈长双栉状，上半部分呈单齿状。体赭黄色，下侧色浅。足外侧橙黄色。前翅霉黄色，前缘色浅，顶角伸长，端部钝圆向下方弯曲，呈钩状；内线及中线灰褐色波纹，外线呈褐色及白色并行的双细线，在 R_5 脉处向内上方曲折；中室端具 1 褐色环形纹，外缘呈齿状。后翅前半部分色浅，后半部分橙黄色，内线不见，中线棕褐色呈波纹，外线呈较直的褐黄色双线，外线下部外侧具 3 棕色盾形斑。

分布：河北、北京、黑龙江、辽宁、陕西、四川、云南；俄罗斯。

106. 钩蛾科 Drepanidae

(649) 赤杨镰钩蛾 *Drepana curvatula* (Borkhausen, 1790)（图版 XLIV：8）

识别特征：体长 8.0～10.0 mm；翅长 14.0～19.0 mm。头黄褐色，间有紫灰色鳞毛；下唇须短，黄褐色，端部黑色。触角棕黄色，双栉形。前后翅反面橙黄色，中室黑点明显可见。前翅顶角弯曲呈镰刀状，顶角下方紧贴外缘 1 条棕黑色弧形线直达后缘；前后翅各有 5 条波浪状斜纹，其中从内向外数第 4 条最清晰，从顶角倾斜到后缘 2/3 处，与后相应的 1 条线衔接；前翅横脉处有 2 黑点，中室上方 1 小黑点。后翅中室上方各 1 黑点。

取食对象：赤杨、青杨、棘皮桦。

检视标本：4 头，围场县木兰围场新丰挂牌树，2015-VII-14，李迪采；1 头，围场县木兰围场四合永庙宫，2015-VIII-12，李迪采；3 头，围场县木兰围场五道沟场部，2015-VI-30，李迪采；5 头，围场县木兰围场五道沟沟塘子，2015-VII-7，李迪采；3 头，围场县木兰围场燕格柏车道沟，2015-VII-20，李迪采。

分布：河北、黑龙江、吉林、宁夏；朝鲜，日本，欧洲。

(650) 网卑钩蛾 *Microblepsis acuminata* (Leech, 1890)

识别特征：体长 9.0～11.0 mm；翅长 14.0～18.0 mm。头灰紫色；下唇须短，黄褐色。触角棕褐色，雄性双栉形，雌性丝形。前后翅反面污白色，各线、斑及脉纹棕褐色；前翅及后翅上布满黄褐色网状横纹。体翅黄褐色，前翅顶角尖锐，显著凸出，顶角内侧有长箭头形白色纹；内线弯曲度大，棕褐色，中线棕色较粗斜向顶角，直达后缘与后翅上中线贯连，端线自顶角至臀角呈 S 形，中室端有 2 黑色点。后翅内线呈弧形，中线较粗直，靠近前缘，在 R_5 脉附近 1 褐色圆点。

取食对象：日本榛、胡桃。

分布：河北、陕西、湖北、四川；日本。

(651) 黄带山钩蛾 *Oreta pulchripes* Butler, 1877

识别特征：体长 11.0~14.0 mm；翅长 15.0~18.0 mm。头赭红色；喙退化；在下唇须下只见有黄色突泡；下唇须橘红色；复眼灰色，表面有黑色散斑。触角黄褐色，单栉形。颈部有黄色长毛。肩板紫褐色间杂有白色毛；胸部及腹部黄褐色。前翅顶角外凸，内侧上下部有棕褐色斑，自顶角至臀角内侧 1 条黄色宽斜带，臀角内 1 棕黑色斑，斜带内侧至翅基部呈赭棕色三角区域，内有深色波浪纹。后翅基部棕黑色，中室外侧至臀角有较宽的黄色带，顶角有棕褐色斑。

取食对象：荚蒾。

分布：河北、云南、西藏；朝鲜，日本。

(652) 古钩蛾 *Palaedrepana harpagula* (Esper, 1786)（图版 XLIV：9）

识别特征：翅长 15.0~18.0 mm，体长 7.0~11.0 mm。头部棕褐，下唇须中等长，黄褐色。触角雄性双栉形，雌性栉叶形。身体背面棕色，下侧黄褐色，胸足褐色。前后翅的反面均为土黄色，无斑纹。前翅黄褐色，顶角尖，内线褐色弯曲，中带深褐色较宽，上至前缘脉，下达后缘与外线连结，中带内侧有浅黄及灰白色斑，外线褐色弯曲，外线至外缘间有棕黑色波浪状斑纹，端线黑色较细，缘毛黄褐色。后翅较前翅色淡，中室下方也 1 浅黄色斑，黄斑下方 1 棕黑色点。

检视标本：1 头，围场县木兰围场五道沟沟塘子，2015-VII-07，李迪采；1 头，围场县木兰围场四合水永庙宫，2015-VIII-21，蔡胜国采。

分布：河北、黑龙江、吉林；俄罗斯，欧洲。

107. 尺蛾科 Geometridae

(653) 醋栗尺蛾 *Abraxas grossulariata* Linnaeus, 1785（图版 XLIV：10）

识别特征：前翅长 20.0~23.0 mm。头和触角黑褐色。前胸背有橙黄色横条，肩板上 1 黑点；胸部橙黄色。翅底色白色。前翅基部有黑色斑，基线为黑斑连成的宽带，内侧为橙黄色线；中室端黑斑大，连至前缘，常有黑斑连成不完整的中线；外线和亚端线由黑斑组成，其间为橙黄色线；外缘及缘毛上连有黑点列。后翅基部有黑点，中室端有黑斑，后缘中部亦有 1 黑斑，外线外有不完整的橙黄色细线。翅反面斑纹同正面。腹部橙黄色，背面 1 纵列黑斑，侧面、亚侧面各 1 列黑斑，但比腹背的黑斑小。

检视标本：1 头，围场县木兰围场燕伯格车道沟，2015-VII-20，马晶晶采。

分布：河北、北京、东北、内蒙古、山西、陕西；俄罗斯，朝鲜，日本，欧洲。

（654）丝棉木金星尺蛾 *Abraxas suspecta* (Warren, 1894)（图版 XLIV：11）

识别特征：前翅长 21.0～24.0 mm。橙黄色，翅底色白色，有许多暗灰色的大小斑点，有的彼此相连，大体在中线、外线、端线处形成斑带，外线端部分叉。前翅中室端的斑大，内有黑黄色环。前翅基部，前后翅的臀角内侧各 1 大小不等的橙黄色斑，斑上杂有黑黄色斑和银色闪光斑纹。翅反面暗灰色斑带同正面，橙黄色斑不明显。腹部有黑斑 7 纵列：背面 3 列，侧面、亚侧面各 1 列。

取食对象：丝绵木、杨、柳。

检视标本：13 头，围场县木兰围场五道沟，2015-VI-30，宋烨龙、李迪采。

分布：河北、北京、山西、山东、陕西、甘肃、上海、江苏、湖北、江西、湖南、台湾、四川。

（655）褐线尺蛾 *Alcis castigataria* (Bremer, 1864)（图版 XLIV：12）

识别特征：翅展 33.0～34.0 mm。翅灰白至黄白色，翅上密布小褐点；黑褐色的外横线外具弧形凸向内侧的亚缘线，两线间在中部呈褐带。后翅外横线显著，亚缘线明显或较淡。

分布：河北、北京、吉林、甘肃；俄罗斯。

（656）桦霜尺蛾 *Alcis repandata* (Linnaeus, 1758)（图版 XLIV：13）

识别特征：前翅长 22.0～23.0 mm。触角雌性线状，雄性双栉形。体翅灰褐色，密布小黑点；斑纹多变；外线黑色，在近中部及后缘 2 向外凸的钝齿，外线和中线间色浅，亚端线白色，呈锯齿形（后翅更明显）。腹部第 1 节背面常灰白色。

分布：河北、北京、吉林、山西、山东、青海、湖北、江西、重庆、四川；俄罗斯，欧洲。

（657）李尺蛾 *Angerona prumaria* (Linnaeus, 1758)（图版 XLIV：14）

识别特征：翅展 35.0～50.0 mm。翅颜色变化大，橙黄色翅面布满横向的黑褐色细纹；或翅面灰黄褐色，横向的黑褐色纹不明显，但前后翅中室端的褐色横纹明显。

检视标本：7 头，围场县木兰围场燕格柏，2015-VII-20，宋烨龙、李迪采；7 头，围场县木兰围场五道沟，2015-VII-7，宋烨龙、李迪采；5 头，围场县木兰围场新丰，2015-VII-14，宋烨龙、李迪采。

分布：河北、北京、黑龙江、内蒙古；俄罗斯，朝鲜，日本，欧洲。

（658）罴尺蛾 *Anticypella diffusaria* (Leech, 1897)（图版 XLIV：15）

识别特征：翅展 56.0 mm；雄蛾触角双栉形，末端 1 小段无栉枝；雌蛾线形；翅宽大。外缘波状，前翅横纹微弱，内、中、外横线隐约可见，在前缘可见黑斑，中横线在后缘可见黑斑，亚缘线呈大的暗褐斑，尤其在近臀角最为明显。

分布：河北、北京、黑龙江、辽宁、河南、甘肃、四川；俄罗斯，朝鲜。

（659）黄星尺蛾 *Arichanna melanaria* (Linnaeus, 1758)（图版 XLV：1）

识别特征：前翅长 23.0～25.0 mm。灰色。中胸背面具 1 对黑斑或无；腹部背面无斑或具黑斑。前翅灰白色，前缘带及翅脉黄色，7 列黑斑组成横线，缘毛黑黄相间。后翅黄色，具黑点列。

取食对象：油松、杨、桦等植物。

分布：河北、北京、黑龙江、辽宁、内蒙古、山西、河南、陕西、甘肃、湖南、福建、四川；蒙古，俄罗斯，朝鲜，日本，欧洲。

（660）山枝子尺蛾 *Aspitates geholaria* Oberthür, 1887（图版 XLV：2）

识别特征：翅展 34.0～37.0 mm。背及翅白色，具黑褐色条纹；腹部各节具横纹。前翅前缘散布深褐色碎斑，前翅具 3 条黑横纹，中室端具黑斑。后翅纹较细，中室端具 1 黑斑。

检视标本：7 头，围场县木兰围场燕格柏，2015-VII-20，李迪、宋烨龙采；4 头，围场县木兰围场新丰，2015-VII-14，李迪、宋烨龙采；3 头，围场县木兰围场五道沟，2015-VII-7，李迪、宋烨龙采；4 头，围场县木兰围场四合永，2015-VIII-12，李迪、宋烨龙采。

分布：河北、北京、吉林、辽宁、内蒙古、山西、山东、陕西。

（661）榆津尺蛾 *Astegania honesta* (Prout, 1908)

识别特征：前翅长 12.0～13.0 mm。翅淡褐、黄褐或橙灰色不一。前翅前缘色较淡，有 2 明显的黑斑：内侧的黑斑下方连内线，内线与后缘近于垂直，外侧的黑斑与外线相接，外线向外折角后斜伸至后缘 2/3 处；内线、外线均淡褐色，外线外侧有白边，缘毛褐色，仅在脉端有细的白鳞；翅顶角尖，外缘弧弯。后翅较前翅色淡，外缘颜色略深，只存 1 条不明显的中线。翅反面仅前翅的外线隐约可见。

取食对象：榆树。

分布：河北、北京、天津、内蒙古、山东；俄罗斯。

（662）桦尺蛾 *Biston betularia* (Linnaeus, 1758)（图版 XLV：3）

识别特征：翅展 38.0～54.0 mm。翅颜色变化较多，常见灰褐色，布满黑色小点。前翅具 2 条明显黑色横线，内线近于"M"形，外线前端近 1/3 明显角形外突；内横线内侧和外侧具不明显的横线。后翅具 2 条横线，其中外线在中部角形外突。

分布：河北、北京、内蒙古、陕西、甘肃、青海、四川、云南、西藏；俄罗斯，朝鲜，日本，印度，欧洲，北美洲。

(663) 粉蝶尺蛾 *Bupalus vestalis* Staudinger, 1897（图版 XLV：4）

识别特征：雄性触角双栉状，雌性丝状，通常雌性颜色较浅。翅展 34.0～36.0 mm。翅粉白色，翅前缘和外缘具暗褐色带，中室外端 1 暗褐纹，翅后纹及脉上具暗褐色鳞片；翅反面颜色更深，后翅具明显的 2 条横带。幼虫取食云杉，北京 5 月灯下可见成虫。

检视标本：1 头，围场县木兰围场种苗场，2015-VI-27，马莉采。

分布：华北、黑龙江、吉林、陕西、甘肃；俄罗斯，日本。

(664) 紫线尺蛾 *Calothysanis comptaria* (Walker, 1861)（图版 XLV：5）

识别特征：体小型；浅褐色。前、后翅中部各 1 斜纹伸出，暗紫色，连同腹部背面的暗紫色，形成 1 个三角形的两边，后翅外缘中部显著凸出，前、后翅外缘均有紫色线。

检视标本：1 头，围场县木兰围场新丰挂牌树，2015-VIII-25，宋烨龙采。

分布：河北、北京；朝鲜，日本。

(665) 网目尺蛾 *Chiasmia clathrata* (Linnaeus, 1758)（图版 XLV：6）

识别特征：前翅长 13.0～15.0 mm。头、胸部、足均暗褐色，散布大小不等的白斑点。触角纤毛状。翅白色，沿着翅脉有褐纹，与 5 条褐色横带（其中前翅端线、亚端线、内线较粗）交织，组成网目状斑纹，其间散有 1 些小褐点；缘毛白色，亦有褐点列；翅反面斑纹同正面，基部稍带黄色。腹部和足暗褐色，散布大小不等的白斑点，腹部背、下侧每节有白色细边。

检视标本：1 头，围场县木兰围场五道沟场部，2015-VI-30，任国栋采。

分布：河北、东北、内蒙古；亚洲，欧洲，非洲。

(666) 虚幽尺蛾 *Ctenognophos grandinaria* (Motschulsky, 1861)（图版 XLV：7）

曾用名：锯翅尺蛾、大虚幽尺蛾。

识别特征：前翅 25.0～28.0 mm。雄性触角双栉形，雌性触角线形。体及翅黄褐至焦黄色，前翅外缘稍波形，后翅外缘锯齿形，前后翅外线黑色，细而清晰。

分布：河北、北京、东北、内蒙古、山东、浙江、甘肃、安徽；俄罗斯，朝鲜，日本。

(667) 甘肃虚幽尺蛾 *Ctenognophos ventraria kansubia* Wehrli, 1953（图版 XLV：8）

识别特征：前翅长雄性 21.0～25.0 mm，雌性 22.0～28.0 mm；额褐色至灰褐色，鳞片粗糙。下唇须褐色至灰色；头顶褐色至黄褐色。肩片灰白色至灰色；胸部背面灰色至灰白色。前翅顶角钝尖，后翅顶角钝圆；翅面暗黄色至灰色。前翅基部深灰褐色；内线模糊；中点深褐色，长点状；中线为暗黄色宽带；外线黑色，小波浪状；亚缘线为暗黄色宽带；中线与亚缘线之间为黄褐色；缘线黄褐色至黑色；缘毛暗黄色或灰黄色。后翅中线以内翅色较浅；中点为暗黄色宽带；外线黑色，近弧形；亚缘线、缘线、缘毛同前翅。翅反面灰黄色，前翅中点灰褐色，长点状；外线呈弧形，由翅脉上深褐色小点组成；缘线深褐色；后翅中点深褐色，点状，较前翅小。

分布：河北、北京、内蒙古、山西、河南、陕西、甘肃、青海、湖北、四川。

（668）枞灰尺蛾 *Deileptenia ribeata* (Cierck, 1759)（图版 XLV：9）

识别特征：前翅长 26.0 mm 左右。体翅灰白到灰褐色，散布细褐点。前翅内线黑褐色弧形；中室端有黑褐色圆圈，与中线相连；外线黑褐色呈锯齿状弧弯，在后缘中部与中线相接，相接处形成 1 黑褐斑；内、外线间颜色较浅；4 亚端线波状灰白色，两侧衬黑褐带，外缘 1 列黑褐点。后翅内线较直形成宽带，中室端有黑褐点，外线呈锯齿状弧弯，亚端线和外缘同前翅。翅反面色淡。

取食对象：桦、栎、杉等。

分布：河北、黑龙江；朝鲜，日本。

（669）黄缘伯尺蛾 *Diaprepesilla flavomarginaria* (Bremer, 1864)（图版 XLV：10）

识别特征：前翅长约 21.0 mm。雄性触角双栉形；雌性触角线形。头胸黄色，胸部各节具 2 黑斑；腹部浅灰黄色；翅白色，具众多灰黑斑，前后翅基部和外缘黄色；外缘黄色区内散布灰黑色小斑；缘毛黄黑相间。

分布：华北、东北、甘肃、湖南；俄罗斯，韩国。

（670）半洁涤尺蛾 *Dysstroma hemiagna* Prout, 1938（图版 XLV：11）

识别特征：前翅长 17.0 mm。前翅基部至中线和外线上半段外侧至顶角为鲜明的黄褐色，中线波曲较浅，中点极微小；外线中部中度凸出，上半段深锯齿形，向内扩展呈黑色，其内侧紧邻 1 条黑色线段，外线中部特别细弱，外观上似乎中域的白色直接扩展至外缘；亚缘线白色，顶角下方 1 黑褐色斑；缘线为 1 列黑点，缘毛黄白色掺杂黑褐色。后翅黄白色无斑纹，缘线同前翅，缘毛色较浅。前翅反面颜色较浅，外线外侧上半段为 1 焦黄色斑，下半段白色扩展至外缘，中点呈深灰色短条形。

分布：河北、甘肃、四川、西藏。

（671）兀尺蛾 *Elphos insueta* Butler, 1878（图版 XLV：12）

识别特征：前翅长 45.0 mm。灰黄色。雄性触角双栉状，雌性触角线状。胸部背面有长毛。翅底白色，上有许多灰褐和黄色带，散布灰黑色横碎纹。前翅内线、中线、亚端线的黄色带较明显，黄色外线不清楚，但其内侧的白色波浪纹明显。后翅外缘呈波浪形，有 5 条。

分布：河北、江西、湖南、广西、四川、云南；日本。

（672）小秋黄尺蛾 *Ennomos infidelis* Prout, 1929（图版 XLV：13）

识别特征：翅展 33.0～43.0 mm。翅浅黄色，无鲜艳色泽；前后翅近中部 1 尖角；

缘毛黄白色，翅脉端褐色。前翅中部具深灰色中线和外线，中线在近前缘具 1 折角；后翅无中线，外线消失或仅中段可见；前后翅近中部凸出 1 尖角；缘毛黄白色，翅脉端褐色。

分布：河北、北京、辽宁、内蒙古、甘肃、湖北；俄罗斯，日本。

（673）东方茜草洲尺蛾 *Epirrhoe hastulata reducta* (Djakonov, 1929)（图版 XLV：14）

识别特征：前翅长 11.0～12.0 mm。额和头顶黑褐色，额下缘白色，额毛簇明显；下唇须大部分白色。胸腹部背面黑褐色，各腹节后缘 1 白色细线。前翅白色，翅基至内线黑褐色，内线与中线之间为 1 弧形白色带，中带外缘中部凸出 1 尖齿，白色带中部 1 列黑褐色脉点；翅端部黑褐色，亚缘线在前缘处 1 段锯齿状白线，缘毛黑褐色与白色相间。后翅斑纹与前翅连续，有时向外扩展至巨大的黑色中点周围。翅反面端半部颜色和斑纹同正面，中带内缘模糊，中部穿过 1 白线。

检视标本：1 头，围场县木兰围场种苗场查字，2015-VI-27，蔡胜国采。

分布：河北、黑龙江、吉林、山西、甘肃、青海；俄罗斯，日本。

（674）藎草洲尺蛾 *Epirrhoe supergressa albigressa* (Prout, 1938)（图版 XLV：15）

识别特征：前翅长 12.0～14.0 mm。额及头顶深褐色，胸腹部背面黄褐色，腹部背中线两侧排列黑斑。前翅白色，亚基线深褐色，其内侧由前缘至中室上缘深褐色；内线黑褐色，在前缘处宽且清晰，中点黑色，中带外缘在 R_5 脉处外凸，中带内外两侧的白色带清晰完整，其上各 1 纤细的波状线，翅端部蓝灰色，亚缘线白色波状，缘线褐色点状，缘毛与其内侧翅面颜色相同。后翅白色，中点较前翅小，其下方由中室下缘至后缘有 3 灰褐色线；翅端部同前翅。

取食对象：藎草。

检视标本：1 头，围场县木兰围场新丰挂牌树，2015-VII-14，赵大勇采。

分布：河北等全国广布；俄罗斯，朝鲜，日本。

（675）落叶松尺蛾 *Erannis ankeraria* Staudinger, 1861

识别特征：雌成虫体长 12.0～16.0 mm；纺锤形，无翅；体灰白色，有不规则黑斑；雄成虫体长 14.0～17.0 mm，翅展 38.0～42.0 mm，体黄褐色，头浅黄色，复眼黑色。头黑褐色。触角丝状，栉齿黄褐色。前翅密生不规则褐色斑点，后翅外横线及圆点较前翅模糊。足细长，黑色，各节 1～2 白色环斑。

分布：河北、内蒙古、陕西；匈牙利。

（676）灰游尺蛾 *Euphyia cineraria* (Butler, 1878)（图版 XLVI：1）

识别特征：前翅长 12.0～14.0 mm。头和体背深褐色。前翅基部至外线深褐色，中点大，黑褐色，翅端部深褐色，亚缘线白色，呈锯齿状，在 M_3 脉与 Cu_1 脉之间扩展；顶角下方 1 小且很弱的灰白色斑；缘毛褐色与白色掺杂。后翅白色，基部散布灰褐色，在后缘附近可伸达外线；中点较小，灰黑色；外线灰褐色，细弱，在 M_3 脉处 1 折角；翅端部的褐带和亚缘线同前翅，但颜色较浅，有时近于消失。前后翅反面中点深褐色，短条状。

分布：河北、东北；俄罗斯，朝鲜，日本。

（677）亚角游尺蛾 *Euphyia subangulata* (Kollar, 1844)

识别特征：前翅长 14.0 mm。头和体背深褐色与灰白色掺杂，下唇须尖端仅达到额毛簇下方。前翅底色污白；亚基线黑褐色，中线呈浅弧形弯曲，不规则波状，外线在 R_5 两侧略凸出，中线与外线间为黑褐色中带，外线外侧为 1 条灰褐色伴线和污白色带；翅端部深灰褐色，亚缘线为 1 列白点，缘线黑褐色、不连续，缘毛灰白色掺杂灰褐色。后翅浅灰褐色，端半部排列数条波状线；缘线同前翅，缘毛大部白色。前翅反面基部至外线深灰色，中点黑褐色；外线外侧的浅色带为黄白色，其外侧黄褐色。

分布：河北、西藏；印度，尼泊尔，阿富汗。

（678）焦点滨尺蛾 *Exangerona prattiaria* (Leech, 1891)（图版 XLVI：2）

识别特征：雄性翅展 34.0～41.0 mm，雌性翅展 32.0～50.0 mm；体翅颜色斑纹有变，多黄色，散布褐色鳞片；前翅具 3 条褐色横带，外缘具 1 大片褐色区，其中具 1 白点，雌性的褐色区常较大，白点明显（雌性触角线状，雄性触角双栉状）。

检视标本：1 头，围场县木兰围场燕格柏，2015-VII-20，赵大勇采。

分布：河北、北京、山西、陕西、甘肃、湖北、四川、云南；朝鲜，日本。

（679）橄榄铅尺蛾 *Gagitodes olivacea* Warren, 1893（图版 XLVI：3）

识别特征：前翅长 14.0 mm。前翅颜色灰暗，基部黑斑在臀褶上方消失；各黑斑的白边鲜明；2A 脉中部上下两侧各 1 灰白色环形纹，其中无黑色；缘毛深灰色。后翅灰白色，端部颜色略深，无斑纹，缘毛深灰色与灰白色相间。前翅反面黑斑为黑灰色，较清晰；后翅反面中点黑色清晰，外线深灰褐色，浅波曲，中部凸出较少。

分布：河北、西藏；印度（锡金邦），尼泊尔。

（680）利剑铅尺蛾 *Gagitodes sagittata* (Fabricius, 1787)（图版 XLVI：4）

识别特征：前翅长 13.0～15.0 mm。额圆，深褐色；头顶灰黄褐色。胸腹部背面黄褐色。前翅黄褐色，在接近前缘和各斑纹处颜色变浅；翅基部 1 褐斑，外缘不整齐；中域 1 条褐色带，其内外缘均为波状，外侧在 M_3 脉处凸出 1 齿，齿长略大于褐带宽度；翅端部几乎无斑纹，有时可见亚缘线在前缘和翅中部各留下 1 模糊白斑；缘毛黄白色，在翅脉端 1 小黑点。后翅白色，略带灰黄色，翅端部色略深。翅反面颜色较浅，前翅隐见正面中带，端部色较深；前后翅均有黑灰色中点。

分布：河北、黑龙江、辽宁、内蒙古、山东；俄罗斯，朝鲜，日本。

(681) 曲白带青尺蛾 *Geometra glaucaria* Ménétriès, 1859（图版 XLVI：5）

识别特征：前翅长 24.0～28.0 mm。头顶白色。雄性触角双栉形，雌性触角线形。胸腹部背面淡绿白色；胸部下侧白色。翅面蓝绿色。前翅较短，顶角尖。前缘白色，有绿色窄斑。后翅顶角圆；外线上端向外弯曲。翅反面大部分白色，前翅前缘至中室下缘附近带绿色，翅端部绿色较深，并向下扩展至臀角，隐见正面斑纹，白色外线内侧有暗绿色阴影；后翅基本白色，外线为蓝绿色，亚缘线蓝绿色、呈带状。雄性第 3 腹节腹板中部具 1 对刚毛斑；雄性第 8 腹节特化；背板为发达丘状突；腹板中间骨化。雄性后足胫节膨大，有毛束，具端突，2 对距。

取食对象：栎属。

分布：河北、北京、东北、内蒙古、山西、河南、陕西、甘肃、湖北、四川、云南；俄罗斯，朝鲜，日本。

(682) 蝶青尺蛾 *Geometra papilionaria* (Linnaeus, 1758)（图版 XLVI：6）

识别特征：前翅长 22.0～27.0 mm。额、头顶绿色。雄性触角双栉形。胸部背面绿色。翅绿色；前后翅缘毛基半部绿色，端半部白色。前翅前缘端半部稍微拱形；外缘浅波曲，中部凸出；内线白色，波曲，外侧有暗绿色阴影；点深绿色，呈弯月形；外线白色呈锯齿形，不完整，但其内侧的暗绿色阴影完整清晰；亚缘线清晰，为脉间白斑。后翅顶角圆；外缘呈圆锯齿形，齿较前翅大；外线白色，浅锯齿形；亚缘线白色，为脉间白斑，清晰；中点同前翅。雄性第 3 腹节腹板具 1 对刚毛斑。腹部背面污白色，腹板中间弱骨化，极浅凹陷。雄性后足胫节膨大，有毛束，2 对距。

取食对象：桤木、毛赤杨、岳桦、垂枝桦、白皮桦、柔毛桦、欧榛、日本水青冈、欧洲花楸。

检视标本：1 头，围场县木兰围场新丰挂牌树，2015-VII-14，宋洪普采。

分布：华北、东北；俄罗斯，朝鲜，日本，欧洲。

(683) 直脉青尺蛾 *Geometra valida* Felder & Rogenhofer, 1875（图版 XLVI：7）

识别特征：前翅长 27.0～32.0 mm。头顶绿色。雄性触角双栉形，雌性线形。胸部背面绿色。翅面青绿色，前翅外缘呈锯齿形，前缘浅灰绿色；内线白色，中点深绿色；外线白色，缘毛白色，在翅脉端有褐点。后翅外缘呈锯齿形，在 M_3 脉上的凸齿大；外线白色、直，较前翅粗，内侧有暗绿色阴影；亚缘线白色波曲，细弱；缘毛同前翅。翅反面色浅，斑纹和正面相似。雄性第 3 腹节腹板未见刚毛斑；雄性第 8 腹节背板端部钝圆；腹板中部具 1 小骨化突，端部凹陷。雄性后足胫节膨大有毛束，具 2 对距，端突长度约为第 1 跗节的 1/2。

取食对象：日本板栗、麻栎、柞栎、青冈栎、枹栎。

检视标本：15 头，围场县木兰围场种苗场，2015-VI-27，宋烨龙、李迪采；1 头，围场县木兰围场燕格柏，2015-VII-20，宋烨龙、李迪采；1 头，围场县木兰围场五道沟，2015-VI-30，宋烨龙、李迪采；1头，围场县木兰围场新丰，2015-VII-14，宋烨龙、李迪采。

分布：华北、东北、山东、河南、陕西、宁夏、甘肃、上海、浙江、湖北、江西、湖南、福建、广西、四川、贵州、云南；俄罗斯，朝鲜，日本。

（684）阿穆尔维界尺蛾 *Horisme staudingeri* Prout, 1938（图版 XLVI：8）

识别特征：前翅长雄 13.0～15.0 mm，雌 14.0～16.0 mm。近似水界尺蛾，下唇须略短粗；两翅底色污白色，斑纹远较该种发达，在前翅白色纵带下方形成 1 条由后缘内 1/3 伸达顶角外下方的深褐色至黑褐色宽带，有时该宽带向外下方扩展至臀角；外线下半段外侧的白色双线通常细而清晰。后翅基部至外线在中室以下排列清晰深色线纹，外线外侧由白色双线组成的带清晰，翅端部色较深，白色亚缘线清晰。翅反面浅灰褐色至深灰褐色，中点黑灰色，其他斑纹隐约可见。腹部灰褐色。

取食对象：铁线莲、女萎。

分布：河北、北京、黑龙江、辽宁、内蒙古、山西；俄罗斯，朝鲜，日本。

（685）小红姬尺蛾 *Idaea muricata* (Hufnagel, 1767)（图版 XLVI：9）

识别特征：前翅长 9.0 mm。背桃红色，头额、触角及足黄白色。翅桃红色，外缘及缘毛黄色。前翅基部及后翅中部各具黄色大斑，前翅中部 2 黄斑；近外缘具暗褐色横线，有时不明显。

检视标本：1头，围场县木兰围场孟梁小孟奎，2015-VII-27，蔡胜国采。

分布：河北、北京、辽宁、山东、湖南；俄罗斯，朝鲜，日本。

（686）青辐射尺蛾 *Iotaphora admirabilis* Oberthür, 1884（图版 XLVI：10）

识别特征：前翅长雄 28.0～29.0 mm，雌 31.0～32.0 mm。头顶浅绿色，额黄白色，上端黑灰色。雄性触角呈双栉形，雌性触角呈短锯齿形。胸、腹部背面黄色和绿色掺杂，各腹节后缘白色。翅面淡绿色，具黄色和白色斑纹。前翅前缘绿白色，黑点至内线黄色，内线弧形，内黄外白；前后翅缘线黑色，缘毛白色。翅反面粉白色，中点清楚，其他斑纹隐见。雄性第 8 腹节背板弱骨化，腹板强骨化，中部凹陷，两侧骨化突，向两侧弯曲。雄性后足胫节略膨大，具毛束，2 对距。

取食对象：杨属、胡桃、胡桃楸、楸属、桦木属、榛属。

分布：河北、北京、东北、山西、河南、陕西、甘肃、浙江、湖北、江西、湖南、福建、广西、四川、云南；俄罗斯，越南。

（687）四川淡网尺蛾 *Laciniodes abiens* Prout, 1938（图版 XLVI：11）

识别特征：前翅长雄 12.0～16.0 mm，雌 13.0～11.0 mm。额上部及头顶黄白色，额下部深褐色，1 很小的额毛簇；下唇须褐色，略长，近 1/3 伸出额外。翅黄白色至灰黄色，斑纹褐色，略带红褐色，斑纹形式与网尺蛾相近似，但颜色较浅，外线和顶角下的斜线及亚缘线白点周围均不带黑褐色。前翅内线在中室内形成折角。

分布：河北、北京、内蒙古、山西、甘肃、青海、四川、云南、西藏。

（688）网尺蛾 *Laciniodes plurilinearia* (Moore, 1868)

识别特征：前翅长 13.0～18.0 mm。额和下唇须深褐色至黑褐色，额中部 1 条白色横带。头顶和胸腹部背面黄白色，中胸前端 1 条深褐色横带。翅淡黄色，斑纹褐至深褐色，前翅亚基线和内线弧形，中点黑色圆形；外线较粗壮，伸达亚缘线，亚缘线为 1 列白色圆点，顶角深色斜线在 R_5 脉下方到达亚缘线，并在亚缘线内侧向下扩散至 M_3 脉；缘线深褐色，在翅脉端断离，缘毛黄白色。后翅斑纹与前翅连续。

分布：河北、甘肃、湖北、湖南、四川、云南、西藏；印度，缅甸，尼泊尔；喜马拉雅山西北部。

（689）缘点尺蛾 *Lomaspilis marginata* (Linnaeus, 1758)（图版 XLVI：12）

识别特征：翅展 19.0～22.0 mm；体背面灰黑色，下侧及翅白色，翅基部、中部及外缘具灰黑色圆斑，后翅翅基的黑斑很小；不同地区的斑点大小或多少有变异。

取食对象：杨、柳、榛等。

检视标本：围场县木兰围场五道沟场部，2015-VI-30，马莉采。

分布：河北、北京、黑龙江、内蒙古、陕西、山西、甘肃；俄罗斯，朝鲜，日本，欧洲。

（690）双斜线尺蛾 *Megaspilates mundataria* (Stoll, 1782)（图版 XLVI：13）

识别特征：翅展 28.0～36.0 mm。触角呈双栉形，雄性栉枝较雌长多，干白色，栉枝褐色。体背及翅白色，具丝质光泽。前翅前缘和外缘褐色，并 2 褐色斜条，缘毛白色。后翅近外缘具 1 褐色直线，外缘褐色。

检视标本：1 头，围场县木兰围场新丰挂牌树，2015-VII-14，蔡胜国采。

分布：河北、北京、黑龙江、辽宁、陕西、江苏、湖北、江西；蒙古，俄罗斯，朝鲜，日本，吉尔吉斯斯坦，欧洲。

（691）女贞尺蛾 *Naxa seriaria* (Motschulsky, 1866)（图版 XLVI：14）

识别特征：翅展 34.0～46.0 mm。翅白色，具丝质光泽；前翅前缘近基部约 1/3 黑色，前后翅具黑点，内线 3 个，中室端 1 个，亚缘线 8 个，缘线 7 个。

取食对象：女贞、丁香、白蜡、水曲柳等。

检视标本：1 头，围场县木兰围场燕伯格车道沟，2015-VII-20，李迪采。

分布：河北、北京、东北、山西、陕西、宁夏、甘肃、浙江、湖北、江西、湖南、福建、广西、四川；俄罗斯，朝鲜，日本。

（692）四星尺蛾 *Ophthalmitis irrorataria* (Bremer & Grey, 1853)（图版 XLVI：15）

识别特征：前翅长雄 22.0～26.0 mm，雌 26.0 mm；雄、雌触角均呈双栉形，末端无栉齿；雌栉齿较短，末端无栉齿部分较长。下唇须深灰褐色，尖端伸达额外。头胸腹部和翅灰绿至灰黄绿色，体背排列成对黑斑。前翅内线深波曲；两翅中点为星状斑，中心灰白，周围深褐至黑褐色；中线在前翅呈锯齿状，有时消失，其外侧散布褐鳞，在后翅扩展成 1 条深色宽带，宽过中点；外线呈深锯齿形；亚缘线呈灰白色锯齿状，其内侧 1 列不连续的黑褐色斑，外侧色略深，在前翅 M3 脉以上有 4 个小斑，但有时消失；缘线为 1 列黑点；缘毛深浅相间。翅反面污白至灰褐色，两翅均有巨大深灰褐色中点和端带。

取食对象：苹果、柑橘、海棠、鼠李等。

分布：河北、北京、东北、陕西、宁夏、甘肃、浙江、江西、湖南、福建、台湾、广西、四川、云南；俄罗斯，朝鲜，日本，印度。

(693) 雪尾尺蛾 *Ourapteryx nivea* Bulter, 1884（图版 XLVII：1）

识别特征：前翅长 25.0～37.0 mm。头颜面橙褐色。体翅白色；后缘外翅近中部凸出呈尾状，内侧 2 斑点，大斑橙红色具黑圈，小斑黑色；雄性大斑的红点小。

检视标本：4 头，围场县木兰围场燕格柏，2015-VII-20，宋烨龙、李迪采；1 头，围场县木兰围场新丰，2015-VII-24，宋烨龙、李迪采。

分布：河北、北京、内蒙古、陕西、安徽、浙江、四川；日本。

(694) 驼尺蛾 *Pelurga comitata* (Linnaeus, 1758)（图版 XLVII：2）

识别特征：前翅长 13.0～18.0 mm。头和胸腹部背面黄褐色，胸部背面颜色较浅。前翅浅黄褐色至黄褐色，斑纹褐至深灰褐色；亚基线呈弧形，中线呈深灰褐色带状，在中室前缘处呈钩状弯曲，然后内倾至后缘；中点小，黑色；中带中部颜色较浅，邻近中线和外线处褐至深褐色，浅色亚缘线不完整；缘线深褐色，缘毛灰黄色与灰褐色相间。后翅颜色同前翅，由翅基至外线颜色略暗，缘线和缘毛同前翅。翅反面黄至灰黄色，前后翅中点黑色清晰。第 1 腹节黄白色，其余各腹节背面带有金黄色。

检视标本：1 头，围场县木兰围场新丰挂牌树，2015-VIII-03，刘浩宇采。

分布：河北、北京、东北、内蒙古、甘肃、青海、新疆、四川；蒙古，俄罗斯，朝鲜，日本，欧洲。

(695) 角顶尺蛾 *Phthonandria emaria* (Bremer, 1864)（图版 XLVII：3）

识别特征：前翅长 18.0～20.0 mm。雌性触角线状，雄性触角双栉状。体背灰褐色至红褐色，胸部的颜色较深。前翅具 2 条黑褐色横线，内线在中部外凸，外线呈波浪形，两线之间较浅，与体腹同色，两线内侧和外侧常与胸背同色。后翅外线黑色，其外侧褐色，端缘灰褐色，外缘呈锯齿形。

分布：河北、北京、东北、内蒙古、山西、江西、湖南；俄罗斯，朝鲜，日本。

(696) 槭烟尺蛾 *Phthonosema invenustaria* (Leech, 1891)（图版 XLVII：4）

识别特征：前翅长 32.0 mm 左右。体翅茶褐色。前翅内线黑褐色，仅前缘和后半部明显，内线以内褐色；中线淡褐色，很弱，中室端有灰褐斑；外线呈黑褐色波形，外侧有淡褐色。后翅的中线、中室斑点和外线似前翅，但内线不显。翅反面有明显的中室斑点和外线。

取食对象：槭、柳、卫矛、六道木、漆树等。

分布：河北、中国西部；朝鲜，日本。

(697) 双色翡尺蛾 *Piercia bipartaria* Leech, 1897

识别特征：前翅长 8.0～9.0 mm。头和体背大部分黑褐色至黑色，额上部、胸部背面和第 1、2、4 腹节背面常掺杂或散布黄褐色。触角呈锯齿状。前翅略短宽，外缘较倾斜，基部至中线浅灰黄褐色，中带为十分均匀的黑灰色，中线呈浅波曲，外线呈波状，中上部外隆，中带内可见模糊黑色中点；外线外侧在翅脉间有微小白点，翅端部其他部分均黑灰色，缘毛黑灰色。后翅浅灰褐色至灰褐色，具外线黑灰色中点和极模糊的外线轮廓，缘毛与翅面同色。翅反面浅灰褐色，前翅中带和翅端部深灰色，后翅中点较大。

分布：河北、甘肃、四川、云南；缅甸。

(698) 斧木纹尺蛾 *Plagodis dolabraria* (Linnaeus, 1767)

识别特征：翅展 22.0～32.0 mm。头顶及前胸灰褐色至黑褐色，中后胸及腹末棕色，余体背及翅黄褐色。前翅基部前缘及臀部锈褐色，翅面具许多褐色横纹，外缘中部凸突，呈"＞"形；虫体休息时腹部常常上举。

分布：河北、北京、甘肃、江苏、浙江、湖北、湖南、四川；俄罗斯，日本，欧洲。

(699) 长眉眼尺蛾 *Problepsis changmei* Yang, 1978（图版 XLVII：5）

识别特征：前翅长 18.0～21.0 mm。头顶白色，触角基部白色，额黑褐色。翅白色，中部有眼状斑。前翅眼状斑淡褐色大而较圆，边缘整齐，中室横脉处白色，斑内有不完整的黑和银灰色鳞组成的环；眼下斑小淡褐色，内有几个银点，此斑与后缘相接；外线淡褐色为均匀的弧形；亚端线由 6～7 个大小不等的灰色斑组成；端线由小灰斑条组成；前缘区自翅基至外线处有黑褐色长条，似眼的眉毛。后翅眼斑长椭圆形与内缘褐斑相连，有与前翅相似的外线、亚端线和端线。腹部背面黑褐色，密被白色长毛，各节后缘白色。

分布：河北、北京、陕西。

(700) 褐网尺蛾 *Proteostrenia trausbaicaleusis* Wehrli, 1939（图版 XLVII：6）

识别特征：前翅长 17.0～19.0 mm。白色，散布褐色斑纹。触角雌性线状，雄性双栉形。翅白色，沿翅脉有许多条褐色纵条，与 3 条褐色横带交叉组成褐色的网状纹，其间夹杂一些小褐点；缘毛白色，1 列褐点夹杂在褐条间。下唇须短粗。

分布：河北、北京。

(701) 白带黑尺蛾 *Rheumaptera hecate* (Butler, 1878)（图版 XLVII：7）

识别特征：前翅长 19.0 mm。翅黑色，翅脉端缘毛黑色，其余缘毛白色，翅外缘形成黑白相间的花边。前翅前缘端部有 3 小白点，向外弧弯排列；外线为明显的白色宽带，向外折曲形成 3 齿；内线很细，白色弧形不完整。后翅有宽的白色中带，与前翅白色外带相接，后翅中带向外凸出 1 齿。翅反面前翅前缘端部只 1 白点，前、后翅的白色中带明显，白色细内线也断续可见。

分布：河北；日本。

(702) 四月尺蛾 *Selenia tetralunaria* (Hufnagel, 1767)（图版 XLVII：8）

识别特征：前翅长 19.0 mm。翅黄褐色，翅上有灰褐色横线，散布灰褐色细碎短纹。前翅基线灰褐色较弱，内线呈弧形，中线上有白色新月形纹，外线较直而细，在月形纹外侧向外弧弯；外线外侧、M_3 脉下方有灰褐色长圆形斑，此斑与外线间有，宽带颜色较浅，翅顶角 1 近三角形褐斑；外缘呈钝锯齿形。后翅中线，外线呈弧形灰褐色；中室新月形纹较小，有时不甚清楚；外线中部外有较大的圆形灰褐斑；外缘呈锯齿形。翅反面紫褐色，有橙黄色斑，以后翅外线以内的斑最大。

分布：河北、东北、台湾；俄罗斯，日本，欧洲。

(703) 褐脉粉尺蛾 *Siona lineata* (Scopoli, 1763)（图版 XLVII：9）

识别特征：前翅长 20.0～22.0 mm。头顶、前胸及胸、腹部的下侧黄白色，中胸、后胸和腹部的背面均白色。触角线状，下唇须前伸黑褐色。翅白色，翅脉为明显的灰褐色；前翅中室端有褐纹，外线淡灰褐色；前翅中室端有褐纹，外线淡灰褐色，缘毛白色。翅反面黄白色，褐色的翅脉、中室褐纹和外线更明显，外缘为明显的褐色。

检视标本：1 头，围场县木兰围场种苗场查字大西沟，2015-VI-27，马晶晶采。

分布：河北、内蒙古；俄罗斯，法国。

(704) 菊四目绿尺蛾 *Thetidia albocostaria* (Bremer, 1864)（图版 XLVII：10）

识别特征：前翅长 13.0～18.0 mm。头顶淡绿白色，胸腹部背面淡绿色。雄性触角呈双栉形，雌性触角呈锯齿形。翅绿色；翅顶角钝，后翅顶角圆；两翅外缘弧形凸出，呈圆锯齿形。前翅前缘中部白色；内外线为白色波状；前后翅中点为圆形大白斑，缘线深黄褐色，在脉端有间断；缘毛白色，在翅脉端褐色。后翅外缘圆，后缘略延长；除中点外无其他斑纹。翅反面颜色和正面相近，斑纹同正面相比，前翅无内线，后翅有外线，其余斑纹相同。雄性第 3 腹节腹板具 1 对弱刚毛斑，第 8 腹节不特化。雄性后足胫节不膨大。

取食对象：北艾、杭菊。

分布：河北、东北、内蒙古、河南、陕西、甘肃、青海、江苏、上海、安徽、浙江、湖北、湖南；俄罗斯，朝鲜，日本。

（705）肖二线绿尺蛾 *Thetidia chlorophyllaria* (Hedemann, 1879)

识别特征：前翅长雄 15.0 mm，雌 17.0 mm。雄性触角双栉形，雌性锯齿形。头顶、胸腹部背面、下侧绿色，无立毛簇。翅面绿色；前翅顶角钝，后翅顶角圆；两翅外缘光滑；后翅后缘不延长。前翅前缘白色；内线白色，浅弧形；外线白色，直；无中点。后翅几乎无斑纹，隐见微小绿色中点；细弱白色亚缘线和外缘平行，极近外缘。两翅无缘线，缘毛基半部绿色，端半部白色。翅反面和正面不同之处在于：前翅无内线，后翅有外线。雄性后足胫节不膨大，第 3 腹节腹板 1 对微弱刚毛斑，第 8 腹节背板中间略凹陷。

分布：河北、北京、黑龙江、内蒙古、山西、山东、陕西、青海、四川；俄罗斯，日本。

（706）拉维尺蛾 *Venusia laria* Oberthür, 1893（图版 XLVII：11）

识别特征：前翅长 12.0 mm。头灰白色至灰黄色，额上端 1 褐斑。胸腹部背面灰白色，腹部前端和第 8 腹节前半各 1 黑斑。翅灰白色，散布灰绿色，线纹黑褐色，中点为 1 段黑色短线；外线 3 条，中部外凸，在臀褶处内凹；顶角附近为 1 黄褐色大斑，亚缘线在其间黄褐色，缘线为翅脉间 1 列黑点，缘毛黄褐色，在翅脉端略带灰褐色。后翅色浅，中点小而圆，端半部有数条波状细线，缘线和缘毛同前翅。前翅反面浅灰褐色，后翅反面灰白色，前后翅中点均为 1 椭圆形小点。

检视标本：1 头，围场县木兰围场五道沟沟塘子，2015-VII-07，宋烨龙采。

分布：河北、福建、四川、云南、西藏。

（707）红黑维尺蛾 *Venusia nigrifurca* (Prout, 1926)（图版 XLVII：12）

识别特征：前翅长 12.0~13.0 mm。前翅灰白色至淡灰色，亚基线呈黑色弧形，内线 2 条，较近中线，波状；中线 2 条，内侧 1 条灰褐色，上端与黑色中点相接触；中点特别粗大，上端伸达前缘，下端略向外折，外线黑色，上半段粗壮，中部呈楔形外凸，缘线黑色纤细，在翅脉端断离，缘毛灰白色。后翅白色，可见弱小深灰色中点，外线和 2 条亚缘线细弱，灰褐色，亚缘线十分接近外缘；缘线和缘毛较前翅色浅。前翅反面烟褐色，隐见正面中点和外线上半段；后翅反面白色，中点、外线和亚缘线褐色清晰。

检视标本：1 头，围场县木兰围场新丰挂牌树，2015-VIII-03，李迪采。

分布：河北、山西、甘肃、湖北、云南；缅甸。

108. 波纹蛾科 Thyatiridae

（708）阔华波纹蛾指名亚种 *Habrosyne conscripta conscripta* Warren, 1912

识别特征：翅展 39.0～45.0 mm。前翅较窄长，呈浓的深棕色；亚基线和内线均为 1 条十分清晰的白色细线，两线在中室中脉处相会合呈"A"形；外线白色，强烈呈"Z"形折曲；横脉斑大而宽，具白色边；环纹具白边；在中区前缘散开的白色区较中华波纹蛾模糊；亚缘线白色，比内线稍粗，从翅顶到臀角略呈弓形内弯；缘线由 1 列新月形纹组成。后翅深棕色，缘毛色浅。

检视标本：1 头，围场县木兰围场新丰挂牌树，2015-VII-03，蔡胜国采。

分布：河北、陕西、四川、云南、西藏；尼泊尔。

（709）双华波纹蛾 *Habrosyne dieckmanni* (Graeser, 1888)（图版 XLVII：13）

识别特征：翅展 34.0～38.0 mm。前翅浅棕色，内区深棕色，在内线内侧前缘和中室之间区域 1 红白色斑，在斑的下方，中室中脉至 1A 脉上 1 银白色斜纹；内线双线，红白色，外衬深棕色细线，环斑圆形，棕色具红白色边线；横脉斑肾形，棕色带红白色边线，在中间 1 条红白色短纹；在横脉斑前方和翅前缘间 1 红白色区域；外线由 2～3 条红白色线组成，臀斑近圆形，红棕色；缘线由 1 列新月形细纹组成，沿新月形纹内侧衬 1 条深棕色细线；缘毛浅棕色具红白色短纹。后翅灰棕色。

取食对象：荆芥、覆盆子。

检视标本：6 头，围场县木兰围场新丰挂牌树，2015-VII-14，蔡胜国采；2 头，围场县木兰围场五道沟沟塘子，2015-VII-07，李迪采；1 头，围场县木兰围场种苗场查字，2015-VI-27，李迪采。

分布：河北、黑龙江、吉林；俄罗斯，朝鲜，日本。

（710）华波纹蛾 *Habrosyne pyritoides* (Hufnagel, 1767)

识别特征：翅展 35.0～45.0 mm。头部黄棕色，具白色斑；颈板红褐色，前缘 1 白色线和 1 褐黑色线；胸部黄棕色，有白色和黄色条纹。前翅内区基部橄榄绿色，其余部分为珍珠灰色，微带黄红褐色；亚基线为 1 条由白色竖鳞组成的短斜纹；内线为 1 条白色宽带，外线在 M_1 脉和 2A 脉间清晰可见，由 4 条白色强烈呈"Z"形折曲的、相平行的线组成；环斑和臀斑红褐色，周围具白色边，臀斑中间 1 条白色短纹；缘线由 1 列新月形白色纹组成；缘毛黄白色与黄棕色相间。后翅暗褐色，缘毛黄白色。

取食对象：山楂属、桤木属、覆盆子、黑莓、草莓、黄荆等。

检视标本：2 头，围场县木兰围场燕格柏，2015-VII-20，宋烨龙、李迪采；6 头，围场县木兰围场新丰，2015-VI-14，宋烨龙、李迪采；3 头，围场县木兰围场五道沟，2015-VII-7，宋烨龙、李迪采。

分布：河北、东北；朝鲜，日本，印度，欧洲。

(711) 宽太波纹蛾 *Tethea ampliata* (Butler, 1878)

识别特征：翅展 40.0～45.0 mm。触角、头部和前胸赭石黄色，前胸后缘 1 条暗褐色纹；胸部其余部分浅灰棕色；腹部灰棕色。前翅底色为白灰棕色，内区浅灰白色；中区呈浅灰色；环纹甚小，灰白色具深棕色边，呈圆形；环斑与内带的外边线靠近；横脉斑椭圆形，灰白色具深棕色边，横脉斑与外带的内边线靠近；外线双线，在朝向横脉斑处形成 1 大齿；亚缘线灰白色，其外侧在翅脉上 1 列深棕色箭头状斑；在翅顶端 1 灰白色斑；缘线深棕色；缘毛白灰棕色有深棕色点。后翅浅暗棕色，缘毛白色。

取食对象：栎属。

检视标本：3 头，围场县木兰围场五道沟沟塘子，2015-VII-07，李迪采；2 头，围场县木兰围场新丰挂牌树，2015-VII-14，刘效竹采；1 头，围场县木兰围场燕格柏车道沟，2015-VII-20，蔡胜国采。

分布：河北、东北、内蒙古、山西、山东、陕西、甘肃、浙江、湖北、江西、湖南、台湾、四川、云南；俄罗斯，朝鲜，日本。

(712) 太波纹蛾 *Tethea ocularis* (Linnaeus, 1767)（图版 XLVII：14）

识别特征：翅展 32.0～40.0 mm。头部暗灰褐色；颈板灰白色，胸部灰褐色，前半部略带玫瑰棕色；腹部基部白灰棕色，腹部其余部分浅灰棕色。前翅白灰色，带玫瑰棕色；亚基线灰色；内线和外线均为双线，环斑白色，中间 1 黑色点；横脉斑白色，中间有黑色横纹，纹的下段粗，并与下面的边线相连；亚缘线白色，其前缘形成 1 灰白色斑；翅顶 1 黑色斜纹；缘线暗褐色，纤细；缘毛白灰色。后翅灰色，外带白色，较宽，翅外缘灰色；缘毛白色。

取食对象：杨属。

检视标本：2 头，围场县木兰围场五道沟沟塘子，2015-VII-07，赵大勇采；3 头，围场县木兰围场燕格柏车道沟，2015-VII-20，赵大勇采；2 头，围场县木兰围场新丰挂牌树，2015-VII-13，蔡胜国采。

分布：河北、东北、内蒙古、陕西、宁夏、甘肃、青海、新疆；俄罗斯，朝鲜，日本，欧洲，小亚细亚。

(713) 波纹蛾 *Thyatira batis* (Linnaeus, 1758)（图版 XLVII：15）

识别特征：翅展 32.0～38.0 mm。前翅暗灰棕色，上具 5 白色近圆斑，斑内涂有桃红色，其外缘具清晰的白色边；内斑最大，几乎占据全部内区，斑内 1～2 个涂有棕色的斑点，后缘斑最小，呈半圆形，前缘斑适中，近圆形，顶斑近椭圆形，臀斑占据全部臀角区，其外缘上方 1～2 白色小斑点；外线隐约可见，缘线清晰，黑棕色，其余各线不明显。后翅暗浅棕色，外带浅棕色，十分明显，缘毛浅色。

取食对象：多腺悬钩子、三花莓、荆棘、草莓等多种植物。

检视标本：2 头，围场县木兰围场五道沟沟塘子，2015-VII-07，李迪采；4 头，围场县木兰围场新丰挂牌树，2015-VII-14，蔡胜国采。

分布：河北、黑龙江、吉林、内蒙古、新疆；俄罗斯，朝鲜，日本，欧洲。

（714）环橡波纹蛾 *Toelgyfaloca circumdata* (Houlbert, 1921)（图版 XLVIII：1）

识别特征：翅展 43.0～47.0 mm。头部灰白色至灰色；胸部灰色，散布浑黄色，领片和背部中间纵向具有黑色条带；腹部棕灰色。前翅宽大，灰色至青灰色；亚基线双线，外侧线黑色，内侧线灰色，外侧线黑色粗线；外横线烟灰色双线，前缘线烟灰色双线，饰毛灰色与黑色相间；环状纹多不显；肾状纹为外斜的肾形，仅在有些个体上内侧和后端呈 1 黑条斑和点斑；内横线至基部烟黑色，散布棕灰色；外缘线和亚缘线区深烟灰色。后翅灰色；翅脉可见；横线隐约可见；缘暗带烟黑色宽带状；饰毛灰白色与烟黑色相间。

检视标本：3 头，围场县木兰围场五道沟沟塘子，2015-VII-07，李迪采；1 头，围场县木兰围场新丰挂牌树，2015-VI-08，李迪采；1 头，围场县木兰围场种苗场查字，2015-VI-27，李迪采。

分布：河北、北京、山西、河南、陕西、甘肃、湖北、四川、云南。

109．枯叶蛾科 Lasiocampidae

（715）落叶松毛虫 *Dendrolimus superans* (Butler, 1877)（图版 XLVIII：2）

识别特征：体长 25.0～38.0 mm；翅展雄 57.0～72.0 mm，雌 69.0～85.0 mm。色由灰白到灰褐。前翅外缘较直，中横线与外横线间距离较外横线与亚外缘线间距离为阔。

取食对象：红松、兴安落叶松、黄花松、臭冷杉、红皮云杉、长白鱼鳞松、獐子松等。

检视标本：4 头，围场县木兰围场种苗场，2015-VI-7，宋烨龙、李迪采；1 头，围场县木兰围场四合永，2015-VIII-12，宋烨龙、李迪采；5 头，围场县木兰围场孟滦，2015-VII-27，宋烨龙、李迪采；5 头，围场县木兰围场五道沟，2015-VII-07，宋烨龙、李迪采；5 头，围场县木兰围场新丰，2015-VIII-03，宋烨龙、李迪采；3 头，围场县木兰围场燕格柏，2015-VII-20，宋烨龙、李迪采。

分布：河北、北京、东北、内蒙古、山东、新疆；俄罗斯，朝鲜，日本。

（716）杨褐枯叶蛾 *Gastropacha populifolia* (Esper, 1784)（图版 XLVIII：3）

识别特征：翅展雄 38.0～61.0 mm，雌 54.0～96.0 mm。体色及前翅斑纹变化较大，呈深黄褐色、黄色等，有时翅面斑纹模糊或消失。前、后翅散布有少数黑色鳞毛。翅黄褐，前翅窄长，内缘短，外缘呈弧形波状，前翅呈 5 条黑色断续的波状纹，中室端呈黑褐色斑。后翅有 3 条明显的黑色斑纹，前缘橙黄色，后缘浅黄色。

取食对象：杨、旱柳、苹果、梨、桃、樱桃、李、杏、栎、柏、核桃等。

检视标本：5 头，围场县木兰围场新丰，2015-VII-03，宋烨龙、李迪采；3 头，围场县木兰围场四合永，2015-VIII-12，宋烨龙、李迪采；4 头，围场县木兰围场燕格柏，2015-VII-20，宋烨龙、李迪采；5 头，围场县木兰围场五道沟，2015-VII-07，宋烨龙、李迪采。

分布：河北、北京、黑龙江、辽宁、内蒙古、山西、山东、河南、陕西、甘肃、青海、江苏、安徽、浙江、湖北、江西、湖南、广西、四川、云南；俄罗斯，朝鲜，日本，欧洲。

（717）北李褐枯叶蛾 *Gastropacha quercifolia cerridifolia* (Felder, 1862)（图版 XLVIII：4）

识别特征：翅展雄 40.0～68.0 mm，雌 50.0～92.0 mm。下唇须前伸，蓝黑色。触角双栉状，灰黑色。体翅有黄褐色到褐色；前、后翅背面各 1 条蓝褐色横纹。静止时后翅肩角和前缘部分凸出，形似枯叶状。前翅相对宽圆，中部有波状横线 3 条，外线色淡，内线呈弧状黑褐色，中室端黑褐色斑点明显；前缘脉蓝黑色，外缘齿状呈弧形，较长，后缘较短，缘毛蓝褐色。后翅有 2 条蓝褐色斑纹，前缘区橙黄色。

取食对象：杨、柳、核桃、梨、桃、苹果、沙果、李、梅等。

分布：河北、北京、东北、内蒙古、山西、山东、河南、宁夏、甘肃、青海、新疆、安徽、湖北、云南；俄罗斯，朝鲜，日本。

（718）黄褐幕枯叶蛾 *Malacosoma neustria testacea* (Motschulsky, 1861)（图版 XLVIII：5）

识别特征：翅展雄 24.0～32.0 mm，雌 29.0～39.0 mm。雄性全体黄褐色；前、后翅缘毛色泽在褐色和灰白色之间。前翅中间有 2 条深褐色横线纹，两线间颜色较深，形成褐色宽带，宽带内、外侧均衬以淡色斑纹。后翅中间呈不明显的褐色横线。雌性体翅呈褐色，腹部色较深；前翅中间的褐色宽带内、外侧呈淡黄褐色横线纹；后翅淡褐色，斑纹不明显。

取食对象：山楂、苹果、梨、杏、李、桃、海棠、樱桃、沙果、杨、柳、梅、榆、栎类、落叶松、黄菠萝、核桃等。

检视标本：9 头，围场县木兰围场新丰，2015-VII-14，宋烨龙、李迪采；6 头，围场县木兰围场孟滦，2015-VII-27，宋烨龙、李迪采；7 头，围场县木兰围场燕格柏，2015-VII-20，宋烨龙、李迪采。

分布：河北、北京、东北、内蒙古、山西、山东、河南、陕西、甘肃、青海、江苏、安徽、浙江、湖北、江西、湖南、台湾、四川；俄罗斯，朝鲜，日本。

（719）苹枯叶蛾 *Odonestis pruni* (Linnaeus, 1758)（图版 XLVIII：6）

识别特征：翅展雄 37.0～51.0 mm，雌 40.0～65.0 mm。全体赤褐色或橙褐色。触角黑褐色，分支红褐色。前翅内、外横线黑褐色，呈弧形；亚外缘斑列隐现，较细，呈波状纹；外缘毛深褐色，不太明显；中室端 1 明显的近圆形银白色斑点；外缘锯齿状。后翅色泽较浅，有 2 条不太明显的深色横纹；外缘锯齿状。

取食对象：苹果、梨、李、梅、樱桃等。

检视标本：16 头，围场县木兰围场燕格柏，2015-VII-20，宋烨龙、李迪采；7 头，围场县木兰围场五道沟，2015-VI-30，宋烨龙、李迪采；4 头，围场县木兰围场新丰，2015-VI-08，宋烨龙，李迪采。

分布：河北、北京、黑龙江、辽宁、内蒙古、山西、山东、河南、陕西、甘肃、安徽、浙江、湖北、江西、湖南、福建、广西、四川、云南；朝鲜，日本，欧洲。

（720）东北栎枯叶蛾 *Paralebeda femorata* (Ménétriès, 1858)（图版 XLVIII：7）

识别特征：体长 27.0～48.0 mm；翅展雄 58.0～76.0 mm，雌 76.0～100.0 mm。浅褐至深褐色。雄性头部前额具褐色长毛，雌性头部前额略呈黄褐色；下唇须呈酱紫色。触角双栉状，褐色，雄性下半部羽枝较长。雄性前翅较狭长，前缘约在 1/4 处开始呈弧形弯曲，外缘呈弧状，后缘较直而短；亚外缘斑列呈暗褐色波状纹，末端臀角区具黑褐色椭圆形大斑，内横线深色较直；雌性前翅中间斜行腿状横斑较宽大，大斑中部至顶角区具暗褐色、赤褐色、灰褐色斑块。后翅中间呈不甚明显的深色横斑纹，腹部末端肛毛酱紫色。

取食对象：水杉、银杏、楠木、柏木、栎树、马尾松、落叶松、华山松、赤松、檫树、榛、金钱松、柳杉、连翘等、丁香、杨、椴树、梨、映山红。

检视标本：4 头，围场县木兰围场燕格柏，2015-VII-20，宋烨龙、李迪采；5 头，围场县木兰围场孟滦，2015-VII-27，宋烨龙、李迪采；2 头，围场县木兰围场新丰，2015-VII-24，宋烨龙、李迪采。

分布：河北、北京、黑龙江、辽宁、山东、河南、陕西、甘肃、浙江、湖北、江西、湖南、广西、四川、贵州、云南；蒙古，俄罗斯，朝鲜。

（721）松栎枯叶蛾 *Paralebeda plagifera* (Walker, 1855)（图版 XLVIII：8）

识别特征：翅展雄 62.0 mm 左右，雌 95.0 mm 左右。全体褐色，腹部末端呈酱紫色。下唇须向前伸，呈两瓣麦粒状，酱紫色。触角黄褐色。胸部被有灰褐色长毛。前翅中部有棕褐色斜带，其前缘直，无凸起或游离的部分，其后端稍窄、色浅，斜带边缘有灰白色银边；亚外缘斑列赤褐色，呈波状，上部呈 3 黑色斑纹，翅中间由斜带外缘至缘边呈紫褐色，臀角斑小或消失。后翅色浅，中间呈 2 条黑色斑纹。翅反面内半部深褐色、呈圆弧状，外半部颜色浅。雄性翅面斑纹与雌相同。

分布：河北、浙江、福建、广东、广西、西藏；越南，泰国，印度，尼泊尔。

（722）杨黑枯叶蛾 *Pyrosis idiota* Graeser, 1888（图版 XLVIII：9）

识别特征：体长 22.0～33.0 mm；翅展雄 47.0～51.0 mm，雌 63.0～72.0 mm。雄性头部、前胸黄色，体翅黑褐色，后翅中部呈灰黄色大斑；雌性灰黄色略带褐色，触角黑色，体密被灰黄色毛鳞，腹部末端密生黄色长肛毛。前翅中室末端白斑大而圆，内、外横线灰白色、双重、波状，外横线弧形，亚外缘斑列黑褐色，外侧衬以灰白色线纹，顶角区 3 斑相连大而明显。后翅中间呈灰白色横带（该带不达后缘），外半部呈深色斑纹。

取食对象：杨、榆、柳、糖槭、文冠果、苹果、沙果、梨等。

分布：河北、北京、东北、内蒙古、山西、陕西；俄罗斯，朝鲜，日本。

（723）月光枯叶蛾 *Somadasys lunata* Lajonquiere, 1973（图版 XLVIII：10）

识别特征：翅展 36.0～41.0 mm。翅淡黄褐色，触角黄褐色。前翅中间有深色宽带，中室端呈银白色月亮形大斑并发出金属光泽，其外端伸达外线；外侧有淡色宽带。后翅内半部呈深色斑纹。

检视标本：4 头，围场县木兰围场种苗场，2015-VI-27，宋烨龙、李迪采；5 头，围场县木兰围场五道沟，2015-VII-07，宋烨龙、李迪采；4 头，围场县木兰围场新丰，2015-VI-08，宋烨龙、李迪采。

分布：河北、河南、陕西。

110. 大蚕蛾科 Saturniidae

（724）绿尾大蚕蛾 *Actias selene* (Hübner, 1807)（图版 XLVIII：11）

识别特征：翅长 59.0～63.0 mm，体长 35.0～45.0 mm。头灰褐色，头部两侧及肩板基部前缘有暗紫色横切带，体被较密的白色长毛，有些个体略带淡黄色，触角土黄色，长双栉形。翅粉绿色，基部有较长的白色茸毛，前翅前缘暗紫色，混杂有白色鳞毛，翅脉及 2 条与外缘平行的细线均为淡褐色，外缘黄褐色；中室端 1 眼形斑，斑的中间在横脉处呈 1 条透明横带，透明带的外侧黄褐色，内侧内方橙黄色，外方黑色，间杂有红色月牙形纹。后翅自 M_3 脉以后延伸成尾形，长达 40.0 mm，尾带末端常呈卷折状。

取食对象：柳、枫杨、栗、乌桕、木槿、樱桃、苹果、胡桃、樟树、桤木、梨、沙果、杏、石榴、喜树、赤杨、鸭脚木。

检视标本：1 头，围场县木兰围场孟滦小孟奎，2015-VII-27，蔡胜国采；2 头，围场县木兰围场燕格柏车道沟，2015-VII-20，马莉采；1 头，围场县木兰围场五道沟，2015-VIII-06，马晶晶采。

分布：河北、吉林、辽宁、河南、江苏、浙江、湖北、江西、湖南、福建、广东、海南、广西、四川、云南、西藏、台湾；日本。

（725）丁目大蚕蛾 *Aglia tau amurensis* Jordan, 1911（图版 XLVIII：12）

识别特征：体长 20.0～25.0 mm；翅长 32.0～36.0 mm。翅茶褐色。头污黄色，雄性触角双栉形，黄褐色，雌性齿栉形，色稍深；胸部色浓呈棕褐，腹部色浅，背线及各节间色稍深；前翅内线及中线略深于体色，内线内侧拌有灰白色条纹；中室端有桃形黑色眼斑，斑内中间有白色半透明"丁"字形纹，顶角内侧有灰褐色斑。后翅基部色稍深，外线暗褐色呈弓形，外侧灰白色，近顶角处有灰白色斑，中室端的眼形纹大于前翅，"丁"字形纹也更明显。前、后翅的反面呈霉纸色，前翅顶角 1 块大白斑；后翅中室的眼形斑上的黑圈不见；翅的中部毛 1 块棕褐色区，外线白色，顶角有白斑。

取食对象：桦、栎、山毛榉、桤木、椴、榛。

检视标本：1 头，围场县木兰围场北沟色树沟，2015-V-29，宋洪普采；1 头，围场县木兰围场木兰围场院内，2015-V-26，宋洪普采。

分布：河北、东北、陕西；俄罗斯，朝鲜，日本。

(726) 合目大蚕蛾 *Caligula boisduvali* (Eversmann, 1846)（图版 XLVIII：13）

识别特征：体长 30.0~40.0 mm；翅长 34.0~35.0 mm。头黄褐色。触角雄性长双栉形，污黄色，雌性栉齿形，黄褐色。颈板灰白色，前胸及中肋背线棕色。肩板黄褐有长绒毛，腹部浅黄色，各节间有棕褐色环形纹。前翅前缘紫褐色，间杂有白色鳞毛；内线紫褐色，在中肋下方 1 块紫褐色斑，外线暗褐色，亚外线与端线间呈浅粉色纹；前翅顶角不外突，内侧近前缘 1 盾形黑斑。后翅色斑与前翅近似，只是外线近前缘向内方弯曲，后方也不与内线靠近。前、后翅反面色稍浅，前翅近前缘的紫粉褐色区不见。

取食对象：栎、椴、榛、胡枝子、核桃楸等。

分布：河北、内蒙古、辽宁、黑龙江、山西、甘肃、青海；俄罗斯。

(727) 黄豹大蚕蛾 *Loepa katinka* (Westwood, 1848)（图版 XLVIII：14）

识别特征：体长 25.0~28.0 mm；翅长 40.0~45.0 mm。头污黄色，触角黄褐色，双栉形。肩板及胸部前缘黄褐色，间杂有白色及红色鳞粉，胸部及腹部淡黄色，有白色长茸毛，腹部各节间色稍浅。前翅前绿灰褐色，翅基橘黄色，内线褐色呈波浪形纹，外线探褐色锯齿形，顶角稍外凸粉红色，内侧上方有白色闪纹，下方有肾形黑斑，外缘淡黄色；中室端有椭圆眼形斑，斑的中部有粉红色弯线，外围棕褐色，并有赭黄及褐色多层次轮廓。后翅色与斑同前翅。前翅及后翅反面的色与斑很似正面。

取食对象：白粉藤及其他藤科植物。

检视标本：2 头，围场县木兰围场五道沟场部，2015-VIII-06，刘浩宇采。

分布：河北、宁夏、浙江、安徽、福建、江西、广东、广西、海南、四川、云南、西藏；印度。

111. 箩纹蛾科 Brahmaeidae

(728) 黄褐箩纹蛾 *Brahmaea certhia* Fabricius, 1793（图版 XLVIII：15）

识别特征：翅展 110.1~110.6 mm。棕褐色；头部及胸部棕色褐边，腹部背面棕色。前翅中带由 10 长卵形横纹组成，中带内侧为 7 波浪纹，褐色间棕色，翅基菱形，棕底褐边，中带外侧为 6 箩筐编织纹，浅褐间棕色，翅顶淡褐色有 4 条灰白间断的线点，外缘浅褐，1 列半球形灰褐斑。后翅中线白色，中线内侧棕色，外侧有 8 箩筐纹，外缘褐间黑色。

检视标本：1 头，围场县木兰围场燕格柏车道沟，2015-VII-20，马莉采；1 头，围场县木兰围场五道沟场部，2015-VIII-06，刘效竹采。

分布：华北、黑龙江、浙江、华中。

112. 天蛾科 Sphingidae

（729）葡萄天蛾 *Ampelophaga rubiginosa* Bremer & Grey, 1853（图版 XLIX：1）

识别特征：翅长 45.0～50.0 mm。翅茶褐色；触角背面黄色，下侧棕色；身体背面自前胸到腹部末端 1 灰白色纵线，下侧色淡呈红褐色。前翅顶角较凸出，各横线都为暗茶褐色，以中线较粗而弯曲，外线较细波纹状，近外缘有不明显的棕褐色带，顶角 1 较宽的三角形斑。后翅黑褐色，外缘及后角附近各 1 茶褐色横带，缘毛色稍红。前翅及后翅反面红褐色，各横线黄褐色，前翅基半部黑灰色，外缘红褐色。

取食对象：葡萄、黄荆、乌蔹莓。

分布：河北、东北、山西、山东、河南、陕西、宁夏、江苏、安徽、浙江、湖北、江西、湖南、广东沿海、四川；朝鲜，日本。

（730）榆绿天蛾 *Callambulyx tatarinovi* (Bremer & Grey, 1853)（图版 XLIX：2）

识别特征：翅长 35.0～40.0 mm。翅面绿色，胸部背面黑绿色；前翅前缘顶角 1 较大的多角形深绿色斑，中线、外线间连成 1 深绿色斑，外线成 2 弯曲的波状纹。翅反面黄绿色；腹部背面粉绿色，各节后缘 1 棕黄色横纹；翅的反面近基部后缘淡红色；后翅红色，后缘白色，外缘淡绿，后角上有深色横条。

取食对象：榆、刺榆、柳。

检视标本：11 头，围场县木兰围场新丰，2015-VII-14，宋烨龙、李迪采；19 头，围场县木兰围场五道沟，2015-VII-07，宋烨龙、李迪采；10 头，围场县木兰围场种苗场，2015-VI-27，宋烨龙、李迪采。

分布：河北、东北、山西、山东、河南、宁夏；俄罗斯，朝鲜，日本。

（731）绒星天蛾 *Dolbina tancrei* Staudinger, 1887（图版 XLIX：3）

识别特征：翅长 30.0～35.0 mm。灰黄色，有白色鳞毛混杂，肩板有 2 中部向内的弧形黑线；腹部背线由 1 列较大的黑点组成，尾端黑点成斑，两侧有向背线倾斜的黑条纹；胸、腹部的下侧黄白色，中间有几个比较大的黑点。前翅内线中线及外线均由深色的波状纹组成，亚外缘线灰白色，中室 1 极显著的白星。后翅棕褐色，缘毛灰白色。

取食对象：水蜡树、女贞、榛皮等。

分布：河北、北京、黑龙江；朝鲜，日本，印度。

(732)松黑天蛾 *Hyloicus caligineus sinicus* Rothschild & Jordan, 1903（图版 XLIX：4）

识别特征：翅长 30.0～37.0 mm。翅灰褐色，胫板及肩板呈棕褐色线；腹部背线及两侧有棕褐色纵带；前翅内横线及外横线不明显，中室附近有 5 倾斜的棕黑色条纹，顶角下方 1 向后倾斜的黑纹。后翅棕褐色，缘毛灰白色。前翅反面灰褐色，近前缘部位色稍浅；中室前缘及其前方有不甚明显的灰黑色纵纹；后翅灰黄色，脉纹处色偏深。

取食对象：松树。

检视标本：1 头，围场县木兰围场种苗场查字，2015-VI-27，李迪采。

分布：河北、黑龙江、北京、上海；俄罗斯，日本。

(733)黄脉天蛾 *Laothoe amurensis* (Staudinger, 1892)（图版 XLIX：5）

识别特征：翅长 40.0～45.0 mm。翅灰褐色；翅上斑纹不明显，内线、中线、外线棕黑色波状，外缘自顶角到中部有棕黑色斑，翅脉被黄褐色鳞毛，较明显；后翅颜色与前翅相同，横脉黄褐色明显。

取食对象：马氏杨、小叶杨、山杨、桦树、椴树、栲树。

检视标本：1 头，围场县木兰围场新丰挂牌树，2015-VI-08，赵大勇采。

分布：河北、北京、天津、东北、内蒙古、山西、新疆；俄罗斯，日本。

(734)枣桃六点天蛾 *Marumba gaschkewitschi* (Bremer & Grey, 1853)（图版 XLIX：6）

识别特征：翅长 40.0～55.0 mm。翅黄褐至灰紫褐色；触角淡灰黄色；胸部背板棕黄色，背线棕色；前翅各线之间色稍深，近外缘部分黑褐色，边缘波状，后缘部分色略深；近后角处有黑色斑，其前方 1 黑点。后翅枯黄至粉红色，翅脉褐色，近后角部位有 2 黑斑。前翅反面基部至中室呈粉红色，外线与亚端线黄褐；后翅反面灰褐，各线棕褐色，后角色较深。

取食对象：桃、枣、樱桃、苹果、梨、杏、李、葡萄、枇杷、海棠等。

检视标本：1 头，围场县木兰围场五道沟沟塘子，2015-VII-07，蔡胜国采。

分布：河北、山西、山东、河南。

(735)梨六点天蛾 *Marumba gaschkewitschi complacens* (Walker, 1865)（图版 XLIX：7）

识别特征：翅长 45.0～50.0 mm。翅棕黄色；触角棕黄色；胸部及腹部背线黑色，下侧暗红色。前翅棕黄色，各横线深棕色；弯曲度大，顶角下方有棕黑色区域，后角有黑色斑，中室端 1 黑点，自亚前缘至后缘呈棕黑色纵带。后翅紫红色，外缘略黄，后角有 2 黑斑，缘毛白色。前、后翅反面暗红至杏黄色；前翅前缘灰粉色，各横线明显。

取食对象：梨、桃、苹果、枣、葡萄、杏、李、樱桃、枇杷。

分布：河北、江苏、浙江、湖北、湖南、海南、四川。

(736)菩提六点天蛾 *Marumba jankowskii* (Oberthür, 1880)（图版 XLIX：8）

识别特征：翅展 79.0～90.0 mm。翅灰黄褐色；头、胸部的背线暗棕褐色，腹部各节间有灰黄色环。前翅有较宽的3条黄褐色横带,亚端线下部向后缘迂回弯曲,后角近后缘处1暗褐色斑,稍上方又1暗褐色圆斑,中室上1条纹。后翅淡褐色,后角附近有2个连在一起的暗褐色斑。

取食对象:菩提、枣、椴树等。

检视标本:1头,围场县木兰围场五道沟,2015-VIII-06,马晶晶采。

分布:河北、东北;俄罗斯,日本。

(737)栗六点天蛾 *Marumba sperchius* (Ménéntriés, 1857)(图版 XLIX:9)

识别特征:翅长50.0~60.0 mm。翅淡褐色,从头顶到尾端1暗褐色背线。前翅各线成不甚明显的暗褐色条纹,共6条组成,后角有暗褐色斑两块,沿外缘绿色较浓。后翅暗褐色,后角处1白斑,其中包括2暗褐色圆斑。

取食对象:栗、栎、楮树、核桃。

分布:河北、北京、东北、湖南、台湾、海南;朝鲜,日本,印度。

(738)白环红天蛾 *Pergesa askoldensis* (Oberthür, 1879)(图版 XLIX:10)

识别特征:翅长25.0 mm左右。体赤褐色,从头至肩板四周有灰白色毛;颈的后缘毛白色;腹部两侧橙黄色,各节间有白色环纹。前翅狭长,橙红色,内横线不明显,中线较宽棕绿色,外线呈较细的波状纹,顶角1向外倾斜的棕绿色斑,外缘锯齿形,各脉端部棕绿色。后翅基部及外缘棕褐色,中间有较宽的橙黄色纵带,后角向外凸出。

取食对象:山梅花、紫丁香、秦皮、桴皮、葡萄、鼠李。

检视标本:1头,围场县木兰围场新丰挂牌树,2015-VII-14,马莉采。

分布:河北、黑龙江;俄罗斯,朝鲜,日本。

(739)红天蛾 *Pergesa elpenor lewisi* (Butler, 1875)(图版 XLIX:11)

识别特征:翅长 25.0~35.0 mm。翅红色为主,有红绿色闪光,头部两侧及背部有2纵行的红色带。前翅基部黑色,前缘及外横线、亚外缘线、外缘和缘毛都为暗红色;外横线近顶角较细,越向后缘越粗;中室1小白色点。后翅红色,靠近基半部黑色。翅反面色较鲜艳,前缘黄色。腹部背线红色,两侧黄绿色,外侧红色,第1腹节两侧有黑斑。

取食对象:凤仙花、千屈菜、蓬子菜、柳兰、葡萄。

分布:河北、吉林、台湾、四川;朝鲜,日本。

(740)紫光盾天蛾 *Phyllosphingia dissimilis* Bremer 1861(图版 XLIX:12)

识别特征:翅长 55.0~60.0 mm。外部斑纹与盾天蛾相同,只是全身有紫红色光泽,越是浅色部位越明显;前翅及后翅外缘齿较深;后翅反面有白色中线,明显。

取食对象:核桃、山核桃。

分布:河北、北京、黑龙江、山东、华南、贵州;日本,印度。

(741) 钩翅目天蛾 *Smerinthus tokyonis* Matsumura, 1921（图版 XLIX：13）

识别特征：翅展 60.0~70.0 mm，体长 29.0 mm；体灰褐色，头顶及肩板灰色。前翅狭长，顶角弯突呈钩状，后角凸出，后缘凹；基部色浅，有灰黑色近圆形的斑，淡色部分穿过内线突向后角伸 1 长尖角并与后角伸出的黑纹相连，中部的褐色带被此淡色线分成 2 大三角形斑；外线呈褐色波状纹，顶角内侧下方具近灰白色斑，沿外缘具 1 拱形的褐斑。后翅臀角处的眼斑较扁，有蓝黑色连贯的外圈，上部桃红色，2 条横带显著。腹部具褐斑列。

分布：河北、北京；日本。

(742) 杨目天蛾 *Smerithus caecus* Ménétriés, 1857（图版 XLIX：14）

识别特征：翅长 30.0~35.0 mm。胸部背板棕褐色；腹部两侧有白色纹。翅红褐色。前翅内线、中线及外线棕褐色，中室上有灰白色细长斑，下 1 棕褐色斑，后角 1 橙黄色斑，顶角有棕黑色三角形斑。后翅暗红色，后角有棕黑色"目"形斑，斑的中间有 2 灰粉色弧形纹。后足胫节无端距。

取食对象：白杨、赤杨、柳。

检视标本：4 头，围场县木兰围场燕格柏，2015-VII-20，宋烨龙、李迪采；7 头，围场县木兰围场新丰，2015-VII-03，宋烨龙、李迪采；14 头，围场县木兰围场五道沟，2015-VII-07，宋烨龙、李迪采；1 头，围场县木兰围场种苗场，2015-VI-27，宋烨龙、李迪采。

分布：河北、吉林、黑龙江；俄罗斯、日本。

(743) 北方蓝目天蛾 *Smerithus planus alticola* Clark, 1934（图版 XLIX：15）

识别特征：翅长 42.0 mm。身体黑褐色。翅灰褐，有粉色鳞粉，翅基片灰黑色，内线与中线间形成两块黄褐色斑，中间 1 粉红色纵带，外线成波状纹，亚外缘线弧形，外缘上部较直，臀角上方稍内陷，中室端有"丁"字形棕黄色斑。后翅棕褐色，外缘黑褐色；中间 1 较大圆斑，圆斑中间黄褐，外围黑色，中间有粉色区域，上方红色。前翅反面自翅基至中室端有红色三角区；后翅反面线纹明显，蓝目不显。

取食对象：柳、杨、桃。

检视标本：1 头，围场县木兰围场燕格柏车道沟，2015-VII-20，马晶晶采。

分布：河北、吉林、山东。

(744) 蓝目天蛾 *Smerithus planus planus* Walker, 1856（图版 L：1）

识别特征：翅长 40.0~50.0 mm。翅灰褐色；触角淡黄色；胸部背板中间褐色。前翅基部灰黄色，中外线间成前后两块深褐色斑，中室前端 1 "丁"字形浅纹，外横线成 2 深褐色波状纹，外缘自顶角以下色较深。后翅淡黄褐色，中间 1 大蓝目斑，周围黑色，蓝目斑上方粉红色；后翅反面蓝目不显。

取食对象：柳、杨、桃、樱桃、苹果、沙果、海棠、梅、李。

分布：河北、东北、内蒙古、山西、山东、河南、陕西、宁夏、江苏、安徽、浙江、江西；俄罗斯，朝鲜，日本。

(745) 鼠天蛾 *Sphingulus mus* Staudinger, 1887（图版 L：2）

识别特征：体长约 28.0 mm，翅展 58.0~60.0 mm。灰色，触角背复白鳞，胸背无斑纹，腹背中线不明显为灰褐色细线，两侧有褐斑列，下侧无斑点。前翅灰色，中室端有明显的白点，横线不显著，外横线较清楚呈锯齿状，缘毛白色，有褐斑列。后翅灰褐色，缘毛同前。

检视标本：1 头，围场县木兰围场五道沟场部，2015-VIII-06，蔡胜国采。

分布：河北、北京、黑龙江、山西、山东、河南、陕西、甘肃、浙江、湖北；俄罗斯，朝鲜。

(746) 红节天蛾 *Sphinx ligustri constricta* Butler, 1885（图版 L：3）

识别特征：翅长 40.0~45.0 mm。头灰褐色，颈板及肩板外侧灰粉色；胸部背面棕黑色，后胸背有成丛的黑基白梢鳞毛；腹部背线成较细的黑纵条，各节两侧前半部粉红色，后半部有较狭的黑色环，下侧白褐色。前翅基部色淡，内线及中线不明显，外线呈棕黑波状纹，中室有较细的纵横交叉黑纹。后翅烟黑色，基部粉褐色，中间有较宽的浅粉色宽带。前、后翅反面黄褐色，中间 1 黑色斜带，斜带下方粉褐色。

取食对象：水蜡树、丁香、梣皮、山梅、橘子。

检视标本：1 头，围场县木兰围场新丰挂牌树，2015-VI-08，蔡胜国采。

分布：华北、东北；朝鲜，日本，欧洲，非洲。

(747) 雀纹天蛾 *Theretra japonica* (Boisduval, 1869)（图版 L：4）

识别特征：翅长 34.0~37.0 mm。绿褐色；头部及胸部两侧有白色鳞毛，背部中间有白色绒毛，背线两侧有橙黄色纵条。触角背面灰色，下侧棕黄色；腹部背线棕褐色，两侧有数条不甚明显的暗褐色条纹，各节间有褐色横纹，两侧橙黄色，下侧粉褐色。前翅黄褐色，后缘中部白色，顶角达后缘方向有 6 暗褐色斜条纹，上面 1 条最明显，第 3 条与第 4 条之间色较淡，中室端 1 小黑点。后翅黑褐色，后角附近有橙灰色三角斑，外缘灰褐色。

取食对象：葡萄、野葡萄、常春藤、白粉藤、爬山虎、虎耳草、绣球花等。

分布：河北、北京、东北、内蒙古、山东、河南、陕西、宁夏、甘肃、青海、上海、江苏、安徽、浙江、湖北、江西、湖南、福建、台湾、广东、海南、广西、四川、贵州、云南；俄罗斯，朝鲜，韩国，日本。

113. 带蛾科 Eupterotidae

(748) 云斑带蛾 *Apha yunnanensis* Mell, 1937（图版 L：5）

识别特征：前翅中室端部具明显黑点，顶角至后缘具 1 黄色横带，其内侧并列 1

紫红色横带；前后翅均有多处黄褐色斑点细长多足。

分布：河北、湖北、重庆、云南。

114. 舟蛾科 Notodontidae

（749）伪奇舟蛾 *Allata laticostalis* (Hampson, 1900)（图版 L：6）

曾用名：半明奇舟蛾、银刀奇舟蛾。

识别特征：体长 19.0～20.0 mm；翅展雄 40.0～48.0 mm，雌 50.0 mm。触角分支两侧等长。头和胸背暗红褐色，头顶和前胸背中间黑色，颈板浅灰黄褐色，中间 1 暗褐色横线，后胸背有 2 灰白点。腹部背面灰褐色。雄性前翅中室以上的前半部浅苍褐色，R_5 脉以上的翅顶 1 暗红褐色斑；翅后半部暗红褐色，基部和外缘中间较暗近黑色；中室下缘外半部 1 近刀形的银斑，内侧 1 小银点；内、外线黑褐色，双股锯齿形；前缘中间到横脉 1 暗褐色影状斜带；端线细，黑色波浪形。后翅灰褐色，缘毛色较浅。雌性前翅前半部（除翅尖 1 暗褐色斑外）浅灰黄色，其后缘沿中室下缘几乎成直线伸至外缘；翅后半部暗褐色，内半部近黑色，后缘缺刻边缘红褐色；前缘中间到横脉 1 褐色影状斑；中室下角无灰白色"V"形纹。后翅灰褐色。

分布：河北、北京、山西、陕西、甘肃、浙江、福建、湖北、江西、四川、云南；越南，印度，阿富汗，巴基斯坦。

（750）黑带二尾舟蛾 *Cerura felina* Butler, 1877（图版 L：7）

识别特征：体长 25.0～27.0 mm，翅展 68.0～72.0 mm。与杨二尾舟蛾很近似，不同的是：头和翅基片灰黄白色，颈板和胸部背面烟灰带灰黄白色。前翅灰白色，翅脉暗褐色；内线双股，波浪形，在中室下缘和 A 脉间较内曲，内衬 1 雾状宽带；外线脉间深锯齿形；亚端线几乎每 1 脉间的点都向内延长。后翅灰白微带紫色，翅脉黑褐色，基部和后缘带灰黄色，横脉纹黑色，端线由 1 列脉间黑点组成。腹部背面黑色，每节中间 1 大的灰白色三角形斑，斑内有 2 黑纹，前、后连成 2 黑线；末端两节灰白色上只 1 黑纹。

检视标本：1 头，围场县木兰围场五道沟沟塘子，2015-VII-07，马莉采。

分布：河北、北京、辽宁、甘肃；朝鲜，日本。

（751）杨二尾舟蛾 *Cerura menciana* Moore, 1877（图版 L：8）

识别特征：体长雄 22.0～26.0 mm，雌 22.0～29.0 mm；翅展雄 54.0～63.0 mm，雌 59.0～76.0 mm。下唇须黑色，触角干灰白色，分支黑褐色。头和胸部灰白微带紫褐色，胸背有两列 6 黑点；翅基片有 2 黑点。前翅灰白微带紫褐色，翅脉黑褐色；基部有 3 黑点鼎立；亚基线由 1 列黑点组成；在中室上、下方呈角形曲；内线 3 股；前端闭口；中线从前缘中间开始，沿横脉内侧呈深齿形曲到中室下角，以后呈深锯齿形与外线平行达到后缘中间；横脉纹月牙形；外线双股，在脉间呈深锯齿形曲；端线由脉间黑点组成，其中 R_4–M_3 脉间的黑点向内延长，呈两头粗中间细的纹。后翅灰白微带紫色，翅脉黑褐色，基部和后缘带灰黄色。腹部背面黑色、第1—6节中间1灰白色纵带；两侧各具1黑点；末端两节灰白色，两侧黑色，中间有4黑纵线。

检视标本：6头，围场县木兰围场燕格柏车道沟，2015-VII-20，马晶晶采；3头，围场县木兰围场种苗场查字，2015-VI-27，李迪采。

分布：全国广布（除新疆、贵州和广西外）；朝鲜，日本，越南。

（752）分月扇舟蛾 *Clostera anastomosis* (Linnaeus, 1758)（图版 L：9）

识别特征：体长雄 12.0~15.0 mm，雌 16.0~18.0 mm；翅展雄 27.0~37.0 mm，雌 37.0~46.0 mm。身体灰褐到暗灰褐色；头顶到胸背中间黑棕；下唇须棕色到暗棕褐色。前翅灰褐到暗灰褐色，顶角斑扇形，模糊的红褐色；3 灰白色横线具暗边；亚基线在中室下缘断裂，错位外斜；内线略外拱，外侧有雾状暗褐色，近后缘处外斜；外线前半段穿过顶角斑，呈斜伸的双齿形曲，外衬锈红色斑，后半段垂直伸于后缘；中室下内外线之间 1 斜的三角形影状斑；外线在 M_2 脉前略弯曲；亚端线由 1 列脉间黑褐色点组成，波浪形，在 Cu_1 脉呈直角弯曲，Cu_1 脉以前其内侧衬 1 波浪形暗褐色带；端线细，不清晰；横脉纹圆形暗褐色，中间有1灰白色线把圆斑横割成两半。

检视标本：1头，围场县木兰围场新丰挂牌树，2015-VIII-03，刘浩宇采。

分布：河北、黑龙江、吉林、内蒙古、陕西、甘肃、新疆、江苏、上海、安徽、浙江、湖北、湖南、福建、四川、贵州、云南；蒙古，俄罗斯，朝鲜，日本，欧洲。

（753）短扇舟蛾 *Clostera curtuloides* (Erschoff, 1870)（图版 L：10）

识别特征：体长雄 12.0~15.0 mm，雌 15.0~16.0 mm；翅展雄 27.0~26.0 mm，雌 32.0~38.0 mm。下唇须灰红褐色。触角从灰白到赭灰色，分支灰色。身体灰红褐色，头顶到胸中部暗棕红色，臀毛簇末端棕黑色。前翅灰红褐色；顶角斑暗红褐色，在 M_1–Cu_1 脉间钝齿形曲稍长；亚基线、内线和外线灰白色具暗边；亚基线和内线较直，略向外斜，彼此接近平行；外线从前缘到 M 脉 1 段齿形曲白色鲜明；从 Cu_2 脉基部到外线间 1 斜三角形影状暗斑；亚端线由 1 列脉间黑褐色点组成，前半段穿过顶角斑中间，后半段在 Cu_1 脉呈直角形曲，以后垂直于臀角；缘毛灰白色。后翅灰红褐色。

检视标本：11头，围场县木兰围场燕格柏车道沟，2015-VIII-20，李迪采；7头，围场县木兰围场新丰挂牌树，2015-VII-14，李迪采；6头，围场县木兰围场五道沟沟塘子，2015-VII-7，李迪采；1头，围场县木兰围场五道沟场部，2015-VI-30，李迪采。

分布：河北、北京、黑龙江、吉林、山西、陕西、甘肃、青海、云南；俄罗斯，朝鲜，日本，北美洲。

（754）漫扇舟蛾 *Clostera pigra* (Hufnagel, 1766)（图版 L：11）

识别特征：雄翅展 25.0~29.0 mm。身体灰褐到暗灰褐色；头顶到胸背中间黑棕色；下唇须赭褐色，背缘黑褐色。前翅紫灰褐色，尤以中间和外缘较显著；顶角斑暗褐色，扇形；亚基线和内线靠近，在内缘有点相连；外线在前缘呈白色楔形，随后在 M_1 脉稍外曲，以后几乎直伸到臀角内侧；从内外线间的中室下缘中间到外缘 1 块逐渐变淡的暗斑。似与扇形斑连为一体；前缘在外线与亚端线间 1 红褐色楔形斑。后翅暗褐色到灰黑色。

检视标本：7 头，围场县木兰围场新丰挂牌树，2015-VI-8，李迪采；11 头，围场县木兰围场种苗场查字，2015-VI-27，李迪采。

分布：河北、东北、甘肃；俄罗斯，朝鲜，小亚细亚，欧洲，北美洲。

（755）灰舟蛾 *Cnethodonta grisescens* Staudinger, 1887（图版 L：12）

识别特征：体长雄 14.0～17.0 mm，雌 21.0 mm；翅展雄 36.0～45.0 mm，雌 46.0 mm。头和胸部灰色；腹部灰褐色，末端灰白色。前翅灰白色布满黑褐色雾点，所有斑纹黑褐色，由半竖起鳞片组成；4 条横线不清晰衬白边；内线外斜，微波浪形；外线双曲形；亚端线和端线由脉间黑褐色点组成；横脉纹较清晰。后翅灰褐色，前缘较灰白。

检视标本：1 头，围场县木兰围场四合永永庙宫，2015-VII-29，蔡胜国采。

分布：河北、北京、东北、山西、陕西、甘肃、浙江、湖北、江西、湖南、福建、台湾、广西、四川；俄罗斯，朝鲜，日本。

（756）黄二星舟蛾 *Euhampsonia cristata* (Butler, 1877)（图版 L：13）

识别特征：体长 23.0～31.0 mm；翅展雄 65.0～75.0 mm，雌 72.0～88.0 mm。头和颈板灰白色；胸部背面灰黄带赭色，冠形毛簇端部和后胸边缘黄褐色；腹部背面褐黄色。前翅黄褐色，中间横线间较灰白，有 3 条暗褐色横线：内、外线较清晰，内线微曲伸达后缘齿形毛簇的基部，中线松散带形，外线稍直；横脉纹由 2 等大的黄白色小圆点组成，脉间缘毛灰白色。后翅褐黄色，前缘较淡。

检视标本：4 头，围场县木兰围场燕格柏车道沟，2015-VII-20，马晶晶采；1 头，围场县木兰围场新丰挂牌树，2015-VII-24，蔡胜国采；1 头，围场县木兰围场孟滦小孟奎，2015-VII-27，李迪采。

分布：河北、北京、东北、内蒙古、山西、山东、河南、陕西、甘肃、江苏、安徽、浙江、湖北、江西、湖南、台湾、海南、四川、云南；俄罗斯，朝鲜，日本，缅甸。

（757）锯齿星舟蛾 *Euhampsonia serratifera* Sugi, 1994（图版 L：14）

识别特征：体长 31.0～33.0 mm；翅展雄 85.0 mm，雌 101.0 mm。头和颈板灰白色；胸部背面淡黄褐色；腹部背面黄褐色。前翅黄褐色，中室以下的后缘区较淡、有 3 不清晰的横线；内线呈不规则弯曲，伸达后缘的齿形毛簇；中线和外线呈松散的带形，在横脉外弯曲；横脉纹为长椭圆形赭色小斑；脉间缘毛灰白色，其余褐色。后翅暗黄褐色，前缘黄白色，后缘带赭色。

检视标本：1 头，围场县木兰围场五道沟沟塘子，2015-VII-07，李迪采。

分布：河北、浙江、湖南、福建、广西、四川、云南；越南，泰国，缅甸。

(758) 银二星舟蛾 *Euhampsonia splendida* (Oberthür, 1880)（图版 L：15）

识别特征：体长 23.0～25.0 mm；翅展雄 59.0～64.0 mm，雌 74.0 mm。头和颈板灰白色；胸部背面和冠形毛簇柠檬黄色；腹部背面淡褐黄色。前翅灰褐色，前缘灰白色，尤以外侧 1/3 较显著，Cu_2 脉和中室下缘后方的整个后缘区柠檬黄色，外缘缺刻小；内、外线暗褐色，呈"V"形汇合于后缘中间；横脉纹由 2 银白色圆点组成，银点周围柠檬黄色；脉间缘毛灰白色。后翅暗灰褐色、前缘灰白色，后缘褐黄色，1 条模糊暗褐色中线。

检视标本：2 头，围场县木兰围场燕格柏车道沟，2015-VII-20，蔡胜国采；2 头，围场县木兰围场新丰挂牌树，2015-VII-14，蔡胜国采；2 头，围场县木兰围场五道沟沟塘子，2015-VII-07，李迪采。

分布：河北、北京、东北、山东、河南、陕西、浙江、湖北、湖南；俄罗斯，朝鲜，日本。

(759) 燕尾舟蛾 *Furcula furcula* (Clerck, 1759)（图版 LI：1）

识别特征：体长 14.0～16.0 mm，翅展 33.0～41.0 mm。头和颈板灰色。胸部背面有 4 条黑带，带间赭黄色。翅基片灰色。前翅灰色，内、外横带间较暗呈雾状烟灰色；基部有 2 黑点；亚基线由 4～5 个黑点组成，拱形排列；内横带黑色，中间收缩，两侧饰赭黄色点，带内缘在亚中褶处呈深角形内曲，带外侧 1 不清晰的黑线，通常只在前、后缘和 Cu_2 脉基部 3 点可见；外线黑色，从前缘近翅顶伸至 M_3 脉呈斑形，随后由脉间月牙形线组成，内衬灰白边，有些标本在外线内侧有 2 不清晰黑线；横脉纹为 1 黑点；端线由 1 列脉间黑点组成。后翅灰白色，外带模糊松散，近臀角较暗；横脉纹黑色；端线同前翅。腹部背面黑色，每节后缘衬灰白色横线。跗节具白环。

检视标本：2 头，围场县木兰围场新丰挂牌树，2015-VII-14，宋洪普采；2 头，围场县木兰围场燕格柏车道沟，2015-VII-20，马晶晶采；1 头，围场县木兰围场新丰挂牌树，2015-VII-24，蔡胜国采；6 头，围场县木兰围场孟滦小孟奎，2015-VII-27，李迪采。

分布：河北、黑龙江、吉林、内蒙古、陕西、甘肃、新疆、江苏、浙江、湖北、四川、云南；俄罗斯，朝鲜，日本。

(760) 栎枝背舟蛾 *Harpyia umbrosa* (Staudinger, 1892)（图版 LI：2）

识别特征：体长雄 16.5～18.5 mm，雌 20.0 mm；翅展雄 48.0～52.0 mm，雌 55.5 mm。头和胸部黑褐色，翅基片灰白色，背缘具黑边。前翅褐灰色，前缘和后缘暗褐色，外半部翅脉黑色；1 条很宽的黄褐色外带几乎占满了整个外半部，模糊双齿形，带的两侧具松散的暗褐色边，在前、后缘形成 2 大的暗斜斑；脉端缘毛灰白色，其余暗褐色。后翅灰白色，基部和后缘灰褐色，臀角 1 黑褐色斑；外线不清晰，只有在横过臀角暗斑上的 1 点灰白色较可见；脉端缘毛灰白色，其余暗褐色。腹部灰褐色。

检视标本：2 头，围场县木兰围场燕格柏车道沟，2015-VII-20，蔡胜国采。

分布：河北、北京、黑龙江、山西、山东、江苏、浙江、湖北、湖南、四川、云南；朝鲜，日本。

（761）白颈异齿舟蛾 *Hexafrenum leucodera* (Staudinger, 1892)（图版 LI：3）

识别特征：体长雄 18.0～19.0 mm，雌 21.0 mm；翅展雄 46.0～50.0 mm，雌 56.0 mm。下唇须、额和触角基部毛簇暗红褐色；头顶和颈板灰白色，颈板后缘黑褐色。胸部背面暗红褐色，翅基片基部有点灰白色。前翅暗褐色，基部 1 白点；顶角斑狭长，从翅顶到前缘端部 1/3 处，黄白色，其内脉间具暗褐色纵纹；中室下从基部到外缘近中间的整个后缘区稍带黄白色；内线以内的亚中褶上有 2 条红褐色纵纹；横脉到外缘暗红褐色似呈 1 条宽带；内、外线不清晰暗红褐色，内线双股波浪形，中间断裂，外线锯齿形，后半段较可见；横脉纹暗红褐色。后翅灰褐色。腹部背面灰褐色。

检视标本：7 头，围场县木兰围场新丰挂牌树，2015-VII-24，蔡胜国采。

分布：河北、北京、东北、山西、陕西、甘肃、浙江、湖北、福建、台湾、四川、云南；俄罗斯，朝鲜，日本。

（762）木霭舟蛾 *Hupodonta lignea* Matsumura, 1919（图版 LI：4）

识别特征：翅展雄 48.0 mm，雌 55.0～65.0 mm。雄性前翅黄白色散布褐色鳞片，以前缘基部和端部及翅端部居多而形成暗斑，翅中部有数条黑色纵纹；内线锯齿状；外线模糊的锯齿状；亚端线黄白色，锯齿状；外线与亚端线间为锈褐色，靠亚端线处色更暗；端线细，暗褐色。雌性底色灰白色，几乎布满了褐色鳞片，斑纹与雄性相同。后翅褐色，外缘暗褐色，雄性色比雌浅，可见暗色的外线。

检视标本：6 头，围场县木兰围场新丰挂牌树，2015-VIII-17，马莉采。

分布：河北、北京、陕西、甘肃、湖南、台湾、四川、云南。

（763）冠舟蛾 *Lophocosma atriplaga* Staudinger, 1887（图版 LI：5）

识别特征：体长 18.0～23.0 mm；翅展雄 44.0～49.0 mm，雌 50.0～57.0 mm。雄性触角的分支较其他种长。头和颈板暗红褐色；胸部背面灰白掺有淡褐色；腹部背面灰褐色。前翅灰褐色，前缘灰白色；中室内线以内的基部较暗；5 条暗褐色横线在前缘均呈不同大小的斑，其中以中线的最大，靴形，伸占整个中室横脉；基线不清晰波浪形；内线向外呈规则的波浪形、向内呈锯齿形，每 1 齿尖内衬 1 灰白点；中线在靴形斑后呈不规则的波浪形；外线锯齿形，但仅在脉上 1 点较可见，外衬 1 列灰白点；亚端线为 1 模糊的波浪形宽带，向内扩散可达中线；脉间缘毛末端灰白色。后翅灰褐色，缘毛同前翅。

检视标本：5 头，围场县木兰围场新丰挂牌树，2015-VII-14，赵大勇采；1 头，围场县木兰围场五道沟，2015-VII-29，马莉采。

分布：河北、北京、黑龙江、吉林；俄罗斯，朝鲜，日本。

（764）榆白边舟蛾 *Nerice davidi* **(Oberthür, 1881)**（图版 LI：6）

识别特征：体长 14.5～20.0 mm；翅展雄 32.5～42.0 mm，雌 37.0～45.0 mm。头和胸部背面暗褐色，翅基片灰白色。前翅前半部暗灰褐带棕色，其后方边缘黑色，沿中室下缘纵伸在 Cu_2 脉中间稍下方呈 1 大齿形曲；后半部灰褐蒙 1 层灰白色，尤与前半部分界处白色显著；前缘外半部 1 灰白色纺锤形影状斑；内、外线黑色，内线只有后半段较可见，并在中室中间下方膨大成 1 近圆形的斑点；外线锯齿形，只有前、后段可见，前段横过前缘灰白斑中间，后段紧接分界线齿形曲的尖端内侧；外线内侧隐约可见 1 模糊暗褐色横带；前缘近翅顶处有 2～3 黑色小斜点；端线细，暗褐色。后翅灰褐色，具 1 模湖的暗色外带。腹部灰褐色。

检视标本：2 头，围场县木兰围场燕格柏车道沟，2015-VII-20，李迪采；1 头，围场县木兰围场四合永庙宫，2015-VIII-12，李迪采；1 头，围场县木兰围场五道沟沟塘子，2015-VII-07，李迪采；2 头，围场县木兰围场种苗场查字，2015-VI-27，李迪采；5 头，围场县木兰围场新丰挂牌树，2015-VII-03，李迪采。

分布：河北、北京、黑龙江、吉林、内蒙古、山西、山东、陕西、甘肃、江苏、江西；俄罗斯，朝鲜，日本。

（765）双齿白边舟蛾 *Nerice leechi* **(Staudinger, 1892)**（图版 LI：7）

识别特征：体长 16.0～19.0 mm；翅展雄 37.0～45.0 mm，雌 47.0～48.0 mm。与榆白边舟蛾近似，但整体较暗，白色较不明显。头和颈板棕褐色；胸部背面的冠形毛簇末端赭色。前翅前半部棕褐色，其后方边缘在 Cu_2 脉中间下方和中室中间下方各呈 1 大 1 小的齿形曲，在外缘 M_1–M_3 脉间呈 1 内向齿形曲；内线不清晰，在中室中间下方不膨大，呈 1 圆形斑点；外线前段较清晰弯曲；横脉纹为 1 清晰的棕褐色点，边缘灰褐色。后翅褐色。腹部末端和臀毛簇赭色。

检视标本：10 头，围场县木兰围场新丰挂牌树，2015-VII-14，李迪采。

分布：河北、黑龙江、吉林、甘肃；俄罗斯。

（766）黄斑舟蛾 *Notodonta dembowskii* **Oberthür, 1879**（图版 LI：8）

识别特征：体长 15.0～18.0 mm，翅展 43.0～48.0 mm。头和胸部背面暗灰褐色。前翅暗灰褐色；内、外线之间的后缘和外线外的前缘处各 1 浅黄色斑；内线以内的基部下半部暗红褐色，其内具黑色亚中褶纹；内线暗红褐色，波浪形，内衬灰白边；外线双股平行，外曲，内面 1 条模糊不清，外面 1 条较可见；亚端线较粗，暗红褐色，在前缘向内扩散至浅黄色斑，呈锥形；端线细暗褐色；横脉纹为 1 黑色长点，具白边；脉端缘毛暗褐色，其余褐色。后翅褐灰色，臀缘和外缘稍暗；臀角暗红褐色；具灰白色外带；横脉纹暗褐色；端线细，暗褐色；缘毛灰白色。腹部背面灰褐色。

检视标本：6 头，围场县木兰围场燕格柏车道沟，2015-VII-20，李迪采；2 头，围场县木兰围场新丰挂牌树，2015-VII-24，李迪采。

分布：河北、黑龙江、吉林、内蒙古、山西；俄罗斯，朝鲜，日本。

（767）烟灰舟蛾 *Notodonta torva* (Hübner, 1803)（图版 LI：9）

识别特征：体长 16.0~18.0 mm，翅展 40.0~47.0 mm。头和胸部背面灰褐色，翅基片边缘黑色。前翅暗灰褐色，所有斑纹暗褐色；内、外线不清晰，内线在中室下呈齿形曲，随后略向内弯，伸达后缘的齿形毛簇处，内衬灰白边；横脉纹清晰，衬灰白色边；外线锯齿形，在 M_1 脉上呈钝角形曲，Cu_2 脉以后垂直于后缘，外衬灰白边；亚端线模糊，较粗；端线细；脉端缘毛较暗。后翅浅灰褐色，臀角和横脉纹较暗；外线模糊，灰白色。前、后翅反面褐灰色，均具灰褐色外线，前后彼此衔接，外衬灰白边；后翅横脉纹暗灰褐色，与外线不连接。腹部背面灰褐色。

检视标本：2 头，围场县木兰围场燕格柏车道沟，2015-VII-20，马晶晶采。

分布：河北、北京、黑龙江、吉林、内蒙古、山西、陕西、湖北；俄罗斯，日本，欧洲。

（768）仿齿舟蛾 *Odontosiana schistacea* (Kiriakoff, 1963)（图版 LI：10）

识别特征：体长 20.0 mm，翅展 48.0 mm。头、颈板和翅基片暗灰褐色，中胸带赭红色，后胸暗灰褐色具黑色横线。前翅灰褐色，基部较暗近黑色，亚端区色较浅；从基部下方到后缘齿形毛簇 1 斜的浅黄色斑，斑前具白边似呈裂纹；内线很不清晰，在后缘齿形毛簇之前隐约可见一点痕迹；外线黑色锯齿形，不很清晰，在前缘和 Cu_2 脉以下两段较可见，外衬灰色边；在前缘外线外侧有 3 个黑色斜斑向上伸至近顶角；端线模糊，由脉间暗灰色线组成；缘毛浅灰褐色，脉端色较暗。后翅灰白色，顶角和外缘带灰褐色，脉和端线浅褐色，臀角 1 短黑纹；脉端缘毛灰褐色，其余白色。腹部背面赭黄色；从基部到末端逐渐变浅，末端灰褐色；下侧赭灰色。跗节黑褐色具白环。

分布：河北、山西、甘肃、青海。

（769）仿白边舟蛾 *Paranerice hoenei* Kiriakoff, 1963（图版 LI：11）

识别特征：体长 21.0~24.0 mm；翅展雄 49.0~52.5 mm，雌 51.0~61.0 mm。头、颈板和前胸背部暗褐色，其余胸部和腹部灰褐色，翅基片灰白色。前翅前半部暗褐色，后方边缘直，黑褐色；后半部在分界处白色，往后逐渐变成灰褐色，中间 1 大黑褐色梯形斑，具白边；前缘外半部 1 纺锤形灰白色影状斑；内、外线不清晰，内线仅在梯形斑下一段隐约可见；外线分别在前缘影状斑和梯形斑下一段较可见；缘毛末端灰白色。后翅雄性灰白色，前、后缘褐灰色，雌性暗灰褐色。

检视标本：3 头，围场县木兰围场孟滦小孟奎，2015-VII-27，宋烨龙采；21 头，围场县木兰围场燕格柏车道沟，2015-VII-20，宋烨龙采。

分布：河北、北京、辽宁、山西、陕西、甘肃。

（770）厄内斑舟蛾 *Peridea elzet* Kiriakoff, 1963（图版 LI：12）

识别特征：体长 19.0～23.0 mm，翅展 46.0～54.0 mm。头和胸部背面灰褐色，翅基片边缘黑色，腹部背面灰褐色。前翅暗灰褐带暗红色，齿形毛簇黑褐色，4 条横线暗红褐色；亚基线双齿形曲，两侧衬浅黄色边；内线波浪形，其中中间的弧度最大，内侧衬浅黄色边；外线锯齿形，前缘一段较显著，外侧衬浅黄色边；亚端线模糊，由 1 列脉间暗红褐色点组成；端线细，暗褐色；横脉纹暗红褐色，周围衬浅黄色边。后翅灰褐色，前缘和外缘较暗，后缘带褐黄色；外线和亚端线模糊，灰白色；端线细，黑褐色；缘毛浅灰黄色。

检视标本：10 头，围场县木兰围场新丰挂牌树，2015-VII-14，李迪采；5 头，围场县木兰围场燕格柏车道沟，2015-VII-20，李迪采。

分布：河北、北京、辽宁、山西、陕西、甘肃、江苏、浙江、湖北、江西、湖南、福建、四川、云南；朝鲜，日本。

（771）蒙内斑舟蛾 *Peridea gigantea* (Butler, 1877)（图版 LI：13）

识别特征：体长雄 23.0～24.0 mm，雌 24.0～27.0 mm；翅展雄 53.0～54.0 mm，雌 62.0～64.0 mm。头和胸部背面暗灰褐色，翅基片边缘暗褐色。前翅暗灰褐色，前缘中间密布灰白色细鳞片，所有斑纹暗褐色；亚基线波浪形，外衬浅黄褐色边；内线波浪形，内衬浅黄褐色边，从前缘向外斜伸至后缘的齿形毛簇外侧；横脉纹周围浅黄褐色；外线较难见，锯齿形；亚端线模糊；端线细。后翅灰褐色，前缘灰白色；中线暗褐色，微锯齿形；外衬灰白边；外线为 1 暗褐色宽带；端线细，暗褐色；缘毛浅黄褐色。腹部背面浅灰褐色，基毛簇末端黑色。

检视标本：2 头，围场县木兰围场新丰挂牌树，2015-VII-14，宋洪普采。

分布：河北、黑龙江、吉林、内蒙古；俄罗斯，朝鲜，日本。

（772）赭小内斑舟蛾 *Peridea graesri* (Staudinger, 1892)（图版 LI：14）

识别特征：体长雄 22.0～26.0 mm，雌 28.0 mm；翅展雄 54.0～63.0 mm，雌 70.0 mm。头和胸部背面灰褐色，颈板和翅基片有黑色边。前翅灰褐色，齿形毛簇和亚基线与内线间暗褐色；亚基线以内的基部赭黄色；所有斑纹暗红褐色；亚基线双波形曲，从前缘伸至 A 脉，外衬浅黄色边；内线波浪形，内衬灰白色边；横脉纹赭褐色，周围浅黄白色；外线不清晰锯齿形，外衬灰白色边，在前缘赭黄色，其内侧为 1 大纺锤形斑；亚端线模糊，外衬灰白边；端线细，脉端缘毛灰白色，其余带暗红褐色。后翅灰白色，后缘褐色；外线和亚端线灰褐色，亚端线宽带形；端线细，暗褐色。腹部背面黄褐色。

检视标本：2 头，围场县木兰围场燕格柏车道沟，2015-VII-20，李迪采；1 头，围场县木兰围场五道沟沟塘子，2015-VII-07，蔡胜国采；2 头，围场县木兰围场新丰挂牌树，2015-VII-24，蔡胜国采。

分布：河北、北京、山西、吉林、黑龙江、湖北、陕西、甘肃、台湾；俄罗斯，朝鲜，日本。

(773) 扇内斑舟蛾 *Peridea grahami* (Schaus, 1928)（图版 LI：15）

识别特征：体长雄 19.0 mm，雌 20.0～23.0 mm；翅展雄 52.0 mm，雌 59.0～65.0 mm。头、颈板和翅基片灰褐色、颈板后缘和翅基片边缘暗褐色。胸部背面褐黄色，中间 1 暗红褐色弧形线；后胸后缘和基毛簇末端暗红褐色。前翅暗灰褐色，前缘内半部灰白色向后扩散至中室下方；内线以内的基部黑褐色，呈 1 大扇形斑；亚基线和内线黑褐色、亚基线拱形，从前缘伸至 A 脉，前半段横过前缘灰白色的部分较清晰；内线拱形，在 A 脉上向内呈 1 小齿形曲，内衬灰黄褐色边；横脉纹黑褐色，周围灰黄褐色；外线暗褐色锯齿形，从前缘到 Cu_2 脉外曲，以后几乎垂直于后缘，外衬灰黄褐色边；端线细，暗褐色。后翅灰白至苍褐色；后缘带黄褐色；外线和亚端线暗褐色，外线直，亚端线呈 1 条逐渐变细的宽带；端线细、暗褐色。腹部背面灰黄褐色。

检视标本：7 头，围场县木兰围场新丰挂牌树，2015-VII-14，李迪采；9 头，围场县木兰围场燕格柏车道沟，2015-VII-14，李迪采。

分布：河北、北京、山西、陕西、甘肃、湖北、湖南、台湾、四川、云南；越南，缅甸。

(774) 侧带内斑舟蛾 *Peridea lativitta* (Wileman, 1911)（图版 LII：1）

识别特征：体长雄 21.0～22.0 mm，雌 24.0～27.0 mm；翅展雄 53.0～54.0 mm，雌 58.0～65.0 mm。头和胸部背面灰褐色，颈板和翅基片边缘暗褐色。前翅灰褐色，从基部沿亚中褶到亚端线 1 条赭黄色宽带；亚基线和内线较清晰，暗红褐色；亚基线从前缘伸至 A 脉呈双齿形曲，内线锯齿形，内衬灰白边；横脉纹暗褐色，周围灰白色；横脉纹上方的前缘有 1 模糊的暗灰褐色斑点；外线暗褐色锯齿形，前、后缘较清晰，外衬灰白边；亚端线模糊，外衬灰白边；端线细，暗褐色。后翅灰白色，后缘浅灰色。前缘灰褐色；雌性有 1 条不清晰的灰褐色外带；端线细，暗褐色；缘毛灰白色。腹部背面灰褐带赭黄色。

检视标本：7 头，围场县木兰围场新丰挂牌树，2015-VI-08，蔡胜国采；2 头，围场县木兰围场燕格柏车道沟，2015-VII-20，蔡胜国采。

分布：河北、北京、东北、山西、山东、陕西、浙江、湖北、四川；俄罗斯，朝鲜，日本。

(775) 杨剑舟蛾 *Pheosia rimosa* Packard, 1864（图版 LII：2）

识别特征：体长 18.0～23.0 mm，翅展 43.0～57.0 mm。头暗褐色，颈板和胸背灰色，两者后缘和翅基片边缘暗褐色，腹部灰褐色，背面近基部黄褐色。前翅灰白色，由于暗色斑纹都集中在边缘，故在翅中间形成 1 条从基部到翅顶的灰白色宽带；A 脉下从基部到齿形毛簇呈 1 灰黄褐色斑；其上方 1 条黑色影状纵带从基部伸至外缘，接着呈灰褐色向上扩散到近翅顶；黑色纵带和黄褐斑之间 1 白线从基部伸至 A 脉 2/5 处间断并呈齿形曲；在外缘亚中褶的前方 1 白色楔形纹；前缘外侧 3/4 灰黑色中间有 2 距离较宽的影状斑；M_1-R_4 脉间有 2 条黑色斜纹；Cu_2 脉、Cu_1 脉、M_3 脉端部白色；缘毛灰褐色，末端灰白色。后翅灰白带褐色，前缘浅灰褐色；臀角灰黑色，内 1 灰白色横线；端线暗褐色；缘毛灰白色。

检视标本：1 头，围场县木兰围场燕格柏车道沟，2015-VII-20，蔡胜国采；1 头，围场县木兰围场种苗场查字，2015-VI-27，蔡胜国采；1 头，围场县木兰围场五道沟场部，2015-VIII-06，宋洪普采；1 头，围场县木兰围场孟滦小孟奎，2015-VII-27，李迪采。

分布：河北、北京、黑龙江、吉林、内蒙古、山西、陕西、甘肃、新疆、台湾；俄罗斯，朝鲜，日本。

（776）喜夙舟蛾 *Pheosiopsis cinerea* (Butler, 1879)（图版 LII：3）

识别特征：体长 18.0～19.0 mm，翅展 45.0～48.0 mm。头、胸部和腹背末端灰白和褐色混杂，颈板后缘和翅基片边缘较暗。前翅灰白色，散布许多褐色雾点；A 脉前方 1 条较粗的黑纹从基部伸至内线；所有横线不清晰、黑褐色；基线在前缘下仅见 1 齿形点；内线和外线双股锯齿形，内线呈肘形曲，外线仅在脉上的齿形点较可见，其中靠外面 1 条在 Cu_1 脉上，Cu_2 脉和 M_3 脉上的点较长，双股中间灰白色，在 Cu_2 脉、M_3 脉上分别呈近直角形曲；横脉纹粗黑色，其外、前方有 3～4 个黑褐色点；亚端线和端线各由 1 列脉间黑褐色点组成；端线黑点近长方形；脉端缘毛灰白色，其余掺有褐色。后翅浅灰红褐色，缘毛末端灰白色。腹部背面黄褐色，下侧浅灰黄色。

检视标本：8 头，围场县木兰围场新丰挂牌树，2015-VI-08，李迪采。

分布：河北等全国广布；俄罗斯，朝鲜，日本。

（777）灰羽舟蛾 *Pterostoma griseum* (Bremer, 1861)（图版 LII：4）

识别特征：翅展雄 52.0～53.0 mm，雌 62.0～68.0 mm。下唇须和触角灰褐色，触角干灰白色。头和胸部褐黄色，颈板边缘较暗。前翅灰褐色，翅顶灰白色，后缘 1 锈红褐色斑，但内梳形毛簇之前浅黄色，内梳形毛簇末端黑色；所有横线和斑纹与槐羽舟蛾相似，缘毛暗红褐色，末端灰白色。后翅灰褐色，基部和后缘浅灰黄色，外线为 1 模糊灰色带；端线由脉间黑色细线组成；脉端和缘毛浅灰黄色。腹部背面灰黄褐色，末端和臀毛簇浅黄白色；下侧浅灰黄色，中间有 2 条暗褐色纵线。

检视标本：4 头，围场县木兰围场五道沟沟塘子，2015-VII-7，李迪采；4 头，围场县木兰围场新丰挂牌树，2015-VII-3，李迪采；3 头，围场县木兰围场种苗场查字，2015-VI-27，李迪采。

分布：河北、北京、黑龙江、吉林、内蒙古、陕西、甘肃、四川、云南；俄罗斯，朝鲜，日本。

(778) 槐羽舟蛾 *Pterostoma sinicum* Moore, 1877（图版 LII：5）

识别特征：体长雄 21.0～27.0 mm，雌 27.0～32.0 mm；翅展雄 56.0～64.0 mm，雌 68.0～80.0 mm。头和胸部稻黄带褐色，颈板前、后缘褐色。前翅稻黄褐色到灰黄白色，后缘梳形毛簇暗褐色到黑褐色，其中内面的 1 个较显著；翅脉黑褐色，脉间其褐色纹；基线、内线和外线暗褐色，双股锯齿形，基线深双齿形曲；内线前半段不清晰，后半段尤其在内梳形毛簇基部的较可见；外线在 R_{2+3+4} 脉共柄处几乎呈直角形曲，以后呈弧形外曲伸达后缘缺刻外方；内、外线之间 1 条模糊的暗褐色影状带；外线与翅顶之间的前缘有 3～4 个灰白色斜点；亚端线由 1 列脉间暗褐色点组成，每点内衬灰白边；端线由脉间弧形线组成，脉端缘毛稻黄色，其余黄褐色。后翅浅褐到黑褐色，内缘和基部稻黄色；外线为 1 模糊的稻黄色带；端线暗褐色；脉端缘毛和缘毛末端稻黄色。腹部背面暗灰褐色，末端黄褐色；下侧淡灰黄色，中间有 4 条暗褐色纵线。

分布：河北、北京、辽宁、山西、山东、陕西、甘肃、江苏、上海、安徽、浙江、湖北、江西、湖南、福建、广西、四川、云南、西藏；俄罗斯，朝鲜，日本。

(779) 拟扇舟蛾 *Pygaera timon* Hübner, 1803（图版 LII：6）

识别特征：体长 13.0～16.0 mm，翅展 40.0～45.0 mm；下唇须红褐色。头顶至胸部背面暗红褐色。腹部淡红褐色到灰褐色。前翅灰褐带淡红褐色，有 4 条灰白色横线：亚基线较细白，呈不规则弯曲，外衬 3 个红褐色斑，以中间 1 个最大，三角形，外角伸至内线；内线稍内曲；外线和亚端线在前缘处为醒目的白点；外线在 M_1 脉上呈外齿形曲，然后向内斜伸至 Cu_1 脉后稍内曲伸达后缘，前半段外衬红褐色斑；亚端线不清晰锯齿形；横脉纹为 1 模糊的灰白线。后翅灰褐色，具 1 模糊的灰白色外线。雄性外生殖器：爪形突宽短，头兜形，端部略分叶，每叶末端有几个刺；无颚形突；背兜和基腹弧细长；抱器瓣窄而短，生有硬毛，腹缘较背缘长，中间稍内弯，基部 1 瘤形突起；阳茎较抱器瓣长，弯曲细长，基部膨大球形；阳端基环中间具深狭缺刻，两侧各呈一叶形突起；囊形突分成两叶，三角形。雌性外生殖器：肛乳突很长，基部 3/5 骨化；前表皮突细长，约为后表皮突的 4 倍；第 8 腹节很短，弱骨化，环形；囊导管细短；囊体相对地小；囊突蝴蝶形。

分布：河北、黑龙江、吉林、内蒙古；亚洲，欧洲。

(780) 丽金舟蛾 *Spatalia dives* Oberthür, 1884（图版 LII：7）

识别特征：体长 17.0～20.0 mm；翅展雄 38.0～44.0 mm，雌 48.0～54.0 mm。下唇须暗褐色。头和胸背暗红褐色，后胸背面有 2 白斑。前翅暗红褐色，翅脉黑色；基部中间有 1 黑点；中室下方 3 较大的多角形银色斑，从中室下缘近中间斜向后缘达内齿形毛簇外侧，排成 1 行，前 2 银斑内侧伴有 2～3 个小银点；银斑外侧 1 条不清晰的波浪形银线；外线只有从前缘到 M_3 脉 1 段可见，呈暗褐色斜影；亚端线不清晰，暗褐色锯齿形。后翅浅黄灰色，外半部带褐色。腹部背面灰褐色，末端和臀毛簇暗红褐色。

检视标本：6头，围场县木兰围场新丰挂牌树，2015-VII-14，宋烨龙采。

分布：河北、东北、陕西、湖北、湖南、台湾、贵州；俄罗斯，朝鲜，日本。

（781）富金舟蛾 *Spatalia plusiotis* Oberthür, 1880（图版 LII：8）

识别特征：体长 18.0～21.0 mm；翅展雄 42.0～45.0 mm，雌 48.0～51.0 mm。下唇须红褐色到暗褐色；头和胸背暗褐色，后胸背中间有 2 黄白色斑点。前翅暗褐色，有时带红褐色；前缘外半部和外缘灰色；翅顶较尖，外缘 M_1 脉端部稍凸出；后缘弧形缺刻较深；中室下方的后缘区有几个较分散的银斑；其中在中室下缘中间的较大，近三角形；两侧上、下端各 1 小长方形；两侧中间各 1 小三角形；但外小三角形点常与外下端的小银点合并。此外，在最外侧还有 2 个小银点及基部 1 稍大的金点；横脉上 1 稍大的近长方形黑斑点；内、外线不消晰，只有在前缘 1 段可见；外线双股灰黑色，微波浪形；亚端线由 1 列脉间灰黑色点组成，内衬灰白边；外线与亚端线之间 1 列模糊的灰黑色点组成的斜带；翅顶下 M_2～R_5 脉间有 1 赭褐色斑点；端线不清晰，灰黑色。后翅黄褐色或灰褐色，缘毛色浅。腹部灰褐色，基毛簇灰色，臀毛簇带暗红褐色。

检视标本：1头，围场县木兰围场新丰挂牌树，2015-VII-14，宋烨龙采。

分布：河北、北京、黑龙江、吉林、陕西、甘肃、浙江、湖北、湖南、四川；俄罗斯，朝鲜。

（782）胜胯舟蛾 *Syntypistis victor* Schintlmeister & Fang, 2001（图版 LII：9）

识别特征：翅展雄 44.0 mm，雌 54.0 mm。头部和胸部背面褐色与灰白混杂；颈板灰白色。前翅灰褐色，基部黑色带淡绿色、其余部分散布黑褐色细鳞片；内线黑褐色，两侧衬白边；前缘中部及中室内有 3 白斑；外线白色波状，两侧衬黑边；亚端线黑色，波状。后翅浅赭褐色到灰褐色，前缘有 3 条带。腹部背面赭褐色，各节末端有暗色毛，腹末颜色更暗。

分布：河北、北京、辽宁、陕西、湖北。

（783）土舟蛾 *Togepteryx velutina* (Oberthür, 1880)（图版 LII：10）

识别特征：雄体长 14.0～14.5 mm，翅展 35.0～42.0 mm。下唇须和额暗红褐色；头部、翅基片和胸部背面前半部灰色；胸部背面后半部暗红褐色。前翅灰稍带红褐色，从前缘近基部到外缘有 1 条黑褐色纵带，纵带前方较灰白色，纵带后方颜色逐渐变浅到后缘呈灰白色；内、外线不清晰，黑褐色锯齿形，只有后半段隐约可见，外线在前缘还可见到 1 点；脉端缘毛灰稍带红褐色，其余灰白色。后翅暗灰褐色，缘毛同前翅。腹部背面暗灰褐色。

检视标本：1头，围场县木兰围场五道沟沟塘子，2015-VII-07，蔡胜国采。

分布：河北、黑龙江、吉林、贵州；俄罗斯，朝鲜，日本。

(784) 窦舟蛾 *Zaranga pannosa* Moore, 1884（图版 LII：11）

识别特征：体长 22.0～30.0 mm；翅展雄 58.0～62.0 mm，雌 74.0 mm。身体背面暗褐色，后胸毛端黄色，跗节有黄白色环。前翅暗褐掺有少量黄白色，基部具 1 枚黄白点；翅端靠翅顶处和后缘中部各 1 块大椭圆形粉褐色斑，两斑在 Cu_1、Cu_2 脉近基部彼此接近；内、外线暗褐色具灰白边，锯齿形，内线在中室弯曲，外线近顶角外曲，横脉纹黑褐色，外缘脉端具黄白点，缘毛黑褐色。后翅雄性灰白色近透明，翅脉和后缘暗褐色，雌性暗褐色，中间较灰白，两性臀角均具 2 黄白色短纹。

检视标本：2 头，围场县木兰围场燕格柏车道沟，2015-VII-20，蔡胜国采。

分布：河北、山西、陕西、甘肃、湖北、四川、云南、西藏；韩国，越南，印度。

115. 毒蛾科 Lymantridae

(785) 白毒蛾 *Arctornis l-nigrum* (Müller, 1764)（图版 LII：12）

识别特征：翅展雄 30.0～40.0 mm，雌 40.0～50.0 mm。体白色。下唇须白色，外侧上半部黑色；触角干白色，栉齿黄色。前翅白色；横纹脉黑色，呈"L"形；后翅白色。足白色，前足和中足胫节内侧有黑斑，跗节第 1 节和末节黑色。

取食对象：山毛榉、栎、鹅耳枥、苗榆、榛、桦、苹果、山楂、榆、杨、柳等。

检视标本：1 头，围场县木兰围场新丰挂牌树，2015-VII-14，蔡胜国采；1 头，围场县木兰围场孟滦小孟奎，2015-VII-27，宋烨龙采。

分布：河北、东北、山东、河南、陕西、江苏、安徽、浙江、湖北、湖南、福建、四川、云南；俄罗斯，朝鲜，日本，欧洲。

(786) 结丽毒蛾 *Calliteara lunulata* (Butler, 1877)（图版 LII：13）

识别特征：下唇须白色稍黄；复眼周围黑色；头、胸部和足银灰色，跗节有黑斑，后胸背面 1 黑斑；触角干银白色，栉齿黄褐色。前翅银白色，布黑色和黑褐色鳞片；内线在翅前缘为 1 黑色环扣状黑斑；中线仅在翅前缘现 1 小黑点；横脉纹新月形，外线黑色，波浪形，其前端外缘 1 黑色弯线；端线由 1 列黑色间断的线组成。后翅褐灰色带棕色，横脉纹和外缘褐黑色，缘毛白灰色有黑斑。前翅反面浅黑褐色，外缘褐灰色；后翅反面褐灰色。腹部黑褐色。

取食对象：栎、栗等。

检视标本：30 头，围场县木兰围场新丰挂牌树，2015-VII-14，李迪采。

分布：河北、东北、陕西、浙江、湖北、湖南、福建、广东；俄罗斯，朝鲜，日本。

(787) 丽毒蛾 *Calliteara pudibunda* (Linnaeus, 1758)（图版 LII：14）

识别特征：下唇须白灰色，外侧褐黑色；复眼周围黑色；触角干灰白色，栉齿黄棕色；头、胸和腹部褐色；体下白黄色；足黄白色。前翅灰白色，带黑色和褐色鳞片；

外线双线黑色，外一线色浅，大波浪形；亚端线黑褐色，不完整；端线为 1 列黑褐色点；缘毛灰白色，有黑褐色斑。后翅白色带黑褐色鳞片和毛，横脉纹和外线黑褐色；缘毛灰白色。前翅反面浅黑褐色，外缘和后缘浅褐色；横脉纹浅褐色，带褐色边。后翅反面浅褐色，横脉纹和外线黑褐色。

取食对象：桦、鹅耳枥、山毛榉、栎、栗、橡、榛、槭、椴、杨、柳、悬钩子、蔷薇、李、山楂、苹果、梨、樱桃、沙针、多种草本植物。

检视标本：31 头，围场县木兰围场新丰挂牌树，2015-VII-14，李迪采；1 头，围场县木兰围场新丰东沟营林区，2015-V-28，李迪采；3 头，围场县木兰围场五道沟沟塘子，2015-VII-07，李迪采；10 头，围场县木兰围场种苗场查字，2015-VI-27，李迪采。

分布：河北、东北、山西、山东、河南、陕西、台湾；俄罗斯，朝鲜，日本，欧洲。

（788）肾毒蛾 *Cifuna locuples* Walker, 1855

识别特征：下唇须、头、胸和足深黄褐色；触角干褐黄色；后胸和第 2、3 腹节背面各 1 黑色短毛簇。前翅内线为 1 褐色宽带，带内侧衬白色细线；横脉纹肾形，外线深褐色，微向外弯曲；中区前半褐黄色，后半褐色布白鳞；亚端线深褐色，外线与亚端线间黄褐色，前端色浅；端线深褐色衬白色，在臀角处内突；缘毛深褐色与褐黄色相间。后翅淡黄色带褐色；横脉纹、端线色较暗；缘毛黄褐色。前、后翅反面黄褐色；雌性比雄色暗。腹部褐黄色。

取食对象：大豆、小豆、绿豆、芦苇、苜蓿、棉花、紫藤、溲疏、樱桃、海棠、柳、榉、柠、梧爪茶等。

检视标本：16 头，围场县木兰围场新丰挂牌树，2015-VII-4，李迪采；2 头，围场县木兰围场燕格柏车道沟，2015-VII-20，李迪采。

分布：河北、东北、内蒙古、山西、山东、河南、陕西、宁夏、甘肃、青海、江苏、安徽、浙江、湖北、湖南、福建、广东、广西、四川、贵州、云南、西藏；俄罗斯，朝鲜，日本，越南，印度。

（789）榆黄足毒蛾 *Ivela ochropoda* (Eversmann, 1847)（图版 LII：15）

识别特征：翅展雄性 25.0～30.0 mm，雌性 32.0～40.0 mm；体白色；触角干白色，栉齿黑色；下唇须鲜黄色；足白色，前足腿节端半部、胫节和跗节鲜黄色，中足和后足胫节端半部和跗节鲜黄色。前、后翅白色。

取食对象：榆。

检视标本：3 头，围场县木兰围场孟滦小孟奎，2015-VII-27，李迪、蔡胜国、宋烨龙采；1 头，围场县木兰围场燕格柏车道沟，2015-VII-20，张恩生采；3 头，围场县木兰围场新丰挂牌树，2015-VII-14，马莉采；1 头，围场县木兰围场四合永永庙宫，2015-VIII-12，宋烨龙采。

分布：河北、东北、内蒙古、山西、山东、河南、陕西；俄罗斯，朝鲜，日本。

（790）杨雪毒蛾 *Leucoma condida* (Staudinger, 1892)（图版 LIII：1）

识别特征：体白色；下唇须黑色；触角干白色带黑棕色纹，栉齿黑褐色。前、后翅白色，有光泽，鳞片宽，排列紧密，不透明。足白色有黑环。本种成虫外形与雪毒蛾十分相似，但在外生殖器、幼虫和蛹的形态及生物学特性上有显著差别。

取食对象：杨、柳。

检视标本：4 头，围场县木兰围场孟滦小孟奎，2015-VII-27，李迪采；1 头，围场县木兰围场新丰挂牌树，2015-VIII-17，李迪采；3 头，围场县木兰围场燕格柏车道沟，2015-VII-20，李迪采；4 头，围场县木兰围场四合永庙宫，2015-VIII-21，李迪采；1 头，围场县木兰围场五道沟场部，2015-VI-30，李迪采；2 头，围场县木兰围场五道沟沟塘子，2015-VII-07，李迪采。

分布：河北、东北、山西、山东、河南、陕西、甘肃、青海、江苏、安徽、浙江、湖北、江西、湖南、福建、四川、云南；俄罗斯，朝鲜，日本。

（791）舞毒蛾 *Lymantria dispar* (Linnaeus, 1758)（图版 LIII：2）

识别特征：体长 16.0～21.0 mm（雄）或 25.0 mm（雌），翅展 37.0～54.0 mm 或 58.0～80.0 mm；雌雄异型。下唇须棕黄色，头部棕黄色；胸部、腹部和足褐棕色；触角干棕黄色，栉齿褐色；雄性羽状触角。前翅浅黄色，布褐棕色鳞片；斑纹黑褐色；基线为 2 黑褐色的点色；亚基线和内线波浪形；中室中间 1 黑点；横脉纹黑褐色；外线锯齿形折曲；亚端线与外线平行；亚端线以外底色较浅；缘毛棕黄与黑色相间。雌雄异形。雌性黄白色微带棕色，具黑棕色斑纹。后翅白色；横脉纹棕色，亚端线为 1 棕色带；缘毛黄白色，具棕黑色点。

取食对象：栎、柞、槭、椴、鹅耳枥、黄檀、山毛榉、核桃、山杨、柳、桦、榆、鼠李、苹果、樱桃、山楂、柿、桑、红松、樟子松、云杉、水稻、麦类等 500 余种植物。

分布：河北、东北、内蒙古、山西、山东、河南、陕西、宁夏、甘肃、青海、新疆、湖北、湖南；朝鲜，日本，欧洲。

（792）盗毒蛾 *Porthesia similis* (Fueszly, 1775)

识别特征：下唇须白色，外侧黑褐色；头、胸、腹部基半部和足白色微带黄色，腹部其余部分和肛毛簇黄色；触角干棕黄色，栉齿褐色；雄性羽状触角。前、后翅白色，前翅后缘有 2 褐色斑，有的个体内侧褐色斑不明显。前、后翅反面白色，前翅前缘黑褐色。

取食对象：柳、杨、桦、白桦、榛、桤木、山毛榉、栎、蔷薇、李、山楂、苹果、梨、花楸、桑、石楠、黄檗、忍冬、马甲子、樱桃、洋槐、桃、梅、杏泡桐、梧桐等。

检视标本：1 头，围场县木兰围场孟滦，2015-VII-27，蔡胜国采；1 头，围场县木兰围场燕格柏车道沟，2015-VII-20，赵大勇采；1头，围场县木兰围场新丰挂牌树，2015-VII-14，蔡胜国采。

分布：河北、东北、内蒙古、山东、陕西、青海、江苏、浙江、湖北、江西、湖南、福建、台湾、广西；俄罗斯，朝鲜，日本，欧洲。

（793）合台毒蛾 *Teia convergens* (Collenette, 1938)

识别特征：翅展雄性 19.0～25.0 mm；下唇须、头部浅棕黄色；触角干浅棕黄色，栉齿暗棕色；胸部至腹部从土黄色至浅黄棕色；足浅黄棕色。前翅红棕色，具 3 条暗褐色线；内线从前缘弯至 Cu_2 脉后，向内斜至翅后缘；外线从前缘弯至 Cu_1 脉和 Cu_2 脉后，向内微弯直达翅后缘，外线在中室外变宽；亚端线和外线近平行，在臀角靠近亚端线外侧 1 小白点；沿翅外缘 1 条纤细的暗褐色线。后翅暗棕色，缘毛色浅。前翅和后翅反面红棕色；各具 1 暗褐色外缘线，在双翅展开时两线呈相连状，线以外区域色浅。

检视标本：2头，围场县木兰围场五道沟，2015-VI-30，宋烨龙采。

分布：河北、内蒙古、陕西、云南。

116. 灯蛾科 Arctiidae

（794）黑纹北灯蛾 *Amurrhyparia leopardinula* (Strand, 1919)（图版 LIII：3）

曾用名：黑纹黄灯蛾。

识别特征：翅展 38.0～44.0 mm。雄性头、胸褐黄色，下唇须与触角黑褐色或褐色，足暗褐色、有黑条纹，雌性前足基节及腿节上方红色，腹部黄色，背面及侧面具 1 列黑点。前翅黄色，1 黑色亚基短带位于 1 脉上方，有时缺乏，中室中部及 2 脉基部下方 1 较长的黑带，中室上角 1 黑点，下角有两黑点，5 脉中部的上、下方各 1 黑色短带；后翅底色黄，染淡红色，横脉纹黑色，缘毛黄色；雌性前翅暗红褐色，斑纹比雄性细小。后翅深红色。前翅反面中部红色，横脉纹黑色。

取食对象：小麦。

分布：河北、黑龙江、辽宁、内蒙古、山西、陕西、宁夏、甘肃、青海、西藏；俄罗斯，叙利亚。

（795）豹灯蛾 *Arctia caja* (Linnaeus, 1758)（图版 LIII：4）

识别特征：翅展 58.0～86.0 mm。头、胸红褐色，下唇须红褐色、下方红色，触角基节红色、触角干上方白色，颈板前缘具白边，后缘具红边，翅基片外侧具白色窄条，足腿节上方红色、距白色，腹部背面红色或橙黄色，除基部与端部外背面具黑色短带，下侧黑褐色。前翅红褐色或黑褐色，白色花纹或粗或细，或多或少，变异极大，亚基线白带在中脉处折角、与基部不规则白纹相连，外线白带在中室下角外方折角，然后斜向后缘，前缘在内线与中线处各 1 发达或不发达的三角形白斑，亚端带白色。

后翅橙红色或橙黄色。

检视标本：2头，围场县木兰围场五道沟场部，2015-VIII-06，宋烨龙、刘浩宇采。

分布：河北、东北、内蒙古、山西、陕西、宁夏、新疆；朝鲜，日本，印度，欧洲。

(796) 砌石灯蛾 *Arctia falvia* (Fuessly, 1779)（图版 LIII：5）

曾用名：砌石篱灯蛾。

识别特征：翅展雄52.0～62.0 mm，雌58.0～78.0 mm。头、胸黑色，颈板前缘具黄带，翅基片外侧前方具黄色三角斑，前足基节、腿节上方黄色或橙红色，腹部黄色或红色，背面基部黑色、中间具黑色纵带，末端及下侧黑色。前翅黑色，内线黄白色，在中室处1黄白色纵带与翅基部相连，内线至外线间的前缘为黄白色边，后缘在内线至臀角间为黄白色边，外线黄白色，亚端线黄白色，从前缘斜向外缘，再向内斜，然后外斜至臀角，缘毛黄白色。后翅黄色，横脉纹黑色，亚端线为1黑色宽带，其中间断裂。

取食对象：栒子属。

分布：河北、辽宁、内蒙古、新疆；蒙古，俄罗斯，欧洲。

(797) 黄脉艳苔蛾 *Asura flavivenosa* (Moore, 1878)（图版 LIII：6）

识别特征：翅展16.0～20.0 mm。下唇须及前足红色，头顶及胸黄色染橙红色；腹部灰黄色。1前翅底色黄色，脉间散布红色带，前缘及外缘红边带，前缘基部具黑边，1黑色亚基点，黑色内线从前缘向外斜，在中室折角后向内斜至后缘，黑色中线在中室向内折角与内线相接后向外斜，黑色外线在5脉处折钝角后斜，其外具1列黑短带位于前缘至4脉处，缘毛黄色，反面红色。后翅染粉红色。

检视标本：2头，围场县木兰围场燕格柏车道沟，2015-VII-20，蔡胜国采；2头，围场县木兰围场新丰挂牌树，2015-VII-24，李迪采。

分布：河北、四川、云南；印度，不丹。

(798) 草雪苔蛾 *Chionaema pratti* (Elwes, 1890)（图版 LIII：7）

识别特征：翅展雄25.0～33.0 mm，雌30.0～35.0 mm。白色，触角红褐色，下唇须顶端褐色，前足胫节和跗节具褐带，翅基片端部具红纹，腹背染红色；雄性前翅红色，前缘毛缨发达，亚基带从前缘达中室下方，红色内带在前缘下方向外弯，然后在中室下方向内弯，中室端半部1黑点，中室下角1黑点，红色外带向前缘变细及向内曲、其上1黑点，红色端带在翅顶下方较明显、向后变细及退化，反面红色，后缘区白色，叶突3裂、红色。后翅红色，前缘区及缘毛白色。雌性中室近中部1黑点。

检视标本：1头，围场县木兰围场新丰挂牌树，2015-VII-24，蔡胜国采。

分布：河北、辽宁、山西、河南、陕西、江苏、浙江、湖北、江西、湖南。

（799）白雪灯蛾 *Chionarctia nivea* (Ménétriès, 1859)（图版 LIII：8）

曾用名：白灯蛾。

识别特征：翅展雄 55.0～70.0 mm，雌 70.0～80.0 mm。白色，下唇须基部红色、第 3 节黑色，触角栉齿黑色，前足基节红色具黑斑，各足腿节上方红色，前足腿节尚具黑纹，腹部白色，侧面除基节及端节外有红斑，背面与侧面各 1 列黑点。翅白色，翅脉色稍深，后翅横脉纹黑褐色。

取食对象：高粱、大豆、小麦、黍、车前、蒲公英等。

检视标本：1 头，围场县木兰围场孟滦小孟奎，2015-VII-27，宋烨龙采；2 头，围场县木兰围场四合永庙宫，2015-VIII-12，宋烨龙采；8 头，围场县木兰围场新丰挂牌树，2015-VII-14，宋烨龙采。

分布：河北、东北、内蒙古、山东、河南、陕西、浙江、湖北、江西、湖南、福建、广西、四川、贵州、云南；朝鲜，日本。

（800）排点灯蛾 *Diacrisia sannio* (Linnaeus, 1758)（图版 LIII：9）

识别特征：翅展 37.0～43.0 mm。雄性黄色，头暗褐色，触角干上方粉红色，下胸与足暗褐色被灰毛，足具粉红色条纹，腹部浅黄色、大部分染暗褐色；前翅前缘暗褐色边，向翅顶粉红色，后缘 1 粉红色窄带，外缘有些暗褐色，横脉纹为粉红及暗褐斑，缘毛粉红色；后翅淡黄色，基部通常染暗褐色，横脉纹 1 大暗褐点；前翅反面基半部染暗褐色，外带及横脉纹暗褐色。雌性橙褐黄色，下唇须、额、触角粉红色，腹部背面、侧面各 1 列黑点，背面的黑点有时成为黑短带，翅脉红色，前翅横脉纹为或多或少发达的暗褐斑；后翅基半部染黑色，横脉纹黑色大斑；后翅反面黑色中带在前缘向内曲，横脉纹具黑点。

取食对象：欧石南属、山柳菊属、山萝卜属。

检视标本：7 头，围场县木兰围场新丰挂牌树，2015-VII-14，李迪采；5 头，围场县木兰围场燕格柏车道沟，2015-VII-20，李迪采；2 头，围场县木兰围场种苗场查字，2015-VI-27，李迪采；12 头，围场县木兰围场五道沟沟塘子，2015-VII-07，李迪采；1 头，围场县木兰围场五道沟林博园附近，2015-VI-02，李迪采；1 头，围场县木兰围场五道沟场部，2015-VI-30，李迪采。

分布：河北、东北、内蒙古、山西、宁夏、甘肃、新疆、四川；俄罗斯，朝鲜，日本，欧洲。

（801）日土苔蛾 *Eilema japônica* (Leech, 1889)（图版 LIII：10）

识别特征：翅展 18.0～24.0 mm。与微土苔蛾相似，但本种前翅 8 与 9 融合是主要区别特征，前翅前缘带向端区渐窄，后翅暗灰色，缘毛黄色。

检视标本：11 头，围场县木兰围场新丰挂牌树，2015-VIII-3，李迪采；2 头，围场县木兰围场四合永庙宫，2015-VIII-12，李迪采。

分布：河北、浙江、福建；日本。

（802）淡黄污灯蛾 *Lemyra jankowskii* (Oberthür, 1881)（图版 LIII：11）

曾用名：污白灯蛾。

识别特征：翅展 35.0～48.0 mm。淡橙黄色。触角下唇须上方及额的两边黑色。前翅淡橙黄色，中室上角具 1 暗褐点，M_2 脉至 2A 脉 1 斜列暗褐色点带。后翅白色，稍染黄色，中室端点暗褐；亚端点暗褐色，或多或少存在。腹部背面红色，基节、端节及下侧白色，背面、侧面具黑点列。

检视标本：6 头，围场县木兰围场燕格柏车道沟，2015-VII-20，马晶晶采；2 头，围场县木兰围场新丰挂牌树，2015-VII-24，蔡胜国采。

分布：河北、黑龙江、辽宁、山西、陕西、江苏、浙江。

（803）四点苔蛾 *Lithosia quadra* (Linnaeus, 1758)（图版 LIII：12）

识别特征：翅展雄 32.0～48.0 mm，雌 42.0～56.0 mm。雄性下唇须、额及触角黑色，头顶、胸及下胸橙色，足大部分深金属绿色，腹部橙色、基部灰色、端部及下侧黑色。前翅灰色、基部橙色，前缘区具闪光蓝黑带，端区黑色；后翅橙黄色，前缘区暗褐色。雌性橙黄色，下唇须顶端及触角黑色，前翅前缘近中部及 2 脉中部各具 1 金属蓝绿色点。

检视标本：8 头，围场县木兰围场孟滦小孟奎，2015-VII-27，宋烨龙采；3 头，围场县木兰围场燕格柏车道沟，2015-VII-20，赵大勇采。

分布：河北、东北、山东、陕西、湖南、广西、四川、云南；俄罗斯，日本，欧洲。

（804）美苔蛾 *Miltochrista miniata* (Forster, 1771)（图版 LIII：13）

识别特征：翅展 24.0～32.0 mm。头、胸黄色，下唇须顶端、胸足胫节端部及跗节暗褐色；雄性腹部背面端部及下侧染黑色。前翅黄色，雄性前翅中间向上拱，1 黑色亚基点，前缘基部具黑边，前缘内半下方具红带、至外半成为前缘带，外缘区具红带，黑色内线在中室内及中室下方折角至后缘退化或常整个消失，横脉纹 1 黑点，黑色外线强齿状，从前缘向内斜至 1 脉，亚端线 1 列黑点。后翅淡黄色，外缘区红色。

检视标本：1 头，围场县木兰围场四合永庙宫，2015-VIII-12，李迪采；7 头，围场县木兰围场燕格柏车道沟，2015-VII-20，李迪采；11 头，围场县木兰围场新丰挂牌树，2015-VII-24，李迪采。

分布：河北、东北、内蒙古、山西；俄罗斯，朝鲜，日本，欧洲。

（805）斑灯蛾 *Pericallia matronula* (Linnaeus, 1758)（图版 LIII：14）

识别特征：翅展雄 62.0～80.0 mm，雌 76.0～92.0 mm。头部黑褐色，下唇须第 3 节黑色、其余各节下方红色、上方黑色，额上部、复眼上方及颈板的边缘有红纹。触角黑色、基节红色。颈板及翅基片黑褐色，外侧具黄带，胸部红色，中间具黑褐色宽纵带，下胸黑色。前翅暗褐色，中室基部内及下方1块黄斑，前缘区的内线黄斑有时与基斑相接。后翅橙黄色，中线处具不规则黑色波状斑纹，有时减缩为点，横脉纹黑色新月形，亚端带黑色。腹部红色，背面及侧面1列黑斑点，下侧1列黑褐斑带。足黑褐色，基节外缘、腿节上方、后足胫节的条带及跗节的斑点红色。

取食对象：柳、车前、蒲公英、忍冬。

检视标本：1头，围场县木兰围场新丰挂牌树，2015-VII-14，宋烨龙采；5头，围场县木兰围场燕格柏车道沟，2015-VII-20，宋烨龙采；11头，围场县木兰围场五道沟沟塘子，2015-VII-7，宋烨龙采。

分布：河北、东北、内蒙古、山西、宁夏；俄罗斯，日本，欧洲。

（806）亚麻篱灯蛾 *Phragmatobia fuliginosa* (Linnaeus, 1758)（图版 LIII：15）

曾用名：亚麻灯蛾。

识别特征：翅展 30.0～40.0 mm。头、胸暗红褐色，下唇须基部红色，触角干白色，足黑色、被红褐色毛，腿节上方红色，腹部背面红色、下侧褐色，背面及侧面各1列黑点。前翅红褐色，中室端部有两黑点。后翅红色，散布暗褐色，中室端部有两黑点，亚端带黑色、有时断裂成点斑。前翅反面前缘下方有窄红带。

取食对象：亚麻、酸模属、蒲公英、勿忘草属。

检视标本：20头，围场县木兰围场新丰挂牌树，2015-VIII-3，宋烨龙采。

分布：河北、东北、内蒙古、山西、陕西、宁夏、甘肃、青海、新疆、四川；日本，西亚，欧洲。

（807）肖浑黄灯蛾 *Rhyparioides amurensis* (Bremer, 1861)（图版 LIV：1）

识别特征：翅展雄 43.0～56.0 mm，雌 50.0～60.0 mm。下唇须上方黑色，下方红色；额黑色；触角暗褐色；下胸红色和褐色；足褐色，腿节上方红色；腹部橙红色至红色。背面及侧面具1列黑点；前翅前缘具黑边，中线前缘、后缘处有黑点，中室下角1黑点。后翅红色，中室中部下方1黑点，横脉纹为新月形黑纹，缘毛黄色。前翅反面红色，中室内具黑点，1黑色中带在中室下方折角，横脉纹黑色，外线黑斑3～4个。雌性前翅褐黄色，大部分黑点消失，被暗褐色所代替；横脉纹1褐点，在中室下角处与1大块暗褐斑相连；外线褐色，外缘染暗褐色。

取食对象：栎、柳、榆、蒲公英、染料木。

检视标本：2头，围场县木兰围场新丰挂牌树，2015-VII-24，蔡胜国采。

分布：河北、东北、内蒙古、山西、山东、河南、陕西、江苏、浙江、湖北、江西、湖南、福建、广西、四川、云南；朝鲜，日本。

（808）污灯蛾 *Spilarctia lutea* (Hüfnagel, 1766)（图版 LIV：2）

曾用名：污白灯蛾。

识别特征：翅展 31.0～40.0 mm。雄性黄白色至黄色。下唇须上方黑色，下方红色；额及触角两侧黑色；足有黑带，腿节上方橘黄色。前翅内线黑点位于前缘上，1脉上方通常 1 黑点，中室上角 1 黑点，其上方 1 黑点或短纹位于前缘脉上；翅顶至 6 脉有时 1 斜列黑点，向下在 1 脉上、下方各 1 明显的黑点，5 脉及 3 脉处有时 1 列亚端点。后翅色稍淡，横脉纹具黑点，5 脉及臀角上方有时具有黑色亚端点。腹部背面除基部及端部外橘黄色，下侧浅黄色，背面、侧面及亚侧面 1 系列黑点。雌性为黄白色。

检视标本：5 头，围场县木兰围场五道沟沟塘子，2015-VII-7，宋烨龙采；4 头，围场县木兰围场五道沟场部，2015-VI-30，宋烨龙采；5 头，围场县木兰围场种苗场查字，2015-VI-27，李迪采；6 头，围场县木兰围场新丰挂牌树，2015-VII-14，李迪采。

分布：河北、东北、内蒙古、陕西、新疆；俄罗斯，朝鲜，日本，欧洲。

（809）星白雪灯蛾 *Spilosoma menthastri* (Esper, 1786)（图版 LIV：3）

识别特征：翅展 33.0～46.0 mm。白色；下唇须、触角暗褐色。前翅或多或少散布黑点，黑点数目几乎每个标本都不一致。后翅中室端点黑色，亚端点黑色或多或少。腹部背面红色（胸足腿节上方红色）或黄色（胸足腿节上方黄色）；腹部背面、侧面和亚侧面具黑点列。胸足具黑带。

分布：河北、东北、内蒙古、陕西、江苏、安徽、浙江、湖北、江西、福建、四川、贵州、云南；朝鲜，日本，欧洲。

（810）稀点雪灯蛾 *Spilosoma urticae* (Esper, 1789)（图版 LIV：4）

识别特征：翅展 40.0～44.0 mm。白色。下唇须上方黑色、下方白色，触角端部黑色，足具黑带，腿节上方黄色。前翅完全白色，或中室上、下角具黑点，或内线、外线及亚端线具或多或少的黑点；后翅无点纹。腹部背面除基节及端节外黄色，背面、侧面及亚侧面各 1 列黑点。

取食对象：多种蔬菜、桑、薄荷属、酸模属。

检视标本：3 头，围场县木兰围场新丰挂牌树，2015-VII-14，刘效竹采；1 头，围场县木兰围场种苗场查字，2015-VI-27，蔡胜国采。

分布：河北、黑龙江、山东、江苏、浙江、新疆；欧洲。

（811）黄痣苔蛾 *Stigmatophora flava* (Bremer & Grey, 1852)（图版 LIV：5）

识别特征：翅展 26.0～34.0 mm。黄色，头、颈板、翅基片色较深，下唇须顶端及前足散布紫褐色。前翅前缘区深黄色，前缘基部黑边，1 黑色亚基点，3 黑色内线点、斜置，外线 6～7 黑点在 4 脉下方稍内曲，翅顶下方亚端点 1～2 个，4 脉处有时 1 或数个黑点，数目不定，反面中间或多或少散布暗褐色。

取食对象：玉米、桑、高粱、牛毛毡。

检视标本：1头，围场县木兰围场燕格柏车道沟，2015-VII-20，蔡胜国采；2头，围场县木兰围场新丰挂牌树，2015-VII-24，宋烨龙采；1头，围场县木兰围场四合永永庙宫，2015-VIII-12，蔡胜国采。

分布：河北、东北、山西、山东、河南、陕西、甘肃、新疆、江苏、浙江、湖北、江西、湖南、福建、台湾、广东、四川、贵州、云南；朝鲜，日本。

（812）明痣苔蛾 *Stigmatophora micans* (Bremer & Grey, 1852)（图版 LIV：6）

识别特征：翅展 32.0～42.0 mm。白色，头、颈板、腹部散布橙黄色，前、中足胫节与跗节具黑带。前翅前缘及端区橙黄色，前缘基部有黑边，1黑色亚基点，内线斜置3黑点，外线1列黑点在前缘下方向外曲、在6脉与4脉处折角、然后缩回，亚端线1列黑点在4脉与5脉上靠近外缘。后翅散布黄色，端区橙黄色，翅顶下方2黑色亚端点，有时在2脉下方有2黑点。前翅反面中间散布黑色。

检视标本：1头，围场县木兰围场新丰挂牌树，2015-VII-24，蔡胜国采；3头，围场县木兰围场燕格柏车道沟，2015-VII-20，蔡胜国采；3头，围场县木兰围场四合永永庙宫，2015-VIII-12，宋烨龙采；1头，围场县木兰围场五道沟场部，2015-VIII-06，宋烨龙采。

分布：河北、东北、内蒙古、山西、山东、河南、陕西、甘肃、江苏、湖北、四川；朝鲜。

117. 鹿蛾科 Amatidae

（813）黑鹿蛾 *Syntomis ganssuensis* (Grum–Grshimailo, 1890)（图版 LIV：7）

识别特征：翅展 26.0～36.0 mm。黑色，带有蓝绿或紫色光泽。触角尖端亦黑色，下胸具2黄色侧斑，腹部第1节及第5节上有橙黄色带。翅黑色，带蓝紫或红色光泽，前翅具6白斑，后翅2白斑，翅斑大小变异较大。

取食对象：胃菊。

分布：河北、黑龙江、内蒙古、山西、山东、陕西、甘肃、青海。

118. 夜蛾科 Noctuidae

（814）白斑剑纹夜蛾 *Acronicta catocaloida* Graeser, 1889

识别特征：翅展 41.0 mm；头、胸灰白杂黑色。翅黑灰色，基线、内线、外线均双线黑色，亚端线白色，环、肾纹白色，中间黑色。后翅杏黄色；腹部灰杂黑色。雄蛾抱钩分叉。

取食对象：向日葵。

分布：河北、黑龙江；俄罗斯，日本。

(815) 戟剑纹夜蛾 *Acronicta euphorbiae* (Denis & Schiffermüller, 1775)

识别特征：翅展 32.0～36.0 mm。头、胸、前翅灰白色杂黑色。前翅基线、内线、外线均双线黑色，中线黑色，亚端线灰白色，锯窗形，环、肾纹轮廓不清，后者中间褐色，缘毛黑白相间。后翅白色微带褐色，翅脉纹褐色，隐约可见外线，缘毛白色。腹部褐灰色。

取食对象：杨梅、桦、欧石南等属。

分布：河北、黑龙江、山西、新疆、西藏；土耳其，欧洲。

(816) 桃剑纹夜蛾 *Acronicta incretata* Hampson, 1909（图版 LIV：8）

识别特征：翅展 42.0 mm。头顶灰棕色；胸部灰色，颈板、翅基片有黑纹。前翅灰色，基剑纹黑色，枝形，内、外线均双线，环、肾纹灰色，两纹间 1 黑线，外线在 5 脉及亚中折有黑纹穿越，亚端线白色；后翅白色。腹部褐色。

取食对象：桃、梨、樱桃、梅、苹果、杏、李、柳。

分布：河北、内蒙古、宁夏、福建、四川；朝鲜，日本。

(817) 剑纹夜蛾 *Acronicta leporina* Linnaeus, 1758（图版 LIV：9）

识别特征：翅展 39.0 mm。头、胸及前翅白色，有褐点。前翅基剑纹黑色细尖，后半不显，外线褐色锯齿形，外侧 1 片褐云。后翅白色，端区带有褐色，尺脉现褐色。腹部白色。雄性抱钩粗而长，微弯，斜伸出瓣背缘，阳茎有钉形角状器丛。

取食对象：杨属。

分布：河北、黑龙江、青海、新疆；俄罗斯，日本，欧洲。

(818) 晃剑纹夜蛾 *Acronicta leucocuspis* Butler, 1878

识别特征：翅展 39.0～44.0 mm。头、胸灰褐色，颈板、翅基片有黑纹。前翅浅褐灰色，基剑纹黑色，基线、内线、外线均双线，环纹白色黑边，肾纹褐色有白环，两纹间 1 黑线，肾纹前另 1 黑条，端剑纹黑色。后翅浅褐色，可见外线。

分布：河北；朝鲜，日本。

(819) 桑剑纹夜蛾 *Acronicta major* Bremer, 1861（图版 LIV：10）

识别特征：翅展 62.0～69.0 mm。头、胸及前翅灰白带褐色。前翅基剑纹与端剑纹黑色，前者端部分支，内线与外线均双线黑色，环、肾纹灰色黑边，后者前方有斜黑纹。后翅浅褐色，外线可见。雄性饱钩细长，斜伸向背。

取食对象：桑、桃、梅、李、柑橘类。

分布：河北、黑龙江、河南、陕西、湖北、湖南、四川、云南；俄罗斯，日本。

(820) 光剑纹夜蛾 *Acronicta radiata* Warren, 1910

识别特征：翅展 33.0 mm。头、胸灰褐色。前翅褐灰色，密布黑细点，后缘基部 1 扁白斑，基线、内线及外线均双线黑色，基剑纹黑点，在 1 脉处稍扩展，前方沿中脉有两白点，中剑纹黑色，亚端线灰白，端剑纹黑色达外缘，环、肾纹白色黑边，中间有黑点纹。后翅污白色。腹部污灰色。

分布：河北、新疆；阿富汗。

(821) 炫夜蛾 *Actinotia polyodon* (Clerck, 1759)（图版 LIV：11）

识别特征：翅展 30.0 mm。头顶黑色，额白色；胸部棕色。前翅紫灰棕色，后缘区褐带霉绿色，中室、亚中褶前半、后缘及顶角区有黄白纵条，环纹窄长，肾纹前后端超出中室，白色，外线仅后半现几黑点，亚端线白色锯齿形，外侧有黑齿纹。后翅浅褐黄色，翅脉及端区褐色。腹部黄褐色。

取食对象：连翘。

分布：河北、黑龙江、宁夏、青海、四川；日本，印度，中亚，欧洲，非洲。

(822) 荒夜蛾 *Agroperina lateritia* (Hüfnagel, 1766)（图版 LIV：12）

识别特征：体长 20.0 mm 左右，翅展 50.0 mm 左右。头部及胸部褐色杂紫灰色，额两侧有黑斑，下唇须外侧黑褐色。前翅褐色杂紫灰色，基线灰色，两侧微黑，内线黑色锯齿形，前端内侧 1 白点，环纹斜，有模糊的白圈，肾纹黑褐色，其外缘明显白色，外线黑色，锯齿形，齿尖在翅脉上为黑点及白点，前端外侧衬以白色，亚端线微白，前缘脉在外线至亚端线 1 段有 3 白点，缘毛黑色。后翅褐色。腹部灰黄褐色。足跗节黑褐色有白斑。本种还有体色较红褐的变型。

分布：河北、黑龙江、青海、新疆；俄罗斯，日本，欧洲，北美洲。

(823) 黄地老虎 *Agrotis segetum* Schiffermüller, 1775（图版 LIV：13）

识别特征：翅展 31.0~43.0 mm。头、胸、前翅浅褐色，基线、内线及外线均黑色，亚端线褐色，外侧黑灰色，剑纹小，环、隆纹褐色黑边，环纹外端较尖，中线褐色波浪形。后翅白色半透明。雄性抱钩短弯，阳茎端部 1 几丁质脊，其上有锯齿。

取食对象：梅、玉米、小麦、高粱、烟草、甜菜、马铃薯、瓜类、多种蔬菜、栎、山杨、云杉、松、柏等。

分布：华北、东北、西北、华东、华中、西南；欧洲，非洲，亚洲。

(824) 大地老虎 *Agrotis tokionis* Butler, 1881（图版 LIV：14）

识别特征：翅展 45.0~48.0 mm。头、胸及前翅褐色，基线、内线及外线均双线，亚端线锯齿形，剑纹小，尖锥形，环、肾纹灰褐色黑边，环纹外缘锯齿形，肾纹外方 1 黑斑。后翅浅褐黄色。腹部灰褐色。雄性抱钩短粗，阳茎无角状器，端部 1 纵脊，上有锯齿。

分布：河北等全国广布；俄罗斯，日本。

(825) 角线寡夜蛾 *Aletia conigera* (Denis & Schiffermüller, 1775)（图版 LIV：15）

识别特征：体长 11.0~13.0 mm，翅展 31.0~33.0 mm。头部及胸部黄色杂红褐色；

腹部褐色。前翅黄色带红褐色，翅脉微黑，内线红棕色，直线外斜至亚中褶，折向内斜，环纹隐约可见黄色，肾纹白色，中部1黄斑，后端内突，外侧微黑，亚端线黑棕色，在前缘脉后折角内斜，端线红棕色。后翅赭黄色，端区带有褐色。

分布：河北、黑龙江、内蒙古。

（826）亚双夜蛾 *Amphipoea asiatica* (Burrows, 1911)（图版 LV：1）

识别特征：翅展28.0 mm。头部浅黄褐色；胸部红褐色。前翅黄褐微带红棕色，基线、内线不明显，黑棕色波浪形外斜，环纹及常纹大，中线、外线黑褐色，后者双线波浪形，亚端线黑褐色不清晰，锯齿形。后翅污褐黄色。腹部褐色。雄性饱器瓣与冠分界明显，冠窄长，有冠刺，抱钩细长而弯，阳茎有成列致密针形角状器。

分布：河北、黑龙江、山西、陕西、新疆、四川、云南；日本，中亚地区。

（827）麦双夜蛾 *Amphipoea fucosa* (Freyer, 1830)（图版 LV：2）

识别特征：翅展30.0～36.0 mm。头、胸及前翅黄褐色。前翅各横线褐色，内线、外线均双线，前者波浪形，后者锯齿形，剑纹小，红褐色，环纹及肾纹黄色带锈红色，亚端线细弱。后翅浅褐黄色；腹部灰黄色。雄性抱钩粗壮，折曲，阳茎1齿形角状器。

取食对象：小麦、大麦、玉米等。

分布：河北、黑龙江、内蒙古、山西、河南、青海、新疆、湖北、湖南、云南；日本。

（828）暗扁身夜蛾 *Amphipyra erebina* Butler, 1878（图版 LV：3）

识别特征：体长14.0 mm左右，翅展41.0 mm左右。头部及胸部褐色，下唇须第2节外侧有黑棕纹，触角基部有白环；腹部暗灰褐色，中区深褐色，基线双线黑褐色，止于亚中褶，内线双线黑褐色，波浪形，环纹为1白圈，肾纹不明显，1黑点，外线黑棕色，锯齿形，亚端线微白，内侧暗褐色，前端更浓，端线为1列黑点，内侧衬白色，前缘脉外半有几淡褐点。后翅褐色。

分布：河北、黑龙江、湖北；俄罗斯，朝鲜，日本。

（829）紫黑扁身夜蛾 *Amphipyra livida* (Denis & Shiffermüller, 1775)（图版 LV：4）

识别特征：体长21.0 mm左右，翅展45.0 mm左右。头部、胸部及前翅紫黑色，头顶有黄褐色，足有白点；腹部暗褐色，两侧及后端紫棕色。后翅粉黄色微带褐色，端区带有暗红色，顶角带棕黑色，外缘毛在2脉之前紫黑色。幼虫青色，背线灰青色，亚背线黄色，侧面1黄色带。

取食对象：蒲公英及其他矮小植物。

分布：河北、黑龙江、新疆、江苏、湖北、江西、贵州；俄罗斯，朝鲜，日本，印度，欧洲。

(830) 大红裙扁身夜蛾 *Amphipyra monolitha* Guenée, 1852（图版 LV：5）

识别特征：体长 25.0 mm 左右，翅展 56.0～63.0 mm。头部及胸部黑棕色杂褐色，下唇须外侧棕黑色，跗节黑棕色有淡褐环；腹部紫棕色。前翅紫棕色，斑纹相似；后翅色较红。

分布：河北、黑龙江、湖北、江西、广东、四川；俄罗斯，日本，印度，欧洲。

(831) 蔷薇扁身夜蛾 *Amphipyra perflua* (Fabricius, 1787)（图版 LV：6）

识别特征：体长 30.0 mm 左右，翅展 48.0～60.0 mm。头部及胸部黑棕色杂淡褐色，足黑棕色，外线与亚端线间淡褐色，基线淡褐色，只前端可见，内线淡褐色，波浪形外斜，环纹偏斜，淡褐边，外线淡褐色，锯齿形，外侧 1 列黑棕色尖齿状纹和 1 细褐线，亚端线淡褐色略呈锯齿形，端线由 1 列棕褐半月纹组成，内侧灰白色。后翅褐色。幼虫灰青色，背线白色，第 3～6 节中断，第 9 节背部有隆起，有黄色斜纹。

取食对象：柳、杨、山毛榉、栎、乌荆子等蔷薇科植物。

分布：河北、黑龙江、新疆；俄罗斯，欧洲。

(832) 桦扁身夜蛾 *Amphipyra schrenckii* Ménétrès, 1859（图版 LV：7）

识别特征：体长 18.0～20.0 mm，翅展 52.0 mm 左右。头部及胸部褐色，额及触角基节带有白色；腹部暗灰色。前翅黑褐色，基线黑色，内线黑色，波浪形，环纹为 1 白点，肾纹小，内缘 1 白纹，内侧 1 黑弧线，中线黑色，自前缘脉外斜至环、肾纹之间，外线黑色，外侧衬灰白色，锯齿状，亚端线微白，不明显，前端外侧灰白色，锯齿形，亚端线微白，不明显，前端外侧 1 白斑，端线 1 列黑点。后翅暗褐色。

取食对象：棘皮桦。

分布：河北、黑龙江、湖北；俄罗斯，朝鲜，日本。

(833) 暗钝夜蛾 *Anacronicta caliginea* (Butler, 1881)

识别特征：前翅长 21.0 mm 左右，翅展 45.0 mm。触角黑褐色、线状，雄触角具毛簇。下唇须黑褐色，节间有白环，前缘掺有灰白色鳞片，第 2 节达额中部，第 3 节短小。头部青褐色；胸部灰褐色。有黑色横纹，颈板黑褐色，后缘灰褐色；足褐色，胫节和节黑褐色，有白环，腹部灰褐色。前翅暗褐色，各横线黑色，基、内、外线均双线，中线粗；后翅浅黄褐色。腹部灰褐色；雄性抱钩长弯，伸达瓣端，阳茎有角状器。

分布：河北、黑龙江、山西、河南、陕西、浙江、湖北、江西、湖南、四川、贵州、云南；朝鲜，日本。

(834) 郁钝夜蛾 *Anacronicta infausta* (Walker, 1856)（图版 LV：8）

识别特征：体长 21.0 mm 左右；翅展 45.0 mm 左右。头部褐色杂有灰白色，雄性触角线形，有纤毛丛，复眼有细毛；胸部黑褐色杂灰白色，下胸较灰褐，足跗节有白环；腹部黑褐色。前翅棕黑色，基线双线黑色，止于亚中褶，内线双线黑色，波浪形，环纹、肾纹均黑边，两纹后部1黑纹相连，中线黑色模糊，外线双线黑色波浪形，在中室后内斜，与中线平行，亚端线黑色，外侧较白，锯齿形，端线为1列黑色长点。后翅淡褐黄色，端区较暗褐，有模糊的外线和亚端线，雌性后翅色较浓。

分布：河北、四川、云南；印度，缅甸。

（835）绿组夜蛾 *Anaplectoides prasina* Schiffermüller, 1775（图版 LV：9）

识别特征：翅展47.0 mm。头部白色带黄绿色；胸部灰色杂白及黑色。前翅灰白带紫褐，前缘区、中褶及亚中褶带黄绿色，基、内、外线均双线黑色，中线黑色，亚端线浅褐色，剑纹、环纹及肾纹均有黑边。后翅褐色。腹部灰褐色；雄性抱钩细而折曲，阳茎短小，无角状器。

取食对象：蒿蓄、桦属、酸模属、悬钩子属等。

分布：河北、黑龙江、新疆；日本，欧洲。

（836）中桥夜蛾 *Anomis mesogona* (Walker, 1857)

识别特征：翅展38.0 mm。头、胸及前翅暗红褐色。前翅基线褐色，不清晰，自前缘脉至1脉，内线褐色，内侧衬灰色，自前缘脉外斜至中室后缘，折角内弯，1脉后外斜，环纹不显，肾纹暗灰色，前、后端各1黑圆点，外线褐色，自前缘脉后波曲外弯，在3脉处内伸达肾纹后端，折角后垂，亚端线褐色。后翅褐色。腹部暗灰褐色。

取食对象：红悬钩、醋栗。

分布：河北、黑龙江、山东、浙江、湖北、湖南、福建、海南、贵州、云南；朝鲜，日本，印度，斯里兰卡，马来西亚。

（837）暗秀夜蛾 *Apamea illyria* (Freyer, 1846)（图版 LV：10）

识别特征：翅展37.0 mm。头、胸褐色带灰黄。前翅内、外线间微黑，其余污褐色，基线黑色，在中室后1近三角形黑纹，内线双线黑色，波浪形，剑纹、环纹褐色黑边，肾纹白色有褐环及黑边，中线模糊黑色，外线双线黑色锯齿形，1黑线自肾纹至亚端线，后者黑褐色，顶角1黑斑。后翅褐色；腹部灰褐杂黑色。

分布：河北、黑龙江、陕西；日本，欧洲。

（838）负秀夜蛾 *Apamea veterina* (Lederer, 1853)（图版 LV：11）

识别特征：翅展45.0 mm。头、胸、腹褐黄色；前翅黄褐色，基线、内线及外线均双线黑色，基线仅前段可见，内线波浪形，外线锯齿形，中线黑色，剑纹褐色，环纹斜，黄褐色，肾纹大，浅黄色，亚端线浅黄色，外侧黑色。后翅浅褐带黑，外线微黄。腹部褐黄色；雄性抱钩长，斜伸。

分布：河北、黑龙江、内蒙古、山西、新疆；俄罗斯。

(839)大棱夜蛾 *Arytrura musculus* (Ménétrès, 1859)

识别特征：翅展41.0 mm。头部褐色；胸部灰褐色。前翅暗紫灰色，除端区外均带有暗褐色，内线灰色，自前缘脉外斜至亚中褶角向后垂，环纹不显，肾纹只现1灰色短线，外线灰色，自前缘脉外弯至5脉后较直内斜，亚端线褐色，较细弱，波浪形向前缘脉至6脉；折角外斜，在4脉处折成1大钝角，其后内弯，外线与亚端线之间1微波状内斜线，此线即为暗褐区与暗紫灰区的分界线，翅外缘1列黑点。后翅暗褐色带灰色，端区暗紫灰色，外线灰色。腹部褐灰色，背面暗褐色。

分布：河北、黑龙江、华东、贵州；朝鲜，日本，欧洲。

(840)镰大棱夜蛾 *Arytrura subfalcata* (Ménétrès, 1859)（图版LV：12）

识别特征：翅展48.0 mm。头部暗褐色，下唇须外侧杂有少许灰色；胸部暗褐色。前翅暗褐色，密布灰白色细点，端区褐灰色，内线黑色，两侧衬褐灰色，自前缘脉波曲外斜，至中室后波浪形外弯，在1脉处成1内凸齿，环纹只现1褐灰点，肾纹褐灰色，细窄并有间断，外线黑色。翅外缘中部外突成1钝齿形，顶角外缘较尖。后翅暗褐色，外线外方褐灰色，外线黑色，锯齿形，两侧衬褐灰色，自前缘后外斜至4脉折向内弯，亚端线双线淡褐色，三曲形，外1线内侧衬暗褐色，端线黑色，波浪形，翅外缘中部外突呈锯齿状，顶角后亦1锐齿，其后有两细锯齿。腹部暗灰色。

分布：河北、黑龙江、江苏。

(841)委夜蛾 *Athetis furvula* (Hubner, 1808)（图版LV：13）

识别特征：翅展28.0～30.0 mm。头、胸灰色杂褐色。前翅灰褐色，外区、端区褪色，基线、内线、中线及外线黑色，内线波浪形，环纹为1黑点，肾纹内缘白色，中线粗，外线锯齿形，齿尖为点状，亚端线白色，两侧褐色，翅外缘1列黑点，内侧1白线。后翅浅褐灰色。腹部红褐色；雄性抱钩端部分叉，阳茎有短齿形角状器丛。

分布：河北、黑龙江、辽宁、内蒙古、新疆；朝鲜，日本，欧洲。

(842)后委夜蛾 *Athetis gluteosa* (Treitschke, 1835)（图版LV：14）

识别特征：翅展25.0～36.0 mm。头、胸及前翅浅褐灰色。前翅基线、内线褪色，后者波浪形，环纹为1黑褐点，肾纹小，褐色，中线暗褐色，后半波浪形，外线黑褐色锯齿形，齿尖为点状，亚端线灰白色，内侧暗褐色，翅外缘1列黑褐纹。后翅与腹部白色微带褐色。

取食对象：低矮草本植物。

分布：河北、黑龙江、青海、四川、西藏；蒙古，朝鲜，日本，中亚，欧洲。

(843)二点委夜蛾 *Athetis lepigone* (Moschler, 1860)

识别特征：翅展20.0 mm。头、胸、腹及前翅灰褐色。前翅有暗褐细点，内线、外线暗褐色，环纹为1黑点，肾纹小，有黑点组成的边缘；外侧中凹，1白点，外线波浪形，翅外缘 1 列黑点。后翅白色微褐，端区暗褐色。腹部灰褐色。

分布：河北；日本，欧洲。

（844）袜纹夜蛾 *Autographa excelsa* (Kretschmar, 1862)（图版 LV：15）

识别特征：体长 21.0 mm 左右，翅展 43.0 mm 左右。头顶及颈板红褐色杂少许暗灰色；胸部背面暗褐色带黑灰色。前翅灰褐色，内外线间在中室后浓棕色，带金光，基线、内线棕色，环纹银边，后方 1 袜形银斑，肾纹银边不完整，外线双线棕色，亚端线棕色。后翅黄色，外线及翅脉棕色。腹部淡黄带褐，毛簇红褐色。

分布：河北、黑龙江、吉林、内蒙古、山西、陕西、甘肃、新疆、湖北、四川、云南；俄罗斯，日本。

（845）朽木夜蛾 *Axylia putris* (Linnaeus, 1761)（图版 LVI：1）

识别特征：翅展 28.0 mm。头部浅褐杂白色；胸部及前翅赭黄色。翅脉纹黑色，前缘区、中槽及内线内方均带褐色，中室前带有黑色，基线、内线及外线均双线黑色，后者锯齿形，亚端线部分呈褐色并有黑纵纹，剑纹黑边，环、肾纹微黄，黑边。后翅黄白微带褐色；翅脉黑褐色。腹部暗褐色。

分布：河北、黑龙江、山西、新疆、湖南；朝鲜，日本，印度，欧洲。

（846）冷靛夜蛾 *Belciades niveola* (Motschulsky, 1866)

识别特征：翅展 35.0～37.0 mm。头、颈板白色杂褐及黑色，额有黑条；胸部海蓝色。前翅蓝绿色，基部及端区带褐色，中区带白色，各横线黑色，亚端线蓝绿色衬黑，内线内侧有暗带，外线近中部 1 黑纹外伸，亚端线内侧 1 褐带，环、肾纹白色，后者有蓝绿曲纹。后翅暗褐，外线可见。腹部灰褐色。

分布：河北、黑龙江、吉林、西藏；日本。

（847）碧夜蛾 *Bena prasinana* (Linnaeus, 1758)

识别特征：翅展 38.0 mm。头、胸及前翅黄绿色，额下部、颈板基部白色。前翅仅中部有 2 条平行白色斜行；后翅白色。腹部白色，有稀疏的细黄毛。

取食对象：栎、桦。

分布：河北、内蒙古；欧洲。

（848）阴卜夜蛾 *Bomolocha stygiana* (Butler, 1878)（图版 LVI：2）

识别特征：翅展 35.0 mm。头部棕褐色，下唇须向前平伸，第 2 节下缘布密鳞，第 3 节端部灰色；胸部背面棕褐色。前翅外线内方为 1 黑棕色带紫色大斑块，内线浅褐色，自前缘脉外斜至中室前缘折角内斜，至亚中褶再折角外斜，外线白色，自前缘脉微曲外斜至 5 脉折角内弯，至亚中褶后内斜，环纹不显或隐约可见，亚端线灰白色，波浪形，极不明显，内侧有几模糊黑色斑纹，顶角 1 内斜黑纹，端线黑色。后翅灰褐色，横脉纹小，暗褐色。腹部棕褐色。足黄灰色杂黑褐色，前足胫节外侧褐黑色。

分布：河北、浙江、江西、西藏；朝鲜，日本。

(849) 脉散纹夜蛾 *Callopistria venata* Leech, 1900

识别特征：翅展 31.0~36.0 mm。头、胸黑色杂白及浅褐色。前翅褐色，大部分带黑色，基部 1 白纹，基线、内线白色，内侧在 1 脉前 1 白弧纹，后半外侧 1 紫色线，环纹及肾纹白色，前者后端尖，肾纹后端外突呈钩形；外线双线黑色，线间白色，亚端线为 1 列白纹，内侧有 1 些黑斑，翅外缘 1 列白长点。后翅深褐色，外线微白。腹部灰色。

分布：河北、浙江、湖北、福建；印度。

(850) 平嘴壶夜蛾 *Calyptra lata* (Butler, 1881)

识别特征：翅展 47.0 mm。头、胸及腹部灰褐色。前翅黄褐带紫红色，基线、内线及中线深棕色，肾纹仅外缘明显深棕色，1 红棕线自顶角内斜至后缘近中部；亚端区有两暗褐曲线，在翅脉上为黑点。后翅浅黄褐色，外线及端区暗褐色。

取食对象：柑橘、紫堇、唐松草。

分布：河北、黑龙江、山东、福建、云南；朝鲜，日本。

(851) 壶夜蛾 *Calyptra thalictri* (Borkhausen, 1790)（图版 LVI：3）

识别特征：翅展 46.0 mm。头、胸褐色杂有灰白色。前翅褐色有粉红细纹，各横线棕色，环、肾纹不显，外线双线，折角于 7 脉处，1 棕线自顶角斜至后缘近中部，亚端线锯齿形，内侧 1 前窄后宽褐带。后翅褐色，外线暗褐色，端区微黑。腹部黄灰色。

取食对象：唐松草。

分布：河北、黑龙江、辽宁、山东、河南、新疆、浙江、福建、四川、云南；朝鲜，日本，欧洲。

(852) 暮逸夜蛾 *Caradrina morosa* Lederer, 1853

识别特征：翅展 34.0 mm。头、胸白色带浅褐色。前翅浅灰黄带褐色，基线黑色间断，内线、中线及外线黑色，前者双线锯齿形，环纹为 1 黑点；肾纹黑色窄曲，内缘后端 1 白点，外侧两白点，中线模糊，外线锯齿形，亚端线白色波浪形，与外线间暗褐色，前缘有 9 灰黄点。后翅白色带褐，翅脉与端区色暗。腹部灰色。

分布：河北、黑龙江、新疆；蒙古，俄罗斯。

(853) 白肾裳夜蛾 *Catocala agitatrix* Graeser, 1889（图版 LVI：4）

识别特征：翅展 52.0~56.0 mm。头、胸褐灰色，额有黑斑，颈板灰黄色。前翅褐色带青灰色，基线黑色达亚中褶，内线黑色波浪形外斜，中线模糊褐色，肾纹白色，中有暗环，后方 1 黑边的褐灰斑，并以 1 线与外线相连，外线黑色锯齿形，亚端线灰白色锯齿形，两侧暗褐色，端线为 1 列衬白的黑点。后翅黄色，中带黑色折曲向翅基部，翅后缘黑纵纹，端带黑色，后方 1 黑圆斑。腹部黄褐色，基部稍灰。

分布：河北、黑龙江、河南；俄罗斯，日本。

（854）苹刺裳夜蛾 *Catocala bella* **Butler, 1877**（图版 LVI：5）

识别特征：翅展 56.0 mm。头及颈板赭褐色，胸部灰棕色。前翅蓝灰带黑褐色，基线、内线黑色波浪形，肾纹褐色，边缘灰及暗褐色，外线黑色锯齿形，在 2 脉处内突并膨大达 2 脉基部，亚端线蓝灰色，两侧黑褐色，锯齿形，端线为 1 列黑白相衬的点。后翅黄色，基部及后缘区黑褐色，中带黑色，其中部外弓，端区 1 黑宽带，顶角浅黄色。腹部暗褐色。

取食对象：苹果。

检视标本：7 头，围场县木兰围场五道沟场部，2015-VIII-06，刘效竹采；8 头，围场县木兰围场新丰挂牌树，2015-VIII-17，马莉采。

分布：河北、黑龙江；日本。

（855）显裳夜蛾 *Catocala deuteronympha* **Staudinger, 1861**（图版 LVI：6）

识别特征：翅展 58.0～61.0 mm。头、胸棕色杂灰白及少许黑色，额、颈板及翅基片有黑纹。前翅灰白色，内线以内带暗棕色，中区带黑褐色，端区带红褐色，基中褶基部 1 黑纵纹，基线、内线及外线均黑色，内线波浪形外斜，外侧 1 白斜条，肾纹灰色黑边，其外缘锯齿形，中有黑环，外线在 4～6 脉间成两巨齿，其后波浪形，亚端线灰色锯齿形，端线为 1 列衬白的黑点。后翅黄色，中带与端带黑色；端部烟褐色。

检视标本：8 头，围场县木兰围场五道沟场部，2015-VIII-06，刘浩宇采；2 头，围场县木兰围场新丰挂牌树，2015-VII-24，蔡胜国采。

分布：河北、黑龙江、福建；俄罗斯，日本。

（856）茂裳夜蛾 *Catocala doerriesi* **Staudinger, 1888**（图版 LVI：7）

识别特征：翅展 60.0 mm。头、胸黑棕杂灰白色。前翅灰棕杂灰色，亚中褶基部 1 黑纹，基线、内线及外线黑色，内线双线波浪形，肾纹褐灰色，中有黑环，后方 1 灰白斑，外线后半锯齿形，在亚中褶内伸成黑纵条，线内侧 1 白纹，亚端线白色锯齿形，端线为 1 列黑点。后翅黄色，中带与端带黑棕色，亚中褶 1 黑纵条伸达中带。腹部黄褐色。

检视标本：4 头，围场县木兰围场新丰挂牌树，2015-VII-24，蔡胜国采；1 头，围场县木兰围场孟梁小孟奎，2015-VII-27，蔡胜国采；1 头，围场县木兰围场四合水永庙宫，2015-VIII-12，宋烨龙采。

分布：河北、黑龙江、河南、湖北；俄罗斯。

（857）柳裳夜蛾 *Catocala electa* (Vieweg, 1790)（图版 LVI：8）

识别特征：翅展 67.0~71.0 mm。头、胸及前翅褐灰色，额、颈板、翅基片有黑纹。前翅亚中褶基部具 1 黑纹，基、内线黑色，后者锯齿形，肾纹内缘黑色，外缘锯齿形；中有褐环，前方 1 黑褐纹，外线黑色锯齿形，端线由黑色衬白的点组成。后翅红色，中带黑色弯曲，端带黑色。腹部灰褐色。

取食对象：柳、杨。

分布：河北、黑龙江、山东、河南、湖北、新疆；朝鲜，日本，欧洲。

（858）缟裳夜蛾 *Catocala fraxini* (Linnaeus, 1758)（图版 LVI：9）

识别特征：体长 38.0~40.0 mm，翅展 87.0~90.0 mm。头部及胸部灰白色杂黑褐色，颈板中部 1 黑色横纹；端部黑色。前翅灰白色，密布黑色细点，基线黑色，内线双线黑色，波浪形，肾纹灰白色，中间黑色，后方 1 黑边的白斑，1 模糊黑线自前缘脉至肾纹，外侧另 1 模糊黑线，锯齿形达后缘，外线双线黑色锯齿形，亚端线灰白色锯齿形，两侧衬黑色，端线为 1 列新月形黑点，外缘黑色波浪形。后翅黑棕色，中带粉蓝色，外缘黑色波浪形，缘毛白色。幼虫灰褐色，有黑点，第 5 及第 8 腹节背面有尖突。腹部背面黑色，节间紫蓝色，下侧白色。

取食对象：柳、杨、槭、榆等。

分布：河北、黑龙江；日本，欧洲。

（859）光裳夜蛾 *Catocala fulminea* (Scopoli, 1763)（图版 LVI：10）

识别特征：翅展 51.0~54.0 mm。头、胸紫灰色，头顶与颈板大部分黑棕色。前翅紫灰带棕色，内横线内方色暗，基线、内线及外线黑色，内线前半外侧 1 外斜灰带，肾纹灰色，外侧有几黑齿纹，前方 1 黑棕斜条，外线在 2 脉处内凸至肾纹后，回旋成勺形，外侧 1 褐线，亚端线灰色，后半锯齿形，近顶角 1 黑棕纹，其中的翅脉黑色。后翅黄色，中带与端带黑色，后者后部窄缩。腹部褐灰色。

分布：河北、北京、黑龙江、吉林、浙江；俄罗斯，朝鲜，日本，欧洲。

（860）裳夜蛾 *Catocala nupta* (Linneus, 1767)（图版 LVI：11）

识别特征：体长 27.0~30.0 mm，翅展 70.0~74.0 mm。头部及胸部黑灰色，颈板中部 1 黑横线；腹部褐灰色。前翅黑灰色带褐色，基线黑色达中室后缘，内线黑色双线波浪形外斜，肾纹黑边，中有黑纹，外线黑色，锯齿形，在 2 脉内凸至肾纹后，亚端线灰白色，外侧黑褐色，锯齿形，端线为 1 列黑长点。后翅红色，中带黑色弯曲，达亚中褶，端带黑色，内缘波曲，顶角 1 白斑，缘毛白色。幼虫灰色或灰褐色，第 5 腹节 1 黄色横纹，第 8 腹节背面隆起，有 2 黑边的黄纹。

检视标本：7 头，围场县木兰围场五道沟场部，2015-VIII-06，宋烨龙采；4 头，围场县木兰围场孟梁小孟奎，2015-VII-27，蔡胜国采；1 头，围场县木兰围场燕伯格车道沟，2015-VII-20，蔡胜国采；2 头，围场县木兰围场四合水永庙宫，2015-VIII-12，李迪采。

分布：河北、黑龙江、新疆；朝鲜，日本，欧洲。

(861) 奥裳夜蛾 *Catocala obscena* Alpheraky, 1879（图版 LVI：12）

识别特征：翅展 76.0 mm。头部与胸部褐灰色杂黑褐色，触角基节灰白，头顶、下唇须大部分黑褐色，颈板端部与翅基片基部灰白色，下胸与足灰白色，前中跗节外侧黑色，各节间有白斑。前翅褐灰色，密布黑褐细点，基线仅在中室前可见 1 黑细线，内线黑色。后翅黄色，中部 1 黑带，其内缘微波曲外斜，2 脉后折向内斜，外缘在中褶处强外凸，其后内斜，带的后端达 1 脉；后缘区在此带内方微带黑褐色，端区 1 黑带，其内缘外斜至 4 脉折角内斜，其外缘前段不达顶角，中段波浪形，带的后端达亚中褶，其后方 1 扁圆形黑斑；2-6 脉间的缘毛间黑色。腹部褐灰色。

检视标本：3 头，围场县木兰围场五道沟场部，2015-VIII-06，刘效竹采；1 头，围场县木兰围场新丰挂牌树，2015-VII-24，宋烨龙采。

分布：河北、四川、云南；朝鲜。

(862) 红腹裳夜蛾 *Catocala pacta* (Linnaeus, 1758)（图版 LVI：13）

识别特征：翅展 43.0～48.0 mm。头与颈板灰白杂少许褐色，后者有黑褐横线，头顶有"V"形黑纹；胸部赤褐杂少许白色，后胸黑褐色。前翅赭灰色，基线、内线黑色；肾纹中间 1 黑纹，黑边，后方 1 灰斑，以 1 暗线与外线相连，外线黑色锯齿形，亚端线褐色锯齿形，端线为 1 列黑点。后翅绯红，中带黑色外弯至亚中褶，端带黑色，前宽后窄，缘毛白色。腹部背面绯红，基部、端部及下侧白色。

取食对象：柳。

分布：河北、黑龙江、新疆；蒙古，欧洲。

(863) 鹿裳夜蛾 *Catocala proxeneta* Alpheraky, 1895（图版 LVI：14）

识别特征：翅展 37.0 mm。头、胸灰白杂黑棕色。前翅褐灰色密布细黑点，基线、内线及外线黑色，内线波浪形外斜，肾纹中有红褐纹，前方 1 暗褐纹，后方 1 灰黄斑，外线中段二齿形，后半锯齿形，亚端线灰色，后半锯齿形。后翅黄色，中带与端带黑色，亚中褶 1 黑纵条伸达中带。腹部黄褐色。

检视标本：1 头，围场县木兰围场新丰挂牌树，2015-VII-24，宋烨龙采。

分布：河北、黑龙江；蒙古。

(864) 客来夜蛾 *Chrysorithrum amata* (Bremer & Grey, 1835)（图版 LVI：15）

识别特征：翅展 64.0～67.0 mm。头部与胸部深褐色，颈板端部灰黄色。前翅灰褐色，密布棕色细点，基线白色，自前缘脉外斜至中室折角内斜至 1 脉，内线白色，自前缘脉微曲外斜至中室后折角内斜，基线与内线之间深褐色，成 1 宽带，但不达翅后缘，环纹只现 1 黑色圆点，肾纹不显，中线细，外弯，前端外侧暗褐色，外线黄色，在 3 脉处回升至中室顶角再后行，亚端线灰白色，4 脉后明显内弯，与外线之间暗褐色，在 6 脉前成 1 斗状斑。后翅暗褐色，中部 1 橙黄曲带，顶角 1 黄斑，臀角 1 黄纹。腹部灰褐色。

取食对象：胡枝子。

检视标本：1 头，围场县木兰围场新丰挂牌树，2015-VII-14，李迪采。

分布：河北、黑龙江、辽宁、内蒙古、陕西、浙江、福建、云南；朝鲜，日本。

（865）筱客来夜蛾 *Chrysorithrum flavomaculata* (Bremer, 1861)（图版 LVII：1）

识别特征：翅展 50.0~53.0 mm。头、胸及前翅暗褐色。前翅基部、中区及端区带有灰色，基线灰色，外弯，自前缘脉至中室后缘，翅后缘区近基部 1 黑斑，内线灰色，自前缘脉后微波曲外斜，至中室后外凸，1 脉处内凸，后端折向内前方近达 1 脉再内斜，基线与内线之间深棕色，环纹小，近圆形，黑色灰边，中线黑色，微曲外斜，外线灰色，在 3 脉处回升至中室顶再后行，亚端线灰色衬黑褐色，与外线之间棕黑色，前段似斗形，翅外缘 1 列黑点。后翅暗褐色，中部 1 橙黄大斑。腹部暗褐色带灰色。

取食对象：豆科。

分布：河北、黑龙江、内蒙古、陕西、浙江、云南；日本。

（866）土孔夜蛾 *Corgatha argillacea* Butler, 1879（图版 LVII：2）

识别特征：翅展 19.0 mm。头、胸、腹及前翅赤褐色；头顶 1 白纹。前翅基线、内线及外线暗褐色，基线外侧与内线内侧各 1 白纹，外线后半波浪形，前端外侧 1 白斑，其外方 1 列白点，近顶角 1 白纹，亚端区有细黑点，翅外缘 1 列黑点。后翅赤褐色，外线暗褐色，亚端区有细黑点，翅外缘 1 列黑点。

分布：河北、河南；朝鲜，日本。

（867）凡兜夜蛾 *Cosmia moderata* (Staudinger, 1888)（图版 LVII：3）

识别特征：翅展 38.0 mm。头、胸及前翅浅赭褐色。前翅端区大部分褐色；基线不显，内线黑褐色直线外斜，环纹、肾纹不显，中线粗，褐色，中部折角，外线黑色，曲度近中线，亚端线浅褐色，后段外斜达臀角，中段外侧黑色。后翅赭黄，端区 1 黑褐宽带。腹部黄褐色；雄性钩形突特粗大，似蛇头形；抱器瓣向端渐窄。

分布：河北、黑龙江、河南、云南。

（868）一色兜夜蛾 *Cosmia unicolor* (Staudinger, 1892)（图版 LVII：4）

识别特征：翅展 21.0~34.0 mm。头部褐色杂灰赭色；胸部褐色杂赭黄色。前翅灰褐色，有赭黄细点，基线、内线、中线及外线褐色，内线直，中、外线中部折角，环纹为 1 褐点，肾纹不清晰，内、外缘凹，亚端线灰色，中段外弯，翅外缘 1 列黑点。后翅褐色，端区色暗。腹部褐灰色。

分布：河北、黑龙江、内蒙古、陕西；俄罗斯。

（869）白黑首夜蛾 *Craniophora albonigra* Herz, 1904（图版 LVII：5）

识别特征：翅展 32.0 mm。头、胸灰白杂暗褐色，额有黑横条，颈板有黑线，端部黑色为主，翅基片外缘黑色。前翅紫灰色带褐色，布有细黑点，基部黑点致密，基线、内线、外线均双线，亚中褶基部 1 黑纵纹，环纹白色黑边，中线暗褐色，内侧衬白色较宽，内线外侧暗褐色扩展至肾纹，肾纹近矩形，黄褐色，亚端线微白，外侧有齿形黑纹，在亚中褶处有黑纵纹。雄性后翅白色，端区带褐色，雌性后翅褐色。腹部灰褐色。

分布：河北、黑龙江、山西、宁夏、湖北、四川；朝鲜。

（870）女贞首夜蛾 *Craniophora ligustri* (Denis & Schiffermüller, 1775)（图版 LVII：6）

识别特征：翅展 38.0 mm。头部白色，额有黑纹；胸部黑褐色，颈板白色，有黑弧纹。翅基片有白斑；前翅暗褐，部分带灰白色，基线、内线及外线均双线黑色，中线粗，黑色，亚端线白色，环纹边线黑色具棱，肾纹大，黑边，亚端区有白齿纹；后翅白色微褐。腹部灰褐色。

取食对象：女贞属、梣属、桤木属。

分布：河北、黑龙江；俄罗斯，日本，欧洲。

（871）嗜蒿冬夜蛾 *Cucullia artemisiae* (Hufnagel, 1766)（图版 LVII：7）

识别特征：翅展 43.0 mm。头、胸暗褐杂灰色。前翅灰褐色，部分灰色，翅脉纹黑色，亚中褶 1 黑纵纹，翅基部 1 小白斑，基线、内线、中线及外线均黑色，内、外线锯齿形，剑纹外端 1 白斑，环、肾纹灰色，后者后端稍内突，亚端线不清晰，锯窗形，顶角 1 灰斜纹。后翅黄白，翅脉与端区褐色。腹部褐灰色微黄。

取食对象：蒿属。

分布：河北、黑龙江、新疆；欧洲。

（872）黑纹冬夜蛾 *Cucullia asteris* (Denis & Schiffermüller, 1775)（图版 LVII：8）

识别特征：翅展 50.0 mm。头部暗褐杂紫灰色；胸部及前翅紫灰带褐色。前翅亚中褶 1 黑线，内线双线黑色，环、肾纹中凹，外线仅后段可见双线，线间白色，内方 1 黑纹内伸，亚端区 4 脉前及端区 2 脉后各 1 黑纹。后翅黄白色，翅脉与端区黑褐色。

取食对象：一枝黄花、紫菀、翠菊等。

分布：河北、黑龙江、新疆、四川；蒙古，日本，欧洲。

（873）蒿冬夜蛾 *Cucullia fraudatrix* Eversmann, 1837（图版 LVII：9）

识别特征：翅展 36.0 mm。头、胸及前翅灰褐色。前翅前缘区基部灰白色，亚中褶基部 1 黑纵纹，内线黑色，内侧衬白，外侧亦带白色，环、肾纹灰色，后者后端外突，外线暗灰色波浪形，亚端线灰色，前端内侧微黑，4 脉前及 2 脉后各 1 黑纵纹穿过。后翅黄白，外半带灰褐色。腹部褐黄带灰色。

取食对象：莴苣。

分布：河北、吉林、辽宁、浙江；日本，欧洲。

（874）富冬夜蛾 *Cucullia fuchsiana* Eversmann, 1842（图版 LVII：10）

识别特征：翅展 35.0 mm。头、胸及前翅白色杂褐色；颈板有暗褐横纹。前翅亚中褶基部 1 白纵纹，其中 1 黑纵纹穿过，基线仅前端现 1 黑点，内线褐色锯齿形，剑纹大，外方 1 白斑，环、肾纹白色黑边，外线褐色，亚端线白色，内侧有几黑褐纹，外侧前半与后端有黑褐纹，顶角 1 白斜纹。后翅黄白，翅脉与端区褐色。腹部黄褐色。

取食对象：扫帚艾。

分布：河北、黑龙江、内蒙古、青海、新疆；蒙古，俄罗斯。

（875）碧银冬夜蛾 *Cucullia lampra* (Püngeler, 1908)

识别特征：翅展 36.0 mm。头部褐色；胸部白色，颈板基部与端部及翅基片缘褐色。前翅银白色，前、后缘各 1 灰绿纵纹，各横线为灰绿宽条，内、外线在中脉 1 灰绿纵纹相连。后翅白色，端区褐灰色。腹部白色，基部几节赭黄。

取食对象：蒿属。

分布：河北、黑龙江、内蒙古、新疆、西藏；日本，欧洲。

（876）贯冬夜蛾 *Cucullia perforata* Bremer, 1861

识别特征：翅展 35.0 mm。头、胸白色杂深棕色。前翅浅紫灰色，基线黑色仅前段可见，亚中褶基部 1 黑纵线，内、外线均双线黑色，后者双线间杂白色，环纹、肾纹褐色，前者围以白环，后者内侧后半白色，中线黑色，亚端区在 6 脉前有几黑纹，2 脉端部后方 1 黑纵条。后翅黄白色，端区微褐；腹部褐灰色。

分布：河北、黑龙江、山东、福建；俄罗斯，朝鲜，日本。

（877）银装冬夜蛾 *Cucullia splendida* (Stoll, 1782)（图版 LVII：11）

识别特征：翅展 31.0～39.0 mm。头、胸白色杂暗灰色。前翅银蓝色，后缘外半部土黄色，缘毛白色。后翅白色，端区带有暗褐灰色。

分布：河北、内蒙古、甘肃、青海、新疆；蒙古，俄罗斯。

（878）紫金翅夜蛾 *Diachrysia chryson* (Esper, 1789)（图版 LVII：12）

识别特征：体长 21.0 mm 左右；翅展 42.0 mm 左右。头部黄褐色；翅基片紫棕色，胸背中间有黄褐色毛。前翅灰紫色，中区及外区在中室以后黑紫色带金色，基线黑色内斜，前端 1 弧，肾纹黑色，外方 1 斜方形大金斑，外线波浪形，在金斑中褐色，其后紫金色，金斑内前方前缘脉上 1 黑点，亚端线灰紫色锯齿形。后翅淡黄褐色，外半紫褐色，外线褐色。腹部淡黄色，前 3 节有黑褐色毛簇。幼虫绿色，体侧 1 列白色斜纹。

取食对象：泽兰属、无花果。

分布：河北、黑龙江、浙江；朝鲜，日本，欧洲。

（879）维金翅夜蛾 Diachrysia witti Ronkay & Behounek, 2008

识别特征：翅展 39.0~43.0 mm；头部黄褐色；下唇须褐色，额及头顶黄褐色。触角黄褐色、胸部黄褐色。前翅翅底深灰色，基线褐色，内横线黑褐色，基线和内横线之间灰色；环形纹模糊，肾形纹褐色，无楔形纹；中横线褐色；外横线浅褐色，波形；亚缘线灰褐色；顶角尖锐。后翅灰褐色，缘线黄褐色。腹部灰褐色，末端黑色。

分布：河北、北京、陕西；俄罗斯，朝鲜，日本。

（880）粉缘钻夜蛾 Earias pudicana Staudinger, 1887（图版 LVII：13）

识别特征：翅展 23.0 mm。头与颈板黄白色带青色，翅基片及胸背白色带粉红。前翅绿黄色，前缘约 2/3 白色带粉红色，外缘毛褐色。后翅白色。腹部灰白色；雄性钩形突二叉形，抱器瓣腹侧 1 长突，端部 1 曲突，抱钩棘形。

取食对象：毛白杨、柳。

分布：河北、黑龙江、辽宁、山西、山东、河南、宁夏、江苏、浙江、湖北、江西、湖南；俄罗斯，朝鲜，日本，印度。

（881）玫斑钻夜蛾 Earias roseifera Butler, 1881（图版 LVII：14）

识别特征：翅展 18.0~24.0 mm。头黄绿色，触角暗褐色，有白环纹，下唇须褐色，布有白色细点；胸部背面黄绿色，下胸与足白色杂褐色了。前翅黄绿色，中室端部区域红色，界限不清，大小亦有变化，翅外缘及缘毛褐色。后翅白色，微带褐色。腹部白色。

取食对象：杜鹃花。

检视标本：1 头，围场县木兰围场新丰挂牌树，2015-VIII-17，宋烨龙采。

分布：河北、黑龙江、浙江、湖北、湖南、四川；日本，越南，印度。

（882）谐夜蛾 Emmelia trabealis (Scopoli, 1763)

识别特征：翅展 19.0~22.0 mm。头、胸暗赭色，额黄白色，颈板基部黄白，其余红褐色，胸背有浅黄纹，跗节有褐斑。前翅淡黄色、金黄色，中室后缘及 1 脉上各 1 黑色纵条伸至外线，内、中、外区的前缘脉上各 1 黑色小斑，中室中部及端部各 1 椭圆形黑斑，外线黑灰色，在前缘脉处为小斑点，6 脉后呈不规则波浪形带，内斜至亚中褶折向外斜，亚端区前缘脉上 1 黑斑，伸至顶角，其后有间断的黑斑纹。后翅烟褐色。腹部黄白带褐色。

取食对象：甘薯、田旋花。

分布：河北、黑龙江、内蒙古、新疆、江苏、广东；朝鲜，日本，亚洲，欧洲，非洲。

（883）清夜蛾 Enargia paleácea (Esper, 1788)（图版 LVII：15）

识别特征：翅展 40.0~46.0 mm。头、胸及前翅浅褐黄色，有零星红色细点。前翅基线棕色自前缘脉外斜至亚中褶折角内斜，环纹较大，圆形，有细棕色边线，中线较粗，棕色；自前缘脉外斜至中室下角折角内斜，较模糊，肾纹浅褐黄色，后半1黑点，边缘黑褐色，外线棕色，亚端线不明显，中段外曲弧形，翅外缘1列黑棕点。后翅浅黄色。腹部黄白色。

取食对象：桦、榭。

分布：河北、黑龙江、新疆；蒙古，欧洲。

(884) 鸽光裳夜蛾 *Ephesia columbina* Leech, 1900（图版 LVIII：1）

识别特征：翅展49.0 mm。头与颈板黑棕杂少许灰色；胸背暗灰微带棕色。前翅铅灰微带浅褐色，基线与外线黑色，内线灰色波浪形，外侧1粗黑条，肾纹黑色，后方1灰斑，中线黑棕色带状，肾纹外侧有几黑齿纹，外线锯齿形，亚端线灰色，内侧黑褐色，外侧有两黑褐影。后翅黄色，中带与端带黑色，亚中褶有黑褐纹。腹部暗黄褐色。

检视标本：1头，围场县木兰围场五道沟场部，2015-VIII-06，宋洪普采。

分布：河北、河南、宁夏、浙江、湖北、四川。

(885) 栎光裳夜蛾 *Ephesia dissimilis* (Bremer, 1861)（图版 LVIII：2）

识别特征：翅展50.0 mm。头、胸黑棕色。前翅灰黑色，内线以内色深，基线黑色，内线粗，黑色，内侧衬灰色，外侧1灰白斜斑，肾纹不清晰，外线黑色锯齿形，自6脉后内斜，但在2脉处内伸至肾纹后端再返回，凹入处白色明显，外线外侧衬白色，亚端线白色锯齿形，两侧衬黑色，端线为黑白并列的点组成。后翅黑棕色，顶角白色。腹部暗褐色。

取食对象：蒙古栎。

分布：河北、黑龙江、河南、陕西、湖北、云南；俄罗斯，日本。

(886) 珀光裳夜蛾 *Ephesia helena* Eversmann, 1856（图版 LVIII：3）

识别特征：体长25.0 mm左右，翅展63.0 mm左右。头部及胸部灰色杂黑棕色，额两侧有黑纹，颈板中部1黑横线；翅基片近边缘有黑线；腹部褐黄色。前翅青灰色带褐色，密布黑色细点，基线黑色；亚中褶基部1黑斑并外伸1黑纵条，内线双线黑棕色波浪形，外1线前半黑色，外侧色灰白，肾纹中间褐色，外围灰色黑边，其外缘锯齿形，前方1黑纹，后方1黑边的灰褐斑，外线双线，内1线黑色，外1线棕色，在4—6脉间为大外凸齿，在1脉为内凸齿，亚端线灰色，波浪形，两侧衬黑棕色，自6脉至顶角1黑纹，端线为1列黑色长点，缘毛红褐色。后翅金黄色，中带、端带黑色波曲，后者外缘中段整齐波浪形。

分布：河北、黑龙江、内蒙古、江苏；蒙古。

（887）前光裳夜蛾 *Ephesia praegnax* Leech, 1900（图版 LVIII：4）

识别特征：翅展 60.0 mm。头、胸棕杂黄褐色。前翅灰棕色，有红褐细点，内线内方色暗，基线、内线及外线黑色，内线双线波浪形，肾纹褐白，前方 1 暗褐纹，外线锯齿形，在 2 脉处内伸至肾纹后绕成 1 圈返回，其中白色，亚端线白色锯齿形，两侧黑棕色，端线为 1 列黑点。后翅黄色，中带和端带黑色，前者与亚中褶的黑纵条相合。腹部黄色。

取食对象：蒙古栎。

检视标本：3 头，围场县木兰围场新丰挂牌树，2015-VIII-17，蔡胜国采；1 头，围场县木兰围场五道沟场部，2015-VIII-06，蔡胜国采。

分布：河北、黑龙江、江苏、江西、四川；朝鲜，日本。

（888）麟角希夜蛾 *Eucarta virgo* (Treitschke, 1835)（图版 LVIII：5）

识别特征：翅展 27.0 mm。头、胸黄褐色。前翅紫灰褐色，内线白色外斜，后端与外线相遇于后缘，内侧衬棕色，环纹白色，斜圆形，前方 1 白纹，肾纹白色，外半稍带浅红色，中室除环纹、肾纹外黑棕色，外线白色，两侧衬黑棕色，曲度与翅外缘相似，外线与肾纹间 1 模糊黑棕线，亚端线白色，端区浓褐色。后翅褐白色。腹部浅褐色。

分布：河北、黑龙江、内蒙古、湖北；朝鲜，日本，欧洲。

（889）齿恭夜蛾 *Euclidia dentate* Staudinger, 1871

识别特征：翅展 31.0～40.0 mm。头部与胸部赭褐色，下胸与足褐黄色。前翅棕褐色，外线外方灰黄褐色，内线为 1 深棕色外斜条，前端尖，向后渐宽，约呈三角形，其外缘后角止于 1 脉，中线棕色，自前缘脉至中室后缘折角波浪形外斜，肾纹椭圆形，深棕色，外围浅褐色，外侧 1 黑棕色三角形斑，外线双线深棕色，线间黄色，自前缘脉外弯，至 6 脉后内斜 3 脉后外凸，外线后半与内线之间深棕色，外线前段外方 1 深棕色砧形斑，端线深棕色，波浪形，端区色较暗，缘毛红褐色。后翅内半暗棕色，外半暗黄色，1 黑棕色亚端带，其中段较粗，端区带有暗棕色，缘毛红褐色。腹部黄色，背面暗棕色。

分布：河北、黑龙江、内蒙古；日本。

（890）东风夜蛾 *Eurois occulta* (Linnaeus, 1758)（图版 LVIII：6）

识别特征：翅展 53.0～57.0 mm。头、胸灰色杂褐色。前翅灰白色带褐色并密布细黑点，基部 1 小黑斑，亚中褶基部 1 黑纵纹，基线、内线及外线均双线黑色，剑纹、环纹及肾纹白色黑边，肾纹中有黑环，外线锯齿形，双线间白色，亚端线白色，内侧 1 列黑楔形纹，端线为 1 列黑点。后翅褐色，缘毛白色。腹部褐灰色。

取食对象：报春、蒲公英等属。

分布：河北、黑龙江。

（891）白边切夜蛾 *Euxoa oberthuri* (Leech, 1900)（图版 LVIII：7）

识别特征：翅展40.0 mm。头、胸及前翅褐色。前翅中区和端区色暗，前缘区浅褐灰色，基线、内线双线黑色，线间黄白，剑纹三角形，环纹、肾纹灰色，两纹间黑色，外线黑色，亚端线浅褐色；前端及中段内侧有锯齿形黑纹。后翅浅褐色，端区色暗。腹部黑褐色。

取食对象：粟、高粱、玉米、大豆、甜菜等。

分布：河北、黑龙江、吉林、内蒙古、四川、云南、西藏；朝鲜，日本。

（892）寒切夜蛾 *Euxoa sibirica* (Boisduval, 1837)（图版 LVIII：8）

识别特征：翅展38.0 mm。头、胸暗红褐色。前翅暗红棕色，基线、内线及外线均双线黑色，中线黑色，亚端线浅褐色，内侧色暗，外侧黑色，剑纹窄小，环纹、肾纹红棕色黑边，后者中间1黑幽纹。后翅灰褐色。腹部暗褐色。

分布：河北、黑龙江、西藏；朝鲜，日本。

（893）梳跗盗夜蛾 *Hadena aberrans* (Eversmann, 1856)（图版 LVIII：9）

识别特征：翅展30.0 mm。头部褐色，颈板及胸背白色微带褐色。前翅乳白色，内线内侧及外线外侧带有褐色，基线黑色只达亚中褶，内线双线黑色波浪形，剑纹黑边，环纹斜圆形，白色黑边，中间大部分褐色，后端开放，肾纹白色，中有黑曲纹，黑边，内缘黑色较向内扩展，后端外侧1黑斑达外线，外线双线黑色锯齿形，亚端线白色，微波浪形，内侧3—5脉间有2齿形黑点。后翅与腹部浅褐色。

分布：河北、黑龙江、山东、陕西；日本。

（894）斑盗夜蛾 *Hadena confuse* (Hufnagel, 1766)（图版 LVIII：10）

识别特征：翅展31.0 mm。头、胸白色有黑斑。前翅暗绿带黑灰色，基部1大白斑，基线、内线及外线均双线黑色，后者锯齿形，后段的双线间白色，剑纹外侧有双齿形白斑，环纹白色，两侧黑，约呈方形，肾纹暗绿色，外围几白点，中线黑色，亚端线白色锯齿形，内侧1列黑齿纹，顶角白色。后翅暗褐色。腹部浅褐色。

取食对象：剪秋罗、麦瓶草属的果荚。

分布：河北、黑龙江、内蒙古、山西、山东、青海、新疆；蒙古，土耳其，欧洲，非洲。

（895）间盗夜蛾 *Hadena corrupta* (Herz, 1898)（图版 LVIII：11）

识别特征：翅展30.0 mm。头、胸白色杂褐色。前翅灰白色带褐色，中区色浓，基线、内线及外线均双线黑色，内线波浪形，基线、外线锯齿形，线间杂白色，剑纹黑色，环纹、肾纹白色，中线黑色锯齿形，肾纹外1黑斑达外线，亚端线白色，前段扩展，中段内侧3黑齿纹。后翅浅黄褐色，端区色暗，外线、亚端线后半可见。腹部褐色，节间黄白色。

分布：河北、黑龙江、青海；俄罗斯，日本。

(896) 唳盗夜蛾 *Hadena rivularis* **(Fabricius, 1775)**（图版 LVIII：12）

识别特征：翅展 35.0 mm。头、胸褐色杂灰、黑色。前翅褐色带紫，基线、内线及外线均双线黑色，剑纹大，黑色，环纹、肾纹褐色，后者后端内突，亚端线浅黄色锯齿形，内侧 1 列黑齿纹。后翅浅黄带褐色。腹部灰褐色。

取食对象：麦瓶草、剪秋罗属。

分布：河北、黑龙江、浙江、湖南、四川；日本，亚洲，欧洲。

(897) 旋阴夜蛾 *Hadula trifolii* **(Hufnagel, 1766)**

识别特征：翅展约 31.0 mm，体长约 12.0 mm；头部及胸部褐灰色，颈板中部 1 黑横线，翅基片边缘有黑线；腹部亮黄褐色；前翅灰色微带褐色，基线、内线均双线黑色波浪形，剑纹短小，褐色黑边，环纹斜圆形，灰黄色黑边，肾纹大，中间有黑褐纹，黑边，外线黑色锯齿形，亚端线灰黄色，于 3、4 脉上呈大齿形，内侧 2—4 脉间具 3 黑尖纹，外侧暗灰色，端线为 1 列黑点；后翅白色带污褐色，翅脉及端区暗褐色。

取食对象：亚麻、马铃薯、甜菜、花生、豌豆、玉米、高粱、向日葵、灰藜、刺蓬、虫实等。

分布：河北、内蒙古、陕西、宁夏、甘肃；俄罗斯。

(898) 网夜蛾 *Heliophobus reticulata* **(Goeze, 1781)**（图版 LVIII：13）

识别特征：翅展 40.0 mm。头、胸褐色杂灰、黑色。前翅暗褐色，翅脉纹白色，各横线白色，基线两侧黑色，环纹斜，中间黑色，外围白圈，肾纹中间有黑扁圈，白边，剑纹大，黑边，外线两侧衬黑，波浪形，亚端线内侧 1 列黑齿纹。后翅浅褐，端区色暗。腹部褐色。

取食对象：麦瓶草、酸模、报春等。

分布：河北、内蒙古、青海、新疆、湖南、西藏；蒙古，欧洲。

(899) 织网夜蛾 *Heliophobus texturata* **(Alpheraky, 1892)**

识别特征：翅展 38.0 mm。头、胸红棕杂灰色。前翅褐色，基线、内线、外线均双线黑色，双线间白色，剑纹大，黑边，环纹、肾纹白色，中间褐色，环纹斜圆，肾纹大，均围黑边，亚端线在 3、4 脉处锯齿形，线内侧 1 列黑齿纹。后翅与腹部褐色。

取食对象：黄芪属、巢菜属植物。

分布：河北、内蒙古、青海、四川、云南、西藏。

(900) 花实夜蛾 *Heliothis ononis* **(Denis & Schiffermüller, 1775)**

识别特征：体长 13.0 mm 左右，翅展 30.0 mm 左右。头部及胸部霉绿色带褐并杂黑色；腹部黑色杂霉绿色，下侧微白。前翅霉绿色微带褐色，基部色暗，布有黑色细点，环纹黑色，肾纹大，霉绿色，有粗黑边，1 褐带自肾纹内斜至后缘，外线弯曲外斜至 3 脉折角内斜，亚端线较直，内斜至后缘，两线之间霉绿色带黑褐，成 1 宽曲带，端区中段黑褐色，外缘 1 列黑点。后翅黄白色，横脉纹粗大，黑色斜方形，后缘区黑色，端区 1 黑色宽带，其内缘 2 道湾，在 2—3 脉端部 1 内缘中凹的黄白斑，缘毛黄白色。幼虫暗绿色，气门黑色有白环。

取食对象：芒柄花属、亚麻属。

分布：河北、黑龙江、华中、西南；俄罗斯，欧洲，北美洲，南美洲。

（901）苣蓿夜蛾 *Heliothis dipsacea* (Linnaeus, 1767)

识别特征：体长 14.0～16.0 mm，翅展 25.0～38.0 mm。头部及胸部淡灰褐色微带霉绿色；腹部淡灰褐色，各节背面有微褐横条。前翅淡黑褐色微带霉绿色，内线细弱，褐色，环纹由中间 1 棕点及外围 3 棕点而成，肾纹大，较棕黑，中间 1 新月形纹及 1 圆点，外围几黑点，中线在肾纹外微外凸，然后内斜，暗褐色带状，外线与亚端线间为 1 暗色带，内侧不明显，前端较黑，外侧锯齿形，在各脉间为黑点，端线为 1 列黑点，缘毛基部微黑。后翅淡褐黄色，横脉较大，黑色，端区 1 宽黑带，其内缘在 2—3 脉间及亚中褶处各成 1 内凸齿，外缘在 2—4 脉间 1 淡黄色曲纹。幼虫头部青色或黄色或粉红色，有褐色点，身体青色到褐色带粉红，背线暗，亚背线白色暗边，气门线不分成细条，气门中间黄色，边缘色较深。

取食对象：棉、苣蓿、柳穿鱼、矢车菊、芒柄花。

分布：河北、黑龙江、新疆、江苏、云南；日本，印度，缅甸，叙利亚，欧洲。

（902）苏角剑夜蛾 *Hydraecia amurensis* Staudinger, 1892（图版 LVIII：14）

识别特征：翅展 46.0～51.0 mm。头、胸及前翅暗棕色。前翅外线与亚端线间色浅，基线、内线及外线黑棕色，剑纹隐约可见，环纹、肾纹灰褐色，亚端线褐色锯齿形。后翅浅褐黄色，翅脉及端区黑棕色。腹部灰色带暗棕色；雄性钩形突粗长，冠发达，1 列粗冠刺，抱钩弱，腹端稍尖。

分布：河北、黑龙江、陕西；俄罗斯，日本。

（903）白点朋闪夜蛾 *Hypersypnoides astrigera* (Butler, 1885)（图版 LVIII：15）

识别特征：体长 20.0～21.0 mm，翅展 44.0～46.0 mm。头部及胸部暗棕色；腹部灰黑棕色。前翅暗棕色，基线黑色波浪形，内线黑色波浪形，内侧衬淡褐色，肾纹为粉蓝圆斑，外线黑色波浪形，前半外弯，亚端线黑色，中部外突，端线为 1 列黑点，均衬以白色，外线与亚端线间的前缘脉有 3 白点。后翅灰褐色，亚端线隐约可见，在臀角处色较淡褐，外缘 1 列衬白的黑点。本种与粉点闪夜蛾相似，但前翅反面外线外弯。

分布：河北、华东、四川；日本。

（904）后甘夜蛾 *Hypobarathra icterias* (Eversmann, 1843)

识别特征：翅展 32.0～35.0 mm。头部及胸部黄褐色，后胸有黑灰色。前翅黄色，布有赤褐点，前缘脉、亚前端脉黑灰色，基线、内线均双线褐色波浪形，剑纹褐边，环纹黄色褐边，中间1褐色，肾纹白色黑边，中间有黑棕色弯纹，中线褐色，锯齿形边肾纹，然后直线内斜，外线黑棕色间断，锯齿形，在翅脉上为黑点，亚端线黄色，外侧衬暗褐色，在5脉处较内凸，此处衬暗褐色最浓，端线为1列黑点。后翅淡赭黄色，端区带有褐色。腹部褐黄色。

分布：河北、黑龙江、内蒙古、山西、甘肃、西藏；俄罗斯。

(905) 杨逸色夜蛾 *Ipimorpha subtusa* (Denis & Schiffermüller, 1775)（图版 LVIX：1）

识别特征：翅展 28.0～34.0 mm。头、胸灰褐色。前翅灰棕色，有红褐细点，内线、外线间较灰，基线、内线及外线土黄色，剑纹红褐色，环纹、肾纹红褐色，后者外缘中凹，中线棕色，后半粗，亚端线浅黄色，内侧衬暗棕色，缘毛红棕色。后翅浅棕灰色。腹部褐灰色。

分布：河北、广东；印度，缅甸，斯里兰卡，欧洲。

(906) 黑肾蜡丽夜蛾 *Kerala decipiens* (Butler, 1879)（图版 LVIX：2）

识别特征：翅展 36.0～40.0 mm。头、胸灰色带浅褐色。前翅灰白带霉绿色，前半带紫褐色，各翅脉及前缘区有浅褐点列，内线褐色带状，后半分为二，肾纹黑色新月形，外线黑色微弱，亚端线黑色锯齿形，缘毛紫红杂白色。后翅污白，端区前半带褐色。腹部浅褐灰色。

检视标本：1头，围场县木兰围场燕伯格车道沟，2015-VII-20，宋烨龙采。

分布：河北、黑龙江、内蒙古、河南、湖南、四川；俄罗斯，日本。

(907) 异安夜蛾 *Lacanobia aliena* (Hübner, 1809)

识别特征：翅展 45.0 mm。头、胸褐色杂灰色及少许黑色。前翅褐色，布有黑棕细点，基线、内线及外线均双线黑色，基线、内线波浪形，外线锯齿形，线间灰色，剑纹黑边，外方有浅色纹，环纹有灰白环及黑边，肾纹内缘黑色，中线黑色波浪形，亚端线灰色锯齿形，在3、4脉处强外凸。后翅褐色。腹部灰褐色。

取食对象：翘摇属植物。

分布：河北、黑龙江、甘肃、新疆；日本，欧洲。

(908) 粘夜蛾 *Leucania comma* (Linnaeus, 1761)（图版 LVIX：3）

识别特征：翅展 38.0 mm。头、胸、前翅灰褐色，颈板1黑褐纹。前翅前缘区白色，布有细黑点，亚中褶基部1黑纹外伸达2脉基部，1脉内半后方1黑纹，翅脉纹白色，中室端1白点，端区各翅脉间1黑纵纹。后翅与腹部浅赭褐色；雄性抱钩特长。

取食对象：鸭茅、酸模。

分布：河北、黑龙江、青海；土耳其，欧洲。

(909) 绒粘夜蛾 *Leucania velutina* **Eversmann, 1856**（图版 LVIX：4）

识别特征：体长 20.0 mm 左右，翅展 46.0 mm 左右。头部及胸部灰褐色；腹部淡褐色。前翅淡灰褐色，翅脉白色，除前缘区外，各脉间带有黑褐色，亚端线以外带黑色，亚中褶基部 1 黑纵纹，其中间 1 淡褐线，后方在 1 脉后另 1 黑纹，横脉纹周围黑色，外线为 1 列黑色锯齿形斑，前后端不显，亚端线外侧 1 列锯齿形黑斑，端线黑色。后翅褐色。

分布：河北、黑龙江、内蒙古、新疆；蒙古，俄罗斯。

(910) 白脉粘夜蛾 *Leucania venalba* **Moore, 1867**

识别特征：翅展 30.0～32.0 mm。头、胸、前翅浅赫黄色，颈板有两黑灰线，近端部 1 褐纹。前翅翅脉白色衬褐色，各脉间 1 黑纵纹，内线仅前端现 1 黑点，2 脉基部 1 黑点，外线为 1 列黑点，顶角 1 斜影。后翅白色半透明，顶角区微黄。腹部灰黄色；雄性冠很长，抱钩分叉。

取食对象：稻。

分布：河北、湖北、福建、海南；印度，斯里兰卡，新加坡，孟加拉国，澳洲。

(911) 比夜蛾 *Leucomelas juvenilis* **(Bremer, 1861)**（图版 LVIX：5）

识别特征：翅展 33.0～35.0 mm。头、胸及腹部棕黑杂灰色。前翅黑棕色，外区 1 乳白外斜带，其外侧外凸于 6 脉，向后渐窄，后端达臀角，前缘脉近端部 1 黄白点。后翅黑棕色，外区 1 黄白带，自 6 脉至 1 脉端，顶角处缘毛黄白色。

分布：河北、黑龙江、陕西；俄罗斯。

(912) 白带俚夜蛾 *Lithacodia deceptoria* **(Scopoli, 1763)**

识别特征：翅展 33.0 mm 左右。头部与胸部暗褐色；腹部灰色杂褐色。前翅灰色，杂有黑褐色，外半部带褐黄色，前缘脉黑色，内区有三角形黑斑，其前端达亚前缘脉，其后缘微内凹，不达翅后缘，肾纹暗褐色，斜椭圆形，外侧衬淡黄色，外线黄白色，至 6 脉处内斜，至 4 脉折向内至 3 脉近基部再折向外斜，在 2 脉角内斜，线内方暗褐色，与肾纹间形成 1 近三角形大斑，在肾纹后形成 1 斜方大斑，亚端线白色，微曲内斜，前端内侧 1 齿形黑斑，其后为暗褐窄带，端线黑色，缘毛暗褐色，端区翅脉白色。后翅橘黄色，中室、亚中褶及后缘区杂褐色，亚端线黑褐色，较粗，在中褐处微外弯，后端达臀角，端线黑色，缘毛黑褐色。腹部白色杂黑褐色。

取食对象：黄芪。

分布：河北、新疆；土耳其，欧洲。

(913) 亭俚夜蛾 *Lithacodia gracilior* **Draudt, 1950**

识别特征：翅展 23.0 mm。头、胸及腹部浅绿白色，额有黑斑。前翅白色带霉绿色，基线黑色，波浪形达 1 脉，内线黑色，微波浪形外斜，剑纹端部 1 斜三角形黑斑纹，环纹大，白色，中间 1 霉圈，肾纹大，色同环纹，两纹之间有黑斑，斑前另 1 三角形黑斑，中线暗绿色，仅后半可见，外线黑色，前端不显，中段外弯，后段锯齿形内斜，两侧白色，外侧另 1 霉绿线，亚端线黑绿色锯齿形，外侧白色，2—4 脉间 1 黑斑，端线为 1 半圆形黑点。后翅灰色带褐色，缘毛白色。腹部浅绿白色。

分布：河北、陕西。

（914）平影夜蛾 *Lygephila lubrica* (Freyer, 1842)（图版 LVIX：6）

识别特征：翅展 43.0 mm。头部黑色；下唇须灰色，第 2 节下缘布浓密长毛，第 3 节短，端部尖；胸部背面灰色，颈板黑色，足跗节外侧黑褐色，各节间有灰色斑。前翅灰色，密布黑褐色细纹，外线外方带褐色，内线粗，有间断，后段细，黑色，稍外斜，肾纹褐色，边缘有 1 些黑点，中线模糊，褐色，自前缘脉外斜至中室前缘，在中室不显，中室后微内弯，外线不明显，褐色，自前缘脉外弯，3 脉后内弯，亚端线灰色，自前缘脉内斜，2—5 脉间外弯，前段内侧色暗，翅外缘 1 列黑点。后翅黄褐色，端区黑褐色似带状。腹部灰色杂有少许黑色。

分布：河北、内蒙古、山西、陕西、新疆；蒙古。

（915）艺影夜蛾 *Lygephila ludicra* (Hübner, 1790)（图版 LVIX：7）

识别特征：翅展 45.0 mm。头顶棕黑色，额深棕色，两触角间 1 白色曲线，触角干背缘带有灰白色；下唇须外侧褐色，颈板黑色，浅褐黄色，布有黑点；胸部背面浅赭黄色，下胸棕色。前翅浅赭黄色，密布黑色波曲细纹，基线仅在前缘区及亚中褶各现 1 粗黑点，内线粗，黑色，在中室前缘折角，中线微黑，模糊，自前缘脉外斜至中室下角折角后行，在亚中褶及 1 脉后成外凸齿，肾纹窄伏，暗棕色，其内缘前半 1 新月形黑纹，后半 1 烟斗形黑纹，后端沿中脉内伸，肾纹前端外侧 1 黑点，后端外侧有两黑点，翅外缘 1 列黑点。后翅浅褐色，端区色较暗。腹部浅褐色，下侧暗褐色，后几节腹侧杂黑色。足外侧褐色，前足胫节有暗棕斑。

取食对象：巢菜属。

分布：河北、黑龙江、新疆；中亚，欧洲。

（916）蚕豆影夜蛾 *Lygephila viciae* (Hübner, 1822)（图版 LVIX：8）

识别特征：翅展 35.0 mm。头部黑褪色，额灰色，头顶与额分界处赭白色，下颚须褐色；胸部背面灰白色，有少许黑点；颈板黑褐色，翅基片灰色带褐色，有黑点；足灰褐色。前翅灰褐色，内线褐色，模糊，深波浪形，在前缘脉上为 1 黑褐斑，肾纹褐色，围以黑褐点，外线不明显，亚端线灰色，两侧暗褐色，全翅布有褐色细纹。后翅淡褐色。腹部褐色；雄性钩形突长，抱器瓣长，抱钩细，阳茎细长，1 对角状器。

分布：河北、黑龙江、内蒙古、山西、山东、陕西、新疆、浙江、云南；欧州。

(917) 瘦银锭夜蛾 *Macdunnoughia confuse* (Stephens, 1850)（图版 LVIX：9）

曾用名：瘦连纹夜蛾、连纹夜蛾。

识别特征：翅展 31.0～34.0 mm；头部及胸部灰色带褐色，颈板黄褐色。腹部灰褐色。前翅灰色带褐色，具黑色细点，内外线间于中室后方红棕色，基线灰色外弯至 1 脉，内线于中室处不明显，中室后为银色内斜，2 脉基部具 1 扁锭形银斑，外线棕色双线，后半线间银色，肾纹棕色，亚端线暗棕色，后半不明显，外侧带有棕色。后翅黄褐色，端区色暗。

取食对象：欧薯、母菊、牛蒡、胡萝卜。

分布：河北、黑龙江、陕西、新疆；朝鲜，日本，印度，伊朗，土耳其，叙利亚，欧洲。

(918) 土夜蛾 *Macrochthonia fervens* Butler, 1881（图版 LVIX：10）

识别特征：翅展 31.0～40.0 mm。头部与胸部红褐色，下胸微白，足褐色，跗节各节间有白环。前翅红褐色微带紫色并布有暗褐细点，基线褐色内斜，自前缘脉至 1 脉，内线褐色，自前缘脉内斜至中室后缘折向外再内斜，中线褐色，自前缘脉微曲内斜至中室后缘，外线褐色，自前缘脉外斜至 8 脉折角内斜，后半与内线平行，亚端线褐色，波浪形，有间断，在中褶处内凸，在亚中褶处外凸近达翅外缘，翅外缘 1 列黑点，外缘近顶角处凹。后翅黄白色。腹部白色，背面带褐色。

分布：河北、黑龙江、江苏、浙江、湖北、江西；日本。

(919) 白肾灰夜蛾 *Melanchra persicariae* (Linnaeus, 1761)（图版 LVIX：11）

识别特征：体长 16.0～17.0 mm，翅展 39.0～40.0 mm。头部及胸部黑色，跗节有白斑；腹部褐色。前翅黑色带褐色，基线、内线均双线黑色，波浪形，环纹黑边，肾纹明显白色，中间 1 褐曲纹，中线黑色，外线双线黑色锯齿形，亚端线灰白色，内侧 1 列黑色锯齿形纹，端线为 1 列黑点。后翅白色，翅脉及端区黑褐色，亚端线淡黄色，仅后半明显。幼虫绿色至褐色，背线白色，有两列斜暗斑横行，气门线白色。

取食对象：多种低矮草本植物，秋季取食柳、桦、楸等木本植物。

分布：河北、黑龙江、四川；俄罗斯，日本，欧洲。

(920) 草禾夜蛾 *Mesoligia furuncula* (Denis & Schiffermüller, 1775)

识别特征：翅展 22.0～30.0 mm。头部灰白带褐色；胸部褐色杂灰色。前翅内半褐色，外半灰白色，内线、外线间的后半部分黑色，基线仅前端现双褐纹，剑纹端部可见褐色，内线白色，环纹斜椭圆形，灰白色，黑边，肾纹灰白色，内缘黑色，外缘不清晰，外线褐色，外侧衬灰白色，自前缘脉外弯至 4 脉后强内弯，在翅脉上为暗褐细条，外区前缘脉上 1 列灰白点，亚端线灰白色。后翅浅褐灰色，端区色暗。腹部灰色带褐色。

取食对象：羊茅、发草等属。

分布：河北、黑龙江、青海；中亚，欧洲。

（921）焦毛冬夜蛾 *Mniotype adusta* (Esper, 1790)（图版 LVIX：12）

识别特征：体长 15.0 mm 左右，翅展 42.0 mm 左右。头部及胸部暗褐色杂少许灰色，颈板中部 1 黑横线；腹部暗褐色。前翅暗褐色杂灰色，密布黑色细点，基线双线褐色达中褶，其后 1 黑色波曲纵纹，内线双线黑色波浪形外弯，线间灰色，后端内侧 1 黑纵纹，剑纹棕色黑边，其后与内线、外线连接，环纹及肾纹均暗褐色黑边，有灰白圈，肾纹外缘锯齿形，中线黑色锯齿形，外线黑色锯齿形，在各脉上有白点，外线外侧衬白色，亚端线灰白色，在 3、4 脉上成外凸齿，内侧各脉间有齿形黑纹，端区翅脉黑色，端线为 1 列黑点。后翅白色，向外渐带褐色，翅脉褐色。

取食对象：猪殃殃属、牛至属、薯属。

分布：河北、黑龙江、青海、新疆、西藏；土耳其，欧洲等。

（922）缤夜蛾 *Moma alpium* (Osbeck, 1778)（图版 LVIX：13）

识别特征：体长 14 mm；翅展 36.0 mm。头、胸及前翅浅绿色，颈板及翅基片有黑纹。前翅灰绿色，中褶与亚中褶白色，各横线均黑色，较粗，基线为黑带，内线、外线黑色，端区的中褶及亚中褶处各 1 黑纹，亚中褶大部分及外线的双线间大部分白色，外线与亚端线间亦带白色，翅外缘有 1 列衬白的黑点，缘毛亦有 1 列黑点。后翅褐色，外线后半白色，横脉纹褐色，臀角 1 白纹。腹部褐色，背面有 1 列黑毛簇。

取食对象：山毛榉、桦、栎属。

分布：河北、黑龙江、湖北、江西、福建、四川、云南；朝鲜，日本，欧洲。

（923）曲线秘夜蛾 *Mythimna divergens* Butler, 1878

识别特征：翅展 50.0～56.0 mm。头部深红棕色；胸部与前翅赭黄色，后者有霉绿色并布有黑细点。前缘脉红棕色，基线、内线、外线均黑色，无环纹，肾纹细窄，黄白色，后端内突并 1 黑点，肾纹外方有暗褐云。后翅桃红色带暗褐；腹部棕色。前翅、后翅反面紫红色。

分布：河北、黑龙江、陕西；日本。

（924）秘夜蛾 *Mythimna turca* (Linnaeus, 1761)（图版 LVIX：14）

识别特征：翅展 40.0～43.0 mm。头部红褐色；胸部红褐带浅紫色。前翅红褐色，密布暗褐细纹，内线、外线黑色波曲，剑纹、环纹不显，肾纹为斜窄黑条，后端 1 白点。后翅红褐色，端区带灰黑色。腹部黄褐色；雄性前翅反面的中室区饰银色毛。

分布：河北、黑龙江、湖北、江西、四川；日本，欧洲。

（925）绿孔雀夜蛾 *Nacna malachites* (Oberthür, 1880)（图版 LVIX：15）

识别特征：体长 13.0 mm，翅展 33.0 mm。头、胸及前翅粉绿色，翅基片及后胸棕色。下唇须暗褐色，第 2、3 节端部白色；颈板粉绿色及褐色，胸背粉色间褐色；前翅翠绿，基半部 1 棕色曲带围成斜椭圆形大斑，外区 1 棕色斜带，顶角 1 黄白斑达 6 脉，后端有暗影。后翅白色，顶角有浅褐纹，雌蛾此纹为较完整的端带；腹部黄白色。

分布：河北、黑龙江、辽宁、山西、河南、福建、四川、云南、西藏；俄罗斯，日本，印度。

（926）翠色狼夜蛾 *Ochropleura praecox* (Linnaeus, 1758)（图版 LX：1）

识别特征：翅展 43.0 mm。头、胸棕色杂白色，颈板有 3 条白线。前翅灰绿色，有白及棕色点，前缘区微黑，基线与内线黑棕色，内线双线间白色，剑纹梭形，环纹、肾纹大，后者前后各 1 齿形暗点，中线与外线粗，外线中段外侧带绿白色，亚端线白色，内侧 1 红棕带。后翅褪色。腹部赭褐色。

取食对象：桃、梨、柳、蒿属。

分布：河北、黑龙江、辽宁；蒙古，日本，欧洲。

（927）衍狼夜蛾 *Ochropleura stentzi* (Lederer, 1853)（图版 LX：2）

识别特征：翅展 40.0 mm。头、胸深褐色带紫色。前翅紫褐带黑色，前缘区大部分及中室部分灰赭色，其间的翅脉黑色，亚中褶基部 1 黑三角斑，内线、外线黑色，前者双线，环纹"V"形，肾纹带灰色，外线外侧赭色，亚端线黑色，前端内侧 1 黑斜纹。后翅褐色。腹部灰褐色；雄性抱钩短粗，阳茎端 1 钉形角状器。

分布：河北、黑龙江、内蒙古、河南、青海、新疆、云南、西藏；俄罗斯，日本，印度。

（928）窄直禾夜蛾 *Oligia arctides* Staudinger, 1888

识别特征：体长 11.0 mm 左右，翅展 28.0 mm。头部褐灰色，下唇须外侧微黑，额上缘有黑纹，颈板基部灰色，端部黑色；胸部背面褐色，翅基片基部及边缘黑色，毛簇端部黑色；腹部褐黑色。前翅灰褐色，内半部大部分黑色，仅内线内侧褐色，基线仅在前端现双黑纹，内线双线黑色，线间微白，在中室后极度外弯，中室 1 黑纹穿越内线，剑纹细小，黑边，环纹大，斜圆形，肾纹有灰白圈，内缘黑色，中线黑色模糊，外线黑色；锯齿形，后半明显，亚端线内侧褐色。后翅暗灰褐色。

分布：河北、黑龙江；俄罗斯，日本。

（929）艳银钩夜蛾 *Panchrysia ornate* (Bremer, 1864)

识别特征：翅展 34.0 mm，体长 18.0 mm；头部灰白色带褐色，下唇须灰黑色，外侧鳞毛灰白色，第 3 节较长，略短于第 2 节，略超过头顶；触角黄褐色，基节白色，额及头顶毛簇灰白色杂有褐色。胸部灰白色，领片灰褐色，基部有黑褐色点，末端白色，肩板及背毛簇灰褐色，末端褐色；前翅灰白色带褐色，基线黑褐色，两侧灰白；内横线灰白色，双线，外侧线黑褐色；在 2A 褶处呈尖角外凸，特别明显；环纹灰白色，边缘线部分银白色，肾纹灰白色带黑褐色，边缘线上有 2 个银白色斑点；中室下

1 "V"形银白色斑纹，其侧后方跟 1 卵圆银斑；外横线褐色，外侧 1 灰白色晕纹；亚缘线黑褐色，前 1/3 弧形外凸，后 2/3 齿状外凸；缘线褐色，缘区近外缘线处 1 褐色纹。后翅灰色。足灰褐色，跗节有白环。腹部黑褐色，尾毛簇较发达。

分布：河北、黑龙江、青海、新疆；蒙古。

(930) 点眉夜蛾 *Pangrapta vasava* (Butler, 1881)（图版 LX：3）

识别特征：翅展 23.0 mm。头、胸、腹及前翅褐色杂灰色。前翅内线内方色暗，基线、内线白色，环纹、肾纹黄褐色黑边，前者小；中线黑色波浪形；前端内侧灰白色；外线黑色，在 7 脉折角波浪形内弯，后段外斜，前段外方 1 灰白三角形斑，端线黑褐色。后翅色同前翅，中线仅后半明显黑褐色，中室端有 4 黑边圆形小白斑，外线双线黑色锯齿形，外侧衬白色，后半锯齿形，端线黑褐色。腹部下侧灰白色。

取食对象：榆。

分布：河北、黑龙江、山东、河南、江苏、湖北；朝鲜，日本。

(931) 曲线奴夜蛾 *Paracolax derivalis* (Hübner, 1796)（图版 LX：4）

识别特征：翅展 26.0 mm。头部浅赭黄色，雄性触角线形，有鬃毛，下唇须斜向上伸；胸部浅赭黄色。前翅浅赭黄色，密布黑褐色细点，内线褐色外弯，环纹不显，肾纹褐色，细窄，微弯，外线褐色，自前缘脉外斜至 7 脉折角内斜，在 3—5 脉间稍外弯，亚端线不明显，只现几暗褐点，在 6 脉前及 3—4 脉间较显，端线暗褐色。后翅浅赭黄色，外线褐色外弯，前端不明显，亚端线褐色，细弱，细锯齿形，隐约可见褐色细窄的横脉纹，端线明显，黑褐色。腹部淡赭黄色，后半背面褐色。

分布：河北、黑龙江；俄罗斯，朝鲜，日本，欧洲。

(932) 蒙灰夜蛾 *Polia bombycina* (Hufnagel, 1766)（图版 LX：5）

识别特征：翅展 50.0 mm。头、胸及前翅褐色带灰色，前翅中室微带红褐色，基线、内线及外线均双线黑色，基线、内线波浪形，外线锯齿形，线间灰色，剑纹小，环纹、肾纹大，后者后端较内凸，中线暗褐色波浪形，亚端线灰色，在 3、4 脉处成外凸齿，线内侧有黑纹。后翅黄褐色。腹部灰褐色。

取食对象：苦苣菜、蓼、蓍等属植物。

分布：河北、黑龙江、内蒙古、山东、青海、新疆；蒙古，朝鲜，日本，欧洲。

(933) 鹏灰夜蛾 *Polia goliath* (Oberthür, 1880)（图版 LX：6）

识别特征：翅展 50.0～53.0 mm。头、胸白色。前翅黄白色，布有细黑点，基线、内线及外线均双线黑色，基线、内线波浪形，外线锯齿形，剑纹黑色，其前、后缘白色，环纹、肾纹大，中线黑色，后半锯齿形，亚端线白色锯齿形，内侧 1 列黑齿纹。后翅污白色，翅脉纹及外线黑色，端带宽，黑色。腹部白色，节间有灰条。

分布：河北、黑龙江、山西、河南、甘肃、湖北、四川；俄罗斯，朝鲜，日本。

(934) 灰夜蛾 *Polia nebulosa* (Hufnagel, 1766)（图版 LX：7）

识别特征： 翅展 50.0 mm。头、胸、前翅灰白色杂褐色。前翅布有细黑点，基线、内线及外线均双线黑色，基线、内线波浪形，外线锯齿形，剑纹黑灰色，环纹、肾纹黄白色，亚端线黄白色，锯齿形，内侧衬黑色。后翅浅褐色。腹部灰黄色；雌雄左右抱器腹异形，1 为长方形，另 1 为锯齿形，冠分明，抱钩斜行。

取食对象： 桦、柳、榆属。

分布： 河北、黑龙江、山西、甘肃、青海、新疆；蒙古，朝鲜，日本，欧洲。

(935) 锯灰夜蛾 *Polia serratilinea* Ochsenheimer, 1816（图版 LX：8）

识别特征： 翅展 42.0 mm。头部灰色杂褐色；胸部褐色。前翅灰色带赭褐色，基线双线黑褐色波浪形，内线、中线及外线黑褐色，内线、中线波浪形，外线锯齿形，齿尖为灰点，剑纹褐色，环纹、肾纹大，后者内侧 1 白点，外侧两白点，亚端线浅灰色锯齿形，内侧 1 列黑齿纹。后翅白色带褐，翅脉及端区褐色。腹部灰褐色。

取食对象： 春福寿草。

分布： 河北、新疆；中亚，欧洲。

(936) 海灰夜蛾 *Polia thalassina* (Rottemburg, 1755)（图版 LX：9）

识别特征： 体长 16.0 mm 左右，翅展 40.0 mm 左右。头部及胸部从褐色，额有黑纹，颈板中部 1 黑横线。前翅灰色带暗褐色，外线前半不明显，亚端线双线黑色，线间淡黄色，两侧均 1 列黑斑，内侧的斑呈尖齿形。腹部褐色。

取食对象： 桦、忍冬属、蓼属。

分布： 河北、黑龙江、新疆；欧洲。

(937) 印铜夜蛾 *Polychrysia moneta* (Fabricius, 1787)（图版 LX：10）

识别特征： 体长 17.0 mm 左右，翅展 36.0 mm 左右。头部白色，额有褐鳞，下唇须第 3 节大部分黑色；胸部黄白色，颈板、翅基片及毛簇端部均有淡褐色边缘；腹部灰白色。前翅灰褐色带银白色，基线与内线均双线褐色，环纹大，与后方 1 白斑相连成 1 椭圆形银白大斑，中线深褐色，在中室后直线内斜，肾纹小，外线双线褐色，亚端线前段深褐色，其后弱，端线深褐色。后翅淡灰褐色，翅脉褐色。

分布： 河北、黑龙江、内蒙古；蒙古，俄罗斯，欧洲。

(938) 霉裙剑夜蛾 *Polyphaenis oberthuri* Staudinger, 1892（图版 LX：11）

识别特征： 翅展 39.0 mm。头、胸及前翅霉绿杂黑色。前翅基线、内线及外线均双线黑色，基线、内线波浪形，外线锯齿形，中线、亚端线黑色，前者后半波浪形，剑纹细长，环纹及肾纹褐色黑边，端线为 1 列黑长点。后翅杏黄色，基部黑褐色，后缘 1 黑褐窄条，端区 1 黑褐宽带。腹部黑棕色，节间黄色。

分布： 河北、黑龙江、河南、陕西、新疆、湖北、福建、四川、云南；俄罗斯，朝鲜。

（939）清文夜蛾 *Pseudeustrotia candidula* (Denis & Schiffermüller, 1775)

识别特征：翅展20.0 mm。头、胸白色杂少许褐色。前翅白色，基线、内线及外线均双线黑色，基线外侧1大黑褐斑，内线后端内侧有黑褐纹，环纹为两黑点，肾纹灰色白边，周围有小黑斑，内侧1褐斜条伸至前缘脉，外侧及前方亦褐色，外线锯齿形，外侧6脉处1黑斑，亚端区1浅褐带，前宽后窄，波曲，前缘有白斑点，端线为1列黑点。后翅浅褐色，外线褐色，后翅浅褐黄色。

分布：河北、黑龙江、新疆；蒙古，朝鲜，日本，土耳其，欧洲。

（940）焰夜蛾 *Pyrrhia umbra* (Hufnagel, 1766)

识别特征：翅展32.0 mm。头、胸黄褐色，翅基片有黑横纹。前翅黄色布赤褐点，外线外方带紫灰色，基线、内线及中线赤褐色，剑纹、环纹及肾纹均有赤褐边线，外线黑棕色，后半与中线平行；亚端线黑色锯齿形，有间断，端区翅脉纹赤褐色。后翅黄色，端区1大黑斑。雄性抱钩齿形。

取食对象：烟草、大豆、油菜、荞麦等。

分布：河北、黑龙江、山东、陕西、新疆、浙江、湖北、湖南、西藏；朝鲜，日本，印度，亚洲，欧洲，北美洲，南美洲。

（941）波莽夜蛾 *Raphia peusteria* Püngeler, 1907

识别特征：翅展34.0～36.0 mm。头、胸及前翅灰白杂黑色。前翅内线、外线黑色，后者双线，中室外半黄白，亚端线灰色；后翅白色，亚中褶端部有黑斑，其中1白纹。腹部褐黑杂灰色；雄性抱钩横向，阳茎短粗。

分布：河北、青海；俄罗斯。

（942）宽胫夜蛾 *Schinia scutosa* (Denis & Schiffermüller, 1775)（图版LX：12）

识别特征：翅展31.0～35.0 mm。头、胸灰棕色。前翅灰白色，大部分有褐色点，基线、内线及亚端线黑色，剑纹大，环纹和肾纹褐色，后者中间具1浅褐纹，外线与亚端线间具1黑褐色曲带；后翅黄白色，翅脉及横脉纹，外线黑褐色，端区1黑褐色宽带，2—4脉端部有2黄白斑，缘毛端部白色。腹部灰褐色。

取食对象：艾属、藜属。

分布：河北、内蒙古、山东；朝鲜，日本，印度，亚洲，欧洲，北美洲。

（943）曲线贫夜蛾 *Simplicia niphona* (Butler, 1878)（图版LX：13）

识别特征：翅展30.0 mm。头、胸及前翅黄褐色。前翅内线褐色波浪形，肾纹褐色点状，外线褐色细锯齿形，亚端线白色，近呈直线。后翅灰黄色，亚端线白色，不明显，端线褐色。腹部灰黄色。

分布：河北、内蒙古、浙江、湖南、福建、台湾、海南、广西、云南、西藏；

日本。

(944) 涂析夜蛾 *Sypnoides picta* (Butler, 1877)（图版 LX：14）

识别特征：体长 16.0～20.0 mm，翅展 44.0～52.0 mm。头部及胸部暗棕色；腹部棕褐色。前翅暗棕色，布黑色细点，内线双线白色，前半波浪形，外线双线白色，中段黑色，不明显，波浪形，内线、外线间有白色波浪形条纹，环纹为 1 白点，肾纹窄，中部凹，白边，亚端线黑色，中部外突，其后锯齿形内斜，端线由 1 列新月形黑纹组成，其外衬白色。后翅棕褐色，外线黑褐色，亚端线双线黑褐色，端线黑色波浪形。本种还有内线、外线间无白纹的变异。

取食对象：槲、绞股蓝、悬钩子、栓皮栎。

分布：河北、黑龙江、辽宁；朝鲜，日本。

(945) 陌夜蛾 *Trachea atriplicis* (Linnaeus, 1758)（图版 LX：15）

识别特征：翅展 50.0 mm。头、胸黑褐色。前翅棕褐带铜绿色，基线、内线、中线及外线黑色，中线、外线后端相遇，环纹黑色有绿环，后方 1 戟形白纹，肾纹绿色带黑灰，有绿环，后方 1 黑三角形斑，亚端线绿色，与外线间另 1 黑褐线。后翅白色，外半暗褐色，2 脉端 1 白纹。腹部暗灰色；雄性抱钩折曲；阳茎小。

分布：河北、黑龙江、江西、湖南、福建；日本。

(946) 黑环陌夜蛾 *Trachea melanospila* Kollar, 1844

识别特征：翅展 49.0 mm；头、胸、腹及前翅黑灰色，杂有霉绿色，基线黑色，自前缘脉至亚中褶，后端具 1 黑点，其内侧白色，内线双线黑色，波浪形，环纹黑色，具较粗的暗绿色边，剑纹隐约可见黑边，其外侧与 2 脉后具 1 白色窄纹，肾纹黑色，具暗绿边，于后缘不显著，中线黑色模糊，外线黑色，锯齿形，自前缘脉外弯至 4 脉后内斜，亚端线暗绿色，在 7 脉处外凸，线内侧具黑灰斑点。后翅黄白色，端半部暗褐色。腹部黑灰色。

分布：河北、黑龙江、湖北、海南、四川、云南；印度。

(947) 角后夜蛾 *Trisuloides cornelia* (Staudinger, 1888)（图版 LXI：1）

识别特征：翅展 42.0 mm。灰棕色。头、胸暗褐。前翅黑褐带紫灰，各横线黑色，亚中褶 1 白纹，环纹、肾纹黑色，有白环；后翅杏黄。腹部黑褐色，两侧有黄毛；前翅基线只达中室，内线直线内斜，外线在 6 脉折角，亚端线起自顶角，肾纹棕色，弯而窄；后翅色稍浅，外线与亚端线棕色，前者折角于亚中褶，后者粗，起自 6 脉。雄性抱钩斜向背，阳茎有短棘形角状器丛。

分布：河北、黑龙江、内蒙古、湖北、湖南、四川、云南；俄罗斯。

(948) 劳鲁夜蛾 *Xestia baja* (Denis & Schiffermüller, 1775)（图版 LXI：2）

识别特征：翅展 35.0 mm。头部浅褐灰色；胸部褐色。前翅黄褐带紫灰色，基线、内线及外线均双线黑色，后者锯齿形，外1线在翅脉上为双黑点，环纹、肾纹大，亚端线浅灰或浅黄色；后翅赭黄色。腹部黄褐或褐黄色。

取食对象：柳、山楂、桦、报春等属及多种草本植物。

分布：河北、内蒙古、山西、新疆；欧洲。

（949）褐纹鲁夜蛾 *Xestia fuscostigma* (Bremer, 1861)

识别特征：翅展35.0 mm。头、胸及前翅紫褐色。翅脉纹微黑，基线、内线及外线均双线黑棕色，中线仅前端现1黑棕纹，亚端线浅褐色，内侧前缘脉上有两黑齿纹，中段有几黑棕点，环纹、肾纹紫灰褐色，中室大部黑棕色，并向后扩展。后翅及腹部浅褐黄色，前者端区色暗；雄性抱钩短小，阳茎细小。

分布：河北、黑龙江、河南、陕西、湖南；俄罗斯，日本。

（950）大三角鲁夜蛾 *Xestia kollari* (Lederer, 1853)

识别特征：翅展 47.0~52.0 mm。头部灰色带褐；胸部红棕色杂灰色。前翅紫灰色，除前缘区、亚端区外均带褐色，翅脉黑褐，但中脉主干较白，基线、内线及外线均双线黑色，剑纹短，环纹白色，肾纹红褐色，后半黑灰，中室大部黑色，中线模糊，亚端线不明显；后翅污褐色。腹部褐灰色；雄性抱钩粗短，阳茎腹缘端部1齿突。

分布：河北、黑龙江、内蒙古、新疆、江西、湖南、云南；俄罗斯，日本。

（951）扁镰须夜蛾 *Zanclognatha tarsipennalis* (Treitschke, 1835)

识别特征：翅展28.0 mm。头部与胸部灰褐色；雄性触角线形。前翅灰褐色，内线黑褐色；外弯，在中室前缘及亚中褶处稍外凸；肾纹窄小，黑褐色，中线不显，外线黑褐色，外弯；亚中褶后较直后行，亚端线黑褐色，近呈直线，自近顶角处的前缘脉内斜；翅外缘1列黑点。后翅浅褐色，外线暗褐色，亚端线褐白色，前段不明显，端线黑褐色。腹部灰褐色；雄性钩形突粗，抱器瓣窄长，端部指形，抱钩粗而长，伸出瓣背缘，阳茎端基环大，阳茎粗，有小锯齿形角状器丛。

分布：河北、湖北；日本，欧洲。

119. 凤蝶科 Papilionidae

（952）柑橘凤蝶 *Papilio xuthus* Linnaeus, 1767（图版 LXI：3）

识别特征：翅展90.0~110.0 mm。体侧有灰白色或黄白色毛；体、翅的颜色随季节不同而变化：春型色淡呈黑褐色，夏型色深呈黑色。翅上的花纹黄绿色或黄白色；前翅中室基半部有放射状斑纹4~5条，到端部断开几乎相连，端半部有2横斑；外缘区1列新月形斑纹；中后区1列纵向斑纹，外缘排列十分整齐而规则。后翅基半部的斑纹都是顺脉纹排列，被脉纹分割；外缘区1列弯月形斑纹，臀角有1环形或半环形红色斑纹。翅反面色稍淡，前翅、后翅亚外区斑纹明显，其余与正面相似。

取食对象：枸橘、樗叶花椒、光叶花椒、吴茱萸、黄柏属、柑橘属等。

分布：河北等全国广布；韩国，日本，缅甸。

（953）冰清绢蝶 *Parnassius citrinarius* **Motschoulsky, 1866**（图版 LXI：4）

识别特征：翅展 60.0～70.0 mm；翅白色，翅脉灰黑褐色。前翅中室内和中室端各 1 个隐显的灰色横斑；亚外缘带与外缘带隐约可见，灰色。后翅内缘 1 条纵的宽黑带。翅反面似正面。身体覆盖黄色毛。

取食对象：紫堇属、马兜铃。

检视标本：1 头，围场县木兰围场种苗场查字，2015-VI-27，张恩生采。

分布：河北、东北、山西、山东、河南、陕西、甘肃、安徽、浙江、四川、贵州、云南；韩国，日本。

120. 粉蝶科 Pieridae

（954）绢粉蝶 *Aporia crataegi* **(Linnaeus, 1758)**（图版 LXI：5）

识别特征：体长 22.0～25.0 mm，翅展 50.0～80.0 mm。黑色，头胸及足被淡黄白色至灰白色鳞毛。触角棒状，端部淡黄色；末端淡黄色部分较长。雄性翅白色，翅脉黑色，前翅外缘除臀脉外各脉末端均有烟黑色的三角形斑纹；后翅的翅脉黑色明显，鳞粉分布较前翅稍厚，呈灰白色。翅反面翅脉更清晰，后翅多散布有黑色鳞片，基部无黄色斑。

取食对象：苹果、梨、杏、沙果、桃、山荆子、山楂、花楸、樱桃、春榆、鼠李、山杨、毛榛子、卵叶桦、山柳等。

检视标本：32 头，围场县木兰围场八英庄，2015-VI-15，李迪采。

分布：河北、北京、黑龙江、辽宁、山西、河南、陕西、甘肃、青海、新疆、安徽、浙江、湖北、四川、西藏；俄罗斯，朝鲜，日本，欧洲，非洲。

（955）灰翅绢粉蝶 *Aporia potanini* **Alpheraky, 1892**

曾用名：酪色绢粉蝶、灰姑娘绢粉蝶。

识别特征：前翅长雄性 34.0～38.0 mm，雌性 39.0～40.0 mm；前翅正面白底，翅脉黑色，翅面具稠密灰蓝色小鳞片，臀区通常无；中室内有 3 迷糊细线纹，从中室基部一直延伸到中室端线，R_{2+3} 至 Cu_2 各室中间具 1 模糊的细线纹，延伸达各室外缘，除 Cu_2 室内细线纹从基部延伸，其余各室细线纹均不从基部延伸。前翅反面的底色和翅脉同前翅正面，后缘从基部至中部具 1 灰黑长条形斑，其余特征同前翅正面，细线纹较显著。后翅正面底色和翅脉颜色同前翅正面，中室宽大，室内具 2 显著细线纹，从中室基部延伸至中室端线，S_c+R_1 至 2_a 各室中部具 1 细线纹，延伸至各室外缘，除 Cu_2 室内细线纹从基部延伸，其余各室细线纹不从基部延伸。后翅反面浅黄绿色底，基角具 1 黄斑，其余特征同后翅正面。

检视标本：1 头，围场县木兰围场种苗场查字，2015-VI-27，张恩生采。

分布：河北、北京、内蒙古、河南、陕西、甘肃、四川。

（956）斑缘豆粉蝶 *Colias erate* (Esper, 1805)（图版 LXI：6）

识别特征：翅展 45.0～55.0 mm。雄性翅黄色，前翅外缘有宽阔的黑色横带，其中不镶嵌 1 列黄色斑纹；中室端 1 枚黑色的小圆斑。后翅外缘的黑色纹多相连成列，中室端的圆斑点在正面为橙黄色，反面则呈银白色，外围褐色框。雌性有二型：一型翅面为淡黄绿色或淡白色（斑纹 1 与雄性相同），容易与雄性区别；另一型翅面黄色，与雄性完全相同。翅反面颜色较淡，亚端 1 列暗色斑。

取食对象：蓝雀花、列当、紫云英、苜蓿、百脉根等。

检视标本：1 头，围场县木兰围场五道沟场部，2015-VII-07，蔡胜国采；1 头，围场县木兰围场种苗场查字大西沟，2015-VI-27，李迪采；2 头，围场县木兰围场五道沟，2015-VI-30，蔡胜国采；1 头，围场县木兰围场八英庄砬沿沟，2015-VI-15，蔡胜国采。

分布：河北、黑龙江、辽宁、山西、河南、陕西、新疆、江苏、浙江、湖北、福建、云南、西藏、等；日本，欧洲。

（957）尖钩粉蝶 *Gonepteryx mahaguru* (Gistel, 1857)（图版 LXI：7）

识别特征：翅展 50.0～65.0 mm。头胸部背面黑色，密被灰黄色的长毛，腹部背面淡黑色，两侧及下侧黄白色；下唇须和触角赤褐色。雄性前翅正面淡黄色，前缘和外缘有红褐色脉端点，中室端脉上有暗橙红色小圆斑 1 枚；后翅外缘也有脉端点，在 Cu_1 脉端凸出呈齿状，中室端脉的橙色斑较大而明显。雌性翅色为淡绿色或黄白色，前翅顶角的钩状凸出比雄性更显著，前后翅中室端的橙色圆斑较小而不明显。翅反面黄白色，中室端斑暗褐色；后翅有 2～3 条脉较粗。

检视标本：1 头，围场县木兰围场五道沟，2015-VIII-06，马晶晶采；1 头，围场县木兰围场种苗场查字小泉沟，2015-V-27，李迪采。

分布：华北、东北、陕西、浙江、台湾、西藏；朝鲜，日本等。

（958）突角小粉蝶 *Leptidea amurensis* (Ménétriès, 1859)（图版 LXI：8）

识别特征：翅展 38.0～48.0 mm。翅白色，前翅狭长，外缘近直线倾斜，顶角明显凸出；雄性顶角黑斑大且明显，雌性顶角黑斑不明显或缺失。反面白色，前翅有黄色顶角斑，后翅有灰色阴影。

取食对象：羽扇豆属、山野豌豆。

检视标本：1 头，围场县木兰围场龙头山东山，2015-V-26，刘浩宇采；3 头，围场县木兰围场种苗场查字五间房，2015-V-27，赵大勇采；1 头，围场县木兰围场新丰挂牌树头道洼，2015-V-28，李迪采；3 头，围场县木兰围场桃山乌拉哈，2015-VI-01，马晶晶采；1 头，围场县木兰围场五道沟，2015-VIII-06，马晶晶采。

分布：河北、黑龙江、辽宁、山西、山东、河南、陕西、宁夏、甘肃、新疆；朝鲜，日本，中亚细亚等。

（959）黑纹粉蝶 *Pieris melete* Ménétriès, 1857（图版 LXI：9）

识别特征：翅展 50.0~65.0 mm。雄性翅白色，脉纹黑色。前翅前缘及顶角黑色，外缘 M 脉各支的末端有黑斑点；亚外缘 1 明显的大黑斑，Cu_2 室 1 相同大小的黑斑，但通常较模糊。后翅前缘外方 1 黑色牛角状斑。前翅反面的顶角淡黄色，Cu_2 室的黑斑更明显，其余同正面；后翅反面具黄色鳞粉，基角处 1 橙色斑点，脉纹褐色明显。雌性翅基部淡黑褐色，黑色斑及后缘末端的条纹扩大，脉纹明显比雄性粗；后翅外缘有黑色斑列或横带，其余同雄性。本种有春、夏两型：春型较小，翅形稍细长，黑色部分较深；夏型较大，体色较春型淡而明显。

取食对象：十字花科植物。

检视标本：1 头，围场县木兰围场北沟色树沟，2015-V-29，宋洪普采。

分布：河北、黑龙江、辽宁、陕西、甘肃、上海、安徽、浙江、江西、福建、华中、广西、四川、贵州、云南、西藏；俄罗斯，韩国，日本。

（960）暗脉粉蝶 *Pieris napi* (Linnaeus, 1758)（图版 LXI：10）

识别特征：中小型粉蝶。雄蝶前翅背面乳白色，前缘黑褐色；顶角黑斑窄而被脉纹分割；亚端的黑斑不发达或消失；后翅前缘外方 1 三角形的黑斑。前翅下侧的顶角淡黄色，臀角附近有明显的黑斑，其余同背面；后翅下侧淡黄色，基角处 1 橙色斑点，脉纹暗褐色明显，通常比黑纹粉蝶粗。雌蝶翅背面基部淡黑褐色，黑色斑及后缘末端的条纹扩大，脉纹明显，其余同雄蝶。夏型雌蝶顶角斑缩小，后翅翅面的暗色脉纹变粗。

检视标本：1 头，围场县木兰围场北沟色树沟，2015-V-29，宋洪普采。

分布：河北等全国广布；亚洲，欧洲，北美洲，非洲等。

（961）菜粉蝶 *Pieris rapae* (Linnaeus, 1758)（图版 LXI：11）

识别特征：体长 15.0~19.0 mm，翅展 35.0~55.0 mm。雄性粉白色，下侧密被长毛，触角背面黑褐色，下侧浓橙色；胸背部底色深黑色，布满灰白色长绒毛；胸足底色黄褐色，密被白鳞。前翅长三角形；翅面白色，近基部散布黑色鳞片；顶角区 1 枚三角形的大黑斑；外缘白色。后翅略呈卵圆形，白色。前翅反面大部白色，顶角区密被淡黄色鳞；前缘近基部黄绿色，其间杂有灰黑色鳞，肩角边缘深黄色；后翅反面布满淡黄色鳞。腹部底色深黑色，密被白鳞。雌性体型较雄性略大，翅正面淡灰黄白色，翅反面黄鳞色更深浓，极易与雄性区别。

取食对象：芸苔属、水犀草属、甘蓝等十字花科、白花菜科、金莲花科植物。

检视标本：1 头，围场县木兰围场桃山石人梁，2015-VI-01，马莉采。

分布：河北等全国广布；整个北温带，印度，北美洲，南美洲。

（962）云粉蝶 *Pontia edusa* (Fabricius, 1777)（图版 LXI：12）

识别特征：体长 12.0～22.0 mm，翅展 33.0～53.0 mm。前翅白色，正面 1 大的黑色中室端斑，顶角有黑带，反面中室基半部覆黄绿色鳞粉。后翅正面前缘中部 1 黑斑，从 M_1 到 Cu_2 的端部被黑色鳞粉；后翅反面黄绿色，中域 1 条白带，中室内 1 圆形的白斑。雌性前翅正面基部和前缘的基部到中室端斑处都密布黑褐色鳞粉，Cu_2 中域 1 黑褐色斑，M_3 的外缘斑为深褐色。本种的春型和秋型差别较大，春型个体小，后翅反面为深褐色，秋型的个体较大，后翅反面黄绿色。

检视标本：1 头，围场县木兰围场种苗场查字，2015-IX-27，张恩生采；1 头，围场县木兰围场四合永虎字北岔，2015-VI-03，马晶晶采；1 头，围场县木兰围场北沟色树沟，2015-V-29，宋洪普采。

分布：河北、黑龙江、辽宁、山西、山东、河南、陕西、宁夏、甘肃、青海、新疆、浙江、江西、广东、广西、西藏等；俄罗斯，中亚，西亚，非洲等。

121．蛱蝶科 Nymphalidae

（963）阿芬眼蝶 *Aphantopus hyperantus* (Linnaeus, 1758)（图版 LXI：13）

识别特征：翅长 21.0～26.0 mm。似大斑阿芬眼蝶，但翅面亚缘斑小，前翅 1～3 枚，后翅 2 枚。翅反面褐灰色，基部色深。前翅亚缘眼斑小、2～3 枚；后翅亚缘眼斑 5 枚，前 2 枚 Rs 室内的极小，M_1 室的较大，后 3 枚中间 1 枚较大，后侧 1 枚较小，M_2 室内眼斑极小或缺失；亚缘区无横带。

检视标本：1 头，围场县木兰围场五道沟，2015-VII-7，李迪采。

分布：河北、北京、黑龙江、河南、陕西、宁夏、甘肃、青海、四川、西藏。

（964）大艳眼蝶 *Callerebia suroia* Tytler, 1914（图版 LXI：14）

识别特征：翅长 32.0～34.0 mm。前翅深棕褐色，外缘区古铜色，前翅近顶角处被有灰白色鳞片，橙色斑外具黑褐色"U"形纹，外缘模糊；前翅亚顶区具 1 枚长圆形黑色眼斑，瞳点紫灰色，斑外围有水滴状橙黄色大斑，斑后下方有 1 枚极小的黑色眼斑，瞳点灰白色。后翅密被灰白色鳞片及棕褐色细纹；锈褐色外横线粗；内横线直，强弯；亚缘近臀角处 Cu_1、Cu_2 室内各具 1 枚黑色圆形眼斑，眶黄色，瞳点灰白色；后翅亚缘 Cu_1 室内具 1 枚黑色圆形小眼斑，眼橙红色，清晰，瞳点灰白色，翅反面浅褐色。

分布：河北、甘肃、浙江、湖北、四川、贵州、云南。

（965）牧女珍眼蝶 *Coenonympha amaryllis* (Stoll, 1782)（图版 LXI：15）

识别特征：翅长 15.0～18.0 mm。翅面淡黄色、黄色或明黄色，反面亚缘斑列可由正面透出；翅反面黄灰色，外缘线浅灰褐色，其内侧具 1 条银灰色线。前翅淡灰褐色，亚缘斑 3～5 枚，M_2 室内斑极小，R_5 室内斑多缺失，瞳点白色，眶黄白色，斑列内侧棕褐色线模糊。后翅银灰色线内侧具 1 条暗黄色线，略波曲，亚缘斑 6 枚，M_3 室内斑大，Cu_2 室的最小，白瞳，双眶，内眶黄白色，外眶暗黄色，斑列内侧具白色狭带，完整或断裂，模糊或清晰，带内缘棕褐色、波曲，M_3 脉前侧向内角状凸出。

检视标本：1 头，围场县木兰围场种苗场，2015-VI-27，李迪采。

分布：河北、北京、天津、东北、内蒙古、山东、河南、陕西、宁夏、甘肃、新疆、浙江、福建；朝鲜，土耳其。

(966) 隐藏珍眼蝶 *Coenonympha arcania* (Linnaeus, 1761)（图版 LXII：1）

识别特征：小型眼蝶，前翅背面除亚外缘褐色外，其余区域为黄褐色，且下侧眼斑内侧淡黄色横带模糊，不完整，后翅白色横带在顶端眼斑外侧和下端，向后延伸至 2A 脉，有不规则齿状凸起。

分布：河北、黑龙江；欧洲。

(967) 英雄珍眼蝶 *Coenonympha hero* (Linnaeus, 1761)（图版 LXII：2）

识别特征：翅长 13.0～15.0 mm。翅面褐色。前翅亚顶区具 1 枚极小的黑色眼斑，银灰色瞳点极小，眶暗黄色。后翅亚缘斑 3～4 枚，中间 2 枚大，前后 2 枚小，无瞳，眶暗黄色。翅反面外缘带暗黄色，带内侧具 1 条银灰色线。前翅亚顶区斑较正面清晰，瞳点银灰色，眶模糊，亚缘区内侧具 1 条灰白色横带；后翅反面基半部黑褐色，密被灰绿色细毛，亚缘斑 6 枚，M_3、Cu_1 室内斑大，M_1 室内斑最小，瞳点白色，眶暗黄色，斑列内侧具 1 较宽的"人"字形灰白色横带，带内、外缘微呈锯齿状。

检视标本：2 头，围场县木兰围场四合永，2015-VI-25，李迪采；3 头，围场县木兰围场东山，2015-VI-16，李迪采；4 头，围场县木兰围场种苗场，2015-VI-27，李迪采；2 头，围场县木兰围场五道沟，2015-VII-7，李迪采；1 头，围场县木兰围场新丰，2015-VII-14，李迪采；1 头，围场县木兰围场克勒沟，2015-VI-17，李迪采；1 头，围场县木兰围场头道沟，2015-VI-14，李迪采。

分布：河北、黑龙江、辽宁、青海；朝鲜，日本，欧洲。

(968) 爱珍眼蝶 *Coenonympha oedippus* (Fabricius, 1787)（图版 LXII：3）

识别特征：翅长 20.0～21.0 mm。翅面褐色，基部深灰褐色，反面亚缘斑列可由正面透出。前翅亚缘眼斑 1～5 枚，黑褐色、圆形，自前向后依次增大，眶灰黄色，瞳点极模糊或消失，Cu_2 室内眼斑极小或无。后翅暗黄色，内侧具 1 银灰色细线；亚缘 6 眼斑，眶黄白色，后侧 5 枚眶相接触，但不愈合，瞳点灰色；M_3、Cu_1 室内斑大，M_1 室内斑极小，后侧 4 枚与后缘基本垂直排列，Rs 室内眼斑内移至近前缘中部；后侧斑列内侧有时具浅色横带。

分布：河北、北京、东北、山西、山东、河南、陕西、甘肃、江西；朝鲜，日本，欧洲。

（969）绢眼蝶 *Davidina armandi* (Oberthur, 1879)

识别特征：翅长 27.0～29.0 mm。翅底色白色，正反面皆无眼斑。前翅近三角形，臀角圆弧形，外缘弧形，中室内具"人"字形褐色纹，外缘区散布稀疏的浅褐色鳞片，外缘区各翅室中部皆具 1 条短纵褐纹，模糊。后翅浅褐色中横带宽、模糊、横"W"状。翅反面与正面一致，脉纹细，中室内"人"字形纹清晰；外缘区翅室内短纵纹清晰。

检视标本：10 头，围场县木兰围场种苗场，2015-VI-15，李迪采；6 头，围场县木兰围场八英庄，2015-VI-15，李迪采；1 头，围场县木兰围场四合永，2015-VI-3，李迪采。

分布：河北、北京、辽宁、山西、河南、陕西、甘肃、湖北、西藏。

（970）红眼蝶 *Erebia alcmena* Grum-Grshimailo, 1891（图版 LXII：4）

识别特征：翅黑色。前翅亚外缘 1 上大下小的橙色斑，斑内有 2 眼斑，前端眼斑内有 2 瞳点，后端眼斑只 1 瞳点；后翅亚外缘也 1 弧形橙色斑，内有 4 黑色眼斑。前翅反面橙黄色横带和眼斑明显；后翅横带灰褐色或灰橙红色，眼斑模糊。

分布：河北、河南、陕西、宁夏、甘肃、浙江、四川、西藏。

（971）西方云眼蝶 *Hyponephele dysdora* (Lederer, 1869)（图版 LXII：5）

识别特征：翅长 22.0～24.0 mm。前翅具三角形橙黄色区域，前缘区、外缘区、臀区、中室基半部褐色，亚缘区 M_1、Cu_1 室各 1 枚黑褐色圆形眼斑，无瞳。雄性中室后侧沿中室后缘具长条形灰褐色性标斑；后翅外缘波曲；前翅反面橙黄色区域大，仅 3 缘区灰褐色。雌性 Cu_1 室内眼斑大，橙色区域颜色浅；外横线褐色，斜直；后翅反面亚缘 Cu_1、Cu_2 室内各 1 枚黑褐色圆形小眼斑；眶黄色，无瞳；外横线略波曲，于 M_2 脉处向内弯折，线外侧具 1 灰白色带；雌性外缘锯齿状；亚缘区具 1 斜直的深色模糊窄带；褐色外横线清晰。

分布：河北、黑龙江、新疆；俄罗斯。

（972）多眼蝶 *Kirinia epimenides* (Staudinger, 1887)（图版 LXII：6）

识别特征：翅长 31.0～33.0 mm。前翅外缘线模糊，亚顶区具 3 黄白色斑，瞳点白色，亚缘自前缘外端近 1/3 至 Cu_2 室具 1 列弧形排列的黄白色斑，外横带较窄，弯曲；后翅外缘线波曲，外缘区深褐色，亚缘具 4 圆形黑褐色眼斑，反面斑纹较正面清晰。前翅黄白色斑与深褐色粗脉纹交错排列，中室内近端部具 1 "人"形狭横纹，中部具 1 月牙形横斑，亚基区具 1 折线状横纹；后翅反面密被灰色鳞片，亚缘具 7 黑褐色眼斑，弧形排列，外横线折线状，中室端脉深褐色，内横线弧形弯曲，较平滑，中室内亚基区具 1 "人"形横纹。

分布：河北、北京、黑龙江、辽宁、山西、山东、河南、陕西、甘肃、浙江、湖北、江西、福建、四川；俄罗斯（西伯利亚），朝鲜。

（973）大毛眼蝶 *Lasiommata majuscula* (Leech, 1892)（图版 LXII：7）

识别特征：中型眼蝶，和小毛眼蝶近似，主要区别为：前翅眼状斑的黄眶很宽；前翅反面底色橙红。

分布：河北、四川、西藏。

（974）斗毛眼蝶 *Lasiommata deidamia* (Eversmann, 1851)（图版 LXII：8）

识别特征：翅长 25.0～26.0 mm；翅面棕褐色。前翅亚顶区具 1 枚黑褐色圆形眼斑，瞳点白色，眶黄白色；眼斑后侧具 1 条斜列的黄白色带；雄性中室后侧具 1 黑灰色性标，内斜、模糊。后翅外缘圆滑；亚缘具 2～4 枚黑褐色圆形眼斑，眶浅棕色，瞳点灰白色。翅反面浅咖啡色。翅反面浅咖啡色。

分布：河北、北京、东北、山西、山东、河南、陕西、宁夏、甘肃、青海、湖北、福建、四川；朝鲜，日本。

（975）黄环链眼蝶 *Lopinga achine* (Scopdi, 1763)（图版 LXII：9）

识别特征：翅长 24.0～26.0 mm。翅面底色棕褐色；2 外缘线。前翅亚缘 5 圆斑，黑褐色，眶浅黄褐色；前翅亚缘白色瞳点小，眶宽、浅黄色，R_3、R_4 室各具 1 枚浅黄色小斑，亚缘带宽；外横线前端向外强弯；中室中部具 1 浅栗色横斑，斑两侧具深色线纹后翅亚缘斑 2～5 枚，双眶，内眶浅黄褐色，外眶浅褐色。后翅外缘区灰白色；亚缘具 7 清晰的黑褐色圆形眼斑；外横带中部强弯，M_1 至 Cu_1 脉间部分"M"状；内中区具 1 列灰白色链状小斑。翅反面浅褐色，散布浅黄褐色鳞片。

检视标本：1 头，围场县木兰围场燕格柏上水头，2015-VII-20，宋烨龙采。

分布：河北、东北、河南、陕西、宁夏、甘肃、湖北；朝鲜，日本。

（976）华北白眼蝶 *Melanargia epimede* (Staudinger, 1887)（图版 LXII：10）

识别特征：翅长 29.0～31.0 mm。似白眼蝶，但前翅前缘区褐色，并于 M_3 脉处垂直折向后缘，Cu_1 脉前侧部分中横带宽，后侧窄；后翅中室 1 前端近顶角处黑褐色，亚缘带内缘直，带外侧 M_1 室内具 1 乳白色斑块，M_2 脉后侧部分外移，与 M_1 室内白斑齐平。前翅反面亚顶区斜带完整，小眼斑清晰，中横带与正面对应；后翅反面亚缘 6 眼斑，M_2 室内具 1 极小的黑褐色斑，斑列外侧具模糊的黑褐色直带，中室中部前侧具 1 黑褐色斑。

检视标本：1 头，围场县木兰围场四孟滦，2015-VII-28，李迪采。

分布：河北、北京、东北、内蒙古、山西、山东、陕西、宁夏、甘肃；蒙古，朝鲜，俄罗斯。

（977）白眼蝶 *Melanargia halimede* (Ménétriès, 1859)（图版 LXII：11）

识别特征：翅长 27.0～29.0 mm。翅面白色或乳黄色；翅脉及斑纹深褐色或褐色。前翅前缘区基部褐色，Sc 脉基部被有乳黄色鳞毛，亚顶区具斜带，中室端斑近方形，

Cu$_2$室后半部及2A室内褐色；前翅反面2外缘线，亚缘线波曲，亚顶区M$_1$室内眼斑模糊，前后具弥散状褐色小斑，中室端斑呈爪状。后翅2外缘线，亚缘线折线状，亚缘带内缘直，眼斑内散布褐黄色鳞片，瞳点灰白色，眶褐黄色，中室1前侧近端部具1枚方形斑，被有褐黄色鳞片，Cu$_2$室内具1条游离伪脉。

检视标本：2头，围场县木兰围场四孟滦，2015-VII-28，李迪采。

分布：河北、东北、山西、山东、河南、陕西、宁夏、甘肃、青海、湖北；蒙古，朝鲜，俄罗斯（西伯利亚）。

(978) 黑纱白眼蝶 *Melanargia lugens* (Honrather, 1888)（图版 LXII：12）

识别特征：翅长 26.0~28.0 mm。似白眼蝶，但翅面黑色区域面积大。前翅 Cu$_2$ 室大部分、2A 室全部为黑褐色；后翅亚缘带与外缘带融合为宽的黑褐色区域，中室及其前侧部分布有褐色鳞片。翅反面斑纹似甘藏白眼蝶，但前翅亚顶区斜带较完整，中横带 Cu$_1$ 室内部分较细，清晰、Cu$_2$ 室后半部至后缘深褐色。

检视标本：1头，围场县木兰围场燕格柏，2015-VII-20，李迪采；1头，围场县木兰围场四孟滦，2015-VII-28，李迪采。

分布：河北、北京、东北、陕西、宁夏、甘肃、浙江。

(979) 蛇眼蝶 *Minois dryas* (Scopoli, 1763)（图版 LXII：13）

识别特征：翅长雄 29.0~38.0 mm。雌性体型较雄大。翅面黑褐色、棕褐色或褐色，外缘区颜色较暗。前翅外缘波曲不明显，亚缘区 M$_1$、Cu$_1$ 室内各具1黑色圆形眼斑，瞳点紫灰色，眶颜色浅；后翅外缘波曲明显，仅 Cu$_1$ 室内具1亚缘小眼斑，瞳点紫灰色，有时消失。翅反面棕色或古铜色。前翅眼斑具模糊浅棕黄色眶；后翅2外缘线，内侧1条较粗，外横线棕褐色，线外侧具灰白色带，内横线短，不达中室后缘。雌性较雄性颜色浅，眼斑大，前翅反面顶区灰白色，两眼斑间具2小白点，后翅内横线内侧具灰白色宽带。

检视标本：1头，围场县木兰围场燕格柏，2015-V-20，李迪采。

分布：河北、黑龙江、山西、山东、河南、陕西、新疆、浙江、江西、福建；朝鲜，日本，俄罗斯（西伯利亚），欧洲等。

(980) 藏眼蝶 *Tatinga tibetana* (Oberthur, 1876)（图版 LXII：14）

识别特征：翅长 24.0~28.0 mm。翅面深褐色。前翅亚顶区具4枚斑，M$_1$ 室内1枚圆形、黑褐色，眶模糊，白瞳，其余3枚暗黄色，不规则，中横带不连续，由1列不规则暗黄色斑组成；前翅反面底色褐色，顶区具2黄白色圆形环斑，外横带斜，不规则弯曲，带外缘较内缘平滑，内缘近"M"形。后翅底色黄白色，外缘区具6斑块，Rs、M$_1$、M$_2$ 室斑内缘弧形排列，M$_3$、Cu$_1$ 室内斑近长方形，Cu$_2$ 室内斑小，亚缘7眼斑，前端1枚最大，M$_1$ 室内斑最小，M$_1$、Cu$_2$ 室内斑近方形，Cu$_2$ 室内2枚眼斑融合，瞳黄白色，肾形；中室端斑长方形，宽，其前侧 Sc+R$_1$ 室内具1枚近圆形斑。

检视标本：1头，围场县木兰围场新丰，2015-VII-14，李迪采。

分布：河北、北京、内蒙古、河南、陕西、宁夏、甘肃、青海、湖北、四川、云南、西藏。

（981）蟾眼蝶 *Triphysa phyrne* (Pallas, 1771)（图版 LXII：15）

识别特征：翅长 18.0～19.0 mm。前翅前缘褐色，外缘带乳白色，前翅亚缘具 5 长圆形深褐色斑，无眶无瞳；后翅亚缘具 5 深褐色圆形斑，眼斑模糊，无眶，瞳点模糊。翅反面脉纹灰白色，翅基部褐色，被有灰绿褐色细毛；后翅基半部浅褐黄色，2A 脉近外缘处具 1 灰白色短纵纹，亚缘具 5 黑褐色眼斑，眶极窄，瞳银白色，中室中部具 1 褐色长形纵斑，外横线中部向外侧强凸。

分布：河北、陕西、新疆、西藏；俄罗斯。

（982）矍眼蝶 *Ypthima balda* (Fabricius, 1775)（图版 LXIII：1）

识别特征：翅长 19.0～21.0 mm。翅面暗褐色。前翅亚缘具 1 长圆形黑色大眼斑，黄眶，双瞳，前侧 1 枚瞳点靠近前缘，后侧 1 枚位于中间。后翅亚缘 3 黑色圆形眼斑，眶暗黄色；M_3、Cu_1 室内斑基本等大，Cu_2 室内斑极小，瞳点清晰；后翅基部淡灰褐色，亚缘 6 黑色圆形眼斑，眼斑两两相邻，依次外移，M_3、Cu_1 室内斑大，R_5、M_1 室内斑前小后大，Cu_2 室内 2 眼斑，各自独立，双瞳，内眶暗黄色，外眶褐色。翅反面亚缘眼斑与正面对应，眶较宽，外缘区细纹不明显，中横线、内横线褐色，模糊。

分布：河北、黑龙江、山西、河南、甘肃、青海、浙江、湖北、江西、湖南、福建、台湾、广东、海南、广西、四川、西藏；印度，缅甸，尼泊尔，不丹，马来西亚，巴基斯坦。

（983）荨麻蛱蝶 *Aglais urticae* (Linnaeus, 1758)（图版 LXIII：2）

识别特征：翅橘红色；两翅亚缘黑色带中有淡蓝色三角形斑列。前翅前缘黄色，有 3 黑斑，后缘中部 1 大黑斑，中域有 2 较小黑斑；后翅基半部灰色。反面前翅黑赭色，3 黑色前缘斑与正面一样，顶角和端缘带黑色；后翅褐色，基半部黑色，外缘有模糊的蓝色新月纹。

检视标本：围场县木兰围场桃山，2015-VI-20，李迪采。

分布：河北、黑龙江、山西、陕西、甘肃、青海、新疆、广东、广西、四川、云南、西藏；朝鲜，日本，中亚，欧洲。

（984）柳紫闪蛱蝶 *Apatura ilia* (Denis & Schiffermüller, 1775)（图版 LXIII：3）

识别特征：中型蛱蝶。成虫多色型，翅背面底色分黑色、褐色、黄色。前翅分布不规则白斑；后翅翅中分布 1 条白色斑带。雌性体型大于雄性，雄性前后翅背面均有浓烈的蓝色或紫色闪光，雌性无，性别较易区分。

分布：河北、东北、山西、山东、河南、陕西、甘肃、青海、新疆、江苏、浙江、福建、四川、云南；朝鲜，欧洲等。

（985）曲带闪蛱蝶 *Apatura laverna* Leech, 1893（图版 LXIII：4）

识别特征：中型蛱蝶；雌雄异型。雄性与柳紫闪蛱蝶相似，翅背面底色黄褐色，有淡淡的蓝紫色闪光，前后翅分布不规则黑斑，是与柳紫闪蛱蝶的主要区别。雌性翅面深褐色，后翅 1 条明显的白带，翅面无闪光，性别较易区分。

检视标本：1 头，围场县木兰围场种苗场查字，2015-VI-27，张恩生采；1 头，围场县木兰围场林管局，2015-VII-05，宋烨龙采；2 头，围场县木兰围场桃山乌拉哈，2015-VII-07，马莉采；

分布：河北、北京、吉林、辽宁、河南、陕西、宁夏、四川、贵州、云南。

（986）布网蜘蛱蝶 *Araschnia burejana* (Bremer, 1861)（图版 LXIII：5）

识别特征：小型蛱蝶。和蜘蛱蝶非常近似，但体型明显更大。湿季型个体橙斑更不发达，黑色面积明显更大；干季型雄性前翅白带向内倾斜不明显。翅面黑色斑纹和黄色横带交错，呈网纹状；反面淡黄色细纹呈蜘蛛网状，中间穿插白色或黄色横带。前翅中室闭式，后翅开式。

分布：河北、黑龙江、吉林、陕西、浙江、湖北、四川、西藏；朝鲜，日本。

（987）绿豹蛱蝶 *Argynnis paphia* (Linnaeus, 1758)（图版 LXIII：6）

识别特征：雌雄异型：雄性翅橙黄色，雌性暗灰色至灰橙色，黑斑较雄性发达。雄性前翅有 4 粗长的黑褐色性标，分布在 M_3、Cu_1、Cu_2、2A 脉上，中室内有 4 短纹，翅端部有 3 列黑色圆斑，后翅基部灰色，1 条不规则波状中横线及 3 列圆斑。反面前翅顶端部灰绿色，有波状中横线及 3 列圆斑，黑斑比正面大；后翅灰绿色，有金属光泽，无黑斑，亚缘有白色线及眼状纹，中部至基部有 3 白色斜带。

分布：河北、东北、山西、河南、陕西、甘肃、宁夏、新疆、浙江、湖北、江西、福建、广东、台湾、广西、云南、四川、西藏；朝鲜，日本，欧洲，非洲等。

（988）老豹蛱蝶 *Argyronome laodice* (Pallas, 1771)（图版 LXIII：7）

识别特征：雄性前翅有 2 性标，在 Cu_2 与 2A 脉上，沿外缘的 2 列黑斑与第 3 列斑之间有一定间隔。前翅反面斑纹同正面，但除中室内横纹和中室后 5~6 个外，其余斑纹色淡而模糊；后翅基半部黄绿色，有 2 条褐色细线，中部 1 条曲折，与另 1 白色波状带合流，外侧有 5 褐色圆斑，亚外缘为褐色宽带。

分布：河北、黑龙江、辽宁、山西、河南、陕西、甘肃、青海、新疆、江苏、浙江、湖北、江西、湖南、福建、台湾、四川、云南、西藏；中亚，欧洲。

（989）伊诺小豹蛱蝶 *Brenthis ino* (Rottemburg, 1775)（图版 LXIII：8）

识别特征：翅橙黄褐色；翅脉黄褐色；斑纹黑色。前翅外缘脉端有菱形斑，亚外缘有近菱形横斑列，其内方 1 行圆形横斑列，中部各斑有细线相连，成曲折条纹，中室端及中室内有4波状纹；后翅基半部具网状纹，端半部斑纹较前翅发达。反面前翅似正面，但色淡；后翅近基部1由不规则的黄白斑构成的横带，中域有5白点，外围淡褐色环，亚外缘为灰白色宽带，其内边成锯齿状。

检视标本：1头，围场县木兰围场新丰，2105-VII-14，李迪采；1头，围场县木兰围场桃山，2015-VII-7，李迪采。

分布：河北、黑龙江、新疆、浙江；俄罗斯，朝鲜，日本，哈萨克斯坦，土耳其，中亚细亚，欧洲。

（990）西冷珍蛱蝶 *Clossiana selenis* **(Eversmann, 1837)**（图版LXIII：9）

识别特征：前翅长16.0～21.0 mm，黄褐色，外缘脉端黑褐色，翅端半部具2横列黑斑纹。前翅中部有6枚黑斑，中室内有3横黑斑，后翅中部有4～6枚黑斑，基部具网纹。后翅具不规则大棕黄斑。翅的黑斑发达，后翅只臀区基部黑色，中室内的斑纹明显可见；后翅反面无"V"形黑斑，有2白色横带，内侧1条由10个以上白斑组成，外面1条上宽下狭，翅端部有紫红色斑。

检视标本：15头，围场县木兰围场桃山，2015-VI-1，李迪采；4头，围场县木兰围场四合永，2015-VI-3，李迪采；2头，围场县木兰围场种苗场，2015-VI-27，李迪采；2头，围场县木兰围场八英庄，2015-VIII-11，李迪采；1头，围场县木兰围场四孟滦，2015-VII-28，李迪采。

分布：河北、黑龙江、山西、新疆、四川；俄罗斯，朝鲜，欧洲，北美洲。

（991）青豹蛱蝶 *Damora sagana* **Doulleday, 1847**（图版LXIII：10）

识别特征：雌雄异型。雄性翅橙黄色，前翅Cu_1、Cu_2、2A脉上各1黑色性标，前缘中室外侧1近三角形橙色无斑区；后翅中间"<"形黑纹，外侧也1条较宽的橙色无斑区。雌性翅青黑色，中室内外各1长方形大白斑，后翅沿外缘1列三角形白斑，中部1条白宽带。雄性前翅反面淡黄色，斑纹与老豹蛱蝶很相似，但后翅亚外缘2列暗褐色斑均为圆形，中间2条细线纹在中室下脉处合为1条。雌性前翅反面顶角绿褐色，斑纹与正面近同；后翅缘褐色，亚外缘1列三角形白斑，内侧有5小白点，围有暗褐色环，中部1条在中段后内弯的白色宽横带，其内侧1条白色细线下端在中室后脉处与宽带相连。

分布：河北、黑龙江、吉林、河南、陕西、浙江、福建、广西；蒙古，俄罗斯，朝鲜，日本。

（992）灿福蛱蝶 *Fabriciana adippe* **(Denis & Schiffermuller, 1775)**（图版LXIII：11）

识别特征：翅展65.0～70.0 mm；中型蛱蝶；翅面橙黄色，有黑色斑纹；雄蝶前翅中室有4条弯曲的条纹，亚缘区1列黑色圆斑，共6个；后翅中室有2条黑色斑纹，亚缘区有黑色圆斑5个；雌蝶翅面色淡，前翅顶角处有银斑。

检视标本：1头，围场县木兰围场五道沟，2015-VII-8，李迪采；2头，围场县木兰围场桃山，2015-VII-7，李迪采；1头，围场县木兰围场八英庄，2015-VIII-11，李迪采；1头，围场县木兰围场燕格柏，2015-VII-20，李迪采；1头，围场县木兰围场新丰，2015-VII-15，李迪采。

分布：河北、黑龙江、山东、河南、陕西、江苏、湖北、四川、云南、西藏；西伯利亚，朝鲜，日本，中亚西亚等。

（993）孔雀蛱蝶 *Inachis io* (Linnaeus, 1758)（图版 LXIII：12）

识别特征：中型蛱蝶。翅背面呈鲜艳的朱红色，前翅1孔雀尾彩色眼纹，眼斑中心红色，其外侧包黑色半环；后翅色暗，前缘饰有孔雀尾眼斑，中心黑色并有蓝色碎斑。背面和下侧的斑纹不同，前翅、后翅暗褐色，密布黑褐色波状横纹，似烟熏枯叶，中室饰白色小点。

检视标本：1头，围场县木兰围场北沟，2015-V-29，李迪采。

分布：河北、黑龙江、辽宁、山西、陕西、宁夏、甘肃、青海、新疆、云南；朝鲜，日本，欧洲。

（994）戟眉线蛱蝶 *Limenitis homeyeri* Tancré, 1881（图版 LXIII：13）

识别特征：中型蛱蝶。和扬眉线蛱蝶非常近似，但前翅中列的白斑特别小，后翅中横带外缘整齐；前后翅的亚缘线均明显。后翅中横带到达翅后缘近臀角处，外缘平直；亚缘带与翅外缘平行。

检视标本：1头，围场县木兰围场种苗场，2015-VI-27，李迪采；1头，围场县木兰围场新丰，2015-VII-14，李迪采。

分布：河北、黑龙江、云南；俄罗斯，朝鲜。

（995）折线蛱蝶 *Limenitis sydyi* Lederer, 1853（图版 LXIII：14）

识别特征：前翅顶角有2白斑；雄性布满淡紫色鳞片；雌性前翅中室从基部发出1白色细纵纹，中室端1条"一"字纹，比雄性明显清晰，中室外侧1列白色斑纹组成的斜带，其下侧有2白斑。后翅中域1条白色宽带，雌性亚缘1条间断的白线纹。翅下侧前翅红褐色，中室下侧黑褐色，中室内有2白斑；近基部有5黑点及4短黑线，翅中部1白带纹，亚缘红褐色区有2列黑色圆点。前后翅外缘1青蓝色带纹，带纹中间1褐色纹。

分布：河北、东北、山西、河南、陕西、甘肃、新疆、浙江、湖北、江西、四川、云南；蒙古，朝鲜，俄罗斯（西伯利亚）。

（996）帝网蛱蝶 *Melitaea diamina* (Lang, 1789)（图版 LXIII：15）

识别特征：翅黄褐色。外缘有黑色宽带，亚缘带、中外带与中带均略平行，波状曲折，与黑色脉把翅面分割成排列整齐的小方块，前翅中室下域的稍长，中室3黑斑与其下方2黑斑相连；后翅近基部有长短不等的3黑带。反面前翅色淡，后翅青白色，有 2 不规则褐色横带。前后翅外缘有 2 等距的褐色细线。

检视标本：1 头，围场县木兰围场新丰挂牌树，2015-VII-14，李迪采。

分布：河北、黑龙江、山西、河南、陕西、宁夏、甘肃、云南；俄罗斯、朝鲜、日本，欧洲南部和中部。

（997）白斑迷蛱蝶 *Mimathyma schrenckii* (Ménétriès, 1859)（图版 LXIV：1）

识别特征：前翅正面顶角有 2 小白斑，中域 1 外斜白带，白带后缘 2A 和 Cu_2 室有 2 橙红色斑，后缘中间有 2 小白斑；前翅反面顶角银白色，外缘带棕褐色，白带内外侧蓝黑色。后翅正面亚外缘前端有 2~3 白斑，中域 1 近卵形大白斑，白斑边缘有蓝色闪光；后翅反面银白色，外缘 1 棕褐色带，在前缘外侧 1/31 斜至臀角的褐色带，斜带内侧 1 极大白斑。

分布：河北、黑龙江、吉林、山西、陕西、河南、甘肃、浙江、湖北、福建、四川、云南；俄罗斯、朝鲜。

（998）啡环蛱蝶 *Neptis philyra* Ménétriès, 1859（图版 LXIV：2）

识别特征：中型蛱蝶。与断环蛱蝶较相似，但前翅中室条斑无缺刻，中室外下侧的斑纹中，最上方的斑块非常发达，向内凸并几乎抵触到中室条，仅隔着 1 微弱的脉纹线，中室条与外侧斑纹形成勺状，翅下侧偏棕褐色。后翅基部的白条仅 1 条，较为微弱，且不靠近后翅前缘。

检视标本：1 头，围场县木兰围场八英庄光顶山，2015-VI-15，马晶晶采。

分布：河北、黑龙江、河南、陕西、浙江、台湾、云南；俄罗斯、朝鲜、日本。

（999）朝鲜环蛱蝶 *Neptis philyroides* Staudinger, 1887

识别特征：前翅长 32.0 mm；前翅正面底色黑色或黑褐色，斑纹白色；外缘波形，中间凹入；亚顶区具 4 斑纹；反面底色棕红色，具白色斑纹；后缘珠光区色深；其余斑纹同前翅正面。后翅正面底色同前翅正面，斑纹白色；外缘波状，中间凹入；亚外缘带近长方形，亚外缘带被深色翅脉隔开；中横带起于前缘端部近 1/2 处并止于后缘基部，近前缘模糊；前缘区具面积较小的银灰色镜区；反面底色同前翅反面，具白色斑纹；外线白色；亚外缘周围具深色外围线，近前缘具浅色斑纹；中线模糊；中横带外围具深色外围线。

分布：河北、黑龙江、河南、陕西、浙江、台湾、重庆、四川。

（1000）单环蛱蝶 *Neptis rivularis* (Scopoli, 1763)（图版 LXIV：3）

识别特征：小型蛱蝶；翅背面黑褐色。前翅中室内斑条断裂成 4 段，外侧斑块靠近，与中室斑条形成弧形。后翅中部有宽阔的白色横带，横带内斑块呈长方形，排列整齐紧密，翅下侧棕褐色，斑纹与背面相似，后翅基部有白色基条，基条不抵达前缘，前后翅外缘及亚外缘有灰白色纹。

检视标本：2 头，围场县木兰围场燕格柏，2015-VII-20，李迪采；2 头，围场县木兰围场五道沟，2015-VII-8，李迪采；1 头，围场县木兰围场四合永，2015-VI-3，李迪采；9 头，围场县木兰围场种苗场，2015-VI-27，李迪采。

分布：河北、北京、天津、东北、内蒙古、河南、陕西、宁夏、甘肃、青海、湖北、台湾、四川；蒙古，俄罗斯，朝鲜，日本，中欧。

（1001）黄环蛱蝶 *Neptis themis* Leech, 1890（图版 LXIV：4）

识别特征：前翅长 32.0 mm；翅正面黑色，斑纹黄色或白色。前翅具曲棍球杆状的斑纹，后翅中带与外带颜色相异，外带细、模糊。后翅外缘无棕色缘斑，后翅反面有亚缘线的痕迹。亚基条完整，中带内侧无亚基点。

检视标本：3 头，围场县木兰围场种苗场，2015-VII-10，李迪采；2 头，围场县木兰围场新丰，2015-VII-14，李迪采；1 头，围场县木兰围场龙头山，2015-VI-26，李迪采。

分布：河北、北京、天津、东北、河南、陕西、甘肃、宁夏、浙江、湖北、福建、四川、云南；朝鲜。

（1002）白矩朱蛱蝶 *Nymphalis vau-album* (Denis & Schiffermüller, 1775)（图版 LXIV：5）

识别特征：中型蛱蝶；翅背面橙红色，外缘锯齿状。斑纹与朱蛱蝶近似，主要区别为后翅黑斑两侧有白斑，外缘黑带间无蓝色斑点。前翅背面顶角凸出，饰有白色短斑，外缘有暗褐色带，中室外有黑斑，内有黑色横斑，中部和后缘饰有 4 黑斑；后翅背面有较大黑斑，外围白色斑点，翅基部颜色较暗。下侧和背面的斑纹不同，大都灰褐色或黄褐色。

分布：河北、吉林、山西、新疆、云南；朝鲜，日本，亚洲，欧洲。

（1003）白钩蛱蝶 *Polygonia c-album* (Linnaeus, 1758)（图版 LXIV：6）

识别特征：中型蛱蝶。翅背面橙褐色，前翅中室中部 2 黑斑，中室端 1 长方形黑斑，中室外侧有黑斑数个；后翅基半部、亚外缘有黑斑和斑带，中室端有白色钩状斑。前后翅外缘有齿状突。下侧模拟枯叶颜色，随季节而变化。

分布：河北等全国广布；朝鲜，日本，印度（锡金邦），尼泊尔，不丹，欧洲。

（1004）锦瑟蛱蝶 *Seokia pratti* (Leech, 1890)（图版 LXIV：7）

识别特征：中小型蛱蝶；雌雄同型。翅背面灰黑色，前后翅外缘中区 1 列弧形红斑，中区有白色中带，前翅不成带，分开 3 段；后翅白带平直，外缘有 2 列模糊白斑；翅下侧花纹与背面一致，雌性中区白斑更发达，前翅外缘较圆。

检视标本：7 头，围场县木兰围场种苗场，2015-VI-27，李迪采；1 头，围场县木兰围场桃山，2015-VI-30，李迪采。

分布：河北、北京、东北、陕西、四川；俄罗斯，朝鲜。

（1005）银斑豹蛱蝶 *Speyeria aglaja* (Linnaeus, 1758)（图版 LXIV：8）

识别特征：翅黄褐色，2 外缘线，常合并成 1 黑色宽带。雄性前翅有 3 极细的性标，反面前翅顶角暗绿色，外侧有 4~5 近圆形的小银色斑；雌性在内侧有 3 很小的银色纹。后翅暗绿色，银色斑特别悦目，共 3 列：7 沿外缘，弧形排列；7 中列，曲折排列，中间 1 个很小；3 内列，2 基部，中室基部 1 小圆斑。

分布：河北、东北、山西、山东、河南、陕西、宁夏、甘肃、青海、新疆、四川、云南、西藏；朝鲜，日本，俄罗斯（西伯利亚），中亚，欧洲，非洲等。

（1006）小红蛱蝶 *Vanessa cardui* (Linnaeus, 1758)（图版 LXIV：9）

识别特征：中型蛱蝶。本种与大红蛱蝶近似，主要区别是后翅背面大部橘红色，体型稍小。前翅、后翅背面以橘红色为主：前翅顶角饰有白斑，中部有不规则红色横带，内有 3 黑斑相连；后翅背面橘红色，外缘及亚外缘有黑色斑列。翅下侧和背面的斑纹有区别，前翅除顶角黄褐色外，其余斑纹与翅面相似；后翅有黄褐色的复杂云状斑纹。

分布：河北等全国广布；世界广布（除南美洲）。

（1007）大红蛱蝶 *Vanessa indica* (Herbst, 1794)（图版 LXIV：10）

识别特征：中型蛱蝶。翅背面大部黑褐色，外缘波状。前翅顶角凸出，饰有白色斑，下方斜列 4 白斑，中部有不规则红色宽横带，内有 3 黑斑；后翅大部暗褐色，外缘红色，亚外缘 1 列黑色斑。翅下侧和背面的斑纹有区别，前翅顶角茶褐色，中室端部显蓝色斑纹，其余与翅面相似；后翅有茶褐色的复杂云状斑纹，外缘有 4 枚模糊的眼斑。

分布：河北等全国广布；亚洲，欧洲，非洲。

122. 灰蝶科 Lycaenidae

（1008）华夏爱灰蝶 *Aricia chinensis chinensis* (Murray, 1874)

识别特征：该种主要的分类特征是：体棕褐色；翅背面棕褐色，前后翅的亚外缘均具连续的橙色斑带，身体下侧灰白色，前翅、后翅亚外缘均具连续橙色斑带，并散布着黑色斑点。其他特征还有：翅背面似星形，边缘具斑，在淡红黄色的下缘带下面既不中断也无近缘的齿，边缘有短的黑色半月形斑，彼此距边缘略远。

分布：河北、内蒙古、东北、河南、陕西；蒙古，俄罗斯，朝鲜半岛。

（1009）琉璃灰蝶 *Celastrina argiolus* (Linnaeus, 1758)（图版 LXIV：11）

识别特征：翅展 27.0~33.0 mm。翅蓝灰色，缘毛白色。雄性外缘黑褐色窄；雌性前缘和外缘连成宽的黑褐色带。翅反面灰白色，沿外缘有 3 列褐色斑点：外面 1 列圆形，中间 1 列新月形，内侧 1 列在前翅只 3~4 个斑点，在后翅上排列则不规则，中室端纹不明显。

取食对象：蚕豆、葛、大巢菜、紫藤、苦参、山绿豆、胡枝子、苹果、李、山茱萸、冬青、鼠李等。

检视标本：1头，围场县木兰围场桃山乌拉哈，2015-VI-01，马晶晶采；1头，围场县木兰围场种苗场查字小泉沟，2015-VI-18，张恩生采；1头，围场县木兰围场八英庄砬沿沟，2015-VI-15，马莉采。

分布：河北、黑龙江、辽宁、山西、山东、河南、陕西、甘肃、浙江、江西、湖南、福建、四川、云南。

（1010）蓝灰蝶 *Everes argiades* (Pallas, 1771)（图版 LXIV：12）

识别特征：雄性翅蓝紫色，外缘黑色，缘毛白色，前翅中室端部有微小暗色纹；后翅沿外缘1列黑色小点，除M_3与Cu_1室的2个明显外，其余愈合成带状；尾状突起很细，黑色，末端白色。雌性夏型翅黑褐色，前翅无斑纹；后翅近臀角有2～4橙黄色斑及黑色圆点。雌雄翅的反面灰白色，前翅中室端部有暗纹，外缘附近有小黑点3列，最里的1列特别清楚；后翅除3列黑点外，还有3～4橙黄色小斑，第3列黑点很不整齐，中室内和前缘也1黑点。

取食对象：苜蓿、紫云英、豌豆、荷兰翅摇、苦参、百脉根、车轴菜、羽扇豆、大巢菜、草决明等。

检视标本：2头，围场县木兰围场种苗场，2015-V-27，方程采。

分布：河北、北京、天津、黑龙江、内蒙古、山东、河南、陕西、宁夏、甘肃、浙江、江西、海南、福建、台湾、四川、贵州、云南、西藏；俄罗斯（西伯利亚），蒙古，朝鲜，日本，印度，欧洲，北美洲。

（1011）黎戈灰蝶 *Glaucopsyche lycormas lycormas*（Butler, 1886（图版 LXIV：13）

识别特征：小型灰蝶，翅背面黑褐色。翅的背面布蓝色鳞片，反面灰白色，雌性灰褐色，翅基部蓝色，前翅、后翅有中室端斑，近中部有黑斑列。

检视标本：2头，围场县木兰围场八英庄砬沿沟，2015-VI-15，李迪采。

分布：河北、北京、黑龙江、内蒙古、陕西、甘肃、青海、新疆；朝鲜。

（1012）红珠灰蝶 *Lycaeides* (*Lycaeides*) *argyrognomon* (Bergasträsser, 1779)（图版 LXIV：14）

识别特征：前翅外缘弧形，雄性翅正面深蓝紫色，有窄的外缘黑带；雌性前翅黑褐色，后翅外缘黑带与内侧黑点愈合，其内有深红色新月斑。翅反面淡褐色，后翅臀区4黑斑上有金蓝色鳞片；前翅后中横处具斑列，Cu_1室内黑斑短椭圆形。

检视标本：1头，围场县木兰围场种苗场查字，2015-VI-27，赵大勇采。

分布：河北、东北、山西、山东、河南、陕西、甘肃、青海、新疆、四川；朝鲜，日本。

(1013) 胡麻霾灰蝶 *Phengaris teleia* (Bergstrasser, 1779)（图版 LXIV：15）

识别特征：翅色和斑纹多变化；翅正面青蓝色，黑色缘带较窄。前翅中室端斑小，室内无斑，后中斑小，长椭圆形；后翅上为小黑点。翅反面边缘黄褐色，中域白色，基部紫褐色，亚外缘 2 列斑中，外侧色浅，斑模糊，内侧斑黑色呈三角形，后中斑列的斑小，后翅中室内雄性有斑，雌性无斑。

分布：河北、黑龙江、吉林、内蒙古、河南；俄罗斯，蒙古，朝鲜，日本，欧洲。

(1014) 幽洒灰蝶 *Satyrium iyonis* (Ota & Kusunoki, 1957)（图版 LXV：1）

识别特征：雌性前翅中室顶端具长椭圆形泥色性标，中室端外有橙红色斑；翅反面中部的青白色横线端部明显向内弯，下段无波折。后翅的横线上段很直，"W"形中间部分向上凸出甚高，臀角凸出不明显，可与优秀洒灰蝶区别，尾突细长黑色，两侧白色。

分布：河北、山西、河南、四川等中国中西部地区；日本。

(1015) 珞灰蝶 *Scolitantides orion* (Pallas, 1771)（图版 LXV：2）

识别特征：翅黑褐色，有蓝色光泽。外缘 1 列黑褐色圆斑，后翅上较显著；前翅中室端部有黑斑，缘毛黑白相间。翅反面灰白色，斑纹黑色，大而显著；前翅与外缘平行，有 3 列斑纹，外列斑纹圆形，中列连成横带，内列不整齐，中室内及中室端部各 1 斑纹；后翅基部另有 4 斑，亚缘有橙色横带。

取食对象：景天科植物。

检视标本：2 头，围场县木兰围场龙头山东山，2015-V-26，李迪采。

分布：河北、北京、东北、内蒙古、山西、河南、陕西、宁夏、甘肃、新疆；蒙古，俄罗斯，朝鲜，日本，哈萨克斯坦。

(1016) 诗灰蝶 *Shirozua jonasi* (Janson, 1877)（图版 LXV：3）

识别特征：翅橙黄色，顶端有模糊的黑斑；脉端黑褐色，但愈向后黑色渐弱；后翅前缘淡黄色，后翅外缘 M_1 脉至 Cu_2 脉略呈直线，尾突和臀角黑色。翅反面中室端有橙色斑，外中横线橙褐色外侧镶白边；后翅外中横线向外斜，达 Cu_2 室弯向后缘。雌性前翅正面顶端和外缘黑带色浓，翅基褐色渐向外扩散，翅反面色彩斑纹同雄性。

分布：河北、黑龙江、山西；俄罗斯，朝鲜，日本。

(1017) 玄灰蝶 *Tongeia fischeri* (Eversmann, 1843)（图版 LXV：4）

识别特征：翅展 22.0～25.0 mm。翅黑褐色。前翅中室端部有黑纹；后翅沿外缘有小黑点，内侧有红色新月纹，尾突短。翅反面暗灰色，斑点黑色，围有白边，沿外缘 3 列，前翅外侧 1 列不明显，其余 2 列色浓（内列最后 2 个不在 1 直线上），1 中室端部，后翅沿外缘近臀角 4 室有橙色斑，只中间 2 个清楚，翅基部有 4 黑斑，中室端部 1 个不明显。

取食对象：景天科植物。

检视标本：1 头，围场县木兰围场五道沟沟门，2015-VI-02，马晶晶采。

分布：河北等全国广布；俄罗斯，朝鲜，日本。

123. 弄蝶科 Hesperiidae

(1018) 白斑银弄蝶 *Carterocephalus dieckmanni* Graeser, 1888

识别特征：前翅长 11.0～13.0 mm；前缘中部略凹入，正面黑褐色，斑纹白色；中室基部与端部各 1 白斑；M_3 室和 Cu_1 室中部各 1 斑；前翅反面近顶角处有模糊的白斑，中室端有清晰的白线，其余同正面。后翅正面黑褐色，中间有大小不等的 2 个白斑。后翅反面黄褐色，中室近基部 1 小圆斑；中域斑带由前缘中部伸向臀角，在 M_3 脉处错开。前翅缘毛在顶角处为白色，其余为黑褐色；后翅缘毛白色，中半段混有黑褐色。

分布：河北、黑龙江、河南、陕西、四川、云南、西藏；俄罗斯。

(1019) 黄翅银弄碟 *Carterocephalus silvicola* (Meigen, 1829)（图版 LXV：5）

识别特征：前翅长 12.0～15.0 mm，正面黄色，斑纹黑色。中室中间 1 楔形斑，端部 1 圆斑；沿外缘 1 列斑，前翅反面 Cu_2 室斑大而清晰。后翅正面暗褐色，中室近基部 1 长条形黄斑，中域和近外缘有由彼此分离的黄斑组成的斑带。反面斑纹同正面。前翅缘毛黑褐色，后翅缘毛灰白色。

分布：河北、黑龙江、新疆；俄罗斯，朝鲜，日本，欧洲等。

(1020) 深山珠弄蝶 *Erynnis montanus* (Bremer, 1861)（图版 LXV：6）

识别特征：前翅长 16.0～20.5 mm；正面暗褐色，散布灰白色鳞；雌性中域 1 条黄白色宽带。前翅反面中室端脉处有模糊的淡黄色鳞，亚缘区至翅外缘有 3 列浅黄色小斑。后翅正面暗褐色，中室端脉处为浅黄色短线。后翅反面黑褐色，斑纹同正面。前翅、后翅缘毛暗褐色。雌性边缘不整齐，其外侧与翅外缘之间有 3 列带状排列的黄白色小斑；反面黄白色，翅基部暗褐色，斑纹排布同正面，但非常模糊。后翅黑褐色，斑纹浅黄白色，大而明显。

分布：河北、山西、山东、河南、陕西、宁夏、甘肃、四川；朝鲜，欧洲。

(1021) 链弄蝶 *Heteropterus morpheus* (Pallas, 1771)（图版 LXV：7）

识别特征：前翅长 14.0～17.0 mm；正面黑色或黑褐色；外缘区 M_1 室端和 M_3 室中间有时 1 淡黄色斑。前翅反面黑色或黑褐色，沿前缘 1 从前缘室基部至 R_2 脉基半部的淡黄色条带；亚顶区 R_3—R_5 室各 1 淡黄色条纹；外缘区前半部淡黄色，有沿翅脉向翅基部呈小锯齿状的纹。后翅正面黑色或黑褐色，无斑。后翅反面卵形白斑具黑边，排成 3 列，内列 2 个，中列 3 个，外列 7 个，斑间空隙淡黄色或灰白色，外列的 7 个斑彼此相连呈链状。

分布：河北、黑龙江、山西、河南、陕西；俄罗斯，朝鲜，土耳其，小亚细亚，欧洲。

(1022) 星点弄蝶 *Muschampia teessellum* (Hübner, 1803)（图版 LXV：8）

识别特征：前翅长 14.0~22.0 mm；正面黑褐色，基部灰色，斑白色；中室端脉灰白色，细线状；中室斑两侧内凹；M_3 室斑近方形，Cu_1 室斑近方形，亚缘区小斑列波状。前翅反面散布灰绿色鳞，前缘区灰白色，亚缘斑列各斑比正面大；其余同正面。后翅正面黑褐色，近基部有蓝灰色毛，斑白色。后翅反面灰绿色，后缘区灰白色，斑纹排列同正面，但更大更清晰。前翅、后翅缘毛黑白相间。雌性后翅反面基区灰白色。

检视标本：1 头，围场县木兰围场四合永虎字北岔，2015-VI-03，张恩生采。

分布：河北、东北、山西、陕西、新疆；蒙古，俄罗斯等。

(1023) 小赭弄蝶 *Ochlodes venata* (Bremer & Grey, 1853)（图版 LXV：9）

识别特征：体黑，下侧有黄色绒毛。雄性翅正面黄褐色，反面黄褐色发绿，前翅外缘具宽褐色带，前翅近顶角具 3 相连的黄斑，其后具 3 黄色点斑；翅基半部黄色，具 1 斜行黑斑；后翅大部黑褐色，中室黄色。雌性前翅具 2 中室端斑及 M_3、Cu_2 白斑；后翅大部黄色，具 1 列黄斑。翅反面与正面相似，但斑纹更显著。

分布：河北、北京、黑龙江、吉林、河南、陕西、甘肃；朝鲜，日本，欧洲。

(1024) 花弄蝶 *Pyrgus maculatus* (Bremer & Grey, 1853)（图版 LXV：10）

识别特征：前翅长 14.0~16.0 mm；正面黑褐色，斑白色；M_1 室斑位于 R_5 室斑和翅外缘之间，向内侧倾斜；中室斑平行四边形，中室端脉白色线状；Cu_1 室近基部和 Cu_2 室中部各 1 小斑，位于中室斑内侧。前翅反面顶角区有时有栗色鳞，斑纹同正面。后翅正面黑褐色，中域和亚缘区有时有白斑列。后翅反面棕褐色，基区白色，中域从翅前缘至 2A 脉为 1 白色带，亚缘区有时 1 窄带，$Sc+R_1$ 室基半部有时 1 小白斑。前翅、后翅缘毛黑白相间。

分布：河北、黑龙江、山西、山东、河南、陕西、浙江、湖北、江西、福建、广东、四川、云南；蒙古，朝鲜，日本。

(1025) 锦葵花弄蝶 *Pyrgus malvae* (Linnaeus, 1758)（图版 LXV：11）

识别特征：前翅长 11.0~14.0 mm；正面黑褐色，斑白色；中室斑长方形，位于近中室端部约 1/3，其外上角与 R_1、Sc 室斑相连；中室端脉白色条状；M_3 室斑方形，Cu_2 室近基部约 1/31 较模糊圆斑。前翅反面颜色较浅，斑纹同正面。后翅正面黑褐色，近基部有蓝灰色毛；亚缘区 1 列小白斑，与翅外缘平行；中室端部有模糊的白斑。后翅反面褐色，$Sc+R_1$ 室近基部和中室基部各 1 小白点，内缘平齐，外缘锯齿状；Cu_1 室基半部和 Cu_2 中部各 1 小白斑，位于宽带下方。前翅、后翅缘毛黑白相间。

分布：河北、吉林、黑龙江、河南、甘肃、青海、新疆；俄罗斯，朝鲜，欧洲。

双翅目 Diptera

124. 蚊科 Culicidae

（1026）伪杂鳞库蚊 *Culex pseudovishnui* Colless, 1957

识别特征：翅长 2.8～3.4 mm；头顶平覆鳞和竖鳞，全淡，并和后头暗色竖鳞明显对照。中胸盾鳞以淡鳞为主，暗鳞和淡鳞形成图案。后股末端黑环约占余长的 1/5～1/3。呼吸管末端略上翘。

分布：中国除黑龙江、内蒙古、陕西、青海、新疆以外地区广泛分布；韩国，日本，越南，老挝，尼泊尔，孟加拉，菲律宾，新加坡，斯里兰卡，泰国，柬埔寨，印度，印度尼西亚，马来西亚，新几内亚，巴布亚新几内亚，巴基斯坦，伊朗，伊拉克。

（1027）中华库蚊 *Culex sinensis* Theobald, 1903

识别特征：翅长 3.6～4.2 mm；各足股、胫节前面有麻点；翅鳞全暗；腹节背板端部有淡色横带，并常兼有基白带。

分布：除内蒙古、陕西、青海、新疆、西藏外，全国分布。

（1028）三带喙库蚊 *Culex tritaeniorhynchus* Giles, 1901

识别特征：翅长 2.4～3.1 mm；头顶竖鳞暗而平齐；盾鳞暗棕呈花椒色；雄蚊触须第 3 节下侧有 1 行垂毛；雌蚊食窦甲齿纤维状；后股末端黑环很窄。

分布：除新疆、西藏外，全国分布。

（1029）迷走库蚊 *Culex vagans* Wiedemann, 1828

识别特征：翅长 3.8～4.5 mm；中、后股节及各胫节前面各有 1 淡色纵走条纹；后股下侧全淡。

分布：除陕西、青海、新疆外，全国分布。

125. 虻科 Tabanidae

（1030）膨条瘤虻 *Hybomitra expollicata* (Pandellé, 1883)（图版 LXV：12）

识别特征：体长 14.0～17.0 mm。棕黑色。复眼密覆棕色短毛，具 3 带；额灰色，覆黄毛；基胛与中胛黑色；亚胛灰白色；头顶具棕色长毛；颜与颊灰白色，着生白色长毛；口毛白色；下颚须灰白色或浅棕色。触角黑色，柄节和梗节具黑毛；鞭节基环节基部红棕色。胸部背板黑色，着生白毛和黑毛；背侧片棕色或黑色；侧板灰色，覆白色长毛和少量黑毛。翅透明，翅脉黄色，横脉处无棕色斑，R_4 脉无附脉；平衡棒黄色，球部两侧棕色。腹部背板黑色；第 1—3 或 1—4 背板两侧具红黄色斑；第 4—7

背板黑色，中间具黑色宽纵条，腹板具黑纵条。足黑色，前足胫节基部 1/2 和中、后足的胫节棕色。雄性下颚须浅黄灰色；触角黑色。

分布：河北、东北、内蒙古、西北、湖北、四川；蒙古，俄罗斯，哈萨克斯坦，土耳其，欧洲。

（1031）翅痣瘤虻 *Hybomitra stigmoptera* (Olsufjev, 1937)（图版 LXV：13）

识别特征：体长 16.5～17.5 mm。黑色。复眼绿色，密覆棕色短毛，具 3 条紫色带；额灰色，主要覆黑毛；基胛黑色，方形；中胛矛形或线形，黑色；颜灰色，着生浅黄色长毛；喙棕黑色，毛棕色。触角柄节和梗节黑色，覆黑毛和浅黄色毛；鞭节基环节棕红色；端环节暗棕色至黑色。胸部背板灰黑色，覆黄毛，无纵条；背侧片黑色；侧板灰黑色，覆浅黄色长毛。翅透明，翅脉棕色，横脉处具暗斑，R_4 脉具附脉；平衡棒暗棕色，仅顶端黄色。腹部黑色，背板密覆黄色和灰色短毛，各背板后缘具不清晰的灰色窄带；腹板同背板。足黑色，前足胫节基部 1/2 和中、后足胫节黄棕色，胫节其余部分和跗节黑色，覆黑毛。

分布：河北、东北、内蒙古、山西；蒙古，俄罗斯，朝鲜，日本。

126. 蜂虻科 Bombyliidae

（1032）黄领蜂虻 *Bombomyia vitellinus* (Yang, Yao & Cui, 2012)（图版 LXV：14）

识别特征：体长 9.0～11.0 mm；翅长 9.0～11.0 mm。头部黑色；额被白色粉和浓密直立黑毛；颜被浓密直立白毛。触角黑色；边缘被黑色毛；柄节长；梗节圆；鞭节长端部尖。胸部黑色，背面前半部被浓密的黄毛，后半部被浓密黑毛。翅几乎完全透明，基部淡褐色；翅脉 r-m 靠近盘室中部；翅室 R_5 关闭；平衡棒基部黑色，端部淡黄色。腹部黑色，毛多黑色；腹部被浓密黑色长毛；腹板黑色，被浓密黑色毛。足黑色；腿节、胫节和跗节被黑色毛和鳞片。

分布：河北、北京、黑龙江、内蒙古、山东、河南、云南。

（1033）朝鲜白斑蜂虻 *Bombylella koreanus* (Paramonov, 1926)（图版 LXV：15）

识别特征：体毛偏黑色。头部毛黑色；额三角靠近触角被白色鳞片。翅基半（含臀室）黑色，端半白色透明；翅脉 r-m 靠近盘室端部 1/3。腹部第 2—5 背板中间各 1 白鳞小斑；第 3—5 背板两侧各 1 白鳞大斑。足黑色。

分布：河北、北京、江苏、四川；俄罗斯，朝鲜。

（1034）北京斑翅蜂虻 *Hemipenthes beijingensis* Yao, Yang & Evenhuis, 2008（图版 LXVI：1）

识别特征：体长 6.0～15.0 mm；翅长 6.0～15.0 mm。头黑色；毛黑色或黄色。触角褐色；鞭节淡褐色，葱头状。胸黑色，被褐色粉，毛以黄色为主。小盾片被稀疏黄色或黑色长毛。翅半透明，R_1 室透明部分呈新月形；平衡棒基部黑色，端部苍白色。

腹部黑色，被褐色粉，被毛淡黄色和黑色；背板侧面被浓密黄长毛；第1、4、7节侧面被浓密的黑长毛，背面大部分被黑毛；第4节中前部1光裸区域；第9—10节背板被淡黄色毛；腹板被黄毛和黑毛。足黑色，胫节黄色，毛以黑色为主；腿节和胫节被黄色鳞片。

分布：河北、北京、内蒙古、山西、山东、陕西、湖北、西藏。

（1035）暗斑翅蜂虻 *Hemipenthes maura* (Linnaeus, 1758)

识别特征：体长9.0 mm；翅长9.0 mm。头部黑色，被灰色粉；头部毛多黑色，边缘被褐色毛。触角黑色；柄节长圆柱形；鞭节葱头状。胸部毛多黄色；肩胛和中胸背板被黄色及黑色长毛，侧背片被1簇淡黄色毛。小盾片被稀疏黑色长毛。翅半黑色，半透明；翅室R_1中透明部分近半圆形；平衡棒基部褐色，端部苍白色。腹部黑色，被褐色粉，毛为淡黄色和黑色；第1、4节背板侧面被淡黄色毛；第5节中后部1小的光裸区；第8节背板被淡黄色毛；腹板被黄色和黑色绒毛。足褐色，跗节黑色；足毛多黑色。

分布：河北、北京、内蒙古、新疆；蒙古，俄罗斯，伊朗，土耳其，阿塞拜疆，中亚，欧洲。

127. 舞虻科 Empididae

（1036）粗腿驼舞虻 *Hybos grossipes* (Linnaeus, 1767)

识别特征：头部黑褐色；喙浅褐色；须细长，呈浅褐色。触角褐色，第3节仅被短毛。胸部黑褐色，具光泽。翅白色透明或略带浅褐色，具浅褐色翅痣。腹部黑褐色，明显向下弯曲；第9背板左背片较狭长，内缘明显凹缺，其背侧突钝圆且内具1指突；右背片较宽大，背侧突近方形；下生殖板基部略缢缩，端缘凹缺，分为二叶。足极浅的褐色至黑褐色；前足胫节具2根细长的背鬃；中足胫节3长背鬃，2长端腹鬃；后足腿节较胫节显粗，腹鬃大致2排，刺状，外侧的较长而稀疏，内侧的短而稠密。

检视标本：66头，围场县木兰围场，2016-VII-10，肖文敏采；22头，围场县木兰围场五道沟，2016-VII-11，肖文敏采。

分布：河北、吉林、内蒙古、山西、河南、陕西、宁夏、甘肃、四川；俄罗斯，欧洲。

128. 长足虻科 Dilichopodidae

（1037）内蒙寡长足虻 *Hercostomus neimengensis* Yang, 1997

识别特征：体长2.8～3.3 mm；翅长2.6～2.9 mm。头金绿色，被灰白粉；眼后鬃黄色；喙暗黄色，具淡黄色毛；须黄色，被淡黄色毛。触角黄色；第3节近卵圆形，端部浅黑；芒黑色，细毛明显。胸部金绿色，下侧片部分黄色；毛和鬃黑色；背中鬃粗且6根，中鬃5～6根，短毛状。小盾片有几根缘毛。翅白色透明，脉褐色。腋瓣黄色，具黑毛。足黄色；基节黄色；跗节自基跗节末端往外褐色至暗褐色；足毛和鬃黑色；基节仅有淡黄色毛；中后足基节各1鬃，中后足腿节各1端前鬃。前足胫节1前背鬃和2后背鬃；中足胫节3前背鬃和2后背鬃；后足胫节2前背鬃和3根后背鬃；后足第1跗基部1短腹鬃。雄性腹部金绿色，被灰白粉；第1—2背板除第2背板后缘外黄色；毛淡黄色。腹部毛黑色。

检视标本：4头，围场县木兰围场，2016-VII-10，肖文敏采。

分布：河北、内蒙古、甘肃。

129. 蚜蝇科 Syrphidae

（1038）黄股长角蚜蝇 *Chrysotoxum festivum* (Linnaeus, 1758)（图版 LXVI：2）

识别特征：体长15.0 mm；翅长12.0 mm。额黑色，毛褐色；颜面橙黄色，中域具黑色纵条纹；颊黄色。触角黑褐色。中胸背板黑色，被橙黄短毛，两侧在盾沟与肩胛之间、翅基上方及翅后胛具黄斑；中胸侧板黄斑正常，中胸下前侧片后部上、下毛斑分开；后胸腹板裸。小盾片中域黑色，具橙黄边。翅透明，翅痣棕黄色。腹部长卵形；第2—5背板具中断黄带，较狭，外端不达背板侧缘；第3—4背板后缘黄色；第5背板后部有三角形橙黄斑。足主要橙黄色，基节、转节黑色。

分布：河北、辽宁、陕西、新疆、湖南；印度，古北界。

（1039）土斑长角蚜蝇 *Chrysotoxum vernale* Loew, 1841（图版 LXVI：3）

识别特征：体长14.0 mm；翅长13.0 mm。头部宽于胸；复眼被淡色短毛；头顶及额黑色，被黑色短毛，额中部两侧具灰白色粉斑；后头黑色，被黄白色毛。触角黑色。中胸背板亮黑色，正中具1对灰色粉被条纹，侧缘黄色条纹在盾沟之后中断，背板被黑色短毛。小盾片黄色，中间具黑斑，被黑毛，后缘黑毛较长。翅略呈黄色，翅痣下具暗褐色云斑。腹部长卵形，黑色，侧缘脊明显；下侧黑色；第2—3节腹板前缘具黄斑。足红黄色，各足基节、转节及中足、后足腿节基部黑至黑褐色，胫节黄色。

分布：河北、东北、陕西、浙江、四川；俄罗斯，伊朗，欧洲。

（1040）黑带蚜蝇 *Episyrphus balteatus* (De Geer, 1776)（图版 LXVI：4）

识别特征：体长6.0～10.0 mm；翅长5.0～9.0 mm。头顶三角灰黑色，具棕黄毛；额灰黑色，覆黄粉；额前端触角基部之上有小黑斑；颜面橘黄色，被黄粉及黄色细长毛；颊在复眼下角处灰黑，被黄毛。触角橘红色。胸部黑绿色，闪光；背板中间有灰色狭长条，其两侧灰条纹较宽，背板两侧自肩胛向后被黄粉宽条纹，背板被黄毛；胸部侧板大部被黄粉，下前侧片上、下毛斑分开，后胸腹板具浅色长毛。小盾片暗黄色，略透明，大部被黑长毛。翅近透明，翅面密被微毛，亚前缘室及翅痣棕黄色。腹部长卵形，背面大部黄色；腹部第2-4腹板中部有小黑斑或完全黄色。足细长，橘黄色；基节、转节暗黑色。

分布：河北等全国广布；蒙古，俄罗斯，日本，阿富汗，欧洲，非洲，澳洲。

（1041）灰带管蚜蝇 *Eristalinus cerealis* Fabricius, 1805（图版 LXVI：5）

识别特征：体长 12.0~13.0 mm；翅长 9.0~11.0 mm。头顶三角黑色；后头部密被白色粉及黄毛；额黑色，覆金黄色粉，被黑和棕褐色毛；颜面黑色，密被金黄色粉及黄白色毛；颊黑色，被灰白色粉及黄白色长毛。触角黑色。中胸背板黑色，被淡色薄粉，前部正中具灰白色粉被纵条纹；肩胛灰色，密被棕黄色长毛；中胸侧板黑色，被淡色粉被及棕黄色长毛；后胸腹板被毛。小盾片黄色，被棕黄色长毛。翅近透明，痣棕褐色。腹部锥形，基部宽，端部狭圆；腹部背板密被橘黄色毛，第 2—3 背板后部有黑毛。足主要黑色，被黄毛。

分布：河北、黑龙江、辽宁、内蒙古、山东、陕西、甘肃、青海、新疆、江苏、安徽、浙江、湖北、江西、湖南、福建、广东、四川、云南、西藏；俄罗斯，朝鲜，日本，东洋界。

（1042）长尾管蚜蝇 *Eristalis tenax* (Linnaeus, 1758)（图版 LXVI：6）

识别特征：体长 12.0~15.0 mm；翅长 10.0~13.0 mm。头顶黑色，被黑毛；后头部被淡黄色毛；额黑色，被污白色粉，前端黑亮；额主要被黑毛，近复眼处被浅黄色毛；颜面侧面淡黄色，被黄粉及同色毛，正中具黑色宽纵条；颊黑色，被淡黄色长毛。触角暗褐色到黑色；触角芒黄褐色。中胸背板黑色，被淡棕色毛；后胸腹板被毛。小盾片黄或棕黄色。翅透明，R_{4+5} 脉环状深凹，翅中部具棕褐色到黑褐色斑，部分个体不明显。腹部锥形，基部宽于胸，端部狭圆；腹部背板被棕黄色毛。足主要黑色，被浅黄色毛。本种体色及腹部色斑变异较大。

分布：河北等全国广布；世界广布。

（1043）方斑墨蚜蝇 *Melanostoma mellinum* (Linnaeus, 1758)

识别特征：体长 6.8~8.0 mm；翅长 6.0~7.0 mm。头顶及额黑亮，被黑毛；颜面两侧平行，略狭于头宽 1/2；面黑色，被白色细毛，覆白粉。触角棕色，第 3 节下侧橘黄；触角芒几乎裸。胸部黑亮，中胸背板及小盾片被黄短毛。翅略灰色，长于腹部。腹部黑色，两侧平行，第 2 节背板长略大于宽，1 对半圆形大黄斑；第 3、4 节背板近方形，各 1 对紧接前缘的矩形黄斑。足棕黄，基节、转节黑；前足第 2—4 跗节黑色；后足腿节中部具宽黑环，第 2-5 跗节黑色。

分布：河北、陕西、甘肃、浙江、湖北、福建、四川、云南、西藏；蒙古，日本，阿富汗，伊朗，欧洲，非洲。

（1044）斜斑鼓额蚜蝇 *Scaeva pyrastri* (Linnaeus, 1758)（图版 LXVI：7）

识别特征：体长 11.0~14.0 mm；翅长 9.0~11.0 mm。头顶黑色，被黑毛；后头部暗色，密被灰黄色粉被及毛；额暗棕色，近透明，被黑色长毛；颊黑色，被棕黄色毛。触角暗黑褐色。中胸背板黑绿色，具光泽，两侧暗黄色，被黄粉，被浅色毛；胸部侧板黑绿色，具光泽，被浅棕色长毛。小盾片暗褐色，被棕黄色毛。翅透明，近乎裸，仅端部被有稀疏的微毛，痣棕黄色。腹部宽卵形，明显具边，黑亮。各足基节和转节黑色，前、中足腿节基半部黑色，端部黄色；胫节棕黄色；跗节暗褐色；后足腿节黑色，端部棕黄色，胫节棕黄色，跗节黑褐色。

分布：河北、黑龙江、辽宁、内蒙古、山东、陕西、甘肃、青海、新疆、江苏、江西、四川、云南、西藏；蒙古，俄罗斯，日本，阿富汗，欧洲，非洲，北美洲。

（1045）黄盾蜂蚜蝇 *Volucella pellucens tabanoides* Motschulsky, 1859（图版LXVI：8）

识别特征：体长14.0～20.0 mm；翅长12.0～18.0 mm。头部明显宽于胸；头顶黄褐色；单眼三角黑色，被黑毛；额小，橘黄色，被黑色短毛，后部近复眼处被橘黄色短毛；颜面橘黄色，具光泽，被橘黄色毛；颊黑色。触角小，橘黄色，第2节外侧端缘被黑毛。中胸背板近方形，黑亮，具蓝色光泽，肩胛黄褐色，被黄褐色毛；背板密被黑色直立毛，侧缘及后缘具粗大黑色长鬃。小盾片暗黄色，被黑毛。翅基半部连同翅脉橘黄色，端半部透明，翅脉黑褐色，中部具大型黑褐色云斑，翅端半部前缘具较大型褐色云斑。腹部宽于胸，宽卵形，背面平，黑色，具蓝色光泽，被黑色短毛；腹部下侧黑亮，被黑毛。足黑色，被黑毛，膝部略呈棕黄色。

分布：河北、东北、内蒙古、山西、陕西、青海、新疆、湖北、四川、云南；蒙古，俄罗斯，朝鲜，日本。

130. 丽蝇科 Calliphoridae

（1046）大头金蝇 *Chrysomya megacephala* (Fabricius, 1794)

识别特征：体中型，体长8.0～11.0 mm。躯肥胖，体呈亮绿至蓝绿色。颜部（包括颊）橙黄色；侧颜及颊均具黄毛；颜堤上面1/4被黄毛；口前缘前于额前缘；下颚须黄，髭明显着生在口前缘之上。胸部（含小盾片）略长于腹部。胸部及腹部均呈亮绿色，无斑条；前、后气门均呈暗褐色，下前侧片及第2腹板上的小毛大部黑色，下前侧片鬃1:1。翅前缘脉第3段长于第5段。腹部第3、4背板具蓝色后缘带；雄性尾节小，藏于第5背板之下。足黑。

分布：河北等全国广布（除新疆、青海、西藏外）；俄罗斯，朝鲜，日本，阿富汗，伊朗，澳洲。

（1047）丝光绿蝇 *Lucilia sericata* (Meigen, 1826)

识别特征：体长5.0～10.0 mm。颊较宽，在最狭处；侧额宽约为间额宽的1/2。触角带黑色，其第3节长约为第2节的3.0倍。胸部小毛较细长而密。侧面观雄性腹部不拱起；第2-4腹板上的毛与后足腿节和胫节上的毛等长；肛尾叶后面观端部显然向末端尖削，侧面观末端不呈头状，略直，后侧毛较长，超过末端横径的2.0倍；侧尾叶后面观扩开，端都略向内抱合，但不与肛尾叶靠近；前阳基侧突有 3~4 根刚毛，常着生在端部 1/3 距离内；第 5 腹板基部的长度大于侧叶长的 1/2。

分布：河北等全国广布；世界广布。

131. 寄蝇科 Tachinidae

（1048）芦寇狭颊寄蝇 *Carcelia lucorum* (Meigen, 1824)

识别特征：体中型；全身覆稀薄的灰色粉，体色外观黑色。两后单眼之间的距离正常；额宽为复眼的 0.5~0.7 倍（雄）或 0.6~0.8 倍（雌）；后头毛灰白色；雌性额鬃下降至侧颜达触角芒着生处水平；颜堤鬃不超过颜堤下方的 1/4；颊高短于额长。肩胛和触角全部黑色；触角芒 1/4 处~1/3 处变粗。小盾片全部黄色。翅前缘基鳞暗棕色。第 4、5 背板后缘黑色；雄性第 9 背板长大于宽；肛尾叶中部凹陷，侧尾叶近于长方形。前足胫节下侧基部 1/3 黑色；中足胫节具 2~3 根前背鬃。

检视标本：2 头，围场县木兰围场国家森林公园五道沟，2016-VII-11，孙琦采。

分布：河北、北京、东北、内蒙古、宁夏、福建、广西、四川、云南；蒙古，俄罗斯，日本，中亚，中东，外高加索，欧洲全境。

（1049）鬃胫狭颊寄蝇 *Carcelia tibialis* (Robineau-Desvoidy, 1863)

识别特征：体长 7.0~8.0 mm。额较窄，侧额毛最多 3 行；雌性侧额、中胸背板两侧和中侧片全部覆灰白色粉。中胸前盾片具 5 黑纵条。小盾片端部暗黄。腹部第 3、4 背板具中心鬃或至少具粗大的鬃状毛，雄性腹部第 4、5 背板无密毛区。中足胫节具 1 根前背鬃和 1 根腹；后足胫节前背鬃列中部 1 根较粗大，常具 3 根背端鬃。

检视标本：1 头，围场县木兰围场国家森林公园五道沟，2016-VII-11，孙琦采。

分布：河北、北京、吉林、辽宁、山西、山东、宁夏、上海、浙江、湖南、福建、广东、广西、四川、贵州、云南；俄罗斯，日本，欧洲。

（1050）红额瑟寄蝇 *Ceromasia rubrifrons* (Macquart, 1834)

识别特征：体长 8.0~9.5 mm。间额红棕色；侧额、侧颜、颊、后头棕色；下颚须黄色；额宽约为头宽的 0.5 倍；侧颜侧面观最窄处是后梗节宽的 1.2~1.3 倍；侧额被 2 列侧额鬃；侧颜裸，外侧额鬃 2，内侧额鬃 1~2 对；颜堤在髭的上方具 8~9 根颜堤鬃，仅占颜堤的 1/4；缘后头眼后鬃后方具 1 列黑色短鬃。肩鬃 3 根，呈直线排列，背中鬃 3+4，腹侧片鬃 3。触角黑色。小盾片背面被半翘起的黑色鬃毛，小盾端鬃 1 对，交叉排列。翅肩鳞黑色；前缘基鳞橘黄色；前刺发达；中脉心角圆钝，中脉心角至翅后缘的距离约是心角至 dM-Cu 脉距离的 1.75 倍。腹部第 3—5 背板全部覆银白色粉。足除腿节棕黑色外其余部分棕黄色；前足胫节前背鬃 6 根；中足胫节前背鬃 4 根。

检视标本：3 头，围场县木兰围场国家森林公园五道沟，2016-VII-11，孙琦采。

分布：河北、北京、黑龙江、山西、宁夏；蒙古，俄罗斯，日本，中亚，外高加索，欧洲。

（1051）窄角幽寄蝇 *Eumea linearicornis* (Zetterstedt, 1844)

识别特征：体长 9.5~12.0 mm。复眼被金黄色毛；额宽为头宽的 0.3~0.4 倍。内侧额鬃 1 对；眼后鬃后方具 1 列黑毛；肩鬃 4 根，3 根基鬃呈三角形排列；腹侧片鬃 3。前缘刺不发达，长约为 r–m 脉长的 1/2。腹部第 1+2 合背板凹陷不达后缘，具中缘鬃 1 对；第 3、4 背板各具中心鬃 2 对。前足爪长于第 4、5 分跗节之和；前足胫节前背鬃 2，后鬃 1；中足胫节前背鬃 2；后足胫节前背鬃 3。雄性头部棕黄色，覆浓厚的银白色粉，间额棕黑色，侧额灰黑色，覆稀薄的银白色粉，侧颜红棕色，覆银白色粉，颊暗棕色，覆银白色粉，新月片黑色，后头灰黑色，覆灰白色粉；触角黑色；胸部棕黑色，具黑色后倾细毛，覆稀薄的灰白色粉；腹部长卵圆形，黑色，被向后倾斜的黑鬃，第 3—5 背板全部覆银白色粉。

检视标本：1 头，围场县木兰围场国家森林公园五道沟，2016-VII-11，孙琦采。

分布：河北、山西、辽宁、宁夏、云南；俄罗斯，日本，外高加索，欧洲全境。

（1052）柔毛幽寄蝇 *Eumea mitis* (Meigen, 1824)

识别特征：体长 10.0~11.0 mm。额上具内侧额鬃 1 对；眼后鬃后方 1 列黑毛；胸部 5 黑纵条，肩鬃 4 根，基鬃 3 根呈三角形排列。腹部第 3—5 背板中间部分黑色；第 1+2 合背板凹陷不达后缘，具中缘鬃 1 对，侧缘鬃 1 对；第 3、4 背板各具中心鬃 2 对；第 5 背板具缘鬃 3 行。前足爪长于第 4、5 分跗节之和；中足胫节前背鬃 3 根。雄性头部棕黑色，覆浓厚的银白色粉，复眼被金黄色毛，间额黑色，侧额灰黑色，覆稀薄的灰白色粉，侧颜棕黑色，覆银白色粉，颊棕褐色，覆银白色粉，新月片黑色，后头灰黑色，漫灰白色粉，前颊棕褐色发亮，唇瓣棕褐色，下颚须黑色，棒状，被黑毛；触角黑色；胸部黑色，具后倾的细黑毛，覆稀薄的灰白色粉，前胸背板具 5 窄黑纵条；腹部长卵圆形，黑色。

检视标本：7 头，围场县木兰围场国家森林公园五道沟，2016-VII-11，孙琦采。

分布：河北、黑龙江、辽宁、山西、河南、宁夏；俄罗斯，日本，外高加索，欧洲。

（1053）迷追寄蝇 *Exorista mimula* (Meigen, 1824)

识别特征：体长 7.2~11.5 mm。间额两侧的粉厚而宽；额鬃有 3 根下降至侧颜中部水平以上；后节为梗节长的 2.0 倍。两小盾片亚端鬃之间的距离大致与亚端鬃至同侧基鬃之间的距离相等。腹部背中线贯通第 3—5 背板，第 3—5 背板基部覆灰黄色或灰白色粉带，沿各背板后缘有黑色横带，第 3、4 背板无中心鬃；第 5 腹板两侧叶中部各 1 深缺刻。雄性头底色黑，间额黑褐色，两侧被黄白色粉，侧额、侧颜和颊具黄白色粉，后头具灰色粉，新月片棕褐色；胸黑色，具灰色粉，胸部 5 暗黑纵条，中间

1 条在盾沟前消失，内侧两纵条较窄，前后气门棕褐色；小盾片黑色；腹部长圆形，黑色，具灰色粉。

检视标本：1 头，围场县木兰围场国家森林公园五道沟，2016-VII-11，孙琦采。

分布：河北、北京、东北、内蒙古、山西、河南、西北、福建、四川、云南、西藏；蒙古，俄罗斯，日本，中亚，中东，外高加索，欧洲。

（1054）奥尔短须寄蝇 *Linnaemya olsufjevi* Zimin, 1954

识别特征：体长 11.0 mm。头部覆浓厚的银白色粉被；额宽为复眼宽度的 4/5；间额红棕色，两侧缘平行；后头拱起，黑色，覆灰白色浓厚粉；下颚须黑色，小于梗节的长度。触角黑色。胸部黑色，覆灰白色粉；背面具 5 黑纵条。翅淡黄色透明；翅肩鳞黑色；前缘基鳞黄色，前缘刺发达；翅中脉心角的赘脉与前 1 个中脉段等长或略长。腹部黑色；第 3、4 背板两侧具大型红黄色斑，中心各 1 对；腹部第 1 腹板被黄白色毛；雄肛尾叶端部钝，雄尾叶不具膨大的结节状末端。

检视标本：1 头，围场县木兰围场国家森林公园五道沟，2016-VII-11，孙琦采。

分布：河北、辽宁、内蒙古、山西、河南、青海、新疆、西藏；俄罗斯，哈萨克斯坦，中亚，外高加索，欧洲。

（1055）钩肛短须寄蝇 *Linnaemya picta* (Meigen, 1824)

识别特征：体长 11.0 mm。间额后端窄于前端或前后等宽；口缘显著向前凸出呈鼻状，髭基至口缘的距离大于上唇基基部的宽度；前颊长为宽的 4.0～5.0 倍；雄外顶鬃不明显，后头上方 1/2 在眼后鬃后方无粗壮黑鬃（有时具细小黑毛）。腹部第 1 腹板被黑毛；第 3、4 背板各具 1 对中心鬃，分别具或仅第 4 背板具侧心鬃。前足爪至少与第 5 分跗节等长。雌性头部黑色，覆浓厚的灰白色粉；胸部黑色；小盾片淡黄色，基缘具黑色窄横带；翅灰色透明；腹部黑色，第 6 合背板沿背中线纵裂为二，端部红黄色，全部被黑毛。

检视标本：1 头，围场县木兰围场国家森林公园五道沟，2016-VII-11，孙琦采。

分布：河北、北京、东北、内蒙古、宁夏、青海、江苏、湖南、福建、台湾、广西、四川、贵州、云南、西藏；俄罗斯，日本，泰国，印度，尼泊尔，外高加索，欧洲。

（1056）筒腹奥斯寄蝇 *Oswaldia eggeri* (Brauer von Bergenstamm, 1889)

识别特征：体长 10.0 mm。雄性颜堤至多在下半部具细毛。触角黑色；触角芒棕褐色，基部 1/4 的长度变粗。胸部黑色，覆灰白色粉；背面 5 黑纵条，中间 1 条仅 1/2 清晰；背中鬃 3+3，中鬃 2+3。翅淡色透明；翅肩鳞和前缘基鳞黑色。腹部长卵圆形，黑色，覆浓厚银白色粉；腹毛粗壮而稀疏，分布于中部；各背板前 1/2～2/3 被浅灰色粉，后部黑色；第 3 背板至多具 4 根缘鬃；第 4 背板 2～4 心鬃。

检视标本：1 头，围场县木兰围场国家森林公园五道沟，2016-VII-11，孙琦采。

分布：河北、黑龙江、辽宁、山西、河南、宁夏、新疆、浙江、四川、云南、西藏；俄罗斯（西部，东西伯利亚），日本，欧洲。

（1057）棒须阳寄蝇 *Panzeria excellens* Zimin, 1957

识别特征：下颚须端半部异常膨大，棒槌形，其最大宽度略小于前颏中部宽度。第 6 腹板基部 1/3～1/2 光亮，端部被细毛，基部中间呈球状隆起；第 7 腹板约为第 6 腹板长的 3/4，光亮，后缘 1/5 被细毛，基部中间呈球状隆起。前足第 4 分跗节长度大致相等。

检视标本：2 头，围场县木兰围场国家森林公园五道沟，2016-VII-11，孙琦采。

分布：河北、黑龙江、吉林、宁夏；俄罗斯。

（1058）凶野长须寄蝇 *Peleteria ferina* (Zetterstedt, 1844)

识别特征：体长 9.5～14.0 mm。额宽为复眼宽的 0.8～0.9 倍或两者等宽；间额红黄色，两侧缘被黑色硬毛；侧额黑色，被黑毛，覆黄灰色粉，雄后梗节宽于侧颜。触角基部两节黄色，后梗节黑色，触角芒黑褐色。胸部黑色，被黑毛，覆灰色粉，具 4 黑纵条，沿翅基部两侧缘、翅后胛和小盾片中部黑褐色。中鬃 4+4。小盾片黑色或棕黑色。翅灰色、基部略黄色。腹部黄色，被黑毛，沿背腹中线均具黑纵条；生殖节黑色或棕黑色；第 2 生殖节背面每侧各 1～3 根细长鬃；第 5 腹板后端 1/4～1/3 纵裂为左右分离的 2 侧叶，侧叶内突窄而长，以直角向背面弯曲，密被细刺；雌第 7 腹板为 1 狭窄的横骨片，其长度为第 6 腹板长的 1/2，后缘直。腿节黑色或褐色；胫节褐色或棕褐色；跗节黑色。

检视标本：2 头，围场县木兰围场国家森林公园五道沟，2016-VII-11，孙琦采。

分布：河北、北京、黑龙江、吉林、山西；蒙古，俄罗斯，哈萨克斯坦，外高加索，欧洲。

（1059）褐粉菲寄蝇 *Phebellia fulvipollinis* Chao & Chen, 2007

识别特征：体长 10.8 mm。体表被黄褐色粉，均匀而浓厚。单眼鬃位于前单眼两侧；头部上方在眼后鬃后方具黑刚毛列；后梗节约为梗节长的 2.8 倍；下颚须全部黑色。胸部具 4 狭窄的黑纵条，中间两条的宽度约为其间隔的 1/5，外侧两条的中部间断，分为前后两部分，前部形状似三角形。腹部背面覆均匀的褐灰色或深灰色粉。雄性复眼被密毛，头部上方在眼后鬃后方具黑刚毛列；下颚须棒状。

检视标本：1 头，围场县木兰围场国家森林公园五道沟，2016-VII-11，孙琦采。

分布：河北、北京、东北、内蒙古、山西、宁夏、西藏。

（1060）毛基节菲寄蝇 *Phebellia setocoxa* Chao & Chen, 2007

识别特征：体长 9.8 mm。头部上方在眼后鬃下方具黑刚毛列；下颚须淡黄色。腹部第 3、4 背板具暗黄色或红黄色斑，无中心鬃，具粗而翘起的毛；第 5 背板具发达中心鬃。后足基节后背面 1~2 毛。雄性复眼被密毛，单眼鬃位于前、后单眼之间，下颚须全部淡黄色，棒状；胸部背面具 5 较明显的黑纵条，中间 1 条较宽；腹部背中间 1 黑纵条。

检视标本：1 头，围场县木兰围场国家森林公园五道沟，2016-VII-11，孙琦采。

分布：河北、辽宁；蒙古，俄罗斯，欧洲。

（1061）巨角怯寄蝇 *Phryxe magnicornis* (Zetterstedt, 1838)

识别特征：体长 5.0~7.0 mm。额鬃下降至侧颜远远低于触角芒基部的水平，达颜堤上方 2/5 水平；雄性额宽为复眼宽的 1.5 倍；侧颜窄，是后梗节长的 1/6~1/2；下方额鬃至上方颜堤鬃的距离小于后梗节宽；后梗节长是梗节的 4.5~5.5 倍（雄）或 3.0 倍（雌）。小盾片仅端部红黄色。肘脉末段等于中肘横脉，前缘脉第 2 段下侧裸，翅前缘脉第 4、5 段长之和为第 6 段长的 1.7~2.5 倍。腹部被粉，较稀薄，第 4 背板侧面基部 2/5 被粉，端部 3/5 亮黑，整个第 5 背板后方 3/5 亮黑色，侧尾叶细长。前足爪和爪垫短于第 5 跗节。

检视标本：1 头，围场县木兰围场国家森林公园五道沟，2016-VII-11，孙琦采。

分布：河北、辽宁、内蒙古；蒙古，俄罗斯，外高加索，欧洲全境。

（1062）四点温寄蝇 *Winthemia quadripustulata* (Fabricius, 1794)

识别特征：体长 8.0~10.0 mm。额宽大于复眼宽的 1/2。触角较短；后梗节为梗节长的 2.0 倍，后梗节末端至口前缘的距离显著大于梗节的长度。胸部中侧片鬃后方具黑色长缨毛。腹部第 1+2 合背板、第 3 背板各 1 对中缘鬃。中足胫节 2~3 根前背鬃。雄性头部复眼被毛，额被灰黄色粉；侧颜被白色毛，被灰白色粉；后头平，被淡黄色的毛；胸部毛黑色直立；小盾片半圆形，具竖直的毛；腹部毛倒伏状排列。

检视标本：1 头，围场县木兰围场国家森林公园五道沟，2016-VII-11，孙琦采。

分布：华北、东北、山东、宁夏、新疆、江苏、重庆、四川、贵州、云南、西藏；蒙古，俄罗斯，中亚，外高加索，欧洲全境。

（1063）疣肛彩寄蝇 *Zenillia libatrix* (Panzer, 1798)

识别特征：体长 8.0 mm。黑色；覆浓厚的灰黄色粉被。触角、翅肩鳞、前缘基鳞、足、间额黑色；下颚须、小盾片、口上片黄色；下腋瓣黄白色，中胸盾片 4 黑纵条。腹部背面无黑纵条，两侧无黄色斑；第 3、4 背板后缘无黑色横带。

检视标本：1 头，围场县木兰围场国家森林公园五道沟，2016-VII-11，孙琦采。

分布：河北、辽宁、山西、宁夏、广东；俄罗斯，日本，外高加索，欧洲全境。

132. 蝇科 Muscidae

(1064) 东方角蝇 *Haematobia exigua* Meijere, 1903

识别特征：体长 2.5～4.5 mm；眼裸，较大。体具淡色鬃毛，头前面观被粉银黄色；触角大部或基部第 2、3 节基节黄色；下颚须大多黄色长大侧扁，中喙棕黄色且发亮。胸背被灰黄色粉，具狭窄的暗纵条；肩鬃 2，肩后鬃 1；前胸基腹片具细长黄毛，前胸侧板中间凹陷及下侧片均裸。翅淡棕黄色，平衡棒黄色。足几乎全黄，后足分跗节扁平状，第 1、2 分跗节末端向后背方呈角状扩大，第 2、3 分跗节中段的后列毛长于节宽。胸部侧板毛、足及腹两侧的鬃常呈黄色。

分布：河北等全国广布（除西藏、新疆、香港、澳门外）；俄罗斯，朝鲜，日本，澳洲，东洋界。

(1065) 刺血喙蝇 *Haematobosca sanguinolenta* (Austen, 1909)

识别特征：下颚须端部呈匙形，中段细，稍弯曲。触角芒下侧毛 3～5 根。雄性腹部第 3、4 背板侧方 1 对深色斑；前小盾片外侧条非三角形。

分布：河北等全国广布；朝鲜，日本，越南，老挝，柬埔寨，泰国，印度，缅甸，尼泊尔，斯里兰卡，菲律宾，印度尼西亚，澳洲。

(1066) 北栖家蝇 *Musca bezzii* Patton & Cragg, 1913

识别特征：体长 7.5 mm，体黑，被灰色浓粉。触角第 3 节长度超过第 2 节 3 倍，侧颜无毛。腋瓣上肋前、后均具有刚毛簇。R_{4+5} 脉下面的刚毛列超过 r-m 横脉；下腋瓣无毛。腹部第 1、2 合背板暗黑色。

分布：河北、东北、山东、陕西、甘肃、江苏、安徽、浙江、台湾、华中、广东、海南、四川、云南、西藏；俄罗斯，朝鲜，日本，印度，缅甸，尼泊尔，马来西亚，古北界。

(1067) 家蝇 *Musca domestica* Linnaeus, 1758

识别特征：体长 5.0～8.0 mm；灰色。头黑色，颊及复眼后缘被银灰色粉；雄性额宽为复眼宽的 1/4～2/5，雌性额宽几与复眼相等；复眼暗红色；触角灰黑色，触角芒具纤毛。胸部背面 4 黑色纵纹；前胸侧板中间凹陷处具纤毛；前翅透明，翅脉棕黄色；足黑色。腹部椭圆形，背面正中具黑色宽纵纹；第 1 腹板具纤毛。

分布：河北等全国广布；世界广布。

(1068) 市蝇 *Musca sorbens* Wiedemann, 1830

识别特征：体长 4.0～7.0 mm，体色稍淡。雄蝇额宽为眼宽的 1/8～1/6。胸部背面 2 纵纹；雄蝇腹部背板大多黄色（少数棕色），雌蝇大多呈灰色；前胸侧板中央凹陷处无纤毛，腋瓣上肋无前后鬃毛簇，第 1 腹板无纤毛，下侧片的后气门前下方有纤毛。腹部背板正中 1 条黑色纵纹。前足腿节后腹鬃 12 根稀疏排列。

分布：河北、辽宁、内蒙古、山西、山东、陕西、宁夏、甘肃、新疆、江苏、安徽、浙江、福建、台湾、华中、广东、海南、广西、重庆、四川、云南；古北界，东洋界。

133. 花蝇科 Anthomyiidae

（1069）横带花蝇 *Anthomyia illocata* Walker, 1856

识别特征：体长 4.0～6.0 mm。眼裸。触角芒状，具毳毛。雄性后小盾片沿盾沟 1 黑色横带，如有多个斑则无正中斑而 1 对略带方型的大黑斑和 1 对狭的侧斑，极少数雌性个体的横带也可能分为 1 排点斑；雄性第 5 腹板侧叶内缘端部片凸出高度仅为长度的 1/3 左右；前盾上无明显黑斑，雄性第 1、2 背板带点，黄色透亮；小盾基部具狭的黑色横带；前气门鬃附近常无小毛。腹基部带黄色。

分布：河北等全国广布；朝鲜，日本，泰国，印度，尼泊尔，斯里兰卡，菲律宾，印度尼西亚，澳洲。

（1070）落叶松球果花蝇 *Strobilomyia laricicola* (Karl, 1928)

识别特征：成虫体长 4.0～6.0 mm。黑色；刚羽化的成虫体色灰白，以后体色逐渐加深变黑。雄性复眼暗红色，两眼毗连，眼眶具银灰色薄膜。触角在基部约 1/2 处粗大。雌性复眼明显分开。翅淡褐色，体上花纹不明显，体被刚毛，腹部背腹向塌扁。

分布：河北、黑龙江、吉林、内蒙古、山西、新疆。

134. 厕蝇科 Fanniidae

（1071）夏厕蝇 *Fannia canicularis* (Linnaeus, 1761)

识别特征：体长 5.0～7.0 mm。下颚须中等。前胸前侧片中间凹陷裸，胸部有 3 明显的棕色纵条。腹部第 1-4 背板具倒"T"形暗色斑，其两侧部分呈黄色。中胫 1 前背鬃、1 后背鬃，后胫 2 前腹鬃，中足基节下缘无刺，中足第 1 分跗节基部下侧无齿状刺；后足基节后内面有鬃状毛；下腋瓣凸出。

分布：河北等全国广布；世界广布。

（1072）元厕蝇 *Fannia prisca* Stein, 1918

识别特征：体长 4.0～6.5 mm，体色灰。前胸前侧片中间凹陷裸。前胫 1 前背鬃和 1 个后背鬃，后胫 2 前腹鬃。腹部灰色，有正中暗色纵条；尾节正常大。雄性腹部有清晰的正中暗色纵条，雌性纵条不明显。

分布：河北等全国广布；蒙古，朝鲜，日本，澳洲，东洋界。

膜翅目 Hymenoptera

135. 扁叶蜂科 Pamphiliidae

(1073）云杉阿扁叶蜂 *Acantholyda piceacola* Xiao & Zhou, 1986

识别特征：雌性体长 12.0～13.0 mm；雄性体长 9.0～10.0 mm。头部黑色。中胸小盾片及小盾片刻点较密。翅透明，顶角及外缘部分稍带褐色；翅基片深黄色；翅痣黑色。

分布：河北、青海。

(1074）松阿扁叶蜂 *Acantholyda posticalis* (Matsumura, 1912)

识别特征：雌性体长 13.0～15.0 mm；雄性体长 10.0～12.0 mm。黑色。头胸部具黄色块斑。触角丝状；柄节及鞭节端部黑色，中间黄色。翅淡灰黄色，透明；翅痣黄色；翅脉黑褐色；顶角及外缘有凸饰，色较暗，微带暗紫色光泽。腹部黄色；背下侧高度扁平，有侧脊。

分布：河北、黑龙江、山西、山东、河南、陕西。

(1075）落叶松腮扁叶蜂 *Cephalcia lariciphila* (Wachtl, 1898)

识别特征：雌性体长 10.0～12.0 mm；雄性体长 8.0～9.0 mm。头、胸、腹黑色。触角柄节背面黑色，其余环节红褐色，尖端黑色；触角柄节大部分、梗节背面黑色；鞭节红褐色，其端部色较深。翅半透明，微带淡黄色，顶角及外缘稍带烟褐色。足胫节及跗节黄色，其余各节黑色。

分布：河北、黑龙江、山西。

136. 叶蜂科 Tethredinidae

(1076）日本菜叶蜂 *Athalia japonica* (Klug, 1815)（图版 LXVI：9）

识别特征：体长 5.2～7.4 mm。橙黄色，被淡黄色绒毛。头黑色；唇基、上唇褐色。触角黑色，10 节。后胸黑褐色。翅烟黑色；翅脉、翅痣黑褐色。腹部黄色，仅背板 1 黑色斑；肛下板后缘中间为深的凹缘。足基节、转节、中足和后足腿节除去端部、跗节 1—3 节基部均为黄褐色，腿节端部、胫节、跗节（除基部 1—3 节外）黑色。

取食对象：青菜、白菜、芜青、萝卜。

分布：河北、山西、甘肃、青海、江苏、四川、云南。

(1077）风桦锤角叶蜂 *Cimbex femorata* (Linnaeus, 1758)（图版 LXVI：10）

识别特征：体长 16.0～26.0 mm。雌性体黄褐色。头和胸具稠密细刻点和黑白相间的绒毛。复眼、触角与单眼后区间具方形黑斑；眼后头明显变宽；唇基凸起、前缘凹圆，上方凹陷与颊分开；单眼后区近方形、前方稍窄。中胸前小盾片、中胸小盾片具大黑斑；小盾片中间凹陷。翅透明；前翅、后翅端缘具黑褐色宽边，前翅 M_1 室上端黑褐色，翅痣黑褐色，Sc 脉中段黑褐色。腹部背板前、后缘黑色；腹部第 2 节背板以下各节后缘具窄黑边。爪的前端内侧具较明显小齿。雄性与雌性区别：体黑色，密被黑绒毛和细刻点；触角第 3 节端部 1/2 和第 4 节以下各节、腹部第 2 节背板两侧后角、腹部第 3—6 节、足胫节端部、跗节红褐色。

取食对象：白桦、红桦。

分布：河北、黑龙江、内蒙古；俄罗斯，朝鲜，日本，欧洲。

（1078）小麦叶蜂 *Dolerus tritici* Chu, 1949

识别特征：体长 8.0～9.8 mm。黑色，有光泽。身体具淡色绒毛，头部毛稍长。触角黑色。赤褐色部分为：前胸背板、中胸前小盾片、翅基片。翅透明，翅痣、翅脉黑色。腹部和足均黑色。头、胸部密布粗刻点，腹部具细密皱纹。

取食对象：小麦。

分布：河北；朝鲜，日本。

（1079）波氏细锤角叶蜂 *Leptocimbex potanini* (Semenov, 1896)（图版 LXVI：11）

识别特征：体长 13.0～18.0 mm。身体黑色，具细密刻点和皱纹。头、胸被白色绒毛，具青铜或绿色金属，反光。雌性上唇周围具隆起的边饰，无明显中脊；唇基前缘具宽浅凹陷；雄性上唇比雌性大，具明显中脊和边饰，唇基前缘凹陷较雌性深。颊端部、上唇、唇基上区、上颚（除端部和齿红褐色外）黄白色或黄褐色。触角、前胸背板后缘黄褐色。雌性小盾片（除前端黑色外）黄褐色；雄性小盾片黑色。翅淡黄色、透明，翅基片、翅脉黄褐色，前翅前缘具红褐色宽带斑。腹部 1 背板（除黑色前缘外）黄白色，中间具纵脊，两侧具边饰，雄性黑带比雌性窄；背板第 2—7 节后缘、锯鞘、腹板均黄褐色。足胫、跗节黄褐色；雄性足基节、腿节内侧黄褐色，中、后足端部 1 齿。

分布：河北、辽宁、陕西、甘肃、四川、云南；俄罗斯，日本，缅甸。

（1080）落叶松红腹叶蜂 *Pristiphora erichsonii* (Hartig, 1837)

识别特征：体长雄性 7.5～8.7 mm，雌性 8.5～10.0 mm，体黑色有光泽。头黑色；触角茶褐色；翅黄色；痣黑色。腹部第 2—5 节、背板第 6 节前缘、腹板第 2—7 节中间橘黄色；背片第 1、6 节大部及第 7—9 节黑色。足黄色；前、中足基节、中足胫节端部、后足基节基部和胫节端部及跗节均黑色；爪褐色、内齿小。雄性腹部第 3—6 节变狭；足基节、中足胫节、后足腿节及胫节端部、跗节黑色。

分布：河北、东北、内蒙古、山西、陕西、甘肃。

(1081)落叶松锉叶蜂 *Pristiphora laricis* (Hartig, 1837)

识别特征： 体长雄性 4.8～6.0 mm，雌性 6.1～6.5 mm。黑色，有光泽。上颚基部黑色，端部褐色；触角黑色，仅端部和下方淡褐色；上唇、唇基前缘、前胸背板后缘、翅基片、腹部第 9 节淡黄色，其余黑色。翅透明，翅脉淡黄褐色，翅痣淡黄色。足基节基部黑色，腿节中段、胫节端部、跗节端部淡黑色，其余淡黄色（也有黑色部分稍淡者）。雄性体色全黑色。

分布： 河北、黑龙江、吉林。

(1082)西伯毛锤角叶蜂 *Trichiosoma sibiricum* Gussakovskij, 1947（图版 LXVI：12）

识别特征： 体长 18.0 mm 左右。黑色具光泽。头部具稀黑长毛，额和颊具灰白色毛；单眼后区稍凸起，中沟和侧沟浅而明显；唇基前缘平，具宽弓形凹陷；上唇前端尖圆形。触角棒锤部第 1 节与其余各节明显分开。胸部刻点较密，中胸前小盾片光滑，中胸侧板、小盾片具较密的灰长毛。翅淡黄色、透明，前翅 C 脉、Sc 脉、A 脉黄褐色，翅痣和其余翅脉褐色，前翅、后翅前缘淡褐色。腹部背板具细刻纹、无光泽；第 1—2 节背板具白色稀长毛，其余背板仅具稀疏短毛；第 2—4 节后缘两侧具窄斑；第 5—7 节两侧斑稍宽。腹板、足胫节和跗节黄褐色。

分布： 河北、吉林；俄罗斯。

137. 三节叶蜂科 Argidae

(1083)榆三节叶蜂 *Arge captiva* (Smith, 1874)（图版 LXVII：1）

识别特征： 体长 8.0～10.5 mm。具金属光泽。头、腹、足蓝黑色。唇基上区不具中脊。触角长约等于头及胸长之和。胸部橘红色，有时中胸小盾片端部、中胸侧板下部、中胸腹板蓝黑色。翅烟褐色，翅脉、翅痣褐色。腹部具蓝紫色光泽。

取食对象： 榆。

分布： 河北、北京、吉林、辽宁、山东、河南；日本。

138. 树蜂科 Siricidae

(1084)黄肩长尾树蜂 *Xeris spectrum* (Linnaeus, 1758)

识别特征： 体长 18.0～32.0 mm。黑色。头部颊刻点较细，呈不规则排列；头顶刻点细，无刻点隆起区较大；雄性眼上方黄斑小，至多与复眼同宽，有些个体头顶中沟两侧各 2 黄斑。触角鞭节端部有时颜色稍淡。前胸背板两侧各 1 褐黄色宽纵带，与前胸背板等长；背板刻点稠密，柔毛灰黄色，较短，不稠密，凹盘具中脊。足通常全为红褐色，足颜色变化较大；基节黑色或黄褐色；转节红褐色，腿节红褐色，通常后足颜色较前两对足颜色深；膝、胫节基部、中后足基跗节基部、前中足胫节端部和中后足基跗节端部黄色；胫节和后足（有时为中后足）其余部分黑色或褐黑色，跗节第

2–5 节通常褐色，但有时黑色。

取食对象：云杉、松、冷杉、落叶松、黄杉、日本侧柏。

分布：河北、北京、黑龙江、吉林、内蒙古、山西、甘肃、新疆、青海、台湾；日本，澳大利亚，阿尔及利亚及欧洲，北美洲。

139. 长颈树蜂科 Xiphydriidae

(1085) 波氏长颈树蜂 *Xiphydria popovi* Semenov & Gussakovskij, 1935（图版 LXVII：2）

识别特征：体长 8.0～21.0 mm。黑色。上颚暗褐色至褐色，颚眼距、眼上区和头顶两侧具黄白色斑点；头顶前缘刻点稠密，后缘光滑，仅具稀疏的刻点；颚眼距和眼上区前缘具细刻纹，眼上区后缘光滑；唇基和额区遍布细密的刻点；上颚基部具稀疏粗大的刻点，其余部分几无刻点，有光泽。触角柄节和梗节红褐色至褐色。胸部背板和侧板刻点粗密。翅透明，略染淡褐色，前翅 M+Cu$_1$ 处具 1 褐带，翅脉和翅痣褐色至暗褐色，前胸背板两侧后缘和翅基片黄白色。腹部第 2—8 背板（有时第 2—7 背板完全黑色）两侧具黄白色斑点；腹部第 1、2 背板刻点细密。足亮红褐色，基部黑色，跗节末端或多或少暗褐色。

取食对象：桦树。

分布：河北、吉林；俄罗斯。

140. 姬蜂科 Ichneumonidae

(1086) 细线细颚姬蜂 *Enicospilus lineolatus* (Roman, 1913)

识别特征：前翅长 13.0～19.0 mm。唇基侧面观微拱，端缘稍尖，无刻痕；上颚中长，基部匀称渐细，端部两侧缘几乎平行。触角 56～64 节。中胸侧板具刻点或夹点刻纹；后胸侧板具密致刻点；气门与侧纵脊间无脊相连。翅透明，翅痣红褐色或黄褐色；盘亚缘室仅具端骨片，通常线状；小脉内叉式或交叉式；后翅径脉直。并胸腹节后区具不规则皱纹至网状刻纹；有时腹末几节弱烟色。雄性第 6—8 腹板具直立粗长毛和细伏毛。后足第 4 跗节长为宽的 2.1～2.5 倍；爪对称。

取食对象：竹缕舟蛾、红腹白灯蛾、马尾松毛虫、棉古毒蛾、沁茸毒蛾、橘黑毒蛾。

分布：河北、吉林、山西、陕西、江苏、安徽、浙江、湖北、湖南、福建、台湾、广东、海南、广西、四川、贵州、云南；日本，印度，尼泊尔，菲律宾，马来西亚，印度尼西亚，澳大利亚等。

(1087) 野蚕黑瘤姬蜂 *Pimpla luctuosa* Smith, 1874（图版 LXVII：3）

识别特征：体长 11.8～17.5 mm；前翅长 11.0～14.3 mm。黑色，被淡茶色毛。额凹陷；触角窝光亮内具刻条，有中纵沟。触角 36 节，第 1 鞭节长为宽的 6.6 倍，末节钝圆，长为前 1 节的 2.0 倍。前胸背板前沟缘脊前后方具波浪形细刻条；中胸侧板后方光滑区伸至下方 2/3 处；后胸侧板具细而平行刻条。翅带烟色，翅脉及翅痣黑色，翅痣基部黄褐色。并胸腹节满布皱纹；腹部第 1 节背板长为端宽的 1.3 倍，各节背板折缘窄。前足节 4 跗节缺刻深，腿节外侧及端部、胫节和跗节棕色；中足腿节端部、胫节和跗节棕黑色；后足胫节内侧多淡茶色毛，腿节长为宽的 3.8 倍。产卵管鞘长为后足胫节长的 1.1 倍。雄性与雌性区别：触角鞭节第 6—11 节具角瘤；翅基片黄褐色；雌性前足棕色部分为赤黄色，中足棕黑色部分为暗赤色。

取食对象：国内寄主：茶蓑蛾、茶长卷蛾、赤松毛虫、马尾松毛虫、野蚕、樗蚕、杨扇舟蛾、竹缕舟蛾、栋掌舟蛾、黄麻桥夜蛾、华竹毒蛾、稻苞虫、柑橘凤蝶。国外记载寄主还有：亚洲蓑蛾、大蓑蛾、新渡蓑蛾、桑蚕、天幕毛虫、美国白蛾、土夜蛾、舞毒蛾、素毒蛾、山楂粉蝶、菜粉蝶日本亚种、白绢蝶等。

分布：河北、北京、辽宁、山东、河南、陕西、甘肃、江苏、上海、浙江、湖北、江西、湖南、福建、广西、四川、贵州、云南；俄罗斯，朝鲜，日本。

（1088）黑背皱背姬蜂指名亚种 *Rhyssa persuasoria persuasoria* **(Linnaeus, 1758)**

识别特征：体长 25.0 mm；前翅长 20.0 mm。颜面中间上方隆起，具细皱状刻点；颊具颗粒状细刻点；单复眼间距和侧单眼间距为侧单限长径的 2.2 和 2.0 倍，侧单眼间有细横刻条；唇基中间有乳头状突起。触角黑褐色，36~39 节，第 1 鞭节长为第 2 节的 1.1 倍。胸部和并胸腹节纹纹和刻点与定山皱背姬蜂同。翅带烟黄色；翅脉及翅痣黑褐色；小翅室近三角形，第 1 肘间横脉直，第 2 肘间横脉弧形长，小脉后叉式。腹部第 1 节背板长为端宽的 1.8 倍；第 2 节后侧角 "L" 形斑，第 3—7 节后侧角三角形斑和端缘亚中部椭圆斑（各节 4 个）均白色；产卵管鞘长 35.0 mm。前中足基节黑至棕黑色，跗节色稍暗；后足基节（有时棕色）、转节和腿节赤黄色，胫节和跗节黑褐色。

取食对象：云杉树蜂、落叶松蛀虫、辽东栎蛀虫。

分布：河北、东北、内蒙古、河南、新疆、云南；蒙古，俄罗斯，朝鲜，日本，印度，欧洲，北美洲。

141. 胡蜂科 Vespidae

（1089）中长黄胡蜂 *Dolichovespula media* **(Retzius, 1783)（图版 LXVII：4）**

识别特征：体长 21.0 mm。头部较胸窄，棕色；触角窝间棕色斑周围黑色；唇基橙色，中间 1 小棕斑，密布浅刻点；上颚橙色，端部黑色。触角黑色，支角突和梗节棕色。胸部棕黑至黑褐色；刻点浅；前胸背板肩角有橙色窄带；中胸背板 1 凹形棕纹；中胸侧板前缘中部和后缘下部 1 棕斑；后胸侧板下侧片近中部 1 圆棕斑。翅棕色；翅基片深棕色。并胸腹节两侧近下部 1 橙斑；腹部黑色；第 1 节背板端部 1 橙横带；第 2—5 节端部 1 较宽的横橙带，带两侧各 1 点状斑；雌性第 6 节橙色。雄性腹部 7 节。

分布：河北、北京、东北；蒙古，俄罗斯，朝鲜，日本，土耳其，阿塞拜疆，格鲁吉亚，叙利亚，欧洲，非洲，澳洲，北美洲。

（1090）石长黄胡蜂 *Dolichovespula saxonica* (Fabricius, 1793)（图版 LXVII：5）

识别特征：体长 13.0 mm。头窄于胸。触角窝 1 蝶形黄斑；复眼内缘下部黄色，后缘在颊上、下方各 1 黄斑；上唇端部中间黑色、两侧黄色；上颚基部黄色。触角梗、鞭节背面黑色，下侧锈色。胸部黑色；前胸背板两肩角圆形，后缘黄色；中胸背板有纵隆线。小盾片矩形，前缘两侧各 1 黄斑。翅浅褐色；翅基片中间棕色，前、后黄色。腹部第 1 腹板黑色，余节背、腹板沿端部边缘 1 黄色带状边。各足基节、转节和腿节基半部黑色，腿节端半部及余节棕黄色。

分布：河北、东北、山西、西北、四川；蒙古，俄罗斯，朝鲜，日本，哈萨克斯坦，土耳其，阿塞拜疆，格鲁吉亚，欧洲。

（1091）角马蜂 *Polistes chinensis antennalis* Pérez, 1905（图版 LXVII：6）

识别特征：体长 12.0～15.0 mm。额及头顶黑色；上颊黑色具黄斑；触角窝上方 1 黄横带；复眼内缘 1 黄斑；唇基黄色，端部中间凸出，具 1 黑斑；上颚黄色具黑缘。前胸背板黑色，前、后缘黄色；中胸背板黑色。后小盾片黄色。第 1 背板端缘 1 黄横带；腹板黑色；第 2 节两侧各 1 黄斑；第 3—5 节端缘黄色。足的基节、转节和腿节黑色；腿节端部及胫节、跗节棕色。雄性额的下半黄色，唇基扁平，周边隆起，复眼后缘黄色；中胸侧板前缘、胸部下侧黄色；前足基节和转节黄色，腿节背面黑色，可与雌性相区别。

分布：河北、吉林、内蒙古、山西、山东、甘肃、新疆、江苏、安徽、浙江、湖南、福建、贵州；土耳其，欧洲，非洲。

（1092）斯马蜂 *Polistes snelleni* Saussure, 1862（图版 LXVII：7）

识别特征：体长约 13.0 mm。头黑色，较胸部为窄；颊端部棕色；复眼后缘上侧具窄黄斑；唇基黄色，基部及两侧边缘黑色；上颚棕色。触角支角突、柄节、梗节及鞭节第 1 节棕色，其余鞭节背面黑色，下侧棕色。前胸背板棕色，两下角黑色；中、后胸侧板黑色。中胸小盾片黑色；后小盾片黑色，两侧有黄窄斑。并胸腹节黑色，两侧有黄斑；腹部第 1 背板基部黑色端缘黄，中间及两侧棕色；第 2 节黑色，端缘棕色，两侧 1 黄斑；第 3—4 节黑色，端部近黄色；第 5—6 节基部黑色，端棕色，两侧有橙色斑。足基节、转节黑色，端部棕色；腿节下侧黑色，背面棕色。雄性与雌性区别：触角鞭节棕色；额下半部、唇基、上颚黄色；胸部下侧、足的基节、转节前缘和中胸侧板前缘黄色。

分布：河北、山东、甘肃、江苏、浙江、江西、湖南、福建、四川、贵州、云南；日本。

（1093）奥地利黄胡蜂 *Vespula austriaca* (Panzer, 1799)（图版 LXVII：8）

识别特征：体长 15.0 mm。头窄于胸。颅顶黑色；颊黑色；沿复眼后缘黄色；两触角窝间 1 扇形黄斑；复眼内缘下侧有黄边；单眼棕色；唇基黄色。触角黑色。胸部黑色被黑毛；前胸背板沿中胸背板两侧黄色；中胸背板纵隆线两侧各 1 浅沟痕。小盾片两侧各 1 黄斑，中间 1 纵沟。并胸腹节两侧及背部圆弧形；腹部黑色，第 1 节背板前缘两侧各 1 棕黄斑，端缘黄色，两侧缘棕色；第 2 节背板端缘黄色，两侧各 1 棕斑；腹板端缘黄色，余棕色；第 3—6 节背板、腹板端缘黄色；第 7 节背板黄色，有黑毛。雌性腹部 6 节。各足基节、转节和腿节基部大部黑色，各足腿节端部棕、黄色，胫节外黄内棕，跗节前 4 节背面黄色，下侧及第 5 跗节棕色，爪棕色，爪垫深褐色。

分布：河北、辽宁、上海、新疆；蒙古，俄罗斯，朝鲜，日本，印度，巴基斯坦，吉尔吉斯斯坦，哈萨克斯坦，欧洲。

（1094）细黄胡蜂 *Vespula flaviceps* (Smith, 1870)（图版 LXVII：9）

识别特征：体长 10.0～12.0 mm。头顶黑色；上颊黄色；触角窝间有倒梯形黄色斑；复眼内缘下部及凹陷处黄色；唇基和上颚黄色，上颚端部近黑色。触角柄节前缘黄色。胸部黑色；前胸背板后缘、小盾片前缘和后小盾片前缘两侧黄色。并胸腹节有黄斑；腹部第 1 背板黑色，背面前缘两侧各 1 黄色窄横斑，端缘黄色；第 2、5 节黑色，端缘黄色；第 6 节黄色，基部中间略黑。足黑色，跗节浅棕色；前足腿节下侧、胫节黄色，胫节外侧中部 1 黑斑；中足基节前缘斑、腿节端 2/3 和胫节黄色；胫节后缘中部 1 黑斑；后足基节外侧 1 黄斑。

分布：河北、北京、东北、内蒙古、山西、河南、陕西、江苏、浙江、江西、湖北、福建、台湾、四川、贵州、云南、西藏；俄罗斯，朝鲜，日本，泰国，印度，缅甸，尼泊尔，巴基斯坦。

（1095）红环黄胡蜂 *Vespula rufa* (Linnaeus, 1758)（图版 LXVII：10）

识别特征：体长 14.0 mm。头黑色；触角窝间 1 横斑；复眼内缘下侧、上颊近复眼后缘上方 1 斑；唇基中间有黑纵斑；上颚黄色。触角柄节前缘 1 黄斑。胸部黑色；前胸背板近中胸小盾片、小盾片两侧、中胸侧板上方 1 黄斑。腹部黑色；第 1 背板前截面黑色，前缘、端缘有黄斑；第 2 背板两侧、端部及腹板黄色；第 3—5 节背板端缘、腹板黄色；第 6 节背板、腹板两侧黄色。足黑色，跗节棕色；前足腿节端半部黄棕各半，胫节前缘棕色，后缘黄色；中足腿节端部 1/3 和胫节黄色；后足腿节端部 1/4 黄色，胫节黄棕各半。雄性腹部 7 节。

分布：河北、北京、黑龙江、辽宁、新疆、台湾、四川、云南、西藏；蒙古，俄罗斯，朝鲜，日本，尼泊尔，阿富汗，塔吉克斯坦，乌兹别克斯坦，吉尔吉斯斯坦，哈萨克斯坦，土耳其，阿塞拜疆，格鲁吉亚，欧洲，北美洲。

(1096)普通黄胡蜂 *Vespula vulgaris* (Linnaeus, 1758)（图版 LXVII：11）

识别特征：体长 13.0～16.0 mm。头窄于胸。头黑色，被黑毛，上颊上、下方各 1 黄斑；唇基黄色，上颚黄色；两触角窝上 1 倒梯形黄斑。胸部黑色；前胸背板、小盾片侧前缘、后小盾片前缘两侧 1 黄斑；中胸侧板 1 黄斑，有黄毛；第 1 背板前截面端缘 1 黄横带，被棕毛；第 2—5 节端缘各 1 黄横斑，被棕毛。腹板端部具黄斑和黄毛；第 6 节端缘黄色，被黄毛；腹板具黄纵斑，被黄毛。雄性腹部 7 节。足黑色，胫节 1 黑斑，跗节棕色；前足胫节端部 1/3 前侧棕色，后侧黄色；中足胫节黄色；后足胫节前缘黄色，后缘棕色。

分布：河北、北京、黑龙江、辽宁、内蒙古、陕西、宁夏、甘肃、新疆、四川、云南；蒙古，俄罗斯，朝鲜，日本，印度，巴基斯坦，中亚，伊朗，土耳其，欧洲，澳洲。

142. 泥蜂科 Sphecidae

(1097)沙泥蜂 *Ammophila sabulosa* (Linnaeus, 1758)（图版 LXVII：12）

识别特征：体长 15.0～19.0 mm。体毛稀，黑色。上颚长，端缘 1 宽齿和 1 尖齿；唇基宽大，微隆起，宽为长的 2.0 倍；背面具大刻点，端缘直，中部微凹，具两侧角凸；额深凹，刻点稠密；触角窝上凸发达。触角第 3 节为第 4 节长的 2.0 倍。前胸背板和中胸小盾片的横皱较弱，皱间具小刻点，中胸侧板和并胸腹节具网状皱和大刻点。并胸腹节背区具羽状斜皱，端区端部两侧具白色毡毛斑（有些个体不太明显）。翅淡褐色。腹部黑色部分具蓝色光泽，第 2—3 节红色；腹部革状，无明显刻点。雄性唇基和额密被白色微毛。唇基长，长宽近相等，端缘明显中凹。

分布：河北等中国北方广布；蒙古，俄罗斯，朝鲜，日本。

(1098)角斑沙蜂 *Bembix niponica* Smith, 1873

识别特征：体长 18.0～22.0 mm。黑色有黄斑。额唇基区、额斑、单眼下面的三角形斑，复眼后面的颊、上唇、唇基、上颚（除尖端外），触角第 1 节背面及末端 3 节下侧，前胸背板端缘及侧板，中胸小盾片 2 纵带及侧缘，翅基片前部的小斑，小盾片和后胸背板的端缘，并胸腹节端区和侧区的斑，腹部第 1—5 背板的波状横带及末节背板，第 1—4 节腹板两侧，腿节下侧及端部，胫节大部和跗节，均黄色。上唇长约为中部宽的 2.0 倍多。触角第 3 节长为第 4 节的 2.5 倍。臀板三角形。前足跗节变宽。雄性触角第 2—13 节黑色，第 1 节粗，背面具透明斑，第 9—13 节变宽，栉状，下侧凹；中胸小盾片无斑；腹部第 2 腹板具纵脊，顶圆；第 6 腹板具细纵脊；第 7 腹板中间具宽脊，可与雌性相区别。

捕食对象：双翅目幼虫。

分布：河北、东北、内蒙古、山西、江苏、浙江；蒙古。

(1099) 斑盾方头泥蜂 Crabro cribrarius (Linnaeus, 1758)

识别特征：体长 11.0~17.0 mm。黑色具黄斑。唇基、触角第 1 节、足和腹部被银白色长毛。额中间凹陷，单眼下面具稠密细纵皱，额凹明显。触角第 3 节稍长于第 4 节。前胸背板、小盾片中间的小斑、腹部第 1—5 节背板的长形斑或横带均黄色。前胸背板具中凹；侧板光滑，具分散的小刻点。中胸小盾片前半部具密的刻点。翅淡褐色，透明。并胸腹节无明显的三角区，具中沟；腹部被微毛；臀板三角形，具淡褐色刚毛。足的胫节和跗节红色。雄性前胸小盾片、小盾片和足均黑色（前足胫节有时具黄斑），腹部第 6 节背板具黄带，翅褐色；触角第 3—10 节变宽；前胸背板具纵皱；中胸小盾片具网状皱纹；第 3—7 节下侧被密毛；跗节宽扁。

分布：河北、新疆；全北区。

(1100) 耙掌泥蜂红腹亚种 Palmodes occitanicus perplexus (Smith, 1856)（图版 LXVIII：1）

识别特征：体长 19.0~28.0 mm。黑色；上颚暗红色，腹部第 1—3 节红色，体上有黑色长毛，唇基和前额密被白色微毛，翅褐色，端部深褐色。上颚宽，具 2 齿，前额凹，具 1 中沟，头顶具分散的刻点。触角第 1 节具鬃，第 3 节长约为第 4 节的 1.5 倍。前胸背板和中胸小盾片具分散的刻点，中胸侧板具横皱，横皱间具大型刻点；后胸背板具横皱。小盾片中间微凹，端部具细密的纵皱。并胸腹节背区具细密的横皱和白色微毛，中间脊不太明显，侧区具粗的斜皱，端区具横皱和 1 中凹；腹部光滑具分散的大刻点。雄性密被微毛；上颚 1 尖齿，唇基中叶较窄，两侧角圆；中胸小盾片具横皱，皱间有大型刻点，侧板具网状皱；并胸腹节的皱纹粗，腹部仅第 1 节基部红色，各节端缘褐色。

分布：河北等全国广布；世界广布。

(1101) 齿爪长足泥蜂齿爪亚种 Podalonia affinis affinis (Kirby, 1798)

识别特征：体长 12.0~21.0 mm。黑色；唇基及额被银白色毡毛，头部及中胸小盾片长毛黑色，胸部侧板和并胸腹节长毛白色。上颚 1 宽大齿；唇基宽约为长的 2.0 倍，端缘直，表面中间微隆起，具稀的大刻点，头顶刻点细小而稀。中胸小盾片具小刻点，侧板具密的粗皱，皱纹间具刻点；小盾片及并胸腹节背区具细密的横皱，侧区具粗壮的斜皱。翅基片、翅脉及翅痣褐色。腹部第 2—3 节红色；腹部革状，无长毛和大刻点。跗爪内缘基部 1 齿。雄性上颚小，唇基长宽近相等，端缘微凹；触角第 3 节约为第 4 节长的 1.5 倍；中胸侧板具稠密的粗刻点；腹部第 2 节背板常具黑斑，第 3 节端缘黑色。

分布：河北、山西、黑龙江、陕西、甘肃、四川、云南；古北界。

143. 切叶蜂科 Megachilidae

(1102) 宽颚尖腹蜂 *Coelioxys pieliana* Friese, 1935

识别特征：体长 8.0～11.0 mm。黑色。颅顶、胸侧被浅黄毛，颜侧被黄褐毛；唇基毛稀；上颚 2 齿，中间呈直角状弯曲，被黄褐毛；腋齿下弯。第 2—3 节背板横沟中断；第 2—5 节腹板端缘具黄毛带；第 6 节背板窄长，中间具纵脊；腹部 1—5 节背板端缘有黄褐毛；腹板亚端两侧具 1 小齿。足黑褐色。距褐色。雄性与雌性区别：上颚中间无直角状弯曲，颜面被黄毛，颊窝椭圆形，光滑且深；第 2 背板有侧窝，第 4—5 节基部被白鳞毛，第 5 节端侧具小钝齿，第 6 节端部深凹，顶端 4 齿；第 4 腹板端缘稍凸出，第 5 节被浅黄毛。

分布：河北、吉林、江苏、浙江、江西、福建；俄罗斯。

144. 蜜蜂科 Apidae

(1103) 盗条蜂 *Anthophora plagiata* (Illiger, 1806)

识别特征：体长 10.0～16.0 mm。颜面被灰白或灰黄毛，颅顶两侧被黑毛，眼侧、触角窝间及中胸背板被灰白毛杂有少量黑毛（中胸背板及侧板黑毛较多）。头、胸及腹部第 1 节背板被灰黄毛（或黄褐或黑毛）。翅基片、翅脉及翅痣褐色。腹部第 2—5 节背板毛灰黄或黄褐或狐红色；腹板灰白或灰黄或具黑长毛；末节背板被黑褐或黑毛。足多被灰黄或灰白毛，内侧毛黑褐色；胫节距及第 2—5 跗节褐色；后足基跗节端部毛黄褐或黑褐色。雄性与雌性区别：唇基、上唇（除基部 2 圆褐斑）、上颚部分、额唇基 1 横斑、眼侧各 1 斜斑纹黄色；胸部及腹部第 1 节背板被灰黄或黄褐或红褐毛；腹部第 2—6 节背板被灰黄或黄褐或狐红毛，第 7 节背板端缘半圆形凹陷；后足基跗节内侧端 2/3 处 1 齿突。

分布：河北、北京、吉林、内蒙古、甘肃、青海、新疆、江苏、浙江、四川、云南、西藏；中亚，欧洲。

145. 地蜂科 Andrenidae

(1104) 红足地蜂 *Andrena haemorrhoa japonibia* Hirashima, 1957（图版 LXVIII：2）

识别特征：体长 7.0～9.0 mm。黑色。头宽；颅顶刻点粗且稀，颜面具细密刻点；唇基端缘较平直，刻点密而匀；颜面、颊及唇基端缘被浅黄色短毛。并胸腹节中间小区被纵向皱褶，端缘被浅黄毛。翅浅褐透明。腹部第 1 节背板端部被浅黄毛；第 2—4 背板节基半部隆起，布细密刻点；第 1—4 节背板端缘刻点细而稀。足各跗节、中足腿节端部、后足腿节全部红黄色，被金黄毛。雄性与雌性区别：触角长达后胸；颜面及胸部被稠密的长灰白色毛。

取食对象：白菜等十字花科植。

分布：河北、辽宁、江苏、浙江、湖北；古北界。

146. 隧蜂科 Halictidae

(1105) 淡翅红腹蜂 *Sphecodes grahami* Cockerell, 1922（图版 LXVIII：3）

识别特征：体长 7.0~9.0 mm。被极少白毛。头扁，头及胸黑色，颜面刻点较细密，额稍凸起；颅顶后缘中间 1 不明显小凸起；唇基扁，中间稍凹陷，刻点粗大；上颚 2 齿，基部黑色，其余大部为黑红色。触角鞭节深褐色；雄性触角外侧念珠状。中胸背板及小盾片刻点稀，四周密，刻点间闪光；后胸背板刻点粗而密，并胸腹节中间小区为斜的皱褶，中间呈网状。翅褐色透明，基片褐色，翅脉深褐色。雄性腹部刻点较多；雌性腹部光滑闪光，仅第 2—5 节背板基部略具稀疏的细刻点；腹部第 1—2 节背板及第 3 节背板的大部分红色，第 3 节背板端缘及第 4—5 节黑色。足胫节、跗节均深褐色。

分布：河北、吉林、山东、江苏、安徽、浙江、广东、四川、云南、西藏。

147. 蚁科 Formicidae

(1106) 广布弓背蚁 *Camponotus herculeanus* (Linnaeus, 1758)

识别特征：多型现象显著，大型工蚁体长 10.2~12.6 mm，中小型工蚁体长 7.0~11.2 mm；头和腹部端部黑色，中间体色多变，至少结节红色。额区小，三角形或菱形；唇基近矩形，常具纵脊；上颚强壮；触角 12 节，柄节基部远离唇基。中胸背板马鞍状；并腹胸不凸出，一般呈连续的弓形。

检视标本：3 头，围场县木兰围场，2016-VII-11，谷博采。

分布：河北、东北、内蒙古、河南、西北、湖北、四川、西藏；蒙古，俄罗斯，朝鲜，日本，欧洲，北美洲。

(1107) 日本弓背蚁 *Camponotus japonicus* Mayr, 1866

识别特征：大型工蚁体长 12.0 mm，中小型工蚁体长 10.0 mm，蚁后体长 17.0 mm 左右；头大，近三角形，上颚粗壮；前、中胸背板较平；并胸腹节急剧侧扁；头、并腹胸及结节具细密网状刻纹，有一定光泽。后腹部刻点更细密。体黑色。

检视标本：2 头，围场县木兰围场，2016-VII-12，谷博采。

分布：华北、东北、山东、河南、陕西、宁夏、甘肃、新疆、上海、江苏、浙江、湖北、江西、湖南、福建、台湾、广东、海南、香港、广西、云南、四川、贵州；蒙古，俄罗斯，朝鲜半岛，日本，越南，缅甸，印度，斯里兰卡，菲律宾，东南亚。

(1108) 丝光蚁 *Formica fusca* Linnaeus, 1758

识别特征：工蚁体长 4.0~7.0 mm。暗褐红色。复眼下方的颊、触角柄节、胸部及足淡栗褐色。体表被丝状闪光茸毛，腹部自第 1 腹节后缘起有稀疏的直立短毛，毛短于毛间距。复眼大而凸出，位于头侧中线的偏上方；单眼小。触角长，柄节长超过头顶的 1/3；额脊短而锐；额三角形；唇基中间凸出，中纵脊明显，后缘平，前缘凸圆；上颚 8 齿；前、中胸背板缝处变狭；腹柄结厚鳞片状，前突后平，上缘圆弧形，仅中间稍凸。

检视标本：2 头，围场县木兰围场，2016-VII-12，谷博采。

分布：河北、陕西。

(1109) 日本黑褐蚁 *Formica japonica* Motschulsky, 1866

识别特征：体长工蚁 5.4~7.6 mm，雌蚁 9.0~10.5 mm，雄蚁 9.7~11.2 mm。黑褐色，上颚、触角和足红褐色。头及体上密布网状刻纹，色暗。体毛直立且稀少，短而钝，仅头前部和后腹部有；头长过宽，后部宽于前部，两侧缘近平直，后头缘微凸；上颚 8 齿，具细纵刻纹。唇基具中脊，前缘圆；额区三角形；额脊短，向后分歧。触角柄节超过后头缘。前胸背板凸出；前、中胸背板缝明显；中胸缢缩；并胸腹节低，基面与斜面约等长；结节鳞片状，背缘圆。后腹部球形；体上被稠密的茸毛，尤其在后腹部更为稠密。

检视标本：2 头，围场县木兰围场，2016-VII-11，谷博采。

分布：河北、北京、东北、山西、山东、西北、上海、安徽、浙江、江西、福建、台湾、华中、广东、广西、重庆、四川、贵州、云南；蒙古，俄罗斯，朝鲜，韩国，日本，印度，缅甸。

(1110) 黄毛蚁 *Lasius flavus* (Fabricius, 1782)

识别特征：工蚁体长 2.0~4.0 mm，黄色至黑色不等。头长略大于宽，前部稍窄于后部，后头缘近于平直。上颚 7~9 齿，第 4~5 齿常愈合。唇基中部凸，脊状，其前缘宽圆凸。额区三角形，明显。额脊短，相距宽，近平行。触角粗壮，柄节超过后头缘；复眼位于头中线偏后。前胸背板稍凸，前后缘低，中部凸，使前、中胸形成双凸状；中胸、并胸腹节缝深凹；并胸腹节基面短平；斜面斜截，长于基面 2.0 倍以上；结节薄，鳞片状，背缘平或中部略凹。后腹部宽卵形，背凸，悬覆于结节之上；其前面具凹陷。上颚具细纵刻纹；头及体具稠密网状刻纹，略具光泽；立毛黄色，丰富；细茸毛稠密。头顶颜色较深，后腹部黄褐色，上颚红褐色。

检视标本：4 头，围场县木兰围场，2016-VII-12，谷博采。

分布：华北、东北、河南、陕西、宁夏、甘肃、新疆、浙江、湖北、江西、广东、海南、广西、贵州、云南；俄罗斯，朝鲜，日本，欧洲，非洲，北美洲。

(1111) 铺道蚁 *Tetramorium caespitum* (Linnaeus, 1758)

识别特征：体褐色至黑褐色。头矩形，密布纵长刻纹；后头缘平直或略凹；唇基前缘直；额脊短，不达到复眼中部，上颚具细纵刻纹。触角 12 节，柄节接近后头角；触角沟宽浅。并胸腹节刺短。后侧叶短小，近三角形；第 1 结节前后缘呈缓坡状，上部稍窄，平背；第2结节背圆，较低。并腹胸背面刻纹网状，侧面具稠密刻点，刻点在胸背板侧面呈点条纹。两结节布稠密刻点，背面中间及后腹部光亮；立毛中等且丰富。触角柄节和后足胫节背面具短的半直立毛和斜生毛。

检视标本：2头，围场县木兰围场，2016-VII-12，谷博采。

分布：河北等全国广布；朝鲜，韩国，日本，欧洲，北美洲。

附 录

形态未描述种类

弹尾纲 Collembola

1. *Deuteraphorura inermis* (Tullberg, 1869)——原蚖目 Poduromorpha 棘蚖科 Onychiuridae，国内已知分布于河北、北京、云南；国外分布于欧洲。
2. 西伯利亚鳞蚖*Tomocerus sibiricus* Reuter, 1891——长角蚖目 Entomobryomorpha 鳞蚖科 Tomoceridae；国内已知分布于河北；国外分布于俄罗斯西伯利亚。
3. *Folsomia decemoculata* Stach, 1946——长角蚖目等蚖科 Isotomidae，国内已知分布于河北和北京；国外分布于欧洲。
4. *Folsomia regularis* Hammer, 1953——长角蚖目等蚖科，分布于河北和安徽；国外分布于朝鲜、日本和北美洲。
5. 普通原等蚖*Parisotoma notabilis* (Schäffer, 1996)——长角蚖目等蚖科，国内已知分布于河北、四川、甘肃、宁夏；世界广布种。
6. 环带长蚖 *Entomobrya marginata* (Tullberg, 1871)——长角蚖目长角蚖科 Entomobryinae，国内已知分布于河北和广东；国外分布于欧洲。
7. 暗色裸长蚖*Sinella caeca* (Schött, 1896)——长角蚖目长角蚖科，国内已知分布于河北、上海和浙江；国外分布于日本、欧洲和北美。
8. 蒿草长角蚖*Sinella straminea* (Folsom, 1899)——长角蚖目长角蚖科，国内已知分布于河北和北京；国外分布于日本至印度尼西亚。

双尾纲 Diplura

9. 爱媚副铗虯*Parajpyx emeryanus* Silvestri, 1928——铗尾目 Dicellura 副铗虯科 Parajapygidae，国内已知分布于河北、陕西、宁夏、上海、江苏、浙江、安徽、福建、湖北、湖南、广东、四川、贵州、云南。

昆虫纲 Insecta

10. 双翼二蜉 *Cloeon dipterum* (Linnaeus, 1710) ——蜉蝣目 Ephemeroptera 四节蜉科 Baetidae，国内已知分布于河北等中国北部；国外分布于古北界。

11. 阿伯拉扁蚴蜉 *Ecdyonurus abracabrus* Kluge, 1983——蜉蝣目 Ephemeroptera 扁蜉科 Heptageniidae，国内已知分布于河北；国外分布于俄罗斯。

12. 图小蜉 *Ephemera antuensis* Su & You, 1989——蜉蝣目 Ephemeroptera 小蜉科 Ephemerellidae，分布于河北等中国北方。

13. 具齿小蜉 *Ephemera denticula* Allen, 1971——蜉蝣目小蜉科，国内已知分布于河北等中国北方；国外分布于俄罗斯和朝鲜半岛。

14. 宽纹斗蟋 *Velarifictorus latefasciatus* (Chopard, 1933)——直翅目 Orthoptera 蟋蟀科 Gryllidae，分布于河北、江苏、安徽、福建、湖北、湖南、四川、贵州和香港。

15. 云南真地鳖 *Eupolyphaga limbata* (Walker, 1868) ——蜚蠊目 Blattaria 地鳖蠊科 Polyphagidae，分布于河北、北京、山西、陕西、甘肃、宁夏、上海、江苏、浙江、安徽、四川、贵州。

16. 短胸大刀螳 *Tenodera brevicollis* Beier, 1933——螳螂目 Mantodea 螳科 Mantidae，分布于河北、北京、辽宁、江苏、浙江、安徽、福建、山东、湖北、广东、海南、四川、贵州、云南和西藏。

17. 嗜卷虱啮 *Liposcelis bostrychophila* Badonnel, 1931——啮目 Psocoptera 虱啮科 Liposcelididae，国内已知分布于河北、北京、河南、广东、四川、云南、陕西、宁夏；世界性分布。

18. 华简管蓟马 *Haplothrips chinensis* Priesner, 1933——缨翅目 Thysanoptera 管蓟马科 Phlaeothripidae，国内已知分布于河北、吉林、江苏、浙江、安徽、福建、河南、湖北、湖南、广东、广西、海南、贵州、云南、西藏、陕西、宁夏、新疆和台湾；国外分布于朝鲜和日本。

19. 齿裂绢蓟马 *Hydatothrips dentatus* (Steinweden & Moulton, 1930)——缨翅目蓟马科 Thripidae，分布于河北、河南、浙江、福建、湖北和四川。

20. 稻蓟马 *Stenchaetothrips biformis* (Bagnall, 1913)——缨翅目蓟马科，国内已知分布于河北、辽宁、华东、华中、四川、贵州、云南和宁夏；国外分布于朝鲜半岛、日本、越南、泰国、印度、尼泊尔、斯里兰卡、菲律宾、马来西亚、印度尼西亚、孟加拉国、巴基斯坦、罗马尼亚、英国、巴西。

21. 八节黄蓟马 *Thrips flavidulus* (Bagnall, 1923)——缨翅目蓟马科，国内已知分布于华北、辽宁、华东、华中、华南、西南、陕西、甘肃、宁夏；国外分布于朝鲜、日本、印度、尼泊尔、斯里兰卡。

22. 居桦长角斑蚜 *Calaphis betulicola* (Kaltenbach, 1843)——半翅目 Hemiptera 胸喙亚目 Sternorrhyncha 斑蚜科 Drepanosiphidae，国内已知分布于河北和辽宁；国外分

布于俄罗斯、欧洲、北美洲。

23. **豌豆蚜 *Acyrthosiphon pisum* (Harris, 1776)**——半翅目胸喙亚目蚜科 Aphididae，世界广布。

24. **柳蚜 *Aphis farinosa* Gmelin, 1790**——半翅目胸喙亚目蚜科，国内已知分布于河北、北京、辽宁、江西、山东、河南、台湾；国外分布于朝鲜、日本、印度尼西亚、中亚、欧洲、北美洲。

25. **大豆蚜 *Aphis glycines* Matsumura, 1917**——半翅目胸喙亚目蚜科，国内已知分布于河北、北京、天津、山西、内蒙古、东北、浙江、山东、河南、广东、宁夏、台湾；国外分布于朝鲜、日本、泰国、马来西亚。

26. **棉蚜 *Aphis gossypii* Glover, 1877**——半翅目胸喙亚目蚜科；世界性分布。

27. **李短尾蚜 *Brachycaudus helichrysi* (Kaltenbach, 1843)**——半翅目胸喙亚目蚜科，国内已知分布于河北、北京、天津、东北、浙江、山东、河南、陕西、甘肃、新疆、台湾；世界性分布。

28. **苹果红西圆尾蚜 *Dysaphis devecta* (Walker, 1849)**——半翅目胸喙亚目蚜科，国内已知分布于河北；国外分布于俄罗斯、欧洲。

29. **桃粉大尾蚜 *Hyalopterus pruni* (Geoffroy, 1762)**——半翅目胸喙亚目蚜科；世界性分布。

30. **伪蒿小长管蚜 *Macrosiphoniella pseudoartemisiae* Shinji, 1933**——半翅目胸喙亚目蚜科，国内已知分布于河北、辽宁、吉林、山东、福建、四川、云南、西藏、甘肃、青海和新疆；国外分布于日本。

31. **麦无网蚜 *Metopolophium dirhodum* (Walker, 1849)**——半翅目胸喙亚目蚜科，国内已知分布于河北、北京、河南、云南、西藏、甘肃、青海、宁夏和新疆；国外分布于其他亚洲地区和欧洲。

32. **桃蚜 *Myzus persicae* (Sulzer, 1776)**——半翅目胸喙亚目蚜科；世界性分布。

33. **禾谷缢管蚜 *Rhopalosiphum padi* (Linnaeus, 1758)**——半翅目胸喙亚目蚜科，全国性分布；国外分布于朝鲜、日本、约旦、欧洲、澳洲、北美洲。

34. **麦二叉蚜 *Schizaphis graminum* (Rondani, 1852)**——半翅目胸喙亚目蚜科，国内已知分布于华北、黑龙江、江苏、浙江、福建、山东、河南、云南、西北和台湾；国外分布于朝鲜、日本、印度、中亚、欧洲、非洲、北美洲、南美洲。

35. **荻草谷网蚜 *Sitobion miscanthi* (Takahashi, 1921)**——半翅目胸喙亚目蚜科，国内已知分布于河北、北京、天津、东北、浙江、福建、广东、四川、陕西、甘肃、青海、宁夏、新疆和台湾；国外分布于澳洲、北美洲。

36. **红花指管蚜 *Uroleucon gobonis* (Matsumura, 1917)**——半翅目胸喙亚目蚜科，国内已知分布于河北、北京、天津、东北、华东、华中、西北；国外分布于朝鲜、日本、印度、印度尼西亚。

37. **东北山蝉 *Leptopsalta admirabilis* (Kato, 1927)**——半翅目蝉亚目 Cicadorrhyncha 蝉

科 Cicadidae，国内已知分布于河北、辽宁、陕西、甘肃、宁夏；国外分布于朝鲜。

38. 克氏点盾盲蝽 *Alloeotomus kerzhneri* Qi & Nonoaizab, 1994——半翅目异翅亚目 Heteroptera 盲蝽科 Miridae，国内已知分布于华北、吉林、山东、陕西、湖北。

39. 蓬盲蝽 *Chlamydatus pulicarius* (Fallén, 1807)——半翅目异翅亚目盲蝽科，国内已知分布于河北、内蒙古、吉林、黑龙江、四川、青海和宁夏；国外分布于俄罗斯、欧洲。

40. 东方齿爪盲蝽 *Deraeocoris onphoriensis* Josifov, 1992——半翅目异翅亚目盲蝽科，国内已知分布于河北、吉林、黑龙江、四川、陕西、甘肃和新疆；国外分布于朝鲜。

41. 银灰斜唇盲蝽 *Plagiognathus chrysanthemi* (Wolff, 1804)——半翅目异翅亚目盲蝽科，国内已知分布于河北、内蒙古、黑龙江、湖北、四川、甘肃、宁夏和新疆；国外分布于全北区。

42. 褐斜唇盲蝽 *Plagiognathus obscuriceps* (Stål, 1858)——半翅目异翅亚目盲蝽科，国内已知分布于河北、内蒙古、辽宁；国外分布于俄罗斯。

43. 红楔异盲蝽 *Polymerus cognatus* (Fieber, 1858)——半翅目异翅亚目盲蝽科，国内已知分布于华北、东北、山东、河南、四川、陕西、甘肃和新疆；国外分布于俄罗斯、朝鲜、中亚、欧洲。

44. 落叶松杂盲蝽 *Psallus vittatus* (Fieber, 1861)——半翅目异翅亚目盲蝽科，国内已知分布于河北；国外分布于俄罗斯、欧洲。

45. 乳白仓花蝽 *Xylocoris galactinus* (Fieber, 1837)——半翅目异翅亚目花蝽科 Anthocoridae，国内已知分布于河北和新疆；全北区分布。

46. 淡边地长蝽 *Rhyparochromus adspersus* (Mulsant, & Rey, 1852) ——半翅目异翅亚目地长蝽科 Rhyparochromidae，国内已知分布于河北、山西、内蒙古、湖北、陕西、甘肃、新疆；国外分布于蒙古、俄罗斯，欧洲。

47. 泛刺同蝽 *Acanthosoma spinicolle* Jakovlev, 1880 ——半翅目同蝽科 Acanthosomatidae，国内已知分布于北京、东北、内蒙古、四川、西藏、陕西、甘肃、青海、宁夏、新疆；国外分布于俄罗斯。

48. 多毛实蝽 *Antheminia varicornis* (Jakovlev, 1874) ——半翅目异翅亚目蝽科 Pentatomidae，国内已知分布于华北、黑龙江、陕西、新疆；国外分布于蒙古、俄罗斯、土耳其。

49. 古杰异丽金龟 *Anomala gudzenkoi* Jacobs, 1903——鞘翅目 Coleoptera 多食亚目 Polyphaga 金龟科 Scarabaeidae，国内已知分布于河北、东北；国外分布于俄罗斯（远东地区）。

50. 东方巨齿蛉 *Acanthacorydalis orientalis* (McLachlan, 1899)——广翅目 Megaloptera 齿蛉科 Corydalidae，国内已知分布于河北、北京、天津、山西、福建、河南、湖北、广东、重庆、四川、云南、陕西和甘肃。

51. 炎黄星齿蛉 *Protohermes xanthodes* Navás, 1913——广翅目齿蛉科，国内已知分布

于河北、北京、山西、辽宁、浙江、安徽、江西、山东、河南、湖北、湖南、广东、广西、重庆、四川、贵州、云南、陕西和甘肃；国外分布于俄罗斯、韩国。

52. 白背草蛉 *Chrysopa furcifera* (Okamoto, 1914)——脉翅目 Neuroptera 草蛉科 Chrysopidae，国内已知分布于河北、江西和湖南。

53. 松氏通草蛉 *Chrysoperla savioi* (Navas, 1933) ——脉翅目草蛉科，国内已知分布于河北、山西、浙江、福建、江西、湖北、湖南、广西、四川和云南。

54. 白线草蛉 *Cunctochrysa albolineata* (Killington, 1935)——脉翅目草蛉科，国内已知分布于华北、福建、湖北、广东、广西、四川、贵州、云南和西藏；国外分布于俄罗斯（西伯利亚）、欧洲。

55. 中华东蚁蛉 *Euroleon sinicus* (Navas, 1930)——脉翅目蚁蛉科 Myrmeleontidae，国内已知分布于河北、天津、山西、内蒙古、陕西和四川；国外分布于蒙古。

56. 纳氏角石蛾 *Stenopsyche navasi* Ulmer, 1925 ——毛翅目 Trichoptera 角石蛾科 Stenopsychidae，国内已知分布于河北、天津、浙江、湖北、四川、云南、陕西和西藏；国外分布于老挝。

57. 赫双刺小卷蛾 *Notocelia nobilis* Kuznetsov, 1973——鳞翅目 Lepidoptera 卷蛾科 Tortricidae，国内已知分布于河北、山西、四川、甘肃和青海。

58. 二点峰斑螟 *Acrobasis frankella* (Roesler, 1975) ——鳞翅目螟蛾科 Pyralidae，国内已知分布于河北、江苏、浙江、福建、湖北和湖南；国外分布于日本。

59. 规尺蛾 *Chariaspilates formosaria* (Eversmann, 1837) ——鳞翅目尺蛾科 Geometridae，国内已知分布于河北、东北、江苏、浙江和湖南；国外分布于俄罗斯、朝鲜、日本、欧洲。

60. 草莓尺蛾 *Mesoleuca albicillata* (Linnaeus, 1758)——鳞翅目尺蛾科，国内已知分布于河北、东北；国外分布于俄罗斯、朝鲜、日本、欧洲。

61. 麻翅库蚊 *Culex bitaeniorhynchus* Giles, 1901 ——双翅目 Diptera 长角亚目 Nematocera 蚊科 Culicidae，国内已知分布于除陕西、青海外的其他各省市区，全国性分布。

62. 海滨库蚊 *Culex sitiens* Wiedemann, 1828——双翅目长角亚目蚊科，国内已知分布于河北、江苏、浙江、福建、山东、广西、海南和台湾。

63. 羽刺尾小粪蝇 *Phthitia plumosula* (Rondani, 1880) ——双翅目环裂亚目 Cyclorrhapha 小粪蝇科 Sphoceridae，分布于河北等全国其他省市区；世界性分布。

64. 辽宁陪丽蝇 *Bellardia bayeri liaoningensis* Hsue, 1979——双翅目环裂亚目丽蝇科 Calliphoridae，国内已知分布于河北、山西和辽宁。

65. 新月陪丽蝇 *Bellardia menechma* (Séguy, 1934)——双翅目环裂亚目丽蝇科，国内已知分布于河北、北京、山西、辽宁、上海、江苏、浙江、福建、山东、河南、湖北、湖南、四川、贵州、云南和陕西；国外分布于朝鲜、日本。

66. 拟新月陪丽蝇 *Bellardia menechmoides* Chen, 1979——双翅目环裂亚目丽蝇科，国

内已知分布于河北、山西、辽宁、上海、江苏、浙江、福建、山东、湖北、四川、贵州、云南、陕西和甘肃；国外分布于日本。

67. 小陪丽蝇 *Bellardia pusilla* (Meigen, 1826)——双翅目环裂亚目丽蝇科，国内已知分布于河北、吉林；国外分布于俄罗斯、日本、欧洲。

68. 立毛丽蝇 *Calliphora genarum* (Zetterstedt, 1838)——双翅目环裂亚目丽蝇科，国内已知分布于河北、新疆；国外分布于俄罗斯、欧洲。

69. 宽丽蝇 *Calliphora nigribarbis* Smellen van Vollenhoven, 1863——双翅目环裂亚目丽蝇科，国内已知分布于山西、内蒙古、东北、广东、四川、云南、陕西和宁夏、台湾；国外分布于俄罗斯、朝鲜、日本。

70. 红头丽蝇 *Calliphora vicina* Robineau-Desvoidy, 1830——双翅目环裂亚目丽蝇科，国内已知分布于河北、山西、内蒙古、东北、江苏、江西、山东、河南、湖北、湖南、重庆、四川、云南、西藏、西北；国外分布于蒙古、俄罗斯、朝鲜、日本、印度、尼泊尔、巴基斯坦、沙特阿拉伯、欧洲、非洲、北美洲。

71. 反吐丽蝇 *Calliphora vomitoria* (Linnaeus, 1758)——双翅目环裂亚目丽蝇科，国内已知分布于除海南外的全国其他地区；国外分布于蒙古、俄罗斯、朝鲜、日本、印度、尼泊尔、菲律宾、阿富汗、欧洲。

72. 柴达木丽蝇 *Calliphora zaidamensis* Fan, 1965——双翅目环裂亚目丽蝇科，国内已知分布于河北、青海、宁夏和新疆；国外分布于蒙古、俄罗斯、朝鲜、日本、哈萨克斯坦。

73. 星岛金蝇 *Chrysomya chani* Kurahashi, 1979——双翅目环裂亚目丽蝇科，国内已知分布于河北、湖南、广东、海南和云南；国外分布于泰国、菲律宾、马来西亚、新加坡。

74. 广额金蝇 *Chrysomya phaonis* (Séguy, 1928)——双翅目环裂亚目丽蝇科，国内已知分布于华北、辽宁、江苏、江西、华中、西南、西藏、陕西、甘肃、青海和宁夏；国外分布于印度、阿富汗。

75. 尸蓝蝇 *Cynomya mortuorum* (Linnaeus, 1761)——双翅目环裂亚目丽蝇科，国内已知分布于河北、山西、内蒙古、东北、山东、四川、云南、西藏和西北；国外分布于蒙古、俄罗斯、哈萨克斯坦、欧洲、北美洲。

76. 黑边依蝇 *Idiella divisa* (Walker, 1861)——双翅目环裂亚目丽蝇科，国内已知分布于河北、福建、海南、贵州、云南、宁夏和台湾；国外分布于越南、泰国、印度、斯里兰卡、菲律宾、马来西亚、印度尼西亚。

77. 壶绿蝇 *Lucilia ampullacea ampullacea* Villeneuve, 1922——双翅目环裂亚目丽蝇科，国内已知分布于河北；国外分布于日本、印度、欧洲和北非。

78. 崂山壶绿蝇 *Lucilia ampullacea laoshanensis* Quo, 1952——双翅目环裂亚目丽蝇科，国内已知分布于河北、山西、内蒙古、东北、山东、湖北、甘肃和宁夏；国外分布于朝鲜。

79. 南岭绿蝇 *Lucilia bazini* Séguy, 1934——双翅目环裂亚目丽蝇科，国内已知分布于河北、天津、上海、江苏、浙江、福建、江西、湖北、广东、海南、重庆、四川、贵州、云南、陕西、甘肃、宁夏和台湾；国外分布于俄罗斯、日本。

80. 蟾蜍绿蝇 *Lucilia bufonivora* Moniez, 1876——双翅目环裂亚目丽蝇科，国内已知分布于河北、山西、内蒙古、东北、江苏、山东、湖南、重庆、四川、陕西、甘肃和新疆；国外分布于俄罗斯、日本、欧洲、非洲。

81. 叉叶绿蝇 *Lucilia caesar* (Linnaeus, 1758)——双翅目环裂亚目丽蝇科，国内已知分布于河北、山西、内蒙古、东北、江苏、山东、四川、贵州、云南和西北；国外分布于古北界。

82. 铜绿蝇 *Lucilia cuprina* (Wiedmann, 1830)——双翅目环裂亚目丽蝇科，国内已知分布于河北、山西、内蒙古、辽宁、华东、华中、华南、西南、甘肃和宁夏；国外分布于朝鲜、日本、老挝、印度、菲律宾、马来西亚、印度尼西亚、巴基斯坦、阿富汗、沙特阿拉伯、非洲、北美洲、南美洲。

83. 亮绿蝇 *Lucilia illustris* Meigen, 1826——双翅目环裂亚目丽蝇科，国内已知分布于华北、东北、上海、江苏、浙江、华中、重庆、四川、贵州、陕西、甘肃、宁夏和新疆；国外分布于俄罗斯、朝鲜、日本、印度、缅甸、欧洲。

84. 巴浦绿蝇 *Lucilia papuensis* Macquart, 1843——双翅目环裂亚目丽蝇科，国内已知分布于河北、北京、山西、华东、华中、广东、广西、重庆、四川、贵州、云南、陕西、甘肃、宁夏和台湾；国外分布于朝鲜、日本、老挝、泰国、印度、斯里兰卡、菲律宾、马来西亚、印度尼西亚、非洲、澳洲。

85. 紫绿蝇 *Lucilia porphyrina* (Walker, 1856)——双翅目环裂亚目丽蝇科，国内已知分布于河北、天津、山西、华东、华中、华南、西南、陕西和宁夏；国外分布于朝鲜、日本、印度、斯里兰卡、菲律宾、马来西亚、印度尼西亚、澳洲。

86. 长叶绿蝇 *Lucilia regalis* (Meigen, 1826)——双翅目环裂亚目丽蝇科，国内已知分布于河北、山西、重庆、四川、云南、西藏和西北；国外分布于蒙古、欧洲。

87. 山西绿蝇 *Lucilia shansiensis* Fan, 1965——双翅目环裂亚目丽蝇科，国内已知分布于河北、山西、东北、湖北、云南、甘肃和宁夏。

88. 沈阳绿蝇 *Lucilia shenyangensis* Fan, 1965——双翅目环裂亚目丽蝇科，国内已知分布于河北、山西、辽宁、黑龙江、江苏、华中、四川、云南、西藏、陕西、甘肃和宁夏；国外分布于俄罗斯、朝鲜。

89. 林绿蝇 *Lucilia silvarum* (Meigen, 1826)——双翅目环裂亚目丽蝇科，国内已知分布于河北、内蒙古、黑龙江、湖北、云南、甘肃、青海、宁夏和新疆；国外分布于蒙古、俄罗斯、日本、欧洲、非洲、北美洲。

90. 中华绿蝇 *Lucilia sinensis* Aubertin, 1933——双翅目环裂亚目丽蝇科，国内已知分布于河北、山西、江苏、浙江、湖北、四川、云南和台湾；国外分布于泰国、尼泊尔、马来西亚。

91. 疣腹变丽蝇 *Melinda tsukamotoi* (Kano, 1962)——双翅目环裂亚目丽蝇科，国内已知分布于河北、北京、山西和辽宁；国外分布于日本。

92. 伏蝇 *Phormia regina* (Meigen, 1826)——双翅目环裂亚目丽蝇科，国内已知分布于河北、天津、山西、内蒙古、东北、江苏、山东、河南、陕西、甘肃、青海、宁夏和新疆；国外分布于古北界、新北区东部。

93. 栉跗粉蝇 *Pollenia pectinata* Grunin, 1966——双翅目环裂亚目丽蝇科，国内已知分布于华北、东北；国外分布于蒙古、俄罗斯、欧洲。

94. 蒙古拟粉蝇 *Polleniopsis mongolica* Séguy, 1928——双翅目环裂亚目丽蝇科，国内已知分布于河北、山西、内蒙古、辽宁、吉林、江苏、山东、河南、湖北、四川、陕西、甘肃、青海和宁夏；国外分布于蒙古、日本。

95. 中华粉腹丽蝇 *Pollenomyia sinensis* (Séguy, 1935)——双翅目环裂亚目丽蝇科，国内已知分布于河北、北京、山西、辽宁、江苏、浙江、山东、重庆、四川、陕西和宁夏；国外分布于俄罗斯、日本。

96. 青原丽蝇 *Protocalliphora azurea* (Fallén, 1817)——双翅目环裂亚目丽蝇科，国内已知分布于华北、东北、江苏、浙江、华中、重庆、四川、贵州、云南和西北；国外分布于蒙古、俄罗斯、朝鲜、日本、土耳其、欧洲、非洲。

97. 蓝原丽蝇 *Protocalliphora chrysorrhoea* (Meigen, 1826)——双翅目环裂亚目丽蝇科，国内已知分布于河北、辽宁、吉林、西藏、甘肃和青海；国外分布于俄罗斯、欧洲。

98. 新陆原伏蝇 *Protophormia terraenovae* (Robineau-Desvoidy, 1830)——双翅目环裂亚目丽蝇科，国内已知分布于华北、东北、上海、江苏、山东、河南、四川、西藏和西北；国外分布于俄罗斯、日本、欧洲、北美洲。

99. 异色口鼻蝇 *Stomorhina discolor* (Fabricius, 1794)——双翅目环裂亚目丽蝇科，国内已知分布于河北、北京、天津、江苏、浙江、福建、湖北、海南、云南、西藏和台湾；国外分布于日本、越南、泰国、印度、斯里兰卡、菲律宾、印度尼西亚、巴基斯坦。

100. 叉丽蝇 *Triceratopyga calliphoroides* Rohdendorf, 1931——双翅目环裂亚目丽蝇科，国内已知分布于河北、山西、内蒙古、东北、江苏、浙江、安徽、福建、华中、重庆、四川、云南和西北；国外分布于俄罗斯、朝鲜、日本。

101. 黑尾黑麻蝇 *Helicophagella melanura* (Meigen, 1826)——双翅目环裂亚目麻蝇科 Sarcophagidae，中国全国性分布；国外分布于蒙古、俄罗斯、朝鲜、日本、印度、马来西亚、阿富汗、伊朗、土耳其、巴勒斯坦、叙利亚、伊拉克、欧洲、北美洲。

102. 棕尾别麻蝇 *Sarcophaga peregrina* (Robineau-Desvoidy, 1830)——双翅目环裂亚目麻蝇科，国内已知分布于除新疆和青海外的全国其他地区；国外分布于俄罗斯、印度、尼泊尔、亚洲、澳洲。

103. 天使白寄蝇 *Belida angelicae* (Meigen, 1824)——双翅目环裂亚目寄蝇科

Tachinidae，国内已知分布于河北；国外分布于蒙古、俄罗斯、巴勒斯坦、欧洲。

104. **斑须蜡筒腹寄蝇** *Belida brassicaria* **(Fabricius, 1775)**——双翅目环裂亚目麻蝇科，国内已知分布于河北、北京、内蒙古、吉林、黑龙江、江苏、江西、云南、陕西、甘肃和新疆；国外分布于蒙古、俄罗斯、日本、伊朗、欧洲、非洲。

105. **中介筒腹寄蝇** *Cylindromyia intermedia* **(Meigen, 1824)**——双翅目环裂亚目麻蝇科，国内已知分布于河北、内蒙古和黑龙江；国外分布于中亚、欧洲、北美洲。

106. **拟灰粉菲寄蝇** *Phebellia glaucoides* **Herting, 1961**——双翅目环裂亚目麻蝇科，国内已知分布于河北、内蒙古和云南；国外分布于俄罗斯、日本、欧洲。

107. **黑边家蝇** *Musca hervei* **Villeneuve, 1922**——双翅目环裂亚目蝇科 Muscidae，国内已知分布于河北、辽宁、吉林、华东、华中、西南、陕西和宁夏；国外分布于朝鲜、日本、印度、缅甸、尼泊尔、斯里兰卡。

108. **孕幼家蝇** *Musca larvipara* **Portschinsky, 1910**——双翅目环裂亚目麻蝇科，国内已知分布于河北、内蒙古及西北；国外分布于蒙古、俄罗斯、欧洲、非洲。

109. **骚家蝇** *Musca tempestiva* **Fallén, 1817**——双翅目环裂亚目麻蝇科，国内已知分布于河北、山西、内蒙古、辽宁、吉林、江苏、山东、河南、湖北、重庆、四川和西北；国外分布于亚洲、欧洲、非洲。

110. **黄腹家蝇** *Musca ventrosa* **Wiedemann, 1830**——双翅目环裂亚目麻蝇科，国内已知分布于河北、江苏、浙江、福建、河南、湖北、华南、四川、云南、陕西、宁夏和台湾；国外分布于日本、泰国、印度、缅甸、尼泊尔、斯里兰卡、菲律宾、马来西亚、印度尼西亚、澳洲。

111. **黑胫残青叶蜂** *Athalia proxima* **(Klug, 1815)**——膜翅目 Hymenoptera 广腰亚目 Symphyta 叶蜂科 Tethredinidae，取食多种十字花科植物。该种国内已知分布于河北、山西、东北、华东、华中、广西、海南、西南、陕西和甘肃；国外分布于日本、印度、缅甸、马来西亚、印度尼西亚。

112. **多环黑黄叶蜂** *Tenthredo finschi* **Kirby, 1882**——膜翅目广腰亚目叶蜂科，国内已知分布于河北、吉林、浙江、湖北、四川和云南；国外分布于俄罗斯、朝鲜、日本、缅甸。

113. **线缺沟姬蜂** *Lissonota lineolaris* **(Gmelin, 1790)**——细腰亚目 Apocrita 姬蜂科 Ichneumonidae，国内已知分布于河北、东北、河南、甘肃和宁夏；国外分布于俄罗斯、日本、欧洲。

114. **夜蛾瘦姬蜂** *Ophion luteus* **(Linnaeus, 1758)**——细腰亚目姬蜂科，寄生鳞翅目幼虫，分布于河北等全国大部分地区。

115. **黑角拟皱姬蜂** *Pseudorhyssa nigricornis* **(Ratzeburg, 1852)**——细腰亚目姬蜂科，寄生蓝黑树蜂、辐射松树蜂、黑背皱背姬蜂、辽东栎蛀虫的幼虫，国内已知分布于河北、辽宁和吉林；国外分布于俄罗斯、日本、欧洲、北美洲。

116. **牛突眼茧蜂** *Myiocephalus boops* **(Wesmael, 1835)**——细腰亚目茧蜂科 Braconidae，

国内已知分布于河北、黑龙江和台湾；国外分布于全北区。

117. 淡足常室茧蜂 *Peristenus pallipes* (Cutis, 1833)——细腰亚目茧蜂科，国内已知分布于河北、辽宁、湖南、台湾；国外分布于全北区。

118. 黄头扁瓣茧蜂 *Spathicopis flavocephala* van Achterberg, 1977——细腰亚目茧蜂科，国内已知分布于河北和福建；国外分布于全北区。

119. 红头长柄茧蜂 *Streblocera fulviceps* Westwood, 1833——细腰亚目茧蜂科，国内已知分布于河北和吉林；国外分布于古北界。

120. 黑下侧壁蜂 *Osmia nigriventris* (Zetterstedt, 1838)——细腰亚目切叶蜂科 Megachilidae，国内已知分布于河北和新疆；国外分布于全北区。

121. 北京凹头蚁 *Formica beijingensis* Wu, 1990——细腰亚目蚁科 Formicidae；检视标本：3头，河北承德木兰围场，2016-VII-11，谷博采；国内已知分布于河北、北京、黑龙江、甘肃、青海和宁夏。

122. 亮腹黑褐蚁 *Formica gagatoides* Ruzsky, 1904——细腰亚目蚁科；检视标本：3头，河北承德木兰围场，2016-VII-12，谷博采；国内已知分布于湖北、四川、陕西、甘肃、青海、宁夏、新疆；国外分布于俄罗斯、日本。

123. 秃背林蚁 *Formica polyctena* Foerster, 1850——细腰亚目蚁科；检视标本：4头，河北承德木兰围场，2016-VII-12，谷博采；国内已知分布于河北、甘肃和新疆；国外分布于蒙古、欧洲、澳洲。

124. 中华红林蚁 *Formica sinensis* Wheeler, 1913——细腰亚目蚁科；检视标本：2头，河北承德木兰围场，2016-VII-12，谷博采；分布于河北、北京、山西、河南、重庆、四川、云南、陕西、甘肃、青海和宁夏。

125. 高加索黑蚁 *Formica transkaucasica* Nasonov, 1889——细腰亚目蚁科；检视标本：2头，河北承德木兰围场，2016-VII-11，谷博采；该虫已知分布于河北和陕西。

126. 玉米毛蚁 *Lasius alienus* (Foerster, 1850)——细腰亚目蚁科；检视标本：3头，河北承德木兰围场，2016-VII-11，谷博采；国内已知分布于河北、北京、山西、内蒙古、东北、浙江、河南、湖北、湖南、四川、云南和西北；世界性分布。

127. 黑毛蚁 *Lasius niger* (Linnaeus, 1758)——细腰亚目蚁科；检视标本：3头，河北承德木兰围场，2016-VII-11，谷博采；国内已知分布于华北、东北、华东、华中、西南和西北；国外分布于蒙古、俄罗斯、朝鲜、日本、喜马拉雅山区、欧洲、非洲、北美洲。

128. 角结红蚁 *Myrmica angulinodis* Ruzsky, 1905——细腰亚目蚁科；检视标本：2头，河北承德木兰围场，2016-VII-12，谷博采；国内已知分布于河北和内蒙古；国外分布于俄罗斯、朝鲜、日本。

129. 纵沟红蚁 *Myrmica sulcinodis* Nylander, 1846——细腰亚目蚁科；检视标本：2头，河北承德木兰围场，2016-VII-11，谷博采；国内已知分布于河北和内蒙古；国外分布于朝鲜、欧洲。

参考文献

卜文俊,郑乐怡. 中国动物志 昆虫纲 第二十四卷 半翅目：毛唇花蝽科 细角花蝽科 花蝽科[M]. 北京：科学出版社, 2001: 267pp.

鲍荣. 中国棘蚁蛉族和蚁蛉族的分类学研究（脉翅目：蚁蛉科）[D]. 中国农业大学农学硕士学位论文, 2004: 37pp, 25 pls.

蔡邦华,李兆麟. 中国梢小蠹属（Cryphalus Er.）的研究及新种记述[J]. 昆虫学报, 1963, 12（5-6）：597-606.

蔡荣权. 中国经济昆虫志 第十六册 鳞翅目：舟蛾科[M]. 北京：科学出版社, 1979: 166pp, 19 pls.

曹少杰,郭付振,冯纪年. 中国肚管蓟马属的分类研究（缨翅目,管蓟马科）[J]. 动物分类学报, 2009, **34**（4）：894-897.

陈汉彬,安继尧. 中国黑蝇（双翅目：蚋科）[M]. 北京：科学出版社, 2003: 447pp.

陈家骅,杨建全. 中国动物志 昆虫纲 第四十六卷 膜翅目：茧蜂科（四）：窄径茧蜂亚科[M]. 北京：科学出版社, 2006: 301pp, 32 pls.

陈明利. 中国钩瓣叶蜂属系统分类研究[D]. 中南林学院硕士学位论文, 2002: 160pp.

陈启宗. 我国蛾类仓库害虫的鉴别[M]. 北京：农业出版社, 1988: 1-116.

陈世骧,等. 中国动物志 昆虫纲 第二卷 鞘翅目：铁甲科[M]. 北京：科学出版社, 1986: 653pp, 15 pls.

陈世骧,龚清. 中国守瓜属记述[J]. 昆虫学报, 1959, 9（4）：373-387.

陈世骧,谢蕴贞,邓国藩. 中国经济昆虫志 第一册 鞘翅目：天牛科[M]. 北京：科学出版社, 1959: 120pp.

陈小华. 中国金翅夜蛾亚科分类研究（鳞翅目：夜蛾科）[D]. 西北农林科技大学农学硕士论文, 2008: 67pp.

陈耀溪. 仓库害虫（增订本）[M]. 北京：农业出版社, 1963.

陈一心. 中国经济昆虫志 第三十二册 鳞翅目：夜蛾科（四）[M]. 北京：科学出版社, 1985: 167pp.

陈一心. 中国动物志 昆虫纲 第十六卷 鳞翅目：夜蛾科[M]. 北京：科学出版社, 1999: 1596pp.

陈一心,马文珍. 中国动物志 昆虫纲 第三十五卷 革翅目[M]. 北京：科学出版社, 2004: 420pp.

崔巍,高宝嘉,等. 河北园林蚧虫名录[J]. 河北林学院学报, 1961, 6（4）：285～290.

崔巍,高宝嘉. 华北经济树种主要蚧虫及其防治[M]. 北京：中国林业出版社, 1995.

崔俊芝,白明,吴鸿,纪力强. 中国昆虫模式标本名录（第1卷）[M]. 北京：中国林业出版社, 2007: 792pp.

崔俊芝,白明,范仁俊,吴鸿. 中国昆虫模式标本名录（第2卷）[M]. 北京：中国林业出版社, 2009: 653pp.

戴武. 中国圆冠叶蝉族分类研究（同翅目：叶蝉科）[D]. 西北农林科技大学硕士学位论文, 2001: 75pp.

邓国藩．中国农业昆虫（上册）[M]．北京：农业出版社，1986：1-766.

丁锦华．中国动物志 昆虫纲 第四十五卷 同翅目：飞虱科[M]．北京：科学出版社，2006：776pp.

范滋德，等．中国经济昆虫志 第三十七册 双翅目：花蝇科[M]．北京：科学出版社，1988：396pp.

范滋德，等．中国动物志 昆虫纲 第六卷 双翅目：丽蝇科[M]．北京：科学出版社，1997：707pp.

范滋德，等．中国动物志 昆虫纲 第四十九卷 双翅目：蝇科（一）[M]．北京：科学出版社，2008：1186pp.

范滋德．中国常见蝇类检索表（第二版）[M]．北京：科学出版社，1992：992pp.

方承莱．中国经济昆虫志 第三十三册 鳞翅目：灯蛾科[M]．北京：科学出版社，1985：100pp.

方承莱．中国动物志 昆虫纲 第十九卷 鳞翅目：灯蛾科[M]．北京：科学出版社，2000：589pp.

高宝嘉，崔巍，李俊英．华北地区观赏树种蚧虫为害及种类识别[J]．河北林学院学报，1996，11（1）：56-61.

高景铭，魏炳星．河北省代表地区的蝇类相[J]．昆虫学报，1960，10（1）：75-78.

葛钟麟．中国经济昆虫志 第十册 同翅目：叶蝉科[M]．北京：科学出版社，1966：170pp.

葛钟麟，丁锦华，田立新，黄其林．中国经济昆虫志 第二十七册 同翅目：飞虱科[M]．北京：科学出版社，1984：166pp.

韩运发．中国经济昆虫志 第五十五册 缨翅目[M]．北京：科学出版社，1997：513pp.

郝晶，张春田，池宇．中国北方地区寄蝇亚属分类学研究（双翅目：寄蝇科）[J]．沈阳师范大学学报（自然科学版），2008：26（4）：476-479.

何俊华，等．浙江蜂类志[M]．北京：科学出版社，2004：1373pp.

何俊华，陈学新，马云．中国经济昆虫志 第五十一册 膜翅目：姬蜂科[M]．北京：科学出版社，1996：697pp.

何俊华，陈学新，马云．中国动物志 昆虫纲 第十八卷 膜翅目：茧蜂科（一）[M]．北京：科学出版社，2000：757pp.

何俊华，陈学新，马云．中国动物志 昆虫纲 第三十七卷 膜翅目：茧蜂科（二）[M]．北京：科学出版社，2004：637pp.

何俊华，许再福．中国动物志 昆虫纲 第二十九卷 膜翅目：螯蜂科[M]．北京：科学出版社，2002：464pp.

何允恒，陈树椿．北京市园林介壳虫调查[J]．北京林业大学学报，1986，（1）：103～109.

侯陶谦．中国的天幕毛虫（鳞翅目：枯叶蛾科）[J]．昆虫学报，1980，23（3）：308-314.

华立中．中国天牛科昆虫名录[Z]．广州：中山大学印，1982：158pp.

黄复生，陆军．中国小蠹科分类纲要[M]．上海：同济大学出版社，2015：141pp.

黄灏，陈常卿．中华锹甲（贰）[Z]．台北：福尔摩沙生态有限公司，2013：716pp.

霍科科，任国栋．河北大学博物馆馆藏食蚜蝇亚科分类学研究（双翅目：食蚜蝇科：食蚜蝇亚科）[J]．动物分类学报，2016a，31（3）：653-666.

霍科科，任国栋．河北大学博物馆馆藏迷食蚜蝇亚科分类学研究（双翅目：食蚜蝇科）[J]．动物分类学报，2006b，31（4）：883-897.

霍科科, 任国栋. 河北大学博物馆馆藏食蚜蝇亚科（双翅目）分类学研究[J]. 内蒙古师范大学学报（自然科学汉文版）2006c, 35（3）：330-336.

霍科科, 任国栋. 河北省小五台山自然保护区食蚜蝇科昆虫的调查（双翅目）[J]. 昆虫学报, 2007, 29（3）：172-198.

计云. 中华葬甲[M]. 北京：中国林业出版社, 2012：330pp.

金大雄. 中国吸虱的分类和检索[M]. 北京：科学出版社, 1999：132pp.

江世宏, 王书永. 中国经济叩甲图志[M]. 北京：中国农业出版社, 1999：195pp.

蒋书楠, 陈力. 中国动物志 昆虫纲 第二十一卷 鞘翅目：天牛科：花天牛亚科[M]. 北京：科学出版社, 2001：296pp.

蒋书楠, 蒲富基, 华立中. 中国经济昆虫志 第三十五册 鞘翅目：天牛科（三）[M]. 北京：科学出版社, 1985：189pp.

李法圣. 中国啮目志（上册）[M]. 北京：科学出版社, 2002：1093pp.

李法圣. 中国啮目志（上、下册）[M]. 北京：科学出版社, 2002：1976pp.

李鸿昌, 夏凯龄等. 中国动物志 昆虫纲 第四十三卷 直翅目：蝗总科 斑腿蝗科[M]. 北京：科学出版社, 2006：736pp.

李后魂. 中国麦蛾[M]. 天津：南开大学出版社, 2002.

李后魂, 王淑霞等. 河北动物志 小蛾类[M]. 北京：中国农业科学技术出版社, 2009：601pp.

李铁生. 中国经济昆虫志 第十三册 双翅目：蠓科[M]. 北京：科学出版社, 1978：124pp.

李铁生. 中国经济昆虫志 第三十册 膜翅目：胡蜂总科[M]. 北京：科学出版社, 1985：159pp.

李铁生. 中国经济昆虫志 第三十八册 双翅目：蠓科（二）[M]. 北京：科学出版社, 1988：127pp.

李新江. 中国癞蝗科 Pamphagidae 系统学研究（直翅目：蝗总科）[D]. 河北大学硕士学位论文. 2004：165pp.

李泽建, 魏美才. 金氏叶蜂属一新种（膜翅目：叶蜂科）[J]. 动物分类学报, 2009, 34（4）：781-783.

李振东, 李后魂, 王淑霞. 中国角麦蛾属分类研究（鳞翅目：麦蛾科）[J]. 动物分类学报, 2002, 27（1）：129-135.

梁宏斌, 虞佩玉. 中国捕食粘虫的步甲种类检索[J]. 昆虫天敌, 2000, 22（4）：160–166.

梁铬球, 郑哲民. 中国动物志 昆虫纲 第十二卷 直翅目：蚱总科[M]. 北京：科学出版社, 1998：278pp.

林毓鉴, 章世美. 中国龟蝽科昆虫名录（下）（半翅目：蝽总科）[J]. 江西植保, 1998, 21（4）：16-21.

廖定熹, 李学骝, 庞雄飞, 陈泰鲁. 中国经济昆虫志 第三十四册 膜翅目小蜂总科（一）[M]. 北京：科学出版社, 1987：241.

刘崇乐. 中国经济昆虫志 第五册 鞘翅目瓢虫科[M]. 北京：科学出版社, 1963：101pp.

刘国卿, 卜文俊. 河北动物志 半翅目：异翅亚目[M]. 北京：中国农业科学技术出版社, 2009：528pp.

刘广瑞, 章有为, 王瑞. 中国北方常见金龟子彩色图鉴[M]. 北京：中国林业出版社, 1991：106pp.

刘强, 郑乐怡, 能乃扎布. 中国姬缘蝽科（半翅目）昆虫分类问题及区系研究[J]. 干旱区资源与环境, 1994, 8（3）：102-115.

刘宪伟、金杏宝. 中国螽斯名录[J]. 昆虫学研究集刊，1992—1993，11：99-118.

刘永琴，侯大斌，李忠诚. 中国弹尾目种目录[J]. 西南农业大学学报，1998，20（2）：125-131.

刘友樵，白九维. 中国经济昆虫志 第十一册 鳞翅目：卷蛾科（一）[M]. 北京：科学出版社，1977：93pp.

刘友樵，李广武. 中国动物志 昆虫纲 第二十七卷 鳞翅目：卷蛾科[M]. 北京：科学出版社，2002：601pp.

刘友樵，武春生. 中国动物志 昆虫纲 第四十七卷 鳞翅目：枯叶蛾科[M]. 北京：科学出版社，2006：385pp.

刘振江. 中国广头叶蝉亚科分类研究（同翅目：叶蝉科）[D]. 西北农林科技大学硕士学位论文，2002：70pp.

刘志琦. 中国粉蛉科的分类研究及其分类信息系统的研制[D]. 中国农业大学博士学位论文，2003：226pp.

刘志琦，杨集昆. 中国北方粉蛉新种及新记录（脉翅目：粉蛉科）[J]. 昆虫学报，1998，41（增刊）：186-193.

柳支英，等. 中国动物志 昆虫纲 第一卷 蚤目[M]. 北京：科学出版社，1986：1334pp.

陆宝麟，吴厚永. 中国重要医学昆虫分类与鉴别[M]. 郑州：河南科学技术出版社，2030：800pp.

陆宝麟，等. 中国动物志 昆虫纲 第八卷 双翅目：蚊科（上）[M]. 北京：科学出版社，1997a：593pp.

陆宝麟，等. 中国动物志 昆虫纲 第九卷 双翅目：蚊科（下）[M]. 北京：科学出版社，1997b：126pp.

马素芳，冯兰州. 河北省代表地区的蚊虫种类及其滋生习性（附幼虫及成虫检索表）[J]. 昆虫学报，1956，6（2）：169-191.

马文珍. 中国经济昆虫志 第四十六册 鞘翅目：花金龟科 斑金龟科 弯腿金龟科[M]. 北京：科学出版社，1995：210pp.

马忠余，薛万琦，冯炎. 中国动物志 昆虫纲 第二十六卷 双翅目：蝇科（二） 棘蝇亚科（I）[M]. 北京：科学出版社，2002：421pp.

孟磊. 中国刺甲族系统学研究（鞘翅目：拟步甲科）[D]. 河北大学硕士学位论文，2005：139pp.

农业部全国植保总站，等. 中国水稻害虫天敌名录[M]. 北京：科学出版社，1991：1-244.

潘錝文，邓国藩. 中国经济昆虫志 第十七册 蜱螨目：革螨科[M]. 北京：科学出版社，1980：155pp.

潘昭，王新谱，任国栋. 中国齿爪斑芫菁亚属分类（鞘翅目：芫菁科）[J]. 昆虫分类学报，2010，32（增刊）：34-42.

庞雄飞，毛金龙. 中国经济昆虫志 第十四册 鞘翅目：瓢虫科（二）[M]. 北京：科学出版社，1979：170pp.

蒲富基. 中国经济昆虫志 第十九册 鞘翅目：天牛科（二）[M]. 北京：科学出版社，1980：146pp.

齐宝瑛，能乃扎布，李淑莉，李卫东，刘姝芳. 我国北方盲蝽科昆虫记述（一）（半翅目：异翅亚目）[J]. 内蒙古师大学报（自然科学汉文版），1994，4：57-64.

乔格侠，张广学，姜立云，钟铁森，田士波. 河北动物志 蚜虫类[M]. 石家庄：河北科学技术出版社，2009：622pp.

乔格侠，张广学，钟铁森. 中国动物志 昆虫纲 第四十一卷 同翅目：斑蚜科[M]. 北京：科学出版社，2005：476pp.

任国栋，巴义彬. 中国土壤拟步甲志 第二卷 鳖甲类[M]. 北京：科学出版社，2010：225pp.

任国栋，郭书彬，甄卉，张丽莎，马靖. 河北小五台山景观昆虫研究Ⅱ：蛾类名录[J]. 河北大学学报（自然科学版），2007，27（3）：304-312.

任顺祥，王兴民，庞虹，彭正强，曾涛. 中国瓢虫原色图鉴[M]. 北京：科学出版社，2009：336pp.

任国栋，杨培，王君. 河北小五台山景观昆虫研究 I. 蝶类（一）[J]. 河北大学学报（自然科学版），2007，25（1）：67-74.

任国栋，杨秀娟. 中国土壤拟步甲志 第一卷 土甲类[M]. 北京：高等教育出版社，2006：225pp.

任国栋，于有志. 中国荒漠半荒漠的拟步甲科昆虫[M]. 保定：河北大学出版社，1999：395pp.

任树芝. 中国动物志 昆虫纲 第十三卷 半翅目：姬蝽科[M]. 北京：科学出版社，1998：251pp.

申效诚，等 中国昆虫地理[M]. 郑州：河南科学技术出版社，2015：1008pp.

孙强. 中国乌叶蝉亚科系统分类研究（半翅目：叶蝉科）[D]. 西北农林科技大学博士学位论文，2004：163pp.

谭娟杰，王书永，周红章. 中国动物志 昆虫纲 第四十卷 鞘翅目：肖叶甲科 肖叶甲亚科[M]. 北京：科学出版社，2005：415pp.

谭娟杰，虞佩玉. 中国经济昆虫志 第十八册 鞘翅目：叶甲总科（一）[M]. 北京：科学出版社，1980：213pp.

汤彷德. 中国园林主要蚜虫[M]. 太谷：山西农业大学出版社，1984.

唐觉，李参，黄恩友，张本悦，陈益. 中国经济昆虫志 第四十七册 膜翅目：蚁科（一）[M]. 北京：科学出版社，1995：134pp.

田立新，杨莲芳，李佑文. 中国经济昆虫志 第四十九册 毛翅目（一）：小石蛾科 角石蛾科 纹石蛾科 长角石蛾科[M]. 北京：科学出版社，1996：195pp.

田明义，赵丹阳. 河北省小五台山自然保护区步甲属昆虫（鞘翅目：步甲科）[J]. 华南农业大学学报，2006，27（1）：44-45.

田士波，张广学，钟铁森，赵淑娥，王俊红. 河北杨、柳、榆蚜虫42种记述[J]. 河北林学院学报，1995，10（2）：110-114.

王德成、梁兴善. 北方水稻害虫[M]. 北京：农业出版社，1980：1-208.

王洪建，杨星科. 甘肃省叶甲科昆虫志[M]. 兰州：甘肃科学技术出版社，2006.

王敏，范骁凌. 中国灰蝶志[M]. 郑州：河南科学技术出版社，2002：40pp.

王平远. 中国经济昆虫志 第二十一册 鳞翅目：螟蛾科[M]. 北京：科学出版社，1980：229pp.

王新谱，杨贵军. 宁夏贺兰山昆虫[M]. 银川：宁夏人民出版社，2010.

王小奇，方红，张治良. 辽宁甲虫原色图鉴[M]. 沈阳：辽宁科学技术出版社，2012：452pp.

王直诚. 中国天牛图志（基础篇 上/下卷）[M]. 北京：科学技术文献出版社，2014：1188pp.

王遵明. 中国经济昆虫志 第二十六册 双翅目：虻科[M]. 北京：科学出版社，1983：128pp.

王遵明. 中国经济昆虫志 第四十五册 双翅目：虻科（二）[M]. 北京：科学出版社，1994：196pp.

王子清. 中国动物志第22卷[M]. 北京：科学出版社，2001.

魏鸿钧，张志良，王荫长. 中国地下害虫[M]. 上海：上海科学技术出版社，1989：444pp.

武春生. 中国动物志 昆虫纲 第二十五卷 鳞翅目：凤蝶科：凤蝶亚科 锯凤蝶亚科 绢蝶亚科[M]. 北京：科学出版社，2001：367pp.

武春生，方承莱. 中国动物志 昆虫纲 第三十一卷 鳞翅目：舟蛾科[M]. 北京：科学出版社，2003：952pp.

吴福桢，高兆宁. 宁夏农业昆虫图志（修订版）[M]. 北京：农业出版社，1978：332pp.

吴燕如，周勤. 中国经济昆虫志 第五十二册 膜翅目：泥蜂科[M]. 北京：科学出版社，1996：197pp.

吴燕如. 中国经济昆虫志 第九册 膜翅目：蜜蜂总科[M]. 北京：科学出版社，1965：83pp.

吴燕如. 中国动物志 昆虫纲 第二十卷 膜翅目：准蜂科蜜蜂科[M]. 北京：科学出版社，2000：442pp.

吴燕如. 中国动物志 昆虫纲 第四十四卷 膜翅目切叶蜂科[M]. 北京：科学出版社，2006：474pp.

夏凯龄，等. 中国动物志 昆虫纲 第四卷 直翅目：蝗总科 癞蝗科 瘤锥蝗科 锥头蝗科[M]. 北京：科学出版社，1994：340pp.

萧采瑜，等. 中国蝽类昆虫鉴定手册（半翅目：异翅亚目）第一册[M]. 北京：科学出版社，1977：330pp.

萧采瑜，任树芝，郑乐怡，经希文，邹环光，刘胜利. 中国蝽类昆虫鉴定手册（半翅目：异翅亚目）第二册[M]. 北京，科学出版社，1981：654pp.

萧刚柔. 中国森林昆虫 第2版（增订本）[M]. 北京：中国林业出版社，1992：1362pp.

谢映平. 山西林果蚧虫[M]. 北京：中国林业出版社，1998.

徐志华. 小五台山昆虫调查报告[J]. 河北林业科技，1982，3：1-7，19.

薛大勇，朱弘复. 中国动物志 昆虫纲 第十五卷 鳞翅目：尺蛾科 花尺蛾亚科[M]. 北京：科学出版社，1999：1090pp.

薛万琦，赵建铭. 中国蝇类（上、下册）[M]. 沈阳：辽宁科学技术出版社，1996：2425pp.

杨定. 河北动物志 双翅目[M]. 北京：中国农业科学技术出版社，2009：863pp.

杨定，杨集昆. 中国动物志 昆虫纲 第三十四卷 双翅目：舞虻科 螳舞虻亚科 驼舞虻亚科[M]. 北京：科学出版社，2004：335pp.

杨集昆. 华北灯下蛾类图志（上）[M]. 北京：北京农业大学出版社，1978.

杨集昆. 华北灯下蛾类图志（中）[M]. 北京：北京农业大学出版社，1979.

杨集昆，王音. 兴透翅蛾属四新种（鳞翅目：透翅蛾科）[J]. 动物学研究，1989，10（2）：133-138.

杨平澜. 中国蚧虫分类概要[M]. 上海：上海科学技术出版社，1982.

杨惟义. 中国经济昆虫志 第二册 半翅目：蝽科[M]. 北京：科学出版社，1962：138pp.

杨星科. 秦岭西段及甘南地区昆虫[M]. 北京：科学出版社，2005：1055pp.

杨星科，杨集昆，李文柱. 中国动物志 昆虫纲 第三十九卷 脉翅目：草蛉科[M]. 北京：科学出版社，2005：398pp.

杨星科. 叉草蛉属Dichochrysa中国种类订正（脉翅目：草蛉科）[J]. 昆虫分类学报，1995，17（增刊）：26-34.

杨玉霞. 中国豆芫菁 Epicauta 分类研究（鞘翅目：拟步甲总科：芫菁科）[D]. 河北大学理学硕士学位论文. 2007：167pp.

殷惠芬，黄复生，李兆麟. 中国经济昆虫志 第二十九册 鞘翅目：小蠹科[M]. 北京：科学出版社，1984：205pp.

尹文英. 中国动物志 无脊椎动物 第十八卷 原尾纲[M]. 北京：科学出版社，1999：510pp.

尤大寿，归鸿. 中国经济昆虫志 第四十八册 蜉蝣目[M]. 北京：科学出版社，1995：152pp.

虞国跃. 中国瓢虫亚科图志[M]. 北京：化学工业出版社，2010：180pp.

虞佩玉，王书永，杨星科. 中国经济昆虫志 第五十四册 鞘翅目：叶甲总科（二）[M]. 北京：科学出版社，1996：324pp.

于潇翡，杜艳丽，刘永杰，张民照，张涛. 华北地区四种梢斑螟的遗传分化[J]. 昆虫知识，2009，46（6）：901-906.

虞以新主编. 中国蠓科昆虫名录及其检索表[M]. 北京：军事医学科学出版社，2005：187pp.

虞以新主编. 中国蠓科昆虫（昆虫纲，双翅目）第一、二卷[M]. 北京：军事医学科学出版社，2006：1699pp.

袁锋，周尧. 中国动物志 昆虫纲 第二十八卷 同翅目：角蝉总科：梨胸蝉科 角蝉科[M]. 北京：科学出版社，2002：590pp.

张广学，乔格侠，钟铁森，张万玉. 中国动物志 昆虫纲 第十四卷 同翅目：纩蚜科 瘿绵蚜科[M]. 北京：科学出版社，1999：380pp.

张广学，钟铁森. 中国经济昆虫志 第二十五册 同翅目：蚜虫类（一）[M]. 北京：科学出版社，1983：387pp.

张立，王红利. 北京小龙门林场地区的蝴蝶种类、分布及其季节性变化[J]. 北京师范大学学报（自然科学版），1998，34（2）：244-274.

张莉莉. 中国长足虻亚科系统分类研究（双翅目：长足虻科）[D]. 中国农业大学博士学位论文，2005：493pp.

张培毅. 雾灵山昆虫生态图鉴[M]. 哈尔滨：东北林业大学出版社，2013：418pp.

张荣祖. 中国动物地理[M]. 北京：科学出版社，1999：502pp.

张生芳，陈洪俊，薛银光. 储藏物甲虫彩色图鉴[M]. 北京：中国农业科学技术出版社，2008：188pp.

张生芳，樊新华，高渊，詹国辉. 储藏物甲虫[M]. 北京：科学出版社，2016：351pp.

张生芳，刘永平，武增强. 中国储藏物甲虫[M]. 北京：中国农业科技出版社，1998：444pp.

章士美，等. 中国经济昆虫志 第三十一册 半翅目（一）[M]. 北京：科学出版社，1985：242pp.

章士美，等. 中国经济昆虫志 第五十册 半翅目（二）[M]. 北京：科学出版社，1995：169pp.

章士美，赵泳祥. 中国农林昆虫地理分布[M]. 北京：中国农业出版社，1996：400pp.

张世权，王恭伟. 河北天牛名录初志[J]. 河北林学院学报，1992，7（1）：27-33.

张巍巍，李元胜. 中国昆虫生态大图鉴[M]. 重庆：重庆大学出版社，2011：692pp.

赵赴，李泽建，魏美才. 中国钩瓣叶蜂属二新种（膜翅目：叶蜂科）[J]. 昆虫分类学报，2010，32（增刊）：81-90.

赵建铭，梁恩义，史永善，周士秀. 中国动物志 昆虫纲 第二十三卷 双翅目：寄蝇科（一）[M]. 北京：科学出版社，2001：305pp.

赵建铭. 中国寄蝇科 Larvaevoridae（Tachinidae）的记述[J]. 昆虫学报，1962，11（1）：83-98.

赵养昌. 中国经济昆虫志 第四册 鞘翅目拟步行虫科[M]. 北京：科学出版社，1963：63pp.

赵养昌，陈元清. 中国经济昆虫志 第二十册 鞘翅目象虫科[M]. 北京：科学出版社，1980：184pp.

赵养昌，李鸿兴，高锦西. 中国仓库害虫区系调查[M]. 北京：农业出版社，1980：1-175pp.

赵仲苓. 中国经济昆虫志 第十二册 鳞翅目：毒蛾科[M]. 北京：科学出版社，1978：121pp.

赵仲苓. 中国经济昆虫志 第四十二册 鳞翅目：毒蛾科（二）[M]. 北京：科学出版社，1994：165pp.

赵仲苓. 中国动物志 昆虫纲 第三十卷 鳞翅目：毒蛾科[M]. 北京：科学出版社，2003：484pp.

赵仲苓. 中国动物志 昆虫纲 第三十六卷 鳞翅目：波纹蛾科[M]. 北京：科学出版社，2004：291pp.

郑乐怡，吕楠，刘国卿，许兵红. 中国动物志 昆虫纲 第三十三卷 半翅目：盲蝽科 盲蝽亚科[M]. 北京：科学出版社，2004：797pp.

郑哲民，夏凯龄. 中国动物志 昆虫纲 第十卷 直翅目：蝗总科 斑翅蝗科 网翅蝗科[M]. 北京：科学出版社，1998：610pp.

中国科学院动物研究所. 中国蛾类图鉴（I-IV）[M]. 北京：科学出版社，1983：484pp.

中国科学院动物所，浙江农业大学，等. 天敌昆虫图册[M]. 北京：科学出版社，1978：1-300.

中国科学院动物研究所. 中国蛾类图鉴 I [M]. 北京：科学出版社，1982.

中国科学院动物研究所. 中国蛾类图鉴 II [M]. 北京：科学出版社，1982.

中国科学院动物研究所. 中国蛾类图鉴 III [M]. 北京：科学出版社，1982.

中国科学院动物研究所. 中国蛾类图鉴 IV [M]. 北京：科学出版社，1983.

中国科学院动物研究所. 中国农业昆虫（上册）[M]. 北京：农业出版社，1986：776pp.

中国科学院动物研究所. 中国农业昆虫（下册）[M]. 北京：农业出版社，1987：1024pp.

中国林业科学研究院. 中国森林昆虫[M]. 北京：中国林业出版社，1983：1107pp.

周明牂，钟启谦，魏鸣钧. 华北农业害虫记录[M]. 北京：中华书局，1953：1-274pp.

周尧，路进生，黄桔，王思政. 中国经济昆虫志 第三十六册 同翅目：蜡蝉总科[M]. 北京：科学出版社，1985：152pp.

周尧主编. 中国蝶类志（上、下册）[M]. 郑州：河南科学技术出版社，1994：854pp.

祝长清，朱东明，尹新明，等. 河南昆虫志 鞘翅目（一）[M]. 郑州：河南科学技术出版社，1999：414pp.

朱弘复，陈一心. 中国经济昆虫志 第三册 鳞翅目：夜蛾科（一）[M]. 北京：科学出版社，1963：172pp.

朱弘复，方承莱，王林瑶. 中国经济昆虫志 第七册 鳞翅目：夜蛾科（三）[M]. 北京：科学出版社，1963：120pp.

朱弘复，王林瑶. 中国动物志 昆虫纲 第三卷 鳞翅目：圆钩蛾 科钩蛾科[M]. 北京：科学出版社，1991：269pp.

朱弘复，王林瑶. 中国动物志 昆虫纲 第五卷 鳞翅目：蚕蛾科 大蚕蛾科 网蛾科[M]. 北京：科学出版社，1996：302pp.

朱弘复，王林瑶. 中国动物志 昆虫纲 第十一卷 鳞翅目：天蛾科[M]. 北京：科学出版社，1997：410pp.

朱弘复，杨集昆，陆近仁，陈一心. 中国经济昆虫志 第六册 鳞翅目：夜蛾科（二）[M]. 北京：科学出版社，1964：183pp.

朱玉香. 中国伪叶甲亚科形态学和分类学研究（鞘翅目：伪叶甲科）[D]. 西南农业大学硕士学位论文，2003：129pp.

BOLOGNA, M. A. and PINTO, J. D. The Old World genera of Meloidae (Coleoptera): a key and synopsis[J]. Journal of Natural History, 2002, 36: 2013-2102.

GRESSITT, J. L. Longicorn beetles of China[J]. Longicornia, 1951,Vol. 2: 667pp.

GRICHANOV, I. Y. A check list of genera of the family Dolichopodidae (Diptera)[J]. Studia Dipterologica, 1999,6: 327-332.

HUA, L-Z. List of Chinese insects (Vol. II)[M]. Guangzhou: Sun Yat-sen University Press, 2002: 612pp.

HUA, L-Z. List of Chinese insects (Vol.III)[M]. Guangzhou: Sun Yat-sen University Press, 2002: 595pp.

HUA, L-Z. List of Chinese insects (Vol.IV)[M]. Guangzhou: Sun Yat-sen University Press, 2006: 540pp.

IWAN D & LÖBL (eds.). Catalogue of Palaearctic Coleoptera. Vol. 5[J]. Revivised and Updated second edition Tenebrionoidea. Koninklijke Brill NV, Leiden, The Netherlands, 2008: 945pp.

KRISTENSEN, N. P. & BEUTEL, R. G. Handbook of zoology. Anatural history of the phyla of the animal kingdom[J]. Volum IV. Arthropoda: Insecta. 2005, Part 38. Berlin-New York: Walter de Gruyter.

LÖBL, L. & SMETANA, A. Catalogue of Palaearctic Coleoptera Vol.1[M], Archostemata, Myxophaga, Adephaga. Stenstrup: Apollo Books, 2003: 819pp.

LÖBL, L. & SMETANA, A. Catalogue of Palaearctic Coleoptera Vol.2[M]. Hydrophiloidea, Histeroidea, Staphylinoidea. Stenstrup: Apollo Books, 2004: 942pp.

LÖBL, L. & SMETANA, A. Catalogue of Palaearctic Coleoptera Vol.3[M]. Scarabaeoidea, Scirtoidea, Dascilloidea, Buprestoidea, Byrrhoidea. Stenstrup: Apollo Books, 2006: 690pp.

LÖBL, L. & SMETANA, A. Catalogue of Palaearctic Coleoptera Vol.4[M]. Elateroidea, Derodontoidea, Bostrichoidea, Lymexyloidea, Cleroidea, Cucujoidea. Stenstrup: Apollo Books. 2007: 935pp.

LÖBL, L. & SMETANA, A. Catalogue of Palaearctic Coleoptera Vol.5[M]. Tenebrionoidea. Stenstrup: Apollo Books, 2008: 670pp.

中文名称索引

（按拼音排序，数字为描述所在页）

A

阿芬眼蝶	340
阿木尔宽花天牛	184
阿穆尔维界尺蛾	266
埃氏小河蜉	49
艾蒿隐头叶甲	176
艾锥额野螟	252
艾棕麦蛾	229
爱珍眼蝶	341
鞍背亚天牛	190
暗斑翅蜂虻	358
暗扁身夜蛾	308
暗钝夜蛾	309
暗褐蜩蟧	59
暗脉粉蝶	339
暗色圆鳖甲	160
暗秀夜蛾	310
凹缘金花天牛	185
奥地利黄胡蜂	375
奥尔短须寄蝇	364
奥裳夜蛾	316

B

八星粉天牛	199
白斑跗花金龟	125
白斑剑纹夜蛾	305
白斑迷蛱蝶	349
白斑银弄蝶	354
白背飞虱	76
白背皮蠹	134
白边切夜蛾	323
白带黑尺蛾	270
白带俚夜蛾	327
白点朋闪夜蛾	325
白毒蛾	296
白符等蚖	42
白钩蛱蝶	350
白钩小卷蛾	234
白黑首夜蛾	318
白桦棕麦蛾	229
白环红天蛾	281
白颈异齿舟蛾	288
白矩朱蛱蝶	350
白蜡脊虎天牛	195
白蜡窄吉丁	128
白脉粘夜蛾	327
白扇鳃	51
白肾灰夜蛾	329
白肾裳夜蛾	313
白条利天牛	210
白尾灰蜻	52
白星花金龟	126
白雪灯蛾	301
白眼蝶	343
斑刺小卷蛾	239
斑单爪鳃金龟	116
斑盗夜蛾	323
斑灯蛾	302
斑盾方头泥蜂	377
斑额隐头叶甲指名亚种	176
斑角缘花天牛	189
斑腿隐头叶甲	178
斑异盲蝽	81
斑缘豆粉蝶	338
半黄赤蜻	52
半洁涤尺蛾	262
半猛步甲	96
半纹腐阎虫	107
邦氏初姬蠊	58
棒须阳寄蝇	365
薄翅螳	55
薄荷金叶甲	171
薄叶脉线蛉	225
豹灯蛾	299
北方蓝目天蛾	282
北京斑翅蜂虻	357
北李褐枯叶蛾	275
北栖家蝇	367
北亚拟修天牛	210
背匙同蝽	85
笨蝗	62
比夜蛾	327
碧夜蛾	312
碧银冬夜蛾	319
萹蓄斑木虱	69
扁盾蝽	85
扁镰须夜蛾	336
扁足毛土甲	155
滨尸葬甲	101
缤夜蛾	330
冰清绢蝶	337
波莽夜蛾	334
波氏细锤角叶蜂	370
波氏长颈树蜂	372

波纹蛾	273	刺血喙蝇	367	淡边原花蝽	82
波纹斜纹象	219	枞灰尺蛾	262	淡翅红腹蜂	379
波原缘蝽	83	葱韭蓟马	68	淡红伪赤翅甲	151
布网蜘蛱蝶	346	粗绿彩丽金龟	123	淡黄污灯蛾	302
		粗腿驼舞虻	358	淡胸藜龟甲	169
C		醋栗尺蛾	258	淡足青步甲	96
		翠色狼夜蛾	331	盗毒蛾	298
菜蝽	87			盗条蜂	378
菜粉蝶	339	**D**		稻管蓟马	68
蚕豆影夜蛾	328			德国小蠊	55
灿福蛱蝶	347	达氏琵甲	152	弟兄鳃金龟	118
藏眼蝶	344	达乌里覆葬甲	102	帝网蛱蝶	348
草禾夜蛾	329	达乌里干葬甲	101	点基斜纹小卷蛾	232
草小卷蛾	233	达乌柱锹甲	109	点眉夜蛾	332
草雪苔蛾	300	大背胸暗步甲	92	雕角小步甲	97
侧斑异丽金龟	122	大草蛉	226	蝶青尺蛾	265
侧带内斑舟蛾	292	大地老虎	307	丁目大蚕蛾	277
叉角粪金龟	107	大红蛱蝶	351	东北丽蜡蝉	75
蟾眼蝶	345	大红裙扁身夜蛾	309	东北栎枯叶蛾	276
朝鲜白斑蜂虻	357	大棱夜蛾	311	东北拟修天牛	210
朝鲜大黑鳃金龟	115	大栗鳃金龟蒙古亚种	118	东方雏蝗	65
朝鲜东蚁蛉	227	大麻多节天牛	195	东方角蝇	367
朝鲜梗天牛	207	大毛眼蝶	343	东方蝼蛄	62
朝鲜环蛱蝶	349	大青叶蝉	74	东方茜草洲尺蛾	263
车粪蜣螂	111	大三角鲁夜蛾	336	东方切头叶甲	175
齿腹隐头叶甲	179	大头豆芫菁	148	东方小垫甲	159
齿恭夜蛾	322	大头金蝇	361	东方油菜叶甲	173
齿褐卷蛾	239	大头婪步甲	97	东风夜蛾	322
齿匙同蝽	85	大卫邻烁甲	157	东亚果蝽	86
齿星步甲	93	大牙土天牛	209	东亚艳虎天牛	193
齿爪长足泥蜂齿爪亚种	377	大艳眼蝶	340	斗毛眼蝶	343
赤巢螟	244	大隐翅甲	106	豆荚野螟	252
赤天牛	204	大云斑鳃金龟	119	豆扇野螟	253
赤杨镰钩蛾	257	戴锤角粪金龟	107	豆蚜	69
赤杨缘花天牛	188	戴单爪鳃金龟	117	豆长刺萤叶甲	165
翅痣瘤虻	357	戴利多脊萤叶甲	166	窦舟蛾	296
臭椿沟眶象	218	单刺蝼蛄	62	短带长毛象	218
纯白草螟	254	单环蛱蝶	349	短角露尾甲	162

短凯蛾螂	111	方斑墨蚜蝇	360	贯冬夜蛾	319
短毛斑金龟	127	方斑瓢虫	146	冠舟蛾	288
短毛草象	215	方胸蜉金龟	110	光背锯角叶甲	174
短扇舟蛾	285	仿白边舟蛾	290	光肩星天牛	196
短身古蚖	40	仿齿舟蛾	290	光剑纹夜蛾	306
短体刺甲	156	啡环蛱蝶	349	光亮拟天牛	151
短星翅蝗	63	分异发丽金龟	123	光轮小卷蛾	240
断条楔天牛	202	分月扇舟蛾	285	光裳夜蛾	315
钝齿婆鳃金龟	113	粉蝶尺蛾	261	广布弓背蚁	379
钝小峰斑螟	242	粉天牛	198	广二星蝽	88
钝圆筒喙象	220	粉缘钻夜蛾	320	广斧螳	55
多齿翅蚕蛾	257	粪堆粪金龟	108	广小卷蛾	237
多带天牛	204	风桦锤角叶蜂	369	龟纹瓢虫	145
多点齿刺甲	155	蜂巢螟	244	果梢斑螟	242
多脊草天牛	209	福婆鳃金龟	113		
多毛伪叶甲	158	斧木纹尺蛾	269	**H**	
多毛栉衣鱼	47	负秀夜蛾	310		
多色异丽金龟	121	富冬夜蛾	319	海灰夜蛾	333
多眼蝶	342	富金舟蛾	295	亥象	215
多伊棺头蟋	60			寒切夜蛾	323
多异瓢虫	144	**G**		蒿冬夜蛾	318
				蒿龟甲	168
E		甘薯肖叶甲	183	蒿金叶甲	171
		甘薯阳麦蛾	229	浩蝽	88
俄蓝金花天牛	185	甘肃虚幽尺蛾	261	合目大蚕蛾	278
厄内斑舟蛾	291	柑橘凤蝶	336	合台毒蛾	299
二点钳叶甲指名亚种	179	橄榄铅尺蛾	264	和列蛾	230
二点委夜蛾	311	高绳线毛蚖	38	核桃扁叶甲	173
二色希鳃金龟	115	缟裳夜蛾	315	褐巢螟	244
二十二星菌瓢虫	146	戈壁黄痔蛇蛉	224	褐翅格斑金龟	127
二纹柱萤叶甲	166	戈鞘蛾	230	褐翅黄纹草螟	256
二星瓢虫	136	鸽光裳夜蛾	321	褐翅皱葬甲	104
		沟眶象	218	褐带赤蜻	52
F		沟胸金叶甲指名亚种	172	褐带平冠沫蝉	74
		钩翅目天蛾	282	褐粉蠹	135
凡兜夜蛾	317	钩肛短须寄蝇	364	褐粉菲寄蝇	365
泛希姬蝽	83	古北泥蛉	224	褐梗天牛	207
		古钩蛾	258	褐脉粉尺蛾	270

褐网尺蛾	269	黑纹北灯蛾	299	红天角蜉	48
褐纹鲁夜蛾	336	黑纹冬夜蛾	318	红腿刀锹甲	108
褐纹树蚁蛉	226	黑纹粉蝶	339	红纹细突野螟	250
褐线尺蛾	259	黑斜纹象	214	红胸负泥虫	163
褐真蜣	89	黑胸大蠊	53	红眼蝶	342
褐蛛甲	134	黑胸虎天牛	194	红缘亚天牛	190
褐足角胸肖叶甲	182	黑胸散白蚁	56	红云翅斑螟	245
黑暗长角蛾	43	黑胸伪叶甲	158	红脂大小蠹	222
黑八点楔天牛	202	黑圆角蝉	74	红珠灰蝶	352
黑斑锥胸叩甲	130	黑缘褐纹卷蛾	239	红足地蜂	378
黑背狭胸步甲	100	黑缘红瓢虫	138	红足真蜣	89
黑背皱背姬蜂指名亚种	373	黑缘嚼蛉蟌	112	后甘夜蛾	325
黑翅脊筒天牛	199	黑中齿瓢虫	144	后委夜蛾	311
黑带二尾舟蛾	284	黑足厚缘肖叶甲	182	弧斑叶甲	172
黑带蚜蝇	359	黑足伪叶甲	158	弧齿爪鳃金龟	116
黑点粉天牛	198	横斑瓢虫	140	弧纹脊虎天牛	194
黑盾角胫叶甲	174	横带花蝇	368	胡麻霾灰蝶	353
黑盾锯角叶甲亚洲亚种	175	横带瓢虫	140	胡枝子克萤叶甲	165
黑缝隐头叶甲黑纹亚种	177	横断异盲蝽	80	胡枝子隐头叶甲	176
黑缶葬甲	104	横纹菜蝽	87	壶夜蛾	313
黑跗拟天牛	151	横纹沟芫菁	148	花背短柱叶甲	180
黑蜉金龟	109	红翅裸花天牛	187	花弄蝶	355
黑腹筒天牛	200	红翅肖亚天牛	190	花绒寄甲	135
黑覆葬甲	102	红翅皱膝蝗	63	花实夜蛾	324
黑广肩步甲	93	红带覆葬甲	102	华北白眼蝶	343
黑龟铁甲	169	红带皮蠹	133	华北大黑鳃金龟	116
黑环陌夜蛾	335	红点唇瓢虫	138	华北落叶松鞘蛾	230
黑胫菊拟天牛	151	红额瑟寄蝇	362	华波纹蛾	272
黑胫宽花天牛	184	红腹裳夜蛾	316	华微小卷蛾	234
黑脸油葫芦	60	红褐粒眼瓢虫	147	华夏爱灰蝶	351
黑龙江筒喙象	219	红黑维尺蛾	271	桦扁身夜蛾	309
黑鹿蛾	305	红环黄胡蜂	375	桦尺蛾	260
黑绒金龟	117	红黄野螟	255	桦脊虎天牛	193
黑色肩花蜣	82	红脚平爪鳃金龟	114	桦霜尺蛾	259
黑纱白眼蝶	344	红节天蛾	283	槐绿虎天牛	191
黑肾蜡丽夜蛾	326	红颈负泥虫	164	槐羽舟蛾	294
黑始丽盲蝽	81	红亮蜉金龟	109	环铅卷蛾	239
黑尾筒天牛	200	红天蛾	281	环橡波纹蛾	274

中文名称索引

荒夜蛾	307	黄缘伯尺蛾	262	肩脊草天牛	209
黄斑短突花金龟	126	黄缘隐头叶甲	177	剑纹夜蛾	306
黄斑青步甲	95	黄痣苔蛾	304	酱曲露尾甲	161
黄斑野螟	255	黄壮异蝽	84	焦点滨尺蛾	264
黄斑舟蛾	289	晃剑纹夜蛾	306	焦毛冬夜蛾	330
黄豹大蚕蛾	278	灰巢螟	243	角斑沙蜂	376
黄翅银弄蝶	354	灰翅绢粉蝶	337	角顶尺蛾	268
黄刺蛾	241	灰翅叶斑蛾	241	角后夜蛾	335
黄带厚花天牛	188	灰带管蚜蝇	360	角马蜂	374
黄带山钩蛾	258	灰飞虱	76	角线寡夜蛾	307
黄地老虎	307	灰胸突鳃金龟	119	结丽毒蛾	296
黄盾蜂蚜蝇	361	灰眼斑瓢虫	137	金翅单纹卷蛾	235
黄二星舟蛾	286	灰夜蛾	333	金黄螟	246
黄副铗虮	45	灰游尺蛾	263	金绿球胸象	221
黄股长角蚜蝇	359	灰羽舟蛾	293	金绿树叶象	220
黄褐棍腿天牛	204	灰舟蛾	286	金色扁胸天牛	203
黄褐卷蛾	237	茴香薄翅野螟	250	锦葵花弄蝶	355
黄褐箩纹蛾	278			锦瑟蛱蝶	350
黄褐幕枯叶蛾	275	**J**		菊四目绿尺蛾	270
黄褐异丽金龟	122			菊小筒天牛	201
黄花蝶角蛉	227	吉氏分阎甲	106	巨角怯寄蝇	366
黄环蛱蝶	350	棘腹夕蚖	37	巨胸暗步甲	92
黄环链眼蝶	343	棘胸筒叩甲	131	锯齿叉趾铁甲	170
黄肩长尾树蜂	371	脊步甲指名亚种	93	锯齿星舟蛾	286
黄胫宽花天牛	184	脊绿异丽金龟	121	锯花天牛	183
黄脸油葫芦	60	戟剑纹夜蛾	306	锯灰夜蛾	333
黄领蜂虻	357	戟眉线蛱蝶	348	锯胸叶甲	180
黄脉天蛾	280	蓟跳甲	170	绢粉蝶	337
黄脉艳苔蛾	300	冀地鳖	54	绢眼蝶	342
黄毛角胸步甲	99	家茸天牛	206	掘嚼蜣螂	112
黄毛蚁	380	家蝇	367	矍眼蝶	345
黄鞘婪步甲	98	尖翅筒喙象	219		
黄绒野螟	249	尖钩粉蝶	338	**K**	
黄臀短柱叶甲	180	尖突巨牙甲	101		
黄纹花天牛	187	尖纹虎天牛	193	咖啡脊虎天牛	193
黄纹曲虎天牛	192	尖锥额野螟	256	卡夜斑螟	245
黄纹野螟	254	间盗夜蛾	323	刻翅大步甲	95
黄星尺蛾	260	肩斑隐头叶甲	175	客来夜蛾	316

孔雀蛱蝶	348	丽斑芫菁	150	萝卜蚜	70
宽背金叩甲	132	丽草蛉	225	珞灰蝶	353
宽碧蝽	88	丽毒蛾	296	落叶松八齿小蠹	223
宽翅曲背蝗	66	丽金舟蛾	294	落叶松尺蛾	263
宽颚尖腹蜂	378	丽直脊天牛	201	落叶松锉叶蜂	371
宽胫夜蛾	334	利剑铅尺蛾	264	落叶松红腹叶蜂	370
宽太波纹蛾	273	栎光裳夜蛾	321	落叶松毛虫	274
款冬玉米螟	253	栎瘦花天牛	189	落叶松球果花蝇	368
阔华波纹蛾指名亚种	272	栎新小卷蛾	236	落叶松球蚜	72
阔胫萤叶甲	167	栎枝背舟蛾	287	落叶松腮扁叶蜂	369
		栗灰锦天牛	208	落叶松线小卷蛾	241
L		栗六点天蛾	281	落叶松小蠹	223
		唳盗夜蛾	324	绿豹蛱蝶	346
拉维尺蛾	271	镰大棱夜蛾	311	绿边绿芫菁	149
莱维斯郭公	160	镰尾露螽	59	绿步甲	94
蓝翅负泥虫	163	链弄蝶	354	绿金光伪蜻	51
蓝灰蝶	352	亮翅刀螳	56	绿孔雀夜蛾	330
蓝丽天牛	205	蓼蓝齿胫叶甲	174	绿蓝隐头叶甲无斑亚种	178
蓝目天蛾	282	林弯遮颜蛾	230	绿蓝隐头叶甲指名亚种	179
劳鲁夜蛾	335	麟角希夜蛾	322	绿尾大蚕蛾	277
老豹蛱蝶	346	菱斑巧瓢虫	145	绿艳扁步甲	98
雷氏草盲蝽	79	琉璃灰蝶	351	绿芫菁	149
类沙土甲	155	瘤翅尖爪铁甲	170	绿组夜蛾	310
棱额草盲蝽	78	瘤胸金花天牛	185	葎草洲尺蛾	263
冷靛夜蛾	312	柳角胸天牛	211		
冷杉短鞘天牛	204	柳裳夜蛾	315	**M**	
梨斑叶甲	174	柳十八斑叶甲	173		
梨光叶甲	181	柳紫闪蛱蝶	345	麻皮蝽	87
梨虎象	221	六斑绿虎天牛	191	麻竖毛天牛	212
梨金缘吉丁	129	六斑异瓢虫	136	麻胸锦叩甲	133
梨卷叶象	213	六齿小蠹	222	马铃薯瓢虫	143
梨六点天蛾	280	六星铜吉丁	129	麦央夜蛾	308
梨娜刺蛾	241	隆额网翅蝗	64	脉散纹夜蛾	313
黎戈灰蝶	352	隆脊绿象	216	漫扇舟蛾	285
李尺蛾	259	隆胸负泥虫	164	毛喙丽金龟	120
李黑痣小卷蛾	240	漏芦菊花象	219	毛基节菲寄蝇	365
李氏刺甲	156	芦寇狭颊寄蝇	362	毛角多节天牛	196
李小食心虫	235	鹿裳夜蛾	316	茂裳夜蛾	314

中文名称索引

帽斑紫天牛	205	拟紫斑谷螟	246	**Q**	
玫斑钻夜蛾	320	女贞尺蛾	267		
霉裙剑夜蛾	333	女贞首夜蛾	318	七斑长足瓢虫	143
美丽杆盲蝽	81			七星瓢虫	139
美苔蛾	302	**O**		砌石灯蛾	300
蒙古齿胸叩甲	131			槭烟尺蛾	269
蒙古高鳖甲	159	欧亚虎纹斑金龟	128	槭隐头叶甲	177
蒙古束颈蝗	63	欧洲草蛾	231	千岛花小卷蛾	235
蒙古异丽金龟	123	欧洲方喙象	217	前光裳夜蛾	322
蒙灰夜蛾	332			前星覆葬甲	103
蒙内斑舟蛾	291	**P**		强足通缘步甲	99
迷追寄蝇	363			蔷薇扁身夜蛾	309
迷走库蚊	356	耙掌泥蜂红腹亚种	377	青豹蛱蝶	347
秘夜蛾	330	排点灯蛾	301	青藏雏蝗	66
棉褐环野螟	251	胖遮眼象	215	青辐射尺蛾	266
灭字绿虎天牛	191	培甘弱脊天牛	202	青海草蛾	231
岷山目草蛉	248	鹏灰夜蛾	332	青铜网眼吉丁	129
明痣苔蛾	305	膨条瘤蛀	356	青云卷蛾	233
陌夜蛾	335	黑尺蛾	259	清文夜蛾	334
木霭舟蛾	288	平刺突娇异螋	84	清夜蛾	320
苜蓿多节天牛	195	平行大粒象	214	曲白带青尺蛾	265
苜蓿盲蝽	78	平影夜蛾	328	曲带闪蛱蝶	346
苜蓿夜蛾	325	平嘴壶夜蛾	313	曲角短翅芫菁	150
牧女珍眼蝶	340	苹刺裳夜蛾	314	曲毛瘤隐翅甲	106
暮逸夜蛾	313	苹果卷叶象	213	曲亡葬甲	105
		苹褐卷蛾	238	曲纹花天牛	186
N		苹黄卷蛾	233	曲线秘夜蛾	330
		苹枯叶蛾	275	曲线奴夜蛾	332
内蒙寡长足虻	358	苹毛丽金龟	124	曲线贫夜蛾	334
尼覆葬甲	103	珀光裳夜蛾	321	全北褐蛉	225
泥红槽缝叩甲	130	铺道蚁	380	缺环绿虎天牛	191
拟白腹皮蠹	134	菩提六点天蛾	280	雀纹天蛾	283
拟蜂纹覆葬甲	104	葡萄天蛾	279		
拟九斑瓢虫	139	普通黄胡蜂	376	**R**	
拟腊天牛	206				
拟扇舟蛾	294			日本菜叶蜂	369
拟凸眼绢金龟	120			日本大蠊	54
拟壮异螋	84				

· 407 ·

日本覆葬甲	102	深山珠弄蝶	354	丝光绿蝇	361
日本弓背蚁	379	肾毒蛾	297	丝光蚁	379
日本黑褐蚁	380	胜胱舟蛾	295	丝棉木金星尺蛾	259
日本虎甲	91	诗灰蝶	353	斯马蜂	374
日本象天牛	197	十斑裸瓢虫	137	斯氏球螋	67
日升古蚖	40	十二斑褐菌瓢虫	147	四斑厚花天牛	188
日土苔蛾	301	十二斑花天牛	186	四斑绢丝野螟	251
绒盾蝽	86	十二斑巧瓢虫	144	四斑裸瓢虫	137
绒绿细纹吉丁	129	十二齿小蠹	222	四斑长跗萤叶甲	167
绒星天蛾	279	十六斑黄菌瓢虫	141	四川淡网尺蛾	266
绒粘夜蛾	327	十六星直脊天牛	201	四带虎天牛	194
柔毛幽寄蝇	363	十三星瓢虫	143	四点苔蛾	302
		十四斑负泥虫	162	四点温寄蝇	366
		十四星裸瓢虫	138	四点象天牛	197
S		十一星瓢虫	141	四星尺蛾	267
				四月尺蛾	270
赛婆鳃金龟	114	石长黄胡蜂	374	松阿扁叶蜂	369
赛氏西蜣螂	113	市蝇	367	松褐卷蛾	237
三斑一角甲	147	嗜蒿冬夜蛾	318	松黑天蛾	280
三叉粪蜣螂	111	瘦眼花天牛	183	松栎枯叶蛾	276
三带虎天牛	192	瘦银锭夜蛾	329	松梢芒天牛	211
三带喙库蚊	356	瘦直扁足甲	154	松线小卷蛾	240
三点宽颚步甲	99	梳齿细突野螟	249	松叶小卷叶蛾	234
三棱草天牛	209	梳跗盗夜蛾	323	松幽天牛	208
三条扇野螟	254	鼠天蛾	283	溲疏小卷蛾	236
三条小筒天牛	201	双斑薄翅螟	250	苏角剑夜蛾	325
伞双突野螟	255	双斑草螟	248	酸枣光叶甲	181
桑剑纹夜蛾	306	双斑猛步甲	96	酸枣隐头叶甲指名亚种	178
桑绢丝野螟	250	双斑冥葬甲	104	绥远刺甲	157
桑窝额萤叶甲	165	双齿白边舟蛾	289	碎纹大步甲	94
沙柳窄吉丁	128	双簇污天牛	211	隧葬甲	105
沙泥蜂	376	双带窄缘萤叶甲	167	索特长角蛃	43
山西黑额蜓	51	双华波纹蛾	272		
山杨卷叶象	214	双铗虎甲	91		
山楂棕麦蛾	228	双尖嚼蜣螂	112	**T**	
山枝子尺蛾	260	双瘤槽缝叩甲	130		
扇内斑舟蛾	292	双色翡尺蛾	269	台湾长大蚜	73
裳夜蛾	315	双条松天牛	205	太波纹蛾	273
蛇眼蝶	344	双斜线尺蛾	267	泰丛卷蛾	235

· 408 ·

桃红颈天牛	203	网卑钩蛾	257	细黄胡蜂	375
桃剑纹夜蛾	306	网尺蛾	267	细角毘蝽	77
桃棕麦蛾	228	网翅蝗	64	细胫露尾甲	161
梯斑巧瓢虫	145	网目尺蛾	261	细条纹野螟	256
天目山巴蚖	39	网目土甲	154	细线细颚姬蜂	372
甜菜龟甲	169	网夜蛾	324	细胸锥尾叩甲	129
甜枣条麦蛾	228	网锥额野螟	252	细圆卷蛾	236
条斑次蚁蛉	226	微红梢斑螟	242	狭翅切叶野螟	251
条纹鸣蝗	66	微铜珠叩甲	132	夏厕蝇	368
条纹株阎甲	106	围绿单爪鳃金龟	117	夏枯草线须野螟	248
亭俚夜蛾	327	维金翅夜蛾	320	鲜黄鳃金龟	119
庭园发丽金龟	123	伪奇舟蛾	284	显裳夜蛾	314
铜翅虎甲	91	伪杂鳞库蚊	356	橡黑花天牛	186
铜绿虎甲	90	委夜蛾	311	肖二线绿尺蛾	271
铜绿花金龟	125	文扁蝽	83	肖浑黄灯蛾	303
铜绿异丽金龟	122	文步甲	95	小斑蜻	52
铜色淡步甲	98	纹迹烁划蝽	77	小黑通缘步甲	100
铜紫金叩甲	132	纹歧角螟	243	小红姬尺蛾	266
瞳筒天牛	200	乌苏里褶缘野螟	253	小红蛱蝶	351
筒腹奥斯寄蝇	364	污灯蛾	303	小黄长角蛾	228
筒小卷蛾	240	污毛凯蜣螂	111	小灰长角天牛	206
透顶单脉色蟌	51	无色虱蛄	67	小脊斑螟	247
突角通缘步甲	100	梧州蜉	48	小卷叶象	214
突角小粉蝶	338	舞毒蛾	298	小阔胫玛绢金龟	120
涂析夜蛾	335	兀尺蛾	262	小麦负泥虫	164
土斑长角蚜蝇	359			小麦叶蜂	370
土孔夜蛾	317	**X**		小欧盲蝽	78
土夜蛾	329			小青花金龟	126
土舟蛾	295	西北斑芫菁	150	小秋黄尺蛾	262
驼尺蛾	268	西北豆芫菁	148	小雀斑龙虱	90
驼古嗡蜣螂	112	西伯利亚草盲蝽	79	小原等蜉	43
椭体直缝叩甲	131	西伯利亚绿象	216	小圆皮蠹	133
		西伯利亚原花蝽	82	小赭弄蝶	355
W		西伯毛锤角叶蜂	371	筱客来夜蛾	317
		西方云眼蝶	342	斜斑鼓额蚜蝇	360
袜纹夜蛾	312	西冷珍蛱蝶	347	斜斑虎甲	92
弯齿琵甲	153	稀点雪灯蛾	304	谐夜蛾	320
弯拟细裳蜉	49	喜凤舟蛾	293	谢氏阎甲	106

409

心斑绿螆	50	杨叶甲	172	榆隐头叶甲	177
心形刺甲	156	杨逸色夜蛾	326	玉米螟	71
星白雪灯蛾	304	药材甲	135	郁钝夜蛾	309
星点弄蝶	355	野蚕黑瘤姬蜂	372	元厕蝇	368
凶野长须寄蝇	365	一色兜夜蛾	317	原齿琵甲	154
胸突奥郭公	160	伊诺小豹蛱蝶	346	圆点斑芫菁	150
朽木夜蛾	312	艺影夜蛾	328	圆顶梳龟甲	168
虚幽尺蛾	261	异安夜蛾	326	圆后黑小卷蛾	236
玄灰蝶	353	异角青步甲	96	圆筒筒喙象	220
旋阴夜蛾	324	异宽花天牛	184	圆胸短翅芫菁	149
炫夜蛾	307	异色瓢虫	142	缘斑歧角螟	243
雪尾尺蛾	268	阴卜夜蛾	312	缘点尺蛾	267
荨麻奥盲蝽	79	银斑豹蛱蝶	351	远东星甲	162
荨麻蛱蝶	345	银翅黄纹草螟	256	月光枯叶蛾	277
		银翅亮斑螟	247	云斑白条天牛	208
Y		银二星舟蛾	287	云斑带蛾	283
		银光草螟	248	云粉蝶	340
鸭跖草负泥虫	163	银装冬夜蛾	319	云杉阿扁叶蜂	369
芽斑虎甲	91	隐斑瓢虫	142	云杉大墨天牛	198
亚奂夜蛾	308	隐藏珍眼蝶	341	云杉小墨天牛	197
亚角游尺蛾	264	印铜夜蛾	333	云纹虎甲	92
亚麻篱灯蛾	303	英雄珍眼蝶	341		
烟灰阴翅斑螟	247	优雅蝈螽	58	**Z**	
烟灰舟蛾	290	幽洒灰蝶	353		
延安红脊角蝉	75	油松叶小卷蛾	234	杂毛合垫盲蝽	80
衍狼夜蛾	331	油泽琵甲	152	杂色栉甲	157
艳银钩夜蛾	331	疣肛彩寄蝇	366	枣桃六点天蛾	280
焰夜蛾	334	疣蝗	64	渣石斑螟	245
燕尾舟蛾	287	游荡蜉金龟	110	柞栎象	217
杨二尾舟蛾	284	鱼藤跗虎天牛	192	窄角幽寄蝇	363
杨褐枯叶蛾	274	榆白边舟蛾	289	窄直禾夜娥	331
杨黑枯叶蛾	276	榆白长翅卷蛾	232	粘虫步甲	94
杨红颈天牛	203	榆黄足毒蛾	297	粘夜蛾	326
杨剑舟蛾	292	榆津尺蛾	260	樟泥色天牛	212
杨柳光叶甲	181	榆绿毛萤叶甲	168	长瓣草螽	58
杨柳绿虎天牛	191	榆绿天蛾	279	长瓣树蟋	60
杨目天蛾	282	榆木蠹蛾	232	长褐卷蛾	238
杨雪毒蛾	298	榆三节叶蜂	371	长角草蛾	231

长毛草盲蝽	79	中华雏蝗	65	皱胸粒肩天牛	207
长毛花金龟	125	中华大刀螳	56	珠蝽	89
长眉眼尺蛾	269	中华粉蠹	135	竹淡黄野螟	249
长尾管蚜蝇	360	中华弧丽金龟	124	蠋步甲	97
沼生陷等蚋	42	中华寰螽	57	苎麻双脊天牛	211
折线蛱蝶	348	中华疾灶螽	61	紫斑谷螟	245
赭小内斑舟蛾	291	中华库蚊	356	紫翅果蝽	86
榛褐卷蛾	238	中华萝藦肖叶甲	182	紫光盾天蛾	281
榛卷叶象	212	中华裸角天牛	207	紫黑扁身夜蛾	308
榛象	217	中华毛郭公甲	160	紫金翅夜蛾	319
织网夜蛾	324	中华琵甲	152	紫菀沟胫野螟	253
直齿爪鳃金龟	115	中华瓢虫	141	紫线尺蛾	261
直蜉金龟	110	中华钳叶甲	179	紫榆叶甲	171
直角通缘步甲	99	中华星天牛	196	紫缘常绿天牛	203
直脉青尺蛾	265	中华长角圆蚋	44	棕拉步甲	94
直同蝽	84	中桥夜蛾	310	棕狭肋鳃金龟	114
中斑赫氏筒天牛	199	中长黄胡蜂	373	鬃胫狭颊寄蝇	362
中国覆葬甲	103	肿腿花天牛	187	纵凹东鳖甲	159
中国绿刺蛾	241	舟山筒天牛	200	纵坑切梢小蠹	223
中国原蚓	38	皱亡葬甲	105	祖氏皮金龟	108
中黑肖亚天牛	189	皱纹琵甲	153		

拉丁文名称索引
(种或亚种的本名在前，属名在后)

A

Abraxas grossulariata	258
Abraxas suspecta	259
Acanthocinus griseus	206
Acantholyda piceacola	33
Acantholyda piceacola	369
Acantholyda posticalis	34
Acantholyda posticalis	369
Acanthosomatidae	84
Acleris ulmicola	232
Aclypea daurica	101
Acmaeops angusticollis	183
Acrididae	66
Acrobasis obtusella	242
Acronicta catocaloida	305
Acronicta euphorbiae	306
Acronicta incretata	306
Acronicta leporina	306
Acronicta leucocuspis	306
Acronicta major	306
Acronicta radiata	306
Actias selene	277
Actinotia polyodon	307
Adalia bipunctata	136
Adelges (Adelges) laricis	29
Adelges laricis	72
Adelgidae	72
Adelidae	228
Adelphocoris lineolatus	78
Adoretus hirsutus	120
Adosomus parallelocollis	214
Aegosoma sinicum sinicum	207
Aeshnidae	51
Agapanthia amurensis	195
Agapanthia daurica daurica	195
Agapanthia pilicornis pilicornis	196
Aglais urticae	345
Aglia tau amurensis	277
Agrilus moerens	128
Agrilus planipennis	128
Agriotes subvittatus subvittatus	129
Agroperina lateritia	307
Agrotis segetum	307
Agrotis tokionis	307
Agrypnus argillaceus argillaceus	130
Agrypnus bipapulatus	130
Aiolocaria hexaspilota	136
Alcis castigataria	259
Alcis repandata	259
Aletia conigera	307
Allata laticostalis	284
Altica cirsicola	170
Amara gigantea	92
Amara macronota	92
Amarysius altajensis altajensis	189
Amarysius sanguinipennis	190
Amatidae	305
Ambrostoma quadriimpressum quadriimpressum	171
Ammophila sabulosa	376
Ampedus sanguinolentus sanguinolentus	130
Ampelophaga rubiginosa	279
Amphipoea asiatica	308
Amphipoea fucosa	308
Amphipyra erebina	308
Amphipyra livida	308
Amphipyra monolitha	309
Amphipyra perflua	309
Amphipyra schrenckii	309
Amurrhyparia leopardinula	299
Anacronicta caliginea	309
Anacronicta infausta	309
Anania hortulata	248
Anaplectoides prasina	310
Anarsia bipinnata	228
Anatis ocellata	137
Anatolica externecoastata	159
Andrena haemorrhoa japonibia	378
Andrenidae	378
Angaracris rhodopa	63
Angerona prumaria	259
Anomala aulax	121
Anomala chamaeleon	121
Anomala corpulenta	122
Anomala corpulenta	30
Anomala exoleta	122
Anomala luculenta	122
Anomala mongolica mongolica	123
Anomis mesogona	310

Anoplistes halodendri ephippium	190
Anoplistes halodendri pirus	190
Anoplophora chinensis	196
Anoplophora glabripennis	196
Anthaxia proteus	129
Anthaxia reticulata reticulata	129
Anthicidae	147
Anthocoridae	82
Anthocoris limbatus	82
Anthocoris sibiricus	82
Anthomyiidae	368
Anthophora plagiata	378
Anthrenus verbasci	133
Anticypella diffusaria	259
Aoria nigripes	182
Apamea illyria	310
Apamea veterina	310
Apatophysis siversi	183
Apatura ilia	345
Apatura laverna	346
Apha yunnanensis	283
Aphalara polygoni	69
Aphalaridae	69
Aphantopus hyperantus	340
Aphididae	69
Aphis craccivora	69
Aphodius breviusculus	109
Aphodius erraticus	110
Aphodius impunctatus	109
Aphodius quadratus	110
Aphodius rectus	110
Apidae	378
Apoderus coryli	212
Aporia crataegi	337
Aporia potanini	337
Apotomis capreana	232
Apriona rugicollis rugicollis	207
Aradidae	83
Aradus hieroglyphicus	83
Araschnia burejana	346
Archips ingentanus	233
Arctia caja	299
Arctia falvia	300
Arctiidae	299
Arctornis l-nigrum	296
Arcyptera coreana	64
Arcyptera fusca	64
Arcypteridae	64
Arge captiva	371
Argidae	371
Argynnis paphia	346
Argyronome laodice	346
Arhopalus rusticus rusticus	207
Arhopalus coreanus	207
Arichanna melanaria	260
Aricia chinensis chinensis	351
Aromia bungii	203
Aromia orientalis	203
Arytrura musculus	311
Arytrura subfalcata	311
Ascalaphidae	227
Ascalaphus sibiricus	227
Asemum striatum	208
Aspidimorpha difformis	168
Aspitates geholaria	260
Astegania honesta	260
Astynoscelis degener degener	208
Asura flavivenosa	300
Athalia japonica	369
Athetis furvula	311
Athetis gluteosa	311
Athetis lepigone	311
Atlanticus sinensis	57
Atomaria lewisi	162
Atrachya menetriesii	165
Attelabidae	212
Autographa excelsa	312
Autosticha modicella	230
Autostichidae	230
Axylia putris	312

B

Baculentulus tianmushanensis	39
Basilepta fulvipes	182
Batocera horsfieldi	208
Belciades niveola	312
Bembix niponica	376
Bena prasinana	312
Berberentomidae	38
Biston betularia	260
Blaps chinensis	152
Blaps davidis	152
Blaps eleodes	152
Blaps femoralis femoralis	153
Blaps rugosa	153
Blastobasidae	230
Blattaria	53
Blattella germauica	55
Blattellidae	55
Blattidae	53
Blindus strigosus	154
Bolbotrypes davidis	107
Bombomyia vitellinus	357
Bombylella koreanus	357
Bombyliidae	357
Bomolocha stygiana	312
Bostrichidae	135
Bothrideridae	135
Bothynoderes declivis	214
Brachyta amurensis	184
Brachyta bifasciata bifasciata	

		184	*Calyptra thalictri*	313	*Catocala nupta*	315
Brachyta interrogationis		184	*Camponotus herculeanus*	379	*Catocala obscena*	316
Brachyta variabilis variabilis			*Camponotus japonicus*	379	*Catocala pacta*	316
		184	Carabidae	90	*Catocala proxeneta*	316
Brahmaea certhia		278	*Carabus canaliculatus*		*Catoptria mienshani*	248
Brahmaeidae		278	*canaliculatus*	93	*Celastrina argiolus*	351
Brahmina crenicollis		113	*Carabus crassesculptus*	94	*Celypha flavipalpana*	233
Brahmina faldermanni		113	*Carabus granulatus telluris*	94	*Cephalcia lariciphila*	32
Brahmina sedakovi		114	*Carabus manifestus manifestus*		*Cephalcia lariciphila*	369
Brenthis ino		346		94	Cerambycidae	183
Bupalus vestalis		261	*Carabus sculptipennis*	95	*Ceratophyus polyceros*	107
Buprestidae		128	*Carabus smaragdinus*		Cercopidae	74
Byctiscus betulae		213	*smaragdinus*	94	*Ceromasia rubrifrons*	362
Byctiscus princeps		213	*Carabus vladsimirskyi*		*Cerura felina*	284
Byctiscus rugosus		214	*vladsimirskyi*	95	*Cerura menciana*	284
			Caradrina morosa	313	*Cetonia magnifica*	125
C			*Carcelia lucorum*	362	*Cetonia viridiopaca*	125
			Carcelia tibialis	362	*Chiasmia clathrata*	261
Caccobius brevis		111	*Carilia tuberculicollis*	185	*Chilocorus kuwanae*	138
Caccobius sordidus		111	*Carilia virginea aemula*	185	*Chilocorus rubidus*	138
Caligula boisduvali		278	*Carpocoris purpureipennis*	86	*Chionaema pratti*	300
Callambulyx tatarinovi		279	*Carpocoris seidenstueckeri*	86	*Chionarctia nivea*	301
Callerebia suroia		340	*Carpophilus delkeskampi*	161	*Chizuella bonneti*	58
Callidium aeneum aeneum	203		*Carpophilus hemipterus*	161	*Chlaenius micans*	95
Calliphoridae		361	*Carterocephalus dieckmanni*		*Chlaenius pallipes*	96
Calliptamus abbreviatus		63		354	*Chlaenius variicornis*	96
Callirhopalus sedakowii		215	*Carterocephalus silvicola*	354	*Chloebius immeritus*	215
Calliteara lunulata		296	*Cassida fuscorufa*	168	*Chloridolum lameeri*	203
Calliteara pudibunda		296	*Cassida nebulosa*	169	*Chlorophanus lineolus*	216
Callopistria venata		313	*Cassida pallidicollis*	169	*Chlorophanus sibiricus*	216
Calopterygidae		51	*Cassidispa mirabilis*	169	*Chlorophorus arciferus*	191
Calosoma denticolle		93	Catantopidae	63	*Chlorophorus diadema*	
Calosoma maximoviczi		93	*Catocala agitatrix*	313	*diadema*	191
Calothysanis comptaria		261	*Catocala bella*	314	*Chlorophorus figuratus*	191
Calvia decemguttata		137	*Catocala deuteronympha*	314	*Chlorophorus latofasciatus*	191
Calvia muiri		137	*Catocala doerriesi*	314	*Chlorophorus simillimus*	191
Calvia quatuordecimguttata			*Catocala electa*	315	*Chorthippus chinensis*	65
		138	*Catocala fraxini*	315	*Chorthippus intermedius*	65
Calyptra lata		313	*Catocala fulminea*	315	*Chorthippus qingzangensis*	66

拉丁文名称索引

Chrysanthia geniculata geniculata	151	*Clostera curtuloides*	285	*Copris tripartitus*	111
Chrysobothris affinis	129	*Clostera pigra*	285	*Coptocephala orientalis*	175
Chrysochus chinensis	182	*Clovia bipunctata*	74	Corduliidae	51
Chrysolina aurichalcea	171	*Clytra atrphaxidis asiatica*	175	Coreidae	83
Chrysolina exanthematica exanthematica	171	*Clytra laeviuscula*	174	*Coreus potanini*	83
Chrysolina sulcicollis sulcicollis	172	*Clytus arietoides*	192	*Corgatha argillacea*	317
		Cneorane elegans	165	Corixidae	77
		Cnephasia stephensiana	233	*Cosmia moderata*	317
		Cnethodonta grisescens	286	*Cosmia unicolor*	317
Chrysomela lapponica	172	*Coccinella magnifica*	139	Cossidae	232
Chrysomela populi	172	*Coccinella septempunctata*		*Crabro cribrarius*	377
Chrysomela salicivorax	173		139	Crambidae	248
Chrysomelidae	162	*Coccinella transversoguttata transversoguttata*	140	*Crambus bipartellus*	248
Chrysomya megacephala	361			*Crambus perlellus*	248
Chrysopa formosa	225	*Coccinella trifasciata*	140	*Craniophora albonigra*	318
Chrysopa pallens	226	*Coccinella undecimpunctata menetriesi*	141	*Craniophora ligustri*	318
Chrysopidae	225			*Creophilus maxillosus maxillosus*	106
Chrysorithrum amata	316	Coccinellidae	136		
Chrysorithrum flavomaculata	317	*Coccinula sinensis*	141	*Crioceris quatuordecimpunctata*	162
		Cochlidiidae	241		
Chrysotoxum festivum	359	*Coecobrya tenebricosa*	43	*Crocidophora auratalis*	249
Chrysotoxum vernale	359	*Coelioxys pieliana*	378	*Cryptocephalus bipunctatus cautus*	175
Cicadella viridis	74	Coenagrionidae	50		
Cicadellidae	74	*Coenonympha amaryllis*	340	*Cryptocephalus coerulans*	176
Cicindela coerulea nitida	90	*Coenonympha arcania*	341	*Cryptocephalus koltzei koltzei*	176
Cicindela gemmata gemmata	91	*Coenonympha hero*	341		
Cicindela japonica	91	*Coenonympha oedippus*	341	*Cryptocephalus kulibini kulibini*	176
Cicindela transbaicalica transbaicalica	91	*Colasposoma dauricum*	183		
		Coleophora gobincola	230	*Cryptocephalus lemniscatus*	177
Cifuna locuples	297	*Coleophora sinensis*	230		
Cimbex femorata	369	*Coleophora sinensis*	30	*Cryptocephalus limbellus semenovi*	177
Cinara formosana	29	Coleophoridae	230		
Cinara formosana	73	Coleoptera	90	*Cryptocephalus mannerheimi*	177
Cleonis pigra	217	*Colias erate*	338		
Cleridae	160	Collembola	382	*Cryptocephalus ochroloma*	177
Clinterocera scabrosa	125	Collembola	42		
Clossiana selenis	347	*Compsapoderus geminus*	214	*Cryptocephalus peliopterus peliopterus*	178
Clostera anastomosis	285	*Conocephalus gladiatus*	58		
Clostera anastomosis	32	*Copris ochus*	111	*Cryptocephalus pustulipes*	178

· 415 ·

Cryptocephalus regalis cyanescens	178
Cryptocephalus regalis regalis	179
Cryptocephalus stchukini	179
Cryptophagidae	162
Cteniopinus hypocrita	157
Ctenognophos grandinaria	261
Ctenognophos ventraria kansubia	261
Ctenolepsima villosa	47
Cucullia artemisiae	318
Cucullia asteris	318
Cucullia fraudatrix	318
Cucullia fuchsiana	319
Cucullia lampra	319
Cucullia perforata	319
Cucullia splendida	319
Culex pseudovishnui	356
Culex sinensis	356
Culex tritaeniorhynchus	356
Culex vagans	356
Culicidae	356
Curculio dentipes	217
Curculio dieckmanni	217
Curculionidae	214
Cylindera elisae elisae	92
Cylindera gracilis	91
Cylindera obliquefasciata obliquefasciata	92
Cymindis binotata	96
Cymindis daimio	96
Cyrtoclytus capra	192

D

Dactylispa angulosa	170
Damora sagana	347
Dastarcus helophoroides	135

Davidina armandi	342
Deileptenia ribeata	262
Delphacidae	76
Demobotys pervulgalis	249
Dendroctonus valens	222
Dendroleon pantherinus	226
Dendrolimus superan	30
Dendrolimus superans	274
Denticollis mongolicus	131
Dermaptera	67
Dermestes dimidiatus	134
Dermestes frischii	134
Dermestes vorax	133
Dermestidae	133
Deutoleon lineatus	226
Diachrysia chryson	319
Diachrysia witti	320
Diacrisia sannio	301
Diaprepesilla flavomarginaria	262
Dicellura	45
Dichomeris derasella	228
Dichomeris heriguronis	228
Dichomeris rasilella	229
Dichomeris ustalella	229
Dichrorampha sinensis	234
Dilichopodidae	358
Dioryctria pryeri	242
Dioryctria rubella	242
Diplura	382
Diplura	45
Diptera	356
Dolbina tancrei	279
Dolerus tritici	370
Dolichovespula media	373
Dolichovespula saxonica	374
Dolichus halensis	97
Dorysthenes paradoxus	209
Drepana curvatula	257

Drepanidae	257
Dyschirius tristis	97
Dysstroma hemiagna	262
Dytiscidae	90

E

Earias pudicana	320
Earias roseifera	320
Ecpyrrhorrhoe puralis	249
Ecpyrrhorrhoe rubiginalis	250
Ectinohoplia rufipes	114
Ectinus sericeus sericeus	131
Eilema japônica	301
Elasmostethus interstinctus	84
Elasmucha dorsalis	85
Elasmucha fieberi	85
Elateridae	129
Elphos insueta	262
Emmelia trabealis	320
Empididae	358
Enallagma cyathigerum	50
Enaptorrhinus convexiusculus	218
Enargia paleácea	320
Endotricha costaemaculalis	243
Endotricha icelusalis	243
Enicospilus lineolatus	372
Ennomos infidelis	262
Entomobryinae	43
Entomobryomorpha	42
Entomoscelis orientalis	173
Eodorcadion egregium	209
Eodorcadion humerale	209
Eodorcadion multicarinatum	209
Eosentomata	37
Eosentomidae	39

拉丁文名称索引

Eosentomon asahi	40	scrobiculatus	218	*Forficula tomis scudderi*	67
Eosentomon brevicorpusculum	40	*Euhampsonia cristata*	286	Forficulidae	67
Eotrichia niponensis	114	*Euhampsonia serratifera*	286	*Formica fusca*	379
Ephemera wuchowensis	48	*Euhampsonia splendida*	287	*Formica japonica*	380
Ephemerellidae	48	*Eumea linearicornis*	363	Formicidae	379
Ephemeroptera	48	*Eumea mitis*	363	Fulgoridae	75
Ephesia columbina	321	*Eumecocera callosicollis*	210	*Furcula furcula*	287
Ephesia dissimilis	321	*Eumecocera impustulata*	210		
Ephesia helena	321	*Euphyia cineraria*	263	**G**	
Ephesia praegnax	322	*Euphyia subangulata*	264		
Epiblema foenella	234	*Eupoecilia citrinana*	235	*Gagitodes olivacea*	264
Epicauta megalocephala	148	Eupterotidae	283	*Gagitodes sagittata*	264
Epicauta sibirica	148	*Eurois occulta*	322	*Galeruca dahlii vicina*	166
Epinotia gansuensis	234	*Euroleon coreaus*	227	*Gallerucida bifasciata*	166
Epinotia gansuensis	31	*Europiella artemisiae*	78	*Gametis jucunda*	126
Epinotia rubiginosana	234	*Eurydema dominulus*	87	*Gampsocleis gratiosa*	58
Epinotia rubiginosana	32	*Eurydema gebleri*	87	*Gampsocleis sedakovii obscura*	59
Epirrhoe hastulata reducta	263	*Eurygaster testudinaria*	85	*Gargara genistae*	74
Epirrhoe supergressa albigressa	263	*Eutetrapha elegans*	201	*Gastrolina depressa*	173
Episyrphus balteatus	359	*Eutetrapha sedecimpunctata sedecimpunctata*	201	*Gastropacha populifolia*	274
Erannis ankeraria	263	*Euxoa oberthuri*	323	*Gastropacha quercifolia cerridifolia*	275
Erannis ankeraria	30	*Euxoa sibirica*	323	*Gastrophysa atrocyanea*	174
Erebia alcmena -	342	*Everes argiades*	352	*Gaurotes ussuriensis*	185
Eristalinus cerealis	360	*Evergestis extimalis*	250	Gelechiidae	228
Eristalis tenax	360	*Evergestis junctalis*	250	*Geometra glaucaria*	265
Erthesina fullo	87	*Exangerona prattiaria*	264	*Geometra papilionaria*	265
Erynnis montanus	354	*Exorista mimula*	363	*Geometra valida*	265
Ethmia dodecea	231	*Eysarcoris ventralis*	88	Geometridae	258
Ethmia nigripedella	231			*Geotrupes stercorarius*	108
Ethmia ubsensis	231	**F**		Geotrupidae	107
Ethmiidae	231			Gerridae	77
Eucarta virgo	322	*Fabriciana adippe*	347	*Gerris gracilicornis*	77
Euclidia dentate	322	*Fannia canicularis*	368	*Glaucopsyche lycormas lycormas*	352
Eucosma ommatoptera	235	*Fannia prisca*	368	*Glycyphana fulvistemma*	126
Eucryptorrhynchus brandti	218	Fanniidae	368	*Glyphodes pyloalis*	250
Eucryptorrhynchus		*Filientomon takanawanum*	38	*Glyphodes quadrimaculalis*	251
		Fleutiauxia armata	165		
		Folsomia candida	42		

• 417 •

Gnorimus subopacus	127	*Heliothis dipsacea*	325	*Hoplia cincticollis*	117
Gnorismoneura orientis	235	*Heliothis ononis*	324	*Hoplia davidis*	117
Gonepteryx mahaguru	338	Hemerobiidae	225	*Horisme staudingeri*	266
Gonioctena fulva	174	*Hemerobius humulinus*	225	*Hupodonta lignea*	288
Gonocephalum reticulatum	154	*Hemicrepidius oblongus*	131	*Hybomitra expollicata*	356
Grapholita funebrana	235	*Hemipenthes beijingensis*	357	*Hybomitra stigmoptera*	357
Gryllidae	60	*Hemipenthes maura*	358	*Hybos grossipes*	358
Gryllotalpa orientalis	62	Hemiptera	69	*Hycleus solonicus*	148
Gryllotalpa unispina	62	*Hemisodorcus rubrofemoratus*		*Hydraecia amurensis*	325
Gryllotalpidea	62	*rubrofemoratus*	108	Hydrophilidae	101
		Henosepilachna		*Hydrophilus acuminatus*	101
		vigintioctomaculata	143	*Hyloicus caligineus sinicus*	280
H		*Hercostomus neimengensis*		Hymenoptera	369
			358	*Hypatopa silvestrella*	230
Habrosyne conscripta		*Herpetogramma pseudomagna*		*Hypersypnoides astrigera*	325
conscripta	272		251	*Hypobarathra icterias*	325
Habrosyne dieckmanni	272	Hesperentomidae	37	*Hyponephele dysdora*	342
Habrosyne pyritoides	272	*Hesperentomon pectigastrulum*		*Hypsopygia glaucinalis*	243
Hadena aberrans	323		37	*Hypsopygia mauritialis*	244
Hadena confuse	323	Hesperiidae	354	*Hypsopygia pelasgalis*	244
Hadena corrupta	323	*Heteropterus morpheus*	354	*Hypsopygia regina*	244
Hadena rivularis	324	*Hexafrenum leucodera*	288	*Hypsosoma mongolica*	159
Hadula trifolii	324	*Hierodula patellifera*	55		
Haematobia exigua	367	*Hilyotrogus bicoloreus*	115	**I**	
Haematobosca sanguinolenta		*Himacerus apterus*	83		
	367	*Hippodamia septemmaculata*		Ichneumonidae	372
Halictidae	379		143	*Idaea muricata*	266
Halyzia sedecimguttata	141	*Hippodamia tredecimpunctata*		*Illiberis hyalina*	241
Haplothrips aculeatus	68		143	*Inachis io*	348
Haplotropis brunneriana	62	*Hippodamia variegate*	144	Insecta	383
Haritalodes derogata	251	*Hispellinus moerens*	170	Insecta	47
Harmonia axyridis	142	*Hister sedakovi*	106	*Iotaphora admirabilis*	266
Harmonia yedoensis	142	Histeridae	106	*Ipimorpha subtusa*	326
Harpalus capito	97	*Holotrichia diomphalia*	115	*Ips acuminatus*	222
Harpalus pallidipennis	98	*Holotrichia koraiensis*	115	*Ips sexdentatus*	222
Harpyia umbrosa	287	*Holotrichia oblita*	116	*Ips subelongatus*	223
Heliophobus texturata	324	*Holotrichia sichotana*	116	*Ips subelongatus*	34
Helcystogramma triannulella		*Homidia sauteri*	43	*Irochrotus mongolicus*	86
	229	*Hoplia aureola*	116	Isoptera	56
Heliophobus reticulata	324				

Isotomidae	42
Isotomurus palustris	42
Itagonia provostii	154
Ivela ochropoda	297

K

Kerala decipiens	326
Kirinia epimenides	342

L

Labidostomis chinensis	179
Labidostomis urticarum urticarum	179
Lacanobia aliena	326
Lachnidae	73
Laciniodes abiens	266
Laciniodes plurilinearia	267
Lagria atripes	158
Lagria hirta	158
Lagria nigricollis	158
Lamprodila limbata	129
Laodamia faecella	245
Laodelphax striatellus	76
Laothoe amurensis	280
Larinus scabrirostris	219
Lasiocampidae	274
Lasiommata deidamia	343
Lasiommata majuscula	343
Lasiotrichius succinctus	127
Lasius flavus	380
Leiopus albivittis albivittis	210
Lema diversa	163
Lema fortunei	163
Lema honorata	163
Lemyra jankowskii	302
Lepidoptera	228
Lepismatidae	47

Leptidea amurensis	338
Leptocimbex potanini	370
Leptophlebiidae	49
Leptura aethiops	186
Leptura annularis	186
Leptura duodecimguttata duodecimguttata	186
Leptura ochraceofasciata ochraceofasciata	187
Lepyrus japonicus	219
Leucania comma	326
Leucania velutina	327
Leucania venalba	327
Leucoma condida	298
Leucomelas juvenilis	327
Libellula quadrimaculata	52
Libellulidae	52
Lilioceris merdigera	164
Lilioceris sieversi	164
Limenitis homeyeri	348
Limenitis sydyi	348
Limois kikuchi	75
Linnaemya olsufjevi	364
Linnaemya picta	364
Lipaphis erysimi	70
Liposcelididae	67
Liposcelis decolor	67
Lithacodia deceptoria	327
Lithacodia gracilior	327
Lithosia quadra	302
Lixus acutipennis	219
Lixus amurensis	219
Lixus fukienesis	220
Lixus subtilis	220
Loepa katinka	278
Lomaspilis marginata	267
Lophocosma atriplaga	288
Lopinga achine	343
Loxoble mmus doenitzi	60

Loxostege aeruginalis	252
Loxostege sticticalis	252
Lucanidae	108
Lucilia sericata	361
Luprops orientalis	159
Lycaeides argyrognomon	352
Lycaenidae	351
Lyctus brunneus	135
Lyctus sinensis	135
Lygephila lubrica	328
Lygephila ludicra	328
Lygephila viciae	328
Lygus discrepans	78
Lygus renati	79
Lygus rugulipennis	79
Lygus sibiricus	79
Lymantria dispar	298
Lymantria dispar	31
Lymantridae	296
Lytta caraganae	149
Lytta suturella	149

M

Macdunnoughia confuse	329
Machaerotypus yananensis	75
Macrochthonia fervens	329
Malacosoma neustria testacea	275
Malacosoma neustria testacea	32
Maladera orientalis	117
Mantidae	55
Mantis religiosa sinica	55
Mantodea	55
Margarinotus striola striola	106
Maruca vitrata	252
Marumba gaschkewitschi	

complacens	280	Miridae	78	*Neptis themis*	350
Marumba gaschkewitschi	280	*Mniotype adusta*	330	*Nerice davidi*	289
Marumba jankowskii	280	*Moechotypa diphysis*	211	*Nerice leechi*	289
Marumba sperchius	281	*Molorchus minor minor*	204	*Neuronema laminatum*	225
Matrona basilaris	51	*Moma alpium*	330	Neuroptera	225
Megachilidae	378	*Monema flavescens*	241	*Nicrophorus concolor*	102
Megaloptera	224	*Mongolotettix vittatus*	66	*Nicrophorus dauricus*	102
Megaspilates mundataria	267	*Monochamus sutor longulus*		*Nicrophorus investigator*	102
Melanargia epimede	343		197	*Nicrophorus japonicus*	102
Melanargia halimede	343	*Monochamus urussovii*	198	*Nicrophorus maculifrons*	103
Melanargia lugens	344	*Monolepta quadriguttata*	167	*Nicrophorus nepalensis*	103
Melanchra persicariae	329	*Musca bezzii*	367	*Nicrophorus sinensis*	103
Melanostoma mellinum	360	*Musca domestica*	367	*Nicrophorus vespilloides*	104
Melitaea diamina	348	*Musca sorbens*	367	Nitidulidae	161
Melixanthus adamsi	180	*Muschampia teessellum*	355	*Nivellia sanguinosa*	187
Meloe corvinus	149	Muscidae	367	Noctuidae	305
Meloe proscarabeaus proscarabaeus	150	*Mutuuraia terrealis*	253	*Notodonta dembowskii*	289
Meloidae	148	*Myas cuprescens*	98	*Notodonta torva*	290
Melolontha frater frater	118	*Mylabris aulica*	150	Notodontidae	284
Melolontha hippocastani mongolica	118	*Mylabris sibirica*	150	*Notoxus trinotatus*	147
		Mylabris speciosa	150	*nthomyia illocata*	368
Melolontha incana	119	Myrmeleontidae	226	*Nupserha infantula*	199
Membracidae	74	*Mythimna divergens*	330	*Nyctegretis lineana katastrophella*	245
Menesia sulphurata	202	*Mythimna turca*	330	Nymphalidae	340
Merohister jekeli	106	*Myzia gebleri*	144	*Nymphalis vau-album*	350
Mesoligia furuncula	329				
Mesomorphus villiger	155	**N**		**O**	
Mesosa japonica	197				
Mesosa myops	197	Nabidae	83	*Oberea herzi*	199
Metacolpodes buchanani	98	*Nacna malachites*	330	*Oberea inclusa*	200
Metendothenia atropunctana	236	*Narosoideus flavidorsalis*	241	*Oberea nigriventris nigriventris*	200
		Naxa seriaria	267		
Microblepsis acuminata	257	*Necrodes littoralis*	101	*Oberea pupillata*	200
Miltochrista miniata	302	*Nemophora staudingerella*	228	*Oberea reductesignata*	200
Mimathyma schrenckii	349	*Neocalyptis liratana*	236	*Oberthueria caeca*	257
Mimela holosericea holosericea	123	Neoephemeridae	49	*Ochlodes venata*	355
		Neptis philyra	349	*Ochropleura praecox*	331
Minois dryas	344	*Neptis philyroides*	349	*Ochropleura stentzi*	331
		Neptis rivularis	349		

拉丁文名称索引

Ochthephilum densipenne	106
Odonata	50
Odonestis pruni	275
Odontosiana schistacea	290
Oecanthidae	60
Oecanthus longicauda	60
Oedecnema gebleri	187
Oedemera lucidicollis flaviventris	151
Oedemera subrobusta	151
Oedemeridae	151
Oedipodidae	63
Oenopia bissexnotata	144
Oenopia conglobata conglobate	145
Oenopia scalaris	145
Oiceoptoma subrufum	104
Okeanos quelpartensis	88
Olenecamptus clarus	198
Olenecamptus cretaceus cretaceus	198
Olenecamptus octopustulatus	199
Olethreutes captiosana	236
Olethreutes electana	236
Olethreutes examinatus	237
Oligia arctides	331
Omadius tricinctus	160
Omosita colon	162
Oncocera semirubella	245
Onthophagus bivertex	112
Onthophagus fodiens	112
Onthophagus gibbulus gibbulus	112
Onthophagus marginalis nigrimargo	112
Oodescelis punctatissima	155
Opatrum subaratum	155
Ophthalmitis irroraria	267
Oreta pulchripes	258
Orthetrum albistylum	52
Orthops mutans	79
Orthoptera	57
Orthotylus flavosparsus	80
Ostrinia scapulalis	253
Oswaldia eggeri	364
Oulema erichsoni	164
Oupyrrhidium cinnabarium	204
Ourapteryx nivea	268

P

Pachybrachis ochropygus	180
Pachybrachis scriptidorsum	180
Pachyta mediofasciata	188
Pachyta quadrimaculata	188
Palaedrepana harpagula	258
Pallasiola absinthii	167
Palmodes occitanicus perplexus	377
Palomena viridissima	88
Pamphagidae	62
Pamphiliidae	369
Panchrysia ornate	331
Pandemis chlorograpta	237
Pandemis cinnamomeana	237
Pandemis corylana	238
Pandemis emptycta	238
Pandemis heparana	238
Pandemis phaedroma	239
Pangrapta vasava	332
Panzeria excellens	365
Papilio xuthus	336
Papilionidae	336
Paracardiophorus sequens sequens	132
Paracolax derivalis	332
Paraglenea fortunei	211
Parajapygidae	45
Parajapyx isabellae	45
Paralebeda femorata	276
Paralebeda plagifera	276
Paraleptophlebia cincta	49
Paranerice hoenei	290
Pararcyptera microptera meridionalis	66
Parasa sinica	241
Paratalanta ussurialis	253
Parena tripunctata	99
Parnassius citrinarius	337
Paropsides soriculata	174
Patania ruralis	253
Peleteria ferina	365
Pelochrista arabescana	239
Pelurga comitata	268
Pentatoma rufipes	89
Pentatoma semiannulata	89
Pentatomidae	86
Pergesa askoldensis	281
Pergesa elpenor lewisi	281
Pericallia matronula	302
Peridea elzet	291
Peridea gigantea	291
Peridea graesri	291
Peridea grahami	292
Peridea lativitta	292
Periplaneta fuliginosa	53
Periplaneta japonica	54
Perissus laetus	192
Peronomerus auripilis	99
Phalonidia zygota	239
Phaneroptera falcata	59
Phebellia fulvipollinis	365
Phebellia setocoxa	365
Phengaris teleia	353
Pheosia rimosa	292

Pheosiopsis cinerea	293	*Polia bombycina*	332	*Pseudeurostus hilleri*	134
Phlaeothripidae	68	*Polia goliath*	332	*Pseudeustrotia candidula*	334
Phlyphaga plancyi	54	*Polia nebulosa*	333	*Pseudocatharylla simplex*	254
Phosphuga atrata atrata	104	*Polia serratilinea*	333	*Pseudocneorhinus sellatus*	215
Phragmatobia fuliginosa	303	*Polia thalassina*	333	*Pseudopyrochroa ruffle*	151
Phryxe magnicornis	366	*Polistes chinensis antennalis*		*Pseudosymmachia tumidifrons*	
Phthonandria emaria	268		374		119
Phthonosema invenustaria	269	*Polistes snelleni*	374	Psocoptera	67
Phyllobius virideaeris		*Polychrysia moneta*	333	*Psyllobora vigintiduopunctata*	
virideaeris	220	*Polygonia c-album*	350		146
Phyllobrotica signata	167	*Polymerus funestus*	80	*Pterostichus acutidens*	100
Phyllopertha diversa	123	*Polymerus unifasciatus*	81	*Pterostichus nigrita*	100
Phyllopertha horticola	123	*Polyphaenis oberthuri*	333	*Pterostoma griseum*	293
Phyllosphingia dissimilis	281	Polyphagidae	54	*Pterostoma sinicum*	294
Phymatodes testaceus	204	*Polyphylla laticollis chinensis*		Ptinidae	134
Phytoecia rufipes rufipes	201		119	*Ptomascopus plagiatus*	104
Phytoecia rufiventris	201	*Polyzonus fasciatus*	204	*Ptycholoma lecheana*	239
Piazomias virescens	221	*Pontia edusa*	340	*Purpuricenus lituratus*	205
Piercia bipartaria	269	*Popillia quadriguttata*	124	*Pygaera timon*	294
Pieridae	337	*Porthesia similis*	298	Pyralidae	242
Pieris melete	339	*Potamanthellus edmundsi*	49	*Pyralis farinalis*	245
Pieris napi	339	*Prismognathus dauricus*	109	*Pyralis lienigialis*	246
Pieris rapae	339	*Pristiphora erichsonii*	33	*Pyralis regalis*	246
Pimpla luctuosa	372	*Pristiphora erichsonii*	370	*Pyrausta aurata*	254
Plagodis dolabraria	269	*Pristiphora laricis*	33	*Pyrausta pullatalis*	255
Planaeschna shanxiensis	51	*Pristiphora laricis*	371	*Pyrausta tithonialis*	255
Platycnemididae	51	*Proagopertha lucidula*	124	*Pyrgus maculatus*	355
Platycnemis foliacea	51	*Problepsis changmei*	269	*Pyrgus malvae*	355
Platyscelis brevis	156	*Proisotoma minuta*	43	Pyrochroidae	151
Platyscelis licenti	156	*Prolygus niger*	81	*Pyrosis idiota*	276
Platyscelis subcordata	156	*Propylea japonica*	145	*Pyrrhia umbra*	334
Platyscelis suiyuana	157	*Propylea*			
Plesiophthalmus davidis	157	*quatuordecimpunctata*	146	**R**	
Pleuroptya chlorophanta	254	*Protaetia brevitarsis*	126		
Podalonia affinis affinis	377	Protentomidae	38	*Raphia peusteria*	334
Poecilus fortipes	99	*Proteostrenia trausbaicaleusis*		Raphidiidae	224
Poecilus gebleri	99		269	*Reticulitermesi chinensis*	56
Pogonocherus fasciculatus		Protura	37	*Rhabdoclytus acutivittis*	
fasciculatus	211	*Proturentomon chinensis*	38	*acutivittis*	193

Rhabdomiris pulcherrimus	81
Rhantus suturalis	90
Rhaphidioptera	224
Rhaphidophoridae	61
Rhaphuma xenisca	193
Rheumaptera hecate	270
Rhinotermitidae	56
Rhopaloscelis unifasciata	211
Rhopalosiphum maidis	71
Rhopalovalva grapholitana	240
Rhopobota latipennis	240
Rhynchites heros	221
Rhyparioides amurensis	303
Rhyssa persuasoria persuasoria	373
Rosalia coelestis	205
Rubiconia intermedia	89
Rudisociaria expeditana	240

S

Salebria ellenella	247
Saperda interrupta	202
Saperda octomaculata	202
Saprinus semistriatus	107
Saturniidae	277
Satyrium iyonis	353
Scaeva pyrastri	360
Scarabaeidae	109
Schinia scutosa	334
Sciota fumella	247
Scolitantides orion	353
Scolytus morawitzi	223
Scutelleridae	85
Scytosoma opacum	160
Selagia argyrella	247
Selatosomus aeneomicans	132
Selatosomus latus	132
Selatosomus puncticollis	133

Selenia tetralunaria	270
Semanotus bifasciatus	205
Seokia pratti	350
Serica ovatula	120
Serica rosinae rosinae	120
Shirozua jonasi	353
Sialidae	224
Sialis sibirica	224
Sigara lateralis	77
Silpha perforata	105
Silphidae	101
Simplicia niphona	334
Siona lineata	270
Siricidae	371
Sisyphus schaefferi	113
Sitochroa palealis	255
Sitochroa verticalis	256
Smaragdina aurita hammarstraemi	181
Smaragdina mandzhura	181
Smaragdina semiaurantiaca	181
Smerinthus tokyonis	282
Smerithus caecus	282
Smerithus planus alticola	282
Smerithus planus planus	282
Sminthuridae	44
Sogatella furcifera	76
Somadasys lunata	277
Somatochlora dido	51
Spatalia dives	294
Spatalia plusiotis	295
Speyeria aglaja	351
Sphecidae	376
Sphecodes grahami	379
Sphingidae	257
Sphingidae	279
Sphingonotus mongolicus	63
Sphingulus mus	283

Sphinx ligustri constricta	283
Spilarctia lutea	303
Spilosoma menthastri	304
Spilosoma urticae	304
Staphylinidae	106
Stegobium paniceum	135
Stenolophus connotatus	100
Stenygrinum quadrinotatum	206
Stictoleptura dichroa	188
Stictoleptura variicornis	189
Stigmatophora flava	304
Stigmatophora micans	305
Strangalia attenuata	189
Strobilomyia laricicola	34
Strobilomyia laricicola	368
Sumnius brunneus	147
Sympetrum croceolum	52
Sympetrum pedemontanum	52
Symphypleona	44
Syntomis ganssuensis	305
Syntypistis victor	295
Sypnoides picta	335
Syrphidae	359

T

Tabanidae	356
Tabidia strigiferalis	256
Tachinidae	362
Tachycines chinensis	61
Tatinga tibetana	344
Teia convergens	299
Teleogryllus emma	60
Teleogryllus occipitalis	60
Temeritas sinensis	44
Tenebrionidae	152
Tenodera angustipennis	56
Tenodera sinensis	56

Tethea ampliata	273
Tethea ocularis	273
Tethredinidae	369
Tetramorium caespitum	380
Tetraphleps aterrimus	82
Tettigoniidae	57
Thanasimus lewisi	160
Thanatophilus rugosus	105
Thanatophilus sinuatus	105
Theretra japonica	283
Thetidia albocostaria	270
Thetidia chlorophyllaria	271
Thripidae	68
Thrips alliorum	68
Thyatira batis	273
Thyatiridae	272
Thyestilla gebleri	212
Thysanoptera	68
Toelgyfaloca circumdata	274
Togepteryx velutina	295
Tomicus piniperda	223
Tongeia fischeri	353
Tortricidae	232
Trachea atriplicis	335
Trachea melanospila	335
Trichiosoma sibiricum	371
Trichius fasciatus	128
Trichodes sinae	160
Trichoferus campestris	206
Trilophidia annulata	64
Triphysa phyrne	345
Trisuloides cornelia	335
Trogidae	108
Trox zoufali	108

U

Uracanthella rufa	48
Uraecha angusta	212
Urochela caudatus	84
Urochela flavoannulata	84
Urostylididae	84
Urostylis lateralis	84

V

Vanessa cardui	351
Vanessa indica	351
Venusia laria	271
Venusia nigrifurca	271
Vespidae	373
Vespula austriaca	375
Vespula flaviceps	375
Vespula rufa	375
Vespula vulgaris	376
Vibidia duodecimguttata	147
Volucella pellucens tabanoides	361

W

Winthemia quadripustulata	366

X

Xanthocrambus argentarius	256
Xanthocrambus lucellus	256
Xanthogaleruca aenescens	168
Xanthogaleruca aenescens	29
Xanthostigma gobicola	224
Xeris spectrum	371
Xestia baja	335
Xestia fuscostigma	336
Xestia kollari	336
Xiphydria popovi	372
Xiphydriidae	372
Xylotrechus clarinus	193
Xylotrechus grayii grayii	193
Xylotrechus hircus	194
Xylotrechus polyzonus	194
Xylotrechus robusticollis	194
Xylotrechus rufllius rufilius	195

Y

Yakudza vicarius	232
Ypthima balda	345

Z

Zanclognatha tarsipennalis	336
Zaranga pannosa	296
Zeiraphera grisecana	240
Zeiraphera grisecana	31
Zeiraphera lariciana	241
Zenillia libatrix	366
Zygaenidae	241
Zygentoma	47

图版 I

1. 心斑绿蟌 *Enallagma cyathigerum*；2. 白扇蟌 *Platycnemis foliacea*；3. 透顶单脉色蟌 *Matrona basilaris*；4. 山西黑额蜓 *Planaeschna shanxiensis*；5. 绿金光伪蜻 *Somatochlora dido*；6. 小斑蜻 *Libellula quadrimaculata*；7. 白尾灰蜻 *Orthetrum albistylum*；8. 半黄赤蜻 *Sympetrum croceolum*；9. 褐带赤蜻 *Sympetrum pedemontanum*.

| 图版 II

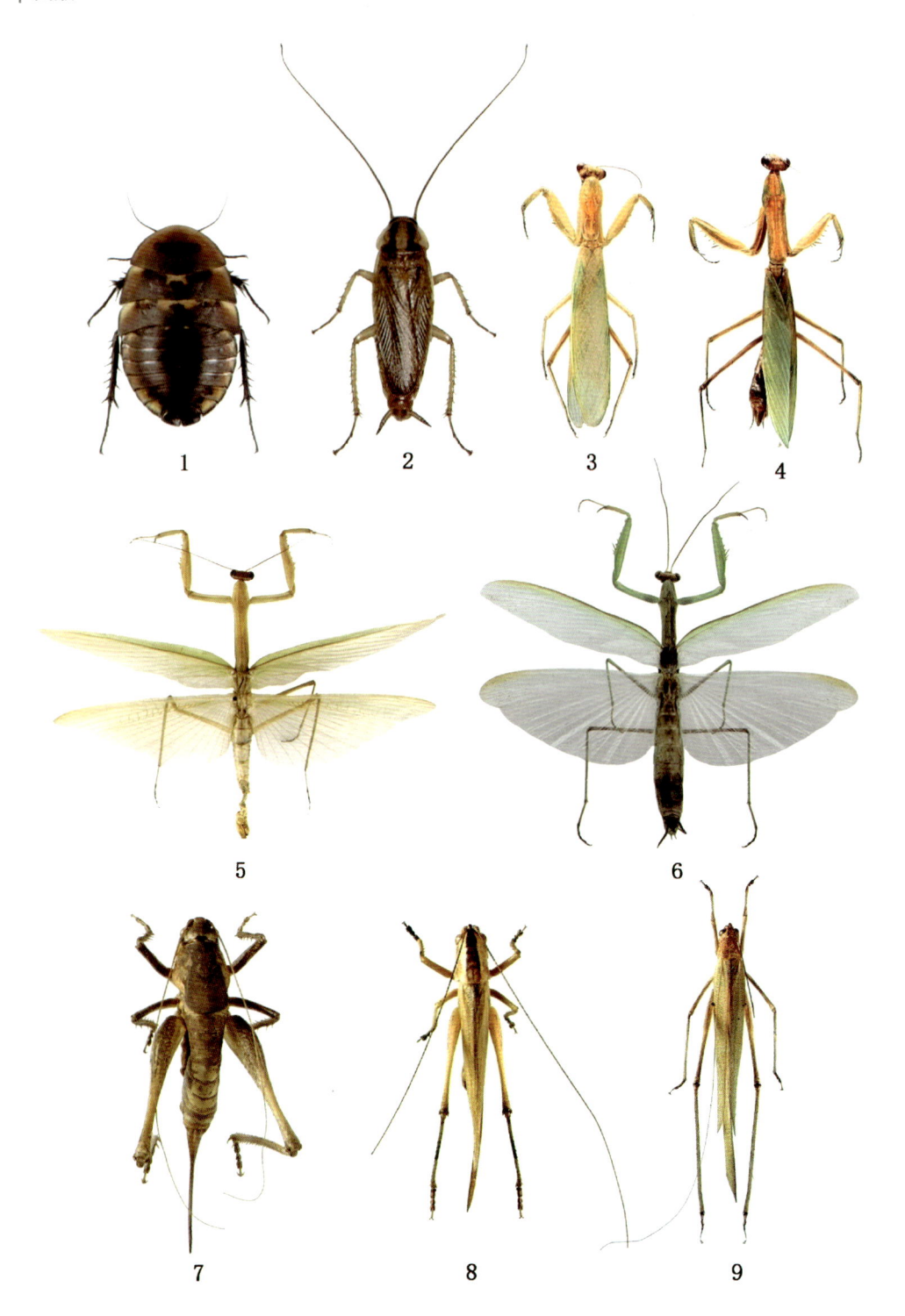

1. 冀地鳖 *Phlyphaga plancyi*；2. 德国小蠊 *Blattella germauica*；3. 广斧螳 *Hierodula patellifera*；4. 中华大刀螳 *Tenodera sinensis*；5. 亮翅刀螳 *Tenodera angustipennis*；6. 薄翅螳 *Mantis religiosa sinica*；7. 中华寰螽 *Atlanticus sinensis*；8. 长瓣草螽 *Conocephalus gladiatus*；9. 镰尾露螽 *Phaneroptera (Phaneroptera) falcate*.

图版 III

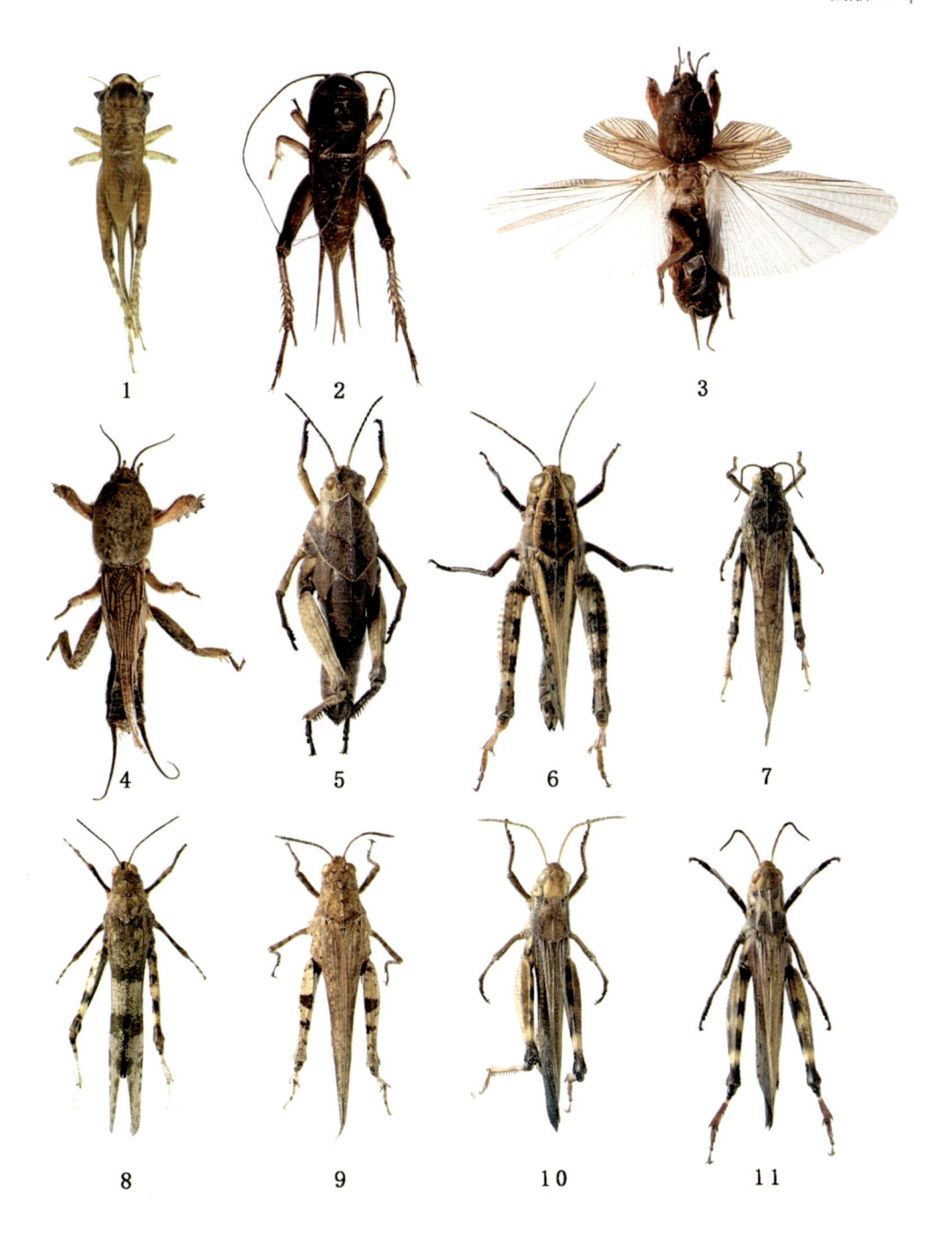

1. 多伊棺头蟋 *Loxoble mmus*；2. 黄脸油葫芦 *Teleogryllus emma*；3. 东方蝼蛄 *Gryllotalpa orientalis*；4. 单刺蝼蛄 *Gryllotalpa unispina*；5. 笨蝗 *Haplotropis brunneriana*；6. 短星翅蝗 *Calliptamus abbreviatus*；7. 红翅皱膝蝗 *Angaracris rhodopa*；8. 蒙古束颈蝗 *Sphingonotus mongolicus*；9. 疣蝗 *Trilophidia annulata*；10. 隆额网翅蝗 *Arcyptera coreana*；11. 网翅蝗 *Arcyptera fusca*.

| 图版 IV

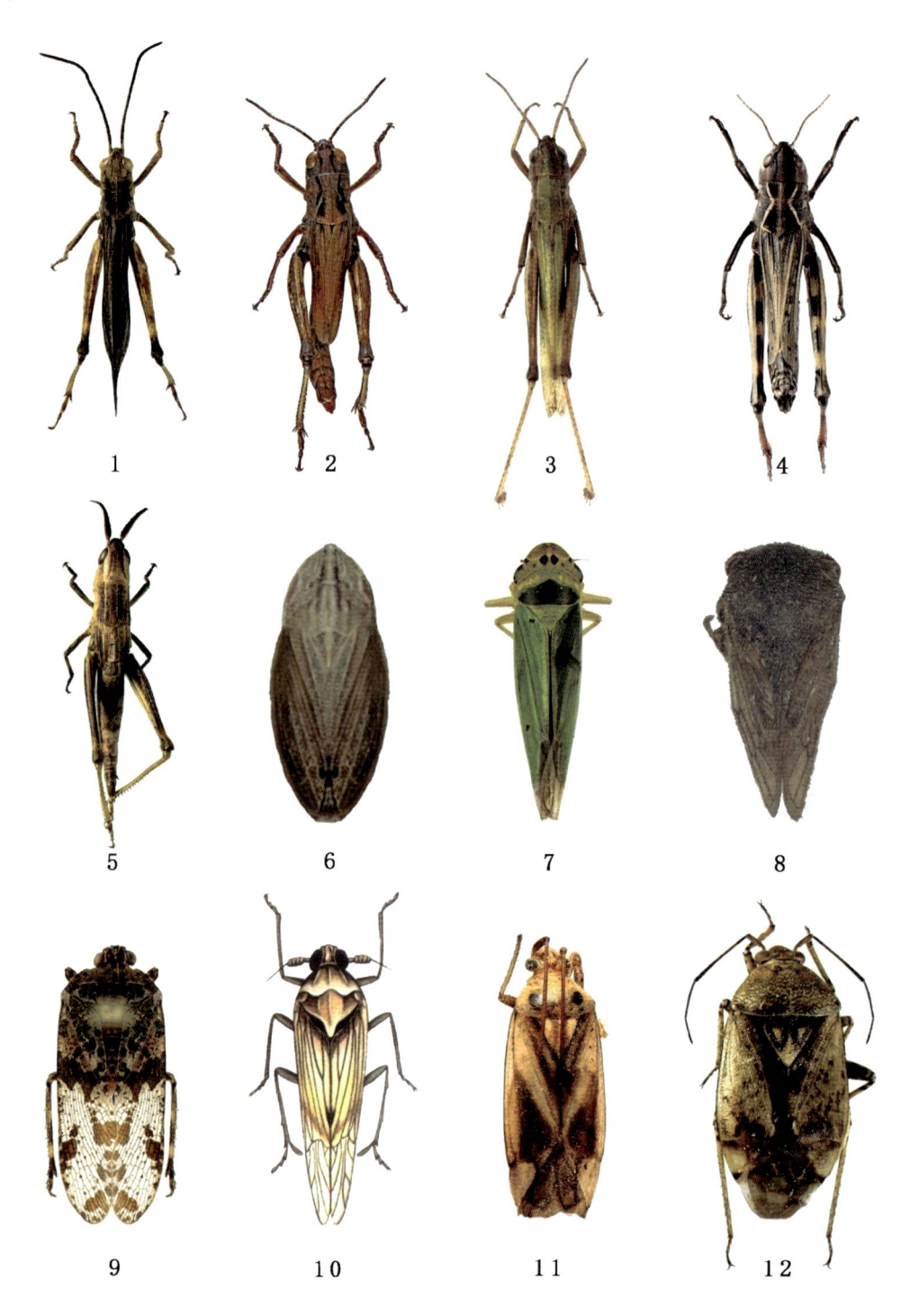

1. 中华雏蝗 *Chorthippus chinensis*；2. 东方雏蝗 *Chorthippus intermedius*；3. 青藏雏蝗 *Chorthippus qingzangensis*；4. 宽翅曲背蝗 *Pararcyptera microptera meridionalis*；5. 条纹鸣蝗 *Mongolotettix vittatus*；6. 褐带平冠沫蝉 *Clovia bipunctata*；7. 大青叶蝉 *Cicadella viridis*；8. 黑圆角蝉 *Gargara genistae*；9. 东北丽蜡蝉 *Limois kikuchi*；10. 白背飞虱 *Sogatella furcifera*；11. 苜蓿盲蝽 *Adelphocoris lineolatus*；12. 棱额草盲蝽 *Lygus discrepans*.（10 引自五福桢等，1976）

图版 V

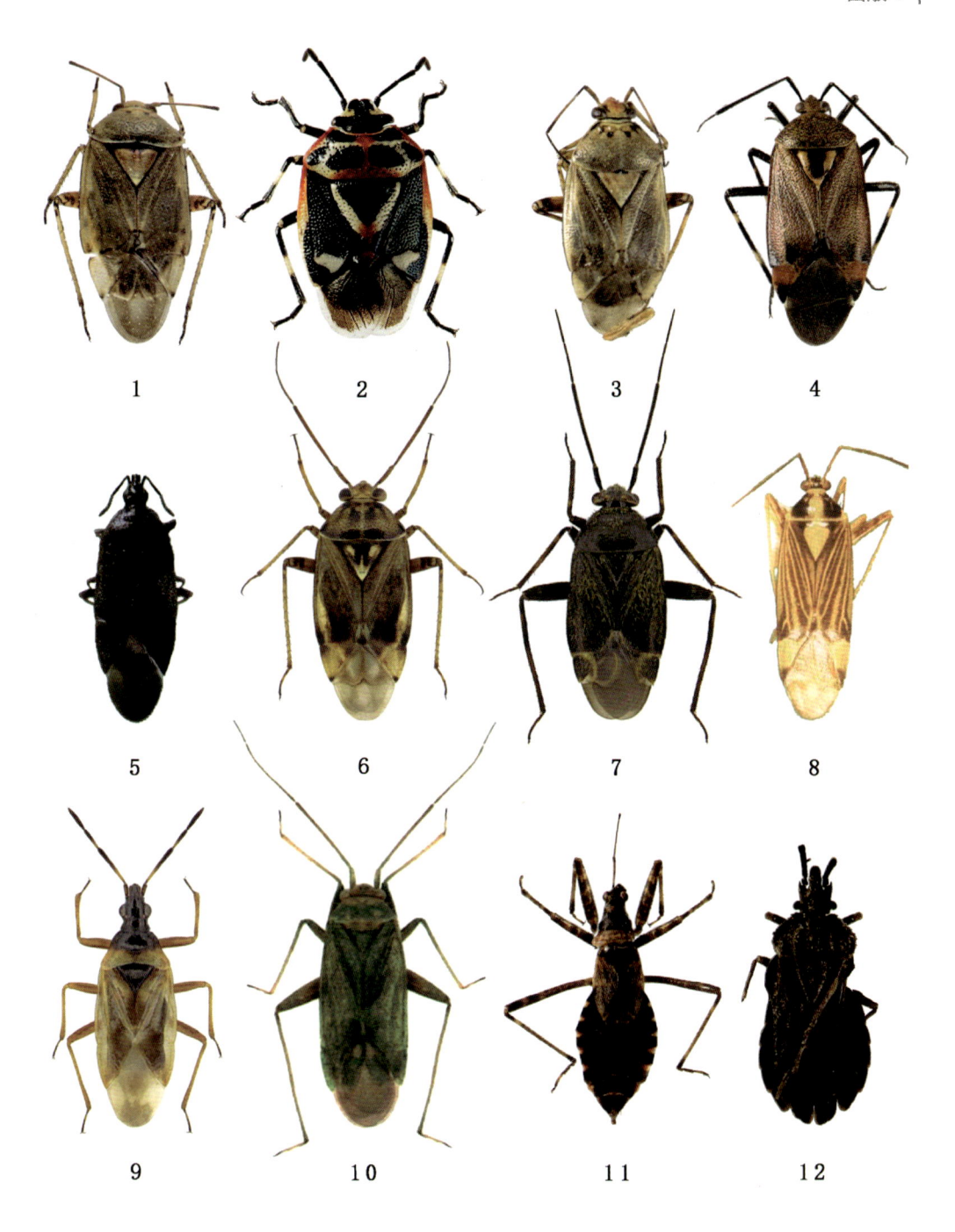

1. 雷氏草盲蝽 *Lygus renati*；2. 横断异盲蝽 *Polymerus (Poeciloscytus) funestus*；3. 西伯利亚草盲蝽 *Lygus sibiricus*；4. 荨麻奥盲蝽 *Orthops mutans*；5. 黑色肩花蝽 *Tetraphleps aterrimus*；6. 长毛草盲蝽 *Lygus rugulipennis*；7. 黑始丽盲蝽 *Prolygus niger*；8. 美丽杆盲蝽 *Rhabdomiris pulcherrimus*；9. 淡边原花蝽 *Anthocoris limbatus*；10. 杂毛合垫盲蝽 *Orthotylus flavosparsus*；11. 泛希姬蝽 *Himacerus apterus*；12. 文扁蝽 *Aradus hieroglyphicus*.（8 引自刘国卿等，2009）

| 图版 VI

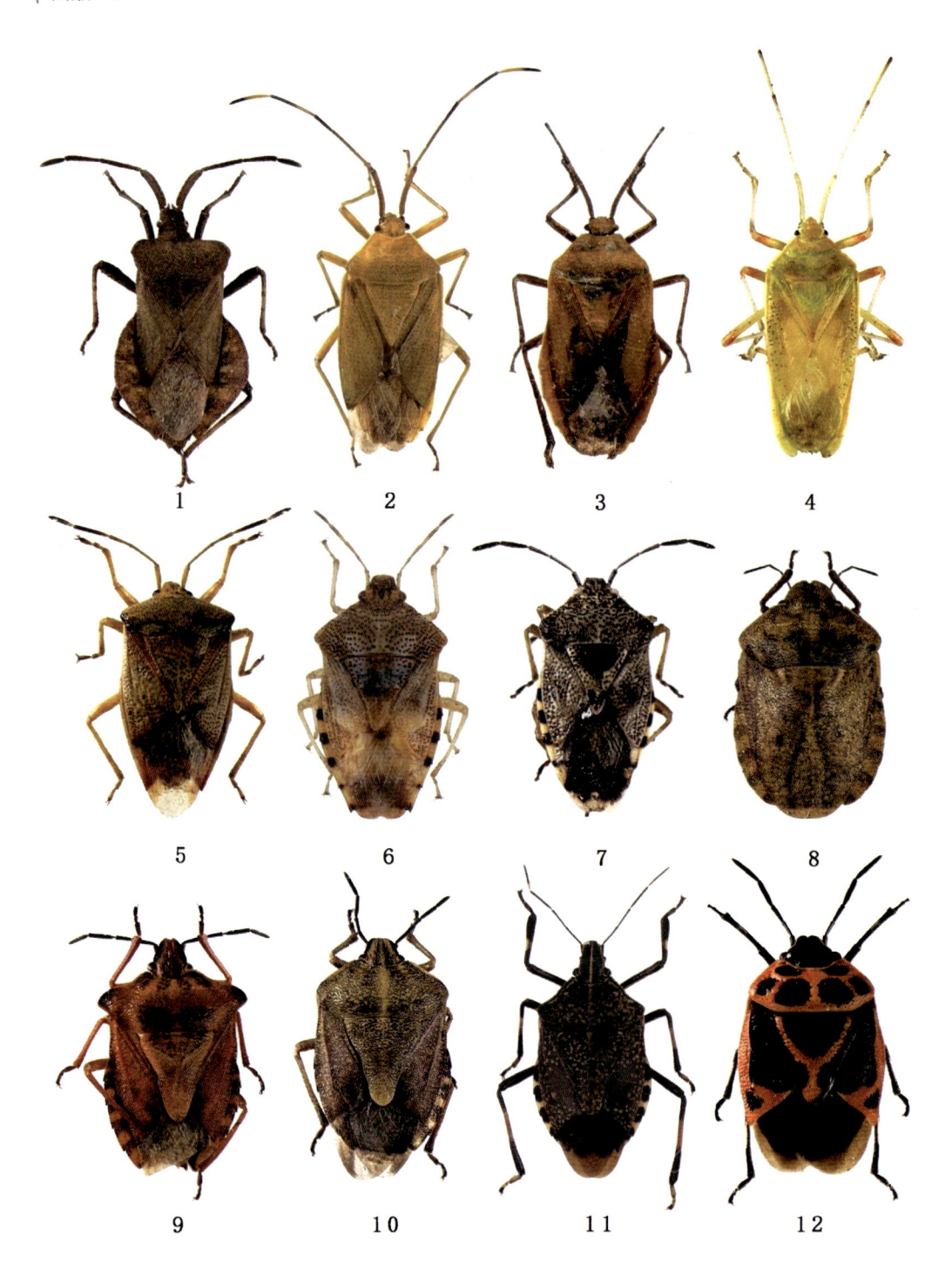

1. 波原缘蝽 *Coreus potanini*；2. 拟壮异蝽 *Urochela caudatus*；3. 黄壮异蝽 *Urochela flavoannulata*；4. 平刺突娇异蝽 *Urostylis lateralis*；5. 直同蝽 *Elasmostethus interstinctus*；6. 背匙同蝽 *Elasmucha dorsalis*；7. 齿匙同蝽 *Elasmucha fieberi*；8. 扁盾蝽 *Eurygaster testudinaria*；9. 紫翅果蝽 *Carpocoris purpureipennis*；10. 东亚果蝽 *Carpocoris seidenstueckeri*；11. 麻皮蝽 *Erthesina fullo*；12. 菜蝽 *Eurydema dominulus*.

图版 VII

1. 横纹菜蝽 *Eurydema gebleri*；2. 广二星蝽 *Eysarcoris ventralis*；3. 浩蝽 *Okeanos quelpartensis*；4. 宽碧蝽 *Palomena viridissima*；5. 红足真蝽 *Pentatoma rufipes*；6. 褐真蝽 *Pentatoma semiannulata*；7. 珠蝽 *Rubiconia intermedia*；8. 小雀斑龙虱 *Rhantus suturalis*；9. 铜绿虎甲 *Cicindela* (*Cicindela*) *coerulea nitida*；10. 芽斑虎甲 *Cicindela* (*Cicindela*) *gemmata gemmata*；11. 铜翅虎甲 *Cicindela* (*Cicindela*) *transbaicalica transbaicalica*；12. 日本虎甲 *Cicindela* (*Sophiodela*) *japonica*.

| 图版 VIII

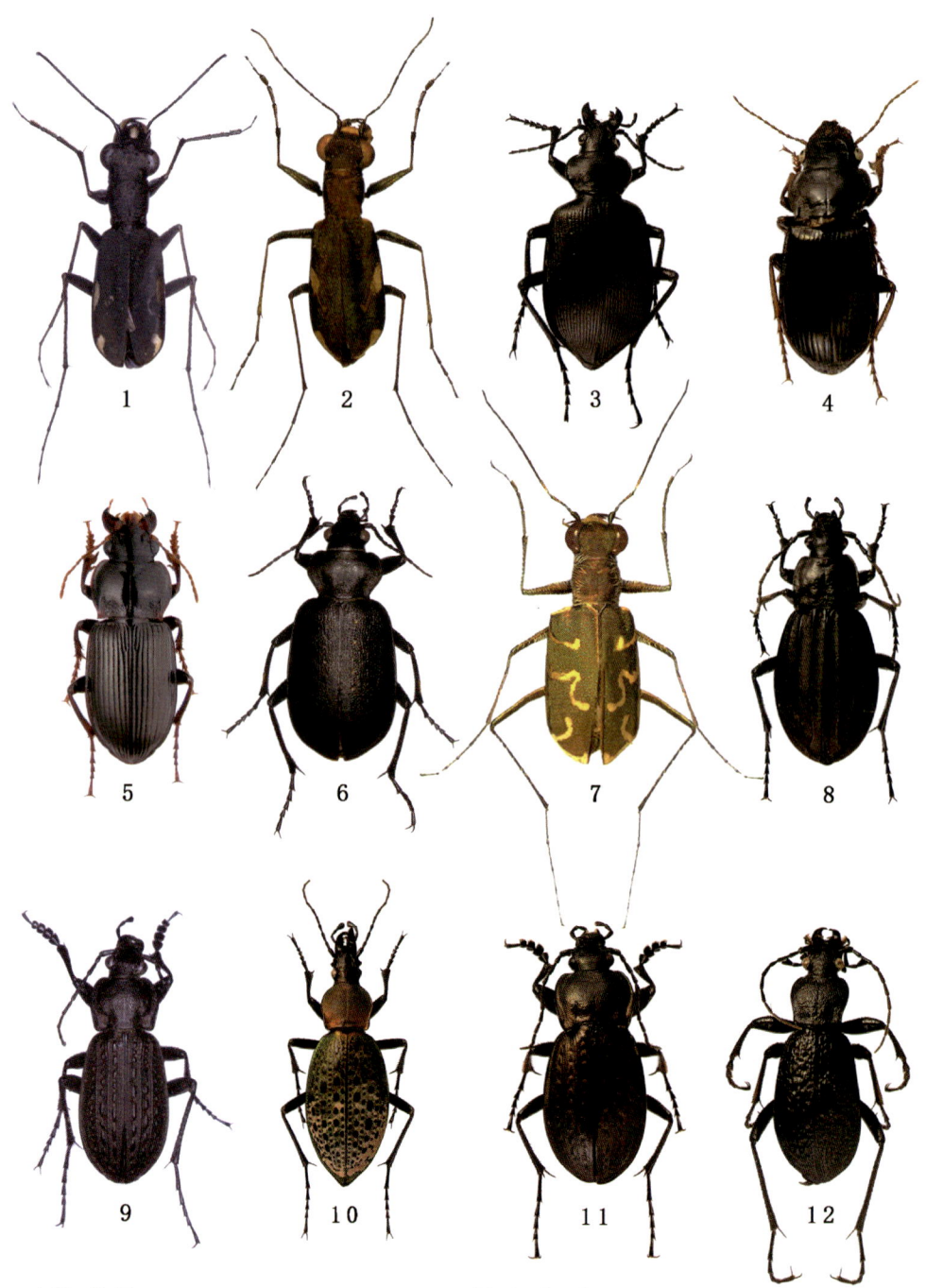

1. 双铗虎甲 *Cylindera (Cylindera) gracilis*；2. 斜斑虎甲 *Cylindera (Cylindera) obliquefasciata obliquefasciata*；3. 黑广肩步甲 *Calosoma (Calosoma) maximoviczi*；4. 巨胸暗步甲 *Amara (Curtonotus) gigantea*；5. 大背胸暗步甲 *Amara (Curtonotus) macronota*；6. 齿星步甲 *Calosoma (Calosoma) denticolle*；7. 云纹虎甲 *Cylindera (Eugrapha) elisae elisae*；8. 脊步甲指名亚种 *Carabus (Aulonocarabus) canaliculatus canaliculatus*；9. 粘虫步甲 *Carabus (Carabus) granulatus telluris*；10. 绿步甲 *Carabus smaragdinus smaragdinus*；11. 棕拉步甲 *Carabus (Eucarabus) manifestus manifestus*；12. 碎纹大步甲 *Carabus (Pagocarabus) crassesculptus*. （9引自祝长清等，1999）

图版 IX

1. 文步甲 *Carabus (Piocarabus) vladsimirskyi vladsimirskyi*；2. 刻翅大步甲 *Carabus (Scambocarabus) sculptipennis*；3. 黄斑青步甲 *Chlaenius micans*；4. 淡足青步甲 *Chlaenius pallipes*；5. 异角青步甲 *Chlaenius variicornis*；6. 双斑猛步甲 *Cymindis binotata*；7. 半猛步甲 *Cymindis daimio*；8. 蝎步甲 *Dolichus halensis*；9. 雕角小步甲 *Dyschirius tristis*；10. 大头婪步甲 *Harpalus capito*；11. 黄鞘婪步甲 *Harpalus pallidipennis*；12. 绿艳扁步甲 *Metacolpodes buchanani*.

· 433 ·

| 图版 X

1. 铜色淡步甲 *Myas cuprescens*；2. 三点宽颚步甲 *Parena tripunctata*；3. 黄毛角胸步甲 *Peronomerus auripilis*；4. 强足通缘步甲 *Poecilus fortipes*；5. 直角通缘步甲 *Poecilus gebleri*；6. 小黑通缘步甲 *Pterostichus nigrita*；7. 黑背狭胸步甲 *Stenolophus connotatus*；8. 尖突巨牙甲 *Hydrophilus (Hydrophilus) acuminatus*；9. 达乌里干葬甲 *Aclypea daurica*；10. 滨尸葬甲 *Necrodes littoralis*；11. 黑覆葬甲 *Nicrophorus concolor*；12. 红带覆葬甲 *Nicrophorus investigator*. （12引自计云，2012）

图版 XI

1. 日本覆葬甲 *Nicrophorus japonicus*；2. 前星覆葬甲 *Nicrophorus maculifrons*；3. 尼覆葬甲 *Nicrophorus nepalensis*；4. 拟蜂纹覆葬甲 *Nicrophorus vespilloides*；5. 褐翅皱葬甲 *Oiceoptoma subrufum*；6. 黑缶葬甲 *Phosphuga atrata atrata*；7. 双斑冥葬甲 *Ptomascopus plagiatus*；8. 皱亡葬甲 *Thanatophilus rugosus*；9. 曲亡葬甲 *Thanatophilus sinuatus*；10. 大隐翅甲 *Creophilus maxillosus maxillosus*；11. 谢氏阎甲 *Hister sedakovi*；12. 条纹株阎甲 *Margarinotus striola striola*.（3、4、6、7 引自计云，2012）

| 图版 XII

1. 叉角粪金龟 *Ceratophyus polyceros*；2. 半纹腐阎虫 *Saprinus semistriatus*；3. 戴锤角粪金龟 *Bolbotrypes davidis*；4. 吉氏分阎甲 *Merohister jekeli*；5. 粪堆粪金龟 *Geotrupes stercorarius*；6. 祖氏皮金龟 *Trox zoufali*；7. 红腿刀锹甲 *Hemisodorcus rubrofemoratus rubrofemoratus*；8. 达乌柱锹甲 *Prismognathus dauricus*；9. 红亮蜉金龟 *Aphodius impunctatus*；10. 游荡蜉金龟 *Aphodius erraticus*；11. 方胸蜉金龟 *Aphodius quadratus*；12. 直蜉金龟 *Aphodius rectus*.（9 引自刘广瑞等，1997）

图版 XIII

1. 短凯蜣螂 *Caccobius brevis*；2. 污毛凯蜣螂 *Caccobius sordidus*；3. 车粪蜣螂 *Copris ochus*；4. 双尖嗡蜣螂 *Onthophagus bivertex*；5. 驼古嗡蜣螂 *Onthophagus gibbulus*；6. 黑缘嗡蜣螂 *Onthophagus marginalis nigrimargo*；7. 掘嗡蜣螂 *Onthophagus fodiens*；8. 赛氏西蜣螂 *Sisyphus schaefferi*；9. 福婆鳃金龟 *Brahmina faldermanni*；10. 赛婆鳃金龟 *Brahmina sedakovi*；11. 红脚平爪鳃金龟 *Ectinohoplia rufipes*；12. 棕狭肋鳃金龟 *Eotrichia niponensis*.

| 图版 XIV

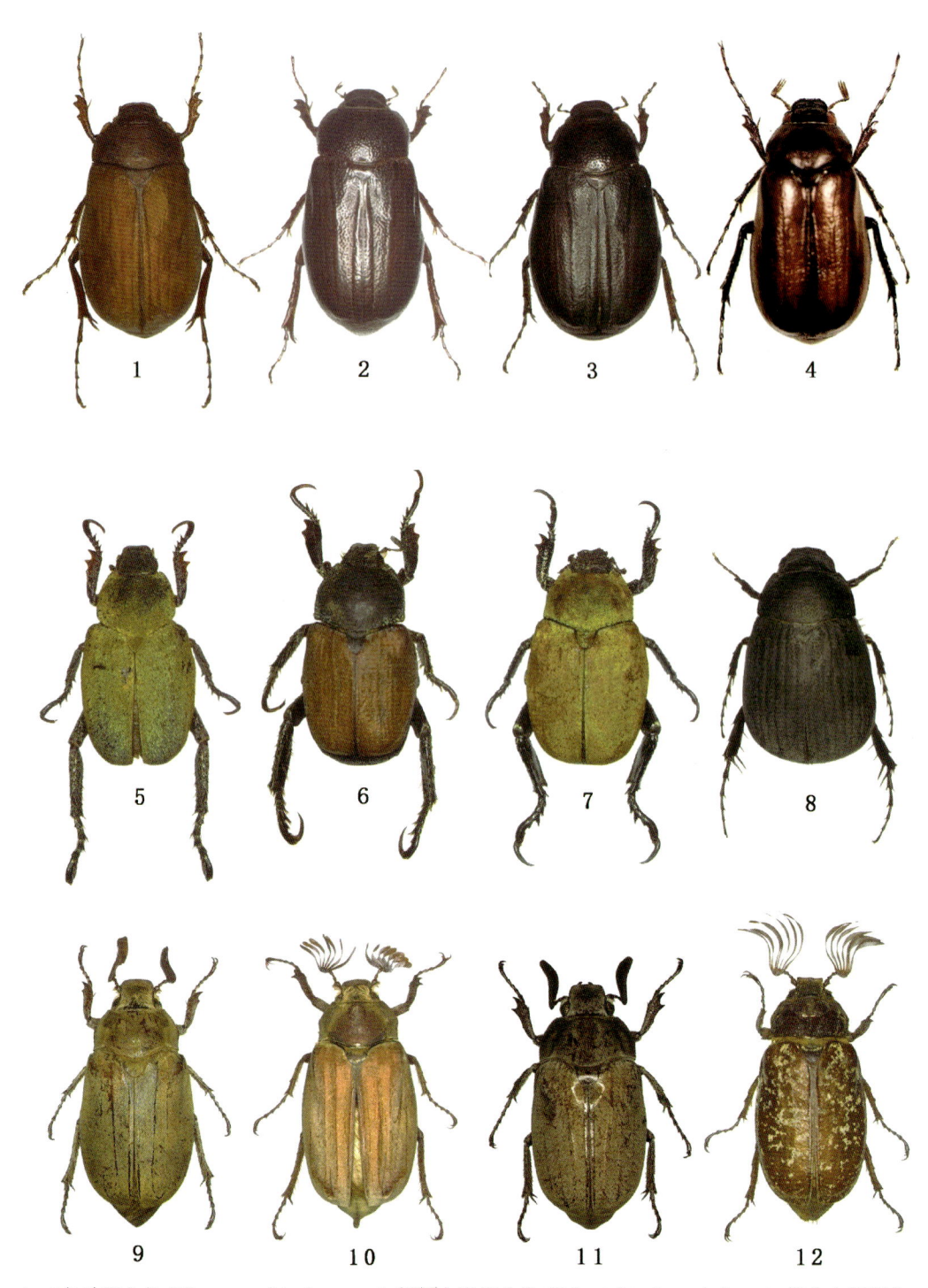

1. 二色希鳃金龟 *Hilyotrogus bicoloreus*；2. 朝鲜大黑鳃金龟 *Holotrichia diomphalia*；3. 华北大黑鳃金龟 *Holotrichia oblita*；4. 弧齿爪鳃金龟 *Holotrichia sichotana*；5. 斑单爪鳃金龟 *Hoplia aureola*；6. 围绿单爪鳃金龟 *Hoplia cincticollis*；7. 戴单爪鳃金龟 *Hoplia davidis*；8. 黑绒金龟 *Maladera orientalis*；9. 弟兄鳃金龟 *Melolontha frater frater*；10. 大栗鳃金龟蒙古亚种 *Melolontha hippocastani mongolica*；11. 灰胸突鳃金龟 *Melolontha incana*；12. 大云斑鳃金龟 *Polyphylla laticollis chinensis*.

图版 XV

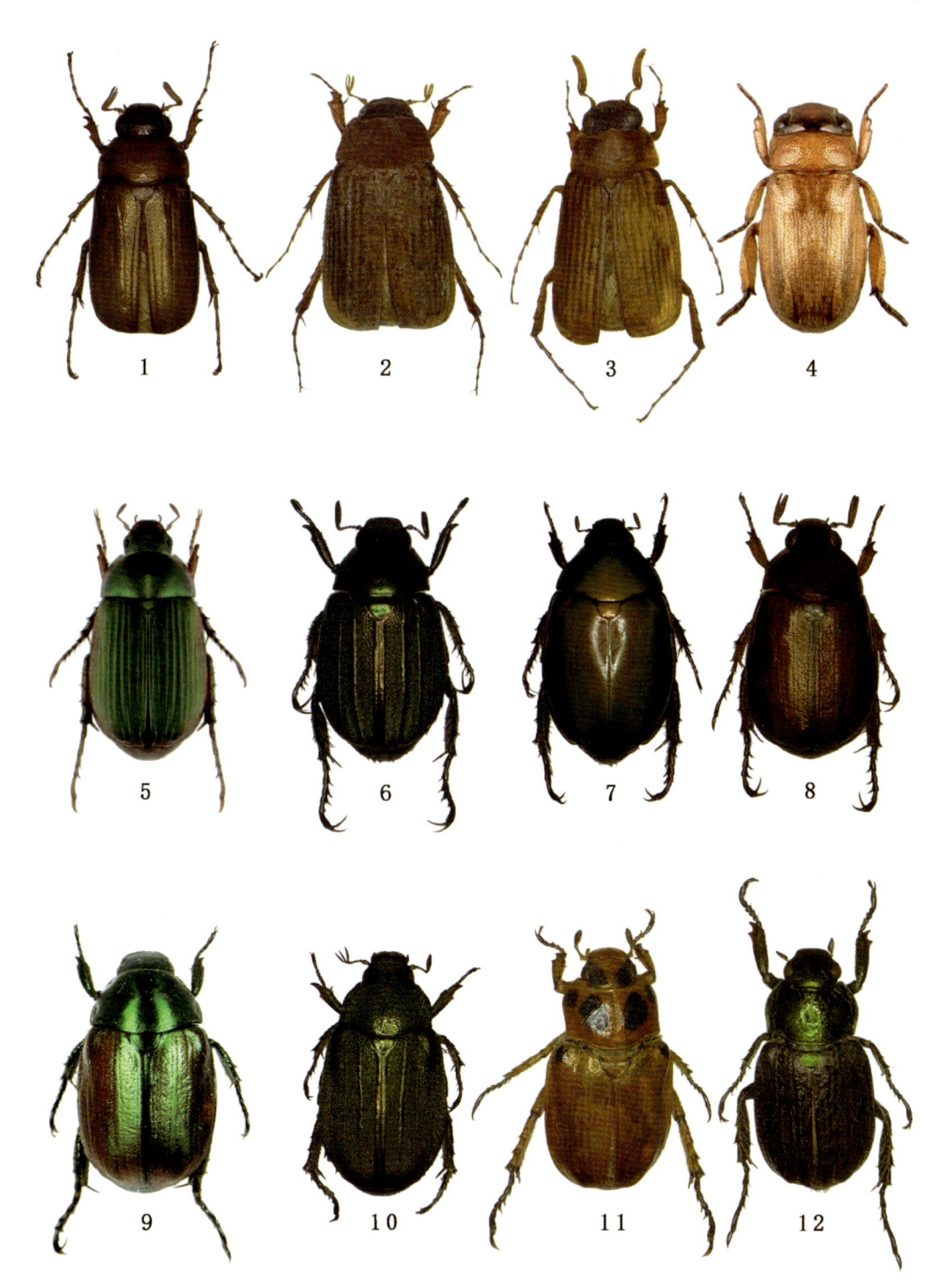

1. 鲜黄鳃金龟 *Pseudosymmachia tumidifrons*；2. 小阔胫玛绢金龟 *Serica ovatula*；3. 拟凸眼绢金龟 *Serica rosinae rosinae*；4. 毛喙丽金龟 *Adoretus (Chaetadoretus) hirsutus*；5. 脊绿异丽金龟 *Anomala aulax*；6. 多色异丽金龟 *Anomala chamaeleon*；7. 铜绿异丽金龟 *Anomala corpulenta*；8. 黄褐异丽金龟 *Anomala exoleta*；9. 侧斑异丽金龟 *Anomala luculenta*；10. 粗绿彩丽金龟 *Mimela holosericea holosericea*；11. 分异发丽金龟 *Phyllopertha diversa*；12. 庭园发丽金龟 *Phyllopertha horticola*.

| 图版 XVI

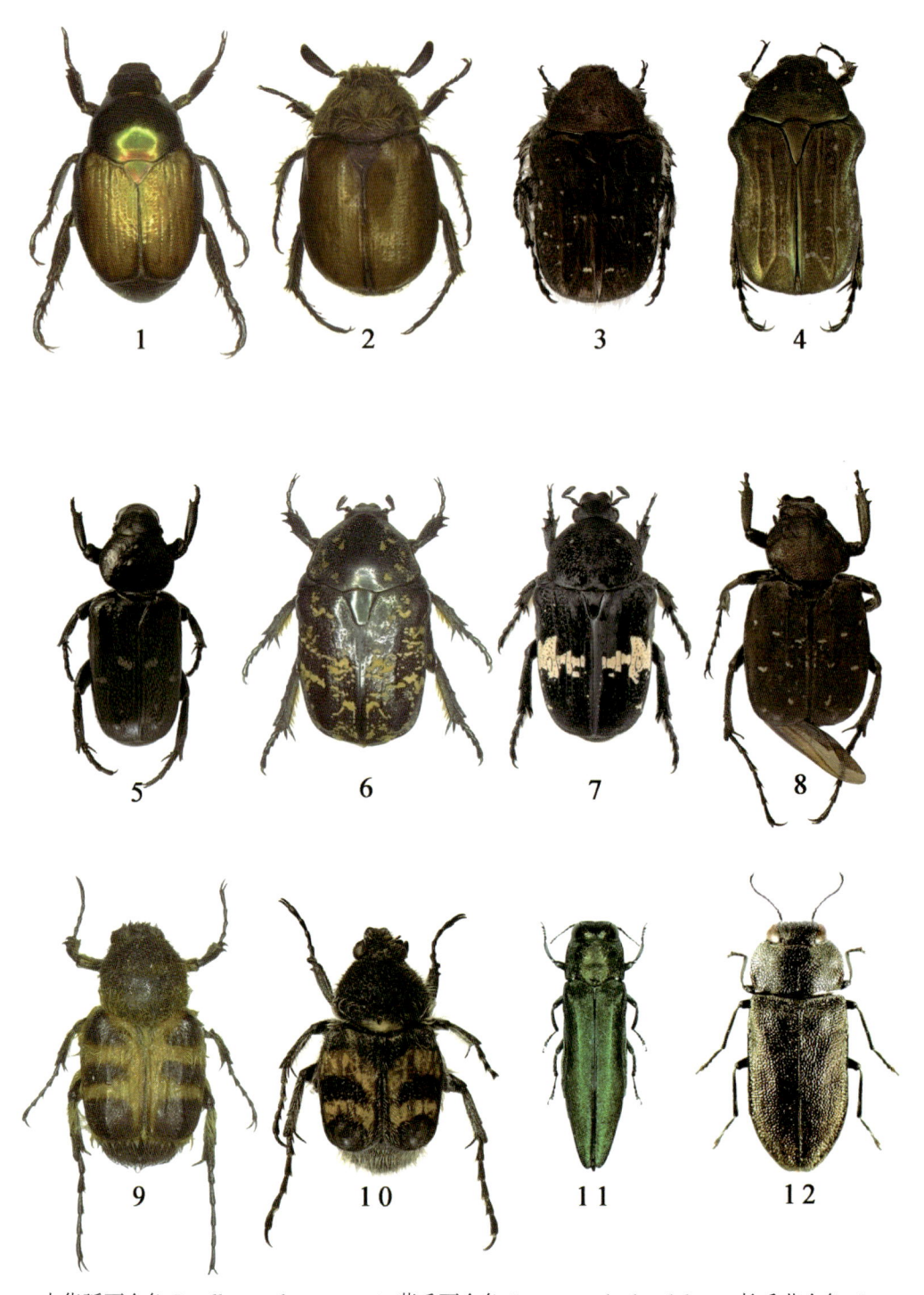

1. 中华弧丽金龟 *Popillia quadriguttata*；2. 苹毛丽金龟 *Proagopertha lucidula*；3. 长毛花金龟 *Cetonia magnifica*；4. 铜绿花金龟 *Cetonia viridiopaca*；5. 白斑跗花金龟 *Clinterocera scabrosa*；6. 白星花金龟 *Protaetia brevitarsis*；7. 黄斑短突花金龟 *Glycyphana fulvistemma*；8. 褐翅格斑金龟 *Gnorimus subopacus*；9. 短毛斑金龟 *Lasiotrichius succinctus*；10. 欧亚虎纹斑金龟 *Trichius fasciatus*；11. 白蜡窄吉丁 *Agrilus planipennis*；12. 青铜网眼吉丁 *Anthaxia reticulata reticulata*.（2 引自吴福桢等，1978）

图版 XVII

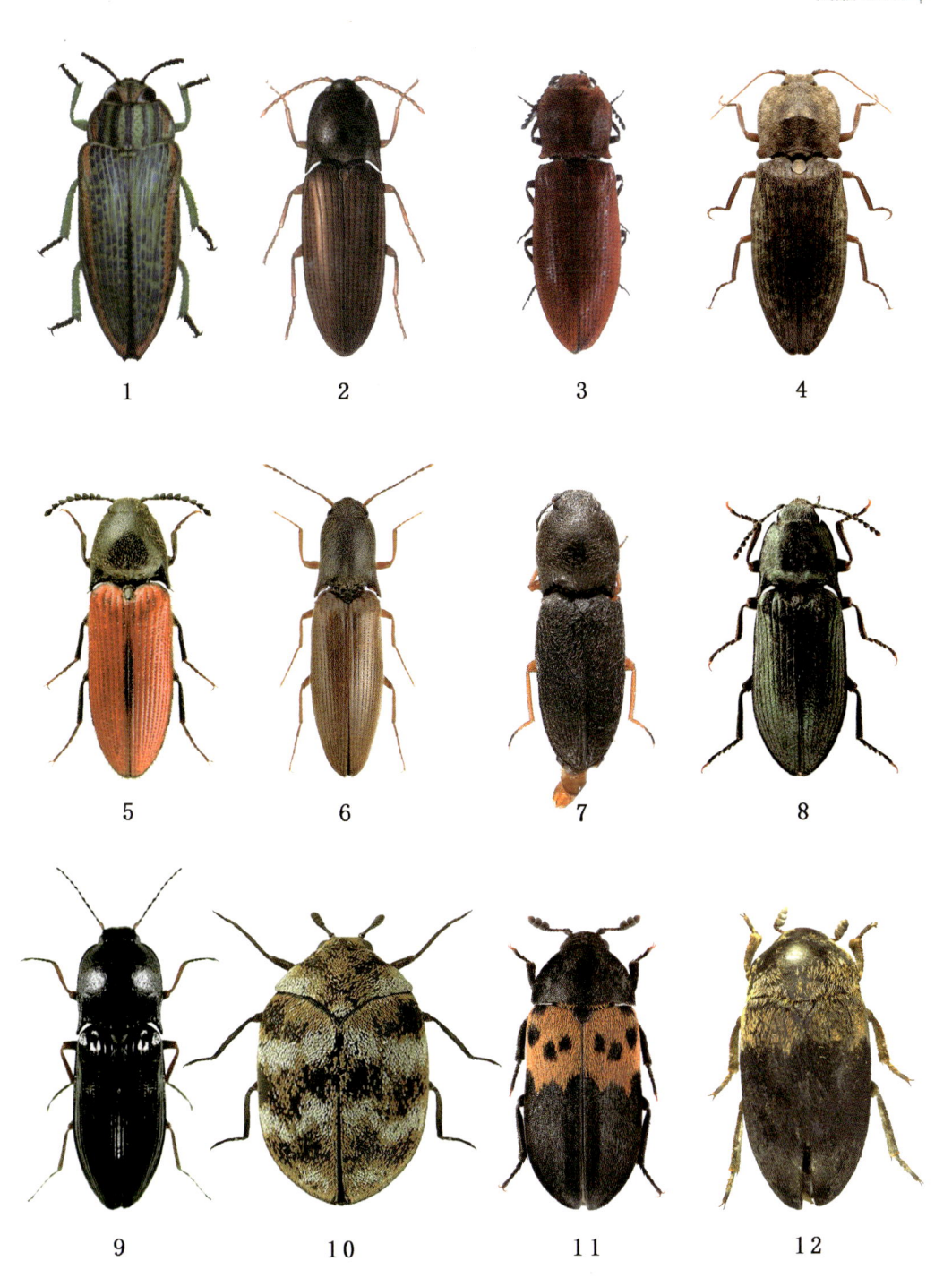

1. 梨金缘吉丁 *Lamprodila limbata*；2. 细胸锥尾叩甲 *Agriotes subvittatus subvittatus*；3. 泥红槽缝叩甲 *Agrypnus argillaceus argillaceus*；4. 双瘤槽缝叩甲 *Agrypnus bipapulatus*；5. 黑斑锥胸叩甲 *Ampedus sanguinolentus sanguinolentus*；6. 棘胸筒叩甲 *Ectinus sericeus sericeus*；7. 微铜珠叩甲 *Paracardiophorus sequens sequens*；8. 宽背金叩甲 *Selatosomus latus*；9. 麻胸锦叩甲 *Selatosomus puncticollis*；10. 小圆皮蠹 *Anthrenus verbasci*；11. 红带皮蠹 *Dermestes vorax*；12. 白背皮蠹 *Dermestes dimidiatus*.（1引自吴福桢等，1978；2引自江世宏等，1999；3引自王新谱等，2010）

| 图版 XVIII

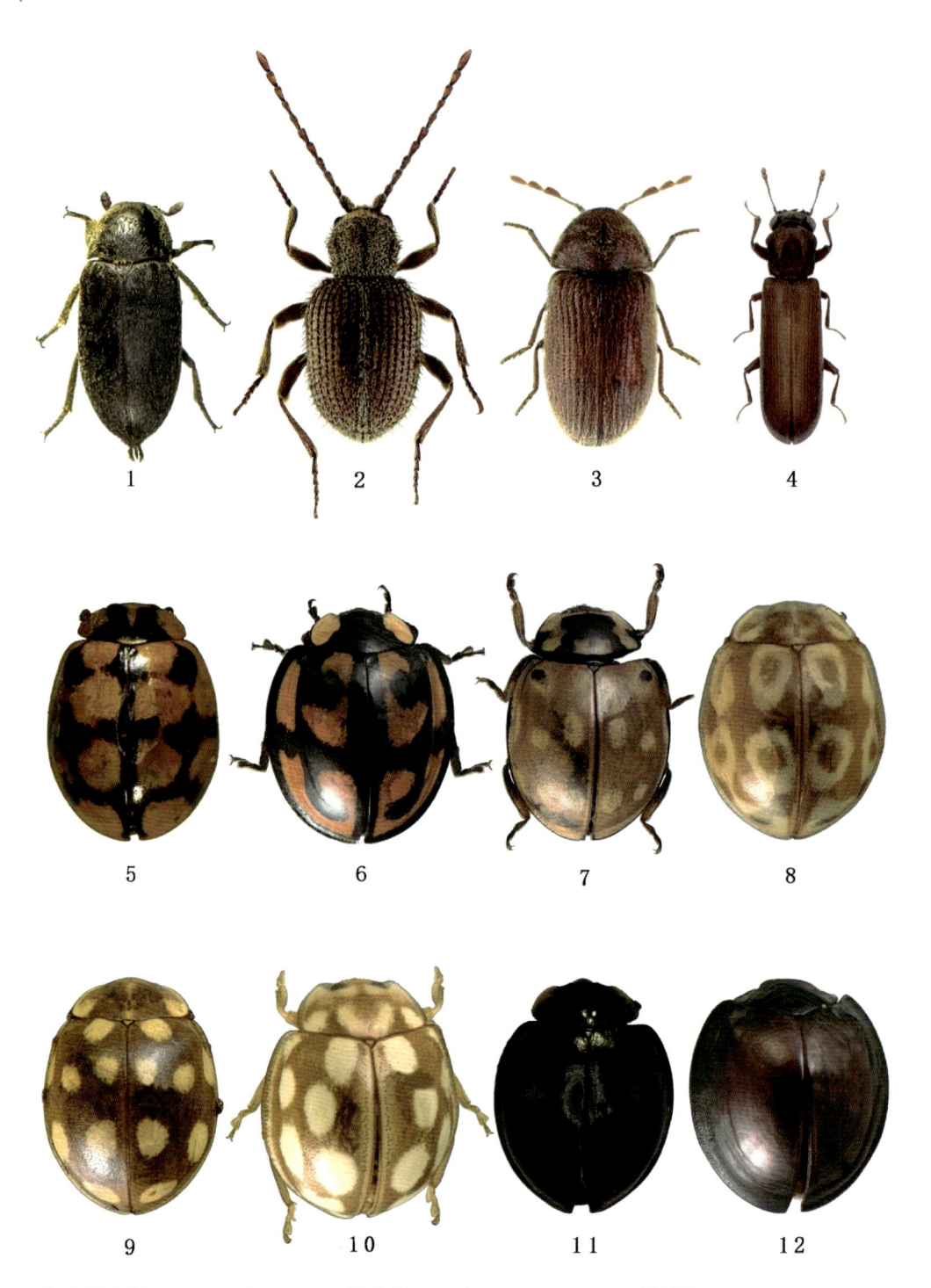

1. 拟白腹皮蠹 *Dermestes frischii*；2. 褐蛛甲 *Pseudeurostus hilleri*；3. 药材甲 *Stegobium paniceum*；4. 褐粉蠹 *Lyctus brunneus*；5. 二星瓢虫 *Adalia bipunctata*；6. 六斑异瓢虫 *Aiolocaria hexaspilota*；7. 灰眼斑瓢虫 *Anatis ocellata*；8. 十斑裸瓢虫 *Calvia decemguttata*；9. 十四星裸瓢虫 *Calvia quatuordecimguttata*；10. 四斑裸瓢虫 *Calvia muiri*；11. 红点唇瓢虫 *Chilocorus kuwanae*；12. 黑缘红瓢虫 *Chilocorus rubidus*.

图版 XIX

1. 拟九斑瓢虫 *Coccinella magnifica*；2. 七星瓢虫 *Coccinella septempunctata*；3. 横斑瓢虫 *Coccinella transversoguttata transversoguttata*；4. 横带瓢虫 *Coccinella trifasciata*；5. 十一星瓢虫 *Coccinella (Spilota) undecimpunctata menetriesi*；6. 中华瓢虫 *Coccinula sinensis*；7. 十六斑黄菌瓢虫 *Halyzia sedecimguttata*；8. 异色瓢虫 *Harmonia axyridis*；9. 隐斑瓢虫 *Harmonia yedoensis*；10. 马铃薯瓢虫 *Henosepilachna vigintioctomaculata*；11. 十三星瓢虫 *Hippodamia (Hemisphaerica) tredecimpunctata*；12. 多异瓢虫 *Hippodamia variegate*.（10 引自刘崇乐，1963）

| 图版 XX

1. 黑中齿瓢虫 *Myzia gebleri*；2. 十二斑巧瓢虫 *Oenopia bissexnotata*；3. 菱斑巧瓢虫 *Oenopia conglobata conglobate*；4. 梯斑巧瓢虫 *Oenopia scalaris*；5. 龟纹瓢虫 *Propylea japonica*；6. 方斑瓢虫 *Propylea quatuordecimpunctata*；7. 二十二星菌瓢虫 *Psyllobora vigintiduopunctata*；8. 红褐粒眼瓢虫 *Sumnius brunneus*；9. 十二斑褐菌瓢虫 *Vibidia duodecimguttata*；10. 大头豆芫菁 *Epicauta megalocephala*；11. 西北豆芫菁 *Epicauta sibirica*；12. 绿芫菁 *Lytta caraganae*。

图版 XXI

1. 绿边绿芫菁 *Lytta suturella*；2. 圆胸短翅芫菁 *Meloe corvinus*；3. 曲角短翅芫菁 *Meloe proscarabeaus proscarabaeus*；4. 丽斑芫菁 *Mylabris speciosa*；5. 西北斑芫菁 *Mylabris sibirica*；6. 光亮拟天牛 *Oedemera lucidicollis flaviventris*；7. 黑跗拟天牛 *Oedemera subrobusta*；8. 中华琵甲 *Blaps (Blaps) chinensis*；9. 达氏琵甲 *Blap (Blaps) sdavidis*；10. 弯齿琵甲 *Blaps (Blaps) femoralis femoralis*；11. 皱纹琵甲 *Blaps (Blaps) rugosa*；12. 原齿琵甲 *Itagonia provostii*.

| 图版 XXII

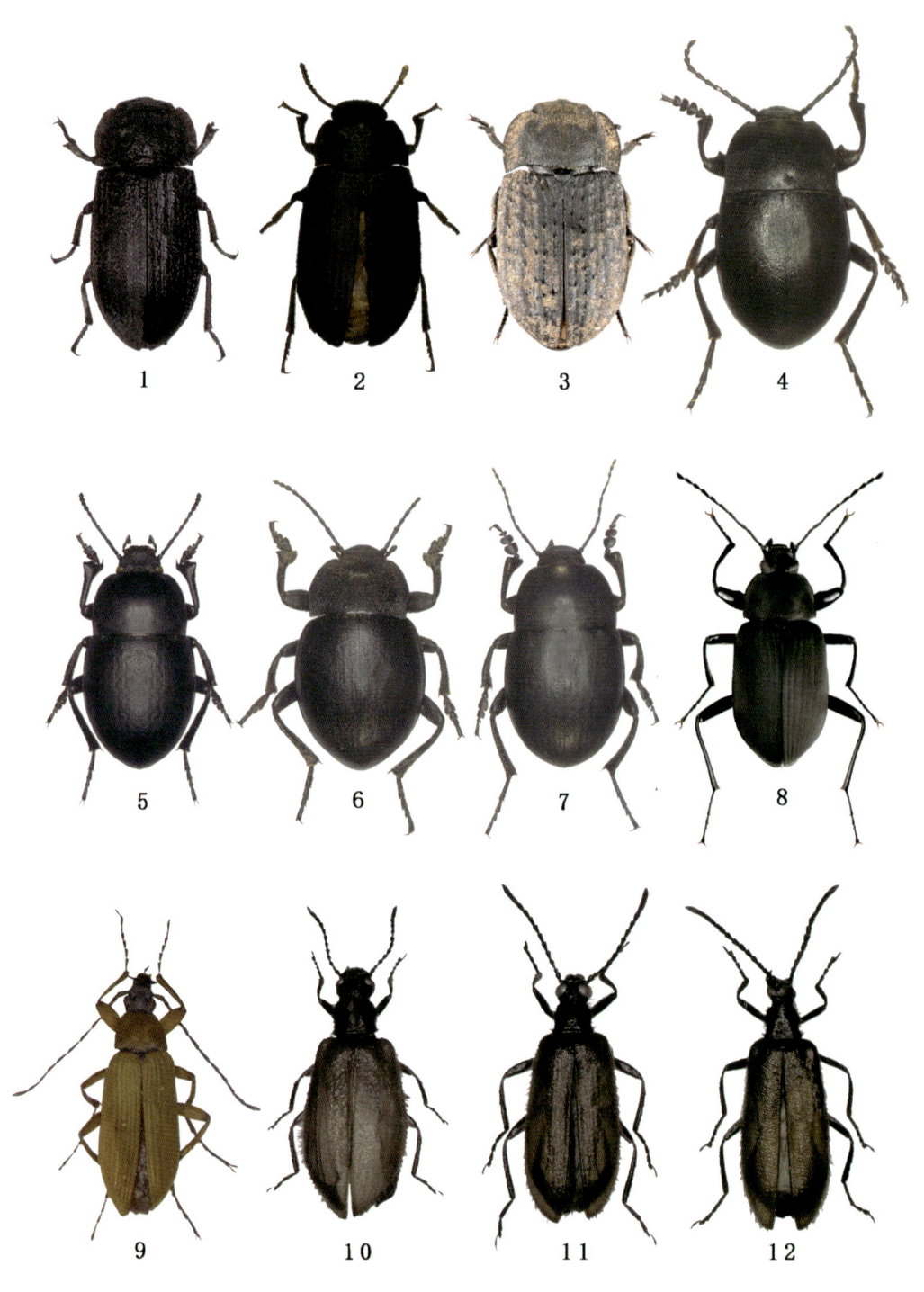

1. 网目土甲 *Gonocephalum reticulatum*；2. 扁足毛土甲 *Mesomorphus villiger*；3. 类沙土甲 *Opatrum subaratum*；4. 多点齿刺甲 *Oodescelis punctatissima*；5. 短体刺甲 *Platyscelis brevis*；6. 心形刺甲 *Platyscelis subcordata*；7. 绥远刺甲 *Platyscelis (Platyscelis) suiyuana*；8. 大卫邻烁甲 *Plesiophthalmus davidis*；9. 杂色栉甲 *Cteniopinus hypocrita*；10. 黑足伪叶甲 *Lagria atripes*；11. 多毛伪叶甲 *Lagria hirta*；12. 黑胸伪叶甲 *Lagria nigricollis*.

图版 XXIII

1. 蒙古高鳖甲 *Hypsosoma mongolica*；2. 暗色圆鳖甲 *Scytosoma opacum*；3. 莱维斯郭公 *Thanasimus lewisi*；4. 中华毛郭公甲 *Trichodes sinae*；5. 酱曲露尾甲 *Carpophilus hemipterus*；6. 短角露尾甲 *Omosita colon*；7. 远东星甲 *Atomaria lewisi*；8. 十四斑负泥虫 *Crioceris quatuordecimpunctata*；9. 蓝翅负泥虫 *Lema honorata*；10. 隆胸负泥虫 *Lilioceris merdigera*；11. 豆长刺萤叶甲 *Atrachya menetriesii*；12. 胡枝子克萤叶甲 *Cneorane elegans*.

• 447 •

| 图版 XXIV

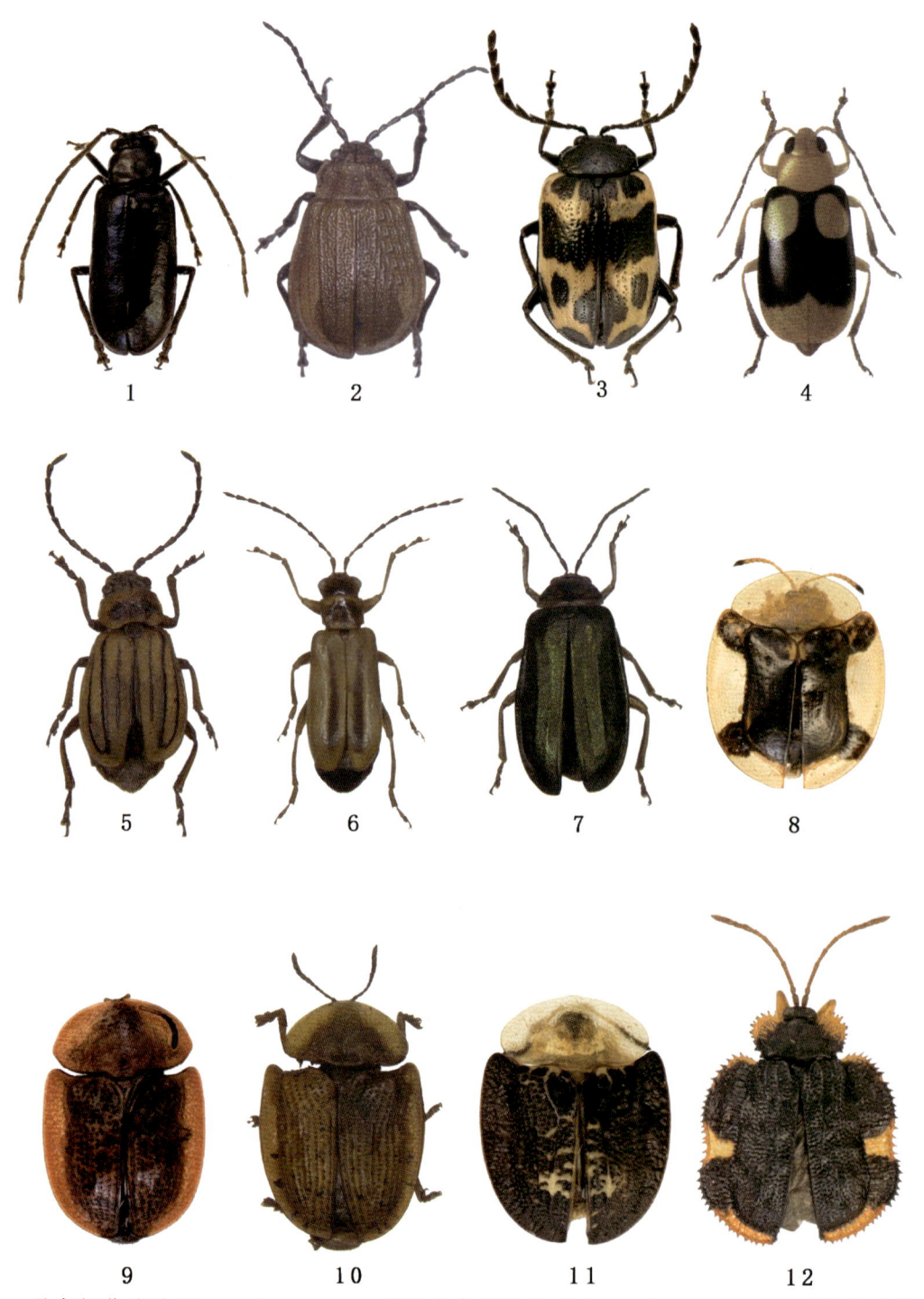

1. 桑窝额萤叶甲 *Fleutiauxia armata*；2. 戴利多脊萤叶甲 *Galeruca dahlii vicina*；3. 二纹柱萤叶甲 *Gallerucida bifasciata*；4. 四斑长跗萤叶甲 *Monolepta quadriguttata*；5. 阔胫萤叶甲 *Pallasiola absinthii*；6. 双带窄缘萤叶甲 *Phyllobrotica signata*；7. 榆绿毛萤叶甲 *Xanthogaleruca aenescens*；8. 圆顶梳龟甲 *Aspidimorpha difformis*；9. 蒿龟甲 *Cassida fuscorufa*；10. 甜菜龟甲 *Cassida nebulosa*；11. 淡胸藜龟甲 *Cassida pallidicollis*；12. 黑龟铁甲 *Cassidispa mirabilis*.（4 引自王洪建等，2006）

图版 XXV

1. 锯齿叉趾铁甲 *Dactylispa angulosa*；2. 瘤翅尖爪铁甲 *Hispellinus moerens*；3. 蓟跳甲 *Altica cirsicola*；4. 紫榆叶甲 *Ambrostoma quadriimpressum quadriimpressum*；5. 蒿金叶甲 *Chrysolina aurichalcea*；6. 薄荷金叶甲 *Chrysolina exanthematica exanthematica*；7. 沟胸金叶甲指名亚种 *Chrysolina sulcicollis sulcicollis*；8. 弧斑叶甲 *Chrysomela lapponica*；9. 杨叶甲 *Chrysomela populi*；10. 柳十八斑叶甲 *Chrysomela salicivorax*；11. 东方油菜叶甲 *Entomoscelis orientalis*；12. 核桃扁叶甲 *Gastrolina depressa*.

| 图版 XXVI

1. 蓼蓝齿胫叶甲 *Gastrophysa atrocyanea*；2. 黑盾角胫叶甲 *Gonioctena fulva*；3. 梨斑叶甲 *Paropsides soriculata*；4. 光背锯角叶甲 *Clytra laeviuscula*；5. 黑盾锯角叶甲亚洲亚种 *Clytra atrphaxidis asiatica*；6. 东方切头叶甲 *Coptocephala orientalis*；7. 肩斑隐头叶甲 *Cryptocephalus bipunctatus cautus*；8. 艾蒿隐头叶甲 *Cryptocephalus koltzei koltzei*；9. 斑额隐头叶甲指名亚种 *Cryptocephalus kulibini kulibini*；10. 榆隐头叶甲 *Cryptocephalus lemniscatus*；11. 槭隐头叶甲 *Cryptocephalus mannerheimi*；12. 黄缘隐头叶甲 *Cryptocephalus ochroloma*.（3 引自虞佩玉等，1996；4、12 引自谭娟杰等，1980）

图版 XXVII

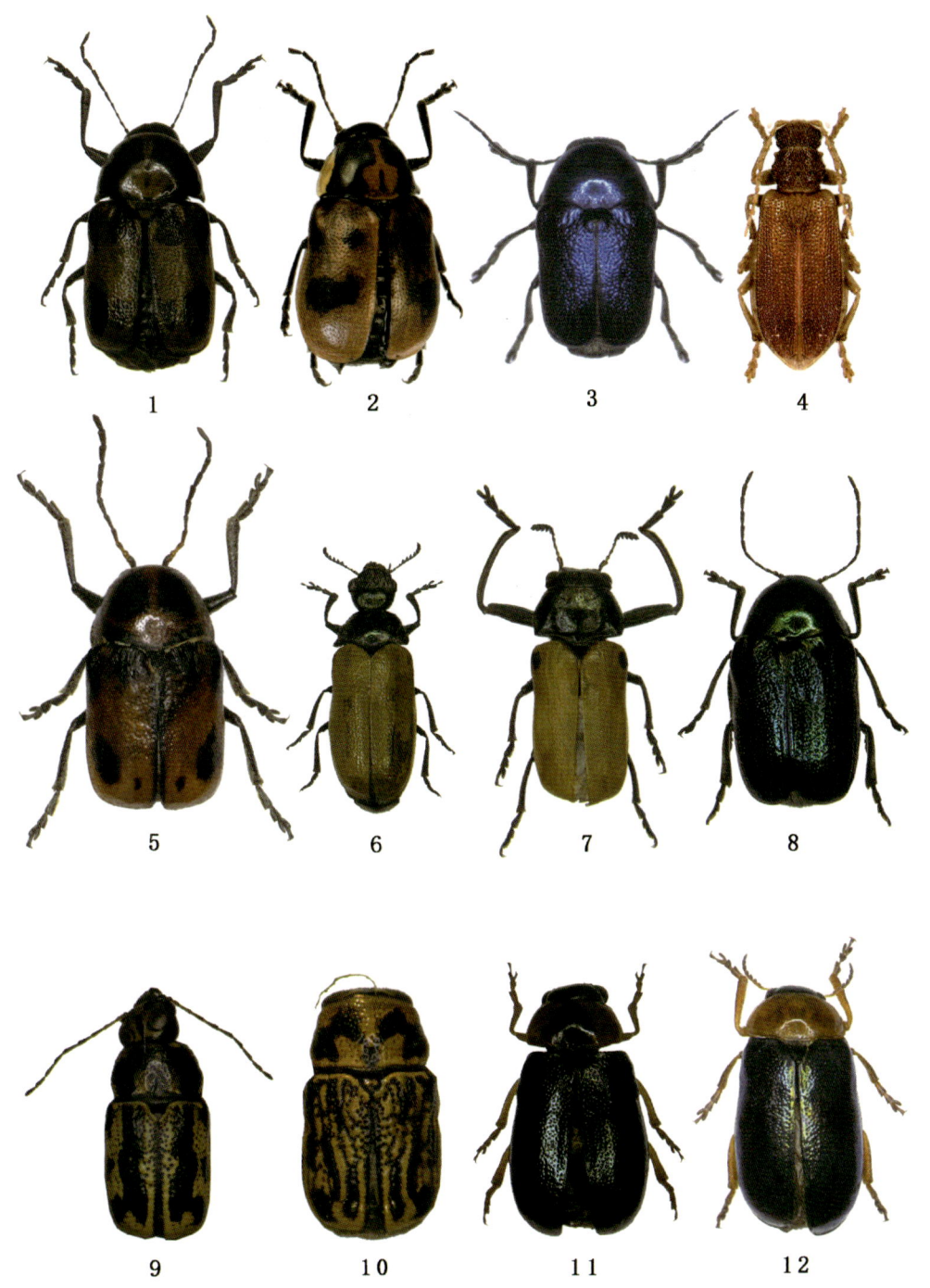

1. 酸枣隐头叶甲指名亚种 *Cryptocephalus peliopterus peliopterus*；2. 斑腿隐头叶甲 *Cryptocephalus pustulipes*；3. 绿蓝隐头叶甲无斑亚种 *Cryptocephalus regalis cyanescens*；4. 锯胸叶甲 *Melixanthus adamsi*；5. 齿腹隐头叶甲 *Cryptocephalus stchukini*；6. 中华钳叶甲 *Labidostomis chinensis*；7. 二点钳叶甲指名亚种 *Labidostomis urticarum urticarum*；8. 绿蓝隐头叶甲指名亚种 *Cryptocephalus regalis regalis*；9. 黄臀短柱叶甲 *Pachybrachis ochropygus*；10. 花背短柱叶甲 *Pachybrachis scriptidorsum*；11. 杨柳光叶甲 *Smaragdina aurita hammarstraemi*；12. 梨光叶甲 *Smaragdina semiaurantiaca*。

· 451 ·

| 图版 XXVIII

1. 褐足角胸肖叶甲 *Basilepta fulvipes*；2. 中华萝藦肖叶甲 *Chrysochus chinensis*；3. 甘薯肖叶甲 *Colasposoma dauricum*；4. 瘦眼花天牛 *Acmaeops angusticollis*；5. 锯花天牛 *Apatophysis (Apatophysis) siversi*；6. 阿木尔宽花天牛 *Brachyta amurensis*；7. 黄胫宽花天牛 *Brachyta bifasciata bifasciata*；8. 黑胫宽花天牛 *Brachyta interrogationis*；9. 异宽花天牛 *Brachyta variabilis variabilis*；10. 俄蓝金花天牛 *Carilia virginea aemula*；11. 瘤胸金花天牛 *Carilia tuberculicollis*；12. 凹缘金花天牛 *Gaurotes ussuriensis*.（1 引自谭娟杰等，1980）

图版 XXIX

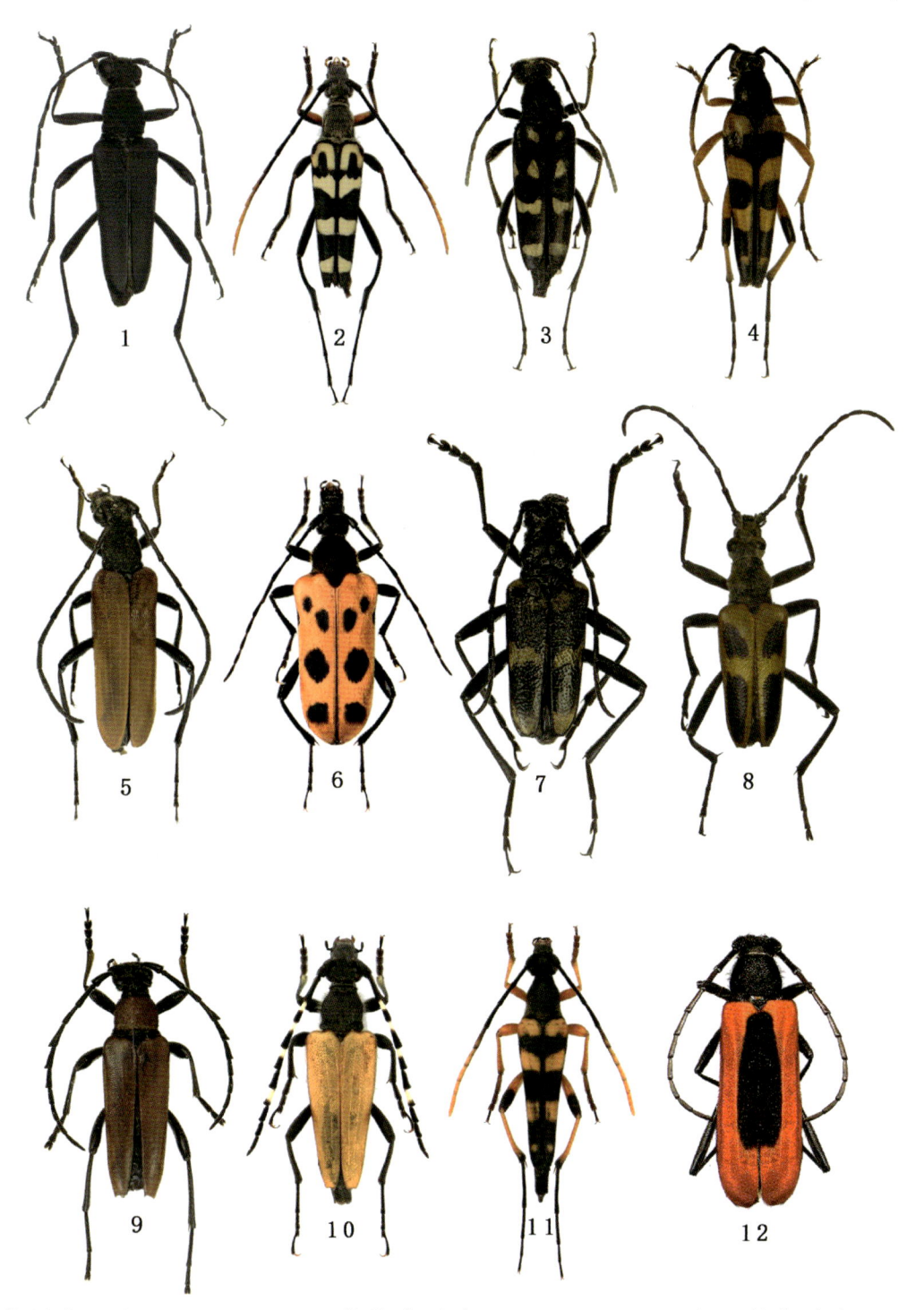

1. 橡黑花天牛 *Leptura aethiops*；2. 曲纹花天牛 *Leptura annularis*；3. 十二斑花天牛 *Leptura duodecimguttata duodecimguttata*；4. 黄纹花天牛 *Leptura ochraceofasciata ochraceofasciata*；5. 红翅裸花天牛 *Nivellia sanguinosa*；6. 肿腿花天牛 *Oedecnema gebleri*；7. 黄带厚花天牛 *Pachyta mediofasciata*；8. 四斑厚花天牛 *Pachyta quadrimaculata*；9. 赤杨缘花天牛 *Stictoleptura dichroa*；10. 斑角缘花天牛 *Stictoleptura variicornis*；11. 栎瘦花天牛 *Strangalia attenuata*；12. 中黑肖亚天牛 *Amarysius altajensis altajensis*.

| 图版 XXX

1. 红翅肖亚天牛 *Amarysius sanguinipennis*；2. 鞍背亚天牛 *Anoplistes halodendri ephippium*；3. 红缘亚天牛 *Anoplistes halodendri pirus*；4. 缺环绿虎天牛 *Chlorophorus arciferus*；5. 槐绿虎天牛 *Chlorophorus diadema diadema*；6. 灭字绿虎天牛 *Chlorophorus figuratus*；7. 杨柳绿虎天牛 *Chlorophorus latofasciatus*；8. 六斑绿虎天牛 *Chlorophorus simillimus*；9. 三带虎天牛 *Clytus arietoides*；10. 黄纹曲虎天牛 *Cyrtoclytus capra*；11. 鱼藤跗虎天牛 *Perissus laetus*；12. 尖纹虎天牛 *Rhabdoclytus acutivittis acutivittis*.

图版 **XXXI**

1. 东亚艳虎天牛 *Rhaphuma xenisca*；2. 桦脊虎天牛 *Xylotrechus clarinus*；3. 咖啡脊虎天牛 *Xylotrechus grayii grayii*；4. 弧纹脊虎天牛 *Xylotrechus hircus*；5. 四带虎天牛 *Xylotrechus polyzonus*；6. 黑胸虎天牛 *Xylotrechus robusticollis*；7. 白蜡脊虎天牛 *Xylotrechus rufilius rufilius*；8. 苜蓿多节天牛 *Agapanthia amurensis*；9. 大麻多节天牛 *Agapanthia daurica daurica*；10. 毛角多节天牛 *Agapanthia pilicornis pilicornis*；11. 中华星天牛 *Anoplophora chinensis*；12. 光肩星天牛 *Anoplophora glabripennis*.

• 455 •

| 图版 XXXII

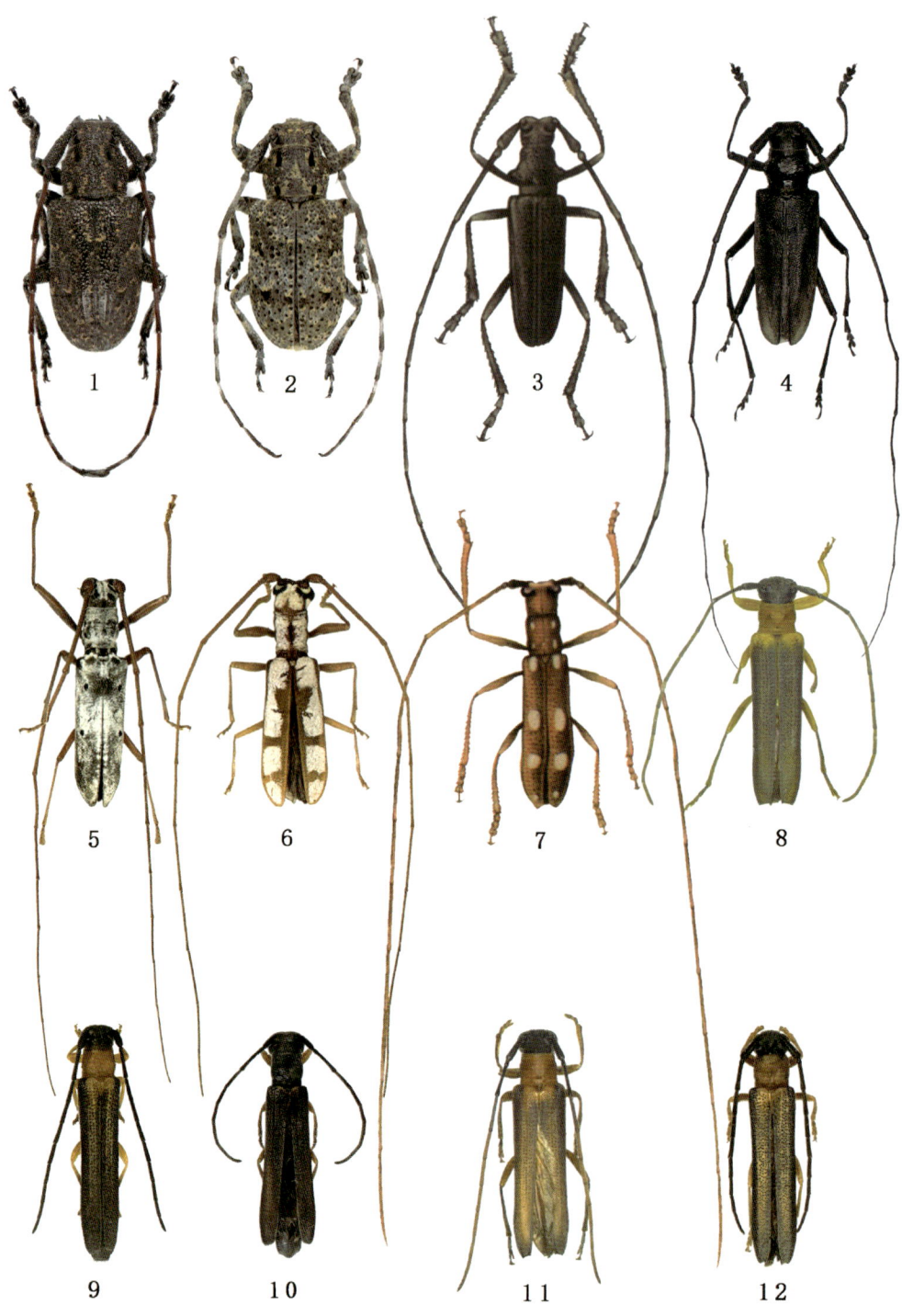

1. 日本象天牛 *Mesosa japonica*；2. 四点象天牛 *Mesosa myops*；3. 云杉小墨天牛 *Monochamus utor longulus*；4. 云杉大墨天牛 *Monochamus ussovii*；5. 黑点粉天牛 *Olenecamptus clarus*；6. 粉天牛 *Olenecamptus cretaceus cretaceus*；7. 八星粉天牛 *Olenecamptus octopustulatus*；8. 黑翅脊筒天牛 *Nupserha infantula*；9. 舟山筒天牛 *Oberea inclusa*；10. 中斑赫氏筒天牛 *Oberea herzi*；11. 黑腹筒天牛 *Oberea nigriventris nigriventris*；12. 瞳筒天牛 *Oberea pupillata*.（3、7引自蒋书楠等，1985）

图版 XXXIII

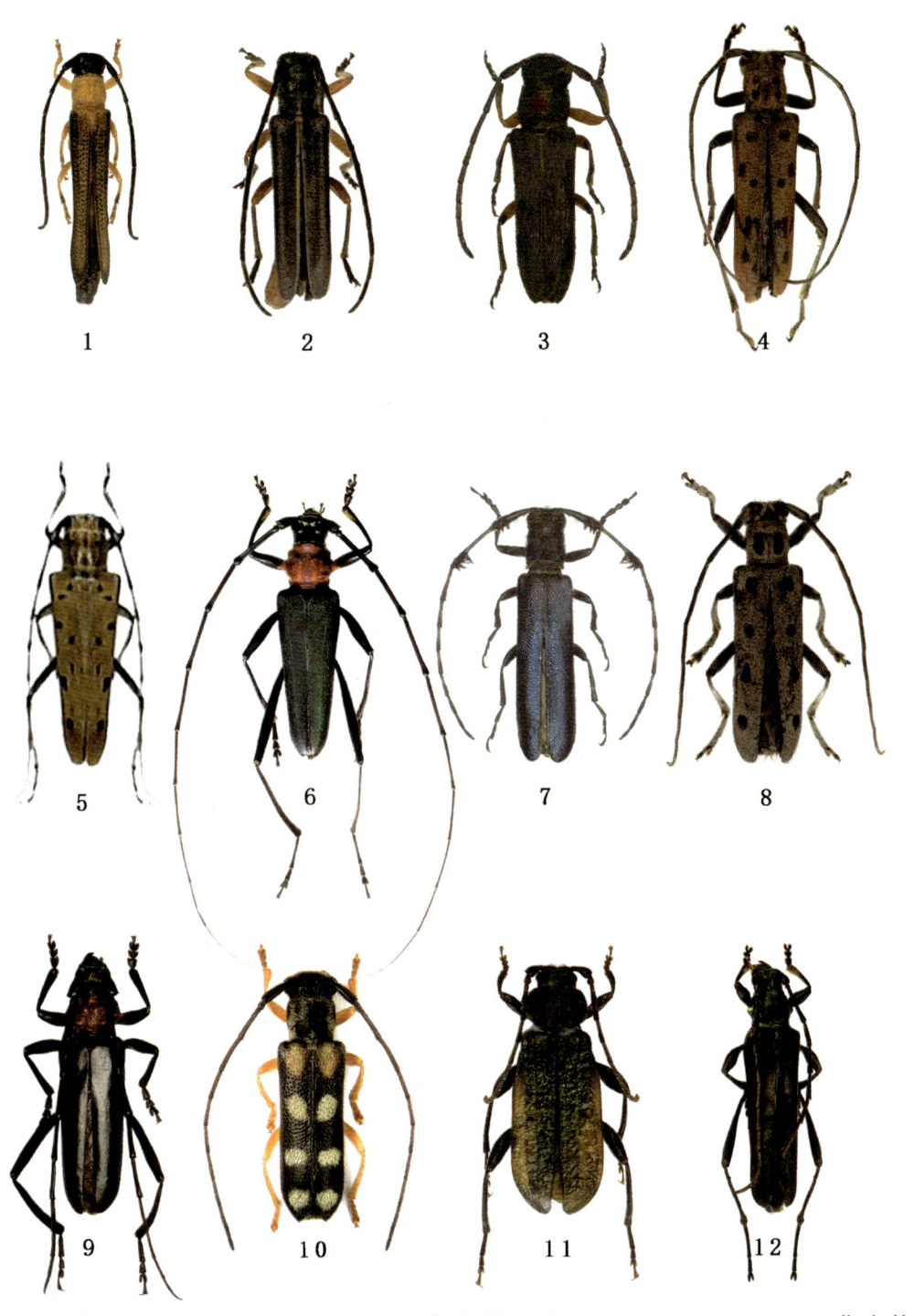

1. 黑尾筒天牛 *Oberea reductesignata*；2. 三条小筒天牛 *Phytoecia rufipes rufipes*；3. 菊小筒天牛 *Phytoecia rufiventris*；4. 丽直脊天牛 *Eutetrapha elegans*；5. 十六星直脊天牛 *Eutetrapha sedecimpunctata sedecimpunctata*；6. 杨红颈天牛 *Aromia orientalis*；7. 断条楔天牛 *Saperda interrupta*；8. 黑八点楔天牛 *Saperda octomaculata*；9. 桃红颈天牛 *Aromia bungii*；10. 培甘弱脊天牛 *Menesia sulphurata*；11. 金色扁胸天牛 *Callidium aeneum aeneum*；12. 紫缘常绿天牛 *Chloridolum lameeri*.

• 457 •

| 图版 XXXIV

1. 冷杉短鞘天牛 *Molorchus minor minor*；2. 赤天牛 *Oupyrrhidium cinnabarium*；3. 黄褐棍腿天牛 *Phymatodes testaceus*；4. 中华裸角天牛 *Aegosoma sinicum sinicum*；5. 帽斑紫天牛 *Purpuricenus lituratus*；6. 蓝丽天牛 *Rosalia coelestis*；7. 小灰长角天牛 *Acanthocinus griseus*；8. 拟腊天牛 *Stenygrinum quadrinotatum*；9. 家茸天牛 *Trichoferus campestris*；10. 双条松天牛 *Semanotus bifasciatus*；11. 多带天牛 *Polyzonus fasciatus*；12. 皱胸粒肩天牛 *Apriona (Arhopalus) rugicollis rugicollis*. （1 引自蒋书楠等，1985）

图版 XXXV

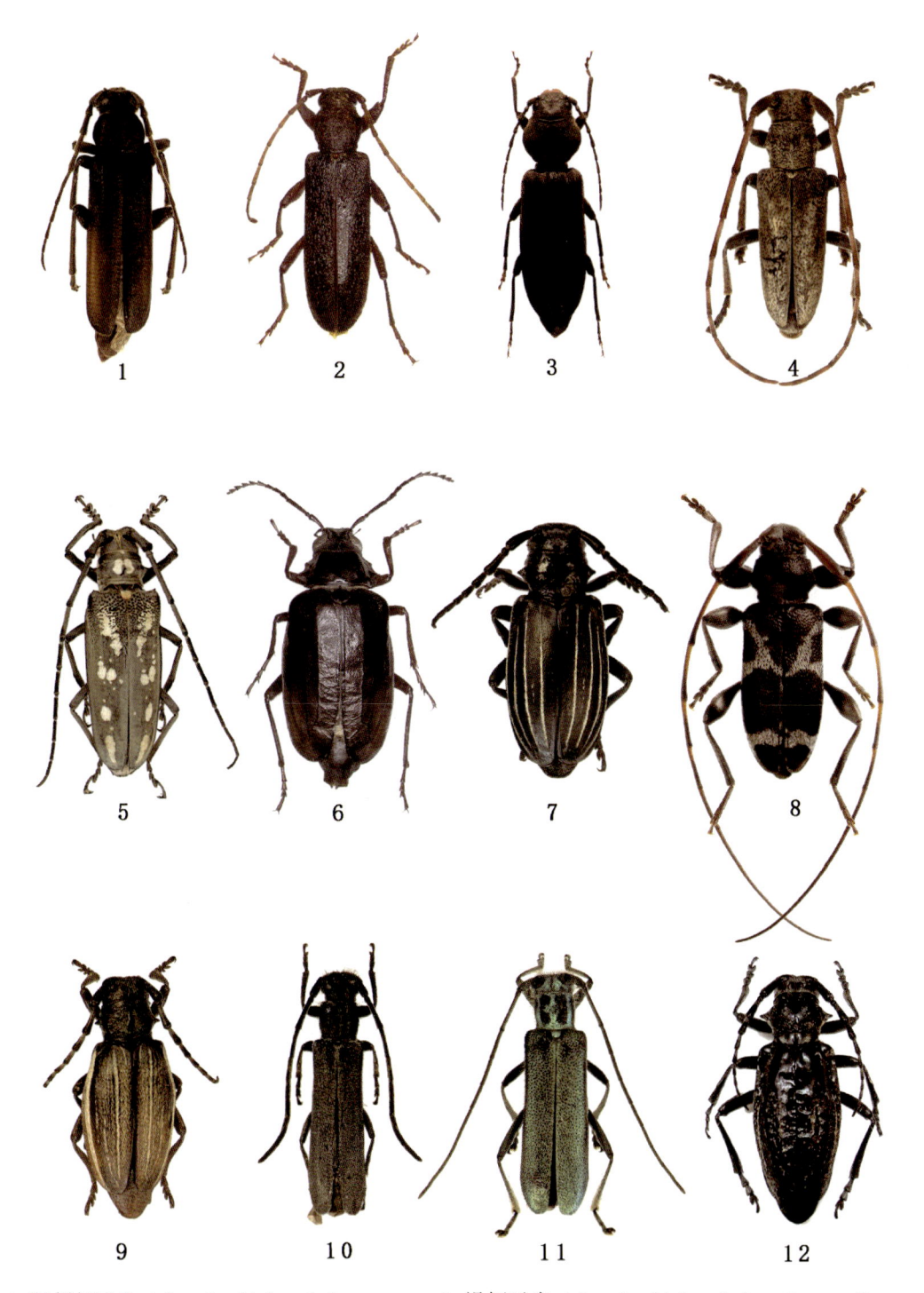

1. 朝鲜梗天牛 *Arhopalus (Arhopalus) coreanus*；2. 褐梗天牛 *Arhopalus (Arhopalus) rusticus rusticus*；3. 松幽天牛 *Asemum striatum*；4. 栗灰锦天牛 *Astynoscelis degener degener*；5. 云斑白条天牛 *Batocera horsfieldi*；6. 大牙土天牛 *Dorysthenes paradoxus*；7. 三棱草天牛 *Eodorcadion egregium*；8. 白条利天牛 *Leiopus albivittis albivittis*；9. 多脊草天牛 *Eodorcadion multicarinatum*；10. 东北拟修天牛 *Eumecocera callosicollis*；11. 北亚拟修天牛 *Eumecocera impustulata*；12. 肩脊草天牛 *Eodorcadion humerale*.

| 图版 XXXVI

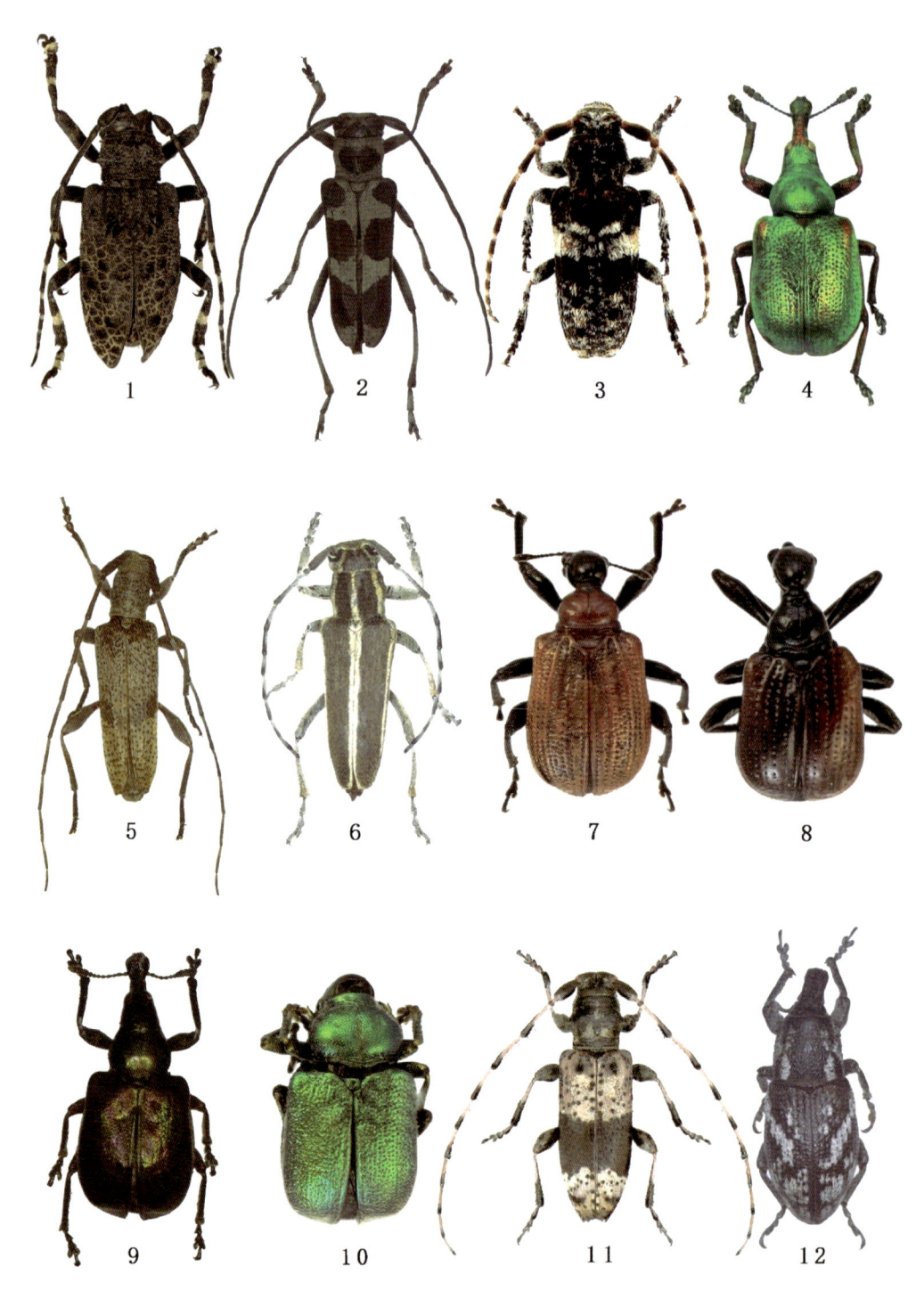

1. 双簇污天牛 *Moechotypa diphysis*；2. 苎麻双脊天牛 *Paraglenea fortunei*；3. 松梢芒天牛 *Pogonocherus fasciculatus fasciculatus*；4. 梨卷叶象 *Byctiscus betulae*；5. 樟泥色天牛 *Uraecha angusta*；6. 麻竖毛天牛 *Thyestilla gebleri*；7. 榛卷叶象 *Apoderus coryli*；8. 小卷叶象 *Compsapoderus geminus*；9. 苹果卷叶象 *Byctiscus princeps*；10. 山杨卷叶象 *Byctiscus rugosus*；11. 柳角胸天牛 *Rhopaloscelis unifasciata*；12. 平行大粒象 *Adosomus parallelocollis*.

1. 黑斜纹象 *Bothynoderes declivis*；2. 亥象 *Callirhopalus sedakowii*；3. 胖遮眼象 *Pseudocneorhinus sellatus*；4. 短毛草象 *Chloebius immeritus*；5. 隆脊绿象 *Chlorophanus lineolus*；6. 西伯利亚绿象 *Chlorophanus sibiricus*；7. 欧洲方喙象 *Cleonis pigra*；8. 柞栎象 *Curculio dentipes*；9. 榛象 *Curculio dieckmanni*；10. 短带长毛象 *Enaptorrhinus convexiusculus*；11. 臭椿沟眶象 *Eucryptorrhynchus brandti*；12. 沟眶象 *Eucryptorrhynchus scrobiculatus*.

| 图版 XXXVIII

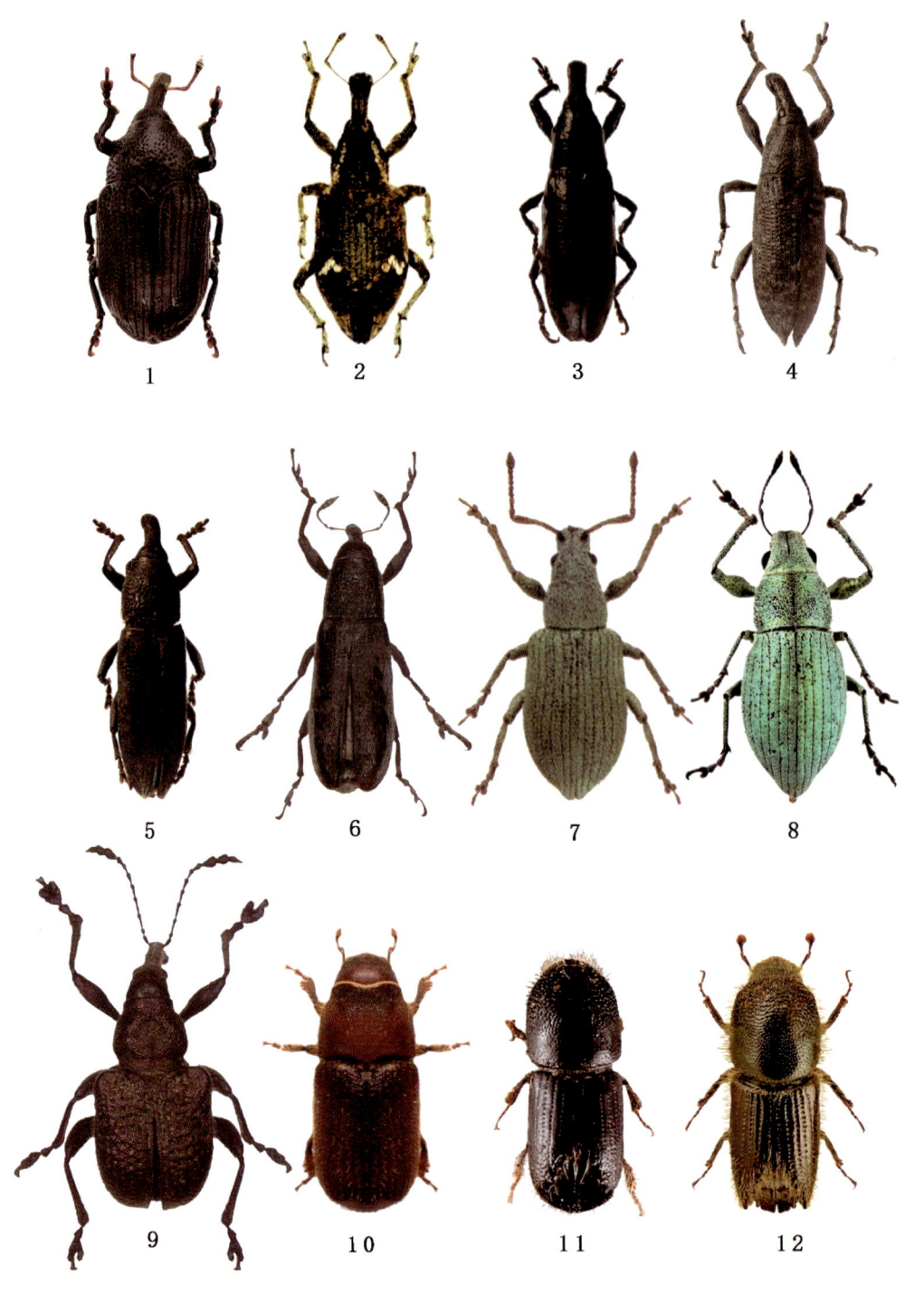

1. 漏芦菊花象 Larinus scabrirostris；2. 波纹斜纹象 Lepyrus japonicus；3. 尖翅筒喙象 Lixus acutipennis；4. 黑龙江筒喙象 Lixus amurensis；5. 圆筒筒喙象 Lixus fukienesis；6. 钝圆筒喙象 Lixus subtilis；7. 金绿树叶象 Phyllobius virideaeris virideaeris；8. 金绿球胸象 Piazomias virescens；9. 梨虎象 Rhynchites heros；10. 红脂大小蠹 Dendroctonus valens；11. 六齿小蠹 Ips acuminatus；12. 十二齿小蠹 Ips sexdentatus.（7 引自王新谱等，2010）

图版 XXXIX

1. 落叶松八齿小蠹 Ips subelongatus；2. 纵坑切梢小蠹 Tomicus piniperda；3. 全北褐蛉 Hemerobius humulinus；4. 丽草蛉 Chrysopa formosa；5. 大草蛉 Chrysopa pallens；6. 褐纹树蚁蛉 Dendroleon pantherinus；7. 条斑次蚁蛉 Deutoleon lineatus；8. 黄花蝶角蛉 Ascalaphus sibiricu.

| 图版 XL

1. 小黄长角蛾 *Nemophora staudingerella*；2. 甜枣条麦蛾 *Anarsia bipinnata*；3. 山楂棕麦蛾 *Dichomeris derasella*；4. 艾棕麦蛾 *Dichomeris rasilella*；5. 白桦棕麦蛾 *Dichomeris ustalella*；6. 欧洲草蛾 *Ethmia dodecea*；7. 青海草蛾 *Ethmia nigripedella*；8. 榆木蠹蛾 *Yakudza vicarius*；9. 榆白长翅卷蛾 *Acleris ulmicola*；10. 点基斜纹小卷蛾 *Apotomis capreana*；11. 苹黄卷蛾 *Archips ingentanus*；12. 草小卷蛾 *Celypha flavipalpana*；13. 青云卷蛾 *Cnephasia stephensiana*；14. 白钩小卷蛾 *Epiblema foenella*；15. 松叶小卷叶蛾 *Epinotia rubiginosana*.

图版 XLI

1. 金翅单纹卷蛾 Eupoecilia citrinana；2. 泰丛卷蛾 Gnorismoneura orientis；3. 李小食心虫 Grapholita funebrana；4. 圆后黑小卷蛾 Metendothenia atropunctana；5. 细圆卷蛾 Neocalyptis liratana；6. 栎新小卷蛾 Olethreutes captiosana；7. 溲疏小卷蛾 Olethreutes electana；8. 黄褐卷蛾 Pandemis chlorograpta；9. 松褐卷蛾 Pandemis cinnamomeana；10. 榛褐卷蛾 Pandemis corylana；11. 苹褐卷蛾 Pandemis heparana；12. 斑刺小卷蛾 Pelochrista arabescana；13. 环铅卷蛾 Ptycholoma lecheana；14. 光轮小卷蛾 Rudisociaria expeditana；15. 灰翅叶斑蛾 Illiberis hyalina.

| 图版 XLII

1. 黄刺蛾 *Monema flavescens*；2. 梨娜刺蛾 *Narosoideus flavidorsalis*；3. 中国绿刺蛾 *Parasa sinica*；4. 钝小峰斑螟 *Acrobasis obtusella*；5. 果梢斑螟 *Dioryctria pryeri*；6. 缘斑歧角螟 *Endotricha costaemaculalis*；7. 灰巢螟 *Hypsopygia glaucinalis*；8. 蜂巢螟 *Hypsopygia mauritialis*；9. 褐巢螟 *Hypsopygia regina*；10. 渣石斑螟 *Laodamia faecella*；11. 红云翅斑螟 *Oncocera semirubella*；12. 紫斑谷螟 *Pyralis farinalis*；13. 拟紫斑谷螟 *Pyralis lienigialis*；14. 金黄螟 *Pyralis regalis*；15. 小脊斑螟 *Salebria ellenella*.

图版 XLIII

1. 银翅亮斑螟 *Selagia argyrella*；2. 夏枯草线须野螟 *Anania hortulata*；3. 岷山目草螟 *Catoptria mienshani*；4. 银光草螟 *Crambus perlellus*；5. 竹淡黄野螟 *Demobotys pervulgalis*；6. 红纹细突野螟 *Ecpyrrhorrhoe rubiginalis*；7. 茴香薄翅野螟 *Evergestis extimalis*；8. 双斑薄翅螟 *Evergestis junctalis*；9. 桑绢丝野螟 *Glyphodes pyloalis*；10. 棉褐环野螟 *Haritalodes derogata*；11. 艾锥额野螟 *Loxostege aeruginalis*；12. 网锥额野螟 *Loxostege sticticalis*；13. 豆荚野螟 *Maruca vitrata*；14. 乌苏里褶缘野螟 *Paratalanta ussurialis*；15. 三条扇野螟 *Pleuroptya chlorophanta*.

| 图版 XLIV

1. 纯白草螟 *Pseudocatharylla simplex*；2. 黄纹野螟 *Pyrausta aurata*；3. 红黄野螟 *Pyrausta tithonialis*；4. 伞双突野螟 *Sitochroa palealis*；5. 尖锥额野螟 *Sitochroa verticalis*；6. 细条纹野螟 *Tabidia strigiferalis*；7. 褐翅黄纹草螟 *Xanthocrambus lucellus*；8. 赤杨镰钩蛾 *Drepana curvatula*；9. 古钩蛾 *Palaedrepana harpagula*；10. 醋栗尺蛾 *Abraxas grossulariata*；11. 丝棉木金星尺蛾 *Abraxas suspecta*；12. 褐线尺蛾 *Alcis castigataria*；13. 桦霜尺蛾 *Alcis repandata*；14. 李尺蛾 *Angerona prumaria*；15. 罴尺蛾 *Anticypella diffusaria*.

图版 XLV

1. 黄星尺蛾 *Arichanna melanaria*；2. 山枝子尺蛾 *Aspitates geholaria*；3. 桦尺蛾 *Biston betularia*；4. 粉蝶尺蛾 *Bupalus vestalis*；5. 紫线尺蛾 *Calothysanis comptaria*；6. 网目尺蛾 *Chiasmia clathrata*；7. 虚幽尺蛾 *Ctenognophos grandinaria*；8. 甘肃虚幽尺蛾 *Ctenognophos ventraria kansubia*；9. 枞灰尺蛾 *Deileptenia ribeata*；10. 黄缘伯尺蛾 *Diaprepesilla flavomarginaria*；11. 半洁涤尺蛾 *Dysstroma hemiagna*；12. 兀尺蛾 *Elphos insueta*；13. 小秋黄尺蛾 *Ennomos infidelis*；14. 东方茜草洲尺蛾 *Epirrhoe hastulata reducta*；15. 葎草洲尺蛾 *Epirrhoe supergressaalbigressa*.

| 图版 XLVI

1. 灰游尺蛾 *Euphyia cinerari*；2. 焦点滨尺蛾 *Exangerona prattiaria*；3. 橄榄铅尺蛾 *Gagitodes olivacea*；4. 利剑铅尺蛾 *Gagitodes sagittata*；5. 曲白带青尺蛾 *Geometra glaucaria*；6. 蝶青尺蛾 *Geometra papilionaria*；7. 直脉青尺蛾 *Geometra valida*；8. 阿穆尔维界尺蛾 *Horisme staudingeri*；9. 小红姬尺蛾 *Idaea muricat*；10. 青辐射尺蛾 *Iotaphora admirabilis*；11. 四川淡网尺蛾 *Laciniodes abiens*；12. 缘点尺蛾 *Lomaspilis marginata*；13. 双斜线尺蛾 *Megaspilates mundataria*；14. 女贞尺蛾 *Naxa seriaria*；15. 四星尺蛾 *Ophthalmitis irrorataria*.

图版 XLVII

1. 雪尾尺蛾 *Ourapteryx nivea*；2. 驼尺蛾 *Pelurga comitata*；3. 角顶尺蛾 *Phthonandria emaria*；4. 槭烟尺蛾 *Phthonosema invenustaria*；5. 长眉眼尺蛾 *Problepsis changmei*；6. 褐网尺蛾 *Proteostrenia trausbaicaleusis*；7. 白带黑尺蛾 *Rheumaptera hecate*；8. 四月尺蛾 *Selenia tetralunaria*；9. 褐脉粉尺蛾 *Siona lineata*；10. 菊四目绿尺蛾 *Thetidia albocostaria*；11. 拉维尺蛾 *Venusia laria*；12. 红黑维尺蛾 *Venusia nigrifurca*；13. 双华波纹蛾 *Habrosyne dieckmanni*；14. 太波纹蛾 *Tethea ocularis*；15. 波纹蛾 *Thyatira batis*.

| 图版 XLVIII

1. 环橡波纹蛾 Toelgyfaloca circumdata；2. 落叶松毛虫 Dendrolimus superans；3. 杨褐枯叶蛾 Gastropacha populifolia；4. 北李褐枯叶蛾 Gastropacha quercifolia cerridifolia；5. 黄褐幕枯叶蛾 Malacosoma neustria testacea；6. 苹枯叶蛾 Odonestis pruni；7. 东北栎枯叶蛾 Paralebeda femorata；8. 松栎枯叶蛾 Paralebeda plagifera；9. 杨黑枯叶蛾 Pyrosis idiota；10. 月光枯叶蛾 Somadasys lunata；11. 绿尾大蚕蛾 Actias selene；12. 丁目大蚕蛾 Aglia tau amurensis；13. 合目大蚕蛾 Caligula boisduvali；14. 黄豹大蚕蛾 Loepa katinka；15. 黄褐箩纹蛾 Brahmaea certhia.

图版 XLIX

1. 葡萄天蛾 *Ampelophaga rubiginosa*；2. 榆绿天蛾 *Callambulyx tatarinovi*；3. 绒星天蛾 *Dolbina tancrei*；4. 松黑天蛾 *Hyloicus caligineus sinicus*；5. 黄脉天蛾 *Laothoe amurensis*；6. 枣桃六点天蛾 *Marumba gaschkewitschi*；7. 梨六点天蛾 *Marumba gaschkewitschi complacens*；8. 菩提六点天蛾 *Marumba jankowskii*；9. 栗六点天蛾 *Marumba sperchius*；10. 白环红天蛾 *Pergesa askoldensis*；11. 红天蛾 *Pergesa elpenor lewisi*；12. 紫光盾天蛾 *Phyllosphingia dissimilis*；13. 钩翅目天蛾 *Smerinthus tokyonis*；14. 杨目天蛾 *Smerithus caecus*；15. 北方蓝目天蛾 *Smerithus planus alticola*.

• 473 •

| 图版 L

1. 蓝目天蛾 *Smerithus planus planus*；2. 鼠天蛾 *Sphingulus mus*；3. 红节天蛾 *Sphinx ligustri constricta*；4. 雀纹天蛾 *Theretra japonica*；5. 云斑带蛾 *Apha yunnanensis*；6. 伪奇舟蛾 *Allata laticostalis*；7. 黑带二尾舟蛾 *Cerura felin*；8. 杨二尾舟蛾 *Cerura menciana*；9. 分月扇舟蛾 *Clostera anastomosis*；10. 短扇舟蛾 *Clostera curtuloides*；11. 漫扇舟蛾 *Clostera pigra*；12. 灰舟蛾 *Cnethodonta grisescens*；13. 黄二星舟蛾 *Euhampsonia cristata*；14. 锯齿星舟蛾 *Euhampsonia serratifera*；15. 银二星舟蛾 *Euhampsonia splendida*.

1. 燕尾舟蛾 *Furcula furcula*；2. 栎枝背舟蛾 *Harpyia umbrosa*；3. 白颈异齿舟蛾 *Hexafrenum leucodera*；4. 木霭舟蛾 *Hupodonta lignea*；5. 冠舟蛾 *Lophocosma atriplaga*；6. 榆白边舟蛾 *Nerice davidi*；7. 双齿白边舟蛾 *Nerice leechi*；8. 黄斑舟蛾 *Notodonta dembowskii*；9. 烟灰舟蛾 *Notodonta torva*；10. 仿齿舟蛾 *Odontosiana schistacea*；11. 仿白边舟蛾 *Paranerice hoenei*；12. 厄内斑舟蛾 *Peridea elzet*；13. 蒙内斑舟蛾 *Peridea gigantea*；14. 赭小内斑舟蛾 *Peridea graesri*；15. 扇内斑舟蛾 *Peridea grahami*.

图版 LII

1. 侧带内斑舟蛾 *Peridea lativitta*；2. 杨剑舟蛾 *Pheosia rimosa*；3. 喜夙舟蛾 *Pheosiopsis cinerea*；4. 灰羽舟蛾 *Pterostoma griseum*；5. 槐羽舟蛾 *Pterostoma sinicum*；6. 拟扇舟蛾 *Pygaera timon*；7. 丽金舟蛾 *Spatalia dives*；8. 富金舟蛾 *Spatalia plusiotis*；9. 胜胯舟蛾 *Syntypistis*；10. 土舟蛾 *Togepteryx velutina*；11. 窦舟蛾 *Zaranga pannosa*；12. 白毒蛾 *Arctornis l-nigrum*；13. 结丽毒蛾 *Calliteara lunulata*；14. 丽毒蛾 *Calliteara pudibunda*；15. 榆黄足毒蛾 *Ivela ochropoda*.

1. 杨雪毒蛾 *Leucoma condida*；2. 舞毒蛾 *Lymantria dispar*；3. 黑纹北灯蛾 *Amurrhyparia leopardinula*；4. 豹灯蛾 *Arctia caja*；5. 砌石灯蛾 *Arctia falvia*；6. 黄脉艳苔蛾 *Asura flavivenosa*；7. 草雪苔蛾 *Chionaema pratti*；8. 白雪灯蛾 *Chionarctia nive*；9. 排点灯蛾 *Diacrisia sannio*；10. 日土苔蛾 *Eilema japônica*；11. 淡黄污灯蛾 *Lemyra jankowskii*；12. 四点苔蛾 *Lithosia quadra*；13. 美苔蛾 *Miltochrista miniata*；14. 斑灯蛾 *Pericallia matronula*；15. 亚麻篱灯蛾 *Phragmatobia fuliginosa*.

| 图版 LIV

1. 肖浑黄灯蛾 *Rhyparioides amurensis*；2. 污灯蛾 *Spilarctia lutea*；3. 星白雪灯蛾 *Spilosoma menthastri*；4. 稀点雪灯蛾 *Spilosoma urticae*；5. 黄痣苔蛾 *Stigmatophora flava*；6. 明痣苔蛾 *Stigmatophora micans*；7. 黑鹿蛾 *Syntomis ganssuensis*；8. 桃剑纹夜蛾 *Acronicta incretata*；9. 剑纹夜蛾 *Acronicta leporina*；10. 桑剑纹夜蛾 *Acronicta major*；11. 炫夜蛾 *Actinotia polyodon*；12. 荒夜蛾 *Agroperina lateritia*；13. 黄地老虎 *Agrotis segetum*；14. 大地老虎 *Agrotis tokionis*；15. 角线寡夜蛾 *Aletia conigera*。

图版 LV

1. 亚夜蛾 *Amphipoea asiatica*；2. 麦夜蛾 *Amphipoea fucosa*；3. 暗扁身夜蛾 *Amphipyra erebina*；4. 紫黑扁身夜蛾 *Amphipyra livida*；5. 大红裙扁身夜蛾 *Amphipyra monolitha*；6. 蔷薇扁身夜蛾 *Amphipyra perflua*；7. 桦扁身夜蛾 *Amphipyra schrenckii*；8. 郁钝夜蛾 *Anacronicta infausta*；9. 绿组夜蛾 *Anaplectoides prasina*；10. 暗秀夜蛾 *Apamea illyria*；11. 负秀夜蛾 *Apamea veterina*；12. 镰大棱夜蛾 *Arytrura subfalcata*；13. 委夜蛾 *Athetis furvula*；14. 后委夜蛾 *Athetis gluteosa*；15. 袜纹夜蛾 *Autographa excelsa*.

| 图版 LVI

1. 朽木夜蛾 *Axylia putris*；2. 阴卜夜蛾 *Bomolocha stygiana*；3. 壶夜蛾 *Calyptra thalictri*；4. 白肾裳夜蛾 *Catocala agitatrix*；5. 苹刺裳夜蛾 *Catocala bella*；6. 显裳夜蛾 *Catocala deuteronympha*；7. 茂裳夜蛾 *Catocala doerriesi*；8. 柳裳夜蛾 *Catocala electa*；9. 缟裳夜蛾 *Catocala fraxini*；10. 光裳夜蛾 *Catocala fulminea*；11. 裳夜蛾 *Catocala nupta*；12. 奥裳夜蛾 *Catocala obscena*；13. 红腹裳夜蛾 *Catocala pacta*；14. 鹿裳夜蛾 *Catocala proxeneta*；15. 客来夜蛾 *Chrysorithrum amata*.

1. 筱客来夜蛾 *Chrysorithrum flavomaculata*；2. 土孔夜蛾 *Corgatha argillacea*；3. 凡兜夜蛾 *Cosmia moderata*；4. 一色兜夜蛾 *Cosmia unicolor*；5. 白黑首夜蛾 *Craniophora albonigra*；6. 女贞首夜蛾 *Craniophora ligustri*；7. 嗜蒿冬夜蛾 *Cucullia artemisiae*；8. 黑纹冬夜蛾 *Cucullia asteris*；9. 蒿冬夜蛾 *Cucullia fraudatrix*；10. 富冬夜蛾 *Cucullia fuchsiana*；11. 银装冬夜蛾 *Cucullia splendida*；12. 紫金翅夜蛾 *Diachrysia chryson*；13. 粉缘钻夜蛾 *Earias pudicana*；14. 玫斑钻夜蛾 *Earias roseifera*；15. 清夜蛾 *Enargia paleácea*.

| 图版 LVIII

1. 鸽光裳夜蛾 *Ephesia columbina*；2. 栎光裳夜蛾 *Ephesia dissimilis*；3. 珀光裳夜蛾 *Ephesia helena*；4. 前光裳夜蛾 *Ephesia praegnax*；5. 麟角希夜蛾 *Eucarta virgo*；6. 东风夜蛾 *Eurois occulta*；7. 白边切夜蛾 *Euxoa oberthuri*；8. 寒切夜蛾 *Euxoa sibirica*；9. 梳跗盗夜蛾 *Hadena aberrans*；10. 斑盗夜蛾 *Hadena confuse*；11. 间盗夜蛾 *Hadena corrupta*；12. 喋盗夜蛾 *Hadena rivularis*；13. 网夜蛾 *Heliophobus reticulata*；14. 苏角剑夜蛾 *Hydraecia amurensis*；15. 白点朋闪夜蛾 *Hypersypnoides astrigera*.

图版 LIX

1. 杨逸色夜蛾 *Ipimorpha subtusa*；2. 黑肾蜡丽夜蛾 *Kerala decipiens*；3. 粘夜蛾 *Leucania comma*；4. 绒粘夜蛾 *Leucania velutina*；5. 比夜蛾 *Leucomelas juvenilis*；6. 平影夜蛾 *Lygephila lubrica*；7. 艺影夜蛾 *Lygephila ludicra*；8. 蚕豆影夜蛾 *Lygephila viciae*；9. 瘦银锭夜蛾 *Macdunnoughia confuse*；10. 土夜蛾 *Macrochthonia fervens*；11. 白肾灰夜蛾 *Melanchra persicariae*；12. 焦毛冬夜蛾 *Mniotype adusta*；13. 缤夜蛾 *Moma alpium*；14. 秘夜蛾 *Mythimna turca*；15. 绿孔雀夜蛾 *Nacna malachites*.

| 图版 LX

1. 翠色狼夜蛾 *Ochropleura praecox*；2. 衍狼夜蛾 *Ochropleura stentzi*；3. 点眉夜蛾 *Pangrapta vasava*；4. 曲线奴夜蛾 *Paracolax derivalis*；5. 蒙灰夜蛾 *Polia bombycina*；6. 鹏灰夜蛾 *Polia goliath*；7. 灰夜蛾 *Polia nebulosa*；8. 锯灰夜蛾 *Polia serratilinea*；9. 海灰夜蛾 *Polia thalassina*；10. 印铜夜蛾 *Polychrysia moneta*；11. 霉裙剑夜蛾 *Polyphaenis oberthuri*；12. 宽胫夜蛾 *Schinia scutosa*；13. 曲线贫夜蛾 *Simplicia niphona*；14. 涂析夜蛾 *Sypnoides picta*；15. 陌夜蛾 *Trachea atriplicis*.

图版 LXI

1. 角后夜蛾 *Trisuloides cornelia*；2. 劳鲁夜蛾 *Xestia baja*；3. 柑橘凤蝶 *Papilio xuthus*；4. 冰清绢蝶 *Parnassius citrinarius*；5. 绢粉蝶 *Aporia crataegi*；6. 斑缘豆粉蝶 *Colias erate*；7. 尖钩粉蝶 *Gonepteryx mahaguru*；8. 突角小粉蝶 *Leptidea amurensis*；9. 黑纹粉蝶 *Pieris melete*；10. 暗脉粉蝶 *Pieris napi*；11. 菜粉蝶 *Pieris rapae*；12. 云粉蝶 *Pontia edusa*；13. 阿芬眼蝶 *Aphantopus hyperantus*；14. 大艳眼蝶 *Callerebia suroia*；15. 牧女珍眼蝶 *Coenonympha amaryllis*.

| 图版 LXII

1. 隐藏珍眼蝶 *Coenonympha arcania*；2. 英雄珍眼蝶 *Coenonympha hero*；3. 爱珍眼蝶 *Coenonympha oedippus*；4. 红眼蝶 *Erebia alcmena*；5. 西方云眼蝶 *Hyponephele dysdora*；6. 多眼蝶 *Kirinia epimenides*；7. 大毛眼蝶 *Lasiommata majuscula*；8. 斗毛眼蝶 *Lasiommata deidamia*；9. 黄环链眼蝶 *Lopinga achine*；10. 华北白眼蝶 *Melanargia epimede*；11. 白眼蝶 *Melanargia halimede*；12. 黑纱白眼蝶 *Melanargia lugens*；13. 蛇眼蝶 *Minois dryas*；14. 藏眼蝶 *Tatinga tibetana*；15. 蟾眼蝶 *Triphysa phyrne*.

图版 LXIII

1. 矍眼蝶 *Ypthima balda*；2. 荨麻蛱蝶 *Aglais urticae*；3. 柳紫闪蛱蝶 *Apatura ilia*；4. 曲带闪蛱蝶 *Apatura laverna*；5. 布网蜘蛱蝶 *Araschnia burejana*；6. 绿豹蛱蝶 *Argynnis paphia*；7. 老豹蛱蝶 *Argyronome laodice*；8. 伊诺小豹蛱蝶 *Brenthis ino*；9. 西冷珍蛱蝶 *Clossiana selenis*；10. 青豹蛱蝶 *Damora sagana*；11. 灿福蛱蝶 *Fabriciana adippe*；12. 孔雀蛱蝶 *Inachis io*；13. 戟眉线蛱蝶 *Limenitis homeyeri*；14. 折线蛱蝶 *Limenitis sydyi*；15. 帝网蛱蝶 *Melitaea diamina*.

| 图版 LXIV

1. 白斑迷蛱蝶 *Mimathyma schrenckii*；2. 啡环蛱蝶 *Neptis philyra*；3. 单环蛱蝶 *Neptis rivularis*；4. 黄环蛱蝶 *Neptis themis*；5. 白矩朱蛱蝶 *Nymphalis vau-album*；6. 白钩蛱蝶 *Polygonia c-album*；7. 锦瑟蛱蝶 *Seokia pratti*；8. 银斑豹蛱蝶 *Speyeria aglaja*；9. 小红蛱蝶 *Vanessa cardui*；10. 大红蛱蝶 *Vanessa indica*；11. 琉璃灰蝶 *Celastrina argiolus*；12. 蓝灰蝶 *Everes argiades*；13. 黎戈灰蝶 *Glaucopsyche lycormas*；14. 红珠灰蝶 *Lycaeides argyrognomon*；15. 胡麻霾灰蝶 *Maculinea teleia*。

图版 LXV

1. 幽洒灰蝶 Satyrium iyonis；2. 珞灰蝶 Scolitantides orion；3. 诗灰蝶 Shirozua jonasi；4. 玄灰蝶 Tongeia fischeri；5. 黄翅银弄蝶 Carterocephalus silvicola；6. 深山珠弄蝶 Erynnis montanus；7. 链弄蝶 Heteropterus morpheus；8. 星点弄蝶 Muschampia teessellum；9. 小赭弄蝶 Ochlodes venata；10. 花弄蝶 Pyrgus maculatus；11. 锦葵花弄蝶 Pyrgus malvae；12. 膨条瘤虻 Hybomitra expollicata；13. 翅痣瘤虻 Hybomitra stigmoptera；14. 黄领蜂虻 Bombomyia vitellinus；15. 朝鲜白斑蜂虻 Bombylella koreanus.

| 图版 LXVI

1. 北京斑翅蜂虻 *Hemipenthes beijingensis*；2. 黄股长角蚜蝇 *Chrysotoxum festivum*；3. 土斑长角蚜蝇 *Chrysotoxum vernale*；4. 黑带蚜蝇 *Episyrphus balteatus*；5. 灰带管蚜蝇 *Eristalinus cerealis*；6. 长尾管蚜蝇 *Eristalis tenax*；7. 斜斑鼓额蚜蝇 *Scaeva pyrastri*；8. 黄盾蜂蚜蝇 *Volucella pellucens tabanoides*；9. 日本菜叶蜂 *Athalia japonica*；10. 风桦锤角叶蜂 *Cimbex femorata*；11. 波氏细锤角叶蜂 *Leptocimbex potanini*；12. 西伯毛锤角叶蜂 *Trichiosoma sibiricum*.

图版 LXVII

1. 榆三节叶蜂 *Arge captiva*；2. 波氏长颈树蜂 *Xiphydria popovi*；3. 野蚕黑瘤姬蜂 *Pimpla luctuosa*；4. 中长黄胡蜂 *Dolichovespula media*；5. 石长黄胡蜂 *Dolichovespula saxonica*；6. 角马蜂 *Polistes chinensis antennalis*；7. 斯马蜂 *Polistes snelleni*；8. 奥地利黄胡蜂 *Vespula austriaca*；9. 细黄胡蜂 *Vespula flaviceps*；10. 红环黄胡蜂 *Vespula rufa*；11. 普通黄胡蜂 *Vespula vulgaris*；12. 沙泥蜂 *Ammophila sabulosa*.

| 图版 LXVIII

1. 耙掌泥蜂红腹亚种 *Palmodes occitanicus perplexus*；2. 红足地蜂 *Andrena haemorrhoa japonibia*；
3. 淡翅红腹蜂 *Sphecodes grahami*.